Electricidad y automatismos eléctricos

Electricidad y automatismos eléctricos

Luis Miguel Cerdá Filiu

TÉCNICO EN MANTENIMIENTO ELECTROMECÁNICO

Paraninfo
ciclos formativos

Paraninfo

Electricidad y automatismos eléctricos

Gerente Editorial
María José López Raso

Equipo Técnico Editorial
Paola Paz Otero
Sofía Durán Tamayo

Editora de Adquisiciones
Carmen Lara Carmona

Producción
Nacho Cabal Ramos

Diseño de cubierta
Ediciones Nobel

Preimpresión
Montytexto

2.ª edición, 2025

C/ Sierra de Guadarrama 35. Naves 2, 3, 4 y 5
Polígono Industrial San Fernando II
28830 San Fernando de Henares
Teléfono: 914 463 350
clientes@paraninfo.es / www.paraninfo.es

ISBN: 978-84-283-6658-8
Depósito legal: M-10253-2025

(31.564)

Impreso en España / *Printed in Spain*

Gráficas Eujoa (Meres, Asturias)

Las actividades contenidas en este libro han de realizarse en un cuaderno aparte.
Los espacios incluidos en las actividades son meramente indicativos y su finalidad es didáctica.

Presentación

Este texto desarrolla los contenidos del módulo profesional de **Electricidad y Automatismos Eléctricos,** del Ciclo Formativo de grado medio en Mantenimiento Electromecánico, de la familia profesional de Instalación y Mantenimiento.

Las unidades del libro se acompañan de multitud de **recursos didácticos** que ayudarán al futuro técnico a comprender la materia y acercarlo a su inminente realidad laboral:

En esta **nueva edición** se han ampliado los contenidos incluyendo el relé de seguridad como un elemento que está adquiriendo cada vez mayor relevancia en las instalaciones de automatismos eléctricos, así como se han ampliado, revisado y actualizado el resto de los contenidos.

- Numerosas ilustraciones y fotografías con gran nivel de detalle.
- Legislación y normativa actualizadas.
- Recuadros de texto con información complementaria.
- Tablas con recopilación de datos.
- Prácticas de taller y actividades resueltas.
- Mapas conceptuales al final de cada unidad para repasar.
- Actividades de comprobación de tipo test y actividades de aplicación en todas las unidades.

Este libro ofrece los siguientes **materiales y recursos** disponibles en línea para el **profesorado** que confirme su adopción como libro de texto para impartir la materia:

- **Programación didáctica.**
- **Solucionario.**
- **Presentación en PowerPoint.**
- **Examina.**
- **LDP (libro digital proyectable).**

¿Qué vas a aprender con este libro?

Al finalizar tu formación profesional debes adquirir ciertos conocimientos y habilidades que se resumen en los **resultados de aprendizaje.** Tu profesor o profesora evaluará también tu desempeño en relación con esos resultados a partir de unos **criterios de evaluación** estandarizados. Estos resultados de aprendizaje y criterios de evaluación vienen establecidos en la siguiente normativa:

Real Decreto 1589/2011, de 4 de noviembre, por el que se establece el Título de Técnico en Mantenimiento Electromecánico y se fijan sus enseñanzas mínimas.

Resultados de aprendizaje (RA) y criterios de evaluación (CE)

1 Mide parámetros de magnitudes eléctricas en circuitos eléctricos de corriente continua, comparándolos con los cálculos efectuados.

CE

- a) Se han identificado las características de conductores, aislantes y semiconductores, diferenciando su comportamiento.
- b) Se han identificado las principales magnitudes eléctricas (tensión, intensidad y resistencia) y se han utilizado correctamente sus unidades.
- c) Se han resuelto problemas sobre la ley de Ohm, comprobando de forma práctica sus resultados.
- d) Se han realizado cálculos de potencia y energía.
- e) Se han comprobado de forma práctica los resultados a partir de los cálculos.
- f) Se han realizado e interpretado esquemas de circuitos eléctricos, utilizando simbología normalizada.
- g) Se han realizado cálculos de agrupaciones serie y paralelo de resistencias.
- h) Se han reconocido las propiedades de los condensadores y la función de estos.
- i) Se han realizado cálculos de agrupaciones de condensadores.
- j) Se han identificado las características y formas de conexión de aparatos de medida de tensión, intensidad, resistencia y potencia.
- k) Se han realizado medidas de tensión, intensidad, resistencia y potencia, observando las normas de seguridad de los equipos y de las personas.

2 Mide parámetros de magnitudes eléctricas en circuitos eléctricos de corriente alterna monofásica, comparándolas con los cálculos efectuados y describiendo los aspectos diferenciales con la corriente continua.

CE

- a) Se han identificado las características de una señal sinusoidal.
- b) Se han reconocido los valores característicos de la corriente alterna (CA).
- c) Se han verificado las relaciones entre tensión, intensidad y potencia en circuitos serie RLC.
- d) Se ha calculado el factor de potencia de circuitos de CA.
- e) Se ha relacionado el factor de potencia con el consumo de energía eléctrica.
- f) Se han realizado medidas de tensión, intensidad, potencia y factor de potencia.
- g) Se ha identificado cómo corregir el factor de potencia de una instalación.
- h) Se han realizado cálculos de caídas de tensión en líneas monofásicas de CA.

3 Mide parámetros de magnitudes eléctricas en un sistema trifásico, comparándolas con los cálculos efectuados.

CE

- a) Se han descrito los sistemas de generación y distribución a tres o cuatro hilos.
- b) Se han identificado las diferentes formas de conexión de los receptores trifásicos.
- c) Se ha reconocido la diferencia entre receptores equilibrados y desequilibrados.
- d) Se han realizado medidas de tensión, intensidad, potencia y energía, según el tipo de sistema trifásico y del tipo de carga.
- e) Se han realizado cálculos de mejora del factor de potencia en instalaciones trifásicas.

4 Identifica los dispositivos de protección que se deben emplear, relacionándolos con los riesgos y efectos de la electricidad.

CE

- a Se ha manejado el Reglamento Electrotécnico de Baja Tensión y la normativa de aplicación en materia de prevención de riesgos laborales.
- b Se han reconocido los inconvenientes del efecto térmico de la electricidad.
- c Se han identificado los riesgos de choque eléctrico en las personas y sus efectos fisiológicos, así como los factores relacionados.
- d Se han identificado los riesgos de incendio por calentamiento.
- e Se han reconocido los tipos de accidentes eléctricos.
- f Se han reconocido los riesgos derivados del uso de instalaciones eléctricas.
- g Se han interpretado las reglas para la realización de trabajos sin tensión.
- h Se ha calculado la sección de los conductores de una instalación, considerando las prescripciones reglamentarias.
- i Se han identificado las protecciones necesarias de una instalación contra sobreintensidades y sobretensiones.
- j Se han identificado los sistemas de protección contra contactos directos e indirectos.

5 Ejecuta operaciones de mecanizado de cuadros, aplicando técnicas de medición y marcado utilizando máquinas y herramientas.

CE

- a Se han identificado la simbología y las especificaciones técnicas en los planos.
- b Se han identificado materiales (perfiles, envolventes y cuadros).
- c Se han definido las fases y las operaciones del proceso.
- d Se ha realizado un plan de mecanizado y montaje.
- e Se han relacionado herramientas, medios técnicos y de seguridad según el requerimiento de cada intervención.
- f Se han seleccionado los equipos, herramientas, medios técnicos y de seguridad.
- g Se han realizado mediciones con la precisión exigida.
- h Se han ejecutado operaciones de distribución, trazado y marcado.
- i Se ha operado con las herramientas y equipos de trabajo característicos.
- j Se han ejecutado las operaciones de mecanizado en perfiles, envolventes, cuadros y canalizaciones.
- k Se han resuelto las contingencias surgidas.
- l Se han tenido en cuenta los tiempos previstos para el proceso.
- m Se han respetado los criterios de calidad.

6 Monta cuadros y sistemas eléctricos asociados, interpretando documentación técnica y verificando su funcionamiento.

CE

- a Se ha obtenido información de croquis y esquemas de mando y maniobra de cuadros y sistemas eléctricos.
- b Se han utilizado programas informáticos de CAD (*computer aided design*) electrotécnico para representar esquemas de mando y maniobra.
- c Se han aplicado la normativa electrotécnica y los convencionalismos de automatismos.
- d Se ha relacionado cada elemento con su función de conjunto.
- e Se han montado circuitos de mando y potencia para motores.
- f Se han realizado maniobras con motores.
- g Se ha operado con autonomía en las actividades propuestas.
- h Se ha comprobado el funcionamiento de la instalación.
- i Se han realizado medidas y verificaciones para la localización de averías.
- j Se ha operado con autonomía y destreza en la manipulación de elementos, equipos y herramientas.

¿Dónde lo vas a encontrar?

Unidad	RA	CE
Unidad 1	1	a b c d e f j k
Unidad 2	1	g h i k
Unidad 3	1	b c d e f g
Unidad 4	2	a b c d e f g h
Unidad 5	1	b f
Unidad 6	3	a b c d e
Unidad 7	4	a b h
Unidad 8	6	a b c d
Unidad 9	5	a b c d e f g h i j k l m
Unidad 9	6	e
Unidad 10	4	a b c d e f g i j
Unidad 11	3	d
Unidad 11	6	d e f g h
Unidad 12	3	d
Unidad 12	4	a e i j
Unidad 12	6	a b c d e f g h i j

Índice

6. Corriente alterna trifásica 111

7. Cálculo de secciones 131

8. Esquemas eléctricos y documentación técnica 167

13. Prácticas de taller 323

Anexos 377

Agradecimientos

El desarrollo de este libro ha sido posible gracias a la ayuda y aportación desinteresada prestada por las personas y empresas citadas a continuación, que han contribuido a enriquecer esta obra, aportando información, material gráfico, contenidos y orientación, y que de esta manera hacen que sea una herramienta amena y útil de aprendizaje tanto para estudiantes como para personas que desean tener una visión más concreta en este campo de la electricidad.

Un aspecto importante en los libros técnicos de hoy en día es contar con una gran cantidad de recursos visuales de tal manera que acerquen al lector los materiales técnicos con los que posteriormente va a trabajar en su futuro profesional. Deseo expresar mi más sincero agradecimiento, por permitirnos publicar contenido gráfico y documental de su propiedad, a las siguientes empresas:

- Aiscan.
- Aucotec.
- Circutor.
- Cydesa.
- Danfoss.
- Duracell.
- Excelitas Tec.
- Fluke.
- Hager.
- Promax.
- Pro'sKit.
- Prysmian Group.
- Phoenix Contact.
- Schneider Electric.
- Siemens.
- Teknomega.
- Virax.

Me gustaría también expresar mi gratitud a los compañeros Roberto Álvarez Sindín y María Pérez Cabezas por el material ofrecido.

También tiene toda mi gratitud el equipo de Ediciones Paraninfo, puesto que sin su confianza, esfuerzo y dedicación, esta obra nunca hubiese podido ser llevada a cabo.

Y, por supuesto, no quiero perder la oportunidad de agradecer a mi familia por su apoyo y comprensión.

La corriente eléctrica

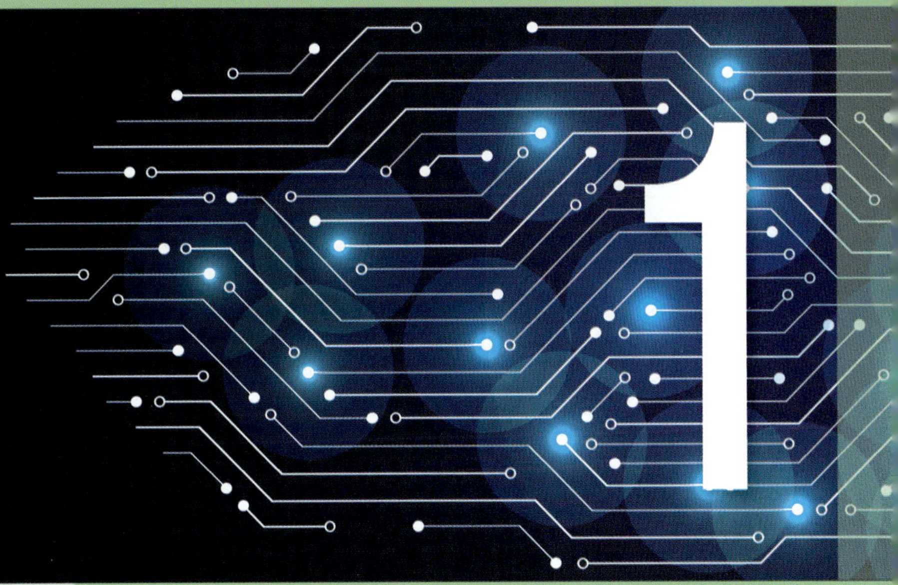

La energía eléctrica se genera mediante diversas tecnologías y posteriormente se transporta hasta los puntos de consumo aplicando la característica de la corriente alterna de poder transformarla, elevando o disminuyendo su voltaje.

Para entender los conceptos de la energía eléctrica se estudian sus magnitudes fundamentales y sus relaciones aplicando la ley de Ohm como principio básico en el estudio de la electricidad.

Contenidos

Objetivos

- Entender el proceso de generación y transporte de la energía eléctrica.
- Identificar el circuito eléctrico y las partes que lo componen.
- Manejar las magnitudes eléctricas más importantes.
- Aplicar la ley de Ohm.
- Saber qué es el efecto Joule y sus consecuencias.
- Aplicar los conceptos de potencia y energía.
- Realizar mediciones en corriente continua.

1.1. Generación de energía eléctrica

Hoy en día la energía eléctrica es la forma de energía más empleada por la sociedad. Aúna varias cualidades, como son la facilidad y las múltiples formas de conseguir su generación; la facilidad de su transporte y la facilidad de poder transformarse en otras formas de energía (mecánica, calorífica, etcétera).

Aunque la electricidad y los fenómenos electrostáticos se conocen desde la antigüedad (generación por frotación), los métodos de generación en plan industrial son relativamente recientes.

A lo largo de la historia se han estudiado diferentes formas de obtener energía eléctrica a partir de la transformación de otras fuentes de energía.

Tabla 1.1. Tipos de energía

Tipo de energía	Aplicaciones
Electricidad estática. Se crea por la acumulación de cargas eléctricas en un cuerpo.	Serigrafía, aplicación de pinturas, etc.
Piezoelectricidad. Consiste en la generación de electricidad cuando ciertos cristales de minerales como el cuarzo y la turmalina son sometidos a una presión mecánica. Estos cristales generan una diferencia de potencial debido a la disociación de sus cargas eléctricas, generándose una chispa eléctrica.	Encendedores, sensor de presión.
Termoelectricidad. Es el efecto de generación de electricidad de algunos materiales cuando se les aplica calor. Cuando a un elemento compuesto por dos materiales metálicos diferentes se le aplica una diferencia de temperatura se genera entre ambos una diferencia de potencial. A este efecto se le denomina efecto **Seebeck.**	Termopar.
Electroquímica. Se basa en reacciones de oxidación-reducción. La pila de Volta se basa en una serie de discos alternos de zinc y estaño junto con un paño impregnado en sales minerales. Junto con una serie de evoluciones (pila de Daniels, pila de plomo-ácido, etc.) se llega a las actuales **pilas** y **baterías.**	Pilas, baterías.
Efecto fotovoltaico. Transformación de la energía solar en electricidad.	Paneles solares.
Inducción electromagnética. Transformación de energía cinética en energía eléctrica.	Alternadores, dinamos.

La inducción electromagnética es actualmente la forma principal de obtener energía eléctrica. Se basa en la utilización de los generadores eléctricos (alternadores y dimamos). Se hace girar el eje del generador mediante el movimiento de algún fluido (agua, vapor de agua, aire, etc.) para generar electricidad.

Las formas de energía se clasifican en: **energías no renovables** y **energías renovables.**

A su vez, las energías no renovables se pueden clasificar como se detalla en la Tabla 1.2.

Tabla 1.2. Tipos de energía no renovables

Central	Energía	Características
Térmica	Fósiles	Energía limitada. Generador de efecto invernadero. Energía económica. Independencia de condiciones climatológicas.
Nuclear	Nuclear	Problemas con sus residuos. Energía económica. Independencia de condiciones climatológicas. Independencia energética del país.

Las principales centrales de producción de origen no renovable son:

- **Central térmica.** En una central térmica se queman combustibles fósiles (carbón, fueloil, gas natural) como fuente de calor. Consta de una caldera en la cual el agua por efecto del calor pasa a estado gaseoso. El agua ya transformada en vapor de agua y a alta presión pasa a la turbina donde mueve una serie de palas. Este movimiento hace girar el eje del generador trifásico de corriente alterna produciendo una corriente eléctrica. Posteriormente, este vapor que se ha ido enfriando durante el proceso vuelve al principio del ciclo entrando nuevamente a la caldera.

Figura 1.1. *Central térmica.*

- **Central nuclear.** Se basa en la fisión de los átomos de uranio de una manera controlada. En dicha fisión se genera mucho calor, el cual calienta el agua transformándolo en vapor de agua a alta presión. Este vapor, al igual que en las centrales térmicas, se conduce hacia las turbinas que son las encargadas de mover el eje de los generadores.

Las energías renovables (salvo la hidráulica) están en constante aumento, investigación y mejora técnica. Cuentan con la aceptación de la población, principalmente porque no contribuyen al cambio climático aunque tienen muchos condicionantes, principalmente por su dependencia del clima.

Tabla 1.3. Tipos de energía renovables

Central	Energía	Características
Hidráulica	Agua	Gran impacto medioambiental. Dependencia del clima. Dependencia de la orografía.
Eólica	Aire	Gran impacto medioambiental. Dependencia del clima. Dependencia de la orografía.
Solar fotovoltaica	Sol	Rendimiento energético bajo. Dependencia de las horas de sol.
Solar térmica	Sol	Dependencia de las horas de sol.
Biomasa	Residuos orgánicos	Generan efecto invernadero. Rendimiento bajo.
Mareomotriz	Agua	Gran impacto medioambiental.
Geotérmica	Calor de la tierra	Dependencia de la orografía.
Biocombustibles	—	Empleo de alimentos hacia combustibles (soja, aceites, etc.).
Pilas de combustibles	Hidrógeno	En investigación. Muy bajo rendimiento. Riesgo de explosión.

Las principales centrales de producción de origen renovable son:

- **Central hidráulica.** La central hidroeléctrica se basa en recurrir al agua almacenada en una presa y por gravedad generar el movimiento de unas turbinas que a su vez mueven el eje de un generador eléctrico.
- **Central solar.** Las hay de dos tipos:
  — **Fotovoltaica.** Es la producción directa de electricidad proveniente del sol. Emplean unas placas o módulos fotovoltaicos los cuales aprovechan el efecto físico fotovoltaico para generar electricidad.
  — **Térmica.** Consiste en generar vapor de agua aprovechando los rayos solares. Este vapor se aprovecha para el movimiento de las turbinas que a su vez mueven el generador.
- **Central eólica.** Se basa en aprovechar el movimiento del aire para hacer girar unas palas que están acopladas al eje del generador.

Figura 1.2. *Central eólica.*

1.2. Transporte de energía eléctrica

Generalmente, los centros de producción de energía eléctrica se encuentran alejados de los centros de consumo. Por ello existe la necesidad de poder transportar la energía eléctrica con las menores pérdidas; es decir, con un mejor rendimiento.

En las líneas de transporte, por el hecho de que circula una corriente y que los cables eléctricos tienen una resistencia a su paso, provoca unas pérdidas en forma de calor.

En los albores de la electricidad moderna los elementos de consumo eran de corriente continua y por tanto la distribución también se hacía en este tipo de corriente.

Para poder transportar la corriente eléctrica se necesitaba una red de cableado cuya sección era considerable con el objeto de minimizar estas pérdidas.

Este gran inconveniente en el transporte de la energía eléctrica de corriente continua supuso el cambio hacia la corriente alterna.

Figura 1.3. *Red eléctrica de transporte.*

Con la aparición de la corriente alterna y la posibilidad de poder transformarse para modificar su parámetro de tensión o voltaje se inicia la era del transporte eficiente de corriente alterna en alta tensión.

La idea se basa en el siguiente concepto: si la potencia es el producto de la tensión (V) por la corriente (I):

$$P = U \cdot I$$

A igualdad de potencia se puede aumentar la tensión y disminuye la corriente.

Hay que tener en cuenta (como se estudiará más adelante) que las secciones del cableado dependen de la corriente que circula por él; así, a mayor corriente mayor sección se necesita y por tanto mayor coste económico.

La energía eléctrica tiene la dificultad de poder almacenarse de una manera eficiente. Por ello se debe buscar un equilibrio entre los centros de producción y los centros de consumo.

1.2.1. Sistema de transporte y distribución

El sistema eléctrico desde los puntos de producción hasta los puntos de consumo pasa por los siguientes escalones:

- **Producción.** La energía se genera en las centrales eléctricas mediante los alternadores a una tensión entre 3 kV y 36 kV.
- **Estación elevadora.** Se encarga de elevar la tensión de producción para optimizar el transporte. Estas tensiones se sitúan entre 66 kV y 380 kV.
- **Red de transporte.** Tiene como misión interconectar los centros de producción con los centros de consumo. Es una red de tipo malla para favorecer la fiabilidad y optimización del sistema. Los niveles de tensión para España son de 110, 132, 220 y 380 kV.
- **Subestaciones de transformación (SET).** Se encargan de reducir la tensión de transporte a tensiones de reparto y se encuentran emplazadas en los grandes centros de consumo.
- **Red de reparto.** Son redes que, partiendo de las subestaciones de transformación, reparten la energía, normalmente mediante anillos que rodean los grandes centros de consumo hasta llegar a las estaciones transformadoras de distribución. Las tensiones utilizadas son de 25, 30, 45, 66, 110 y 132 kV.
- **Estación transformadora de distribución (ETD).** Su misión es transformar la tensión desde el nivel de la red de reparto hasta el de la red de distribución en media tensión. Estas estaciones se encuentran normalmente intercaladas en los anillos formados en la red de reparto.
- **Red de distribución en media tensión.** Son redes en forma de malla que cubren la superficie del gran centro de consumo (población, gran industria, etc.) uniendo las estaciones transformadoras de distribución con los centros de transformación. Las tensiones empleadas son de 3, 6, 10, 11, 15, 20, 25 y 30 kV.
- **Centros de transformación (CT).** Se encargan de reducir la tensión de la red de distribución de media tensión al nivel de la red de distribución de baja tensión.
- **Red de distribución en baja tensión.** Son redes que, partiendo de los centros de transformación, alimentan directamente los distintos receptores, constituyendo el último escalón en la distribución de la energía eléctrica. Generalmente, el nivel de tensión es de 400 V en corriente trifásica y 230 V en corriente monofásica.

No obstante, hay que tener en cuenta que los consumidores finales son de dos tipos: industrial y doméstico. La red de consumo industrial se sitúa de 132 kV a 12,5 kV y cuenta con centro de trasformación para obtener las tensiones más bajas. La red de consumo doméstico se sitúa en 400 V.

Sabías que...

La red de transporte eléctrico en España está compuesta por 42 000 km de líneas de alta tensión y de más de 80 000 kVA de poder de transformación.

1.3. Circuito eléctrico

Todas las instalaciones eléctricas están formadas por circuitos eléctricos.

Un circuito eléctrico se compone de las siguientes partes:

- El generador de energía eléctrica.
- Los receptores.
- Los elementos de mando.
- Los conductores eléctricos.

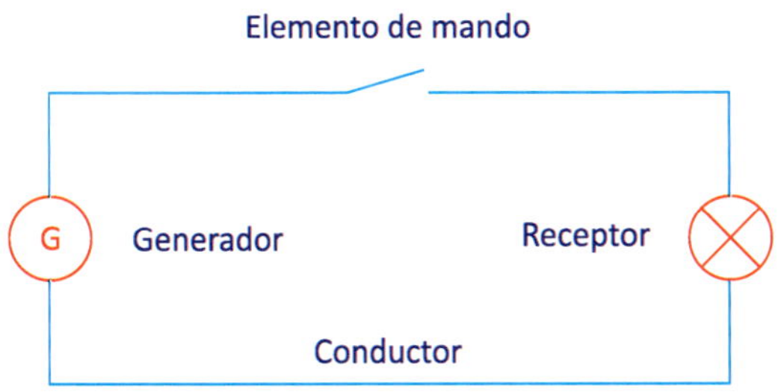

Figura 1.4. *Circuito eléctrico.*

El **generador** se encarga de proporcionar la energía eléctrica. Los generadores eléctricos más empleados son los alternadores, las dinamos, las baterías y los paneles fotovoltaicos.

Los **receptores** son los elementos encargados de transformar la energía eléctrica en otra forma de energía: por ejemplo, en energía mecánica, el motor; en energía calorífica, la resistencia eléctrica; en energía lumínica, la lámpara; etcétera.

Los **elementos de mando** son los encargados de gobernar a los receptores. Permiten que la energía eléctrica circule a los receptores a voluntad. Son los interruptores, pulsadores y conmutadores.

Los **conductores eléctricos** son los elementos de unión entre el generador, los receptores y los elementos de mando, y por ellos circula la corriente eléctrica.

Todos los metales son conductores de la electricidad, siendo algunos mejores que otros. Los conductores eléctricos más empleados son de cobre y de aluminio.

Sabías que...

La plata es mejor conductor que el cobre, pero su precio impide que el cableado de las instalaciones eléctricas sea de este material.

1.4. Magnitudes eléctricas

Los circuitos eléctricos se definen mediante una serie de magnitudes eléctricas y entre las más importantes están el voltaje, la intensidad y la resistencia.

1.4.1. Voltaje eléctrico

Considerando un material eléctricamente neutro, si un átomo pierde un electrón, entonces adquiere carga positiva, y si gana un electrón adquiere carga negativa. Si se tiene un cuerpo cargado positivamente y otro negativamente, entonces entre ellos existe una diferencia de potencial. Al unirlos con un conductor se establece un movimiento de electrones con el objeto de llevar ese material a su estado natural, o sea al estado neutro eléctricamente.

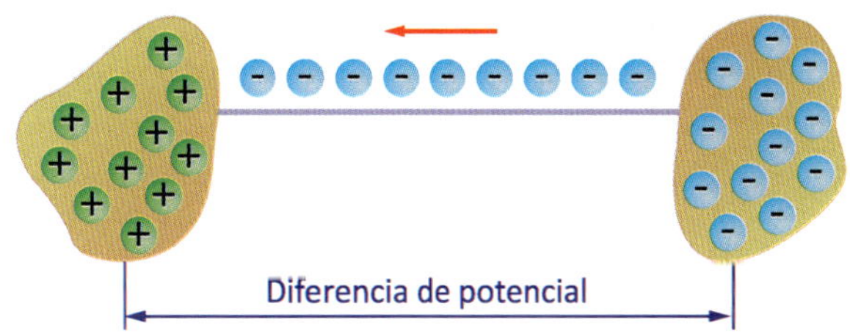

Figura 1.5. *Diferencia de potencial.*

La **diferencia de potencial** (d. d. p.) recibe también otros nombres tales como: **tensión** eléctrica o **voltaje** eléctrico.

Como se ha visto, para que exista una corriente eléctrica debe existir una diferencia de potencial entre dos puntos del circuito eléctrico. De esta tarea se encarga el generador. Por ejemplo, la batería de la Figura 1.6 genera una diferencia de potencial entre sus bornes de 12 voltios.

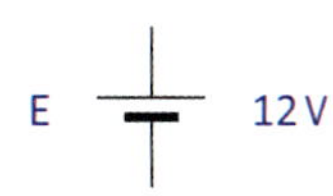

Figura 1.6. *Fuerza electromotriz de 12 V_{DC}.*

La fuerza necesaria para mover los electrones en el generador y así generar la energía eléctrica recibe el nombre de **fuerza electromotriz** (f. e. m.).

Recuerda

La fuerza electromotriz (f. e. m.) se aplica al generador, mientras que en el resto del circuito se emplea el voltaje, la tensión o la diferencia de potencial.

El voltaje o tensión eléctrica se representa por la letra ***U***. Su unidad de medida es el **voltio** que se representa por la letra **V.**

La fuerza electromotriz se representa por la letra ***E***. Su unidad de medida es el **voltio** que se representa por la letra **V.**

Tabla 1.4. Magnitud para voltios

Magnitud		Unidad de medida	
U	Tensión / voltaje	V	Voltio
E	Fuerza electromotriz	V	Voltio

Recuerda

- Tensión, voltaje, diferencia de potencial (U) → voltio (V).
- La fuerza electromotriz (E) → voltio (V).

1.4.2. Intensidad eléctrica

La intensidad eléctrica (I) representa la cantidad de electricidad o carga eléctrica (Q) que circula por un circuito en la unidad de tiempo (t).

$$I = \frac{Q}{t}$$

Donde:

I: intensidad (A, amperios).

Q: carga eléctrica (C, culombios).

t: tiempo (s, segundos).

La **intensidad** eléctrica también recibe el nombre de **corriente** eléctrica. Se representa por la letra ***I***. Su unidad de medida es el **amperio** que se representa por la letra **A.**

Tabla 1.5. Magnitud de corriente

Magnitud		Unidad de medida	
I	Intensidad	A	Amperio

Relacionado con la intensidad eléctrica se encuentra la **densidad de corriente eléctrica** que se define como la cantidad de corriente que circula por un conductor por unidad de superficie.

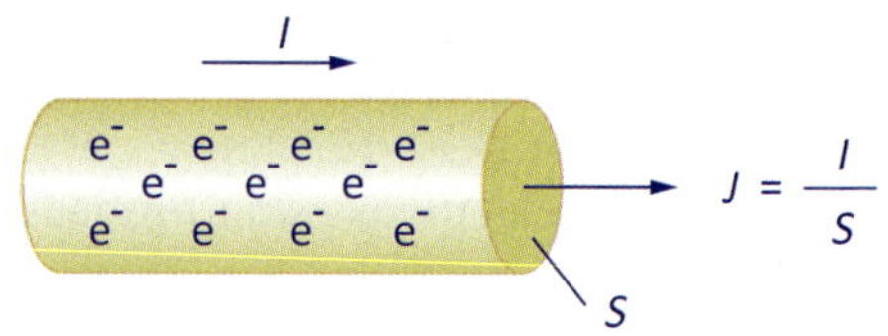

Figura 1.7. *Densidad de corriente.*

$$J = \frac{I}{S}$$

Donde:

J: densidad de corriente (A/mm^2).

I: intensidad (A).

S: superficie (mm^2).

Tabla 1.6. Magnitud de densidad de corriente

Magnitud		Unidad de medida
J	Densidad de corriente	A/mm^2

Actividad resuelta 1.1

Por un conductor de un circuito eléctrico cuya sección es de 4 mm^2 circulan 10 A. ¿Cuál es su densidad de corriente?

Solución:

$$J = \frac{I}{S} = \frac{10}{4} = 2{,}5\ A/mm^2$$

1.4.3. Resistencia eléctrica

La resistencia eléctrica es la oposición que ofrece un cuerpo al paso de la corriente eléctrica. Se representa por la letra ***R***. Su unidad de medida es el **ohmio** que se representa por la letra **Ω.**

Tabla 1.7. Magnitud de resistencia

Magnitud		Unidad de medida	
R	Resistencia	Ω	Ohmio

La resistencia eléctrica de un conductor depende del material, de su sección, de su longitud y de la temperatura a la cual se encuentre. Estos valores se reúnen en una magnitud denominada **resistividad.** Cada material tiene su propia resistividad y cuanto más bajo sea este valor mejor conductor es.

La resistividad se representa por la letra ρ**.** Su unidad de medida es **Ω mm^2/m.**

Tabla 1.8. Magnitud de resistividad

Magnitud		Unidad de medida
ρ	Resistencia	$\frac{mm^2}{m}$

Los valores de resistividad se expresan para una temperatura dada, normalmente para 20 °C.

Tabla 1.9. Resistividad y coeficiente de temperatura de algunos materiales

Material	Coef. resistividad a 20 °C $\rho_{20\,°C}$ [Ω mm²/m]	Coeficiente temperatura α [°C⁻¹]
Plata	0,0161	$3{,}8 \cdot 10^{-3}$
Cobre	0,0172	$3{,}93 \cdot 10^{-3}$
Oro	0,023	$3{,}4 \cdot 10^{-3}$
Aluminio	0,028	$3{,}9 \cdot 10^{-3}$
Estaño	0,12	$4{,}2 \cdot 10^{-3}$
Hierro	0,13	$5 \cdot 10^{-3}$
Plomo	0,20	$3{,}9 \cdot 10^{-3}$
Nicrón (Ni-Cr)	1	$0{,}44 \cdot 10^{-3}$
Carbón	63	$-0{,}5 \cdot 10^{-3}$

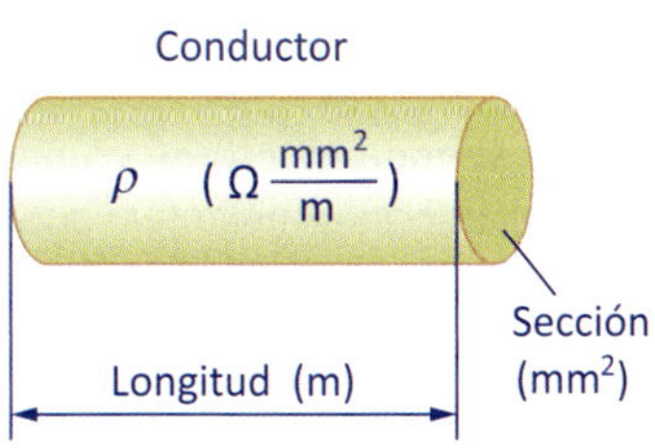

Figura 1.8. *Resistividad.*

Por tanto, la resistencia de un conductor viene dada por la expresión:

$$R = \rho \frac{L}{S}$$

Donde:

R: resistencia (Ω, ohmios).

ρ: resistividad ($\Omega \frac{mm^2}{m}$).

L: longitud (m, metros).

S: sección (mm², milímetros cuadrados).

De esta expresión se observa que:

- A mayor longitud, mayor resistencia ofrecerá.
- A mayor sección, menor resistencia.

Actividad resuelta 1.2

¿Cuál es la resistencia de un conductor de cobre de 100 m cuya sección es de 2,5 mm² y cuya temperatura ambiente es de 20 °C? ¿Y si fuesen 200 m?

Solución:

Para 100 m se tiene que:

$$R = \rho \frac{L}{S} = 0{,}0172\ \Omega \frac{mm^2}{m} \frac{100\ m}{2{,}5\ mm^2} = 0{,}688\ \Omega$$

Y para 200 m se tiene que:

$$R = \rho \frac{L}{S} = 0{,}0172\ \Omega \frac{mm^2}{m} \frac{200\ m}{2{,}5\ mm^2} = 1{,}376\ \Omega$$

Se observa que al aumentar la longitud aumenta la resistencia.

A la mayoría de los metales, el efecto de la temperatura altera su resistencia, de tal manera que al aumentar la temperatura aumenta la resistencia óhmica.

Para corregir la desviación de la temperatura se emplea el **coeficiente de temperatura** (α).

$$R = R_i\,(1 + \alpha\,\Delta T)$$

Donde:

R: resistencia (Ω, ohmios).

R_i: resistencia inicial (Ω, ohmios).

α: coeficiente de temperatura del material.

ΔT: variación de temperatura (°C).

Actividad resuelta 1.3

Si el conductor del ejemplo anterior se calienta hasta situarse a una temperatura de 80 °C, ¿cuál será ahora su resistencia?

Solución:

Se calcula su resistencia a 20 °C, sabiendo que la resistividad del cobre a 20 °C es de 0,0172 Ω mm²/m:

$$R_i = \rho \frac{L}{S} = 0{,}0172\ \Omega \frac{mm^2}{m} \frac{100\ m}{2{,}5\ mm^2} = 0{,}688\ \Omega$$

Y se corrige su valor sabiendo que el coeficiente de temperatura (α) para el cobre es de 0,00393:

$$R = R_i\,(1 + \alpha\,\Delta T) =$$

$$= 0{,}688\ \Omega\,(1 + 0{,}00393\,(80\ ^{\circ}\text{C} - 20\ ^{\circ}\text{C}) = 0{,}85\ \Omega$$

El inverso de la resistividad es la conductividad, que se puede definir como la facilidad que ofrece un conductor al paso de la corriente eléctrica.

$$\gamma = \frac{1}{\rho}$$

γ: conductividad $\left(\frac{\text{m}}{\Omega \cdot \text{mm}^2}\right)$.

ρ: resistividad $\left(\frac{\Omega \cdot \text{mm}^2}{\text{m}}\right)$.

Actividad resuelta 1.4

A partir de la Tabla 1.9, determina la conductividad del cobre a 20 ºC.

Solución:

La resistividad del cobre a 20 ºC es de 0,0172 Ω mm^2/m.

Como la conductividad es la inversa de la resistividad:

$$\gamma = \frac{1}{\rho} = \frac{1}{0{,}0172} \approx 58\ \frac{\text{m}}{\Omega \cdot \text{mm}^2}$$

Según su resistividad o conductividad, los materiales se clasifican en:

- **Conductores.** Son buenos conductores de la corriente eléctrica por su alta conductividad (baja resistividad).
- **Aislantes.** Son malos conductores de la corriente eléctrica por su alta resistividad (baja conductividad).
- **Semiconductores.** Son materiales que se encuentran entre conductores y aislantes. No son tan buenos conductores ni son tan buenos aislantes. Se emplean en electrónica, siendo los más utilizados el silicio, el germanio, así como materiales compuestos (arseniuro de galio y otros).

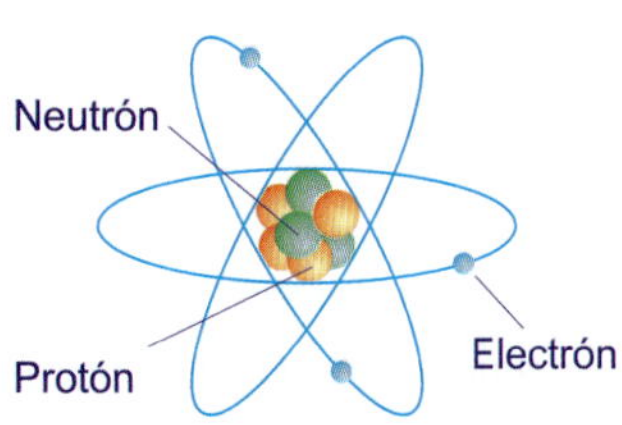

Figura 1.9. *Representación simplificada de un átomo.*

Este comportamiento va ligado a la estructura atómica. Los electrones de la última capa soportan fuerzas de ligadura más débiles y por tanto son los más fáciles de desprenderse del átomo. Si un átomo pierde un electrón, este queda cargado positivamente y recibe el nombre de **catión.** También puede darse el caso contrario y que un átomo admita más electrones en su última capa, entonces queda cargado negativamente y recibe el nombre de **anión.** En ambos casos, cuando un átomo no es neutro sino que adquiere carga eléctrica se llama **ion.**

Por tanto, un conductor es un elemento cuya estructura atómica tiene facilidad para desprenderse de algunos de sus electrones. El movimiento ordenado de estos electrones libres es el que dará lugar a la corriente eléctrica.

1.er orbital	2 electrones
2.º orbital	8 electrones
3.er orbital	18 electrones
4.º orbital	1 electrón
	29 electrones

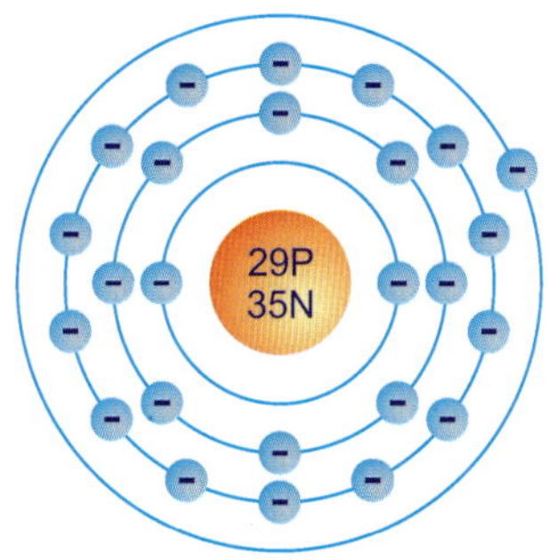

Figura 1.10. *Representación esquemática de un átomo de cobre.*

Sin embargo, en un material aislante no hay apenas electrones libres. No obstante, se puede suministrar energía que se aprovechará para que los electrones puedan desprenderse del átomo volviéndose conductores. Esta propiedad recibe el nombre de **rigidez dieléctrica.** Los aislantes empleados en electricidad se realizan con materiales con una elevada rigidez dieléctrica, por ejemplo, los plásticos.

Y los elementos semiconductores como el silicio y el germanio se comportan como aislantes, pero apenas se les proporciona energía (por ejemplo, aumentando la temperatura) se vuelven conductores.

1.5. Efecto Joule

El efecto Joule es la transformación de la energía eléctrica en **energía calorífica.**

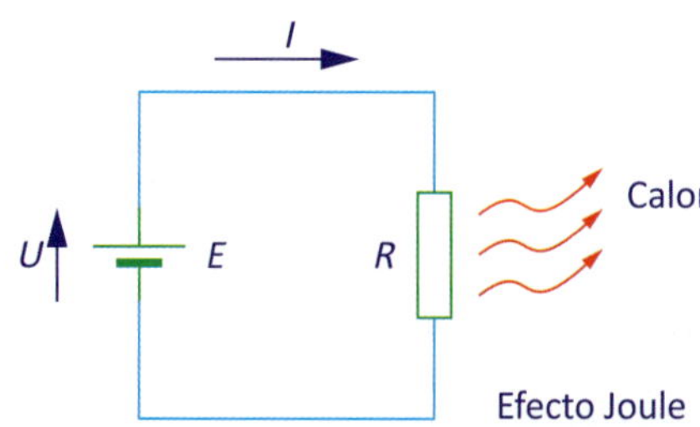

Figura 1.11. *Efecto Joule.*

La cantidad de calor generado está relacionada con la energía (E) y viene definida por la expresión:

$$Q = 0{,}24 \cdot E$$

$$\downarrow \qquad \downarrow$$

$$\text{cal} \qquad \text{J}$$

Las conversiones entre unidades son:

1 julio = 0,24 cal

1 cal = 4,18 julios

Como:

$$E = P \cdot t$$

Siendo:

$$1\ \text{J} = 1\ \text{W} \cdot 1\ \text{s}$$

Desarrollando la potencia se llega a la expresión:

$$Q = 0{,}24 \cdot R \cdot I^2 \cdot t$$

Donde:

Q: cantidad de calor generado (cal, calorías).

R: resistencia (Ω, ohmios).

I: intensidad (A, amperios).

t: tiempo (s, segundos).

El efecto Joule se aprovecha para la generación de calor de una manera sencilla, por ejemplo en hornos. Como elemento generador de calor se emplean las resistencias eléctricas.

Sin embargo, este efecto puede ser no deseado en ciertas aplicaciones eléctricas, como por ejemplo en el transporte de energía. Un conductor eléctrico, por muy bueno que sea (baja resistividad), siempre tiene una pequeña resistencia óhmica que al circular una corriente eléctrica va a provocar un calentamiento. Este aumento de calor no deseado debe ser disipado ya que de lo contrario los aislantes eléctricos del cableado no lo soportarán pudiendo provocar accidentes.

Actividad resuelta 1.5

¿Cuál es la cantidad de calor generado por una resistencia eléctrica de 80 Ω cuando circula una corriente de 2,5 A durante 45 minutos?

Solución:

Lo primero es obtener los valores en las unidades de cálculo. De ellas, solo se necesita adaptar el tiempo de minutos a segundos, para lo que se multiplica por 60.

$$t = 45\ \text{m} \cdot 60\ \text{s/m} = 2700\ \text{s}$$

Ahora ya se puede aplicar la fórmula:

$$Q = 0{,}24 \cdot R \cdot I^2 \cdot t$$

$$Q = 0{,}24 \cdot 80 \cdot 2{,}5^2 \cdot 2700 = 324\,000\ \text{cal} = 324\ \text{kcal}$$

1.6. Circuito eléctrico en corriente continua

Existen varios tipos de forma de onda de las corrientes eléctricas (continua, cuadrada, senoidal, etc.). Estas formas de ondas representan cómo se realiza el movimiento de los electrones a través de los conductores.

1.6.1. Corriente continua

En este tipo de corriente, el movimiento de los electrones se realiza en un mismo sentido y siempre con el mismo valor, es decir, que sus características se mantienen constantes a lo largo del tiempo.

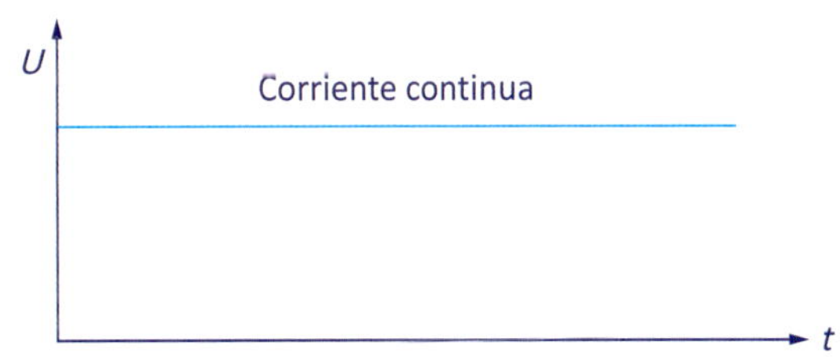

Figura 1.12. *Onda de corriente continua.*

La corriente continua se expresa de forma abreviada con las letras **CC,** o bien en lengua inglesa por **DC.**

Sus conductores eléctricos se llaman positivo y negativo. Para distinguirlos, están codificados mediante un color, siendo el conductor positivo de color **rojo** y el negativo de color **negro.**

Recuerda

El conductor positivo (+) es de color rojo y el conductor negativo (–) es de color negro.

En los albores de la electricidad, el tipo de corriente que se empleaba era la corriente continua. Las ciudades y viviendas se electrificaban bajo este tipo de corriente, pero debido a una serie de inconvenientes relacionados con su transporte hizo que dejase paso a la corriente alterna, tal y como la conocemos. Hoy en día, la corriente continua se emplea en dispositivos móviles donde el generador eléctrico son las pilas y baterías. Otro campo de aplicación se encuentra en la generación de electricidad mediante módulos fotovoltaicos, donde se genera en corriente continua y, si es necesario, se trasforma en corriente alterna.

1.6.2. Circuito eléctrico en corriente continua

El circuito eléctrico más simple en corriente continua es el compuesto por un generador y una resistencia como receptor.

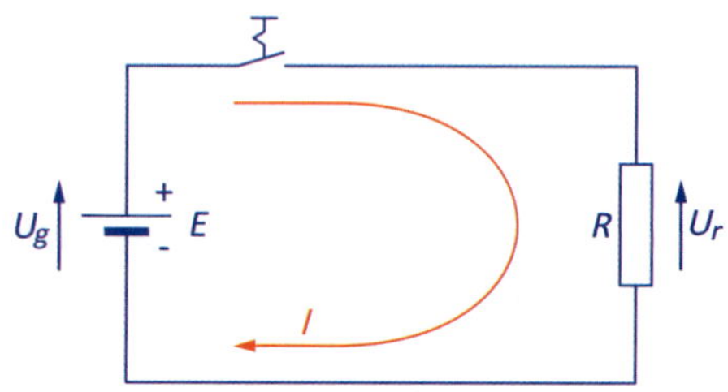

Figura 1.13. *Sentido de la corriente eléctrica.*

El generador en corriente continua tiene una polaridad (borne positivo y borne negativo). Al cerrar el interruptor se establece una circulación eléctrica. Como la corriente eléctrica es un movimiento de electrones, estos se mueven desde el polo negativo (–) al polo positivo (+), siendo este el **sentido real** de la corriente. Al comienzo del estudio de la corriente eléctrica, este concepto no se tenía muy claro y se pensaba que la corriente eléctrica se movía del polo positivo al polo negativo realmente no afecta al resultado final y por ello se sigue empleando. Este sentido se denomina **sentido convencional** de la corriente eléctrica

1.7. Ley de Ohm

El físico alemán Georg Simon Ohm estudiando las relaciones que se daban entre las magnitudes físicas de la corriente, tensión y resistencia llegó al siguiente postulado que lleva su nombre. Dice así, **«en un circuito eléctrico, la corriente eléctrica que circula por él es directamente proporcional a la diferencia de potencial e inversamente proporcional a la resistencia eléctrica que ofrece».**

Esta ley es fundamental en el desarrollo de la electricidad siendo la base física de muchos cálculos.

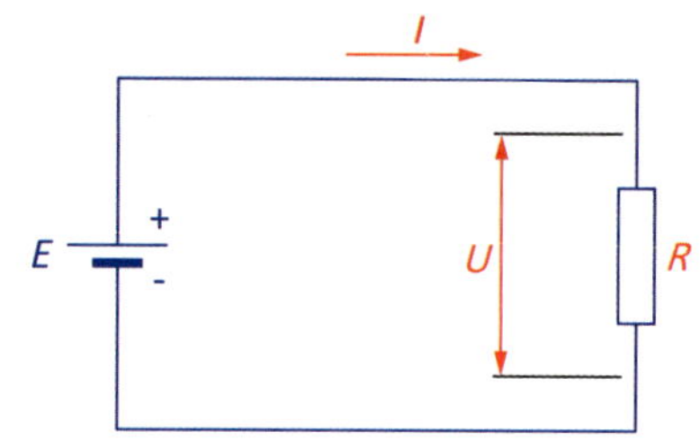

Figura 1.14. *Magnitudes de la ley de Ohm.*

$$I = \frac{U}{R}$$

Donde:

I: corriente (A, amperios).

U: tensión (V, voltios).

R: resistencia (Ω, ohmios).

En función de la magnitud en la cual se desee expresar, se obtiene que:

$$U = I \cdot R \qquad R = \frac{U}{I}$$

Actividad resuelta 1.6

Calcula la corriente que circula por un circuito eléctrico compuesto por una resistencia de 10 Ω, si la tensión es de 230 V.

Solución:

Se aplica la ley de Ohm:

$$I = \frac{U}{R} = \frac{230\ \text{V}}{10\ \Omega} = 23\ \text{A}$$

Actividad resuelta 1.7

Por una resistencia de 16 Ω circulan 6,4 A. ¿Cuál es la diferencia de potencial en bornes de la resistencia?

Solución:

Se aplica la ley de Ohm:

$$U = I \cdot R = 6{,}4\ \text{A} \cdot 16\ \Omega = 102{,}4\ \text{V}$$

Actividad resuelta 1.8

¿Cuál es la resistencia que ofrece un conductor por el cual circula una corriente de 20 A conectado a un voltaje de 24 V?

Solución:

Se aplica la ley de Ohm:

$$R = \frac{U}{I} = \frac{24\ \text{V}}{20\ \text{A}} = 1{,}2\ \Omega$$

1.8. Pilas y acumuladores

Las pilas y los acumuladores son elementos que convierten la energía que se produce en una reacción química para generar energía eléctrica.

Este sistema de generación produce energía eléctrica de corriente continua que se emplea como alimentación para pequeños aparatos portátiles.

El principal inconveniente se encuentra en que una vez agotado el combustible químico, las pilas quedan inservibles. Este inconveniente queda resuelto en parte con el empleo de acumuladores, donde es posible volver a cargarlas una vez agotadas.

1.8.1. Pilas eléctricas

Una pila está compuesta por dos electrodos de diferentes metales introducidos en un electrolito. Entre cada electrodo y el electrolito aparece una diferencia de potencial que depende del tipo de metal y del tipo de electrolito y su concentración, y que recibe el nombre de **tensión parcial del electrodo.** Si los dos electrodos son del mismo metal, la diferencia de potencial es la misma pero opuesta, y por tanto la tensión en la pila es nula.

Para medir las tensiones de diferentes materiales se toma como patrón un electrodo de hidrógeno. Las tensiones que se obtienen se denominan **tensiones electroquímicas** (Tabla 1.10).

En la Figura 1.15 se muestra una pila húmeda de tipo Volta. Consta de un recipiente en el cual se coloca un electrodo de zinc y el otro electrodo de cobre. Como electrolito se tiene una disolución de ácido sulfúrico con una concentración de entre el 10 % y el 20 %.

Al cerrar el circuito, los iones de H^+ se mueven hasta el electrodo de cobre (cátodo o polo positivo) formando alrededor de este unas burbujas de hidrógeno. Estas burbujas son un inconveniente puesto que impiden el contacto eléctrico. Otro inconveniente que presentan es que el electrodo de zinc se sigue disolviendo, aunque el circuito esté abierto. Este efecto se denomina **descarga espontánea.**

Tabla 1.10. Tensiones electroquímicas. Electrodo de H (20 °C)

Material	Tensión	Material	Tensión
Oro	+ 1,5 V	Cobalto	– 0,29 V
Platino	+ 0,86 V	Cadmio	– 0,40 V
Plata	+ 0,80 V	Hierro	– 0,44 V
Mercurio	+ 0,79 V	Cromo	– 0,56 V
Carbono	+ 0,74 V	Zinc	– 0,76 V
Cobre	+ 0,34 V	Manganeso	– 1,10
Bismuto	+ 0,28 V	Aluminio	– 1,67 V
Antimonio	+ 0,14 V	Magnesio	– 2,40 V
Hidrógeno	0	Sodio	– 2,71 V
Plomo	– 0,13 V	Potasio	– 2,92 V
Estaño	– 0,14 V	Litio	– 2,96 V
Níquel	– 0,23 V		

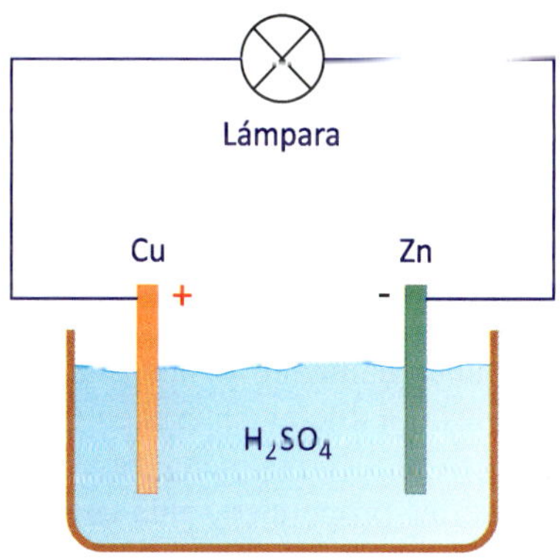

Figura 1.15. *Pila húmeda.*

Sabías que...

Para evitar la formación de las burbujas en las pilas húmedas se emplean sustancias despolarizantes como la pirolusita (MnO_2).

Una pila se caracteriza por:

- **Fuerza electromotriz** (f. e. m.). Es la tensión que proporciona la pila.
- **Capacidad.** Es la cantidad total de energía eléctrica que proporciona la pila hasta agotarse.
- **Resistencia interna.** Es la resistencia que presenta la pila.

Existen muchos tipos de pilas (Daniel, Volta, Leclanche, etc.), pero las más empleadas actualmente son:

- **Pilas de zinc/carbón** (Zn/C). Son pilas secas. Tienen un precio bajo. Se emplean en aparatos sencillos.
- **Pilas alcalinas** (Zn/MnO_2). Tienen mayor duración.
- **Pilas de litio.** Producen mayor energía, pero a mayor coste económico.

Figura 1.16. *Diferentes tipos de pilas. (Cortesía de Duracell).*

1.8.2. Acumuladores

El principio de funcionamiento de los acumuladores es similar al de las pilas. La diferencia está en que los acumuladores son dispositivos eléctricamente reversibles. Una vez descargados, si se les proporciona una energía eléctrica la almacenan en forma de energía química quedando cargados.

El electrolito puede ser de tipo ácido (ácido sulfúrico, H_2SO_4) o alcalino (hidróxido potásico, KOH).

La capacidad de un acumulador se expresa en amperios hora (Ah) e indica la cantidad de electricidad que almacena.

$$Q = I \cdot t$$

Actividad resuelta 1.9

Una batería de acumuladores tiene una capacidad de 120 Ah. ¿Qué corriente proporciona si se descarga en 10 horas?

Solución:

Se aplica la expresión:

$$I = \frac{Q}{t} = \frac{120 \text{ Ah}}{10 \text{ h}} = 12 \text{ A}$$

El proceso de carga de un acumulador consiste en conectarlo a una fuente de alimentación de corriente continua a una tensión superior y una corriente máxima que suele estar en torno al 10 % de su capacidad. Así, en un acumulador de 100 Ah la corriente de carga máxima sería de 10 A.

En el proceso de descarga se debe vigilar que no baje por debajo de la tensión límite de descarga, puesto que comienza un proceso de creación de cristales (sulfatación) que acortan la vida útil, ya que dificultan la reconstitución interna de los electrodos.

Un acumulador no puede cargarse/descargarse indefinidamente, sino que tiene una vida útil que disminuye en función del número de ciclos de carga/descarga, así como de la profundidad de descarga. También, al igual que las pilas, tiene una autodescarga que hace que con el tiempo y a circuito abierto vaya perdiendo nivel de carga. De aquí la necesidad de realizar un mantenimiento de carga que compense este nivel perdido. En un acumulador almacenado durante largos períodos de tiempo si no se hace este mantenimiento quedará dañado.

1.8.3. Asociación de generadores

Los generadores pueden asociarse entre sí en conexión serie o paralelo.

Conexión serie

Al asociar varios generadores en serie se consigue aumentar la tensión del conjunto.

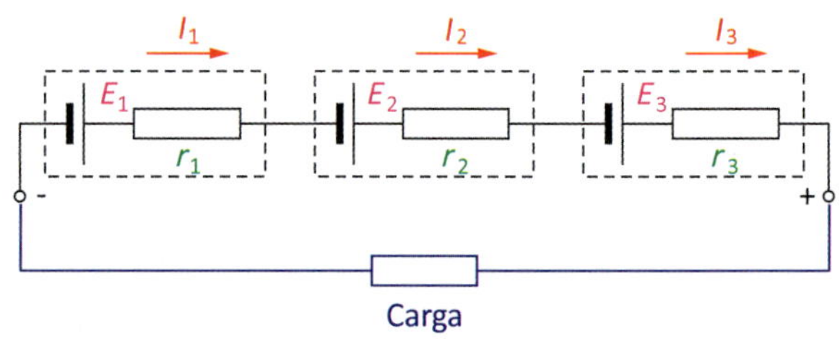

Figura 1.17. *Asociación de generadores en serie.*

Las características de esta asociación son:

- La fuerza electromotriz del conjunto es la suma de las fuerzas electromotrices de cada generador:

$$E = E_1 + E_2 + E_3$$

- La resistencia interna del conjunto, al estar conectado en serie, es la suma de las resistencias internas de cada generador:

$$r = r_1 + r_2 + r_3$$

- La intensidad eléctrica del conjunto es la misma en cada generador:

$$I = I_1 = I_2 = I_3$$

Actividad resuelta 1.10

Una batería está compuesta de 8 acumuladores conectados en serie. La f. e. m de cada uno es de 1,5 V, con una resistencia interna de 0,1 Ω. Si se conecta una carga de 20 Ω, ¿qué tensión hay en bornes de la carga y qué corriente circula? Si ahora se desconecta la carga (circuito en vacío), ¿qué nivel de tensión hay en bornes?

Solución:

Se calculan los datos totales de la batería:

$$E = E_1 + E_2 + \ldots + E_8 = 8 \cdot 1{,}5 \text{ V} = 12 \text{ V}$$

$$r = r_1 + r_2 + \ldots + r_8 = 8 \cdot 0{,}1 = 0{,}8\ \Omega$$

Con la carga de 20 Ω, la corriente que circula, aplicando la ley de Ohm, es de:

$$I = \frac{E}{R + r} = \frac{12}{20 + 0{,}8} = 0{,}57 \text{ A}$$

Con una tensión en bornes de la carga de:

$$U = I \cdot R = 0{,}57 \cdot 20 = 11{,}53 \text{ V}$$

Si se desconecta la carga, la corriente es nula y la tensión es igual a la f. e. m. de la batería:

$$U = E - r \cdot I = 12 - 0{,}8 \cdot 0 = 12 \text{ V}$$

Conexión paralelo

Al asociar varios generadores en paralelo se consigue aumentar la corriente del conjunto manteniendo la tensión.

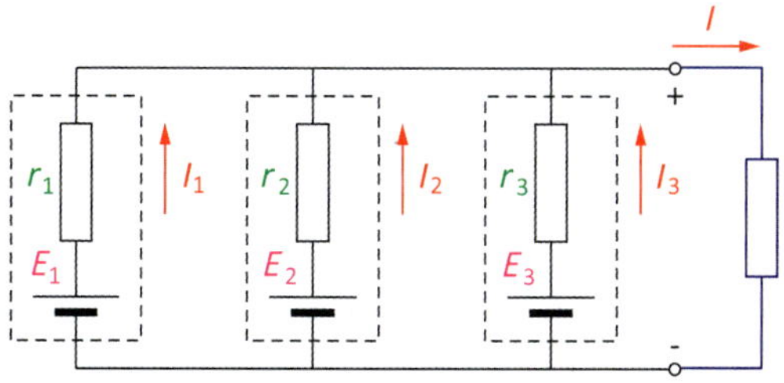

Figura 1.18. *Asociación de generadores en paralelo.*

Las características de esta asociación son:

- Todos los generadores deben tener la misma f. e. m. y es la que aporta el conjunto:

$$E = E_1 = E_2 = E_3$$

- La resistencia interna de cada generador es la misma:

$$r = r_1 = r_2 = r_3$$

- La intensidad eléctrica del conjunto es la suma de la que proporciona cada generador:

$$I = I_1 + I_2 + I_3$$

1.9. Potencia en circuitos de corriente continua

La potencia eléctrica de un circuito se define como el producto de la tensión por la corriente que circula.

1.9.1. Potencia en corriente continua

La unidad de potencia es el **vatio,** que se representa por la letra **W,** aunque para unidades grandes se emplea el kilovatio (kW, 1 kW = 10^3 W).

$$P = U \cdot I$$

Donde

P: potencia (W, vatios).

U: tensión (V, voltios).

I: corriente (A, amperios).

Otras formas de expresar la potencia en función de la resistencia son:

$$P = I^2 \cdot R \qquad ; \qquad P = \frac{U^2}{R}$$

Actividad resuelta 1.11

Por un receptor circulan 4,5 A, el cual está conectado a una fuente de tensión de 24 V. ¿Cuál es la potencia de este receptor?

Solución:

Se aplica la expresión:

$$P = U \cdot I = 24 \text{ V} \cdot 4{,}5 \text{ A} = 108 \text{ W}$$

1.9.2. Rendimiento

En un receptor eléctrico durante el proceso de trasformación de la energía eléctrica en otra fuente de energía (en un horno, energía calorífica; en un motor, energía mecánica; etc.) siempre se producen una serie de pérdidas.

Si se tienen en cuenta las pérdidas, un sistema absorbe de la red eléctrica una potencia (P_a) que la emplea en realizar un trabajo útil (P_u) y otra parte la destina en una serie de pérdidas (P_p).

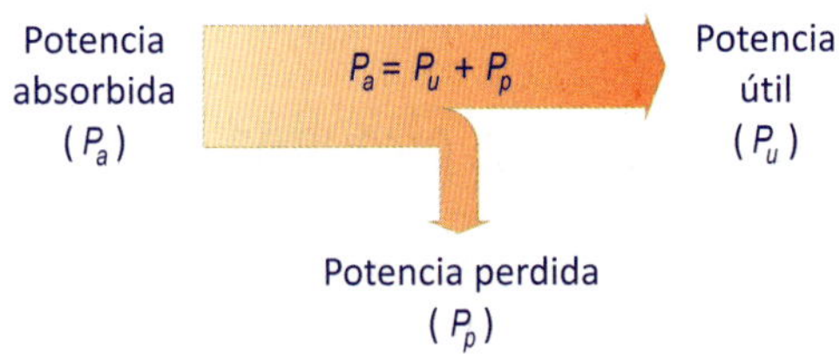

Figura 1.19. *Relación de pérdidas en un sistema.*

El rendimiento (η) relaciona la potencia que desarrolla (P_u: potencia útil) un sistema respecto a la potencia que absorbe (P_a: potencia absorbida).

$$\eta = \frac{P_u}{P_a} \leq 1$$

El rendimiento de un sistema siempre será menor o igual a 1, siendo lo normal expresarlo en tanto por ciento; para ello a la expresión dada se le multiplica por 100.

Sabías que...

Un sistema es más eficiente cuanto mayor es el rendimiento y por tanto menores son las pérdidas.

Actividad resuelta 1.12

Calcula el rendimiento y las pérdidas de un motor eléctrico que desarrolla una potencia de 1500 W pero absorbe de la red eléctrica 1562 W.

Solución:

Se aplica la expresión del rendimiento:

$$\eta = \frac{P_u}{P_a} = \frac{1500}{1562} = 0{,}96 \rightarrow 96\ \%$$

Las pérdidas serán la diferencia:

$$P_p = P_a - P_u = 1562 - 1500 = 62\ \text{W}$$

1.10. Energía eléctrica

La energía eléctrica relaciona la potencia que desarrolla un sistema durante un período de tiempo, según la expresión:

$$E = P \cdot t$$

Donde según el sistema internacional (SI):

E: energía (W · s, vatio segundo).

P: potencia (W, vatio).

t: tiempo (s, segundo).

Cuando esta energía es elevada se emplean el múltiplo de la potencia (kW, kilovatio) y el múltiplo del tiempo (h, hora), obteniéndose la energía en unidades de kW · h (kilovatios hora).

Actividad resuelta 1.13

Calcula la energía de una plancha de 1800 W cuando está funcionando durante 2 horas.

Solución:

Se aplica la expresión:

$$E = P \cdot t = 1800 \cdot 2 = 3600\ \text{W} \cdot \text{h} = 3{,}6\ \text{kW} \cdot \text{h}$$

1.11. Aparatos de medición eléctrica

La tarea de realizar mediciones de diferentes magnitudes eléctricas es importante a la hora de verificar el correcto funcionamiento de un circuito eléctrico, así como cuando es necesario solucionar una avería o disfunción.

Los aparatos de medición eléctrica han evolucionado desde los que se basaban en el movimiento de una aguja sobre una escala (modelo analógico) hasta los actuales (modelos digitales), en los que se muestra la magnitud medida de forma numérica sobre una pantalla.

Los aparatos de medición pueden realizar medidas en corriente continua (CC), corriente alterna (CA) o en ambas; para ello muchos de estos aparatos disponen de un selector.

Existen tres formas de presentar la medición:

- **Indicadores.** Presentan la medición de manera instantánea.
- **Registradores.** Realizan la medición a lo largo del tiempo y la proporcionan en algún tipo de soporte, como por ejemplo en papel o soporte informático.

- **Contadores.** Realizan una medición acumulativa a lo largo de tiempo, por ejemplo el contador de energía eléctrica consumida.

Y según donde se empleen, existen aparatos:

- **Portátiles.** Son instrumentos de campo que se emplean en cualquier lugar. Son los adecuados para tareas de mantenimiento y localización de averías.
- **Fijos.** Son instrumentos que se emplean en cuadros eléctricos.
- **De laboratorio.** A diferencia de los anteriores, estos aparatos de medición son de elevada precisión. Se suelen emplear como dispositivos de calibración.

1.11.1. Medición eléctrica

A la hora de emplear un aparato de medición se deben tener en cuenta una serie de conceptos, tales como:

- **Alcance.** El valor entre el mínimo de la escala y el máximo se denomina **alcance de indicación.** Sin embargo, muchos aparatos en las proximidades al mínimo no realizan correctamente las mediciones; en estos casos se tiene el **alcance de medición** que comprende la parte de la escala donde se realiza correctamente la medición.
- **Sensibilidad.** Es la capacidad del aparato de detectar variaciones mínimas en la medida.
- **Fondo de escala.** Muchos aparatos de medidas poseen varias escalas de medición. La medición se realiza ajustando la escala con el valor a medir.
- **Resolución.** Es el valor mínimo que puede detectar el aparato. En los de tipo digital, está relacionado con el número de dígitos que puede presentar.

En una medición intervienen dos medidas:

- **Valor real** (V_R). Es un valor desconocido. Se toma como valor real el valor del instrumento patrón por ser el más fiable.
- **Valor medido** (V_M). Es el valor que se obtiene en la medición.

Y su relación:

- **Fiabilidad.** Indica la relación entre el valor medido y el valor real. Si un valor medido se aleja de la realidad, la fiabilidad del aparato es baja.
- **Precisión.** Indica que, si se repite varias veces la medición, los valores obtenidos son idénticos.

Los aparatos se clasifican en función de su **clase de precisión.** Y así lo indican sus fabricantes. Ese valor refleja el error en porcentaje que cometen. Así un aparato de clase 1 posee un error del ±1 %.

En toda medida ocurren una serie de errores. Existen dos grupos de errores: los errores sistemáticos y los errores accidentales.

Entre los **errores sistemáticos** se tienen:

- **El error absoluto** (E_A). Es la diferencia entre el valor medido y el valor real.

$$E_A = V_R - V_M$$

- **El error relativo** (E_R). Es el cociente entre el error absoluto y el valor real. Se expresa en porcentaje, por lo que se multiplica por 100.

$$E_R = \frac{E_A}{V_R} \cdot 100$$

Los **errores accidentales** son aquellos que ocurren durante la toma de la medida. Los aparatos de medición de tipo digital solucionan gran parte de esto. Entre los errores accidentales se tienen:

- **Error de paralelaje.** Es un error visual que ocurre cuando no se lee la medida de manera perpendicular a la aguja frente a la escala.
- **Error de apreciación.** Es el error cometido cuando la aguja se sitúa entre dos mediciones. Interviene la estimación del quien toma la medida.
- **Error de cero.** Ocurre cuando el aparato, estando en reposo, marca una lectura diferente de cero. Los aparatos analógicos suelen contar con mecanismos de ajuste.

1.11.2. Medición de la tensión eléctrica en corriente continua

La medida de la tensión eléctrica se realiza con un **voltímetro,** el cual se conecta en **paralelo** con el objeto a medir.

Figura 1.20. *Símbolo del voltímetro.*

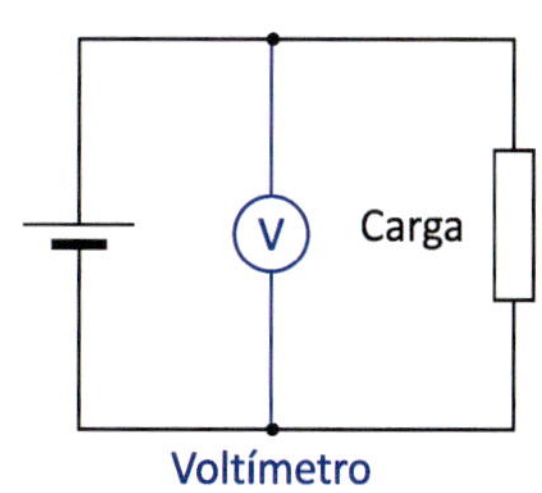

Figura 1.21. *Medición con voltímetro.*

El voltímetro ha de estar preparado para la medición de la tensión en corriente continua. Si es un aparato capaz de medir tanto en corriente continua como en corriente alterna, se debe seleccionar primero el tipo de corriente. Además, antes de realizar la medición, si el voltímetro posee varias escalas se debe seleccionar la adecuada según la magnitud esperada. En caso de desconocimiento se debe empezar con la escala más alta. Estos aparatos de medida deben tener una alta resistencia con el objeto de no afectar a la medida.

1.11.3. Medición de la corriente eléctrica

La medida de la **intensidad o corriente eléctrica** se realiza con un amperímetro, el cual se conecta en **serie** con el circuito.

Figura 1.22. *Símbolo del amperímetro.*

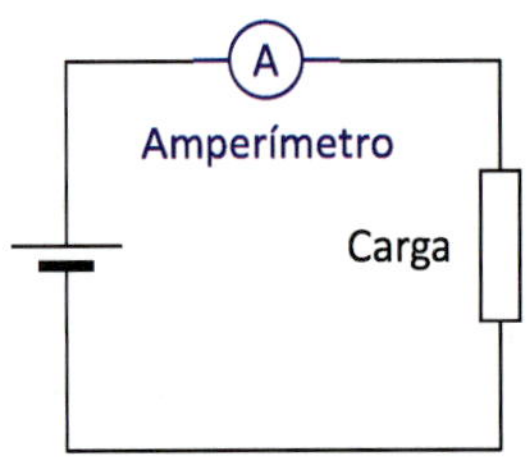

Figura 1.23. *Medición con amperímetro.*

A la hora de realizar una medición de la corriente se deben tener las mismas precauciones que con la tensión, es decir, vigilar el rango máximo de corriente del amperímetro. Estos aparatos de medida deben tener una baja resistencia con el objeto de no afectar a la medida.

1.11.4. Medición de la resistencia eléctrica

La medición de la resistencia eléctrica se realiza con un **óhmetro.** Este aparato se conecta en **paralelo** con la resistencia a medir, pero se realiza sin tensión, es decir que previamente a la medición se debe desconectar la resistencia de la fuente de alimentación. La propia batería del aparato de medida proporciona la energía necesaria para la toma de la medición.

Figura 1.24. *Símbolo del óhmetro.*

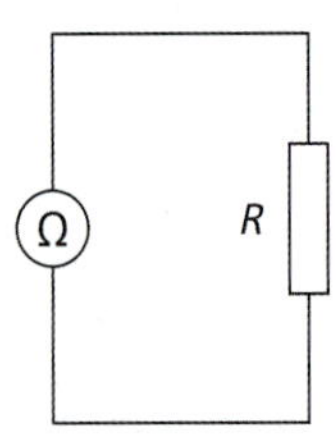

Figura 1.25. *Medición con óhmetro.*

Existe la función de **continuidad eléctrica** con la cual el aparato indica mediante un pitido si existe conexión eléctrica entre dos puntos. Se basa en verificar que la resistencia entre esos dos puntos es prácticamente cero. Esta es una función muy útil en las tareas de verificación de cableado.

1.11.5. Polímetro

El multímetro o polímetro es un aparato de medida con el cual se pueden realizar diferentes tipos de mediciones, al menos: tensión, corriente, resistencia y continuidad eléctrica.

Consta de un selector para elegir el tipo de medida y la naturaleza eléctrica (corriente continua, corriente alterna) y tiene varias escalas de medida.

También consta de varios bornes para las puntas de medida en función de la magnitud a medir. Normalmente, suele tener tres bornes para dos puntas de medida. Uno de ellos actúa como común, otro para las medidas y el tercero se emplea normalmente para la medición de la corriente hasta 10 A.

Figura 1.26. *Polímetro.*

Saber más

El polímetro o multímetro en el argot del técnico electricista también recibe el nombre de *tester.*

MAPA CONCEPTUAL

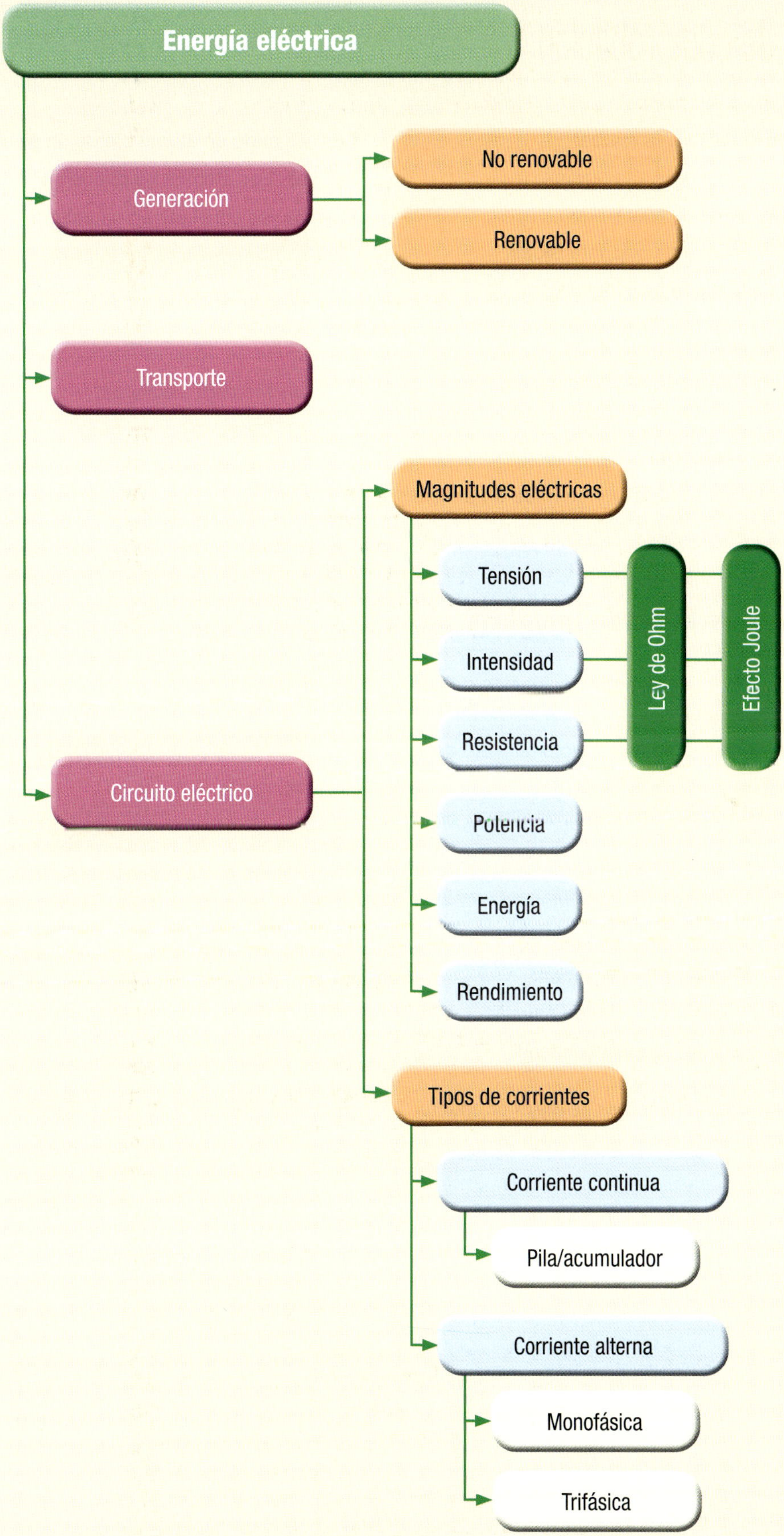

Actividades de comprobación

1.1. El transporte de la energía se realiza:

a) En corriente continua de alta tensión.
b) En corriente alterna de alta tensión.
c) En corriente continua de baja intensidad.
d) En corriente alterna de baja intensidad.

1.2. La tensión eléctrica:

a) Se representa por la letra *R* y se mide en voltios.
b) Se representa por la letra *I* y se mide en amperios.
c) Se representa por la letra *U* y se mide en voltios.
d) Se representa por la letra *U* y se mide en amperios.

1.3. La intensidad eléctrica representa:

a) La cantidad de electricidad que circula a través de un circuito eléctrico.
b) La diferencia de potencial entre dos puntos unidos mediante un conductor.
c) La dificultad que ofrece un conductor al paso de la corriente.
d) La facilidad que ofrece un conductor al paso de la corriente.

1.4. La resistencia de un conductor depende:

a) Del material y de sus dimensiones.
b) De sus dimensiones, peso y volumen.
c) Del material, dimensiones y temperatura.
d) Del material, densidad, peso y volumen.

1.5. ¿Cuál de los siguientes elementos es mejor conductor de la electricidad?

a) Hierro.
b) Cobre.
c) Oro.
d) Plata.

1.6. Cuando un átomo pierde un electrón:

a) Los átomos no pueden perder electrones.
b) Se convierte en un catión.
c) Se convierte en un anión.
d) Se convierte en un protón.

1.7. El efecto Joule se aprovecha en:

a) Motores eléctricos.
b) Calefacción eléctrica.
c) Lámparas de iluminación led.
d) Aparatos de elevación con sistemas de seguridad.

1.8. ¿Cuál de las siguientes expresiones es correcta según la ley de Ohm?

a) $U = R \cdot I$
b) $R = \frac{I}{U}$
c) $U = \frac{I}{R}$
d) $I = U \cdot R$

1.9. ¿Cuál de las siguientes expresiones es correcta para determinar la potencia eléctrica?

a) $P = \frac{I^2}{R}$
b) $P = U^2 \cdot R$
c) $P = I^2 \cdot R$
d) $P = I \cdot R$

1.10. El rendimiento de un motor real trabajando en condiciones normales:

a) Es cero.
b) Es uno.
c) Es mayor de cero y menor de uno.
d) Es mayor de uno.

ACTIVIDADES FINALES

Actividades de aplicación

1.11. Determina la carga eléctrica en un conductor por el cual circula una corriente de 10 A durante 800 segundos.

1.12. Determina la carga eléctrica en un conductor por el cual circula una corriente de 15 A durante media hora.

1.13. Determina la densidad de corriente eléctrica en un conductor de tipo pletina con unas dimensiones de 10 mm de ancho por 2 mm de alto por el cual circula una corriente de 64 A.

1.14. Determina la densidad de corriente eléctrica en un conductor cilíndrico de 4 mm de radio por el cual circula una corriente de 80 A.

1.15. Determina la resistencia eléctrica de un conductor cuadrado de 2 mm de lado y 1240 mm de largo de cobre que está situado en un ambiente cuya temperatura es de 38 °C.

1.16. Determina la resistencia eléctrica de un conductor cilíndrico de 5 mm de diámetro y de 200 metros de largo de cobre que está situado en un ambiente cuya temperatura es de 40 °C.

1.17. Determina el calor generado por una resistencia de 12 Ω por la cual circula una corriente de 8 A durante 5 minutos.

1.18. Determina cuánto tiempo es necesario para generar un calor de 45 kcal mediante una resistencia de 25 Ω por la cual circula una corriente de 5 A.

1.19. ¿Cuál es el valor de la corriente que circula por un circuito compuesto por una resistencia de 8 Ω conectada a una fuente de tensión de 12 V?

1.20. ¿Cuál es la tensión a la cual está conectada una resistencia de 50 Ω, para que circule una corriente de 5 A?

1.21. ¿Cuál es el valor de una resistencia, conectada a 230 V, por la que circula una corriente de 460 mA?

1.22. Determina la corriente que circula por una resistencia de 40 Ω que está conectada a un generador de 250 V.

1.23. Calcula la potencia de una carga conectada a un generador de 100 V por la cual circula una corriente de 7 A.

1.24. Un motor de corriente continua de 500 W está conectado a una fuente de tensión de 72 V. ¿Cuál es su corriente eléctrica?

1.25. Calcula la corriente en una carga que posee una potencia de 2 kW conectada a un generador de 200 V.

1.26. Calcula el rendimiento de un motor de corriente continua que desarrolla una potencia de 600 W y está conectado a un generador de 90 V del que consume 7,2 A.

1.27. Calcula la potencia que absorbe de la red eléctrica un motor de corriente continua de 5 kW que tiene un rendimiento del 80 %.

1.28. Calcula la corriente que circula por un motor de corriente continua de 2,5 kW con un rendimiento del 91 % conectado a un generador de 200 V.

1.29. Determina la energía eléctrica de una lámpara de 250 W que está conectada 7 horas al día durante 50 días.

1.30. Determina la energía eléctrica de una resistencia conectada a una red de 230 V por la cual circula una corriente de 4 A durante 4 horas al día durante 30 días.

Componentes pasivos

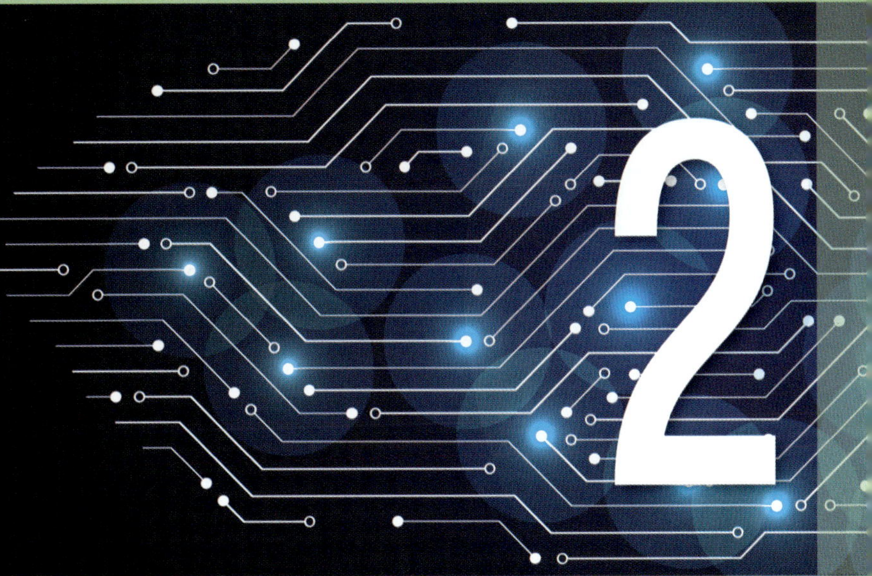

Los componentes pasivos en electricidad son los diferentes tipos de elementos en los cuales se puede descomponer un sistema eléctrico. Su conocimiento es fundamental para entender cómo responde un circuito eléctrico.

Contenidos

Objetivos

- Estudiar los componentes pasivos.
- Asociar los componentes pasivos para obtener su equivalente.
- Aplicar y calcular un divisor de tensión.
- Analizar el proceso de carga y descarga de un condensador.

2.1. Componentes pasivos

Un sistema eléctrico se puede descomponer y simplificar con base a una serie de componentes básicos obteniendo un circuito de comportamiento equivalente. En función de la naturaleza de la corriente (continua o alterna), los componentes básicos se clasifican en:

Corriente continua { – Resistencia.

Corriente alterna { – Resistencia. – Condensador. – Bobina.

Cuando estos elementos son situados en un circuito eléctrico, cada uno de ellos se comporta de manera diferente.

2.2. Resistencia

La resistencia eléctrica o **resistor** es un elemento básico en los circuitos eléctricos. Su función es ofrecer una cierta oposición al paso de la corriente eléctrica. Provoca una caída de tensión en sus extremos y cumple con la ley de Ohm.

2.2.1. Tipos de resistencias

Existen diferentes tipos de resistencias eléctricas en función de su constitución, entre ellas:

- **Resistencias bobinadas.** Consiste en emplear un hilo eléctrico sobre una base cerámica que hace de soporte. Su resistencia depende del material y de la longitud del hilo. Son voluminosas y solo se emplean en aplicaciones donde se necesita una alta potencia de disipación.
- **Resistencias de carbón.** Las hay de dos tipos: carbón prensado (apenas se emplean) y de película de carbón. Emplean grafito en polvo.

Figura 2.1. *Resistencia de película de carbón. 1 kΩ, ¼ W y ± 5 %.*

- **Resistencias de óxido metálico.** Son similares a las de película de carbón pero empleando algún óxido metálico como estaño o latón. Se emplean en aplicaciones donde se exige gran fiabilidad (por ejemplo: aplicaciones militares).
- **Resistencias de película metálica.** Están compuestas por una capa de material metálico. Poseen buenas características y estabilidad, lo que hace que sean las más empleadas hoy en día.

Figura 2.2. *Resistencia de película metálica. 4k7 Ω, 0,5 W y 1 %.*

- **Resistencias de metal vidriado.** Están compuestas por una película a base de vidrio con materiales metálicos. Tienen un buen comportamiento ante sobrecorrientes.

Las resistencias pueden tener un valor óhmico fijo o pueden ser variables. Estas resistencias variables a voluntad reciben el nombre de resistencias ajustables (se fija su valor y luego no se suele variar) y resistencias variables o **potenciómetros.** Para ello cuentan con un contacto deslizante.

Figura 2.3. *Resistencia variable.*

Figura 2.4. *Potenciómetro de película de carbón.*

Existe otro tipo de resistencia variable llamado **reostato.** Es una resistencia de tipo bobinado y de gran potencia de disipación y se suele emplear en el arranque y control de motores de corriente continua (Figura 2.5).

Existen otros tipos de resistencias cuyos valores dependen de la temperatura (**PTC, NTC**), de la luz (**LDR**) o de la tensión (**VDR**).

Figura 2.5. *Reostato de 500 W.*

Figura 2.6. *Resistencia variable con la luz LRD.*

Los parámetros más importantes de una resistencia son:

- **Valor óhmico nominal.** Es el que indica el fabricante en condiciones de laboratorio y por ello varía ligeramente en la realidad.
- **Tolerancia.** Debido a esa discrepancia entre el valor indicado por el fabricante y el real aparece el término tolerancia en la cual el valor real está dentro de ese margen.
- **Potencia nominal.** Es el valor de la potencia que es capaz de disipar la resistencia. Si se sobrepasa la resistencia se destruye.

2.2.2. Código de colores

Las resistencias indican su valor óhmico de manera numérica, aunque en la mayoría de las ocasiones son tan pequeñas que es imposible y se recurre a un código de colores.

Los valores de las resistencias óhmicas están estandarizados según series (Tabla 2.1).

Tabla 2.1. Series normalizadas de resistencias

Serie							
E12	E24	E48		E96			
1	1	1	3,16	1	1,78	3,16	5,62
	1,1	1,05	3,32	1,02	1,82	3,24	5,76
1,2	1,2	1,10	3,48	1,05	1,87	3,32	5,90
	1,3	1,15	3,65	1,07	1,91	3,40	6,04
1,5	1,5	1,21	3,83	1,10	1,96	3,48	6,19
	1,6	1,27	4,02	1,13	2,00	3,57	6,34
1,8	1,8	1,33	4,22	1,15	2,05	3,65	6,49
	2	1,40	4,42	1,18	2,10	3,74	6,65
2,2	2,2	1,47	4,64	1,21	2,15	3,83	6,81
	2,4	1,54	4,87	1,24	2,21	3,92	6,98
2,7	2,7	1,62	5,11	1,27	2,26	4,02	7,15
	3	1,69	5,36	1,30	2,32	4,12	7,32
3,3	3,3	1,78	5,62	1,33	2,37	4,22	7,50
	3,6	1,87	5,90	1,37	2,43	4,32	7,68
3,9	3,9	1,96	6,19	1,40	2,49	4,42	7,87
	4,3	2,05	6,49	1,43	2,55	4,53	8,06
4,7	4,7	2,15	6,81	1,47	2,61	4,64	8,25
	5,1	2,26	7,15	1,50	2,67	4,75	8,45
5,6	5,6	2,37	7,50	1,54	2,74	4,87	8,66
	6,2	2,49	7,87	1,58	2,80	4,99	8,87
6,8	6,8	2,61	8,25	1,62	2,87	5,11	9,09
	7,5	2,74	8,66	1,65	2,94	5,23	9,31
8,2	8,2	2,87	9,09	1,69	3,01	5,36	9,53
	9,1	3,01	9,53	1,74	3,09	5,49	9,76

Sabías que...

En las resistencias la coma decimal se sustituye por el indicador de los múltiplos; así por ejemplo una resistencia de **1,8 k** se puede expresar como **1k8.**

El código de colores está compuesto por una serie de bandas, y puede tener 4, 5 o 6 bandas:

- Si es de 4 bandas, las 2 primeras indican la cifra, y si es de 5 o 6 bandas, las 3 primeras indican la cifra.
- La siguiente banda es un multiplicador.
- La siguiente banda indica la tolerancia.
- Si es de 6 bandas, la última indica el coeficiente de temperatura.

Tabla 2.2. Código de colores para la resistencia

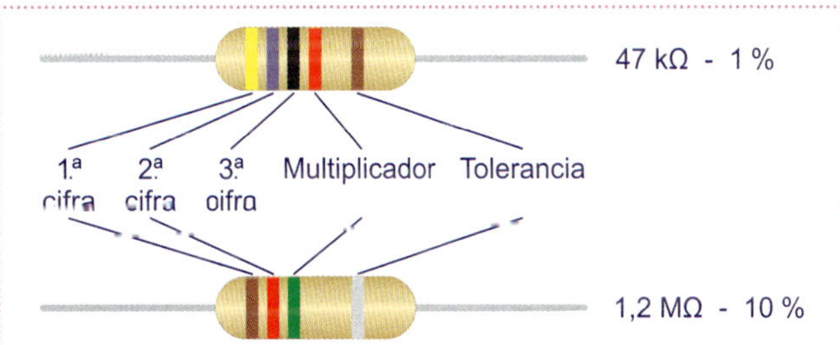

Color	1.ª cifra	2.ª cifra	3.ª cifra	Multiplicador	Tolerancia
Negro	0	0	0	1 Ω	
Marrón	1	1	1	10 Ω	± 1 %
Rojo	2	2	2	100 Ω	± 2 %
Naranja	3	3	3	1 kΩ	—
Amarillo	4	4	4	10 kΩ	—
Verde	5	5	5	100 kΩ	± 0,5 %
Azul	6	6	6	1 MΩ	± 0,25 %
Violeta	7	7	7	10 MΩ	± 0,1%
Gris	8	8	8	100 MΩ	± 0,05 %
Blanco	9	9	9	—	—
Oro	—	—	—	0,1 Ω	± 5 %
Plata	—	—	—	0,01 Ω	± 10 %

Actividad resuelta 2.1

Una resistencia tiene las siguientes bandas de colores: marrón, negro, naranja, oro.

¿Cuál es su resistencia y su tolerancia?

Solución:

1.ª banda: marrón: 1.

2.ª banda: negro: 0.

3.ª banda: naranja: x 1 kΩ.

4.ª banda: 5 %.

Por tanto, indica una resistencia de 10 · 1 kΩ que es igual a 10 kΩ.

Con una tolerancia del 5 %.

2.2.3. Simbología

Las resistencias se comportan de igual manera tanto en corriente continua como en corriente alterna. La resistencia en corriente alterna recibe el nombre de **impedancia.**

La resistencia se representa por la letra ***R*** y la impedancia se representa por la letra ***Z*.** En ambos casos su unidad de medida es el ohmio (Ω). Se representa mediante los símbolos de la Tabla 2.4.

Tabla 2.3. Resistencia e impedancia

Tipo de corriente	Magnitud		Unidad de medida	
Corriente continua	*R*	Resistencia	Ω	Ohmio
Corriente alterna	*Z*	Impedancia	Ω	Ohmio

Tabla 2.4. Símbolos de resistencia y variantes

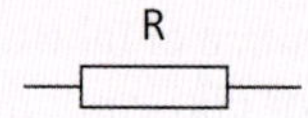	Resistencia
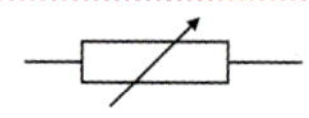	Potenciómetro (símbolo general)
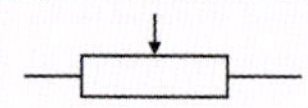	Potenciómetro (con contacto móvil)
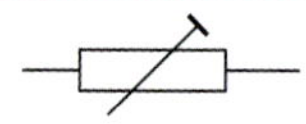	Resistencia de ajuste
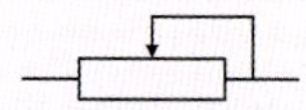	Reostato
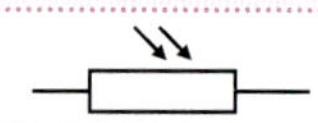	LDR (dependiente de la luz)
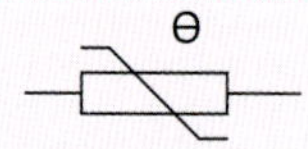	PTC, NTC (dependiente de la temperatura)
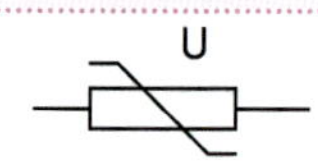	VDR (dependiente de la tensión)

2.2.4. Asociación de resistencias

Las resistencias e impedancias se pueden asociar en serie, paralelo o de forma mixta. En estos casos se tiene que:

- **Asociación en serie.** La resistencia total es la suma de las resistencias.
- **Asociación en paralelo.** La inversa de la resistencia total es la suma de las inversas de cada una de las resistencias de la asociación.
- **Asociación mixta.** En el circuito se encuentran resistencias conectadas en serie y en paralelo. Se resuelve simplificando el circuito.

Tabla 2.5. Asociación de resistencias

Asociación	Equivalente	Valor
Serie 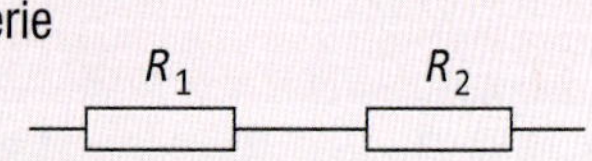	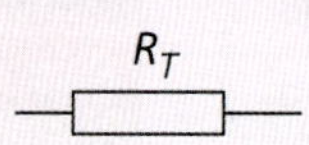	$R_T = R_1 + R_2$
Paralela 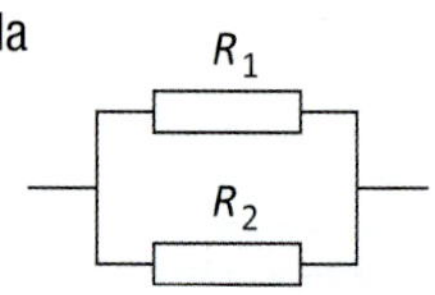	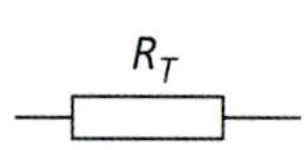	$\frac{1}{R_T} = \sum_{n=1}^{N} \frac{1}{R_n}$; $R_T = \frac{R_1 \cdot R_2}{R_1 + R_2}$
Mixta 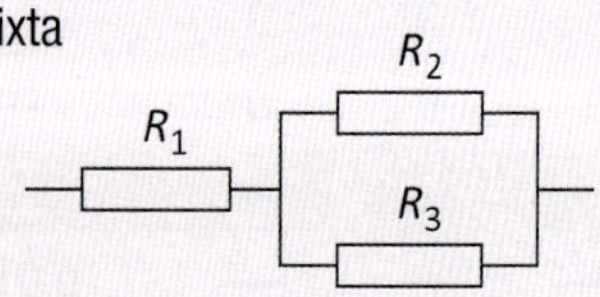	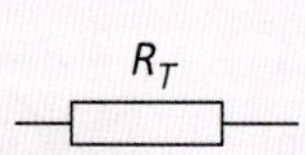	$R_T = R_1 + \frac{R_2 \cdot R_3}{R_2 + R_3}$

Actividad resuelta 2.2

¿Cuál es la resistencia total del circuito compuesto por dos resistencias en serie, sabiendo que $R_1 = 15\ \Omega$ y $R_2 = 30\ \Omega$?

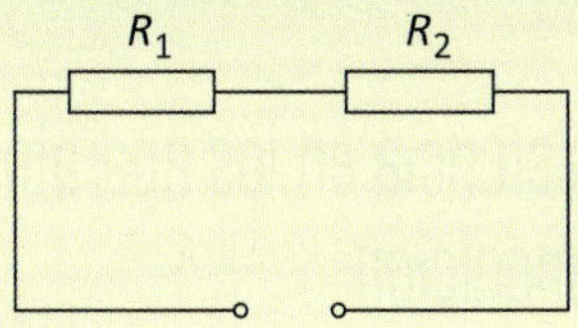

Figura 2.7. *Serie.*

Solución:

Al estar en serie ambas resistencias, la equivalente es la suma de ambas:

$$R_T = R_1 + R_2 = 15\ \Omega + 30\ \Omega = 45\ \Omega$$

Actividad resuelta 2.3

¿Cuál es la resistencia total de un circuito compuesto por dos resistencias en paralelo, sabiendo que $R_1 = 15\ \Omega$ y $R_2 = 30\ \Omega$?

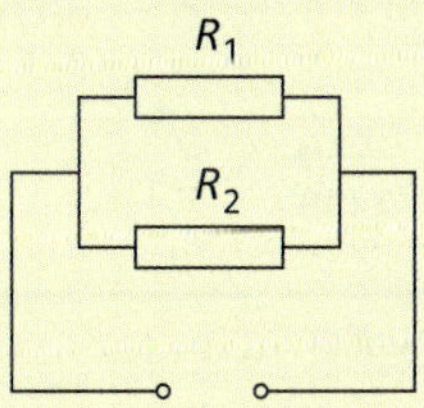

Figura 2.8. *Paralelo.*

Solución:

Al estar en paralelo ambas resistencias, se obtiene que la resistencia total es:

$$\frac{1}{R_T} = \sum_{n=1}^{N} \frac{1}{R_n} = \frac{1}{R_1} + \frac{1}{R_2};$$

$$R_T = \frac{R_1 \cdot R_2}{R_1 + R_2} = \frac{15 \cdot 30}{15 + 30} = 10\ \Omega$$

Se observa (comparado con la actividad resuelta anterior) que la resistencia total es menor que la más pequeña de las resistencias.

2.2.5. Divisor de tensión

Un circuito compuesto por dos resistencias en serie se comporta como un divisor de tensión, obteniendo en el punto entre las dos resistencias un voltaje que depende del valor óhmico de ambas.

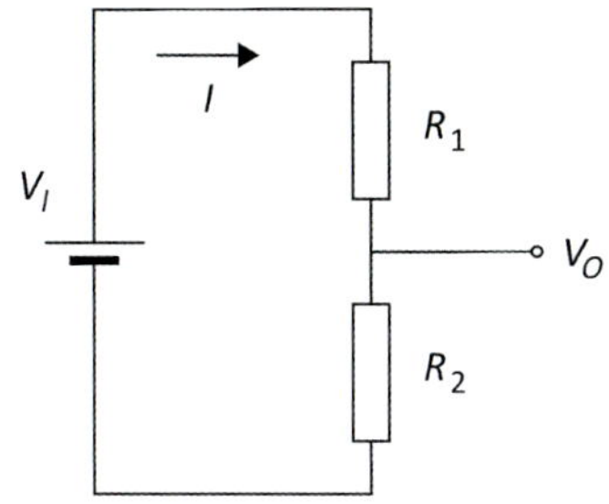

Figura 2.9. *Divisor de tensión mediante dos resistencias.*

El valor de la corriente aplicando la ley de Ohm es:

$$I = \frac{V_I}{R_1 + R_2}$$

Y la tensión es de:

$$V_O = I \cdot R_2 = \frac{V_I}{R_1 + R_2} \cdot R_2$$

$$V_O = \frac{R_2}{R_1 + R_2} \cdot V_I$$

Si ambas resistencias son iguales se tiene que:

$$R_1 = R_2 = R$$

$$V_O = \frac{R_2}{R_1 + R_2} \cdot V_I = \frac{R}{R + R} \cdot V_I = \frac{1}{2} \cdot V_I$$

Si en lugar de emplear dos resistencias se emplea una resistencia variable, el valor de salida se puede ajustar entre cero y la tensión de la fuente.

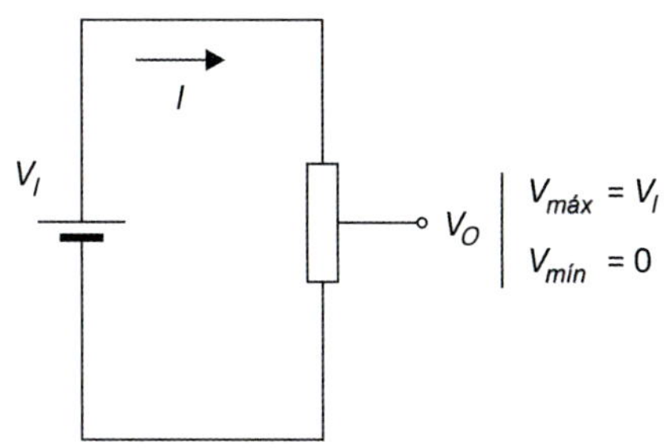

Figura 2.10. *Divisor de tensión mediante resistencia variable.*

El valor óhmico de las resistencias a emplear depende de las características de la carga conectada a la salida.

También es posible ajustar el voltaje de salida de tal manera que se pueda variar entre valores intermedios. En este caso basta con colocar una resistencia en serie con el potenciómetro para provocar una caída de tensión fija en la resistencia.

Actividad resuelta 2.4

Diseña un divisor de tensión de tal manera que a partir de una fuente de tensión de 12 V se obtenga un voltaje entre 0 V y 10 V.

Solución:

Como la tensión de salida máxima es inferior a la tensión de la fuente se coloca una resistencia en serie, de tal manera que provoque una caída de tensión de 2 V. Así, cuando el potenciómetro esté en su posición superior el nivel de salida será de 10 V (10 + 2 = 12 V).

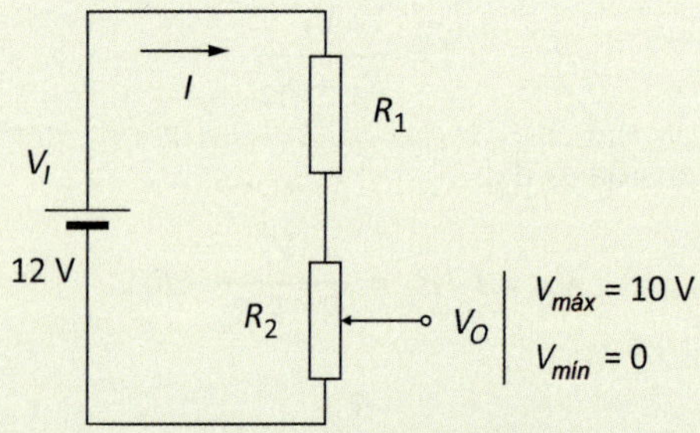

Figura 2.11. *Divisor de tensión con límite superior.*

Se plantea la expresión del divisor de tensión:

$$V_O = \frac{R_2}{R_1 + R_2} \cdot V_I$$

Despejando:

$$V_O(R_1 + R_2) = V_I \cdot R_2$$

$$R_1 + R_2 = \frac{V_I}{V_O} \cdot R_2$$

$$R_1 = \left(\frac{V_I}{V_O} - 1\right) \cdot R_2$$

Sustituyendo:

$$R_1 = \left(\frac{12}{10} - 1\right) \cdot R_2 = 0{,}2 \cdot R_2$$

El valor de R_1 y R_2 depende de la carga, si se considera que $R_2 = 1\ k\Omega$:

$$R_2 = 1\ k\Omega$$

$$R_1 = 0{,}2 \cdot 1\ k\Omega = 200\ \Omega$$

También se podría haber planteado la resolución en función de la corriente:

$$I = \frac{V_1}{R_1} = \frac{V_2}{R_2}$$

$$R_1 = \frac{V_1}{V_2} \cdot R_2 = \frac{2}{10} \cdot R_2 = 0{,}2 \cdot R_2$$

Se puede verificar que:

$$I = \frac{V}{R} = \frac{12}{1000 + 200} = 0{,}01\ A$$

$$V_1 = I \cdot R_1 = 0{,}01 \cdot 200 = 2\ V$$

$$V_2 = I \cdot R_2 = 0{,}01 \cdot 1000 = 10\ V$$

$$V = V_1 + V_2 = 12\ V$$

2.2.6. Resistencia en los aparatos de medición

Existe una técnica para aumentar el alcance en la medición de los aparatos que consiste en intercalar una resistencia.

Supongamos que se tiene un galvanómetro cuyo fondo de escala es de 1 mA y se quiere emplear para medir corrientes de hasta 10 mA. Esta técnica consiste en colocar una resistencia (denominada ***shunt***) en paralelo con el aparato de medición de tal manera que las corrientes se dividan por ambas ramas.

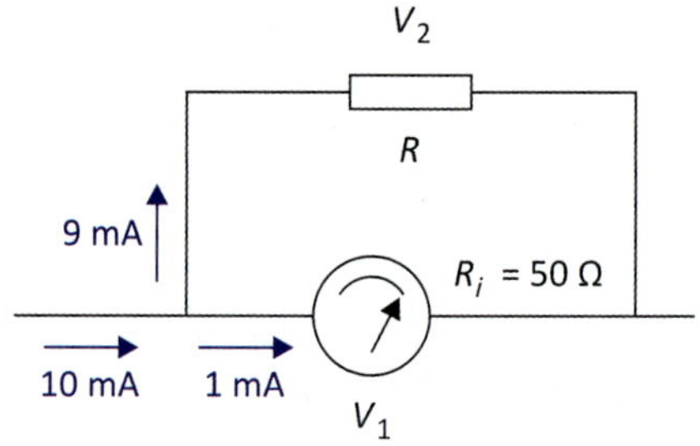

Figura 2.12. *Resistencia* shunt.

Así, en este ejemplo, cuando circule la máxima corriente que soporta el aparato de medición (1 mA) significaría que la corriente total sería 10 mA y la diferencia (9 mA) se derivaría por la resistencia sin que el aparato sufriese daños.

Al estar en paralelo tanto la resistencia como el aparato de medición, la tensión en bornes de ambos es la misma. También hay que tener en cuenta que el aparato de medición tiene una resistencia interna (R_i).

$$V_1 = V_2$$

$$1\ mA \cdot R_i = 9\ mA \cdot R$$

Si la resistencia interna es de, por ejemplo, 50 Ω:

$$1\ mA \cdot 50\ \Omega = 9\ mA \cdot R$$

$$R = \frac{1\ mA \cdot 50\ \Omega}{9\ mA} = 5{,}55\ \Omega$$

Recuerda

Un galvanómetro es un aparato de medición destinado a medir pequeñas corrientes eléctricas.

De manera similar, si se colocan varias resistencias y un selector se pueden realizar diversas mediciones variando el alcance del aparato de medida.

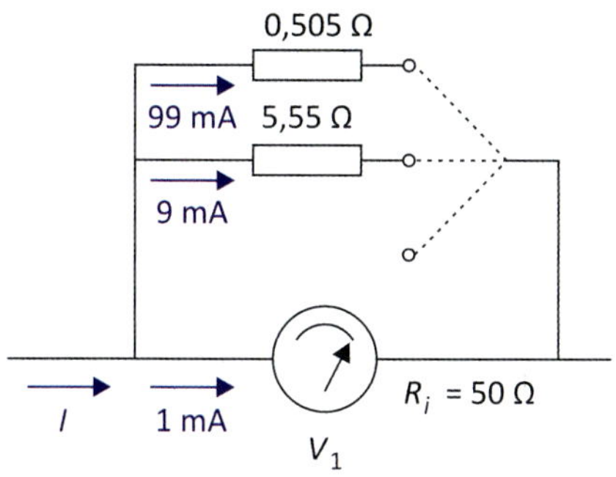

Figura 2.13. *Variación del alcance de medición empleando varias resistencias* shunt.

El galvanómetro, al tener una resistencia interna, también puede emplearse como voltímetro. Así cuando circule una corriente de 1 mA, en sus bornes habrá una diferencia de potencial de 50 mV:

$$U = I \cdot R_i = 1 \text{ mA} \cdot 50\ \Omega = 50 \text{ mV}$$

De manera análoga, si se coloca una resistencia en serie se puede ampliar el alcance de medición.

Actividad resuelta 2.5

Diseña un voltímetro a partir de un galvanómetro que posee una resistencia interna de 50 Ω y su alcance máximo es de 1 mA. El voltímetro, mediante un selector, debe ser capaz de medir tensiones de hasta 50 mV, 0,5 V y 5 V.

Solución:

Como se coloca una resistencia (R) en serie con el aparato, la corriente que circula es la misma.

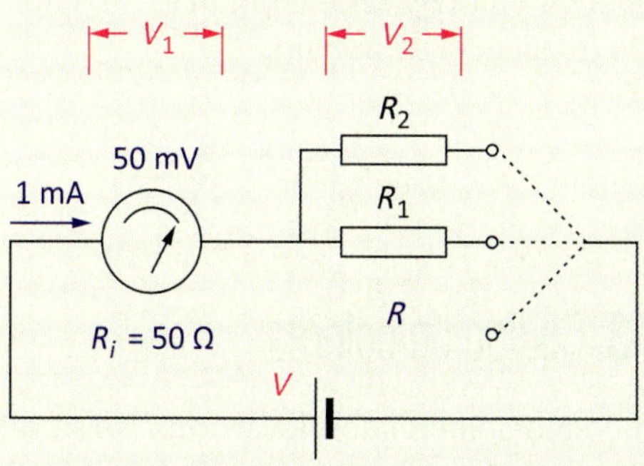

Figura 2.14. *Galvanómetro trabajando como voltímetro.*

Así, se tiene que:

$$I = \frac{V_1}{R_i} = \frac{V_2}{R}$$

Para $V = 0{,}5$ V:

$$\frac{0{,}05}{50} = \frac{0{,}45}{R}$$

$$R_1 = R = 450\ \Omega$$

Para $V = 5$ V:

$$\frac{0{,}05}{50} = \frac{4{,}95}{R}$$

$$R_2 = R = 4950\ \Omega$$

No obstante, el galvanómetro tanto como amperímetro como voltímetro tiene sus limitaciones.

2.3. Bobina

Una bobina o autoinducción está formada por el arrollamiento de un conductor aislado sobre un núcleo. Este conductor está aislado mediante un barniz y como núcleo se emplea el aire o algún material con propiedades ferromagnéticas como la ferrita. Alrededor de las espiras se crea un **campo magnético.**

Las bobinas se encuentran en muchos tipos de dispositivos eléctricos, como por ejemplo en motores y transformadores, y en equipos electrónicos realizando funciones de filtros y osciladores.

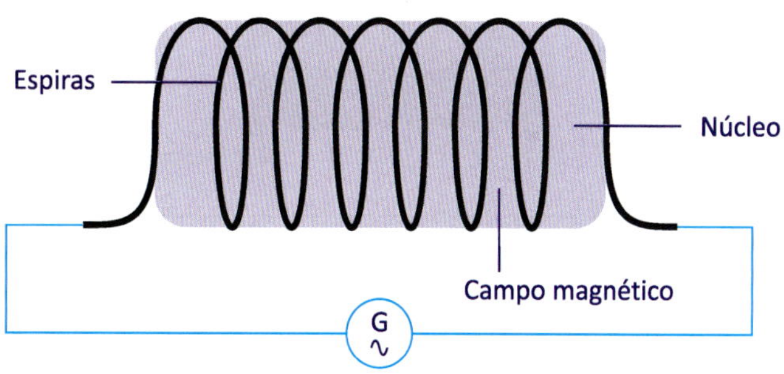

Figura 2.15. *Bobina.*

Recuerda

Una **espira** es una vuelta completa alrededor del núcleo. Con el objetivo de aumentar el efecto de una espira, estas se multiplican formando un arrollamiento o bobina.

2.3.1. Tipos de bobinas

Existen diferentes tipos de bobinas en función de su constitución, entre ellas:

- **Bobinas con núcleo de aire.** Consisten en bobinas cuyo núcleo es el aire. Poseen valores de autoinducción bajos.
- **Bobinas con núcleo de ferrita.** Poseen valores de autoinducción más elevados respecto a las que van con núcleo de aire.

Figura 2.16. *Bobinas con núcleo de ferrita.*

- **Bobinas toroidales.** Emplean un toroide para que el flujo magnético generado no se disperse hacia el exterior. Poseen gran rendimiento.

Figura 2.17. *Bobina toroidal.*

- **Bobinas encapsuladas.** Se emplean en filtros y osciladores.

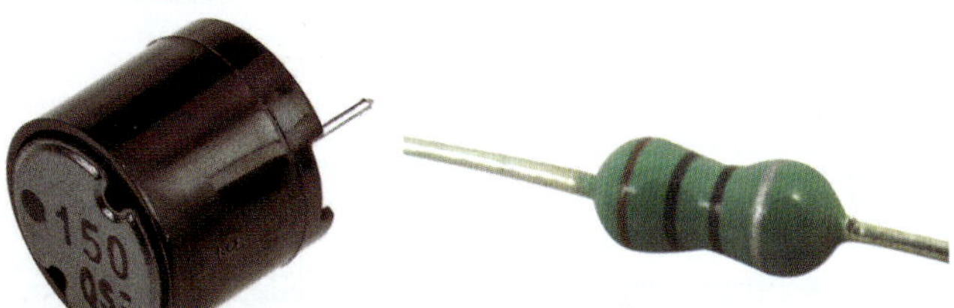

Figura 2.18. *Bobinas encapsuladas.*

- **Bobinas para montaje SMD.** Poseen un tamaño muy reducido y están destinadas al montaje superficial. Poseen unos valores de coeficiente de autoinducción o inductancia bajos.
- **Bobinas variables.** Permiten ajustar su valor de autoinducción. Se suelen emplear en equipos de radiofrecuencia.

2.3.2. Características de las bobinas

Las características principales de las bobinas son:

- **Coeficiente de autoinducción.** Una bobina es un arrollamiento de *N* espiras sobre un núcleo (que puede ser el aire). Si el núcleo es de un material ferromagnético, su coeficiente de autoinducción viene definido por la expresión:

$$L = N \cdot \frac{\Phi}{I}$$

Donde:

L: coeficiente de autoinducción (H, henrio).

Φ: flujo magnético (Wb, weber).

I: intensidad (A, amperio).

N: número de espiras.

Tabla 2.6. Bobina

Componente		Unidad de medida	
L	Bobina	H	Henrio

- **Tolerancia.** Límite de variación sobre el valor nominal.
- **Factor de calidad.** Es la relación entre la reactancia inductiva y la resistencia óhmica. Su valor depende de la frecuencia de trabajo.

$$Q = \frac{X_L}{R} = \frac{2 \cdot \pi \cdot f \cdot L}{R}$$

2.3.3. Código de colores

Algunas bobinas comerciales llevan impreso su valor mientras que otras emplean un código de colores similar al empleado con las resistencias.

El valor que expresa va indicado en µH.

Tabla 2.7. Códigos de colores para las bobinas encapsuladas

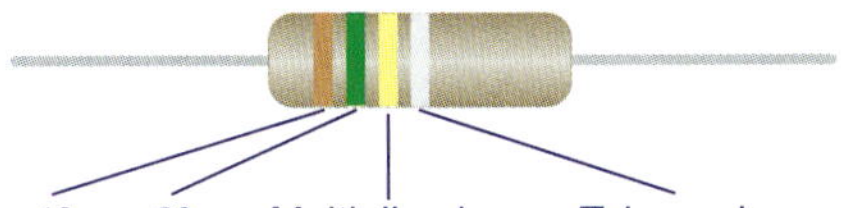

Color	1.ª cifra	2.ª cifra	Multiplicador	Tolerancia
Plata	—	—	0,01	± 10 %
Oro	—	—	0,1	± 5 %
Negro	0	0	1	
Marrón	1	1	10	—
Rojo	2	2	100	—
Naranja	3	3	1 K	—
Amarillo	4	4	10 K	—
Verde	5	5	100 K	—
Azul	6	6	1 M	—
Violeta	7	7	10 M	—
Gris	8	8	—	—
Blanco	9	9	—	—

2.3.4. Simbología

Una bobina se representa por el símbolo de la Tabla 2.8 y se expresa por la letra *L*. Se define por el **coeficiente de autoinducción o inductancia** (*L*) cuya unidad de medida es el **henrio** (H), pero al ser un valor alto se emplea el submúltiplo de milihenrio (mH; 1mH = 10^{-3} H).

Tabla 2.8. Símbolos de la bobina y sus variantes

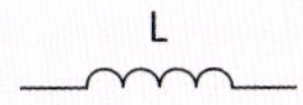	Bobina
	Bobina con núcleo
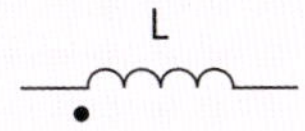	Bobina con polaridad
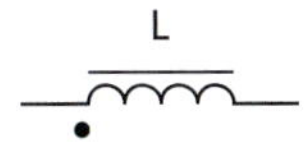	Bobina con núcleo y polaridad
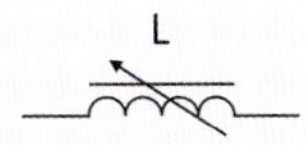	Bobina variable con núcleo
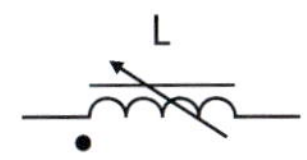	Bobina variable con núcleo y polaridad
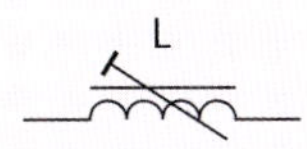	Bobina ajustable con núcleo
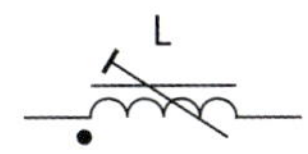	Bobina ajustable con núcleo y polaridad

2.3.5. Asociación de bobinas

Las bobinas se pueden asociar en serie, paralelo o de forma mixta. En estos casos se tiene que:

- **Asociación en serie.** El coeficiente de autoinducción total es la suma de cada bobina.
- **Asociación en paralelo.** La inversa del coeficiente de autoinducción total es la suma de las inversas de los coeficientes de autoinducción de cada bobina de la asociación.

Tabla 2.9. Asociación de bobinas

Asociación	Equivalente	Valor
Serie 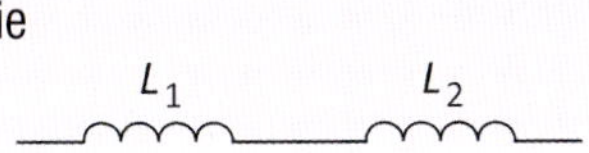	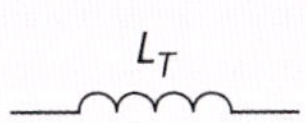	$L_T = L_1 + L_2$
Paralela 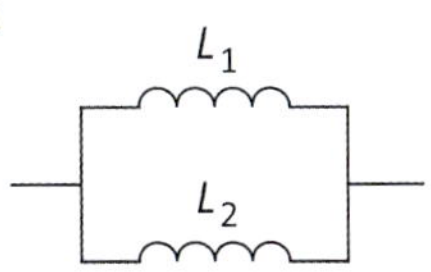	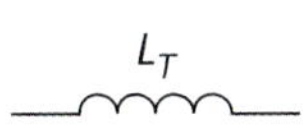	$\frac{1}{L_T} = \sum_{n=1}^{N} \frac{1}{L_n};\quad L_T = \frac{L_1 \cdot L_2}{L_1 + L_2}$
Mixta 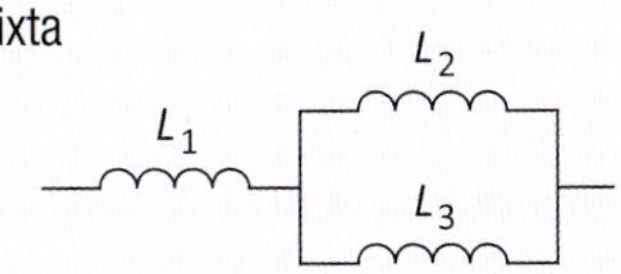	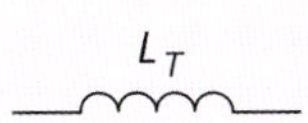	$L_T = \frac{L_1 \cdot (L_2 + L_3)}{L_1 + (L_2 + L_3)}$

- **Asociación mixta.** En el circuito se encuentran bobinas conectadas en serie y en paralelo. Se resuelve simplificando el circuito.

Actividad resuelta 2.6

¿Cuál es el coeficiente de autoinducción total del circuito serie de la figura, sabiendo que L_1 = 5 henrios y L_2 = 3 henrios?

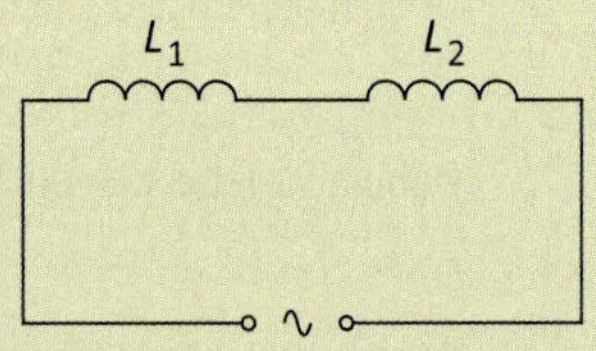

Figura 2.19. *Serie.*

Solución:

Al estar en serie ambas bobinas, se suman sus respectivos coeficientes de autoinducción.

$$L_T = L_1 + L_2 = 5\text{ H} + 3\text{ H} = 8\text{ H}$$

Actividad resuelta 2.7

¿Cuál es el coeficiente de autoinducción total del circuito paralelo de la figura, sabiendo que L_1 = 5 henrios y L_2 = 3 henrios?

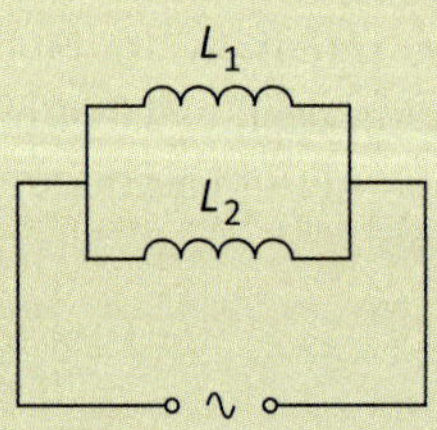

Figura 2.20. *Paralelo.*

Solución:

Al estar en paralelo ambas bobinas, se obtiene que:

$$\frac{1}{L_T} = \sum_{n=1}^{N} \frac{1}{L_n} = \frac{1}{L_1} + \frac{1}{L_2};$$

$$L_T = \frac{L_1 \cdot L_2}{L_1 + L_2} = \frac{5 \cdot 3}{5 + 3} = 1{,}875\text{ H}$$

Se observa (comparado con el ejemplo anterior) que el coeficiente de autoinducción es menor.

2.4. Condensador

Un condensador es un elemento destinado a almacenar carga eléctrica.

La capacidad de un condensador se define como la cantidad de carga que puede almacenar por la unidad de tensión.

$$C = \frac{Q}{V}$$

Donde:

C: capacidad del condensador en faradios (F).

Q: carga eléctrica en culombios (C).

V: tensión eléctrica en voltios (V).

El condensador está formado por dos placas conductoras de la electricidad, una enfrente de la otra y separadas por un aislante llamado **dieléctrico.** Como dieléctrico se suele emplear: aire, papel, mica, etc. Entre las placas o armaduras del condensador se crea un **campo eléctrico.**

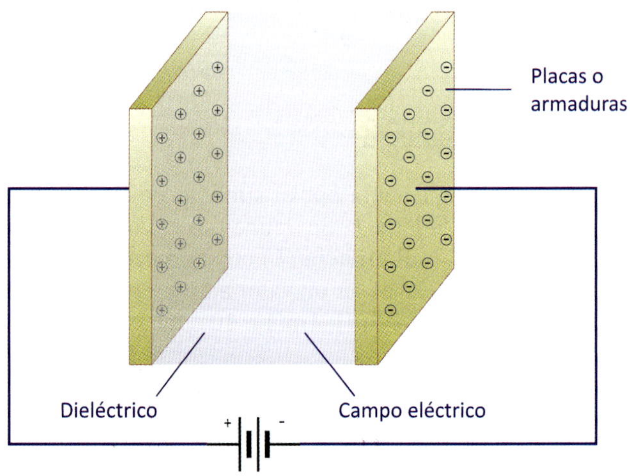

Figura 2.21. *Condensador.*

La capacidad de un condensador viene determinada por sus características constructivas según la expresión:

$$C = \varepsilon_r \cdot \varepsilon_0 \frac{S}{d}$$

Donde:

S: superficie de las armaduras.

d: espesor del dieléctrico.

ε_0: constante dieléctrica relativa del aislante.

ε_r: constante dieléctrica del vacío.

Tabla 2.10. Constantes dieléctricas relativas a los aislantes

Material	ε
Vacío	1
Aire	1,006
Parafina	2
Papel	2-2,8
Madera	2-8
Mica	4
Vidrio	2-10
Agua	81

Si se somete el dieléctrico a tensiones cada vez más elevadas, llega un momento en el cual la capacidad del aislante se rompe perforándose y permitiendo el paso de la corriente eléctrica.

La **rigidez dieléctrica** es la máxima tensión por centímetro de espesor que un dieléctrico puede aguantar sin romperse.

Tabla 2.11. Rigidez dieléctrica de algunos materiales

Material	Rigidez dieléctrica (kV/cm)
Aire a 1 atm	30
Aceite de trafos	140
Baquelita	180
Caucho	230
Ebonita	300
Goma	130
Mica	650
Papel	90
Parafina	150
PVC	250
Polietileno	350
Porcelana	100
Vidrio	160

2.4.1. Tipos de condensadores

Existen diferentes tipos de condensadores:

- **Condensadores cerámicos.** El dieléctrico está formado a base de cerámicas. Tienen una constante dieléctrica muy alta, pero son sensibles a las variaciones de temperatura. Se construyen de diversas formas físicas: en forma de disco, de placa, tubulares, chips. Se pueden clasificar de la siguiente forma:
  - — Grupo I. De baja constante dieléctrica, alta resistencia de aislamiento, baja capacidad (< 1 nF) y muy estables. Se emplean en circuitos de alta frecuencia y resonantes.
  - — Grupos II y III. De alta constante dieléctrica, menor resistencia de aislamiento, mayor capacidad para el mismo volumen (< 500 nF). Se emplean en filtros de RF.

Figura 2.22. *Condensador cerámico.*

- **Condensadores de mica.** Emplean láminas de mica como dieléctrico. Funcionan bien a altas frecuencias y soportan bien las altas temperaturas con bajas pérdidas, pero son económicamente más caros. Se emplean en sustitución de los condensadores cerámicos cuando se desea alta estabilidad. Se fabrican con capacidades entre 2 pF y 220 nF.
- **Condensadores de papel.** Su dieléctrico está formado por papel parafinado o por otro tratamiento reductor higroscópico. Se emplean en circuitos de acoplo/desacoplo, filtros antiparásitos, etcétera.

Figura 2.23. *Condensador de papel.*

- **Condensadores de plástico.** Tienen buenas prestaciones a un coste económico reducido, por lo que son los más empleados. Dependiendo del tipo de dieléctrico se tienen los de poliestireno (KS), poliéster (KT), poliéster metalizados (MKT), polipropileno (KP), polipropileno metalizado (MKP), policarbonato metalizado (MKC) y teflón (PTFE).

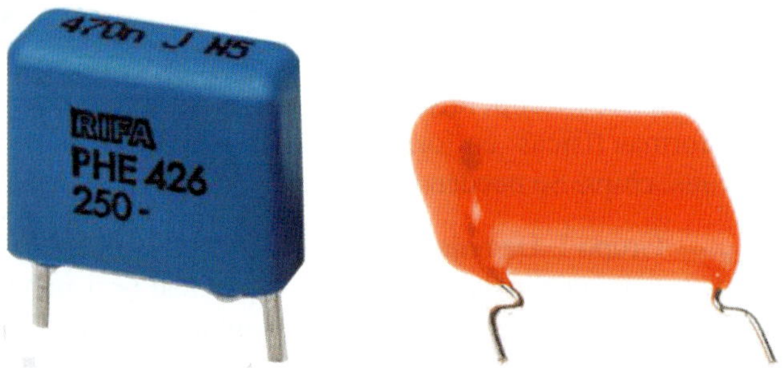

Figura 2.24. *Condensadores de polipropileno y poliéster.*

El condensador de polipropileno se emplea normalmente para la compensación de circuitos de alumbrado y de motores. En este caso, son de forma cilíndrica y preparados para trabajar con tensiones superiores a 250 V y 450 V y con capacidades desde 2 µF a 80 µF. Por su tamaño suelen llevar un tornillo de fijación que les da solidez.

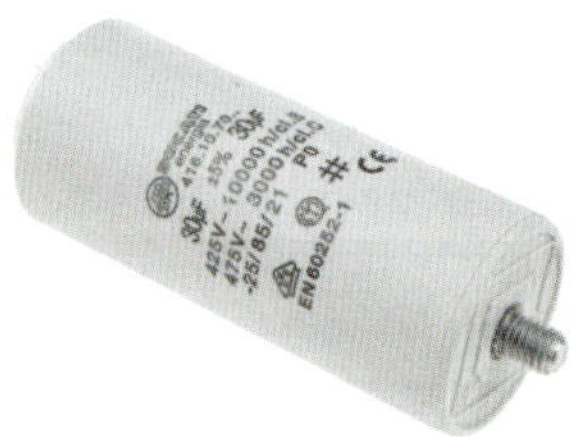

Figura 2.25 *Condensador de polipropileno.*

- **Condensadores electrolíticos de aluminio.** Tienen polaridad y por tanto solo se emplean con corriente continua. Poseen una alta capacidad (entre 1 µF y 220 000 µF), pero el inconveniente de una alta corriente de fuga. Se emplean para el filtrado de fuentes de alimentación, acoplo/desacoplo o almacenamiento de energía.

Figura 2.26. *Condensador electrolítico de aluminio.*

- **Condensadores electrolíticos de tántalo.** Tienen polaridad. Su dieléctrico está formado por óxido de tántalo. Alcanzan más capacidad que los electrolíticos con menor espacio (entre 10 nF y 500 µF), pero son económicamente más caros.

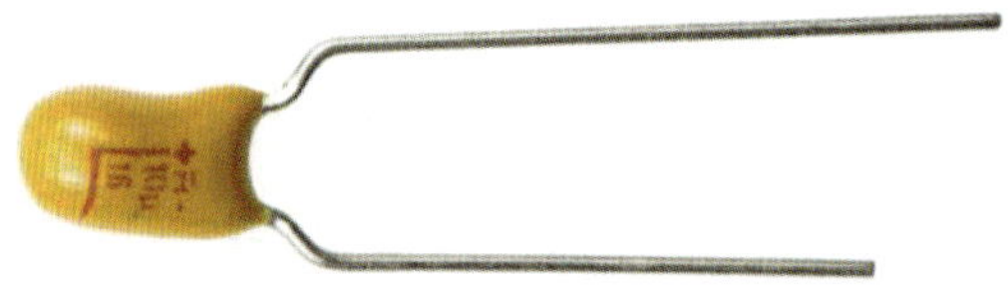

Figura 2.27. *Condensador de tántalo.*

- **Condensadores variables.** Son condensadores que pueden variar su capacidad. Normalmente, su dieléctrico es el aire y funcionan a base de hacer girar un grupo de sus armaduras respecto a las otras.
- **Condensadores ajustables.** También varían su capacidad, pero una vez ajustados en el circuito ya no se modifican. Su dieléctrico puede ser de diversos tipos (plásticos, cerámicos, mica).

Figura 2.28. *Condensador ajustable de 50 pF.*

2.4.2. Codificación en los condensadores

En los condensadores hay varias formas de marcado: directamente sobre el condensador, mediante bandas de colores y mediante código.

El marcado mediante bandas de colores es similar al de las resistencias. Su valor va expresado en picofaradios (pF).

Actividad resuelta 2.8

Un condensador de poliéster está marcado con las siguientes bandas de colores: verde, azul, naranja, negro, rojo.

¿Qué indica este marcado?

Solución:

Verde = 5.
Azul = 6.
Naranja = x 1000.

Tabla 2.12. Código de colores de los condensadores

Color	1.ª cifra	2.ª cifra	Multiplicador	Tolerancia		Tensión	
				$C > 10$ pF	$C < 10$ pF	Poliéster	Tántalo
Negro	0	0	1	± 20 %			10 V
Marrón	1	1	10	± 1 %	± 0,1 pF	100 V	
Rojo	2	2	100	± 2 %	± 0,25 pF	250 V	4 V
Naranja	3	3	1000	± 3 %	—	—	40 V
Amarillo	4	4	10 000	—	—	400 V	6,3 V
Verde	5	5	100 000	± 5 %	± 0,5 pF		18 V
Azul	6	6	1 000 000	—	—	630 V	—
Violeta	7	7	10 000 000	—	—	—	—
Gris	8	8	0,01	—	—	—	25 V
Blanco	9	9	0.1	± 10 %	± 1 pF	—	2,5 V

Negro = 20 %.
Rojo = 250 V.

Es un condensador de 56 000 pF = 56 nF, 20 % de tolerancia y 250 V de tensión de trabajo máxima.

Algunos condensadores del tipo dieléctrico de plástico indican sus características de forma codificada, mostrando tres datos:

- **Valor.** Si es un número con punto decimal indica que va expresado en microfaradios (µF), en caso contrario iría expresado en picofaradios (pF).
- **Tolerancia.** Indicada mediante una letra. Los códigos de tolerancias más comunes son los de la Tabla 2.13.

Tabla 2.13. Código de tolerancias

Letra	Tolerancia
D	± 0,5 %
F	± 1 %
G	± 2 %
H	± 2,5 %
J	± 5 %
K	± 10 %
M	± 20 %

- **Tensión máxima de trabajo.** No se debe superar, pues se perforaría el dieléctrico, dejando inservible al condensador.

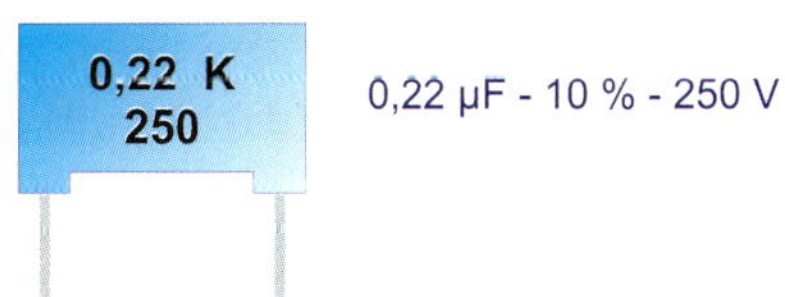

Figura 2.29. *Ejemplo de codificación.*

Recuerda

Los submúltiplos empleados con los condensadores son:

1 F = $1 \cdot 10^3$ mF (milifaradios).
1 F = $1 \cdot 10^6$ µF (microfaradios).
1 F = $1 \cdot 10^9$ nF (nanofaradios).
1 F = $1 \cdot 10^{12}$ pF (picofaradios).

Actividad resuelta 2.9

Un condensador tiene marcado el código 0,027 K 2G. ¿Qué indica este código?

Solución:

0,027 μF = 27 nF de capacidad.

K = 10 % de tolerancia.

2G = 400 V de tensión máxima de trabajo.

Existe otra codificación llamada **código 101,** alternativa a las bandas de colores, la cual se indica mediante un número de tres cifras, siendo las dos primeras las cifras que forman el valor y la tercera el número de ceros a añadir.

En ocasiones, en vez de indicar directamente la tensión se indica mediante el código de la Tabla 2.14.

Tabla 2.14. Código de tensión para condensadores (V_{DC})

Código	Tensión	Código	Tensión	Código	Tensión
0G	4 V	1K	80 V	2E	250 V
0L	5,5 V	2A	100 V	2F	315 V
0J	6,3 V	2Q	110 V	2V	350 V
1A	10 V	2B	125 V	2G	400 V
1C	16 V	2C	160 V	2W	450 V
1E	25 V	2Z	180 V	2H	500 V
1H	50 V	2D	200 V	2J	630 V
1J	63 V	2P	220 V	3A	1000 V

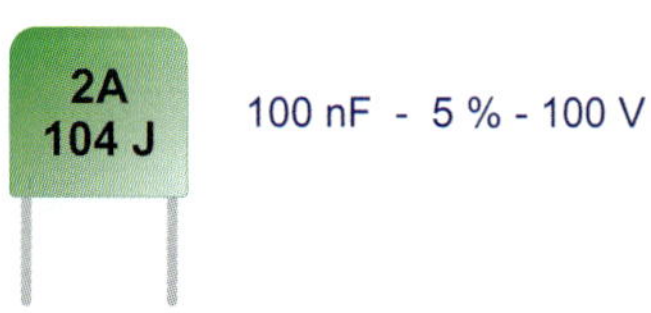

Figura 2.30. *Ejemplo de codificación 101.*

Actividad resuelta 2.10

Un condensador tiene marcado el código 471 y otro el 473. ¿Qué indican estos valores?

Solución:

Las dos primeras cifras indican el valor y la tercera el multiplicador:

471 → 470 pF

473 → 47 000 pF = 47 nF

2.4.3. Simbología

Un condensador se representa por los símbolos de la Tabla 2.16 y se expresa por la letra *C*. Se define por la **capacidad** (*C*) cuya unidad de medida es el **faradio** (F), pero al ser un valor muy alto se emplean los submúltiplos de milifaradio (mF; 1mF = 10^{-3} F) y microfaradio (μF; 1 μF = 10^{-6} F).

Tabla 2.15. Condensador

Componente		Unidad de medida	
C	Condensador	F	Faradio

Tabla 2.16. Simbología del condensador

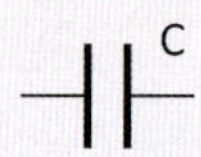	Condensador
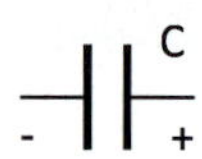	Condensador con polaridad
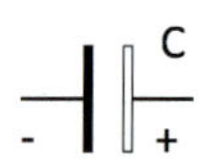	
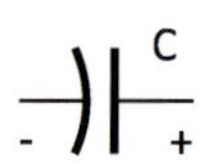	
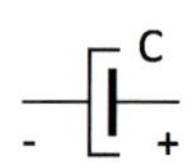	
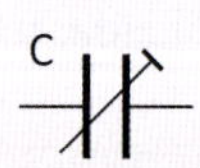	Condensador ajustable

2.4.4. Asociación de condensadores

Los condensadores se pueden asociar en serie, paralelo o de forma mixta, variando el valor total de la capacidad. En estos casos se tiene que:

- **Asociación en paralelo.** La capacidad total es la suma de las capacidades de cada condensador.
- **Asociación en serie.** La inversa de la capacidad total es la suma de las inversas de cada una de las capacidades de la asociación.
- **Asociación mixta.** En el circuito se encuentran condensadores conectados en serie y en paralelo. Se resuelve simplificando el circuito.

Tabla 2.17. Asociación de condensadores

Asociación	Equivalente	Valor
Paralela 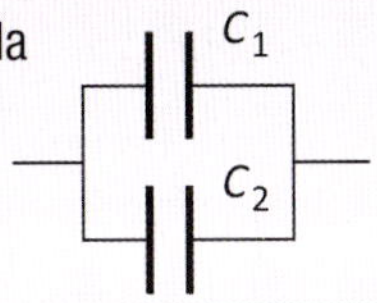	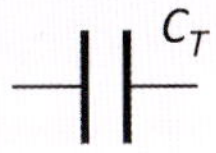	$C_T = C_1 + C_2$
Serie 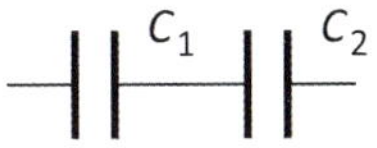	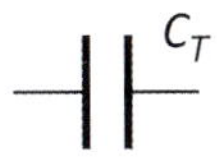	$\frac{1}{C_T} = \sum_{n=1}^{N} \frac{1}{C_n}$; $C_T = \frac{C_1 \cdot C_2}{C_1 + C_2}$
Mixta 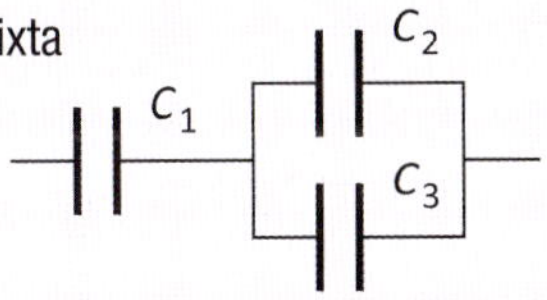	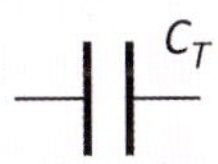	$C_T = \frac{C_1 \cdot (C_2 + C_3)}{C_1 + (C_2 + C_3)}$

Actividad resuelta 2.11

¿Cuál es la capacidad total del circuito serie de la figura, sabiendo que $C_1 = 75\ \mu F$, $C_2 = 50\ \mu F$ y $C_3 = 20\ \mu F$?

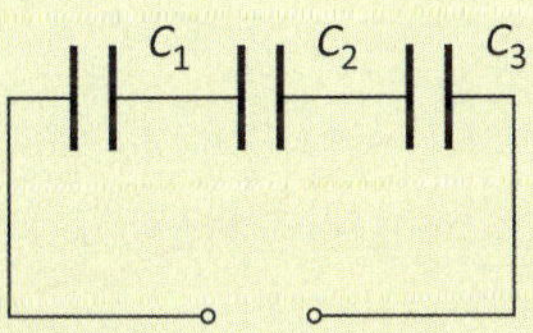

Figura 2.31. *Circuito serie.*

Solución:

Al estar en serie:

$$\frac{1}{C_T} = \sum_{n=1}^{N} \frac{1}{C_n} = \frac{1}{C_1} + \frac{1}{C_2} + \frac{1}{C_3}$$

$$\frac{1}{C_T} = \frac{1}{C_1} + \frac{1}{C_2} + \frac{1}{C_3} = \frac{1}{75} + \frac{1}{50} + \frac{1}{20}$$

$$\frac{1}{C_T} = \frac{4 + 6 + 15}{300} = \frac{25}{300} = \frac{1}{12}$$

$$C_T = 12\ \mu F$$

Otra forma es realizar el circuito serie de dos en dos, así se obtiene:

$$C_{12} = \frac{C_1 \cdot C_2}{C_1 + C_2} = \frac{75 \cdot 50}{75 + 50} = 30\ \mu F$$

$$C_T = \frac{C_{12} \cdot C_3}{C_{12} + C_3} = \frac{30 \cdot 20}{30 + 20} = 12\ \mu F$$

Actividad resuelta 2.12

¿Cuál es la capacidad total del circuito paralelo de la figura, sabiendo que $C_1 = 75\ \mu F$ y $C_2 = 50\ \mu F$?

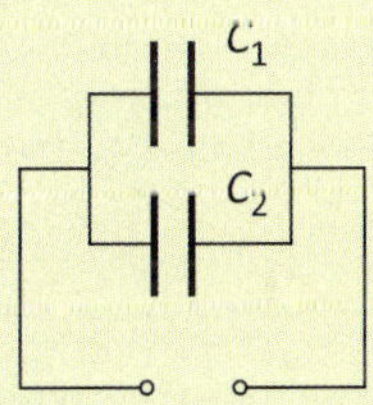

Figura 2.32. *Circuito paralelo.*

Solución:

Al estar en paralelo ambos condensadores, sus capacidades se suman:

$$C_T = C_1 + C_2 = 75\ \mu F + 50\ \mu F = 125\ \mu F$$

2.4.5. Carga y descarga de un condensador

Un condensador está constituido por dos armaduras metálicas y separadas por un aislante. Esta constitución física hace pensar que no puede circular la corriente a través de él. Sin embargo, en el caso de una corriente variable, el condensador está en continuo proceso de carga y descarga y comportándose como si circulara corriente a través de él.

La Figura 2.33 representa el esquema de un circuito para analizar el proceso de carga y descarga de un condensador a través de una resistencia.

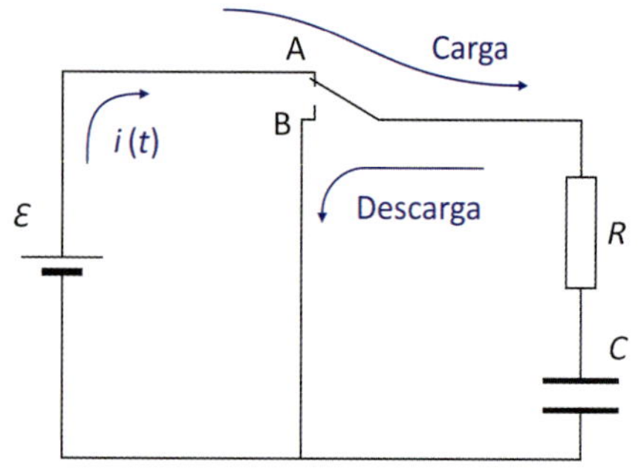

Figura 2.33. *Circuito de carga y descarga del condensador.*

Para analizar el proceso de carga se coloca el interruptor en la posición A. Inicialmente, el condensador está descargado y se conecta a una fuente de tensión continua. Se inicia el proceso de carga del condensador cuya diferencia de potencial en sus armaduras en el primer instante es de 0 V y aumenta siguiendo una curva exponencial cuya expresión matemática es la siguiente:

$$V_C\,(t) = \varepsilon\,(1 - e^{-t/(R\cdot C)})$$

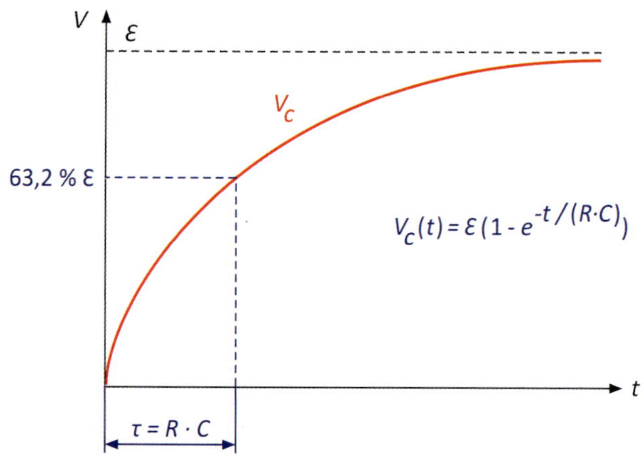

Figura 2.34. *Curva de carga de un condensador.*

Con la corriente ocurre lo contrario; en el primer instante la corriente es máxima y va disminuyendo conforme el condensador se carga.

Al cabo del tiempo obtenido de multiplicar el valor de la resistencia (en ohmios) por la capacidad del condensador (en faradios) este se ha cargado el 63,2 %. A este valor se le llama **constante de tiempo** y se representa por la letra **τ,** y el valor obtenido va expresado en segundos. Esta constante de tiempo representa la velocidad de carga.

$$\tau = R\cdot C$$

El condensador estará completamente cargado cuando $t = \infty$, pero se considera cargado cuando ha transcurrido **5 τ,** en este caso se habrá cargado al 99,33 %. Una vez cargado no circula ninguna corriente, comportándose como un circuito abierto.

Para el proceso de descarga el conmutador se sitúa en la posición B. El condensador está cargado y desconectado de la fuente de alimentación, así que comenzará a descargarse a través de la resistencia. El proceso de descarga sigue una curva exponencial decreciente según la expresión:

$$V_C\,(t) = \varepsilon\cdot e^{-t/(R\cdot C)}$$

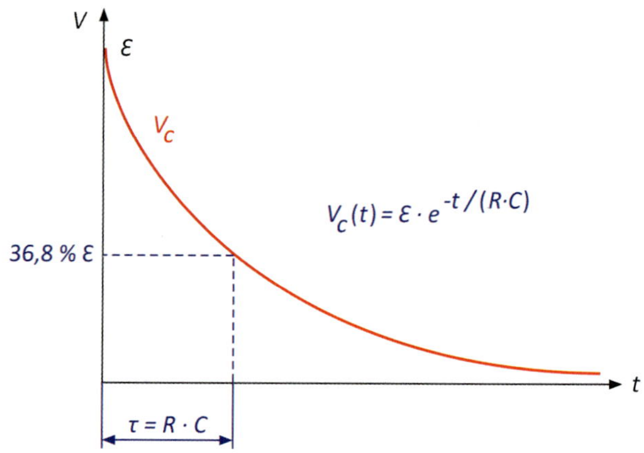

Figura 2.35. *Curva de descarga de un condensador.*

Actividad resuelta 2.13

Un condensador de 10 μF está conectado a una fuente de tensión junto con una resistencia en serie de 120 kΩ. ¿Cuál es la constante de tiempo? ¿En cuánto tiempo se habrá cargado el condensador?

Solución:

La constante de tiempo es de:

$$\tau = R\cdot C = 120\cdot 10^3\cdot 10\cdot 10^{-6} = 1{,}2\ \text{s}$$

Y se considera cargado con: $5\,\tau = 5\cdot 1{,}2 = 6$ s

MAPA CONCEPTUAL

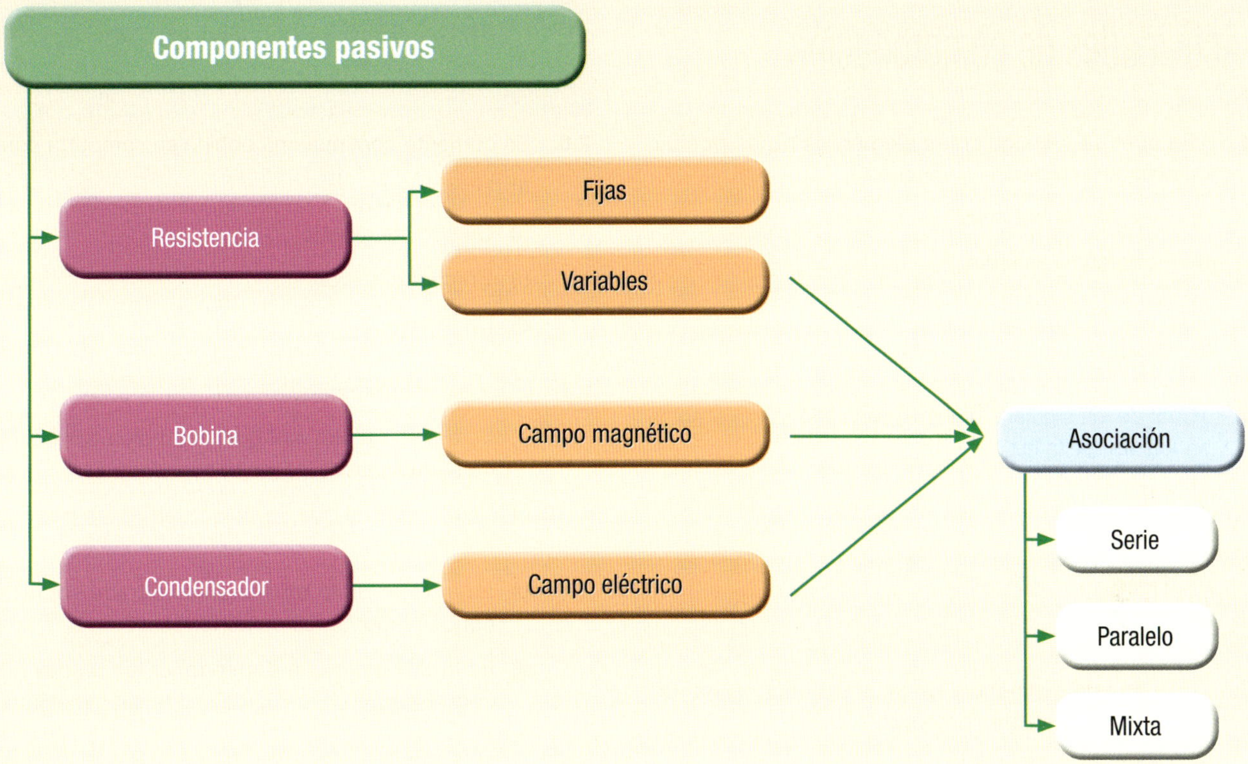

Actividades de comprobación

2.1. ¿En cuál de los siguientes elementos no es posible cambiar su resistencia a voluntad?

a) Resistencia bobinada.

b) Resistencia variable.

c) Potenciómetro.

d) Reostato.

2.2. ¿Cuál de los siguientes elementos varía su resistencia en función de la luz?

a) PTC.

b) NTC.

c) VDR.

d) LDR.

2.3. ¿Qué tipo de resistencia emplearías cuando esta necesita disipar una gran potencia?

a) Resistencia de carbón.

b) Resistencia bobinada.

c) Resistencia de óxido metálico.

d) Resistencia de película metálica.

2.4. En una asociación de resistencias:

a) Si es en serie, su resistencia equivalente es mayor que la mayor de las resistencias que componen la asociación.

b) Si es en serie, su resistencia equivalente es menor que la menor de las resistencias que componen la asociación.

c) Si es en paralelo, su resistencia equivalente es mayor que la mayor de las resistencias que componen la asociación.

d) Si es en paralelo, su resistencia equivalente es mayor que la menor de las resistencias que componen la asociación.

2.5. ¿En qué unidad se mide el coeficiente de autoinducción de una bobina?

a) Vatios.

b) Microfaradios.

c) Henrios.

d) Culombios.

2.6. En corriente continua una bobina se comporta como:

a) Un cortocircuito.

b) Un circuito abierto.

c) Un condensador.

d) Un fusible.

2.7. ¿Qué es el dieléctrico?

a) Es el tipo de material que se emplea para confeccionar las placas de los condensadores.

b) Es el material que se coloca entre las placas del condensador.

c) Es el valor de la tensión máxima que soporta un condensador antes de perforarse.

d) Es la distancia que deben tener las placas de un condensador en función de su tensión máxima.

2.8. ¿Qué significa que un condensador es de tipo electrolítico?

a) Que tiene polaridad.

b) Que sus armaduras se someten a un proceso de electrólisis durante su fabricación.

c) Que el dieléctrico se ha sometido a un proceso reductor higroscópico.

d) Que tiene forma cilíndrica.

2.9. ¿Cuál es la unidad de medida de la capacidad en un condensador?

a) Voltios.

b) Faradios.

c) Henrios.

d) Amperios.

2.10. ¿Cuándo se considera que un condensador ha cargado completamente?

a) Cuando ha alcanzado el 63,2 % de su carga.

b) Cuando ha alcanzado el 85 % de su carga.

c) Cuando ha alcanzado un tiempo del producto de la resistencia por la capacidad.

d) Cuando ha alcanzado un tiempo de cinco veces el producto de la resistencia por la capacidad.

Actividades de aplicación

2.11. Determina las bandas de colores para las resistencias siguientes:

- **a)** 120 Ω.
- **b)** 33 kΩ.
- **c)** 560 kΩ.
- **d)** 6,8 MΩ.

2.12. Calcula la resistencia equivalente entre los puntos A y B del circuito dado, sabiendo que R_1 = 3 Ω, R_2 = 6 Ω, R_3 = 7 Ω, R_4 = 5 Ω, R_5 = 2 Ω, R_6 = 6 Ω, R_7 = 2 Ω y R_8 = 3 Ω, V = 12 V. Calcula la corriente y la tensión en cada resistencia, así como la potencia total.

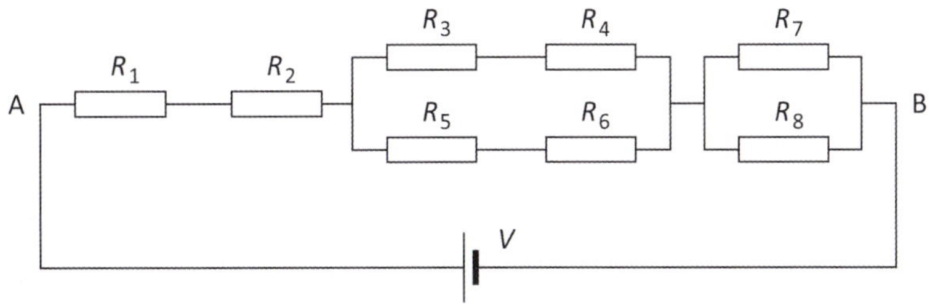

Figura 2.36.

2.13. Calcula la resistencia equivalente entre los puntos A y B del circuito dado, sabiendo que R_1 = 6 Ω, R_2 = 4 Ω, R_3 = 3,6 Ω, R_4 = 5 Ω, R_5 = 20 Ω, R_6 = 10 Ω y R_7 = 20 Ω, V_{AB} = 24 V. Calcula la corriente y la tensión en cada resistencia, así como la potencia total.

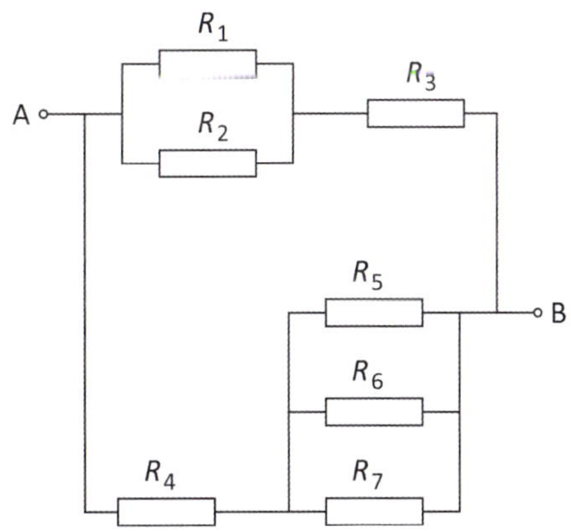

Figura 2.37.

2.14. Determina la resistencia comercial del circuito equivalente (código de colores y potencia), sabiendo que R_1 = 10 kΩ, R_2 = 20 kΩ, R_3 = 15 kΩ y R_4 = 15 kΩ y está conectada a una fuente de tensión de E = 24 V. Si la tensión de la fuente sube a 90 V, ¿cuál debe ser la potencia de la resistencia equivalente?

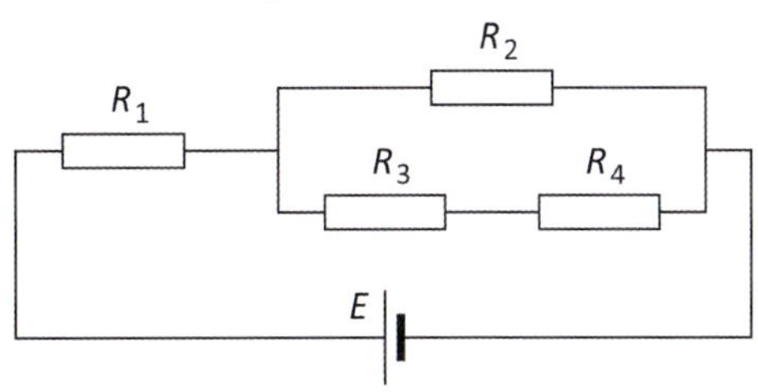

Figura 2.38.

2.15. Calcula la bobina equivalente del circuito dado, sabiendo que L_1 = 8 H, L_2 = 7 H, L_3 = 42 H y L_4 = 2 H.

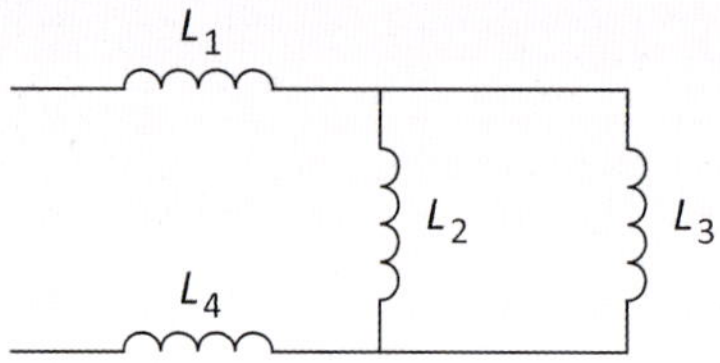

Figura 2.39.

2.16. Calcula la bobina equivalente del circuito dado, sabiendo que L_1 = 7 H, L_2 = 3 H, L_3 = 6 H, L_4 = 4 H, L_5 = 1 H, L_6 = 2 H y L_7 = 3 H.

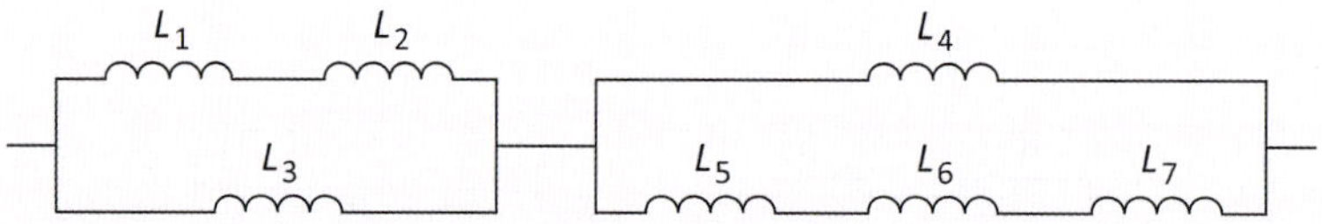

Figura 2.40.

2.17. Calcula la capacidad equivalente del circuito dado, sabiendo que C_1 = 50 µF, C_2 = 25 µF, C_3 = 50 µF y C_4 = 10 µF.

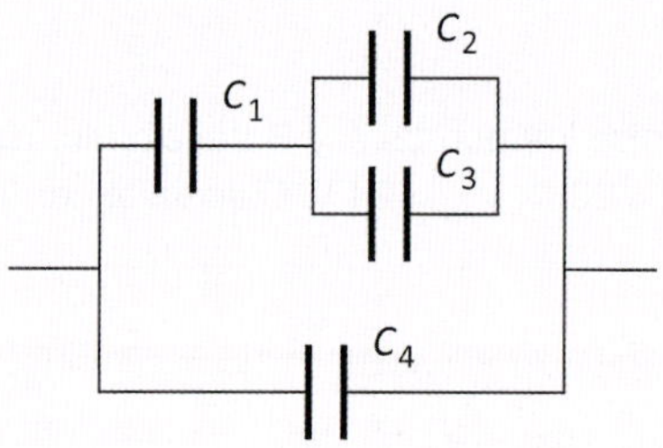

Figura 2.41.

2.18. Calcula la capacidad equivalente del circuito dado, sabiendo que C_1 = 3 µF, C_2 = 1 µF, C_3 = 2 µF, C_4 = 4 µF, C_5 = 1 µF, C_6 = 3 µF y C_7 = 5 µF.

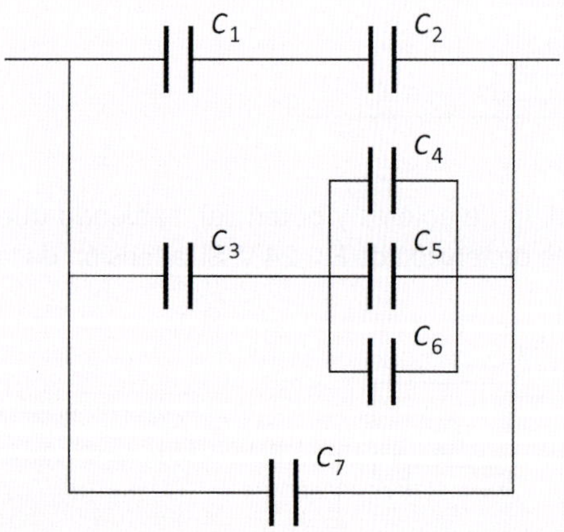

Figura 2.42.

2.19. Determina los tiempos de carga y descarga del condensador del circuito dado, sabiendo que R_1 = 100 kΩ, R_2 = 220 kΩ y C = 1µF.

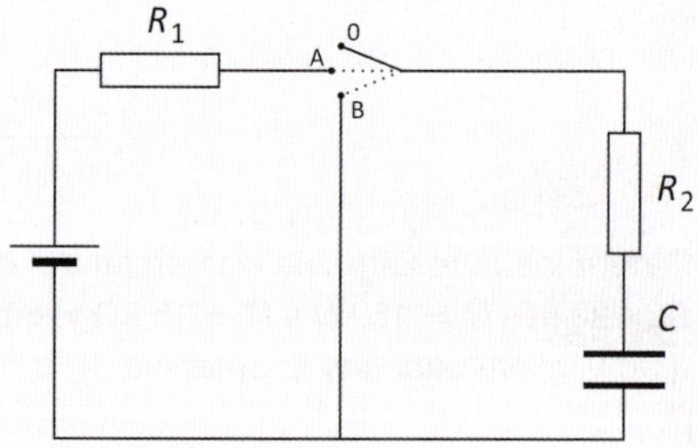

Figura 2.43.

Análisis de circuitos eléctricos en corriente continua

3

El estudio y análisis de circuitos eléctricos de corriente continua constituye la base que todo técnico debe conocer y saber aplicar. Esta visión analítica prepara al estudiante para enfrentarse a comprender cómo se comportan los diferentes elementos que lo componen.

El primer paso consiste en simplificar el circuito eléctrico para facilitar el análisis y estudio. Se aplicará el teorema de superposición para facilitar el cálculo y se obtendrá el circuito equivalente en función de la tensión (teorema de Thévenin) y en función de la corriente (teorema de Norton).

Contenidos

Objetivos

- Analizar los circuitos de corriente continua.
- Aplicar las leyes de Kirchhoff.
- Aplicar el teorema de superposición y su aplicación.
- Obtener el circuito equivalente de Thévenin y Norton.

3.1. Cálculo de circuitos eléctricos

A la hora de analizar un circuito eléctrico es necesario conocer sus parámetros eléctricos más importantes, generalmente los valores de tensiones, corrientes y potencias, para a partir de estos profundizar en otros aspectos, como se verá más adelante, tales como el cálculo de secciones del cableado a emplear, selecciones de los elementos de protección, etcétera.

Un circuito eléctrico responde de diferente manera en función del tipo de onda o de corriente eléctrica; en este caso se aprenderá a calcular circuitos en corriente continua y en corriente alterna senoidal.

Otro aspecto importante a la hora de analizar y calcular los circuitos eléctricos es el régimen de funcionamiento. Existen dos tipos de regímenes: el **régimen transitorio,** que es el que tiene lugar cuando un circuito cambia de estado, por ejemplo de estar desconectado a la red eléctrica a cuando se cierra el interruptor y esta pasa a conectar los receptores eléctricos. Este análisis es muy complejo y no se tratará. El otro estado es el **régimen permanente,** que es cuando el circuito después de cambiar de estado se estabiliza. Este estado es el que se aprenderá a calcular.

3.2. Leyes de Kirchhoff

Gustav Robert Kirchhoff fue un físico prusiano (Alemania) que, aplicando el principio de conservación de la energía, estableció dos leyes que permiten resolver matemáticamente un circuito eléctrico obteniendo la tensión y la corriente en cualquier parte del circuito.

Un circuito eléctrico está compuesto por los siguientes elementos:

- **Nudo.** Es la unión de varios conductores eléctricos en un punto.
- **Rama.** Parte del circuito comprendido entre dos nudos.
- **Lazo.** Es un circuito que puede recorrerse sin pasar dos veces por un mismo punto.
- **Malla.** Lazo sin ninguna parte en su interior.

Actividad resuelta 3.1

Identifica en el circuito eléctrico de la figura los nudos, las ramas, los lazos y las mallas.

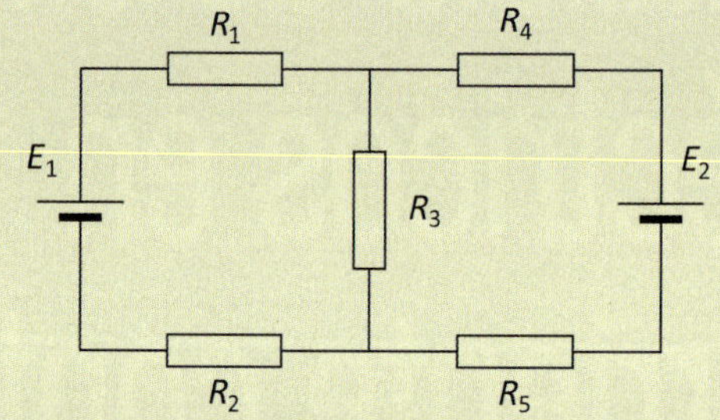

Figura 3.1. *Circuito eléctrico.*

Solución:

Se identifican dos nudos, tres ramas, tres lazos y dos mallas.

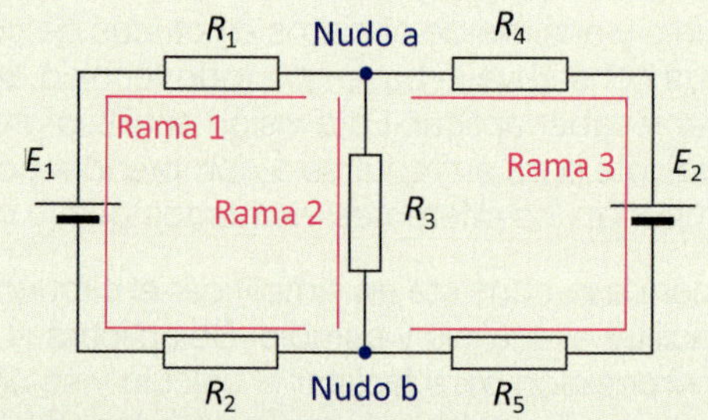

Figura 3.2. *Nudos y ramas en el circuito eléctrico.*

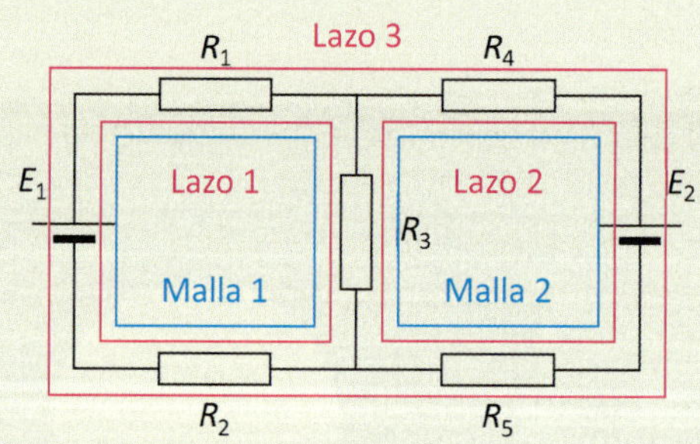

Figura 3.3. *Lazos y mallas en el circuito eléctrico.*

3.2.1. Primera ley de Kirchhoff

La **primera ley de Kirchhoff o de las corrientes** se centra en los nudos. La suma de las corrientes entrantes en un nudo es igual a la suma de las corrientes salientes:

$$\Sigma\, I_{Entrada} = \Sigma\, I_{Salida}$$

Que es lo mismo que:

$$\Sigma\, I = 0$$

Por convención de signos, se consideran positivas las corrientes que entran al nudo y negativas las que salen.

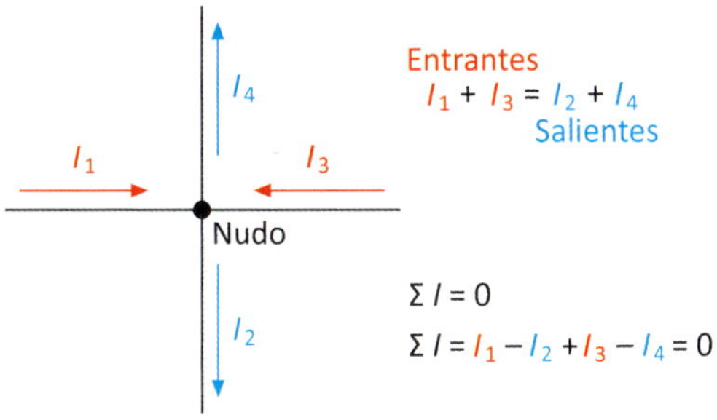

Figura 3.4. *Nudo.*

Al observar el ejemplo de la Figura 3.5 se entiende la regla de los nudos. Se tiene un circuito compuesto por dos resistencias en paralelo conectadas a una fuente de alimentación.

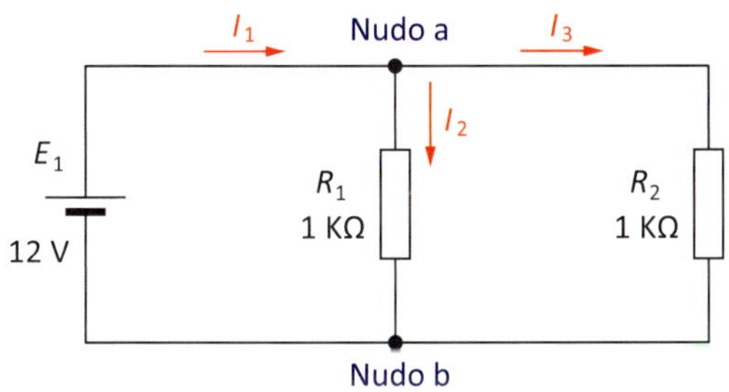

Figura 3.5. *Ejemplo de nudo.*

Por la ley de Ohm se sabe que la corriente que debe circular por cada rama es de:

$$I_2 = I_3 = \frac{E_1}{R} = \frac{12 \text{ V}}{1000\ \Omega} = 0{,}012 \text{ A} = 12 \text{ mA}$$

De aquí se deduce que la fuente de alimentación debe proporcionar la corriente demandada para cada rama, es decir, 24 mA:

$$I_1 = I_2 + I_3 = 12 \text{ mA} + 12 \text{ mA} = 24 \text{ mA}$$

$$I_1 - I_2 - I_3 = 24 \text{ mA} - 12 \text{ mA} - 12 \text{ mA} = 0$$

En el nudo b ocurre lo contrario:

$$I_2 + I_3 = I_1$$

3.2.2. Segunda ley de Kirchhoff

La **segunda ley de Kirchhoff o de las tensiones** se centra en las mallas. La suma de las fuerzas electromotrices aplicadas en una malla es igual a las caídas de tensión en cada elemento de la malla:

$$\Sigma E_i = \Sigma (I_i \cdot R_i)$$

Si se plantea esta ecuación de manera implícita se obtiene:

$$\Sigma E_i - \Sigma (I_i \cdot R_i) = 0$$

Es decir, la suma de tensiones en un camino cerrado es nula.

Aplicando la segunda ley de Kirchhoff al circuito de la Figura 3.6 se observa que:

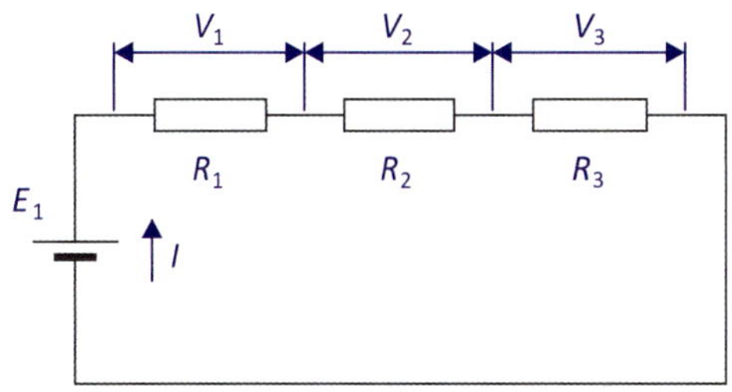

Figura 3.6. *Ejemplo de malla.*

$$\Sigma E_i = \Sigma (R \cdot I)$$

$$\Sigma E_i - \Sigma (R \cdot I) = 0$$

$$E_1 = V_1 + V_2 + V_3 = I \cdot R_1 + I \cdot R_2 + I \cdot R_3$$

3.3. Métodos de resolución

En todos los casos se trata de establecer una serie de ecuaciones basándonos en las leyes de Kirchhoff aplicadas a los nudos y las mallas del circuito. Se obtiene un sistema de ecuaciones linealmente independientes igual al número de incógnitas.

Para resolver estos sistemas de ecuaciones se pueden emplear los sistemas tradicionales (reducción, igualación o sustitución) y en los más complejos se recomienda la utilización de matrices y resolverlos por Cramer.

3.3.1. Consideraciones

A la hora de plantear las ecuaciones para resolver los circuitos aplicando las reglas de Kirchhoff se ha de tener en cuenta una serie de convenciones:

- Hay que dar un sentido arbitrario a las corrientes eléctricas. Si una vez calculado el resultado de estas corrientes se obtienen valores negativos, significa que el sentido es el inverso al considerado.

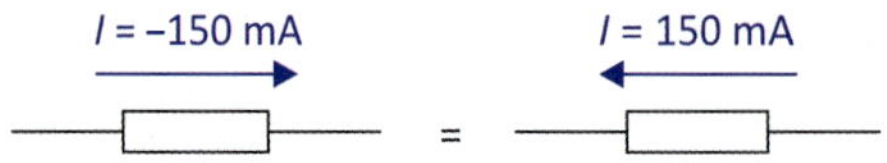

Figura 3.7. *Sentido de las corrientes.*

- Si al plantear las ecuaciones de las mallas las corrientes coinciden con el sentido de la malla, entonces se consideran positivas, y negativas en caso contrario. En la Figura 3.8 se observa que la corriente I_1 coincide con el sentido de la malla 1.

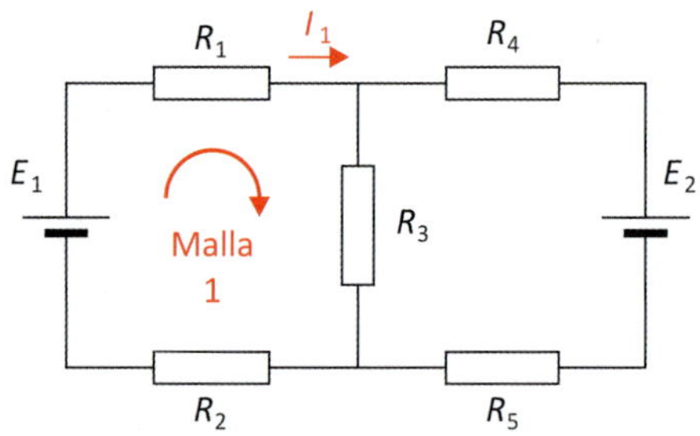

Figura 3.8. *Sentido coincidente de la corriente con la malla.*

- Cuando un elemento es compartido por dos ramas, si el sentido de la corriente coincide con el de la rama se considera positivo y negativo en caso contrario. En la Figura 3.9 se observa que la corriente I_2 coincide con el sentido de la malla 1 pero en la malla 2 es opuesto.

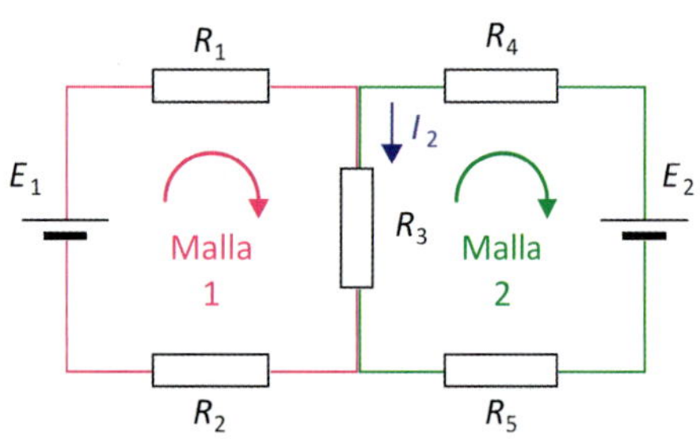

Figura 3.9. *Sentido de las corrientes respecto a dos mallas.*

- Las fuentes de tensión se pueden comportar como generador (aportan energía al circuito) o como receptor (consumen energía del circuito).

Figura 3.10. *Comportamiento de una fuente de tensión.*

3.3.2. Método de las corrientes de malla

Veamos cómo aplicar la primera ley de Kirchhoff o de las corrientes a un circuito eléctrico, en primer lugar de una sola malla y posteriormente de varias mallas.

Circuitos de una malla

Los pasos que hay que aplicar para resolver la malla de la Figura 3.11 serían los siguientes:

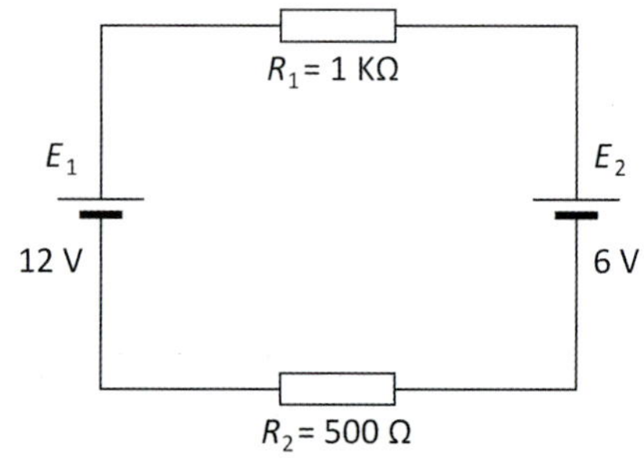

Figura 3.11. *Ejemplo de malla.*

1. Se indica, de manera arbitraria, el sentido de la malla, por ejemplo sentido horario.

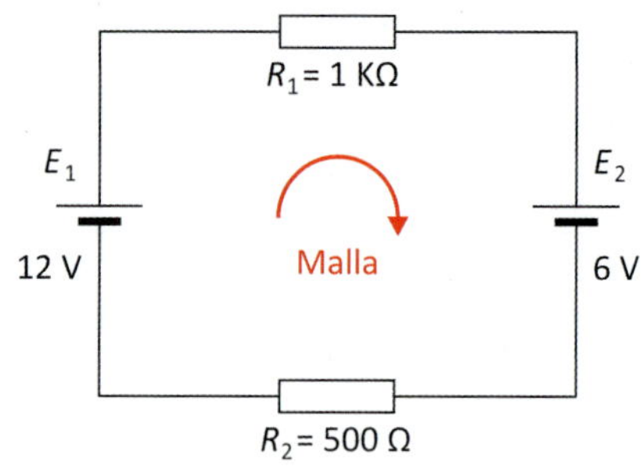

Figura 3.12. *Sentido de la malla.*

2. Se indica de manera arbitraria el sentido de la corriente.

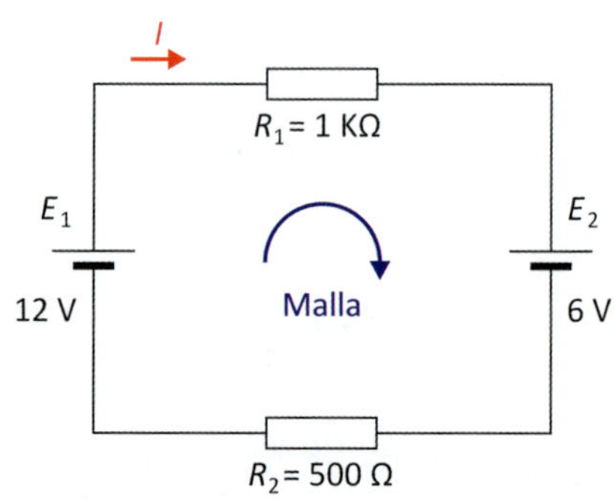

Figura 3.13. *Sentido de la corriente.*

3. Se indica el sentido en las fuentes de alimentación considerándolas como generadores, es decir, se coloca una flecha que entre por el polo negativo y salga por el positivo.

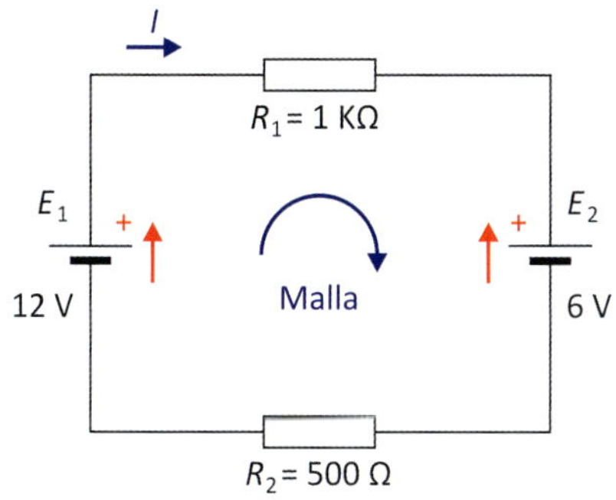

Figura 3.14. *Sentido en las fuentes de tensión.*

4. Se aplica la regla de Kirchhoff, observando en este caso lo siguiente:
   - — La fuente de alimentación E_1 coincide con el sentido de la malla, por tanto se considera positiva. Actúa como generador aportando energía al circuito.
   - — La fuente de alimentación E_2 no coincide con el sentido de la malla, por tanto se considera negativa. Actúa como receptor consumiendo energía del circuito.
   - — El sentido de la corriente *I* coincide con el sentido de la malla, por tanto se considera positiva.

Con estas observaciones, la ecuación de esta malla sería:

$$E_1 - E_2 = I \cdot (R_1 + R_2)$$

Actividad resuelta 3.2

Resuelve la malla de la Figura 3.11 según:

a) Esos mismos criterios.

b) Ahora considera que el sentido de la corriente se ha tomado de manera inversa. Plantea los sentidos de las corrientes y resuelve la malla. ¿Qué conclusión obtienes?

Solución:

a) Con los mismos criterios de los sentidos de la malla y corrientes, se ha obtenido que:

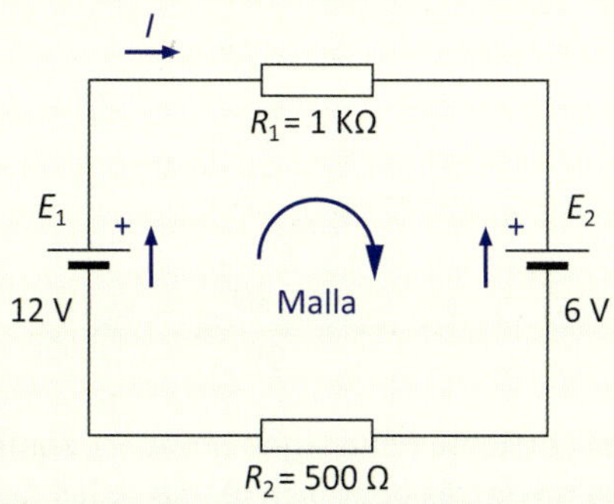

Figura 3.15. *Ejercicio de aplicación. Planteamiento A.*

$$E_1 - E_2 = I \cdot (R_1 + R_2)$$

$$12 - 6 = I \cdot (1000 + 500) \Rightarrow$$

$$\Rightarrow \quad I = \frac{12 - 6}{1000 + 500} = 0{,}004 \text{ A} = 4 \text{ mA}$$

b) Si ahora se cambia el sentido de la corriente *I* se observa que este es opuesto al sentido de la malla. Por tanto, en el planteamiento se considerará negativo.

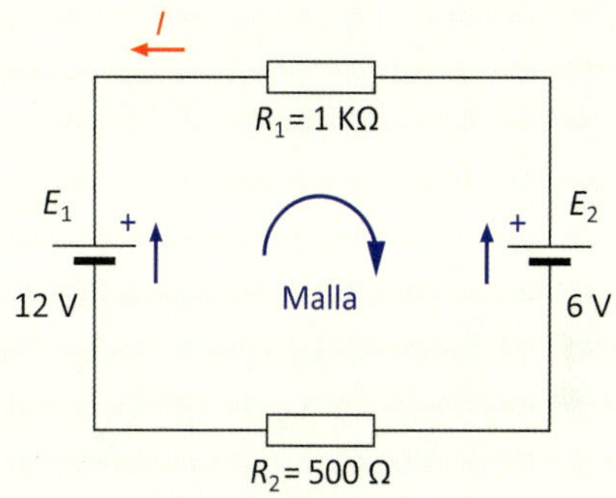

Figura 3.16. *Ejercicio de aplicación. Planteamiento B.*

$$E_1 - E_2 = -I \cdot (R_1 + R_2)$$

$$12 - 6 = I \cdot (1000 + 500) \Rightarrow$$

$$\Rightarrow \quad I = -\frac{12 - 6}{1000 + 500} = -0{,}004 \text{ A} = -4 \text{ mA}$$

En este caso el valor de la corriente obtenida es de –4 mA. El signo negativo indica que el sentido real de la corriente es opuesto al considerado.

Circuitos de varias mallas

En el circuito de la Figura 3.17 se observa que está compuesto por los siguientes elementos:

- Nudos: $n = 2$.
- Ramas: $r = 3$.
- Lazos: $l = 3$.
- Mallas: $m = 2$.

En este circuito se observan tres ramas y por tanto se tendrán tres corrientes que serán las incógnitas que hay que calcular. Se necesitan tres ecuaciones linealmente independientes. Dos de ellas se obtienen mediante la segunda ley de Kirchhoff aplicadas a las mallas. La tercera ecuación se obtiene aplicando la primera ley de Kirchhoff a uno de los nudos.

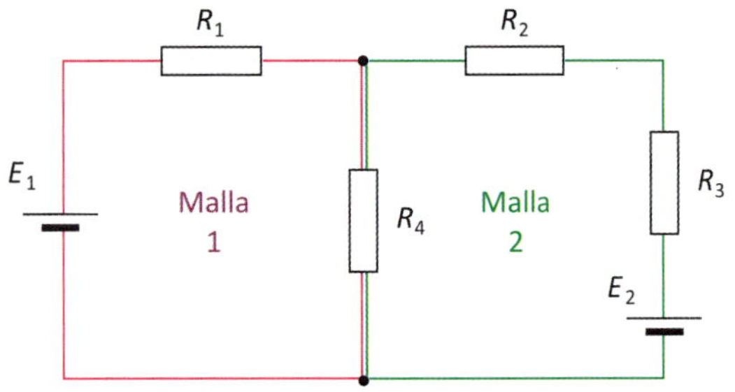

Figura 3.17. *Circuito de varias mallas.*

Se resuelve de la siguiente manera:

1. Se asigna a cada malla un sentido, por ejemplo el sentido horario.

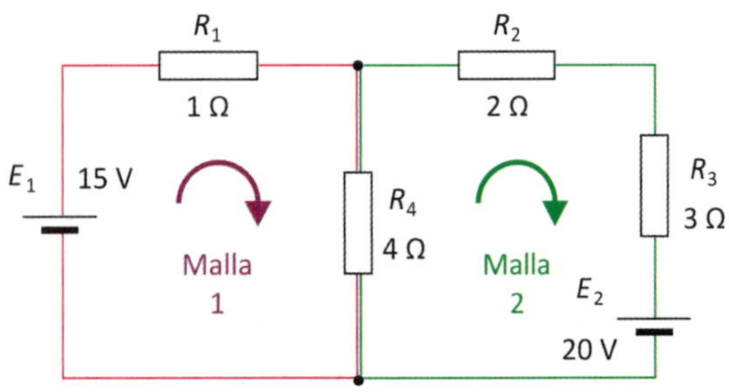

Figura 3.18. *Sentido de las mallas.*

2. Se asigna de manera arbitraria un sentido a las corrientes de cada rama.

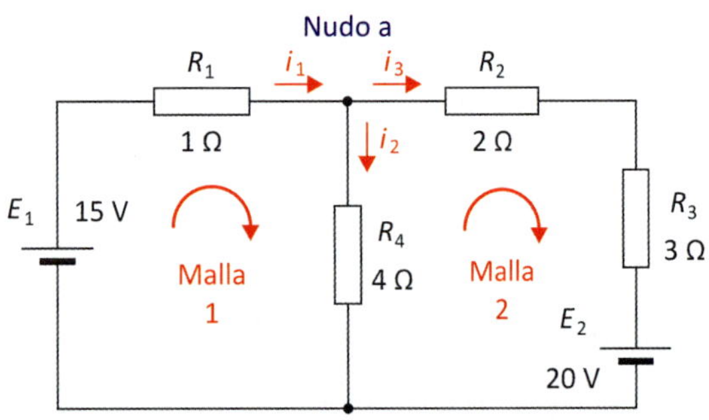

Figura 3.19. *Corrientes en los nudos.*

3. Se representan los potenciales en cada elemento.

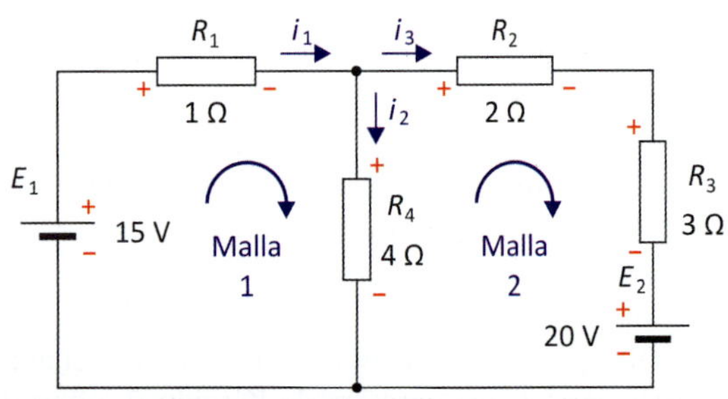

Figura 3.20. *Sentido de los potenciales.*

4. Se plantean las ecuaciones de malla teniendo en cuenta el sentido de los potenciales en cada elemento:

$$\text{Malla 1:}\quad R_1\, i_1 + R_4\, i_2 - E_1 = 0$$

$$\text{Malla 2:}\quad R_2\, i_3 + R_3\, i_3 - R_4\, i_2 + E_2 = 0$$

5. Se plantean las relaciones de corriente en el nudo:

$$\text{Nudo } a\text{:}\quad i_1 - i_2 - i_3 = 0$$

6. Se tiene un sistema de tres ecuaciones con tres incógnitas:

$$\text{Malla 1:}\quad i_1 + 4\, i_2 = 15$$

$$\text{Malla 2:}\quad -4\, i_2 + 5\, i_3 = -20$$

$$\text{Nudo } a\text{:}\quad i_1 - i_2 - i_3 = 0$$

7. Se resuelve el sistema de ecuaciones por cualquiera de los métodos (sustitución, igualación, reducción o Cramer).

En este caso se va a resolver por el método de Cramer, que se basa en el cálculo de determinantes:

$$\Delta = \begin{vmatrix} 1 & 4 & 0 \\ 0 & -4 & 5 \\ 1 & -1 & -1 \end{vmatrix} = 4 + 20 + 0 - 0 - 0 + 5 = 29$$

$$\Delta_1 = \begin{vmatrix} 15 & 4 & 0 \\ -20 & -4 & 5 \\ 0 & -1 & -1 \end{vmatrix} = 60 + 0 + 0 - 0 - 80 + 75 = 55$$

$$\Delta_2 = \begin{vmatrix} 1 & 15 & 0 \\ 0 & -20 & 5 \\ 1 & 0 & -1 \end{vmatrix} = 20 + 75 + 0 - 0 - 0 - 0 = 95$$

$$\Delta_3 = \begin{vmatrix} 1 & 4 & 15 \\ 0 & -4 & -20 \\ 1 & -1 & 0 \end{vmatrix} = 0 - 80 + 0 + 60 - 0 - 20 = -40$$

Se obtienen las incógnitas:

$$i_1 = \frac{\Delta_1}{\Delta} = \frac{55}{29} = 1{,}9 \text{ A}$$

$$i_2 = \frac{\Delta_2}{\Delta} = \frac{95}{29} = 3{,}28 \text{ A}$$

$$i_3 = \frac{\Delta_3}{\Delta} = \frac{-40}{29} = -1{,}38 \text{ A}$$

Si alguna corriente tiene signo negativo, significa que el sentido de la misma es contrario al que se había considerado. En este caso el sentido de la corriente i_3 es contraria al considerado.

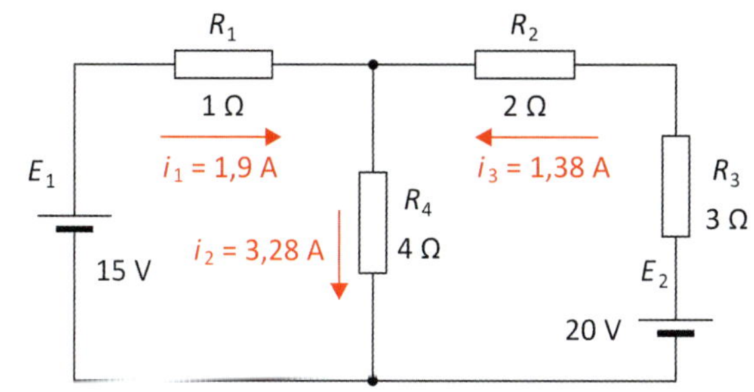

Figura 3.21. *Solución.*

3.3.3. Método de las tensiones en los nudos

Este método consiste en calcular el potencial que hay en cada nudo del sistema, respecto de un nudo considerado con potencial 0. Conocido el potencial del nudo, se calculan las corrientes de cada rama, teniendo en cuenta las posibles fuentes de tensión y resistencias que existieran en dicha rama.

Los pasos para resolver el circuito serían los siguientes:

1. Se selecciona un nudo que se conecta a tierra (se le asigna el potencial 0).

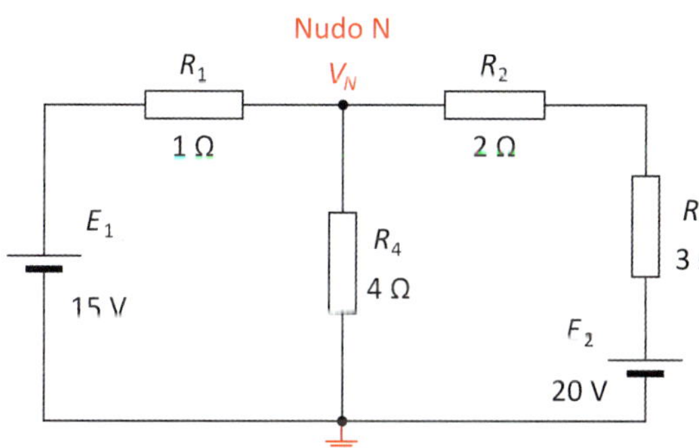

Figura 3.22. *Asignación de nudos.*

2. Al resto de los nudos del circuito se les asigna un número o letra y el potencial correspondiente respecto del nudo 0.

   En este caso, solo hay dos nudos, al otro se le asigna la letra N y un potencial V_N, que es el que se debe hallar.

3. A cada rama del circuito se le asigna una corriente con un sentido arbitrario, por ejemplo salientes del nudo.

4. A estos nudos se les aplica la primera ley de Kirchhoff.

   Para el nudo N, se tiene que:

$$I_1 + I_2 + I_3 = 0$$

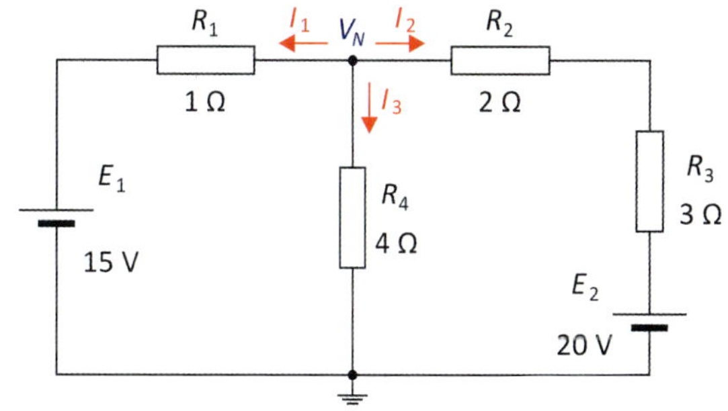

Figura 3.23. *Asignación de corrientes.*

5. Se considera una fuente de tensión ficticia de valor V entre el nudo N y el de potencial 0, y aplicando la ley de Ohm se obtiene la corriente que circula por esa rama, ignorando en cada caso el resto del circuito.

   Así, se obtienen las siguientes expresiones:

$$I_1 = \frac{V_N - E_1}{R_1} = \frac{V_N - 15}{1}$$

$$I_2 = \frac{V_N - E_2}{R_2 + R_3} = \frac{V_N - 20}{5}$$

$$I_3 = \frac{V_N}{R_4} = \frac{V_N}{4}$$

6. Se sustituyen en la ecuación de cada nudo los valores de las distintas intensidades y se resuelve:

$$I_1 + I_2 + I_3 = 0$$

$$\frac{V_N - 15}{1} + \frac{V_N - 20}{5} + \frac{V_N}{4} = 0$$

$$20\ V_N - 300 + 4\ V_N - 80 + 5\ V_N = 0$$

$$29\ V_N - 380 = 0$$

$$V_N = \frac{380}{29} = 13{,}10\ \text{V}$$

7. Una vez calculados los potenciales de los nudos se sustituyen para obtener las corrientes:

$$I_1 = \frac{V_N - 15}{1} = \frac{13{,}10 - 15}{1} = -1{,}9\ \text{A}$$

$$I_2 = \frac{V_N - 20}{5} = \frac{V_N - 20}{5} = -1{,}38\ \text{A}$$

$$I_3 = \frac{V_N}{R_4} = \frac{13{,}10}{4} = 3{,}28\ \text{A}$$

El sentido de las corrientes de signo negativo es el contrario al considerado.

3.4. Ecuaciones de Maxwell

Las ecuaciones de Maxwell, también denominadas **método de las mallas,** están basadas en la segunda ley de Kirchhoff. Con este método se asigna a cada malla una corriente. Una vez obtenidas estas corrientes de malla se aplican en los nudos. Con el método de Maxwell se reduce el número de ecuaciones.

En el circuito de la Figura 3.24, que se ha calculado previamente, se tenían tres ecuaciones con tres incógnitas. Si se aplica el método de Maxwell o de las mallas se tienen dos ecuaciones con dos incógnitas (I_A e I_B).

Los pasos para resolver el circuito serían los siguientes:

1. Se asigna un sentido arbitrario para las corrientes de mallas (I_A e I_B), por ejemplo sentido horario.

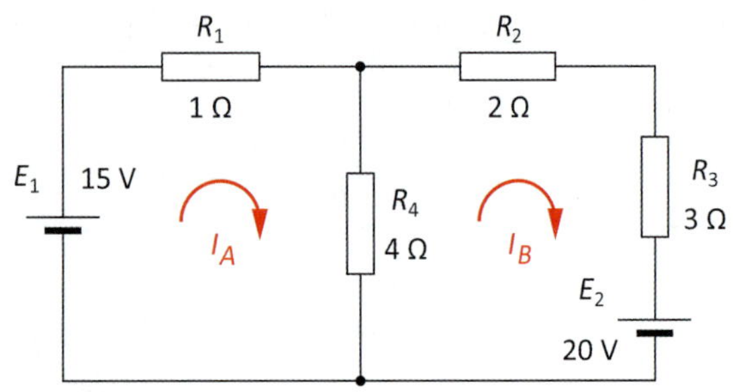

Figura 3.24. *Planteamiento de las mallas.*

2. Se asigna de manera arbitraria un sentido a las corrientes de cada rama.

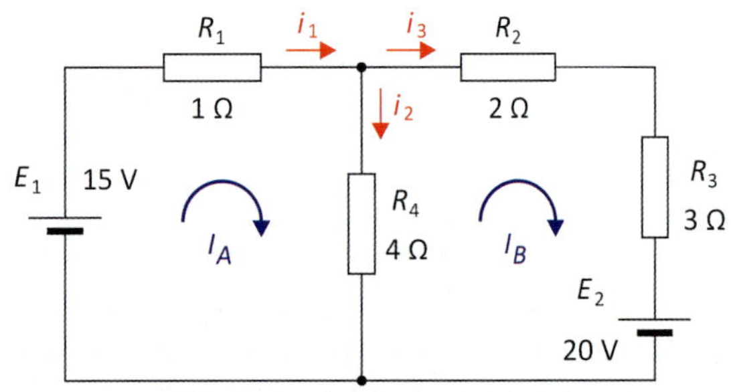

Figura 3.25. *Corrientes de ramas.*

3. Se representan los potenciales en cada elemento (Figura 3.26).

4. Se plantean las ecuaciones de malla teniendo en cuenta el sentido de los potenciales en cada elemento:

Malla A: $R_1\, I_A + R_4\,(I_A - I_B) - E_1 = 0$

Malla B: $R_2\, I_B + R_3\, I_B + R_4\,(I_B - I_A) + E_2 = 0$

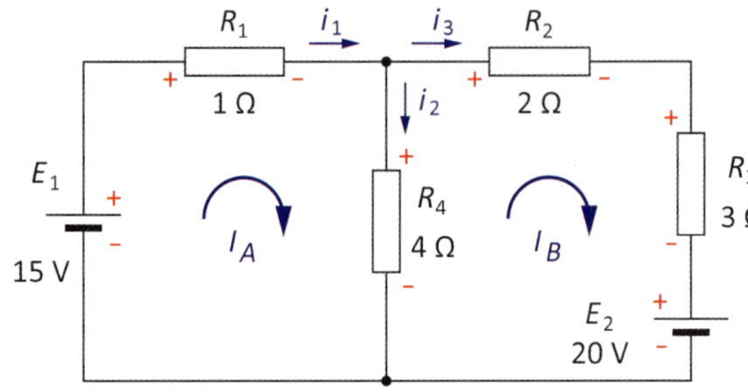

Figura 3.26. *Sentido de los potenciales.*

5. Se resuelve el sistema de ecuaciones:

Malla A: $5\, I_A - 4\, I_B - 15 = 0$

Malla B: $-4\, I_A + 9\, I_B + 20 = 0$

Obteniendo:

$$I_A = 1{,}9 \text{ A}$$
$$I_B = -1{,}38 \text{ A}$$

6. Se obtienen las corrientes de rama:

$$i_1 = I_A = 1{,}9 \text{ A}$$
$$i_2 = I_A - I_B = 3{,}28 \text{ A}$$
$$i_3 = I_B = -1{,}38 \text{ A}$$

Como i_3 es de signo negativo significa que su sentido es el contrario al considerado.

3.5. Teorema de superposición

El teorema de superposición consiste en dividir un circuito eléctrico con varias fuentes (de tensión o de corriente) en tantos circuitos como fuentes tenga y posteriormente sumar todos los efectos (tensiones o corrientes).

Para resolver un circuito utilizando el teorema de superposición se deben resolver los circuitos resultantes de ir anulando alternativamente todas las fuentes menos una. La intensidad que circula por el circuito será la suma de las intensidades que circulan por cada una de las ramas de los circuitos en que este se descompone.

Anular una fuente de tensión consiste en cortocircuitarla. Anular una fuente de corriente consiste en dejarla a circuito abierto.

El teorema de superposición se aplica a **circuitos lineales,** es decir, cuya relación tensión-corriente es lineal.

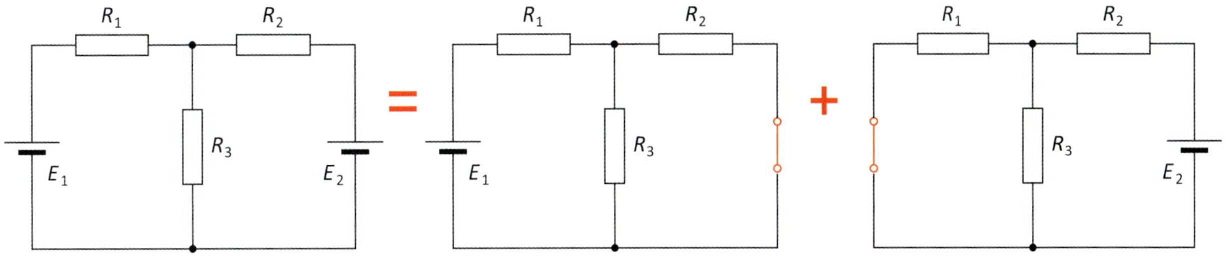

Figura 3.27. *Teorema de superposición.*

Actividad resuelta 3.3

Resuelve el circuito dado en la Figura 3.28 en los siguientes casos:

a) Sin aplicar el teorema de superposición.

b) Aplicando el teorema de superposición.

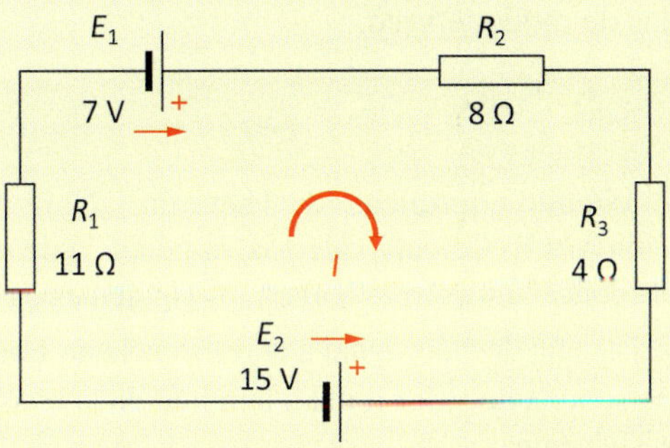

Figura 3.28. *Ejercicio de aplicación del teorema de superposición.*

Solución:

a) Sin aplicar el teorema de superposición.

Se asigna el sentido de la corriente de manera arbitraria y se calcula por medio de la ley de Ohm.

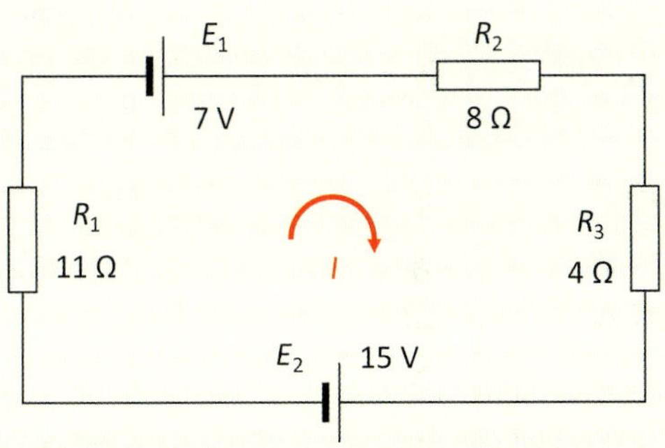

Figura 3.29. *Ejercicio de aplicación del teorema de superposición. Con todas las fuentes.*

Como el sentido de ε_1 coincide con la corriente I, su signo es positivo, en cambio ε_2 es opuesto y por ello negativo:

$$I = \frac{E_1 - E_2}{R_1 + R_2 + R_3} = \frac{7 - 15}{11 + 8 + 4} = -0{,}35 \text{ A}$$

El signo negativo de la corriente obtenida significa que su sentido es el opuesto.

b) Aplicando el teorema de superposición.

Primero se asigna el sentido de la corriente a la malla de forma arbitraria, en este caso dejamos el mismo sentido que el considerado anteriormente. A continuación, se deja solo una de las fuentes de tensión, eliminando (cortocircuitando) las demás y se calcula su corriente por medio de la ley de Ohm.

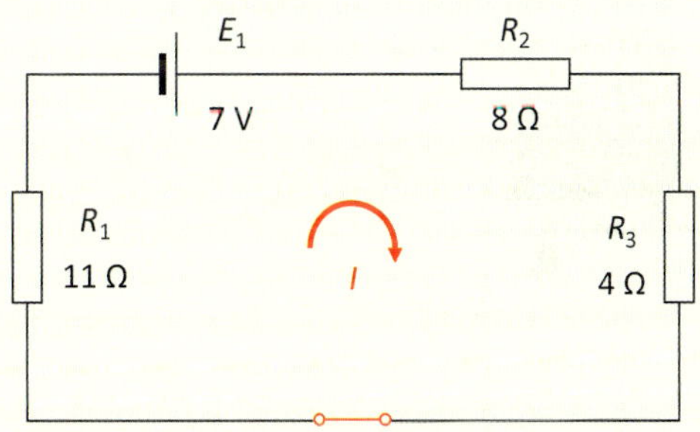

Figura 3.30. *Ejercicio de aplicación del teorema de superposición. Solo la fuente de tensión 1.*

$$I_1 = \frac{E_1}{R_1 + R_2 + R_3} = \frac{7}{11 + 8 + 4} = 0{,}30 \text{ A}$$

Una vez obtenida la corriente se procede de idéntica manera con la siguiente fuente.

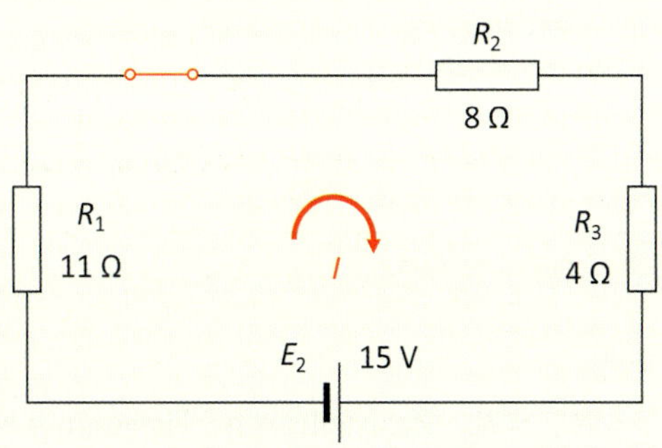

Figura 3.31. *Ejercicio de aplicación del teorema de superposición. Solo la fuente de tensión 2.*

$$I_2 = \frac{E_2}{R_1 + R_2 + R_3} = \frac{-15}{11 + 8 + 4} = -0{,}65 \text{ A}$$

Sumando el efecto de todas las fuentes se obtiene la corriente total, siendo de:

$$I = I_1 + I_2 = 0{,}30 + (-0{,}65) = -0{,}35 \text{ A}$$

Se observa que ambas corrientes coinciden, quedando demostrado el teorema de superposición.

3.6. Teoremas de Thévenin y Norton

Son dos teoremas básicos del análisis de circuitos, que están relacionados, siendo, en definitiva, dos formas de ver lo mismo. Su enunciado es el siguiente:

Teorema de Thévenin. Toda red de dos terminales es equivalente a un circuito formado por una fuente de tensión (V_{TH}) en serie con una resistencia (R_{TH}).

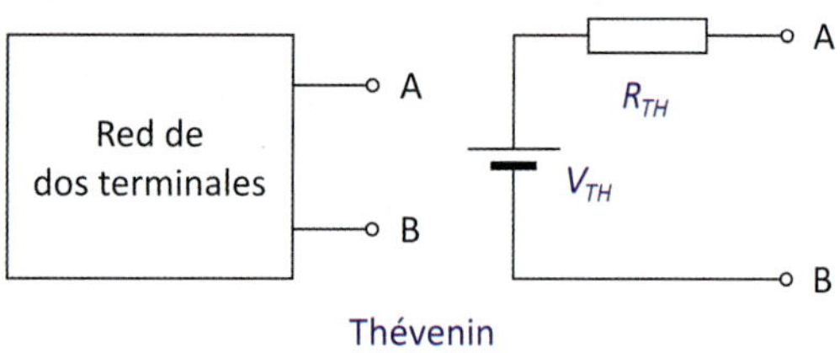

Figura 3.32. *Teorema de Thévenin.*

Teorema de Norton. Toda red de dos terminales es equivalente a un circuito formado por una fuente de intensidad en paralelo con una resistencia.

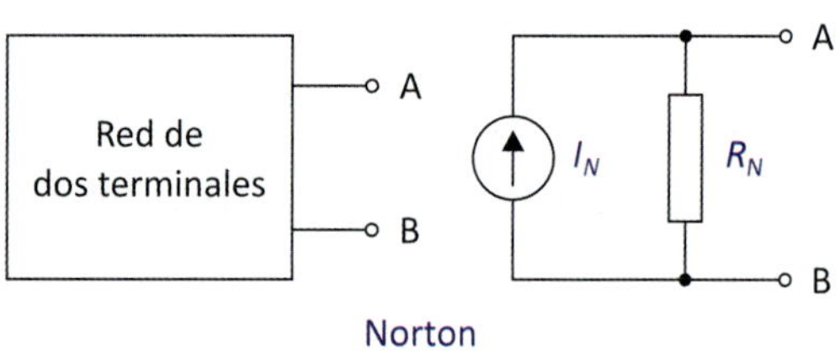

Figura 3.33. *Teorema de Norton.*

Donde:

$R_{EQ} = R_{TH} = R_N$ Resistencias de Thévenin y Norton: es la resistencia equivalente que presenta la red desde los terminales A y B, anulando las fuentes.

$V_{AB} = V_{TH}$ Tensión de Thévenin: es la diferencia de potencial que hay entre los terminales A y B.

$I_{AB} = I_N$ Intensidad de Norton: es la corriente que recorrería un cortocircuito que se estableciese entre los terminales A y B.

Ambos teoremas están relacionados entre sí por la Ley de Ohm, siendo la resistencia de los dos circuitos la misma:

$$V_{TH} = I_N \cdot R_N \qquad I_N = \frac{V_{TH}}{R_{TH}}$$

$$R_{TH} = R_N = \frac{V_{TH}}{I_N}$$

La obtención de los circuitos equivalentes pasa por tanto por la obtención de la V_{TH}, la I_N y la resistencia equivalente desde los terminales A y B ($R_{TH} = R_N$). Para ello, se debe resolver el circuito por cualquiera de los métodos conocidos y hallarlas de modo teórico.

Actividad resuelta 3.4

Halla el circuito equivalente de Thévenin y Norton entre los puntos A y B. Calcula, además, la potencia de una resistencia conectada entre A y B en los siguientes casos:

- Resistencia de valor igual a la resistencia de Thévenin.
- Resistencia de valor igual a la mitad de la resistencia de Thévenin.
- Resistencia de valor igual al doble de la resistencia de Thévenin.

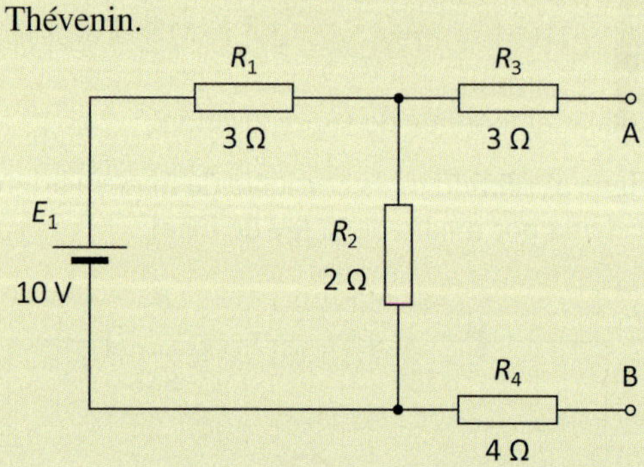

Figura 3.34. *Ejercicio de aplicación del teorema de Thévenin y Norton.*

Solución:

Para este circuito, la tensión de Thévenin (V_{TH}) es la diferencia de potencial que existe entre los puntos A y B. Como entre A y B no circula ninguna corriente por ser un circuito abierto, la tensión V_{AB} es la misma que existe en bornes de la resistencia R_2. Esta tensión viene determinada por:

$$V_{R2} = I \cdot R_2$$

Por tanto, se debe calcular en primer lugar la corriente que circula por esta resistencia.

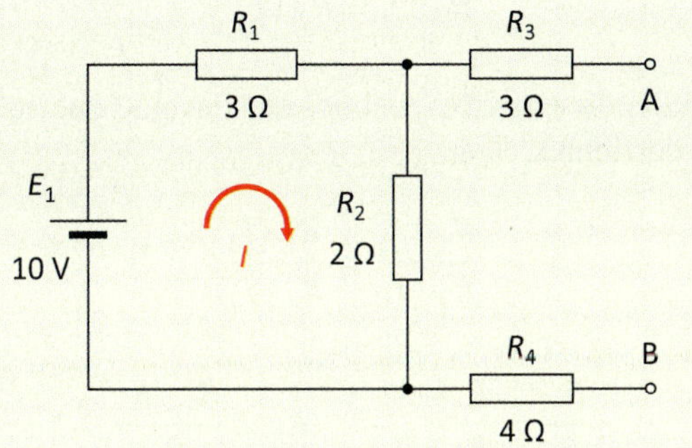

Figura 3.35. *Ejercicio de aplicación. Cálculo de la corriente.*

Aplicando la ley de Ohm se tiene que:

$$I = \frac{E}{R} = \frac{E_1}{R_1 + R_2} = \frac{10}{3+2} = 2\ \text{A}$$

Por tanto:

$$V_{R2} = I \cdot R_2 = 2 \cdot 2 = 4\ \text{V}$$

$$V_{TH} = V_{AB} = 4\ \text{V}$$

En este caso, también se podría haber calculado considerando que el circuito es un divisor de tensión:

$$V_{R2} = E_1 \frac{R_2}{R_1 + R_2} = 10 \frac{2}{3+2} = 4\ \text{V}$$

Se calcula ahora la resistencia equivalente de Thévenin, para lo que se anulan las fuentes (las fuentes de tensión se cortocircuitan).

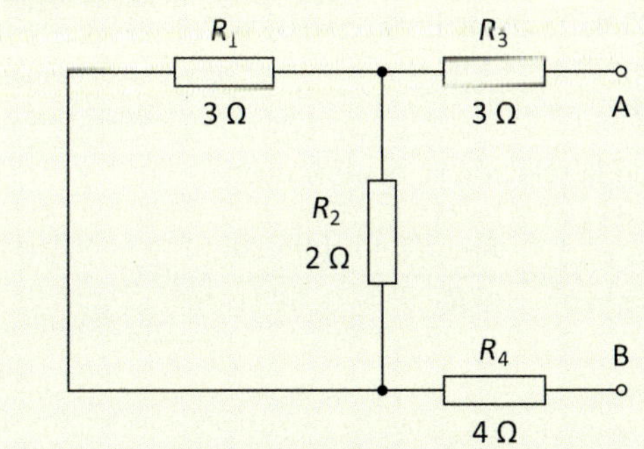

Figura 3.36. *Ejercicio de aplicación. Cálculo de R_{TH}.*

Simplificando el circuito (obteniendo el paralelo de R_1 y R_2 y realizando el circuito serie de esta con R_3 y R_4), se obtiene que:

$$R_{TH} = (R_1 // R_2) + R_3 + R_4$$

$$R_{TH} = \frac{R_1 \cdot R_2}{R_1 + R_2} + R_3 + R_4$$

$$R_{TH} = \frac{3 \cdot 2}{3+2} + 3 + 4 = 8{,}2\ \Omega$$

Con estos ya se tiene el circuito equivalente de Thévenin:

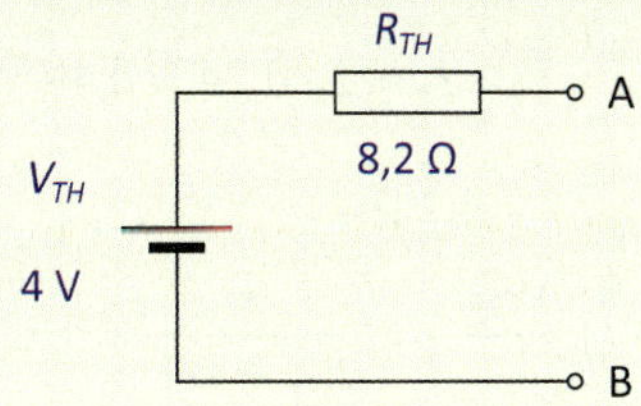

Figura 3.37. *Ejercicio de aplicación. Circuito equivalente de Thévenin.*

Para el circuito de Norton se tiene que:

$$R_{TH} = R_N = 8{,}2\ \Omega$$

$$I_N = \frac{V_{TH}}{R_{TH}} = \frac{4}{8{,}2} = 0{,}49\ \text{A}$$

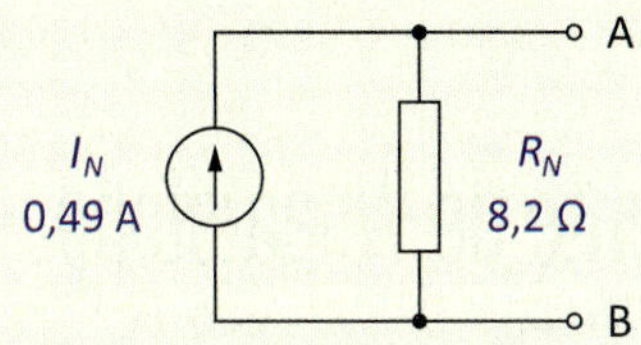

Figura 3.38. *Ejercicio de aplicación. Circuito equivalente de Norton.*

Conectamos una resistencia R a la conexión Thévenin. Se asigna un sentido arbitrario. Esta intensidad I_1 no tiene por qué valer lo mismo que la intensidad I hallada al principio del problema, ya que esta depende del valor de la resistencia.

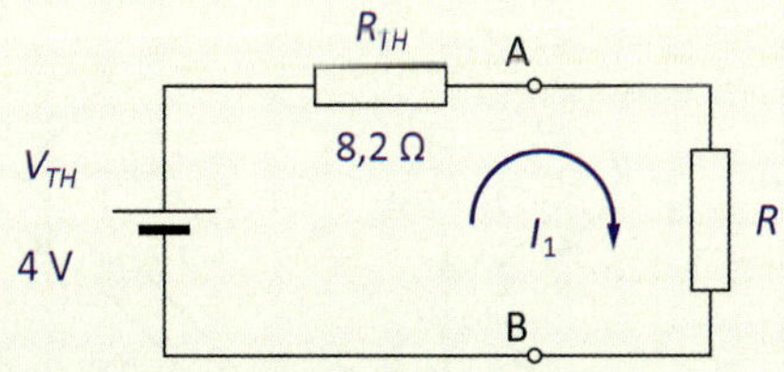

Figura 3.39. *Ejercicio de aplicación. Con carga.*

La relación que se establece es:

$$V_{TH} = I_1 \cdot R_{TH} + I_1 \cdot R = I_1 \cdot (R_{TH} + R)$$

$$I_1 = \frac{V_{TH}}{R_{TH} + R}$$

Si la resistencia de carga es del mismo valor que la resistencia de Thévenin se tiene que:

- Si: $R = R_{TH} = 8{,}2\ \Omega$:

$$I_1 = \frac{V_{TH}}{R_{TH} + R} = \frac{4}{8{,}2 + 8{,}2} = 0{,}24\ \text{A}$$

Con una tensión de:

$$V_R = I_1 \cdot R = 0{,}24 \cdot 8{,}2 = 2 \text{ V}$$

Disipando una potencia de:

$$P_R = V_R \cdot I_1 = 2 \cdot 0{,}24 = 0{,}49 \text{ W}$$

- Si: $R = R_{TH} / 2 = 4{,}1\ \Omega$:

$$I_1 = \frac{V_{TH}}{R_{TH} + R} = \frac{4}{8{,}2 + 4{,}1} = 0{,}32 \text{ A}$$

Con una tensión de:

$$V_R = I_1 \cdot R = 0{,}32 \cdot 4{,}1 = 1{,}33 \text{ V}$$

Disipando una potencia de:

$$P_R = V_R \cdot I_1 = 1{,}33 \cdot 0{,}32 = 0{,}43 \text{ W}$$

3.7. Puente de Wheatstone

El puente de Wheatstone es un circuito que se emplea para medir resistencias de una manera rápida y precisa. Consiste en emplear dos resistencias fijas (R_1 y R_2) y conocidas, una resistencia variable (R_3) y la resistencia a medir (R_X).

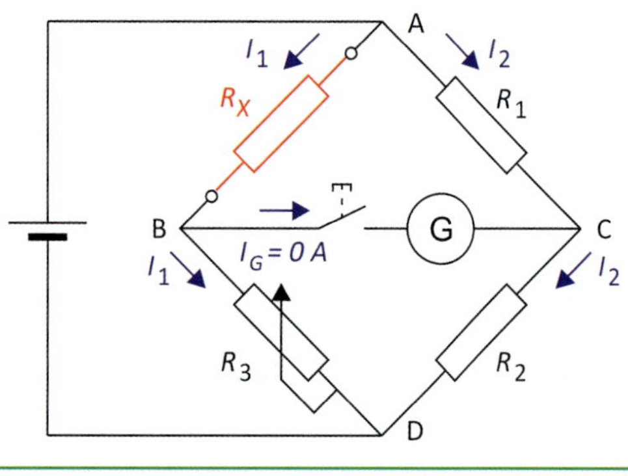

Figura 3.40. *El puente de Wheatstone.*

La resistencia variable (R_3) se mueve sobre una escala, de tal forma que se puede conocer su valor óhmico en cualquier momento. Cuando se cierra el interruptor, el circuito estará desequilibrado y el galvanómetro marcará un valor cualquiera. Se trata de variar el valor de la resistencia variable (R_3) hasta conseguir que el galvanómetro marque cero. En este momento el circuito está en equilibrio y por aplicación de la segunda ley de Kirchhoff a las mallas formadas se cumple que:

$$R_X \cdot I_1 = R_1 \cdot I_2$$

$$R_3 \cdot I_1 = R_2 \cdot I_2$$

Dividiendo estas expresiones se consigue que se eliminen las corrientes:

$$\frac{R_X \cdot I_1}{R_3 \cdot I_1} = \frac{R_1 \cdot I_2}{R_2 \cdot I_2}$$

$$\frac{R_X}{R_3} = \frac{R_1}{R_2} \quad \rightarrow \quad R_X = \frac{R_1 \cdot R_3}{R_2}$$

La ventaja del empleo de circuitos puente para determinar el valor de resistencias consiste en que no interviene en las expresiones el valor de la tensión de la fuente de alimentación.

Saber más

El puente de Wheatstone es el circuito puente más conocido, pero hay varios tipos más como el puente Thomson, el puente hilo, etcétera.

Actividad resuelta 3.5

Se tiene un puente de Wheatstone con resistencias de los siguientes valores: $R_1 = 100\ \Omega$ y $R_2 = 50\ \Omega$. Cuando el amperímetro marca cero, la resistencia R_3 vale 20 Ω. ¿Cuál es el valor de la resistencia desconocida R_X?

Solución:

Aplicando la relación se obtiene que:

$$R_X = \frac{R_1 \cdot R_3}{R_2} = \frac{100 \cdot 20}{50} = 40\ \Omega$$

3.8. Transformaciones triángulo-estrella y estrella-triángulo

Una combinación de resistencias en combinación triángulo se puede transformar en la combinación estrella, y viceversa. Estas transformaciones facilitan el cálculo para obtener la resistencia equivalente en un circuito.

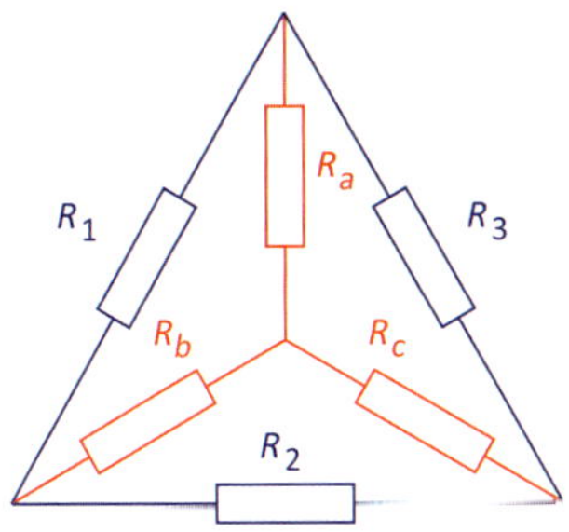

Figura 3.41. *Transformación de triángulo a estrella.*

Las ecuaciones que corresponden a estas transformaciones son:

- De triángulo a estrella:

$$R_a = \frac{R_1 \cdot R_3}{R_1 + R_2 + R_3}$$

$$R_b = \frac{R_1 \cdot R_2}{R_1 + R_2 + R_3}$$

$$R_c = \frac{R_2 \cdot R_3}{R_1 + R_2 + R_3}$$

- De estrella a triángulo:

$$R_1 = \frac{R_a \cdot R_b + R_b \cdot R_c + R_a \cdot R_c}{R_c}$$

$$R_2 = \frac{R_a \cdot R_b + R_b \cdot R_c + R_a \cdot R_c}{R_a}$$

$$R_3 = \frac{R_a \cdot R_b + R_b \cdot R_c + R_a \cdot R_c}{R_b}$$

Actividad resuelta 3.6

Obtén la resistencia equivalente del circuito de la Figura 3.42.

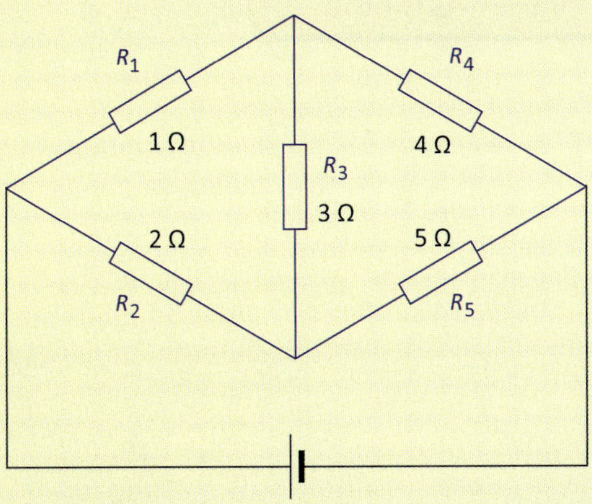

Figura 3.42. *Circuito.*

Solución:

El circuito está formado por dos combinaciones de triángulos. Se puede transformar una de ellas a estrella.

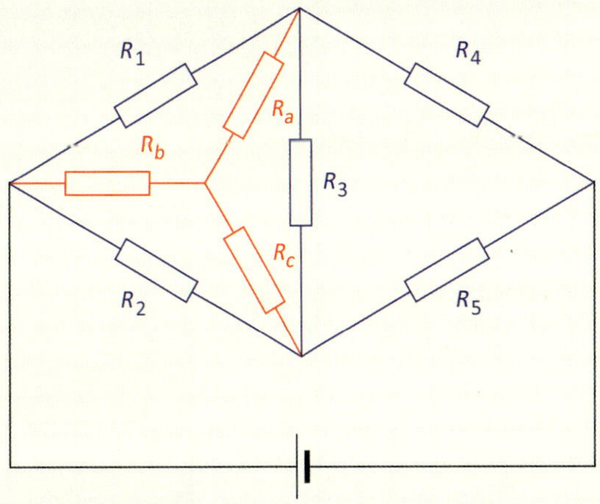

Figura 3.43. *Transformación triángulo-estrella.*

Se aplican las ecuaciones:

$$R_a = \frac{R_1 \cdot R_3}{R_1 + R_2 + R_3} = \frac{1 \cdot 3}{1 + 2 + 3} = \frac{1}{2}\ \Omega$$

$$R_b = \frac{R_1 \cdot R_2}{R_1 + R_2 + R_3} = \frac{1 \cdot 2}{1 + 2 + 3} = \frac{1}{3}\ \Omega$$

$$R_c = \frac{R_2 \cdot R_3}{R_1 + R_2 + R_3} = 1\ \Omega$$

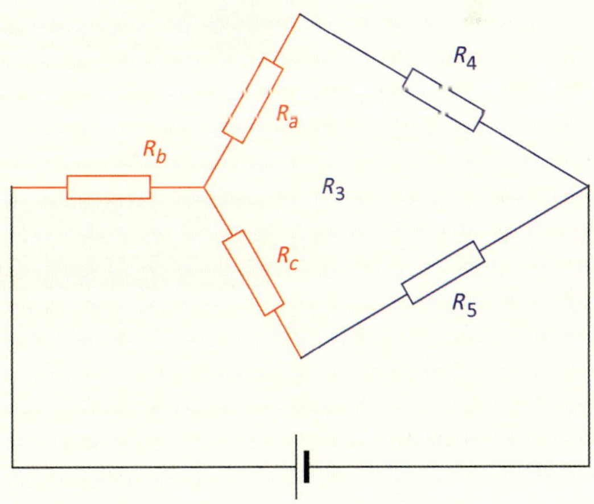

Figura 3.44. *Equivalencia.*

Con la combinación obtenida ya es fácil obtener la resistencia total, calculando la combinación serie de R_a con R_4 y R_c con R_5. Se obtiene el paralelo de estas y por último el circuito serie con R_b.

El valor de la resistencia equivalente es de:

$$R = \frac{61}{21} = 2{,}9\ \Omega$$

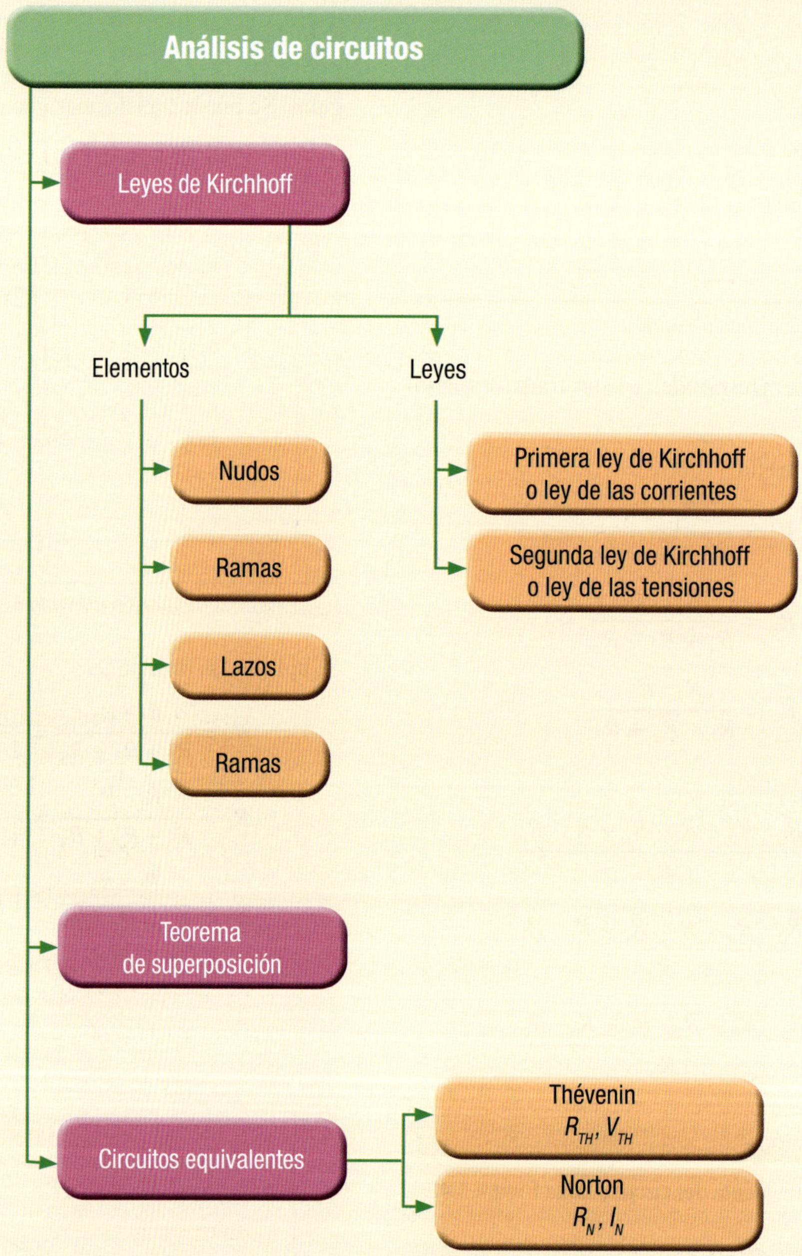
Análisis de circuitos
Leyes de Kirchhoff
Elementos
Leyes
Nudos
Ramas
Lazos
Ramas
Primera ley de Kirchhoff o ley de las corrientes
Segunda ley de Kirchhoff o ley de las tensiones
Teorema de superposición
Circuitos equivalentes
Thévenin R_{TH}, V_{TH}
Norton R_N, I_N

Actividades de comprobación

3.1. Una malla se define como:

a) Un circuito abierto.

b) Un circuito cerrado.

c) Un circuito que puede recorrerse sin pasar dos veces por un mismo punto.

d) Un circuito que puede recorrerse pasando *n* veces por un mismo punto.

3.2. En un nudo:

a) La suma de las corrientes que entran más las corrientes que salen es igual a 0.

b) La suma de las corrientes que entran menos las corrientes que salen es igual a 0.

c) El producto de las tensiones que entran es igual al producto de las tensiones que salen.

d) El producto de las tensiones que entran menos el producto de las tensiones que salen es siempre 0.

3.3. Por convención de signos, las corrientes respecto a un nudo se consideran:

a) Negativas si salen.

b) Positivas si salen.

c) Negativas si entran.

d) No hay ningún criterio.

3.4. Según la segunda ley de Kirchhoff:

a) La suma de las fuerzas electromotrices en una malla más las caídas de tensión en cada elemento es igual a 0.

b) La suma de las fuerzas electromotrices en una malla es igual a la suma de las caídas de tensión en cada elemento.

c) La suma de las corrientes en un nudo es igual a 0.

d) La suma de las corrientes que entran es igual a la suma de las corrientes que salen.

3.5. Si el sentido de una corriente es de valor negativo, significa que:

a) La corriente no puede ser negativa.

b) El sentido es el contrario al considerado.

c) Es posible solo cuando se aplica el teorema de superposición ya que posteriormente al sumarse con los otros efectos su resultado final será positivo.

d) Son errores de decimales y se redondea a 0.

3.6. Si en una fuente de tensión la corriente entra por el polo positivo:

a) La fuente proporciona energía al sistema.

b) La fuente absorbe energía al sistema, comportándose como un generador.

c) La fuente absorbe energía al sistema, comportándose como un receptor.

d) Toda fuente de tensión genera una energía que es aprovechada por el resto de elementos que componen el circuito.

3.7. El teorema de superposición consiste en descomponer un circuito en función de sus:

a) Elementos pasivos.

b) Ramas y luego sumar sus efectos

c) Ramas y luego sumar sus corrientes.

d) Fuentes y luego sumar sus efectos.

3.8. En el teorema de superposición, eliminar una fuente de tensión consiste en:

a) No se puede eliminar una fuente de tensión de un circuito puesto que entonces varía este y sus resultados finales.

b) Invertir su polaridad.

c) Dejarla a circuito abierto.

d) Dejarla a cortocircuito.

3.9. El teorema de Thévenin consiste en:

a) Un circuito serie con la resistencia y la fuente de tensión.

b) Un circuito paralelo con la resistencia y la fuente de corriente.

c) Un circuito serie con la resistencia y la fuente de corriente.

d) Un circuito paralelo con la resistencia y la fuente de tensión.

3.10. El teorema de Norton consiste en:

a) Un circuito serie con la resistencia y la fuente de tensión.

b) Un circuito paralelo con la resistencia y la fuente de corriente.

c) Un circuito serie con la resistencia y la fuente de corriente.

d) Un circuito paralelo con la resistencia y la fuente de tensión.

Actividades de aplicación

3.11. Calcula las corrientes de cada rama del circuito de la figura en los siguientes casos:

a) Aplicando las leyes de Kirchhoff.

b) Aplicando las ecuaciones de Maxwell.

c) Aplicando el teorema de superposición.

d) Aplicando el método de los nudos.

e) Calcula el circuito equivalente de Thévenin y Norton en los puntos A y B.

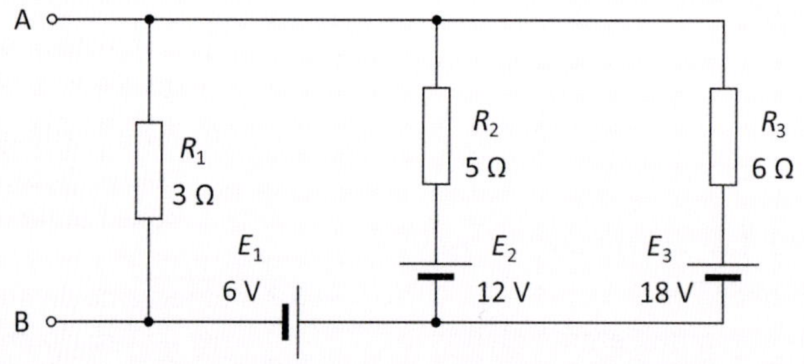

Figura 3.45. *Actividad de aplicación.*

3.12. Calcula las corrientes de cada rama del circuito de la figura en los siguientes casos:

a) Aplicando las leyes de Kirchhoff.

b) Aplicando las ecuaciones de Maxwell.

c) Aplicando el teorema de superposición.

d) Aplicando el método de los nudos.

e) Calcula el circuito equivalente de Thévenin y Norton en los puntos A y B.

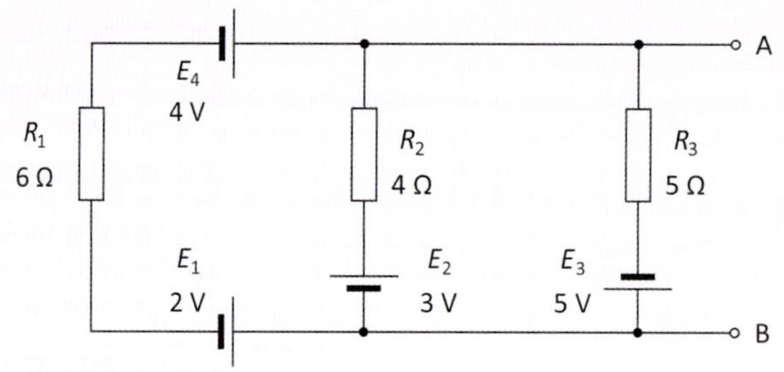

Figura 3.46. *Actividad de aplicación.*

3.13. Calcula las corrientes de cada rama del circuito de la figura en los siguientes casos:

a) Aplicando las leyes de Kirchhoff.

b) Aplicando las ecuaciones de Maxwell.

c) Aplicando el teorema de superposición.

d) Aplicando el método de los nudos.

e) Calcula el circuito equivalente de Thévenin y Norton en los puntos A y B.

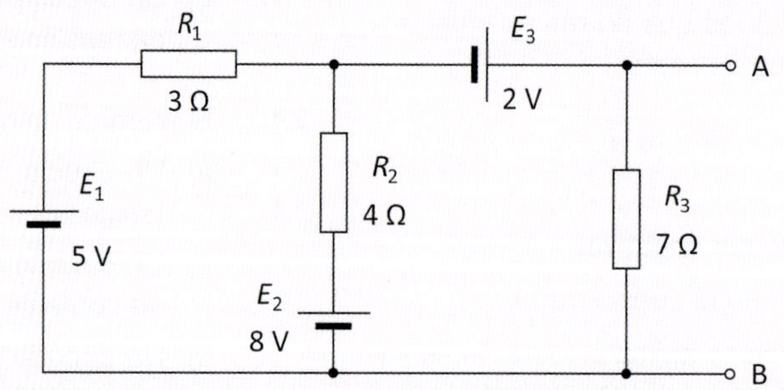

Figura 3.47. *Actividad de aplicación.*

ACTIVIDADES FINALES

3.14. Calcula las corrientes de cada rama del circuito de la figura.

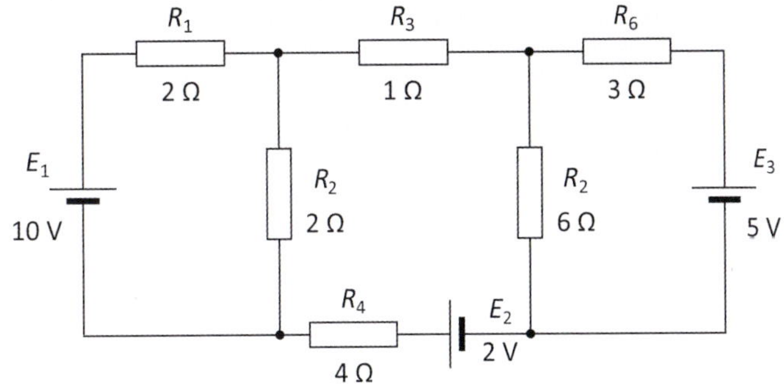

Figura 3.48. *Actividad de aplicación.*

3.15. Calcula las corrientes de cada rama del circuito de la figura.

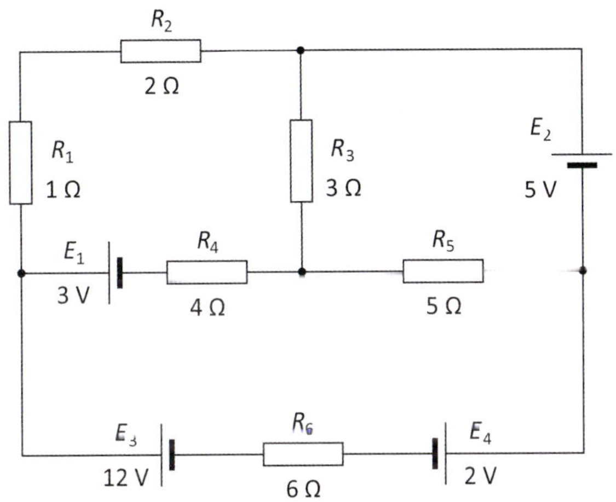

Figura 3.49. *Actividad de aplicación.*

3.16. Calcula las corrientes de cada rama del circuito de la figura.

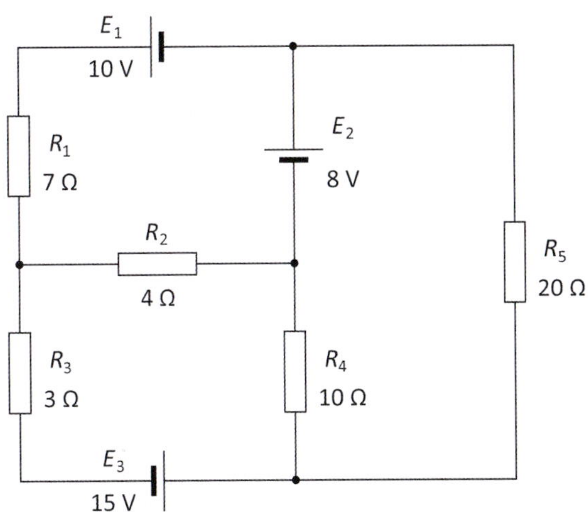

Figura 3.50. *Actividad de aplicación.*

3.17. Halla el equivalente de Thévenin y Norton entre A y B, utilizando el método de los potenciales de nudo (nudos) para calcular las intensidades de las ramas (halla las tres intensidades). Después conecta una resistencia de 8 Ω entre A y B y calcula la intensidad que circula por esta y la potencia que disipa.

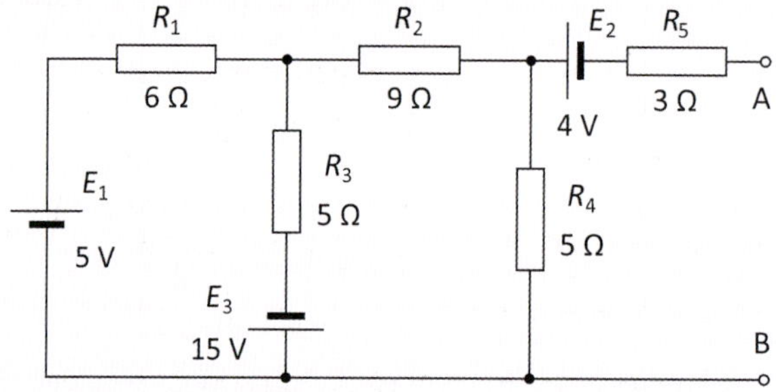

Figura 3.51. *Actividad de aplicación.*

3.18. Calcula la corriente *I* del circuito de la figura.

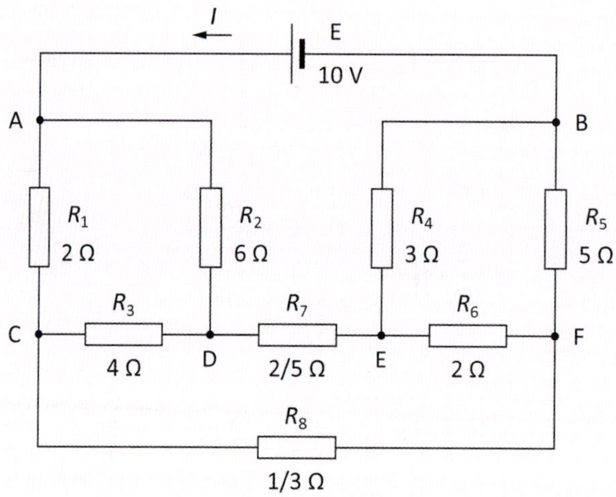

Figura 3.52. *Actividad de aplicación.*

3.19. Calcula la potencia disipada en la resistencia R_2. Resuélvelo aplicando el teorema de superposición.

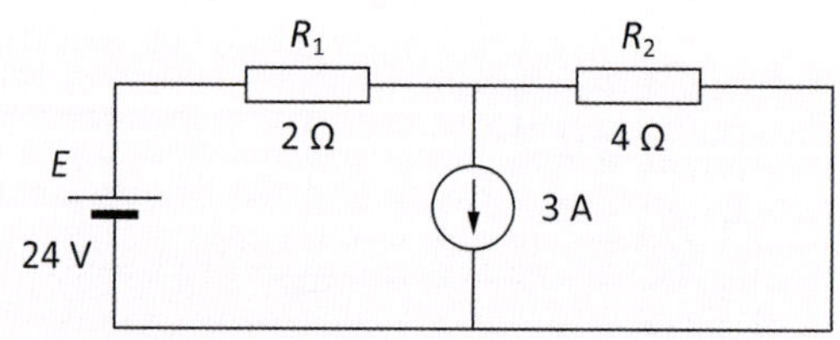

Figura 3.53. *Actividad de aplicación.*

Actividades de ampliación

3.20. Descarga desde internet el programa de cálculo matemático wxMaxima (wxmaxima-developers.github.io/wxmaxima/download.html). Este es un programa de cálculo matemático de uso libre que está disponible para varios sistemas operativos. Entre varias de sus funcionalidades está la resolución de sistemas de ecuaciones, lo que permite que se puedan resolver con su ayuda sistemas más complejos que de manera manual sería muy tedioso. Pruébalo resolviendo los sistemas de ecuaciones que te han aparecido al realizar las actividades de aplicación de esta unidad.

Los pasos para resolver un sistema de ecuaciones es el siguiente:

- Iniciar el programa e ir a **Ecuaciones** y **Resolver sistema lineal.**

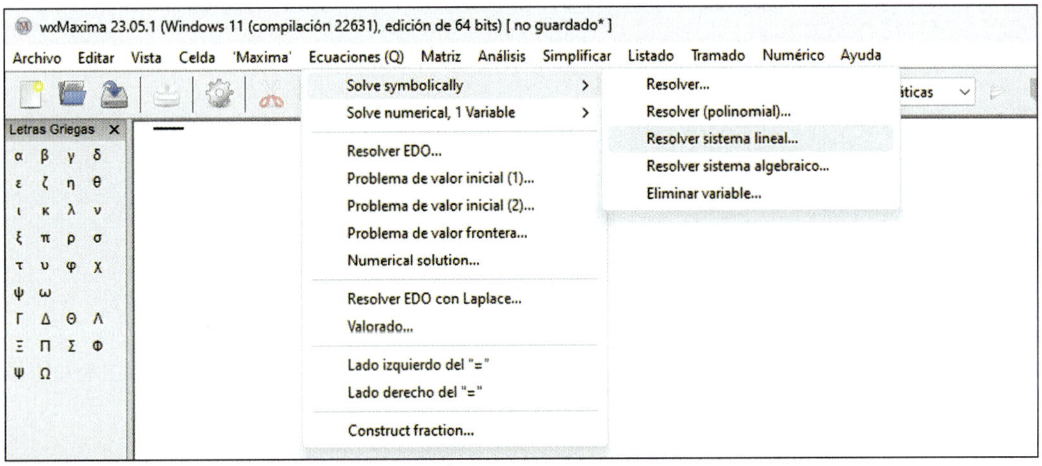

Figura 3.54. *Software Máxima. Sistema de ecuaciones lineales.*

- Se introducen las ecuaciones junto con sus incógnitas. En este caso es un sistema de dos ecuaciones. Las incógnitas son I1 e I2 y se introducen separadas por comas.

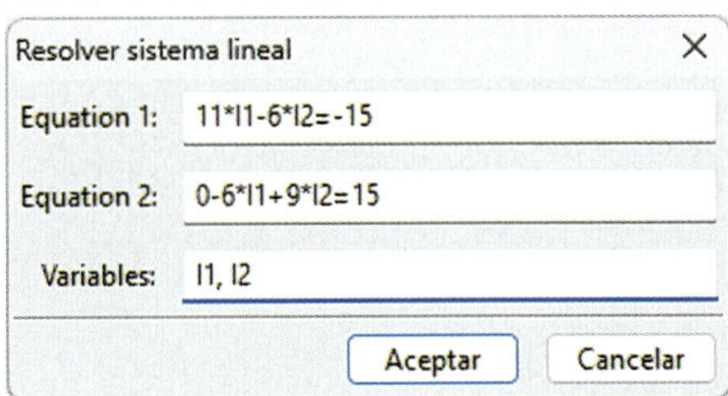

Figura 3.55. *Software Máxima. Introducción del sistema.*

- Por último se resuelve.

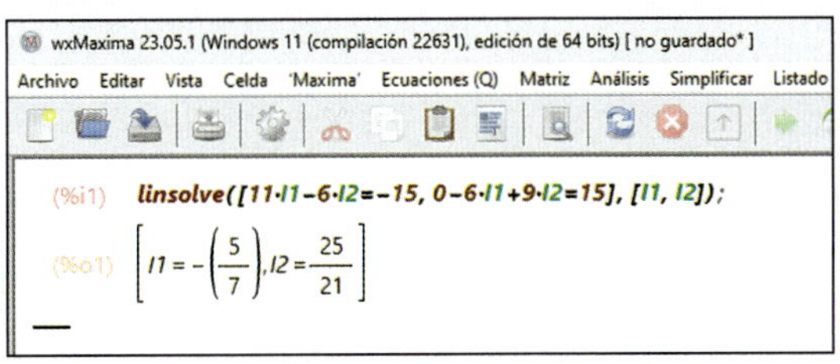

Figura 3.56. *Software Máxima. Solución.*

Corriente alterna monofásica

4

En el campo de la electricidad, los tipos de corrientes más empleadas son la corriente continua y la corriente alterna. La corriente continua actualmente se emplea para motores (principalmente tracción mecánica) y la relacionada con la energía solar fotovoltaica, además del campo de la electrónica. La energía alterna es la que está más implantada y se emplea para casi todo: transporte de energía eléctrica, ciudades y viviendas, casi todos los procesos industriales, etcétera.

Salvo prácticamente los motores eléctricos, el resto de equipos receptores que funcionan en corriente alterna lo hacen en monofásica, siendo por ello más fácil su instalación por la reducción del cableado eléctrico.

Contenidos

Objetivos

- Determinar las características de la corriente alterna monofásica y sus valores.
- Analizar el comportamiento de los diferentes tipos de receptores en corriente alterna.
- Aplicar la ley de Ohm en corriente alterna.
- Resolver circuitos eléctricos con combinación de diferentes receptores.
- Determinar los triángulos de impedancia, tensiones y potencias.
- Mejorar el factor de potencia de una instalación.
- Calcular la resonancia eléctrica de un circuito.

4.1. Corriente alterna

A diferencia de la corriente continua, donde el flujo de cargas es constante a lo largo del tiempo, en la corriente alterna este movimiento de electrones oscila, incluso invierte su sentido.

Una de las grandes ventajas de la corriente alterna es la facilidad de la modificación de sus magnitudes de tensión y corriente mediante el empleo de los transformadores, obteniendo un fácil transporte energético con reducidas pérdidas.

4.1.1. Tipos de corrientes alternas

Este flujo oscilante de cargas eléctricas sigue una expresión matemática que lo define.

En función del tipo de onda, estas corrientes se pueden clasificar en:

- **Ondas pulsantes.** La magnitud no cambia de sentido a lo largo del tiempo.
- **Ondas periódicas.** La magnitud cambia de sentido periódicamente.

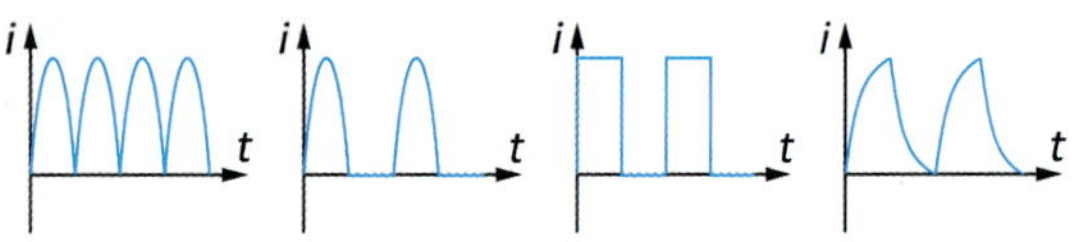

Figura 4.1. *Formas de ondas pulsantes.*

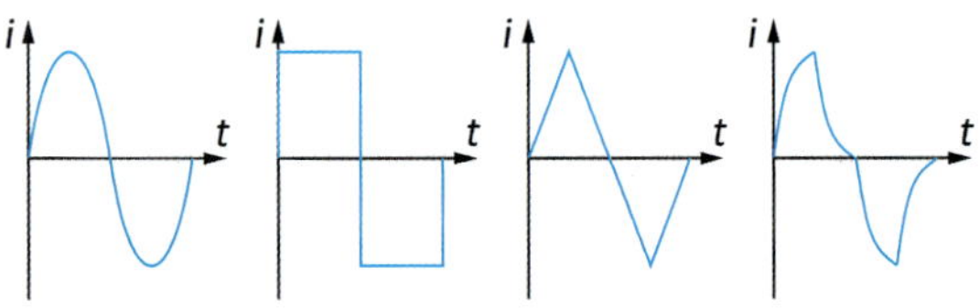

Figura 4.2. *Formas de ondas periódicas.*

Sabías que...

En el análisis de circuitos eléctricos se tiene en cuenta el **régimen transitorio** (el flujo de corriente no se ha estabilizado respecto al tiempo y suele suceder en los primeros instantes de conectar el circuito) y el **régimen permanente** (el flujo de corriente ya se ha estabilizado).

Aunque existen muy diversas formas de ondas, la que se emplea a nivel práctico en electricidad es la onda senoidal, la cual puede expresarse mediante la función trigonométrica seno (y = sen α).

4.1.2. Corriente alterna senoidal

En señal alterna, el valor de la corriente oscila entre dos puntos (un máximo positivo y un máximo negativo) e incluso en determinados momentos es nulo. Además, el sentido del movimiento de los electrones se invierte periódicamente.

Esta oscilación se repite periódicamente siguiendo una onda senoidal, dando lugar a los ciclos y a la frecuencia de la onda.

Si se hace girar al vector $\vec{A}$ en sentido antihorario a una velocidad angular constante (ω), la proyección de su valor en el eje de ordenadas (eje y) variará en función del tiempo según la función $y = \text{sen}\ \alpha$ aunque es más adecuado expresarla en función del tiempo: $y = \text{sen}\ \omega t$. Si, además, se referencia a una magnitud (A) se obtiene que $a = A_{máx} \cdot \text{sen}\ \omega t$.

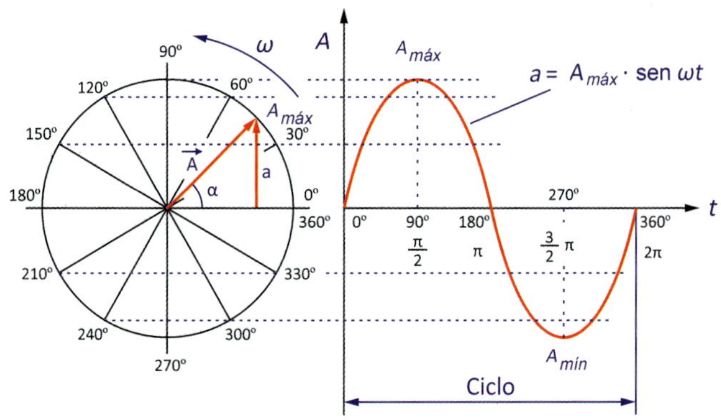

Figura 4.3. *Representación de una onda senoidal alterna.*

El valor del ángulo se expresa en función del tiempo obteniendo:

$$y = \text{sen}\ \alpha = \text{sen}\ (\omega \cdot t)$$

Donde:

α: ángulo (rad).

ω: velocidad angular (rad/s).

t: tiempo (s).

La velocidad angular (ω), también llamada **pulsación,** es el cociente entre al ángulo recorrido y el tiempo empleado. Así, en una revolución se cubre un tiempo igual a un período ($t = T$) y un ángulo igual a 2π radianes ($\alpha = 2\pi$).

$$\omega = \frac{\alpha}{t} = \frac{2\pi}{T}$$

Siendo T el **período** o tiempo empleado en recorrer un ciclo y se expresa en segundos. Relacionado con el período se encuentra la **frecuencia,** que es la inversa.

$$f = \frac{1}{T} \qquad T = \frac{1}{f}$$

Donde:

T: tiempo en segundos (s).

f: frecuencia en hercios (Hz).

Por tanto, se puede expresar la pulsación como:

$$\omega = \frac{2\pi}{T} = 2\pi f$$

La frecuencia expresa la cantidad de ciclos por unidad de tiempo. Así, la frecuencia de la onda eléctrica en corriente alterna en Europa es de 50 Hz, es decir, en un segundo un ciclo se repite 50 veces. O bien que un ciclo dura 20 milisegundos.

Sabías que...

En el mundo existen dos tipos de sistemas eléctricos de diferente frecuencia: Europa y su área de influencia, donde la frecuencia es de 50 Hz; y Estados Unidos y su área de influencia, donde la frecuencia es de 60 Hz.

Actividad resuelta 4.1

¿Cuál es el período de una onda cuya frecuencia es de 50 Hz?, ¿y su pulsación?

Solución:

Se aplica la expresión que relaciona la frecuencia con el período:

$$T = \frac{1}{f} = \frac{1}{50} = 0{,}02 \text{ s} = 20 \text{ ms}$$

Y la pulsación ω es de:

$$\omega = 2\pi f = 2 \cdot \pi \cdot 50 = 314{,}16 \text{ rad/s}$$

4.2. Valores característicos de la corriente alterna

En una onda eléctrica senoidal se observan una serie de valores característicos. Para el estudio se toma como origen de fase el paso por cero de la onda; si no fuese así se debería añadir este ángulo a la función seno sen $(\omega t \pm \varphi)$.

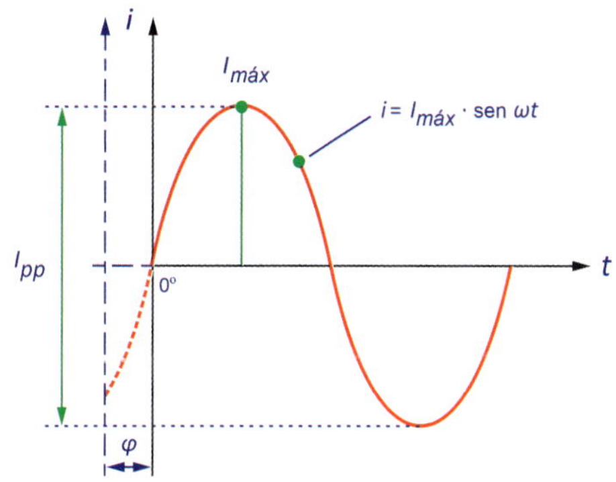

Figura 4.4. *Valores característicos de valor instantáneo, máximo y de pico a pico para la corriente.*

La magnitud puede ser cualquiera que adquiera esta forma de onda (corriente, tensión).

- **Valor instantáneo (i, u).**

  Es el valor que toma la magnitud en un momento dado. En el caso de la corriente:

  $$i = I_{máx} \cdot \text{sen } \omega t$$

  Y para la tensión:

  $$v = V_{máx} \cdot \text{sen } \omega t$$

  Esto es considerando que la onda inicia el ciclo en el paso por cero hacia valores positivos, en caso contrario:

  $$i = I_{máx} \cdot \text{sen } (\omega t \pm \varphi)$$

  Como sen ωt oscila entre 0 y 1, la magnitud oscila entre 0 y su valor máximo.

- **Valor máximo ($I_{máx}$, $U_{máx}$).**

  Representa el valor máximo que puede alcanzar la magnitud. Se obtiene cuando sen $\omega t = 1$. En una onda senoidal también recibe el nombre de valor de cresta o valor de pico.

- **Valor de pico a pico (I_{pp}, U_{pp}).**

  Representa la oscilación entre los valores que se mueve la magnitud. Su valor es el doble del valor máximo.

  Para la corriente, su expresión es:

  $$I_{PP} = 2 \cdot I_{máx}$$

Y para la tensión:

$$V_{PP} = 2 \cdot V_{máx}$$

- **Valor medio (I_{med}, U_{med}).**

En una onda senoidal simétrica representa la media algebraica de todos los valores instantáneos durante un semiperíodo.

Para la corriente, su expresión es:

$$I_{med} = \frac{2}{\pi} I_{máx}$$

Y para la tensión:

$$V_{med} = \frac{2}{\pi} V_{máx}$$

Sabías que...

Para el cálculo del valor medio se toma solo un semiperíodo porque si se toma la onda completa (un ciclo) el valor medio sería 0, al ser una onda simétrica respeto al eje de abscisas o eje horizontal.

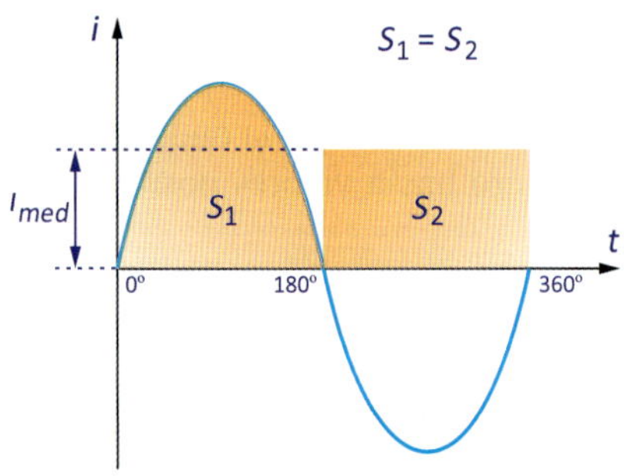

Figura 4.5. *Representación del valor medio de la corriente mediante semejanza de áreas.*

- **Valor eficaz (I, U).**

Representa la raíz cuadrada de la media de los cuadrados de los valores instantáneos.

Para la corriente, su expresión es:

$$I = \frac{I_{máx}}{\sqrt{2}}$$

Y para la tensión:

$$V = \frac{V_{máx}}{\sqrt{2}}$$

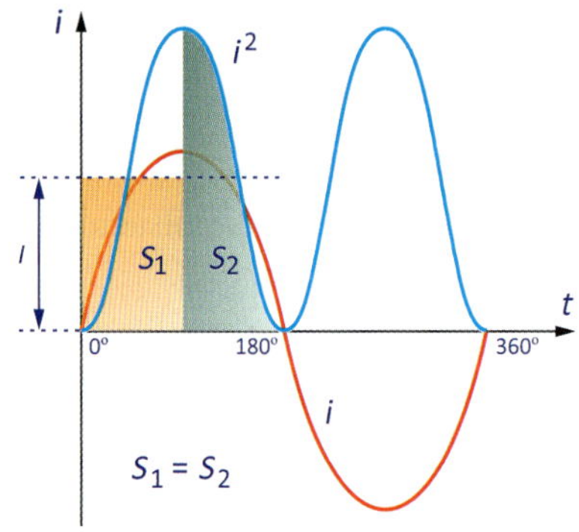

Figura 4.6. *Representación del valor eficaz de la corriente mediante semejanza de áreas.*

Es el parámetro más empleado y representa el mismo efecto calorífico que produciría si es llevado a corriente continua.

Cuando se indica una magnitud y no se especifica su tipo (máximo, pico a pico, instantáneo, etc.) se entiende que hace referencia a valores eficaces.

Actividad resuelta 4.2

Calcula para la función senoidal de la corriente dada por la expresión $i = 10 \cdot \text{sen } 80\, t$:

a) Frecuencia y período.

b) Valor máximo.

c) Valor medio.

d) Valor eficaz.

Solución:

a) En este caso, $\omega = 80$ rad/s. Como $\omega = 2\,\pi f$, a partir de aquí se obtiene la frecuencia:

$$f = \frac{\omega}{2\,\pi} = \frac{80 \text{ rad/s}}{2\,\pi \text{ rad}} = 12{,}73 \text{ Hz}$$

Y el período es su inverso:

$$T = \frac{1}{f} = \frac{1}{12{,}73} = 0{,}078 \text{ s} = 78 \text{ ms}$$

b) Valor máximo:

Si la expresión que la define es $i = 10 \cdot \text{sen } 80\, t$, su valor máximo se obtiene cuando sen $\omega\, t = 1$.

Es decir:

$$I_{máx} = 10 \text{ A}$$

c) Valor medio:

$$I_{med} = \frac{2}{\pi}\, I_{máx} = \frac{2}{\pi}\, 10 = 6{,}36 \text{ A}$$

d) Valor eficaz:

$$I = \frac{I_{máx}}{\sqrt{2}} = \frac{10}{\sqrt{2}} = 7{,}07 \text{ A}$$

- **Desfase.**

Representando una onda senoidal como un vector rotativo o **fasor,** el desfase φ representa la separación entre dos ondas.

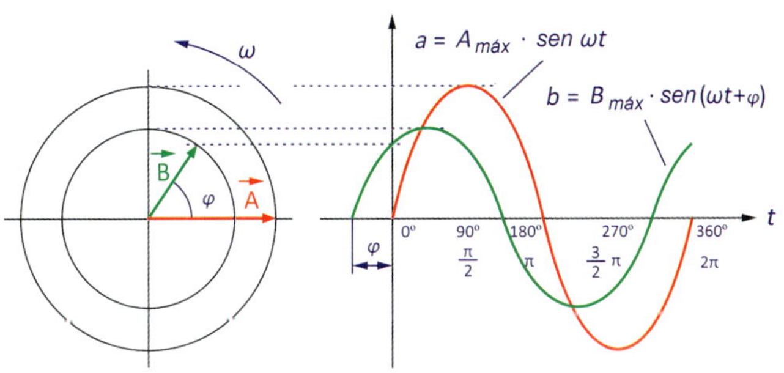

Figura 4.7. *Desfase entre dos ondas.*

Si se tienen dos vectores rotativos $\vec{A}$ y $\vec{B}$ en un momento dado t (Figura 4.7), sus valores instantáneos serán:

$$a = A \cdot \text{sen}\ (\omega\ t)$$

$$b = B \cdot \text{sen}\ (\omega\ t + \varphi)$$

Este valor de φ representa el ángulo que ha recorrido $\vec{B}$ cuando ha empezado a girar $\vec{A}$. Es por tanto la diferencia o desfase entre ambas. En este caso se dice que $\vec{B}$ va adelantado φ grados respecto a $\vec{A}$ o que $\vec{A}$ está retrasada φ grados respecto a $\vec{B}$.

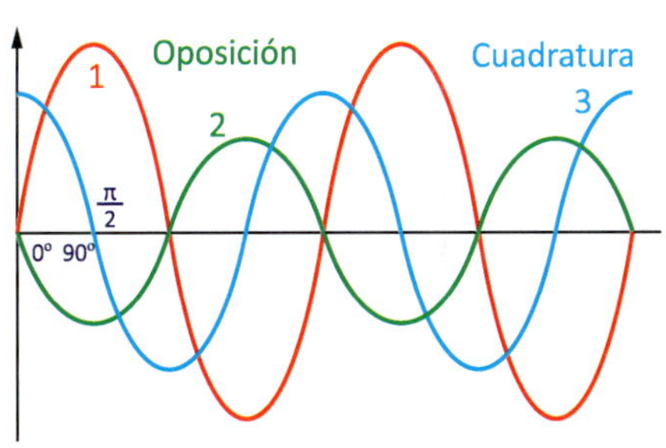

Figura 4.8. *Señales en oposición y cuadratura de fase: (1) Señal de referencia, (2) en oposición y (3) en cuadratura.*

Hay tres casos particulares que pueden darse entre dos ondas:

- $\varphi = 0$. Se dice entonces que están **en fase.**
- $\varphi = \pm\,\pi$. Se dice entonces que están **en oposición de fase.**
- $\varphi = \pm\,\frac{\pi}{2}$. Se dice entonces que están **en cuadratura de fase.**

4.3. Receptores en corriente alterna

Los receptores pasivos (resistencia, bobina y condensador) no se comportan de igual manera cuando trabajan en corriente continua que en corriente alterna.

4.3.1. Resistencia en corriente alterna

La resistencia se comporta de idéntica manera con indepen dencia de la frecuencia.

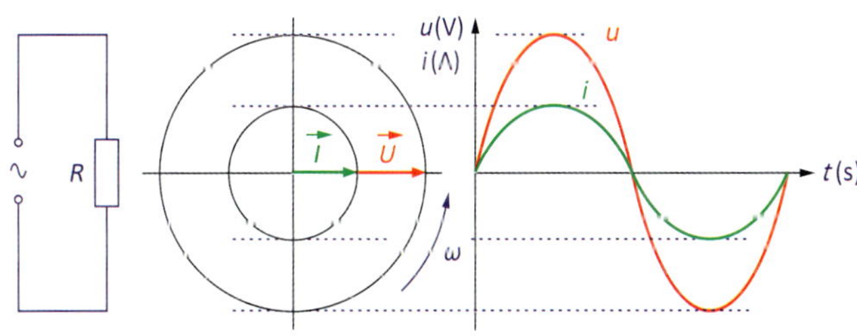

Figura 4.9. *Circuito eléctrico de la resistencia en corriente alterna. Diagrama vectorial y senoidal.*

Cuando se conecta una resistencia a una fuente de corriente alterna (Figura 4.9) se observa que tanto la tensión como la corriente están en fase.

4.3.2. Bobina en corriente alterna

La bobina trabaja en corriente alterna almacenando energía en forma de **campo magnético.**

Si se considera una bobina o inductancia pura, es decir, sin resistencia, y se conecta a una fuente de alimentación de corriente alterna se observa que afecta al circuito provocando un **retraso de la corriente respecto a la tensión** de 90º o π/2.

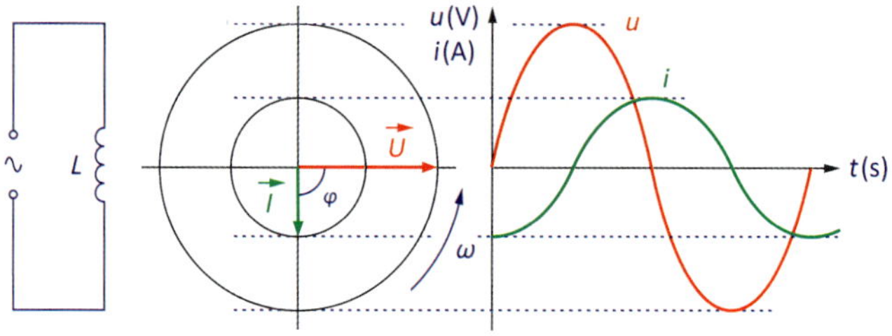

Figura 4.10. *Circuito eléctrico de una bobina pura en corriente alterna. Diagrama vectorial y senoidal.*

4.3.3. Condensador en corriente alterna

El condensador trabaja en corriente alterna almacenando energía en forma de **campo eléctrico.**

Si se considera un condensador puro, es decir, sin resistencia, y se conecta a una fuente de alimentación de corriente alterna se observa que afecta al circuito provocando un **adelanto de la corriente respecto a la tensión** de 90º o π/2.

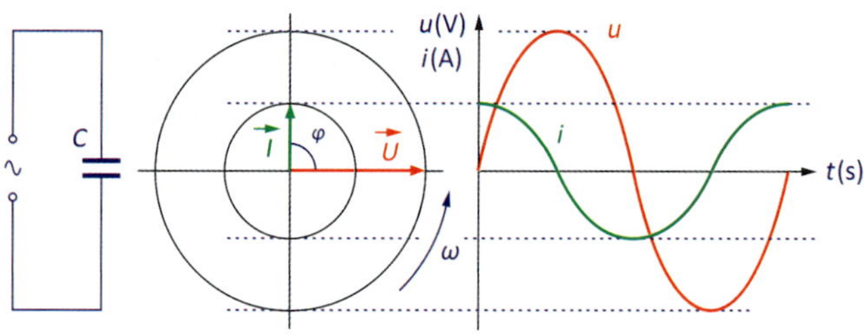

Figura 4.11. *Circuito eléctrico de un condensador puro en corriente alterna. Diagrama vectorial y senoidal.*

4.4. Ley de Ohm en corriente alterna

La ley de Ohm también se puede aplicar en corriente alterna, pero debido a la naturaleza de los receptores aparece el término **impedancia** que representa la oposición que ofrece al paso de la corriente alterna:

$$\vec{Z} = \frac{\vec{V}}{\vec{I}}$$

Siendo los fasores:

$\vec{Z}$: impedancia (Ω, ohmios).
$\vec{V}$: tensión (V, voltios).
$\vec{I}$: corriente (A, amperios).

Despejando se obtienen los otros términos:

$$\vec{Z} = \frac{\vec{V}}{\vec{I}} \qquad \vec{V} = \vec{I} \cdot \vec{Z}$$

A la inversa de la impedancia se le conoce como **admitancia (Y):**

$$\vec{Y} = \frac{1}{\vec{Z}}$$

4.5. Circuito RL. Reactancia inductiva

Se considera un circuito RL al compuesto por una resistencia (R) y una bobina (L) en serie conectado a un generador de corriente alterna (Figura 4.12). En él se produce, como ya se sabe, un desfase donde la corriente se retrasa respecto a la tensión, pero su valor ahora no será de 90º.

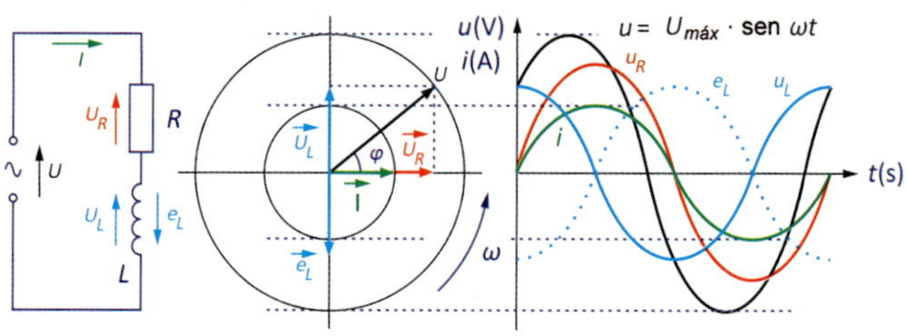

Figura 4.12. *Circuito eléctrico RL. Diagrama vectorial y senoidal.*

Las tensiones forman, tal y como se observa en el diagrama vectorial, un triángulo denominado **triángulo de tensiones** (Figura 4.13), donde se muestra, además de las tensiones, su desfase (*φ*).

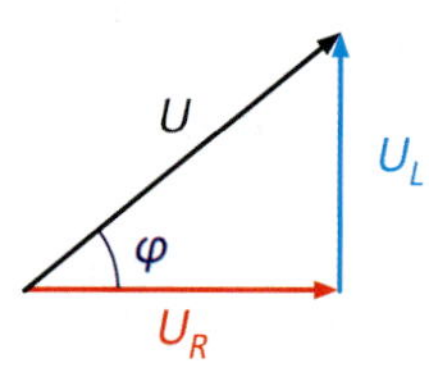

Figura 4.13. *Triángulo de tensiones en un circuito eléctrico RL.*

En alterna, la bobina ofrece una resistencia al paso de la corriente denominada **reactancia inductiva** cuyo valor óhmico va a depender, aparte de las características de la propia bobina (*L*), de la frecuencia. La expresión que la determina es:

$$X_L = \omega \cdot L = 2 \cdot \pi \cdot f \cdot L$$

Donde:

X_L: reactancia inductiva (Ω, ohmios).

f: frecuencia (Hz, hercios).

L: coeficiente de autoinducción (H, henrios).

Se deduce que, al aumentar la frecuencia, también lo hace su reactancia inductiva, ya que es directamente proporcional.

Actividad resuelta 4.3

Calcula la reactancia inductiva de una bobina cuyo coeficiente de autoinducción es de 20 mH, sabiendo que está conectada a una señal eléctrica senoidal de 100 Hz. ¿Qué ocurre cuando se aumenta la frecuencia hasta alcanzar los 200 Hz?

Solución:

Para 100 Hz, se tiene que:

$$X_L = \omega \cdot L = 2 \cdot \pi \cdot f \cdot L = 2 \cdot \pi \cdot 100 \cdot 20 \cdot 10^{-3} = 12{,}56\ \Omega$$

Y para 200 Hz:

$$X_L = \omega \cdot L = 2 \cdot \pi \cdot f \cdot L = 2 \cdot \pi \cdot 200 \cdot 20 \cdot 10^{-3} = 25{,}13\ \Omega$$

Al duplicar la frecuencia, la reactancia inductiva también se duplica.

4.6. Circuito RC. Reactancia capacitiva

Se considera un circuito RC al compuesto por una resistencia (R) y un condensador (C) en serie conectado a un generador de corriente alterna (Figura 4.14). En él se produce, como ya se sabe, un desfase donde la corriente se adelanta a la tensión, o lo que es lo mismo, la tensión se retrasa respecto a la corriente, pero su valor ahora no será de 90º.

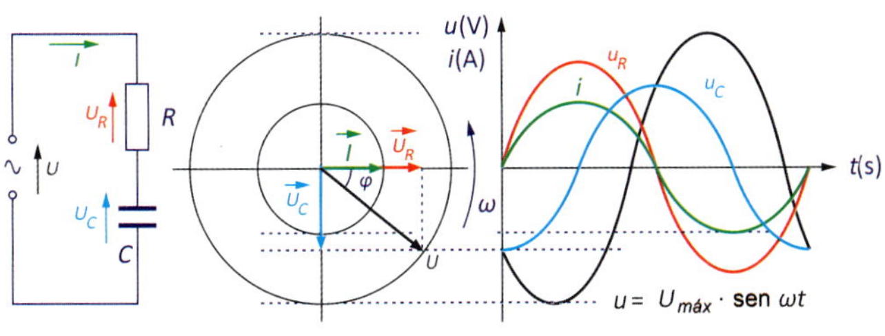

Figura 4.14. *Circuito eléctrico RC. Diagrama vectorial y senoidal.*

Y su triángulo de tensiones:

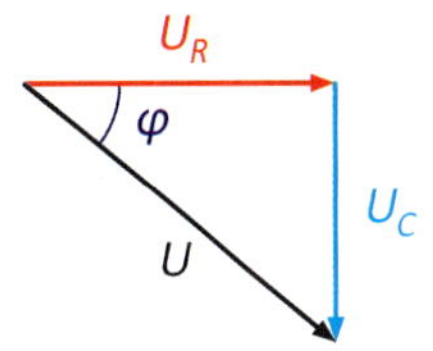

Figura 4.15. *Triángulo de tensiones en un circuito eléctrico RC.*

En alterna, el condensador ofrece una resistencia denominada **reactancia capacitiva** cuyo valor óhmico va a depender, aparte de las características del propio condensador (C), de la frecuencia. La expresión que la determina es:

$$X_C = \frac{1}{\omega \cdot C} = \frac{1}{2 \cdot \pi \cdot f \cdot C}$$

Donde:

X_C: reactancia capacitiva (Ω, ohmios).

f: frecuencia (Hz, hercios).

C: capacidad (F, faradios).

Se deduce que, al aumentar la frecuencia, disminuye su reactancia capacitiva, ya que es inversamente proporcional.

Actividad resuelta 4.4

Calcula la reactancia capacitiva de un condensador de 68 μF conectado a una red eléctrica de 50 Hz.

¿Qué ocurre cuando se aumenta la frecuencia hasta alcanzar los 100 Hz? ¿Y para 25 Hz?

Solución:

Para 50 Hz:

$$X_C = \frac{1}{\omega \cdot C} = \frac{1}{2 \cdot \pi \cdot f \cdot C} = \frac{1}{2 \cdot \pi \cdot 50 \cdot 68 \cdot 10^{-6}} = 46{,}81\ \Omega$$

Para 100 Hz:

$$X_C = \frac{1}{\omega \cdot C} = \frac{1}{2 \cdot \pi \cdot f \cdot C} = \frac{1}{2 \cdot \pi \cdot 100 \cdot 68 \cdot 10^{-6}} = 23{,}40\ \Omega$$

Y para 25 Hz:

$$X_C = \frac{1}{\omega \cdot C} = \frac{1}{2 \cdot \pi \cdot f \cdot C} = \frac{1}{2 \cdot \pi \cdot 25 \cdot 68 \cdot 10^{-6}} =$$
$$= 93{,}62\ \Omega$$

Al duplicar la frecuencia, la reactancia capacitiva se reduce a la mitad y al reducir a la mitad la frecuencia la reactancia se dobla.

4.7. Circuito RLC

Se considera un circuito RLC al compuesto por una resistencia (R), una bobina (L) y un condensador (C) en serie conectado a un generador de corriente alterna (Figura 4.16). Ahora el desfase entre la tensión y la corriente vendrá determinado por los efectos de la bobina y el condensador, ya que ambos son opuestos.

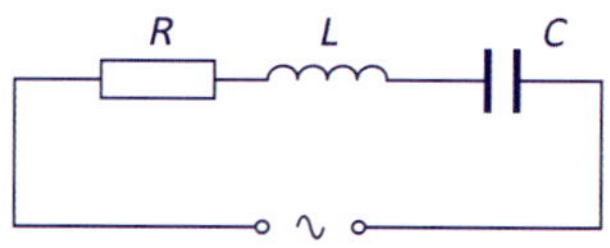

Figura 4.16. *Circuito RLC.*

Ya que las reactancias inductivas y capacitivas son de sentido contrario, ambas se pueden restar. La naturaleza del circuito vendrá marcada por el efecto predominante, así un circuito RLC podrá ser inductivo ($X_L > X_C$), capacitivo ($X_C > X_L$) o resistivo ($X_L = X_C$).

4.8. Triángulo de impedancias

En corriente alterna, todos los circuitos reales tendrán una parte resistiva, que además pueden tener parte inductiva o capacitiva.

Una vez reducido el circuito a sus elementos equivalentes pueden darse los siguientes casos de combinación:

- **Circuito R.** Es un circuito únicamente resistivo.
- **Circuito RL.** Tiene una naturaleza inductiva.
- **Circuito RC.** Tiene una naturaleza capacitiva.
- **Circuito RLC.** Su naturaleza vendrá definida por diferencia entre los efectos producidos por la bobina y por el condensador ya que las reactancias se contrarrestan, quedando el predominante.

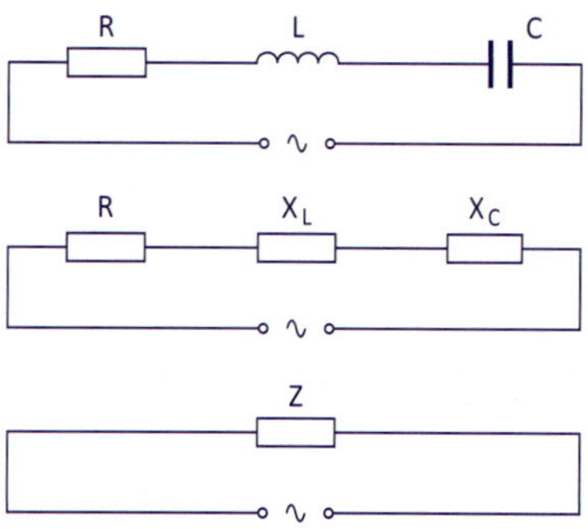

Figura 4.17. *Reducción del circuito a impedancia.*

Una vez reducido el circuito eléctrico a sus elementos equivalentes (resistencia, bobina y condensador) se obtiene la parte resistiva de cada elemento (resistencia y reactancias). El último paso consiste en sumar estos valores teniendo en cuenta que la suma no será lineal sino vectorial, obteniendo la impedancia total del circuito.

Si se trasladan estos valores a un diagrama vectorial se obtiene un triángulo llamado **triángulo de impedancias** (Figura 4.18).

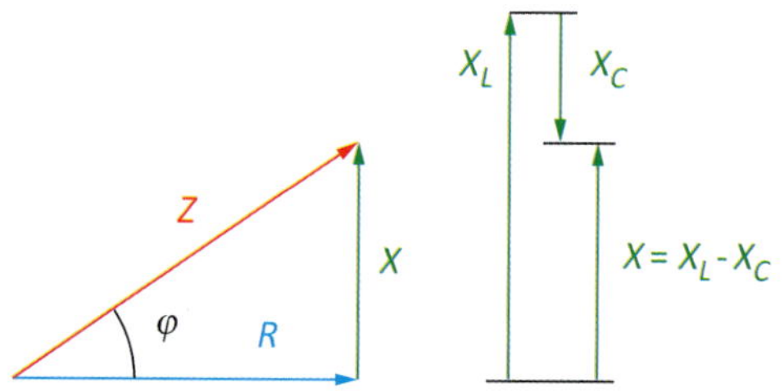

Figura 4.18. *Triángulo de impedancias.*

Aplicando trigonometría se pueden obtener una serie de relaciones:

$$Z = \sqrt{R^2 + X^2}$$

$$\text{sen}\,\varphi = \frac{X}{Z} \quad \rightarrow \quad \varphi = \text{arc sen}\,\frac{X}{Z}$$

$$\cos\varphi = \frac{R}{Z} \quad \rightarrow \quad \varphi = \text{arc cos}\,\frac{R}{Z}$$

$$\tan\varphi = \frac{X}{R} \quad \rightarrow \quad \varphi = \text{arc tan}\,\frac{X}{R}$$

Actividad resuelta 4.5

Calcula el triángulo de impedancias para un circuito serie compuesto por una resistencia de 3 Ω, una bobina de 50 mH y un condensador de 1000 µF, cuando está conectado a una corriente alterna de frecuencia 25 Hz.

Solución:

El circuito eléctrico es el siguiente:

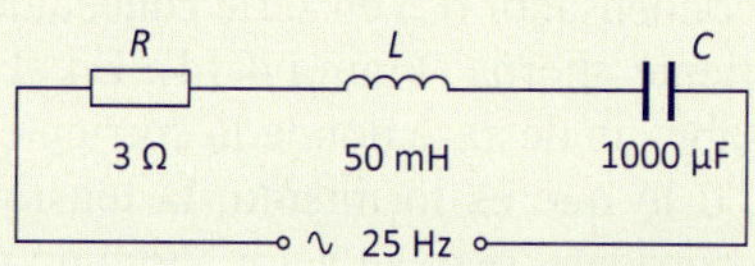

Figura 4.19. *Planteamiento del circuito.*

En primer lugar se calculan las reactancias, obteniendo:

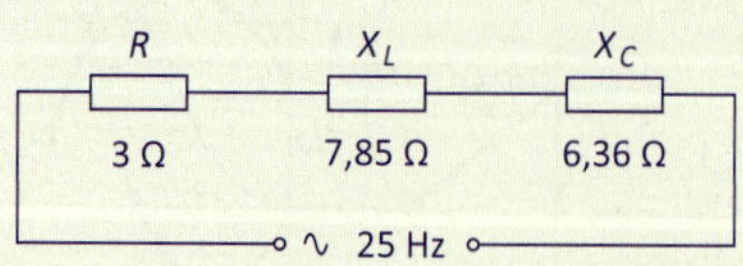

Figura 4.20. *Circuito equivalente.*

Para la bobina, su reactancia inductiva es de:

$$X_L = \omega \cdot L = 2 \cdot \pi \cdot f \cdot L = 2 \cdot \pi \cdot 25 \cdot 50 \cdot 10^{-3} = 7{,}85\ \Omega$$

Y para el condensador su reactancia capacitiva es de:

$$X_C = \frac{1}{\omega \cdot C} = \frac{1}{2 \cdot \pi \cdot f \cdot C} = \frac{1}{2 \cdot \pi \cdot 25 \cdot 1000 \cdot 10^{-6}} = 6{,}36\ \Omega$$

Como son reactancias de efectos opuestos, se restan, predominando el efecto inductivo:

$$X = X_L - X_C = 7{,}85 - 6{,}36 = 1{,}48\ \Omega$$

Por trigonometría, se obtiene su impedancia:

$$Z = \sqrt{R^2 + X^2} = \sqrt{3^2 + 1{,}48^2} = 3{,}34\ \Omega$$

Y su ángulo:

$$\varphi = \arctan \frac{X}{R} = \arctan \frac{1{,}48}{3} = 26{,}3^\circ$$

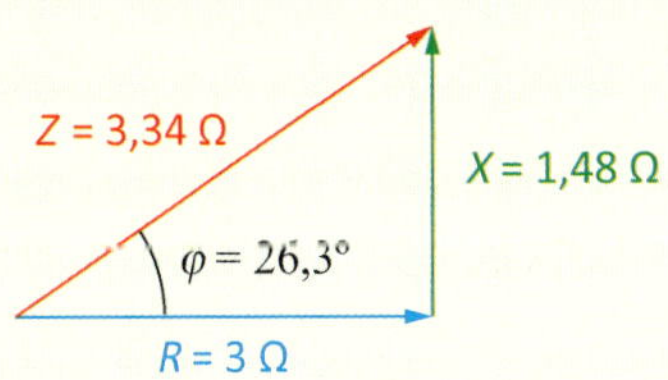

Figura 4.21. *Triángulo de impedancias.*

4.9. Asociación de impedancias

A la hora de realizar una asociación de impedancias, por ejemplo resolver un circuito con dos impedancias en serie, no se puede realizar una suma lineal, ya que ahora interviene el desfase. Para facilitar los cálculos se recurre a operar con números complejos.

4.9.1. Números complejos

Como se ha estudiado, una impedancia es un valor vectorial o **fasor** el cual cuenta con un **módulo** o valor absoluto de la magnitud y con un ángulo o **argumento.**

En el cálculo de circuitos eléctricos es interesante la aplicación de números complejos. Un número complejo consta de dos partes: una parte llamada real (a) y otra parte llamada imaginaria (b) junto con la letra j ($j = \sqrt{-1}$), expresada de la siguiente forma:

$$\vec{Z} = a + j\,b \qquad Z = \sqrt{a^2 + b^2}$$

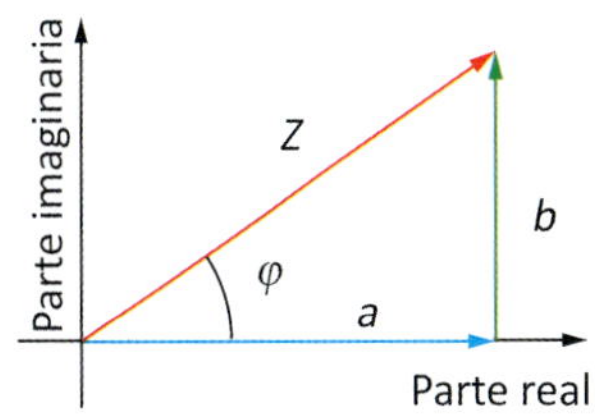

Figura 4.22. *Números complejos.*

La parte real se coloca en el eje de abscisas y la parte imaginaria se coloca en el eje de ordenadas en un plano de coordenadas cartesianas.

Así, una impedancia se puede expresar mediante números complejos de la siguiente forma:

$$\vec{Z} = R + j\,X$$

Esta forma matemática de expresión recibe el nombre de forma **binómica.**

En la forma **trigonométrica** se representan en función del ángulo:

$$a - Z \cdot \cos \varphi$$

$$b = Z \cdot \operatorname{sen} \varphi$$

$$\vec{Z} = Z\,(\cos \varphi + j\ \operatorname{sen} \varphi)$$

$$\tan \varphi = \frac{b}{a}$$

Otra manera de representar un número complejo es mediante la forma **polar.** Esta forma polar representa el número mediante su módulo y su argumento:

$$\vec{Z} = \textit{Módulo} \angle \textit{Argumento}$$

Por ejemplo: $\vec{Z} = 15 \angle 45^\circ$

Estas formas de representar un número complejo y por extensión una impedancia en corriente alterna facilitan ciertas operaciones entre ellas.

4.9.2. Asociación de impedancias

Un circuito serie de dos impedancias se resuelve realizando la suma vectorial de estas.

Mediante números complejos, la suma se realiza sumando las partes reales y las partes imaginarias, de tal manera que se tiene que:

$$\vec{Z_T} = \vec{Z_1} + \vec{Z_2} = (R_1 + R_2) + j\,(X_1 + X_2)$$

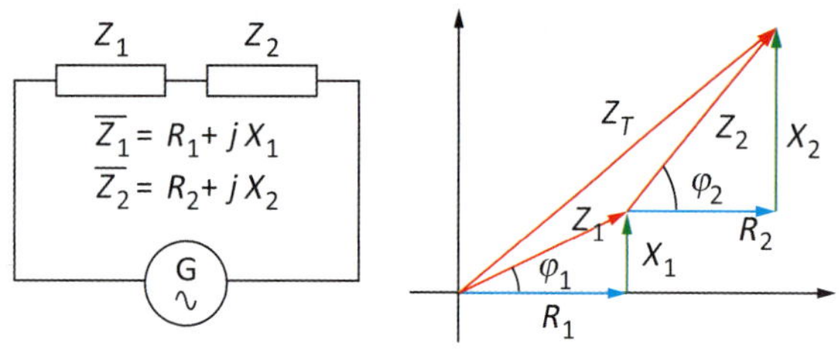

Figura 4.23. *Suma de impedancias.*

Sabías que...

La forma binómica facilita las operaciones de sumas y restas de números complejos y la forma polar facilita las operaciones de multiplicación y división.

Actividad resuelta 4.6

Un circuito está compuesto por dos impedancias en serie de $\vec{Z_1} = 10 + j\,6\ \Omega$ y $\vec{Z_2} = 12 + j\,7\ \Omega$. Calcula el valor del módulo y del argumento.

Solución:

El valor de la impedancia es de:

$$\vec{Z_T} = \vec{Z_1} + \vec{Z_2} = (R_1 + R_2) + j\,(X_1 + X_2) =$$

$$= (10 + 12) + j\,(6 + 7) = 22 + j\,13$$

Con un valor absoluto de:

$$Z = \sqrt{R^2 + X^2} = \sqrt{22^2 + 13^2} = 25{,}55\ \Omega$$

Y un argumento de:

$$\varphi = \arctan \frac{X}{R} = \arctan \frac{13}{22} = 30{,}57^\circ$$

O aplicando otras relaciones trigonométricas:

$$\varphi = \arccos \frac{R}{Z} = \arccos \frac{22}{25{,}55} = 30{,}57^\circ$$

$$\varphi = \text{arc sen} \frac{X}{Z} = \text{arc sen} \frac{13}{25{,}55} = 30{,}57^\circ$$

Recuerda

Una impedancia (Z) se compone en la parte real del efecto resistivo (R) y en la parte imaginaria del efecto inductivo (X_L, producido por las bobinas) menos el efecto capacitivo (X_C, producido por los condensadores).

4.10. Triángulo de tensiones

Partiendo del triángulo de impedancias y multiplicando estas por la corriente se obtiene un nuevo triángulo donde se representan las tensiones (Figura 4.24).

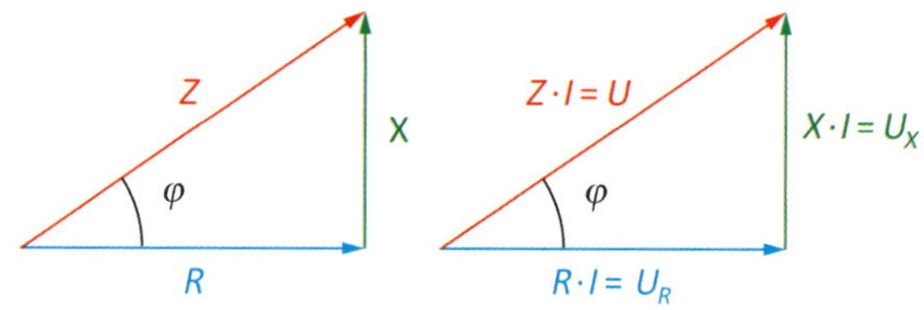

Figura 4.24. *Obtención del triángulo de tensiones.*

Actividad resuelta 4.7

Calcula el triángulo de tensiones para una impedancia $\vec{Z} = 6 + j\,8\ \Omega$ conectada a una tensión eléctrica de 230 V.

Solución:

Esta impedancia está compuesta por una parte resistiva y una parte inductiva, de tal manera que se puede representar como:

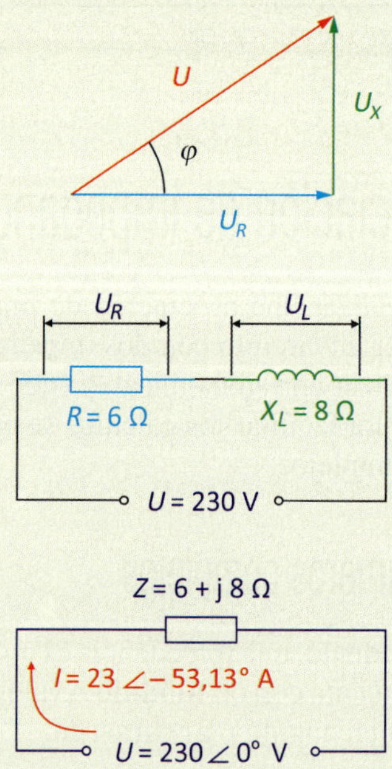

Figura 4.25. *Representación de la impedancia y su triángulo de tensiones.*

Obteniendo el valor de la impedancia por trigonometría:

$$Z = \sqrt{R^2 + X^2} = \sqrt{6^2 + 8^2} = 10\ \Omega$$

Y su desfase:

$$\varphi = \text{arc tan } \frac{X}{R} = \text{arc tan } \frac{8}{6} = 53{,}13^\circ$$

Ahora se calcula la corriente por la ley de Ohm:

$$I = \frac{U}{Z} = \frac{230}{10} = 23 \text{ A}$$

Y multiplicando los valores óhmicos por la corriente se obtienen las tensiones:

$$U_R = I \cdot R = 23 \cdot 6 = 138 \text{ V}$$

$$U_X = I \cdot X = 23 \cdot 8 = 184 \text{ V}$$

Se observa que no se puede hacer la suma lineal de estas tensiones: $U \neq U_R + U_X$, puesto que son vectores.

Este problema también se podría haber resuelto aplicando números complejos:

$$\vec{I} = \frac{\vec{U}}{\vec{Z}} = \frac{230 \angle 0^\circ}{10 \angle 53{,}13^\circ} = \frac{230}{10} \angle (0 - 53{,}13^\circ) =$$

$$= 23 \angle -53{,}13^\circ \text{ A}$$

Observa que la corriente va con retraso respecto a la tensión, por tanto es un circuito de naturaleza inductiva.

Las tensiones tienen un valor de:

$$\overrightarrow{U_R} = \vec{I} \cdot \vec{R} = 23 \angle -53{,}13^\circ \cdot 6 \angle 0^\circ = 138 \angle -53{,}13^\circ \text{ V}$$

$$\overrightarrow{U_X} = \vec{I} \cdot \vec{X} = 23 \angle -53{,}13^\circ \cdot 8 \angle 90^\circ = 184 \angle 36{,}87^\circ \text{ V}$$

En este caso, como se está trabajando con vectores, sí se puede hacer la suma verificando que:

$$\vec{U} = \overrightarrow{U_R} + \overrightarrow{U_X}$$

Para hacer esta suma, lo mejor es pasar las tensiones a la forma trigonométrica:

$$\overrightarrow{U_R} = U_R (\cos\varphi + j \text{ sen } \varphi) = 138 \, (0{,}6 - j\, 0{,}8) =$$

$$= 82{,}8 - j\, 110{,}4 \text{ V}$$

$$\overrightarrow{U_X} = U_X (\cos\varphi + j \text{ sen } \varphi) = 184 \, (0{,}8 + j\, 0{,}6) =$$

$$= 147{,}2 + j\, 110{,}4 \text{ V}$$

$$\vec{U} = \overrightarrow{U_R} + \overrightarrow{U_X} = 230 \angle 0^\circ \text{ V}$$

4.11. Potencia eléctrica en corriente alterna monofásica

Como se ha estudiado en corriente continua, la potencia es el producto de la tensión por la corriente ($P = U \cdot I$), o el producto del cuadrado de la corriente por su resistencia ($P = I^2 \cdot R$). Sin embargo, en corriente alterna influye su desfase (φ); además, ahora aparecen los términos de resistencias, impedancias y reactancias.

En un instante de tiempo dado, la potencia viene determinada por:

$$P(t) = v(t) \cdot i(t)$$

Aparte de esta potencia, hay tres tipos de potencias que interesan, las potencias activa, reactiva y aparente.

La **potencia activa** (***P***) es la potencia que desarrolla o transforma el sistema. Es una potencia que se utiliza para desarrollar un trabajo; por ejemplo en el caso de un motor es la potencia motriz del eje del motor. Se expresa en **vatios** (**W**).

$$P = U \cdot I \cdot \cos\varphi$$

Potencia reactiva (***Q***). La potencia reactiva se considera una pérdida, ya que solo se emplea a nivel interno del sistema (en el caso de la bobina se emplea en la creación de los campos magnéticos asociados y en el caso del condensador en crear los campos eléctricos asociados). Este tipo de potencia, aunque es necesario, no realiza ningún trabajo útil. La potencia reactiva se expresa en **voltiamperios reactivos** (**VAR**).

$$Q = U \cdot I \cdot \text{sen } \varphi$$

Potencia aparente (***S***). Es la resultante de la suma vectorial de las potencias activa y reactiva. Se expresa en **voltiamperios** (**VA**). Conociendo la potencia activa y la reactiva se puede obtener la potencia aparente mediante trigonometría, como se estudiará un poco más adelante.

$$S = U \cdot I$$

Actividad resuelta 4.8

Por un receptor de corriente alterna monofásica circulan 6 A y está conectado a una red eléctrica de 230 V. El desfase producido es de 30°. Calcula las potencias.

Solución:

Potencia activa:

$$P = U \cdot I \cdot \cos\varphi = 230 \cdot 6 \cdot \cos 30 = 1195{,}11 \text{ W}$$

Potencia reactiva:

$$Q = U \cdot I \cdot \text{sen } \varphi = 230 \cdot 6 \cdot \text{sen } 30 = 2760 \text{ VAR}$$

Potencia aparente:

$$S = U \cdot I = 230 \cdot 6 = 1380 \text{ VA}$$

4.12. Triángulo de potencias

Existe otra relación importante con las potencias, que también forman su propio triángulo. Partiendo del triángulo de tensiones se multiplican estas por la corriente, obteniendo los términos de potencia. Este triángulo será por tanto semejante, ya que conserva el ángulo (desfase), como se observa en la Figura 4.26.

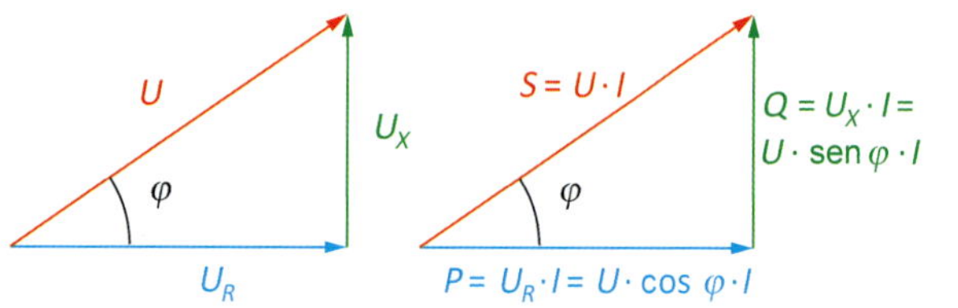

Figura 4.26. *Obtención del triángulo de potencias.*

Estas tres potencias representadas vectorialmente forman el denominado **triángulo de potencias** (Figura 4.27). Se ha representado la potencia reactiva equivalente como la diferencia entre elementos inductivos y capacitivos.

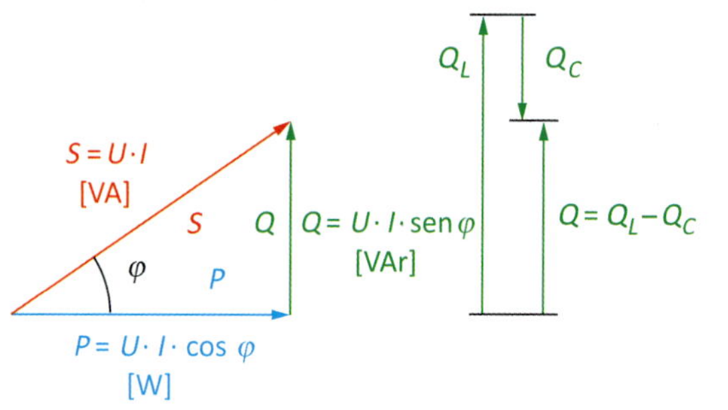

Figura 4.27. *Triángulo de potencias.*

El desfase entre la tensión y la corriente indicado en forma de coseno, **cos (φ),** recibe el nombre de **factor de potencia.** Este valor relaciona la potencia aparente con la potencia activa:

$$\text{Factor de potencia} \rightarrow \quad \cos\varphi = \frac{P}{S}$$

El factor de potencia se mueve entre los límites de 0 y 1, que corresponde a un ángulo de 90° y 0° respectivamente ($\varphi = 0°$, $\cos\varphi = 1$ y $\varphi = 90°$, $\cos\varphi = 0$).

Un sistema eléctrico será más eficiente cuanto menor sea su potencia reactiva y a su vez menor sea su desfase. Si el desfase es nulo, o sea que la tensión y la corriente están en fase, la potencia aparente iguala a la potencia activa.

$$P = U \cdot I \cdot \cos 0 = U \cdot I = S$$

Recuerda

La **potencia aparente** es la potencia que se debe suministrar al sistema, mientras que la **potencia activa** es la potencia que se aprovecha en realizar un trabajo útil.

Aplicando el teorema de Pitágoras al triángulo, la potencia aparente puede expresarse como la resultante de la suma vectorial de las potencias (aparentes y reactivas):

$$S = \sqrt{P^2 + Q^2}$$

Las otras relaciones trigonométricas son:

$$\operatorname{sen}\varphi = \frac{Q}{S} \quad \rightarrow \quad \varphi = \operatorname{arc\,sen}\frac{Q}{S}$$

$$\cos\varphi = \frac{P}{S} \quad \rightarrow \quad \varphi = \operatorname{arc\,cos}\frac{P}{S}$$

$$\tan\varphi = \frac{Q}{P} \quad \rightarrow \quad \varphi = \operatorname{arc\,tan}\frac{Q}{P}$$

La potencia también puede expresarse en forma compleja:

$$\vec{S} = P + j\ Q = U \cdot I \cdot \cos\varphi + j\ U \cdot I \cdot \operatorname{sen}\varphi = U \cdot I_{\angle\varphi}$$

Actividad resuelta 4.9

Un receptor monofásico de 3 kW tiene un factor de potencia de 0,6 y está conectado a una red eléctrica de 230 V y 50 Hz.

Calcula el triángulo de potencia y la corriente de la línea de alimentación.

Solución:

La potencia aparente (S) se puede calcular a partir de la potencia activa y su factor de potencia:

$$S = \frac{P}{\cos\varphi} = \frac{3\text{ kW}}{0{,}6} = 5\text{ kVA}$$

Para calcular la potencia reactiva (Q) se necesita conocer el desfase, para ello y a partir del factor de potencia se obtiene:

$$\varphi = 0{,}6$$

$$\cos\varphi = \operatorname{arc\,cos}\varphi = \operatorname{arc\,cos}\ 0{,}6 = 53{,}13°$$

$$Q = P \cdot \tan\varphi = 3\text{ kW} \cdot \tan 53{,}13 = 4\text{ kVAr}$$

Se dibuja el triángulo de potencias:

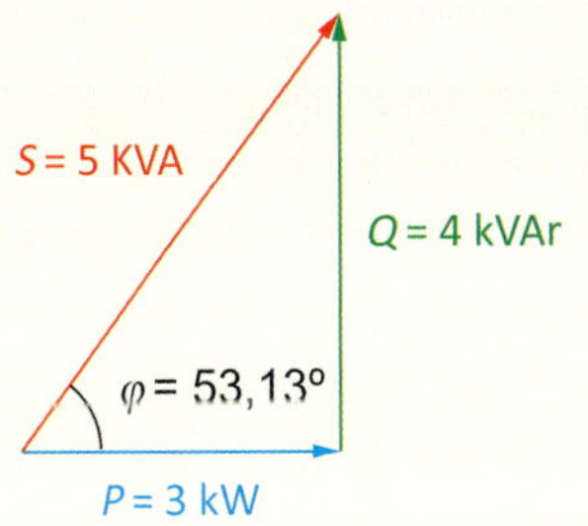

Figura 4.28. *Triángulo de potencias.*

La corriente de la línea de alimentación será de:

$$I = \frac{P}{U \cdot \cos\varphi} = \frac{3000}{230 \cdot 0{,}6} = 21{,}74 \text{ A}$$

4.13. Mejora del factor de potencia

A nivel industrial, la mayoría de los elementos eléctricos están formados por elementos de naturaleza inductiva (motores, transformadores, lámparas de descarga, etc.), lo que hace que predomine la reactancia inductiva frente a la reactancia capacitiva. Se dice entonces que el **sistema es inductivo.** En caso contrario, se dice que el sistema es **capacitivo.**

Para mejorar el factor de potencia se instalan dispositivos cuya naturaleza reactiva sea la opuesta. Es decir, en un sistema con predominancia inductiva se instalarán dispositivos de tipo capacitivo, y viceversa. De tal manera que ambos se compensen y se pueda lograr un factor de potencia (cos φ) de valor la unidad o próximo a ella.

Normalmente, se ha visto que la naturaleza de los sistemas suele ser inductiva. Para contrarrestar su efecto se emplean elementos capacitivos. Este elemento es el condensador. De esta manera se mejora el factor de potencia y así se consigue que dicho factor de potencia se acerque a la unidad.

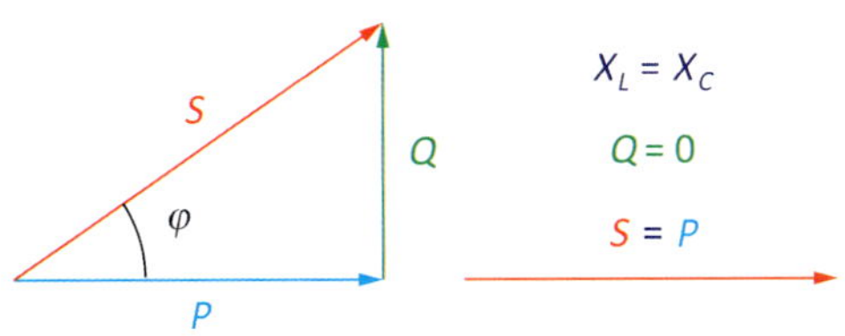

Figura 4.29. *Mejora del triángulo de potencias.*

Si se consigue que X_L sea igual a X_C, se elimina el desfase consiguiendo que P (potencia activa) sea igual a S (potencia aparente).

En la práctica, basta con obtener un factor de potencia próximo a 1. Hay que tener en cuenta que a nivel comercial los condensadores se fabrican solo para ciertos valores normalizados.

4.13.1. Ventajas en la mejora del factor de potencia

Las principales consecuencias de mejorar un sistema eléctrico, cuyo factor de potencia está alejado de la unidad, son las siguientes:

- **Reducción de la potencia aparente.** La potencia aparente puede expresarse como:

$$S = \frac{P}{\cos\varphi}$$

Al mejorar el factor de potencia, y no variar la potencia activa (P), se reduce la potencia aparente (S) a transportar por la red eléctrica. Este aspecto cobra mayor importancia cuando el suministro eléctrico se proporciona desde grupos electrógenos, ya que se reduciría su dimensionamiento.

Veámoslo desde un ejemplo numérico. Para una potencia $P = 10$ kW y cos $\varphi = 0{,}5$:

$$S = \frac{P}{\cos\varphi} = \frac{10 \text{ kW}}{0{,}5} = 20 \text{ kVA}$$

Si se mejora hasta cos $\varphi = 1$:

$$S = \frac{P}{\cos\varphi} = \frac{10 \text{ kW}}{1} = 10 \text{ kVA}$$

- **Reducción de la intensidad eléctrica de la línea de suministro.** La mejora del factor de potencia trae consigo una reducción de la corriente eléctrica que circula por el cableado eléctrico y por consiguiente una reducción en las secciones con el ahorro económico que conlleva.

Veámoslo desde un ejemplo numérico. Se tiene un receptor monofásico de 5 kW conectado a una red eléctrica de 230 V, con cos $\varphi = 0{,}7$:

$$I = \frac{P}{U \cdot \cos\varphi} = \frac{5000}{230 \cdot 0{,}7} = 31{,}05 \text{ A}$$

Y con cos $\varphi = 1$:

$$I = \frac{P}{U \cdot \cos\varphi} = \frac{5000}{230 \cdot 1} = 21{,}74 \text{ A}$$

Se observa una reducción importante de la corriente eléctrica, desde 31 A hasta casi 21,74 A.

- **Reducción de la factura eléctrica.** Un exceso de energía reactiva está penalizado económicamente. Si se mejora el factor de potencia se puede lograr una reducción en la factura eléctrica.

4.13.2. Mejora del factor de potencia en corriente alterna monofásica

Supóngase que un circuito eléctrico cuenta con un desfase dado (φ), por ejemplo el estado inicial de la Figura 4.30. Se desea disminuir el desfase hasta un punto cualquiera (φ'), por ejemplo el estado final.

En el punto inicial se tiene que:

$$Q = P \cdot \tan \varphi$$

Al ser el circuito de naturaleza inductiva se añade un condensador, consiguiendo que en el estado final:

$$Q' = P \cdot \tan \varphi'$$

Entonces el condensador debe aportar una energía reactiva de tal manera que:

$$Q_{CONDENSADOR} = Q - Q'$$

$$Q_{CONDENSADOR} = Q - Q' = P \cdot \tan \varphi - P \cdot \tan \varphi' = $$
$$= P\,(\tan \varphi - \tan \varphi')$$

Como:

$$Q_{CONDENSADOR} = \frac{U^2}{X_C}$$

Y además:

$$X_C = \frac{1}{2 \cdot \pi \cdot f \cdot C}$$

Se tiene que:

$$Q_{CONDENSADOR} = U^2 \cdot 2 \cdot \pi \cdot f \cdot C$$

Igualando ambas expresiones:

$$U^2 \cdot 2 \cdot \pi \cdot f \cdot C = P\,(\tan \varphi - \tan \varphi')$$

Y despejando el condensador:

$$C = \frac{P\,(\tan \varphi - \tan \varphi')}{2 \cdot \pi \cdot f \cdot U^2}$$

Este condensador debe tener un valor de tensión adecuado y se conectará entre fase y neutro.

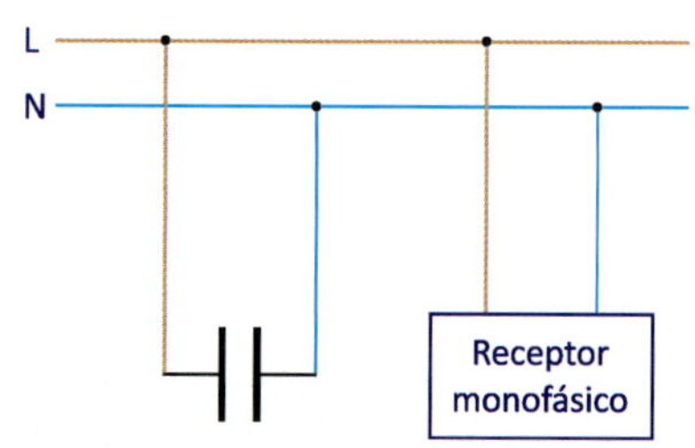

Figura 4.31. *Conexión del condensador.*

Actividad resuelta 4.10

Un circuito eléctrico compuesto por un receptor monofásico de 3 kW está conectado a una red eléctrica de 230 V, con un factor de potencia de 0,6. Se desea mejorar la instalación hasta llegar a un factor de potencia de 0,98. Determina el valor del condensador que hay que instalar.

Solución:

Se determinan los ángulos:

Estado inicial:

$$\cos \varphi = 0{,}6 \rightarrow \varphi = \text{arc} \cos 0{,}6 \rightarrow \varphi = 53{,}130^\circ$$

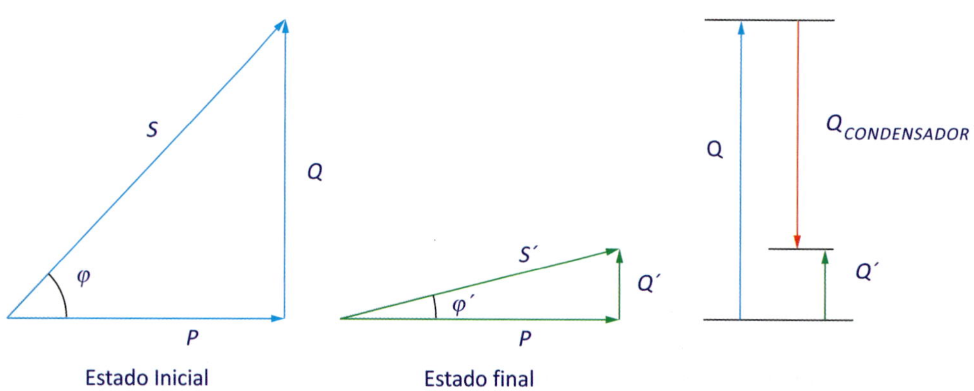

Figura 4.30. *Proceso de mejora del factor de potencia.*

Estado final:

$$\cos \varphi = 0{,}98 \rightarrow \varphi = \text{arc cos } 0{,}98 \rightarrow \varphi = 11{,}478^{\circ}$$

Se calcula el condensador:

$$C = \frac{P\,(\tan \varphi - \tan \varphi')}{2 \cdot \pi \cdot f \cdot U^2} =$$

$$= \frac{3000\,(\tan 53{,}130 - \tan 11{,}478)}{2 \cdot \pi \cdot 50 \cdot 230^2} = 204\ \mu\text{F}$$

4.14. Resonancia

Un circuito oscilante se forma con la combinación de bobinas y condensadores, y en él se produce un intercambio de energía entre la bobina y el condensador.

Un circuito RLC se dice que está en **resonancia** cuando las reactancias inductiva y capacitiva son iguales ($X_L = X_C$).

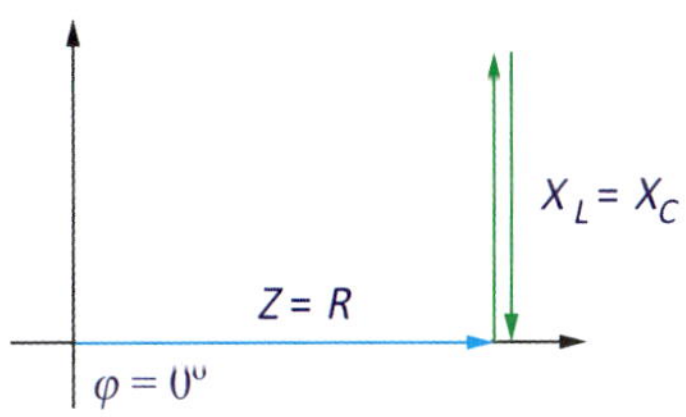

Figura 4.32. *Resonancia.*

Analizando el efecto se observa que:

$$X_L = X_C$$

$$\omega \cdot L = \frac{1}{\omega \cdot C}$$

$$\omega = \frac{1}{\sqrt{L \cdot C}} \quad ; \quad \omega = 2 \cdot \pi \cdot f$$

Como las impedancias reactiva y capacitiva dependen de la frecuencia, la resonancia solo ocurrirá para una determinada frecuencia, llamada **frecuencia de resonancia f_r,** según la expresión:

$$f_r = \frac{1}{2 \cdot \pi \cdot \sqrt{L \cdot C}}$$

Se observa que el valor de la resistencia no influye en la frecuencia de resonancia.

Actividad resuelta 4.11

Calcula la frecuencia para la cual un circuito formado por una resistencia de 120 Ω, un condensador de 4,7 µF y una bobina de 33 mH entra en resonancia.

Solución:

La frecuencia de resonancia se obtiene aplicando la expresión:

$$f_r = \frac{1}{2 \cdot \pi \cdot \sqrt{L \cdot C}} = \frac{1}{2 \cdot \pi \cdot \sqrt{33 \cdot 10^{-3} \cdot 4{,}7 \cdot 10^{-6}}} =$$

$$= 404{,}12\ \text{Hz}$$

Estos circuitos oscilantes formados por una bobina y un condensador transforman la energía magnética generada en la bobina por energía eléctrica del condensador de una manera cíclica.

Los circuitos eléctricos oscilantes pueden ser de dos tipos: circuito resonante serie y circuito resonante paralelo.

- **Circuito resonante serie.** En este caso las tensiones parciales (en bornes de la bobina y el condensador) son Q veces mayores que la tensión aplicada al circuito. Por ello reciben el nombre de **resonancia de tensión.**

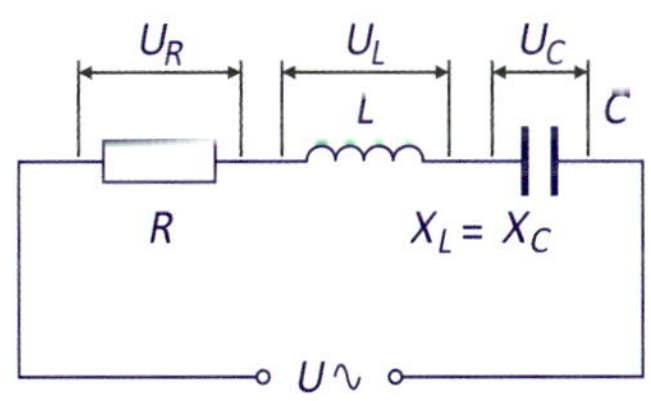

Figura 4.33. *Circuito resonante serie.*

El término adimensional Q recibe el nombre de **factor de calidad** y puede expresarse en función de la tensión:

$$Q = \frac{U_L}{U} = \frac{U_C}{U}$$

Otro parámetro interesante es el **ancho de banda** ($\Delta\omega$) que se define como $\Delta\omega = \omega_1 - \omega_2$, siendo ω_1 y ω_2 las frecuencias en las que la potencia tiene la mitad del valor máximo (Figura 4.34).

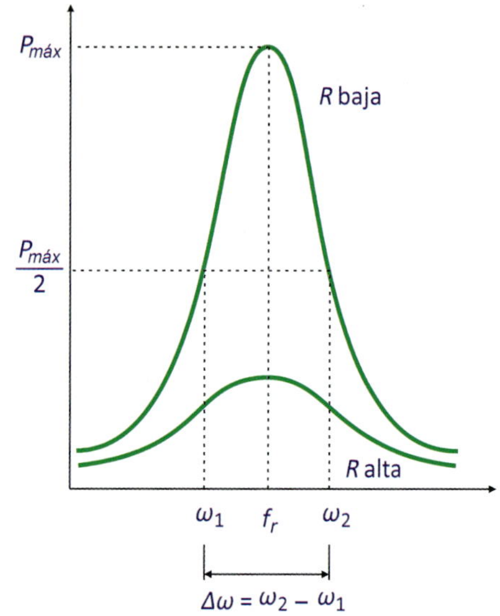

Figura 4.34. *Curva de respuesta en frecuencia.*

Actividad resuelta 4.12

Calcula la frecuencia de resonancia, la tensión en bornes de la bobina y el condensador y el factor de calidad para un circuito formado por una resistencia de 10 Ω, un condensador de 16 μF y una bobina de 0,6 H que están conectados a una fuente de 100 V.

Solución:

La frecuencia de resonancia se obtiene aplicando la expresión:

$$f_r = \frac{1}{2 \cdot \pi \cdot \sqrt{L \cdot C}} = \frac{1}{2 \cdot \pi \cdot \sqrt{0{,}6 \cdot 16 \cdot 10^{-6}}} = 51{,}36 \text{ Hz}$$

La corriente se determina mediante la expresión:

$$I = \frac{U}{Z}$$

En resonancia, $Z = R$, por tanto:

$$I = \frac{U}{R} = \frac{100}{10} = 10 \text{ A}$$

En resonancia, las tensiones en bornes de la bobina y del condensador son las mismas:

$$U_C = U_L$$

$$U_L = I \cdot X_L = I \cdot 2 \cdot \pi \cdot f \cdot L$$

$$U_C = U_L = 10 \cdot 2 \cdot \pi \cdot 51{,}36 \cdot 0{,}6 = 1936 \text{ V}$$

Se observa que la tensión entre ambos elementos puede ser muy elevada respecto a la de alimentación del circuito.

El factor de calidad (Q) se determina mediante la expresión:

$$Q = \frac{U_L}{U} = \frac{U_C}{U} = \frac{1936}{100} = 19{,}36$$

- **Circuito resonante paralelo.** Está formado por un circuito RLC paralelo. En este tipo de circuito se producen unas sobrecorrientes en la bobina y en el condensador, por ello recibe el nombre de **resonancia de corriente.**

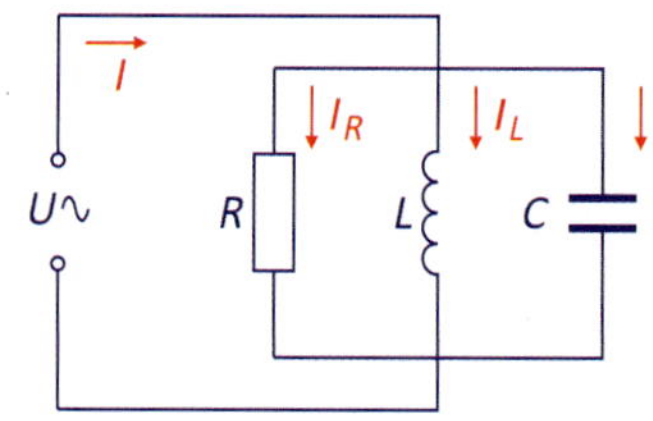

Figura 4.35. *Circuito resonante paralelo.*

La frecuencia de resonancia se calcula con la misma ecuación vista para el circuito resonante serie y el factor de calidad mediante la expresión:

$$Q = \frac{I_L}{I} = \frac{I_C}{I}$$

4.15. Medición en corriente alterna monofásica

La medición de los parámetros fundamentales es similar a la realizada en corriente continua.

4.15.1. Medición de la tensión eléctrica

La medida de la tensión eléctrica en alterna, al igual que en corriente continua, se realiza con un **voltímetro,** el cual se conecta en **paralelo** con el objeto que hay que medir.

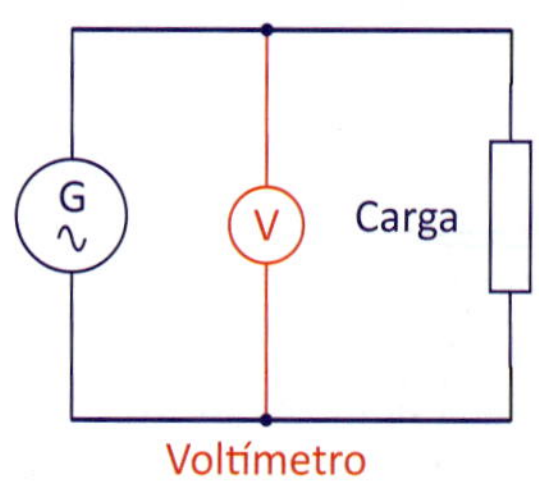

Figura 4.36. *Medición de la tensión en alterna con voltímetro.*

Figura 4.37. *Voltímetro. (Cortesía de Circutor).*

Recuerda

Antes de proceder a realizar la medida se debe seleccionar en el voltímetro la naturaleza de la corriente (corriente continua o alterna). Además, se debe poner el selector en el rango de medida adecuada; por ejemplo, si se desea medir la tensión en un enchufe o toma de corriente se debe seleccionar corriente alterna y además, como se esperan valores de 230 V, el selector de rango se debe colocar por encima de ese valor. Por ejemplo, si el voltímetro tiene dos rangos de 200 V y 500 V se colocará en 500 V, ya que el rango de 200 V se queda por debajo del valor esperado.

Estos aparatos de medición proporcionan los valores eficaces. Así, en una lectura de tensión no se suele decir que la lectura es de 230 V de tensión eficaz, sino simplemente 230 V.

Cuando se desea aumentar el alcance de la medición del voltímetro en corriente alterna se emplean los transformadores de tensión. El transformador de tensión consta de dos circuitos: el primario que se conecta en la línea que se va a medir y el secundario que se conecta al voltímetro.

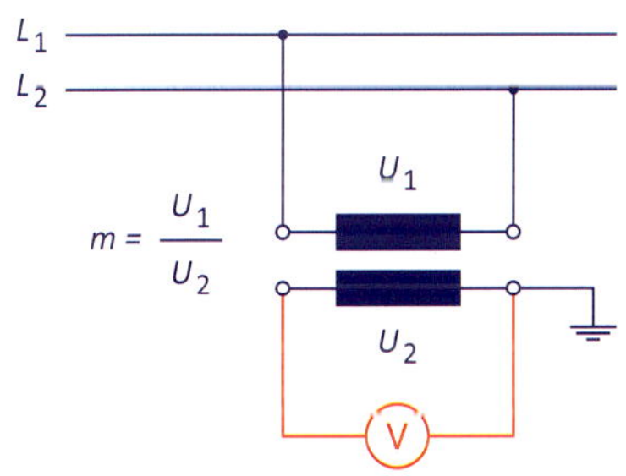

Figura 4.38. *Medición de la tensión mediante transformador.*

En el secundario del transformador se obtiene una tensión que es reducida en una proporción conocida que proporciona el fabricante.

Esta relación de transformación (m) viene determinada por la expresión:

$$m = \frac{U_1}{U_2}$$

Actividad resuelta 4.13

Se desea emplear un voltímetro cuyo final de escala es 100 V, para medir tensiones de hasta 2000 V. El voltímetro tiene una escala con 20 divisiones. Determina la relación de transformación y cuál será la lectura cuando la aguja marque en la escala 16 divisiones.

Solución:

La relación de transformación es:

$$m = \frac{U_1}{U_2} = \frac{2000}{100} = 20$$

La constante del voltímetro es de:

$$k = \frac{100\ \text{V}}{20\ \text{div}} = 5\ \text{V/div}$$

Y con el transformador la constante pasa a ser de:

$$k = \frac{2000\ \text{V}}{20\ \text{div}} = 100\ \text{V/div}$$

Así, cuando marque 16 divisiones, la tensión será de:

$$V = 100\ \text{V/div} \cdot 16\ \text{div} = 1600\ \text{V}$$

La simbología que se emplea con los transformadores de tensión (multifilar y unifilar) es la que se muestra en la Figura 4.39.

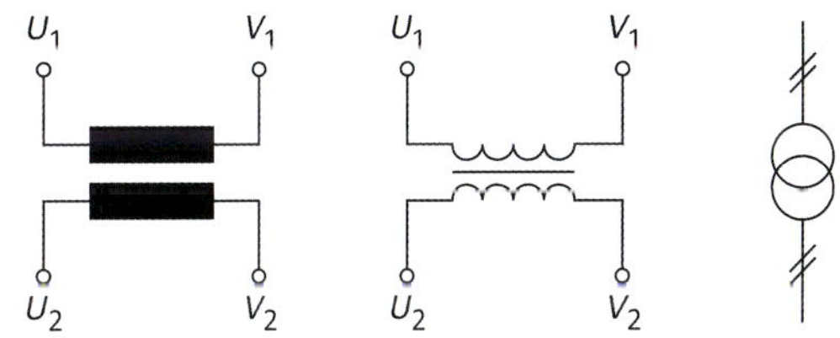

Figura 4.39. *Simbología de los transformadores de tensión.*

4.15.2. Medición de la corriente eléctrica

La medida de la **intensidad o corriente eléctrica** se realiza con un amperímetro, el cual se conecta en **serie** con el circuito.

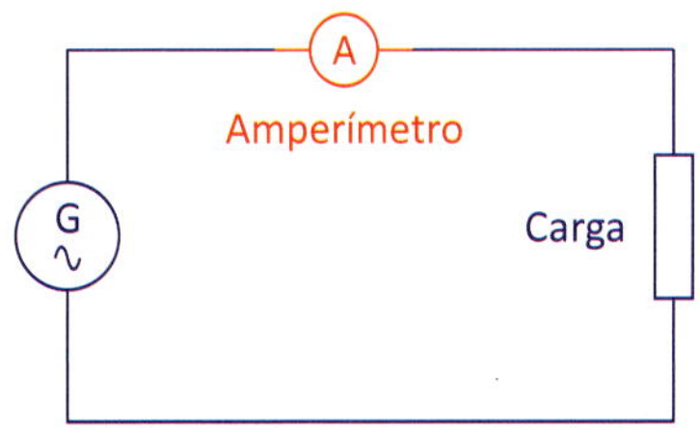

Figura 4.40. *Medición con amperímetro.*

La conexión de un amperímetro, al conectarse el aparato en serie, implica interrumpir momentáneamente el circuito para intercalar el aparato de medida. Para solventar este inconveniente existe una variante del amperímetro, llamada pinza amperimétrica (Figura 4.43), que mediante unas pinzas abraza al cableado y realiza la medición.

Figura 4.41. *Amperímetro. (Cortesía de Circutor).*

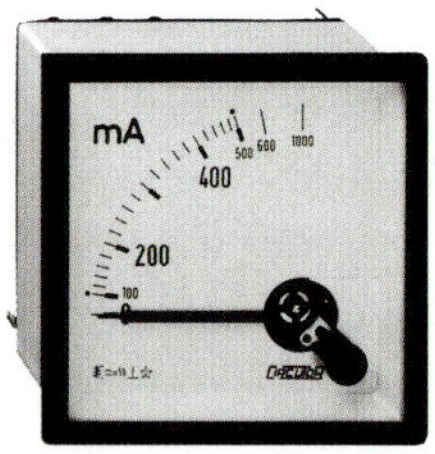

Figura 4.42. *Miliamperímetro. (Cortesía de Circutor).*

Figura 4.43. *Pinza amperimétrica. (Cortesía de Circutor).*

Cuando se desea aumentar el alcance de la medición del amperímetro en corriente alterna se emplean los transformadores de intensidad. Básicamente, es muy similar al transformador de tensión, y en este caso en el secundario aparece una corriente que es reducida y proporcional a la que circula por el primario.

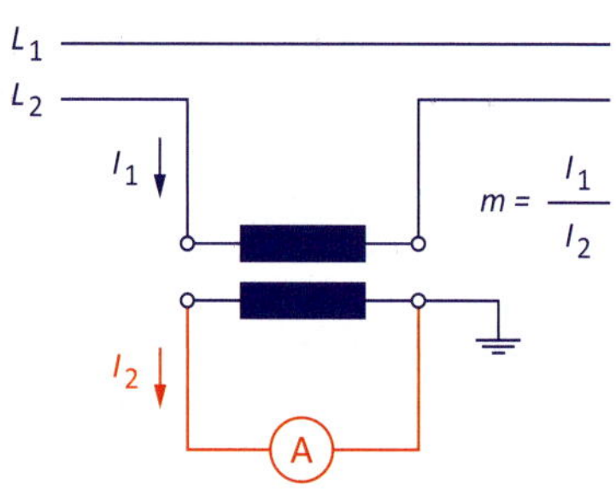

Figura 4.44. *Medición de la corriente mediante transformador.*

En el secundario del transformador se obtiene una corriente que es reducida en una proporción conocida que proporciona el fabricante.

Esta relación de transformación (m) viene determinada por la expresión:

$$m = \frac{I_1}{I_2}$$

La simbología que se emplea con los transformadores de corriente (multifilar y unifilar) es la siguiente:

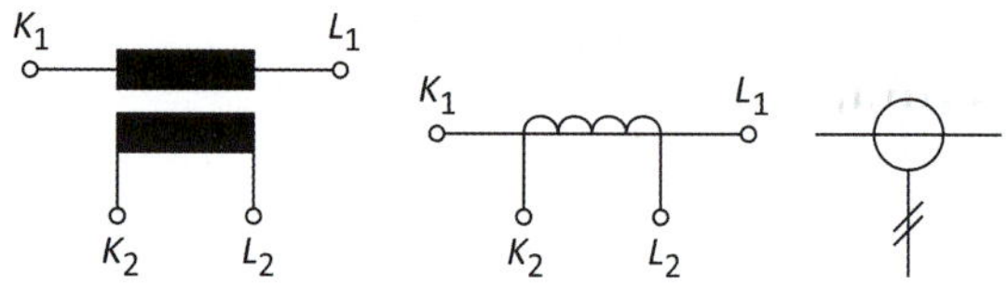

Figura 4.45. *Simbología de los transformadores de corriente.*

4.15.3. Medición de la potencia

Para la medición de la potencia se emplea el **vatímetro.** Este aparato consta de dos pares de terminales, de los cuales **uno de ellos se conecta en serie** (bobina amperimétrica) **y el otro se conecta en paralelo** (bobina voltimétrica).

Figura 4.46. *Símbolo del vatímetro.*

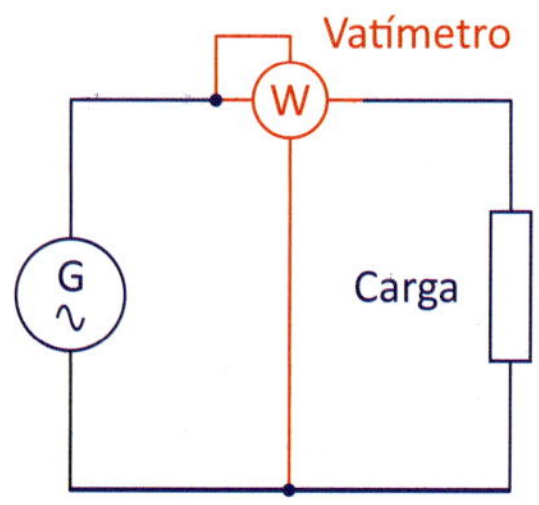

Figura 4.47. *Medición con vatímetro.*

Saber más

Es posible que, al realizar la lectura en un vatímetro de aguja, esta intente girar en sentido contrario. Esto se soluciona cambiando los bornes de una de las bobinas.

En corriente alterna existen dos tipos de aparatos en función del tipo de potencia:

- **Vatímetro.** Realiza la medición de la **potencia activa,** obteniendo su lectura en vatios (**W**).

Figura 4.48. *Vatímetro. (Cortesía de Circutor).*

- **Varímetro.** Realiza la medición de la **potencia reactiva,** obteniendo su lectura en **voltiamperios reactivos (VAR)**. El varímetro se conecta de idéntica manera que el vatímetro.

Figura 4.49. *Símbolo del varímetro.*

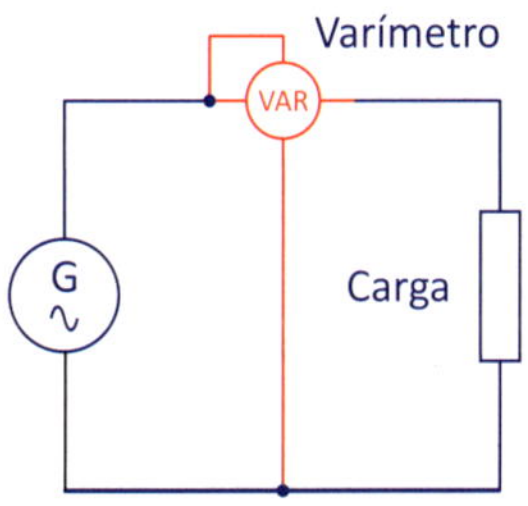

Figura 4.50. *Medición con varímetro.*

Figura 4.51. *Varímetro. (Cortesía de Circutor).*

4.15.4. Medición del factor de potencia

Aunque el factor de potencia se puede obtener indirectamente a partir de las mediciones de potencia, existe un aparato destinado a su medición llamado **fasímetro.**

El fasímetro consta de dos pares de terminales, al igual que el vatímetro. Un par de terminales se conecta en serie y el otro en paralelo.

Figura 4.52. *Símbolo del fasímetro.*

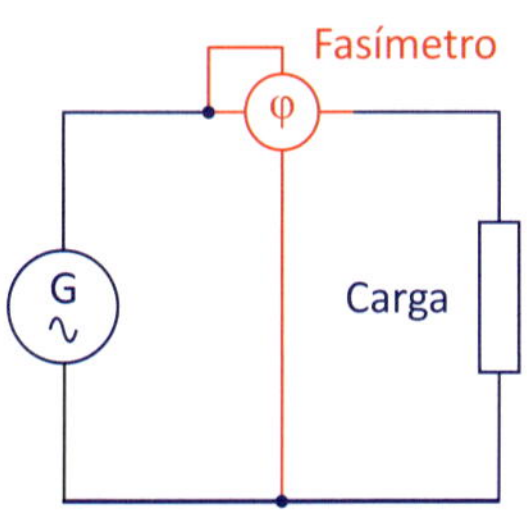

Figura 4.53. *Medición con fasímetro.*

Figura 4.54. *Fasímetro. (Cortesía de Circutor).*

4.15.5. Medición de la frecuencia

El aparato destinado a la medición de la frecuencia de la red eléctrica alterna se denomina **frecuencímetro,** obteniendo la lectura en hercios (Hz). Este aparato se conecta en **paralelo** con la red de alimentación eléctrica.

Figura 4.55. *Símbolo del frecuencímetro.*

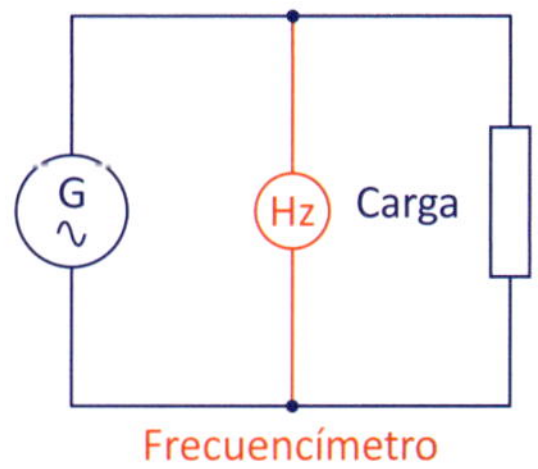

Figura 4.56. *Medición con frecuencímetro.*

Figura 4.57. *Frecuencímetro. (Cortesía de Circutor).*

4.15.6. Medición de la energía

La energía eléctrica se puede expresar como el producto de la potencia (W, vatios) por el tiempo (s, segundos).

$$E = P \cdot t$$

El aparato destinado a su registro se denomina **contador de energía eléctrica.** Consta de dos pares de terminales. Un par de terminales actúa como entrada conectándose a la red de suministro eléctrico mediante los terminales de fase y neutro. El otro par de terminales actúa como salida, conectándose a la red del abonado.

Generalmente, en las instalaciones basadas en corriente monofásica el contador de energía se encarga de la potencia activa. Su lectura es en kilovatios hora (kW · h). No obstante, la energía reactiva se puede medir (se estudiará en la unidad siguiente).

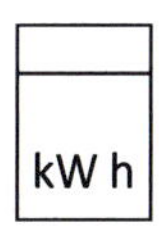

Figura 4.58. *Contador de energía activa.*

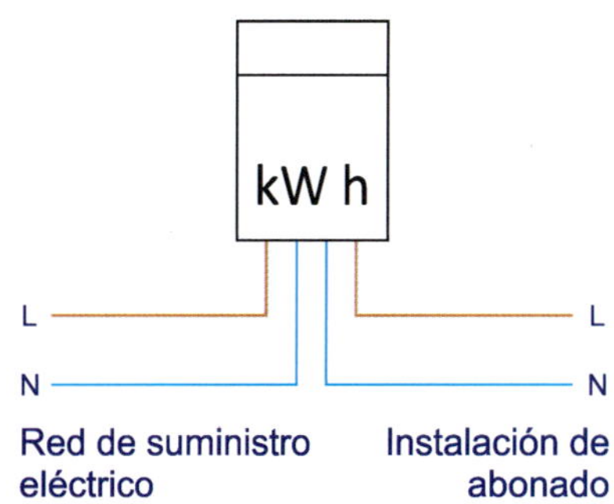

Figura 4.59. *Medición con contador de energía activa monofásico.*

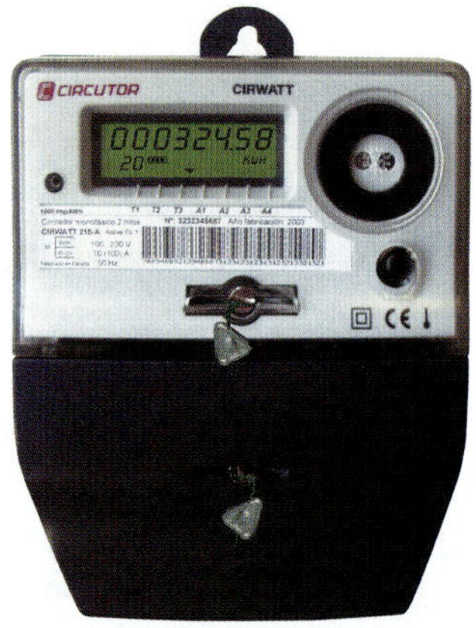

Figura 4.60. *Contador monofásico. (Cortesía de Circutor).*

4.15.7. Medición de la resistencia de aislamiento

La medición de la resistencia de aislamiento es una medida que indica la calidad de los aislantes en la instalación. Con el paso del tiempo los aislantes van perdiendo sus facultades. El aparato de medida destinado a esta tarea es el ***megger***, y el valor de la lectura se indica en megaohmios (MΩ; 1 MΩ = 10^6 Ω).

La medición se realiza sin tensión y es el propio aparato el cual genera una tensión de ensayo entre 250 V y 1000 V con una intensidad muy baja. Conociendo la tensión de prueba se miden las corrientes de fuga.

Figura 4.61. *Símbolo del* megger.

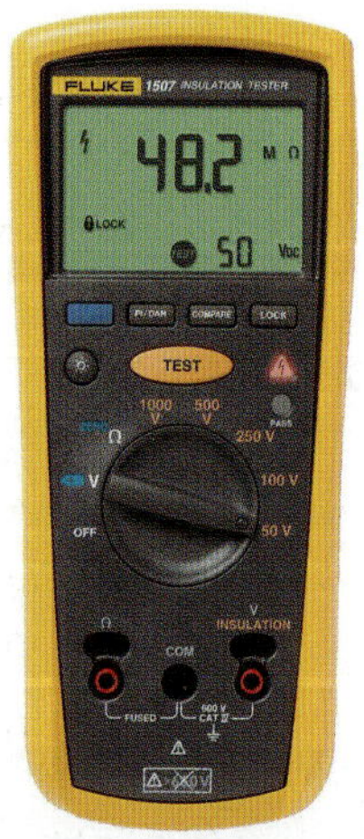

Figura 4.62. *Medidor de aislamiento. (Cortesía de Fluke).*

4.15.8. Osciloscopio

Un osciloscopio es un aparato de medición que presenta los resultados en formato gráfico sobre una pantalla. Se emplea para medir señales eléctricas que son variables en el tiempo. La pantalla consta de dos ejes, donde el eje vertical representa el valor de la magnitud en voltios y el eje horizontal representa el tiempo.

Básicamente, con un osciloscopio se realizan las siguientes tareas:

- Medir los parámetros característicos de la onda: tensión, período, frecuencia.
- Medir la componente de continua mezclada con la señal alterna.
- Medir el desfase ente dos señales.
- Localizar averías y malfuncionamientos.

Existen dos tipos de osciloscopios a nivel de procesamiento de la señal a medir:

- Analógicos.
- Digitales.

Actualmente, la mayoría de osciloscopios son de tipo digital.

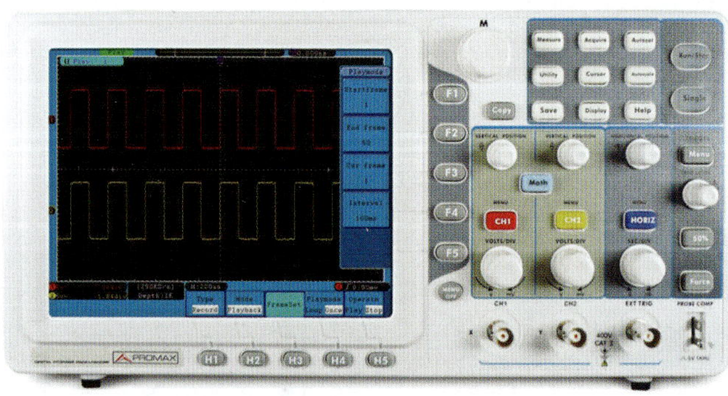

Figura 4.63. *Osciloscopio digital. (Cortesía de Promax).*

Como son capaces de manejar dos señales, estos dispondrán de dos entradas mediante conectores de tipo BNC donde se conectarán las sondas de medida. Cada sonda se conecta a un canal (I y II).

Para poder ajustar las señales se dispone de los siguientes controles:

- **Base de tiempos.** Trabaja sobre el eje de tiempos. Permite ajustar la señal para poder visualizar con comodidad.

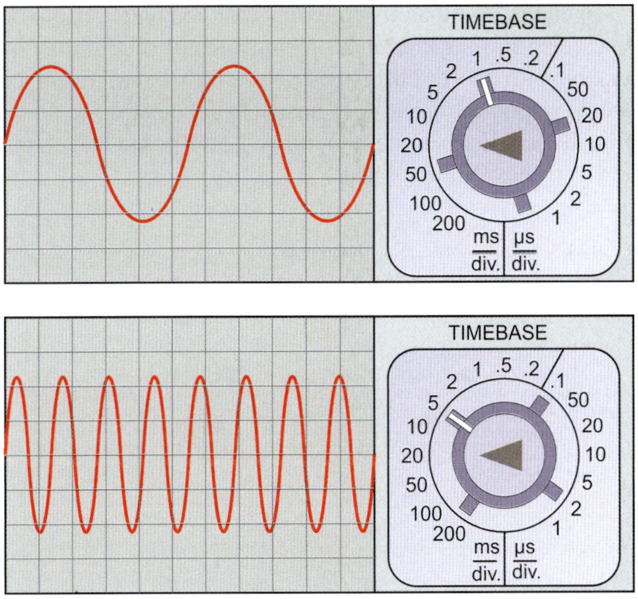

Figura 4.64. *Señal visualizada con diferentes bases de tiempos.*

- **Control de amplitud.** Permite, mediante un conmutador rotativo, variar la escala para visualizar la amplitud de la señal. Dispone de un control de amplitud por cada canal.

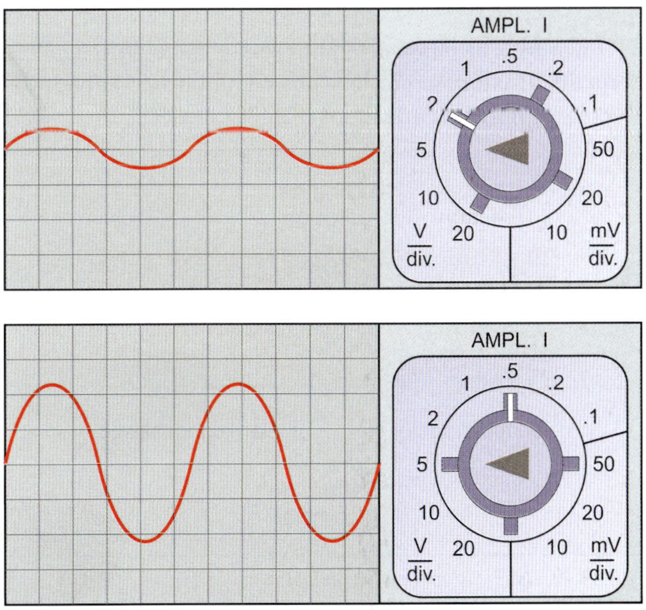

Figura 4.65. *Señal visualizada con escalas de amplitud.*

Además, posee diversos controles para desplazar las señales para poder centrar la señal, invertirla, filtrar la componente de corriente continua, etcétera.

Actividad resuelta 4.14

En la pantalla de un osciloscopio se observa la siguiente señal. Calcula la tensión máxima, eficaz, período y frecuencia.

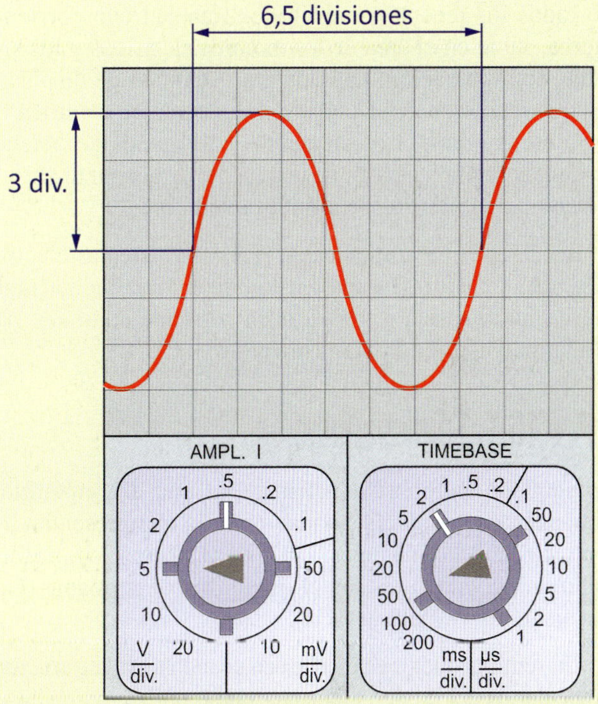

Figura 4.66. *Señal visualizada en el osciloscopio.*

Solución:

La tensión máxima se obtiene del eje vertical teniendo en cuenta que en este caso está calibrado a 0,5 V/div:

$$U_{máx} = 3 \text{ div} \cdot 0{,}5 \text{ V/div} = 1{,}5 \text{ V}$$

La tensión eficaz es de:

$$V = \frac{V_{máx}}{\sqrt{2}} = \frac{1{,}5}{\sqrt{2}} = 1{,}06 \text{ V}$$

El período de la señal del eje horizontal o de tiempos, teniendo en cuenta que en este caso está calibrado al valor 2 ms/div, es:

$$T = 6{,}5 \text{ div} \cdot 2 \text{ ms/div} = 13 \text{ ms}$$

La frecuencia es la inversa del período:

$$f = \frac{1}{T} = \frac{1}{13 \cdot 10^{-3}} = 77 \text{ Hz}$$

4.16. Conversión de corriente alterna en corriente continua. Fuentes de alimentación

No todos los receptores eléctricos trabajan con corriente alterna, salvo en el área de los motores eléctricos y los sistemas de iluminación; hay una gran cantidad de dispositivos que requieren de sistemas de alimentación eléctrica en corriente continua. Los elementos encargados de obtener corriente continua a partir de una fuente de corriente alterna se denominan **fuentes de alimentación.**

Las fuentes de alimentación (FA) son sistemas electrónicos que transforman una tensión de entrada de corriente alterna (monofásica o trifásica) en corriente continua, por ello también se denominan **conversores CA/CC.**

4.16.1. Semiconductores

Un semiconductor es aquel material que a temperatura ambiente posee una resistividad entre la que presentan los conductores y los aislantes. Los materiales más empleados como semiconductores son el silicio (Si), el germanio (Ge) y el arseniuro de galio (AsGa).

Un semiconductor es **intrínseco** cuando toda la estructura molecular es del mismo elemento, como por ejemplo silicio. En cambio, un semiconductor es **extrínseco** cuando se le añaden impurezas, como por ejemplo arsenio, indio, galio, etc. A este proceso se le denomina **dopado del semiconductor.**

Si se coge la estructura molecular de un semiconductor, por ejemplo el silicio, que posee un enlace covalente, es decir, la última capa de electrones comparte dos de ellos con su adyacente y se le añade una impureza, por ejemplo fósforo que posee cinco electrones de valencia, se obtiene un **semiconductor de tipo N.** Este semiconductor de tipo N posee un exceso de electrones libres (Figura 4.67).

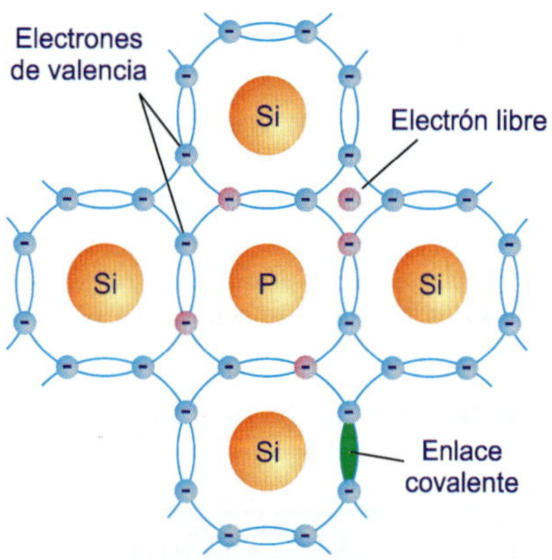

Figura 4.67. *Semiconductor de tipo N.*

Si en vez de topar al semiconductor con un elemento de cinco electrones de valencia (pentavalente) se le dopa con un elemento de tres electrones (trivalente), habrá un enlace que no se podrá formar. Esta ausencia del electrón se denomina **hueco.** Este semiconductor de tipo P posee un defecto de electrones (Figura 4.68).

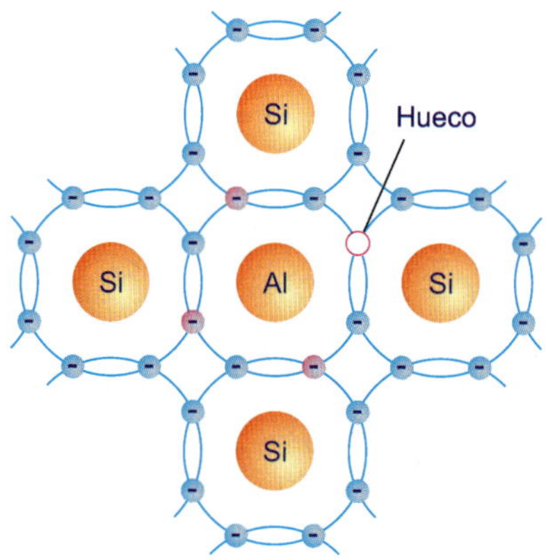

Figura 4.68. *Semiconductor de tipo P.*

4.16.2. Diodo

El diodo es un dispositivo que está formado por la unión de un semiconductor de tipo P y un semiconductor de tipo N.

En la zona de unión de ambos semiconductores, llamada **zona de difusión,** se produce una recombinación donde los electrones libres ocuparán los huecos cercanos.

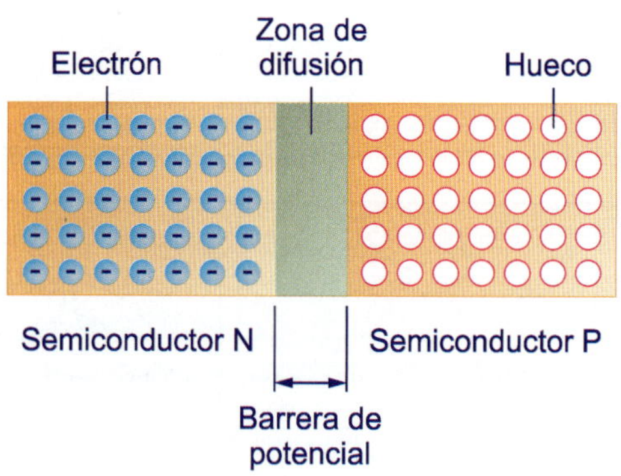

Figura 4.69. *Unión PN en un semiconductor.*

Cuando una unión PN se conecta a una fuente de tensión aplicando un potencial positivo a la zona P y un potencial negativo a la zona N, la unión queda **polarizada en directo.** La zona de difusión se reduce favoreciendo el movimiento de estos electrones libres y de los huecos y estableciendo el paso de la corriente eléctrica a través de él.

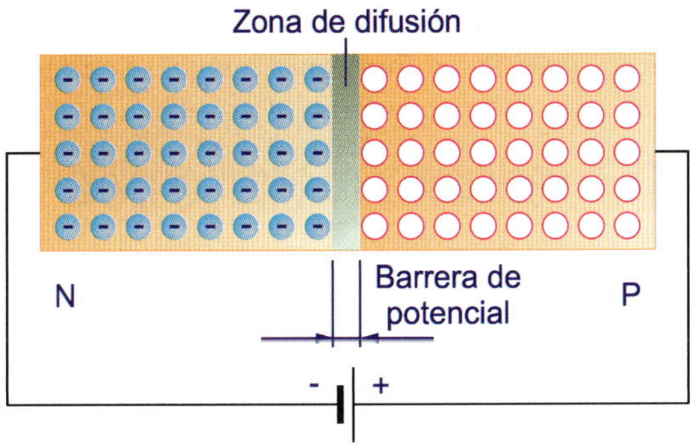

Figura 4.70. *Polarización en directo de una unión PN.*

Recuerda

En una unión PN polarizada en directo, la resistencia de la unión es baja.

Si en la unión PN se conecta la zona N a un potencial positivo y la zona P a un potencial negativo, la zona de difusión aumenta impidiendo el paso de la corriente eléctrica (realmente circula una pequeña corriente ya que algunos electrones consiguen atravesarla). Este tipo de conexión se denomina **polarización inversa.**

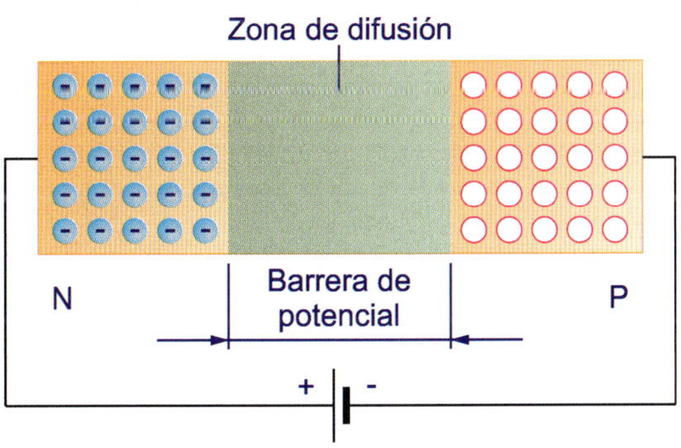

Figura 4.71. *Polarización en inverso de una unión PN.*

Recuerda

En una unión PN polarizada en inverso, la resistencia de la unión es alta.

La curva característica de un diodo es la mostrada en la Figura 4.72.

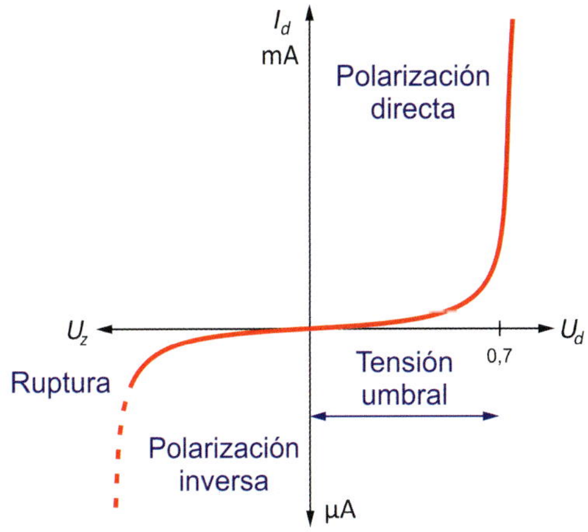

Figura 4.72. *Curva característica de un diodo.*

Cuando está polarizada en directo se observa que a partir de un valor (tensión umbral) la corriente aumenta rápidamente. Se define la **tensión umbral** (U_γ) como aquella que en polarización directa circula el 1 % de la corriente.

Cuando está polarizada en inverso, prácticamente no circula corriente hasta que llega un punto en el cual se produce una avalancha (punto de tensión zener). El diodo no soporta este valor y se produce la ruptura de la unión, destruyéndose el semiconductor. Existe un tipo de diodo especial que sí trabaja en la zona de polarización inversa denominado **diodo zener.** Otro tipo de diodo es el **diodo led,** el cual emite luz cuando está trabajando.

Figura 4.73. *Diodo.*

El diodo se representa por la simbología de la Tabla 4.1.

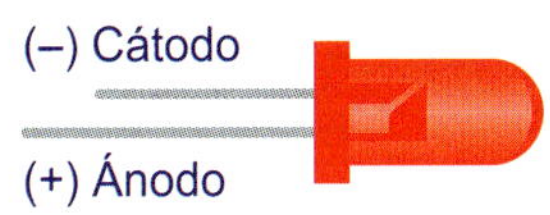

Figura 4.74. *Diodo led.*

Tabla 4.1. Simbología del diodo

	Diodo
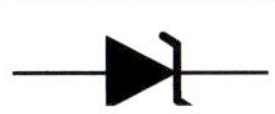	Diodo zener
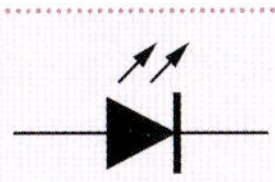	Diodo led

4.16.3. Rectificador a media onda

Un rectificador se encarga de transformar la tensión alterna en una tensión de una sola polaridad (generalmente positiva aunque puede ser negativa).

El circuito rectificador de media onda se diseña empleando un diodo rectificador, tal y como se muestra en la Figura 4.75.

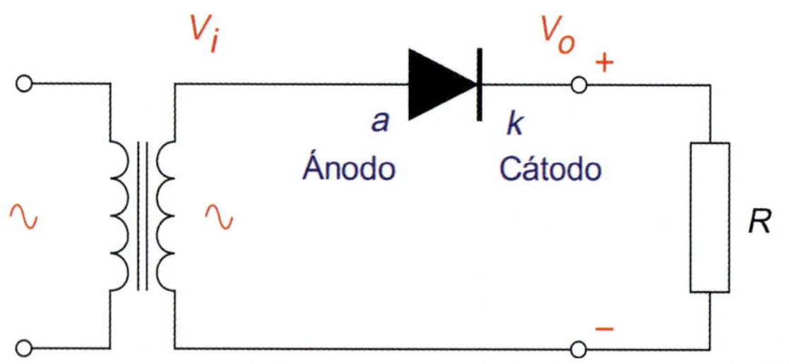

Figura 4.75. *Circuito rectificador de media onda.*

Como para que el diodo conduzca es necesario que supere esa barrera de potencial de 0,7 V (0,7 V para los diodos de silicio y 0,2 V para los de germanio), la tensión en el ánodo debe ser 0,7 V mayor respecto al cátodo.

Cuando la tensión en el ánodo del diodo sea positiva y suficiente para superar la barrera de potencial, el diodo estará directamente polarizado, conduciendo y dejando pasar la corriente.

Cuando en la onda alterna se esté en la zona negativa, el diodo estará inversamente polarizado impidiendo el paso de la corriente.

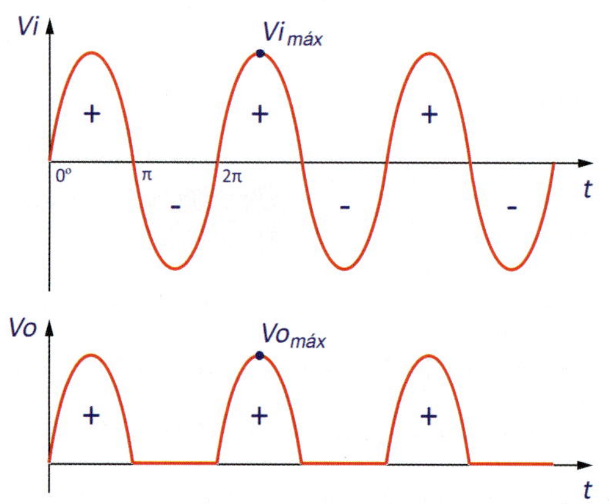

Figura 4.76. *Señales en el rectificador de media onda.*

Se observa que la tensión en la resistencia de carga es unidireccional positiva (pulsante), pero no continua o constante. Esta forma de onda se denomina rectificación de media onda porque no se rectifica toda la corriente alterna sino que solo se rectifica la parte positiva.

El rendimiento de este tipo de rectificador es bajo, situándose en el 40 %, motivo por el que no se emplea.

4.16.4. Rectificador de onda completa

El rectificador de onda completa es una mejora respecto al rectificador de media onda. Emplea un puente de diodos (puente de Graetz) compuesto de cuatro diodos rectificadores en disposición según la Figura 4.77.

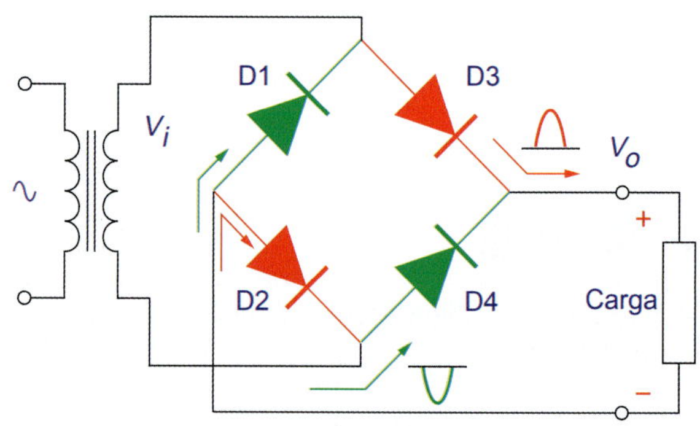

Figura 4.77. *Circuito rectificador de onda completa.*

Cuando el valor de la tensión alterna a la entrada del puente de diodos (*Vi*) es positiva, los diodos D2 y D3 están polarizados en directo y conducen, mientras que los diodos D1 y D4 están polarizados en inverso. Cuando llega el semiciclo negativo los diodos D1 y D4 se polarizan en directo conduciendo y los diodos D2 y D3 se polarizan en inverso (Figura 4.78).

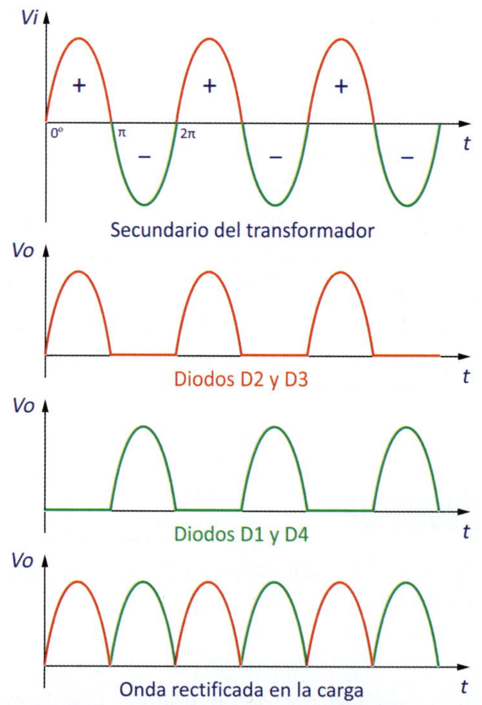

Figura 4.78. *Señales en el rectificador de onda completa.*

La construcción del puente de diodos en disposición de Graetz se puede realizar mediante cuatro diodos, aunque se comercializan ya encapsulados juntos.

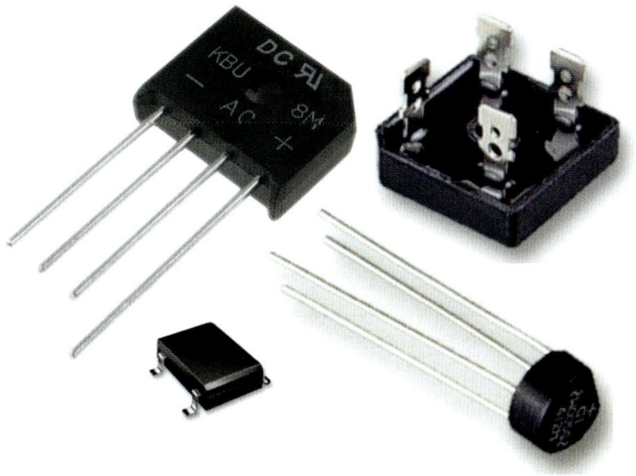

Figura 4.79. *Puente rectificador de Graetz.*

El rendimiento de este tipo de rectificador se sitúa en el 81,1 %.

Saber más

Se puede obtener un rectificador de onda completa con solo dos diodos, pero para ello se necesita que el transformador tenga una toma intermedia justo en la mitad del devanado secundario. Esta característica que debe cumplir el trasformador hace que este tipo de rectificación apenas se emplee.

4.16.5. Filtrado

La tensión obtenida a la salida del rectificador es en forma de pulsos cuyo valor varía desde 0 hasta un valor de pico. Se hace necesario por tanto mejorar su salida para que sea lo más continua posible. Esta es la función del filtro. El tipo de filtro más común y sencillo es empleando un condensador.

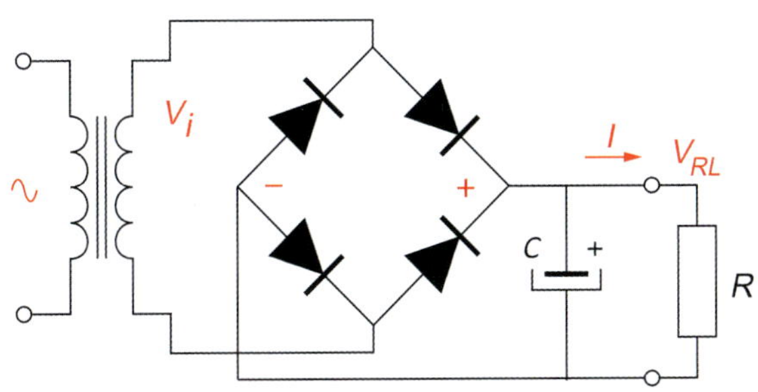

Figura 4.80. *Circuito rectificador con filtro.*

Cuando el par de diodos correspondientes a cada semiciclo conducen, el condensador se carga hasta llegar al valor máximo. Cuando el nivel de la onda rectificada disminuye, el condensador cede la energía almacenada. Cuando el nivel de tensión es mayor que la almacenada en el condensador, este se vuelve a cargar. Con este ciclo de carga y descarga del condensador se logra hacer más estable el nivel de la tensión.

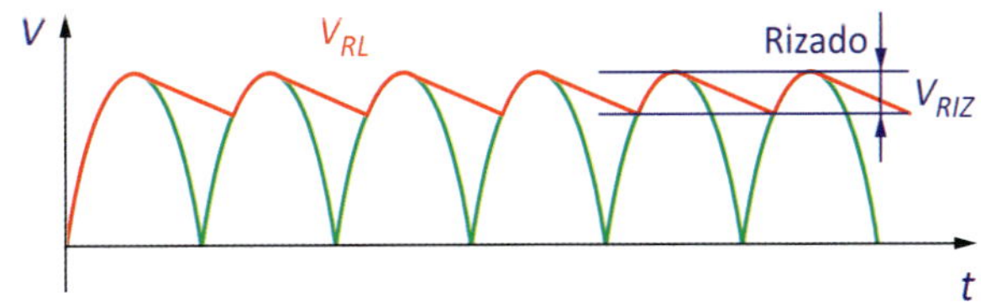

Figura 4.81. *Efecto del condensador como filtro.*

Esta fluctuación en la tensión de salida se denomina **rizado,** y se suele expresar en porcentaje. Cuanto menor sea el rizado más continuo es el valor de salida de la fuente de alimentación. Para conseguir reducir el rizado se emplean condensadores de gran capacidad (del orden de mF).

Esta tensión de rizado (V_{RIZ}) conviene que sea inferior al 10 %, y para el rectificador de onda completa el valor del condensador a emplear viene definido por la expresión:

$$C = \frac{I}{2 \cdot f \cdot V_{RIZ}}$$

Actividad resuelta 4.15

En un rectificador de onda completa, el secundario del transformador proporciona 17 V a 50 Hz. La carga consume una corriente de 150 mA. Determina la capacidad del condensador que hay que emplear y la tensión de rizado.

Solución:

La tensión media en el condensador será la tensión a la entrada del rectificador menos la caída de tensión en cada diodo:

$$V_{Cmed} = 17 - 0{,}7 - 0{,}7 = 15{,}6 \text{ V}$$

La tensión de rizado debe ser como máximo el 10 %:

$$V_{RIZ} = 10\ \%\ \ V_{Cmed} = 0{,}1 \cdot 15{,}6 = 1{,}56 \text{ V}$$

La capacidad del condensador será de:

$$C = \frac{I}{2 \cdot f \cdot V_{RIZ}} = \frac{0{,}15}{2 \cdot 50 \cdot 1{,}56} = 962\ \mu\text{F}$$

Se elige el condensador comercial inmediato superior:

$$C = 1000\ \mu\text{F}$$

4.16.6. Estabilizador

El estabilizador es la parte del circuito electrónico que se encarga de eliminar el rizado residual para conseguir un nivel de tensión constante a la salida.

El dispositivo electrónico que se emplea es el diodo zener, el cual trabaja en polarización inversa. Este diodo tiene la particularidad de obtener en sus bornes una tensión constante aunque varíe la corriente en la carga.

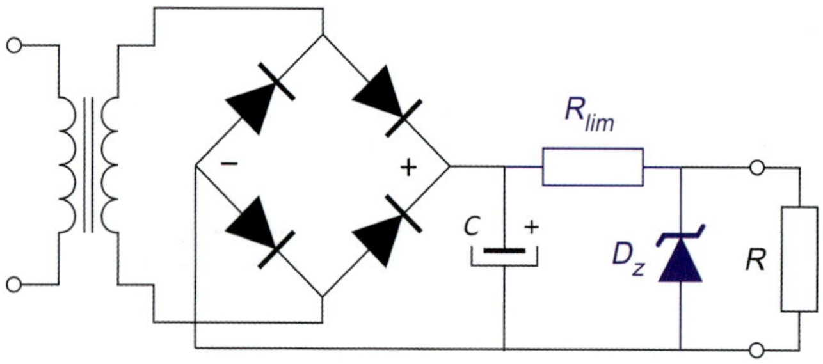

Figura 4.82. *Fuente de alimentación con regulador zener.*

La tensión en bornes del diodo zener (tensión zener) debe ser de un valor igual a la tensión de salida. La resistencia (R_{lim}) limita la corriente máxima del zener. Otro parámetro importante es la potencia máxima que puede disipar el zener.

Esta disposición de diodo zener en paralelo es adecuada en la mayoría de las ocasiones. Una mejora es colocar un transistor en serie con la carga. El control del transistor se realiza mediante un diodo zener.

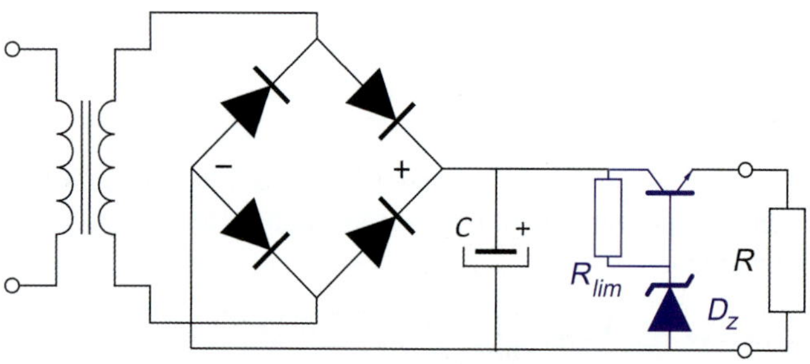

Figura 4.83. *Fuente de alimentación con regulador a transistor.*

4.16.7. Regulador

Cuando se desea reducir aún más el factor de rizado y hacer más estable y exacta la tensión de salida se emplean los **reguladores.** Un regulador se puede realizar mediante componentes electrónicos, aunque es más sencillo emplear reguladores integrados, como por ejemplo las series 78XX y LM317.

Básicamente, el regulador consiste en un componente electrónico con tres terminales, tal como se muestra en el esquema del circuito de la Figura 4.84.

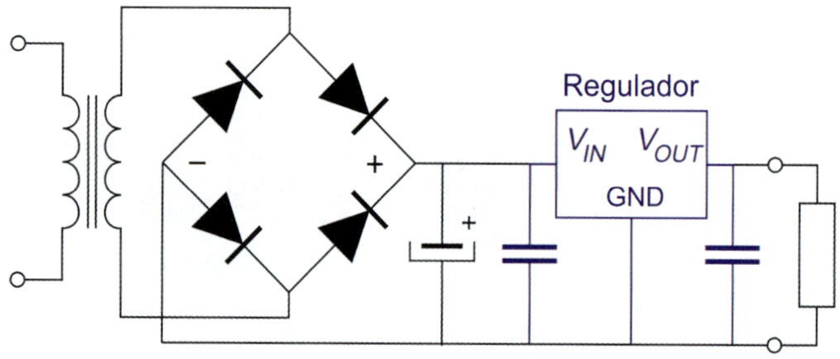

Figura 4.84. *Fuente de alimentación con regulador.*

Los dos condensadores que acompañan al regulador son necesarios para evitar oscilaciones del regulador y su valor lo proporciona el fabricante.

Estos reguladores suelen necesitar de una tensión a la entrada (V_{IN}) de unos 2 o 3 voltios superiores a la tensión de salida (V_{OUT}).

4.16.8. Fuentes de alimentación conmutadas

Las fuentes conmutadas fueron desarrolladas para aplicaciones militares y aeroespaciales donde el tamaño y el peso son importantes. Son unos convertidores de CC-CC que emplean una circuitería compleja; con ellos se consiguen rendimientos alrededor del 90 %, mientras que con las fuentes lineales su rendimiento se sitúa sobre el 50 %. Básicamente, constan de los siguientes bloques:

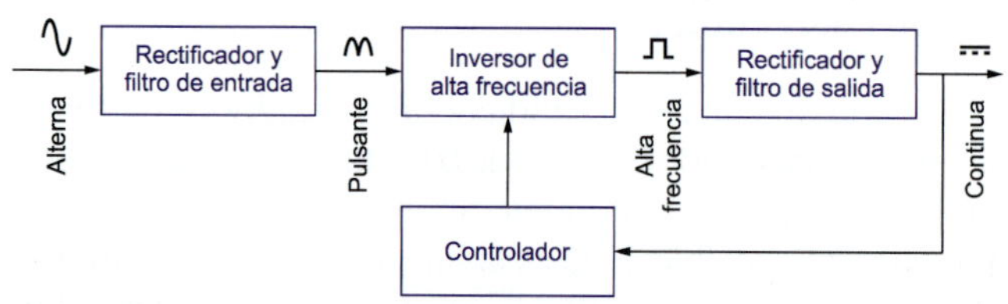

Figura 4.85. *Esquema de bloques de una fuente conmutada.*

- En el primer bloque se rectifica y se filtra la tensión alterna obteniendo una tensión continua pulsante.
- En el segundo bloque se convierte la onda pulsante en una onda cuadrada de alta frecuencia (10 kHz a 200 kHz).
- El tercer bloque rectifica y filtra la salida de alta frecuencia obteniendo una corriente continua pura.
- El cuarto bloque controla la oscilación del segundo bloque supervisando la tensión de salida.

MAPA CONCEPTUAL

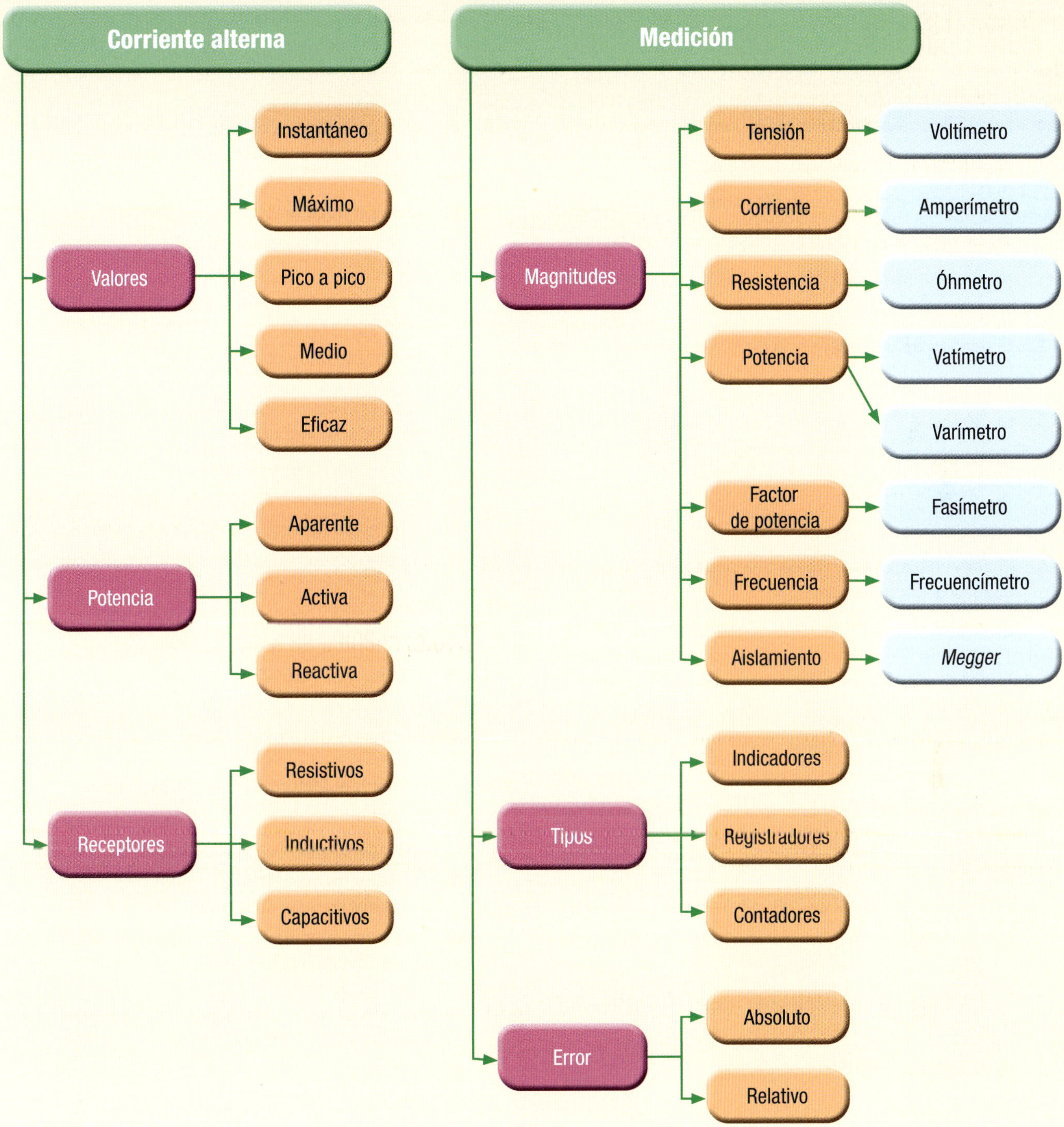

Actividades de comprobación

4.1. Una de las características de la corriente alterna es:

a) De valor constante a lo largo del tiempo.

b) Su valor varía a lo largo del tiempo.

c) Su valor es de tipo creciente a lo largo del tiempo.

d) Su valor es de tipo decreciente a lo largo del tiempo.

4.2. El período de una frecuencia de 50 Hz es de:

a) 1 ms.

b) 20 ms.

c) 50 ms.

d) 60 ms.

4.3. El valor máximo positivo de una onda senoidal ocurre cuando el ángulo es de:

a) 0°.

b) 90°.

c) 180°.

d) 360°.

4.4. En una resistencia conectada a una red de alimentación monofásica, el desfase de la tensión y la corriente es de:

a) No se produce ningún tipo de desfase.

b) Un retraso de la corriente respecto a la tensión de 90°.

c) Un adelanto de la corriente respecto a la tensión de 90°.

d) Un desfase entre ambos de 180°.

4.5. En un condensador ideal conectado a una red de alimentación monofásica, el desfase de la tensión y la corriente es de:

a) No se produce ningún tipo de desfase.

b) Un retraso de la corriente respecto a la tensión de 90°.

c) Un adelanto de la corriente respecto a la tensión de 90°.

d) Un desfase entre ambos de 180°.

4.6. En una bobina ideal conectada a una red de alimentación monofásica, el desfase de la tensión y la corriente es de:

a) No se produce ningún tipo de desfase.

b) Un retraso de la corriente respecto a la tensión de 90°.

c) Un adelanto de la corriente respecto a la tensión de 90°.

d) Un desfase entre ambos de 180°.

4.7. En un sistema conectado a una red alterna donde predomina el efecto inductivo:

a) La potencia reactiva es nula.

b) La potencia aparente es igual a la potencia activa.

c) La potencia aparente es mayor a la potencia activa.

d) La potencia aparente es menor a la potencia activa.

4.8. Un sistema eléctrico es más eficiente cuando:

a) El factor de potencia es negativo.

b) El factor de potencia es 0.

c) El factor de potencia es 1.

d) El factor de potencia es mayor de 1.

4.9. Para mejorar el factor de potencia se debe:

a) Conectar siempre un condensador.

b) Conectar siempre una inductancia.

c) Conectar un condensador cuando el sistema tenga predominancia capacitiva.

d) Conectar un condensador cuando el sistema tenga predominancia inductiva.

4.10. ¿A qué tipo de circuito corresponde una impedancia de valor $\vec{Z} = 100 - j\,25\ \ \Omega$?

a) Resistivo.

b) Inductivo.

c) Capacitivo.

d) Faltan más datos para poder determinarlo.

4.11. Una de las características de mejorar el factor de potencia es:

a) Se reduce la corriente que circula por la línea de suministro.

b) Se aumenta la sección del cableado eléctrico.

c) Se aumenta la potencia aparente del sistema.

d) Se reduce la potencia activa del sistema.

Actividades de aplicación

4.12. En la pantalla del osciloscopio se muestra la señal de la figura. Determina los parámetros característicos del valor máximo, eficaz, período y su frecuencia.

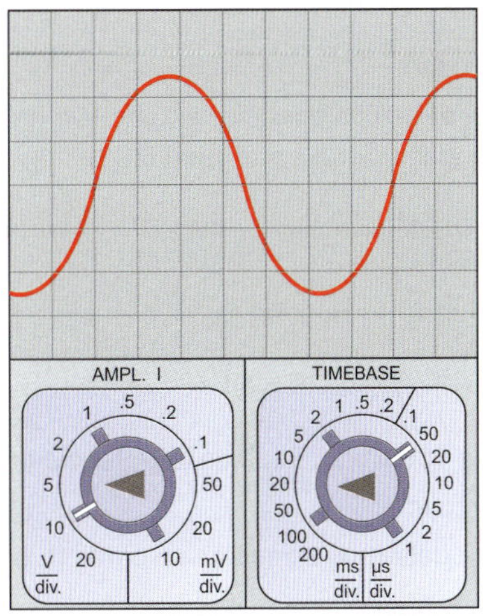

Figura 4.86. *Señal visualizada en el osciloscopio.*

4.13. Pasa las siguientes impedancias de la forma rectangular o binómica a la forma polar o módulo argumental:

a) $\vec{Z} = 10 + j\,10\ \Omega$.

b) $\vec{Z} = 18 + j\,2\ \Omega$.

c) $\vec{Z} = 20 - j\,8\ \Omega$.

d) $\vec{Z} = 25 + j\,0\ \Omega$.

4.14 Pasa las siguientes impedancias de la forma polar o módulo argumental a la forma rectangular o binómica:

a) $\vec{Z} = 12 \angle 15^\circ\ \Omega$.

b) $\vec{Z} = 100 \angle 180^\circ\ \Omega$.

c) $\vec{Z} = 25 \angle -20^\circ\ \Omega$.

d) $\vec{Z} = 50 \angle -120^\circ\ \Omega$.

4.15. Un circuito RL serie, con L = 150 mH y R = 25 Ω, está conectado a una fuente de alimentación de 100 V a 50 Hz. Determina:

- Triángulo de impedancia, expresando su valor en forma compleja y polar.
- Intensidad.
- Triángulo de tensiones.
- Factor de potencia y triángulo de potencias. Expresa la potencia en forma compleja y polar.

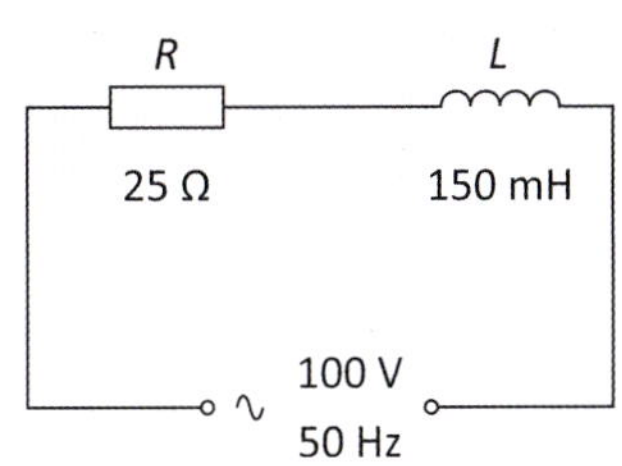

Figura 4.87.

4.16. Un circuito RC serie, con C = 47 μF y R = 82 Ω, está conectado a una fuente de alimentación de 80 V a 50 Hz. Determina:

- Triángulo de impedancia, expresando su valor en forma compleja y polar.
- Intensidad.
- Triángulo de tensiones.
- Factor de potencia y triángulo de potencias. Expresa la potencia en forma compleja y polar.

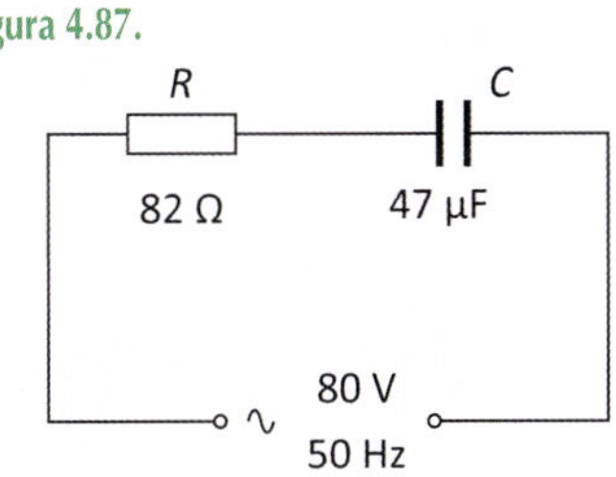

Figura 4.88.

4.17. Sea un circuito RLC serie formado por R = 0,5 kΩ, L = 0,8 H y C = 50 μF, conectado a una fuente de alimentación de V = 230 V a 50 Hz. Determina:

- **a)** Triángulo de impedancia, expresando su valor en forma compleja y polar.
- **b)** Intensidad.
- **c)** Triángulo de tensiones.
- **d)** Factor de potencia y triángulo de potencias. Expresa la potencia en forma compleja y polar.
- **e)** Frecuencia de resonancia del circuito.
- **f)** Capacidad del condensador que debemos conectar en paralelo con el circuito inicial si queremos corregir el factor de potencia a 0,98.

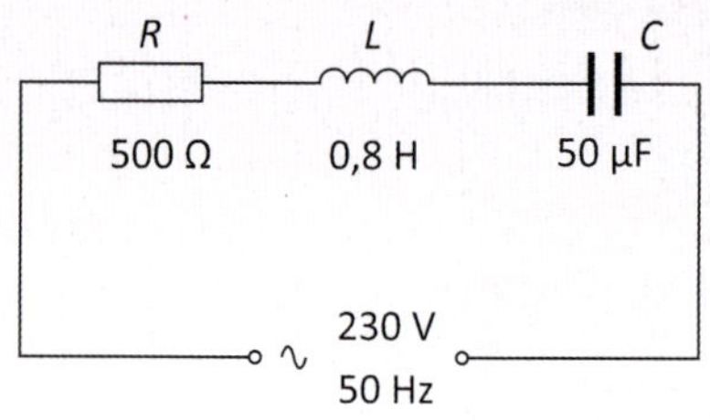

Figura 4.89.

4.18. Sea un circuito RLC serie formado por R = 30 Ω, L = 500 mH y C = 50 μF, conectado a una fuente de alimentación de 200 V a 50 Hz. Determina:

- **a)** Triángulo de impedancia, expresando su valor en forma compleja y polar.
- **b)** Intensidad.
- **c)** Triángulo de tensiones.
- **d)** Factor de potencia y triángulo de potencias. Expresa la potencia en forma compleja y polar.
- **e)** Frecuencia de resonancia del circuito.
- **f)** Capacidad del condensador que debemos conectar en paralelo con el circuito inicial si queremos corregir el factor de potencia a 0,90.

4.19. Un equipo de alumbrado tiene una potencia de 1800 W, con un factor de potencia de 0,68, estando conectado a una red monofásica de 230 V. Calcula la intensidad, la impedancia, la potencia activa, reactiva y aparente, y la capacidad del condensador que se debe conectar en paralelo si queremos corregir el factor de potencia a 0,95.

4.20. En un taller tenemos un motor monofásico de 10 CV a 230 V, con un factor de potencia de 0,7 y un rendimiento de 85 %. Calcula la intensidad, la impedancia, la potencia activa, reactiva y aparente, y la capacidad del condensador que se debe conectar en paralelo si queremos corregir el factor de potencia a 0,90.

Actividades de ampliación

4.21. Consulta en la web de algún fabricante de equipos de medición eléctrica (por ejemplo, Fluke, Circutor, Promax, etc.) y observa los tipos y sus características técnicas.

5 Electromagnetismo

Los fenómenos magnéticos son conocidos desde la antigüedad y cuando se descubrió su relación con la electricidad posibilitó la aparición de diferentes dispositivos que aprovechan estos fenómenos físicos, tales como generadores eléctricos, motores, transformadores, relés, contactores, electroválvulas, y un largo etcétera.

Contenidos

Objetivos

- Aplicar las diferentes magnitudes magnéticas.
- Estudiar la interacción entre el campo magnético y el campo eléctrico.
- Resolver circuitos magnéticos.
- Realizar los ensayos al transformador.

5.1. Imán

Un imán es un material que es capaz de generar un campo magnético. El efecto del magnetismo se conoce desde la antigüedad, cuando se conocían los efectos de una piedra llamada magnetita. Uno de sus usos fue en el empleo de la brújula, la cual se orienta hacia los polos norte y sur.

Figura 5.1. *Brújula.*

5.1.1. Polos de un imán

Las zonas de atracción máxima de un imán se denominan polos, existiendo dos polos: polo norte y polo sur. El punto o línea intermedia que separa ambos polos se denomina **línea neutra** donde no se produce atracción.

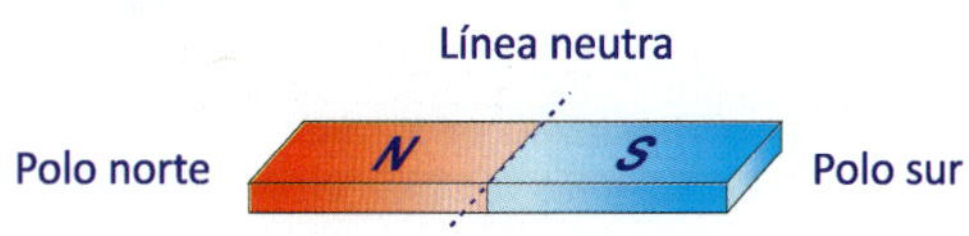

Figura 5.2. *Polos de un imán.*

Cuando se sitúan dos imanes con libertad de movimiento próximos entre sí, se produce una interacción entre ambos, observándose los siguientes efectos:

- Los polos iguales se repelen.
- Los polos diferentes se atraen.

5.1.2. Clases de imanes

Existen dos clases de imanes. Los **imanes naturales** son aquellos que se encuentran en la naturaleza, como la magnetita. No tienen utilidad industrial.

Los **imanes artificiales** son aquellos que, partiendo de material ferromagnético, adquieren propiedades magnéticas. A su vez, su efecto magnético puede ser **permanente** (mantienen sus propiedades durante un largo período de tiempo) o **temporal** (su efecto desaparece cuando cesa la acción magnetizante).

5.1.3. Magnetización y desmagnetización

En el interior de la materia existen pequeñas corrientes cerradas debido al movimiento de los electrones que contienen los átomos. Cada una de ellas origina un diminuto imán llamado **dipolo magnético** o **dominio magnético.**

Cuando la orientación de estos dipolos magnéticos es en todas direcciones, sus efectos se anulan y el material no muestra un comportamiento magnético. En cambio, cuando todos los dipolos magnéticos están orientados en la misma dirección sus efectos se acumulan y es entonces cuando muestran un comportamiento magnético.

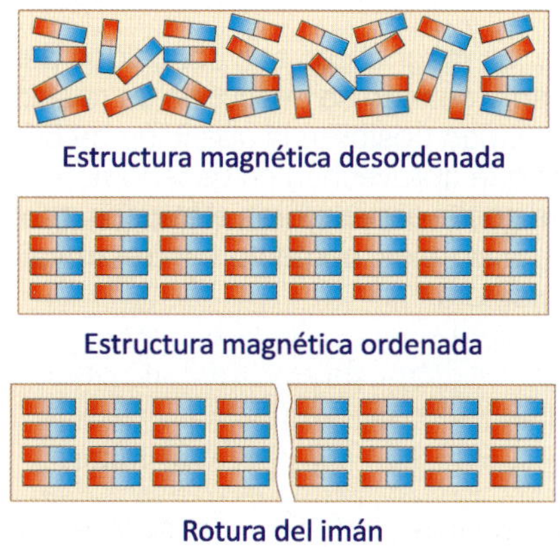

Figura 5.3. *Estructura magnética de un cuerpo (desordenada y ordenada).*

Para crear un imán artificial se deben magnetizar estos materiales ferromagnéticos sometiéndolos a un campo magnético.

Si un imán se rompe, por ejemplo por la línea neutra, no se obtienen dos polos independientes sino que las dos piezas tienen cada una de ellas su polo norte y su polo sur. Este imán se puede romper sucesivamente hasta llegar al dipolo magnético.

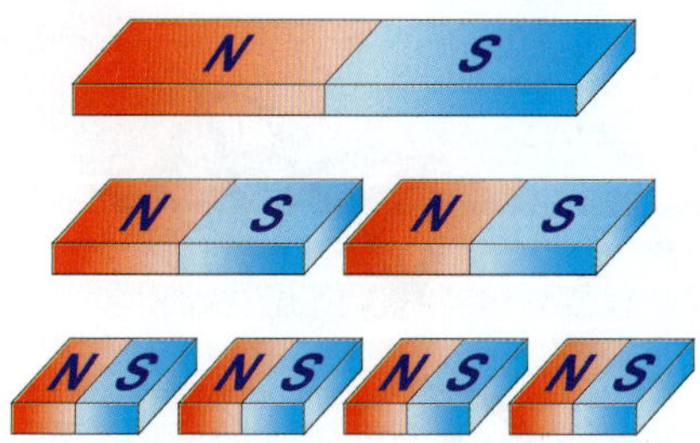

Figura 5.4. *Rotura de un imán.*

Cuando el material a magnetizar se sitúa en un campo magnético, sus dipolos magnéticos se van orientando por efecto de la fuerza del campo inductor. Una vez alineados todos se alcanza el **punto de saturación.**

Esta orientación magnética puede alterarse por efecto del calor. Si el hierro se calienta por encima de 769 ºC (punto de Curie) pierde sus propiedades ferromagnéticas debido al incremento energético a nivel molecular. Esta situación es reversible.

5.1.4. Tipos de materiales

Los materiales según su comportamiento frente a un campo magnético se clasifican en:

- **Ferromagnéticos.** Son aquellos que tienden a orientar sus dipolos magnéticos en la misma dirección que el campo magnético externo. Son el hierro, níquel, cobalto y sus aleaciones. Tienen aplicación industrial al emplearse en máquinas eléctricas.
- **Paramagnéticos.** Son aquellos que no muestran ningún efecto al situarse bajo la influencia de un campo magnético. Algunos de estos materiales son el aluminio, platino, etcétera.
- **Diamagnéticos.** Son aquellos materiales que al situarse bajo la influencia de un campo magnético tienden a orientarse en sentido contrario al campo. Un material de este tipo es el bismuto.

Para crear imanes de efecto permanente se emplean aleaciones de acero con tungsteno, acero con cobalto, acero con titanio, hierro con níquel, etc. Estos materiales se denominan **materiales ferromagnéticos duros.**

Para crear imanes de efecto temporal se emplea generalmente chapa de acero aleada con silicio. Estos imanes se emplean para la construcción de transformadores, motores, generadores, etc. Estos materiales se denominan **materiales ferromagnéticos blandos.**

5.1.5. Campo magnético de un imán

Cuando se coloca un imán debajo de una hoja y por encima de esta se colocan limaduras de hierro, estas son atraídas por los polos del imán. La mayoría de estas se mueven hasta situarse en los polos, pero hay otras que van dibujando una serie de líneas que van de polo a polo. Estas líneas se denominan líneas de fuerza del campo magnético.

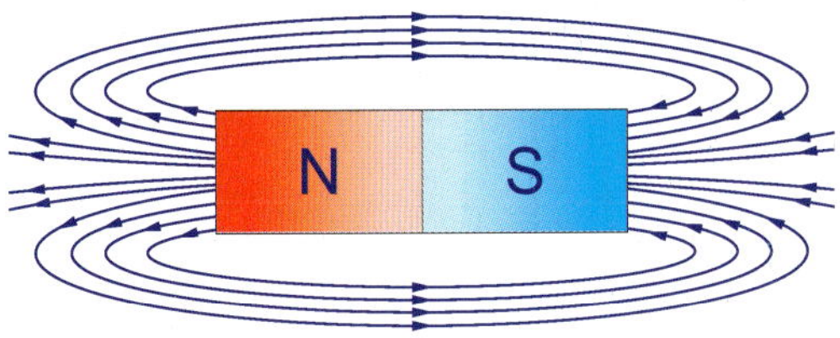

Figura 5.5. *Líneas de fuerza de un imán.*

A mayor concentración de líneas de fuerza, mayor es el efecto del campo magnético.

Por convencionalismo de dice que las líneas de fuerza de un campo magnético salen por el polo norte y entran por el polo sur.

Si se colocan dos imanes próximos encarando sus mismos polos se observa que las líneas de fuerza del campo se repelen.

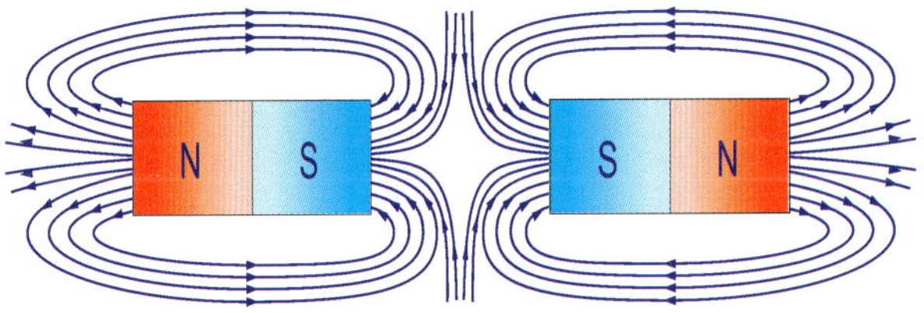

Figura 5.6. *Efecto de repulsión de las líneas de fuerza.*

Si se colocan dos imanes próximos encarando polos diferentes se observa que las líneas de fuerza del campo se atraen.

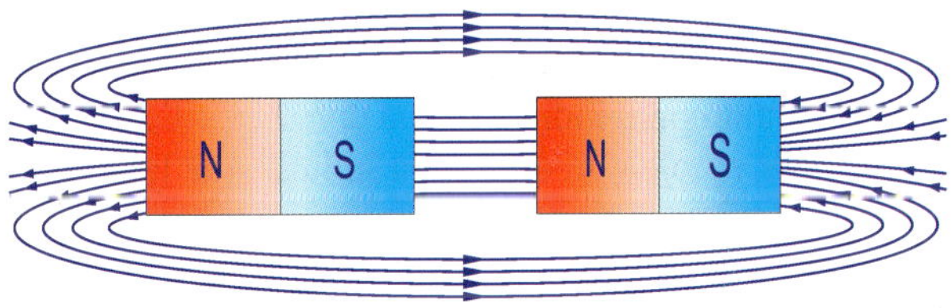

Figura 5.7. *Efecto de atracción de las líneas de fuerza.*

5.2. Electromagnetismo

Los primeros experimentos en los cuales se descubrió que existe una relación entre la corriente eléctrica y los campos magnéticos los llevó a cabo Oersted en 1819 cuando colocó una brújula cerca de un conductor eléctrico. Observó que, al circular una corriente eléctrica por el conductor, la brújula se desviaba, llegando a la conclusión de que las corrientes eléctricas crean campos magnéticos.

5.2.1. Campo magnético creado por un conductor

Cuando un conductor es recorrido por una corriente eléctrica se crea alrededor de este un campo magnético. Las líneas de fuerza concéntricas aparecen a lo largo de todo el conductor.

Para determinar el sentido de las líneas de fuerza se aplica la ley de Maxwell o del sacacorchos, que postula que el sentido de las líneas de fuerza concéntricas al conductor es el que indicaría el giro de un sacacorchos que avanzase en el mismo sentido que la corriente.

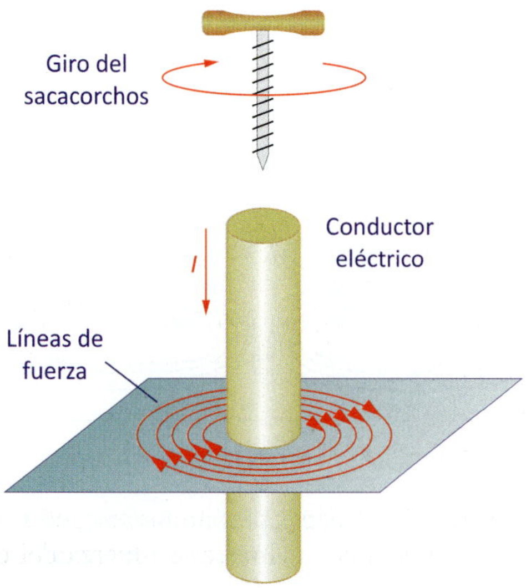

Figura 5.8. *Regla de Maxwell o del sacacorchos.*

Para dibujar el sentido de la corriente en un conductor se emplea un punto para indicar que la corriente sale del plano o dibujo y se emplea un aspa para indicar que la corriente entra en dirección al plano o dibujo.

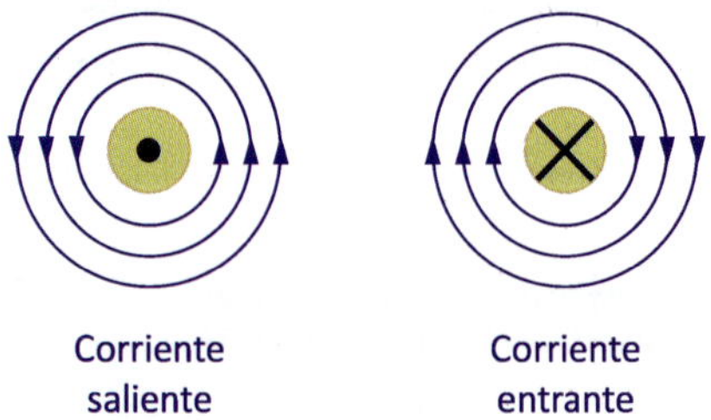

Figura 5.9. *Representación del sentido de la corriente en un plano o dibujo.*

Cuando un conductor se arrolla en forma de bobina, el campo magnético de cada espira se suma a la siguiente espira, de tal manera que se consiguen campos magnéticos más intensos.

5.2.2. Campo magnético creado por una bobina

Un conductor recto produce un campo magnético muy débil y disperso. Para concentrar las líneas de fuerza se dispone el conductor en forma de espira, y si además se dispone de varias espiras, el efecto se suma concentrándose de manera uniforme en el interior de esta.

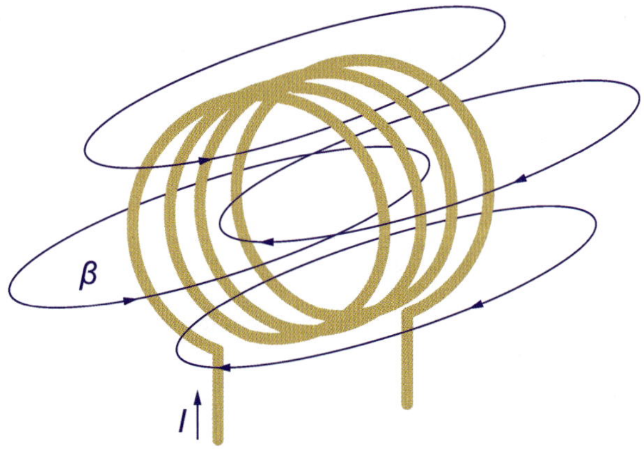

Figura 5.10. *Representación del campo magnético en una bobina.*

5.3. Magnitudes

Para entender el electromagnetismo es necesario comprender antes una serie de magnitudes físicas.

5.3.1. Flujo magnético

La cantidad de líneas de fuerza se denomina flujo magnético. Se representa por la letra Φ y su unidad en el sistema internacional es el **weber** (Wb).

Tabla 5.1. Flujo magnético

Magnitud		Unidad de medida	
Φ	Flujo magnético	Wb	Weber

5.3.2. Inducción magnética

La inducción magnética se define como la cantidad de líneas de fuerza que atraviesan perpendicularmente la unidad de superficie.

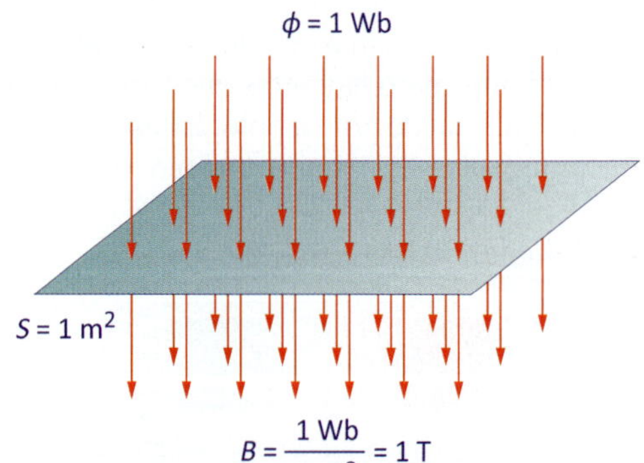

Figura 5.11. *Inducción magnética.*

La inducción magnética se representa por la letra β y su unidad en el sistema internacional es el **tesla** (T).

Tabla 5.2. Flujo magnético

Magnitud		Unidad de medida	
β	Inducción magnética	T	Tesla

La expresión que define el tesla es:

$$\beta = \frac{\Phi}{S}$$

$$1\ \frac{\text{Wb}}{\text{m}^2} = 1\ \text{T}$$

A mayor cantidad de líneas de fuerza por unidad de superficie, mayor inducción magnética.

Actividad resuelta 5.1

¿Cuál es el flujo magnético producido por una bobina que tiene un núcleo cuadrado de 5 cm de lado y una inducción magnética de 2 T?

Solución:

Despejando de la expresión, se obtiene:

$$\Phi = \beta \cdot S$$

La superficie es de:

$$S = l^2 = 5^2 = 25\ \text{cm}^2 = 0{,}0025\ \text{m}^2$$

Sustituyendo:

$$\Phi = \beta \cdot S = 2 \cdot 0{,}0025 = 5\ \text{mWb}$$

5.3.3. Fuerza magnetomotriz

La fuerza magnetomotriz es la capacidad que posee una bobina de generar líneas de fuerza. Se representa por la letra $\mathcal{F}$ y su unidad es el **amperio-vuelta** (Av).

Tabla 5.3. Flujo magnético

Magnitud		Unidad de medida	
$\mathcal{F}$	Fuerza magnetomotriz	Av	Amperio-vuelta

La expresión que define la fuerza magnetomotriz es:

$$\mathcal{F} = N \cdot I$$

Donde:

$\mathcal{F}$: fuerza magnetomotriz (Av).

N: número de espiras.

I: intensidad (A).

Actividad resuelta 5.2

¿Cuál es la fuerza magnetomotriz de una bobina de 300 espiras por la que circula una corriente de 1,8 A? ¿Y si tiene 500 espiras?

Solución:

La fuerza magnetomotriz viene determinada por la expresión:

$$\mathcal{F} = N \cdot I = 300\ \text{espiras} \cdot 1{,}8\ \text{A} = 540\ \text{Av}$$

Si ahora tiene 500 espiras:

$$\mathcal{F} = N \cdot I = 500 \cdot 1{,}8 = 900\ \text{Av}$$

5.3.4. Intensidad de campo magnético

La intensidad de campo magnético relaciona la fuerza magnetomotriz con la longitud (l) de la bobina según la expresión:

$$H = \frac{\mathcal{F}}{l} = \frac{N \cdot I}{l}$$

Donde:

H: intensidad de campo magnético (Av/m).

N: número de espiras.

I: intensidad (A).

l: longitud (m).

Tabla 5.4. Intensidad de campo magnético

Magnitud		Unidad de medida	
H	Intensidad de campo magnético	Av/m	Amperio-vuelta/ metro

Actividad resuelta 5.3

¿Cuál es la intensidad de campo magnético en el interior de una bobina cuya línea media es un rectángulo de 4 cm por 5 cm de lado de 600 espiras circulando una corriente 3,6 A?

Solución:

La intensidad de campo magnético viene determinada por la expresión:

$$H = \frac{N \cdot I}{l}$$

La longitud, teniendo en cuenta que es un rectángulo, nos da la línea media:

$$l = 4 + 5 + 4 + 5 = 18 \text{ cm} = 0{,}18 \text{ m}$$

Sustituyendo valores:

$$H = \frac{N \cdot I}{l} = \frac{600 \cdot 3{,}6}{0{,}18} = 12\,000 \text{ Av/m}$$

5.3.5. Reluctancia

La reluctancia es la resistencia que ofrece un material al establecimiento de las líneas de fuerza. Los materiales ferromagnéticos tienen una baja reluctancia.

Se define por la **ley de Hopkinson** como: $\mathcal{R} = \frac{\mathcal{F}}{\phi}$

Donde:

$\mathcal{R}$: reluctancia (Av/Wb).

$\mathcal{F}$: fuerza magnetomotriz (Av).

Φ: flujo magnético (Wb).

Tabla 5.5. Reluctancia

Magnitud		Unidad de medida	
$\mathcal{R}$	Reluctancia	Av/Wb	Amperio-vuelta/weber

La ley de Hopkinson para circuitos magnéticos es análoga a la ley de Ohm para circuitos eléctricos.

Tabla 5.6. Comparativa de magnitudes eléctricas con magnéticas

Magnitudes eléctricas	Magnitudes magnéticas
Resistencia: R (Ω)	Reluctancia: $\mathcal{R}$ (Av/Wb)
Intensidad: I (A)	Flujo: Φ (Wb)
f. e. m.: E (V)	f. m. m.: $\mathcal{F}$ (Av)
Ley de Ohm: $I = \frac{E}{R}$	Ley de Hopkinson: $\phi = \frac{\mathcal{F}}{\mathcal{R}}$

Actividad resuelta 5.4

¿Cuál es la reluctancia del núcleo de una bobina de 750 espiras por la que circula una corriente de 2,4 A creando un flujo magnético de 4 mWb?

Solución:

La reluctancia viene determinada por la expresión:

$$\mathcal{R} = \frac{\mathcal{F}}{\phi}$$

Primero se calcula la fuerza magnetomotriz:

$$\mathcal{F} = N \cdot I = 750 \cdot 2{,}4 = 1800 \text{ Av}$$

Sustituyendo:

$$\mathcal{R} = \frac{\mathcal{F}}{\phi} = \frac{1800}{4 \cdot 10^{-3}} = 450\,000 \text{ Av/Wb}$$

5.4. Magnetización

Cuando un material ferromagnético se somete a la acción de un campo magnético cuya intensidad de campo magnético (H) es creciente, la inducción magnética (β) también aumenta, pero no lo hace de manera constante.

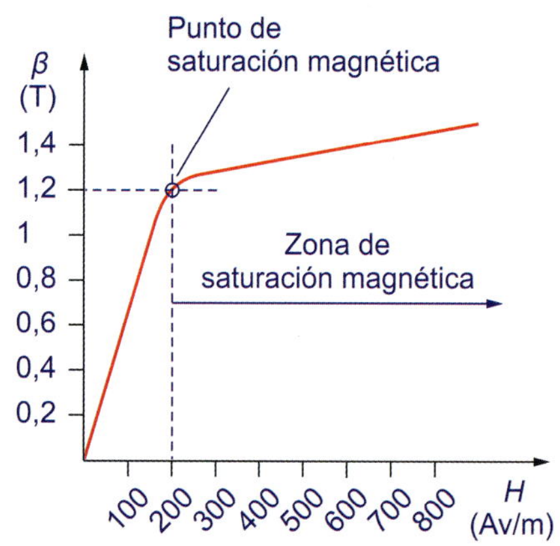

Figura 5.12. *Curva de magnetización con zona y punto de saturación magnética.*

En la curva de magnetización para un material, como por ejemplo la representada en la Figura 5.12, se observa que crece de manera proporcional hasta que llega un punto (**punto de saturación**) en el cual, aunque se aumente la intensidad del campo magnético (H), la inducción magnética crece ahora de una manera más lenta. La saturación magnética ocurre cuando prácticamente la totalidad de los dipolos magnéticos ya se han orientado y al seguir aumentando la intensidad de campo magnético apenas se aprecia un aumento de la inducción.

5.5. Ciclo de histéresis magnética

Cuando un material ferromagnético se somete a un campo magnético alterno, la inducción magnética (β) varía en función de la intensidad de campo magnético (H) describiendo una trayectoria que es diferente según el sentido de esta intensidad de campo.

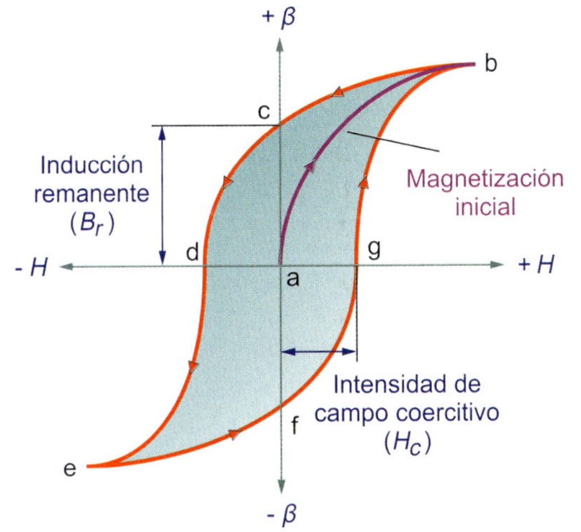

Figura 5.13. *Curva de histéresis magnética.*

Partiendo de un material que nunca se ha sometido a un campo magnético (punto a) se le somete a un campo magnético cuya intensidad aumenta describiendo una curva (a-b) hasta que se alcanza el punto de saturación magnética (punto b).

Posteriormente se reduce la intensidad de campo magnético hasta anularla (punto c). Se observa que el material mantiene cierto nivel de inducción a pesar de que la intensidad de campo magnético es nula. A este efecto se le denomina **magnetismo remanente** (B_r).

Se invierte el sentido de la intensidad de campo magnético hasta que la inducción se hace nula (punto d) y por tanto eliminando el magnetismo remanente.

A la intensidad de campo magnético necesario para eliminar el magnetismo remanente se le denomina **campo coercitivo** (H_c).

Si se sigue aumentando la intensidad de campo magnético en este sentido negativo se alcanza el punto de saturación magnética (punto e).

A partir de aquí se invierte la intensidad de campo (siendo de valor positivo) y se aumenta hasta que la inducción se anula (punto f).

Si se sigue aumentando se alcanza el punto (g) donde es necesario una intensidad de campo para el cual la inducción en nula.

A partir de aquí se repite el ciclo, observando que en ningún momento vuelve a pasar por el punto a.

Este ciclo de histéresis provoca unas **pérdidas de rendimiento** que se manifiestan en un calentamiento. Este calentamiento es debido al esfuerzo de invertir el campo magnético en los dipolos magnéticos, siendo mayor cuanto mayor sea la oposición o resistencia al cambio en las moléculas.

Para la fabricación de imanes permanentes interesa emplear materiales cuyo campo coercitivo sea lo más amplio posible. Son los denominados materiales **ferromagnéticos duros.**

Para la fabricación de máquinas eléctricas (transformadores, motores y generadores) interesa que el campo coercitivo sea lo más estrecho posible. Son los denominados materiales **ferromagnéticos blandos,** como es la ferrita y las aleaciones de hierro.

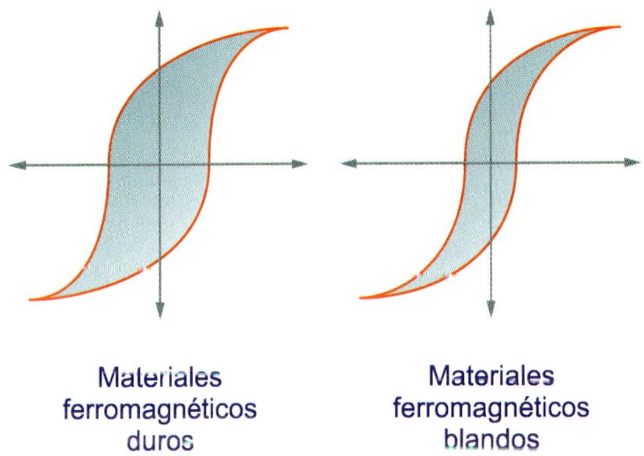

Figura 5.14. *Curva de histéresis magnética según el tipo de material ferromagnético.*

Sabías que...

La última generación de materiales magnéticos la representan los imanes de neodimio, los cuales poseen unas propiedades magnéticas muy superiores a los tradicionales. Poseen una alta coercitividad y elevada remanencia. Son los de mayor campo y además son baratos de producir. Gracias a estas cualidades permiten la fabricación de diversos dispositivos reduciendo sus dimensiones (motores, altavoces, microondas, etcétera).

5.6. Permeabilidad magnética

Cuando en el interior del núcleo de una bobina se introduce un material ferromagnético se observa que aumentan las líneas de fuerza del campo magnético:

$$\beta = \mu \cdot H$$

Este factor multiplicador se denomina permeabilidad y relaciona la inducción magnética con la intensidad de campo.

La inducción magnética después de introducir este material vendrá determinada por la expresión:

$$\beta = \mu_r \cdot \beta_0$$

Donde:

β: inducción magnética con núcleo ferromagnético.

β_0: inducción magnética con núcleo de aire.

μ_r: permeabilidad relativa.

La **permeabilidad relativa** indica la mejora del campo magnético con núcleo ferromagnético respecto al mismo con núcleo de aire. Se puede expresar como:

$$\mu_r = \frac{\mu}{\mu_0}$$

Donde:

μ: permeabilidad absoluta (H/m, henrios/metros).

μ_r: permeabilidad relativa.

μ_0: permeabilidad del aire o en vacío,

$\mu_0 = 4 \cdot \pi \cdot 10^{-7}$ H/m

Cada material ferromagnético tiene su coeficiente de permeabilidad. Cuanto mayor sea este, mejor será su comportamiento magnético.

Tabla 5.7. Relación β y H de varios materiales

β (T)	*H* (Av/m)		
	Hierro forjado	Chapa normal	Chapa al silicio
0,1	80	50	90
0,3	120	65	140
0,5	160	100	170
0,7	230	180	240
0.9	400	360	350
1,1	650	675	530
1,3	1000	1200	1300
1,5	2400	2200	5000
1,6	6300	3500	9000
1,7	7000	6000	15 500
1,8	11 000	10 000	27 500
1,9	17 000	16 000	—
2	27 000	32 000	—

Actividad resuelta 5.5

Calcula la permeabilidad absoluta y relativa para una bobina con núcleo que desarrolla un flujo magnético de 8 mWb si posee 900 espiras con una superficie de núcleo de 40 cm² y una longitud media de núcleo de 30 cm y circulando una corriente de 10 A.

Solución:

La inducción magnética es de:

$$\beta = \frac{\Phi}{S} = \frac{8 \cdot 10^{-3}}{40 \cdot 10^{-4}} = 2 \text{ T}$$

La intensidad de campo es de:

$$H = \frac{N \cdot I}{l} = \frac{900 \cdot 10}{30 \cdot 10^{-2}} = 30\,000 \text{ Av/m}$$

La permeabilidad absoluta es de:

$$\mu = \frac{\beta}{H} = \frac{2}{30\,000} = 6{,}6 \cdot 10^{-5} \text{ H/m}$$

La permeabilidad relativa es de:

$$\mu_r = \frac{\mu}{\mu_0} = \frac{6{,}6 \cdot 10^{-5}}{4 \cdot \pi \cdot 10^{-7}} = 53$$

Si el núcleo hubiese sido al aire, el sistema hubiese sido 53 veces más débil.

5.7. Coeficiente de autoinducción

La autoinducción o **inductancia** es la propiedad que poseen las bobinas de oponerse a los cambios de la corriente que circula por ellas. Como magnitud se denomina coeficiente de autoinducción, se representa por la letra *L* y su unidad es el henrio (H).

Tabla 5.8. Coeficiente de autoinducción

Magnitud		Unidad de medida	
L	Coeficiente de autoinducción	H	Henrio

El coeficiente de autoinducción relaciona la intensidad que circula por la bobina con el flujo generado, que para una bobina de *N* espiras es de:

$$L = N \cdot \frac{\Phi}{I}$$

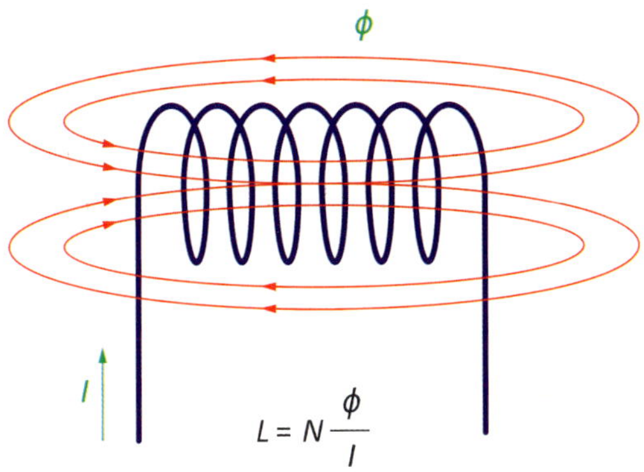

Figura 5.15. Coeficiente de autoinducción.

Donde:

L: coeficiente de autoinducción (H, henrios).

Φ: flujo magnético (Wb, weber).

I: intensidad (A, amperios).

N: número de espiras.

Teniendo en cuenta que el flujo se puede expresar como:

$$\Phi = \mu_0 \cdot \frac{N \cdot I}{l} \cdot S$$

Igualando:

$$\Phi = \mu_0 \cdot \frac{N \cdot I}{l} \cdot S = \frac{L \cdot I}{N}$$

Y despejando L:

$$L = \mu_0 \frac{N^2 \cdot S}{l}$$

Donde:

L: coeficiente de autoinducción (H, henrios).

μ_0: permeabilidad en vacío ($\mu_0 = 4 \cdot \pi \cdot 10^{-7}$ H/m, henrios/metros).

N: número de espiras.

S: sección de la bobina (m^2).

l: Longitud de la bobina (m).

Esta expresión tiene en cuenta las características físicas de la bobina.

5.7.1. Bobina con núcleo

Cuando el núcleo es diferente al aire y es de un material ferromagnético, como pueden ser las chapas de hierro, estos concentran las líneas de fuerza aumentando el flujo magnético y por tanto el coeficiente de autoinducción.

Si el flujo viene definido por la expresión:

$$\Phi = \beta \cdot S$$

Y:

$$\beta = \mu \cdot H = \mu \frac{N \cdot I}{l}$$

$$\mu = \mu_0 \cdot \mu_r$$

Sustituyendo se obtiene que el coeficiente de autoinducción, teniendo en cuenta el núcleo diferente al aire, es de:

$$L = \mu_0 \cdot \mu_r \cdot \frac{N^2 \cdot S}{l}$$

5.7.2. Energía almacenada en una bobina

La energía que almacena la bobina considerada ideal (con resistencia eléctrica nula) viene definida por la expresión:

$$E = \frac{1}{2} L \cdot I^2$$

Donde:

E: energía (J, julios).

L: coeficiente de autoinducción (H, henrios).

I: corriente (A, amperios).

5.8. Cálculo de circuitos magnéticos

Un circuito magnético es aquel camino cerrado generalmente de material ferromagnético por el cual actúa una fuerza magnetomotriz.

Su cálculo es complejo porque si se presentan entrehierros entonces aparecen dispersiones de flujo, los circuitos son de formas geométricas generalmente complejas y, por otro lado, la reluctancia no es constante sino que varía entre límites.

Cuando se diseña un circuito magnético se tiene en cuenta una serie de consideraciones:

- Reducir el entrehierro al mínimo.
- Evitar la saturación del material.
- Reducir todo lo posible la dispersión del flujo magnético, adoptando formas geométricas favorables.

Se resuelve de manera análoga a la resolución de circuitos eléctricos, pero aplicando magnitudes magnéticas.

Los circuitos magnéticos pueden ser:

- Circuito magnético serie.
- Circuito magnético paralelo.

En un **circuito magnético serie** la reluctancia total es la suma de las reluctancias:

$$\mathcal{R}_{Total} = \mathcal{R}_1 + \mathcal{R}_2 + \cdots + \mathcal{R}_N$$

La reluctancia se puede expresar en función de sus características físicas. Partiendo de la expresión:

$$\mathcal{R} = \frac{\mathcal{F}}{\phi}$$

Y teniendo en cuenta las siguientes relaciones:

$$\Phi = \beta \cdot S \qquad \beta = \mu \cdot H \qquad H = \frac{F}{l}$$

Se sustituye, obteniendo:

$$R = \frac{\mathcal{F}}{\phi} = \frac{\mathcal{F}}{\beta \cdot S} = \frac{\mathcal{F}}{\mu \cdot H \cdot S} = \frac{\mathcal{F}}{\mu \cdot \frac{\mathcal{F}}{l} \cdot S} = \frac{l}{\mu \cdot S}$$

En un circuito magnético paralelo, la inversa de la reluctancia total es la suma inversa de las reluctancias de la asociación, de manera similar a las resistencias en paralelo, así se tiene que:

$$\frac{1}{\mathcal{R}_{Total}} = \frac{1}{\mathcal{R}_1} + \frac{1}{\mathcal{R}_2} + \cdots + \frac{1}{\mathcal{R}_N}$$

Actividad resuelta 5.6

Calcula la reluctancia total del circuito magnético de la figura, así como la fuerza magnetomotriz necesaria para obtener una f. m. m. en el entrehierro de 1,2 T.

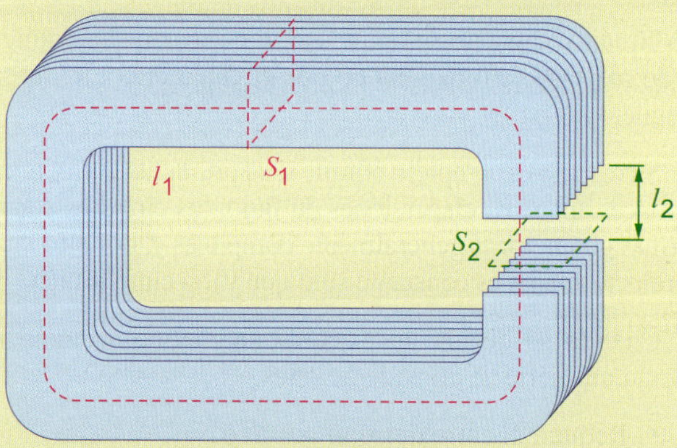

Figura 5.16. *Ejercicio de circuito magnético.*

Los datos referentes a su geometría son los siguientes: l_1 = 80 cm con una sección de S_1 = 40 cm². Entrehierro, l_2 = 0,3 cm y S_2 = 40 cm². La permeabilidad relativa es de 4000. Considera una dispersión del flujo magnético en el entrehierro del 15 %.

Solución:

La reluctancia del circuito serie es de:

$$\mathcal{R}_{Total} = \mathcal{R}_{Chapa} + \mathcal{R}_{Entrehierro}$$

$$\mathcal{R}_{Chapa} = \frac{l_1}{\mu_1 \cdot S_1} = \frac{l_1}{\mu_r \cdot \mu_o \cdot S_1} =$$

$$= \frac{80 \cdot 10^{-2}}{4000 \cdot 4 \cdot \pi \cdot 10^{-7} \cdot 40 \cdot 10^{-4}} = 39\,789 \text{ Av/Wb}$$

$$\mathcal{R}_{Entrehierro} = \frac{l_2}{\mu_2 \cdot S_2} = \frac{l_2}{\mu_o \cdot S_2} =$$

$$= \frac{0{,}3 \cdot 10^{-2}}{4 \cdot \pi \cdot 10^{-7} \cdot 40 \cdot 10^{-4}} = 596\,831 \text{ Av/Wb}$$

$$\mathcal{R}_{Total} = \mathcal{R}_{Chapa} + \mathcal{R}_{Entrehierro} = 636\,620 \text{ Av/Wb}$$

Para obtener la fuerza magnetomotriz se parte de:

$$\mathcal{R} = \frac{\mathcal{F}}{\phi} \quad \rightarrow \quad \mathcal{F} = \phi \cdot \mathcal{R}$$

Se calcula el flujo en el entrehierro:

$$\Phi = \beta \cdot S = 1{,}2 \cdot 40 \cdot 10^{-4} = 4{,}8 \cdot 10^{-3} \text{ Wb}$$

Considerando la dispersión del 15 % se debe dividir entre 0,85 que corresponde a 100 % – 15 %:

$$\phi = \frac{\phi}{0{,}85} = \frac{4{,}8 \cdot 10^{-3}}{0{,}85} = 5{,}65 \cdot 10^{-3} \text{ Wb}$$

Sustituyendo:

$$\mathcal{F} = \phi \cdot \mathcal{R} = 5{,}65 \cdot 10^{-3} \cdot 636\,620 = 3595 \text{ Av}$$

5.9. Electroimán

Un electroimán es un elemento compuesto por un arrollamiento sobre un núcleo de material ferromagnético. Cuando circula una corriente eléctrica, se imanta. Al cesar la corriente eléctrica, se desimanta.

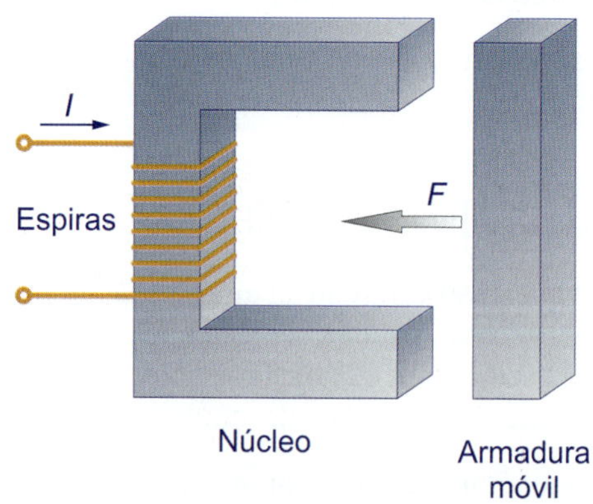

Figura 5.17. *Electroimán.*

Al imantarse, se comporta como un imán y atrae a la parte móvil o armadura. Al desimantarse, un muelle o resorte separa a la armadura colocándola en su posición inicial o de reposo. La fuerza de atracción viene determinada por la expresión:

$$F = 40\,000 \cdot \beta^2 \cdot S$$

Donde:

F: fuerza de atracción (kp, kilopondios).

β: inducción magnética.

S: superficie de contacto entre el núcleo y la armadura móvil.

Recuerda

Si es necesario expresar la fuerza en newton, la conversión es:

$$1 \text{ kp} = 9{,}8 \text{ N}$$

Actividad resuelta 5.7

Determina la fuerza de atracción que se ejerce sobre la armadura si la inducción del núcleo es de 0,9 T. ¿Cuál es la corriente necesaria si la bobina cuenta con 1200 espiras y el núcleo es de chapa normal?

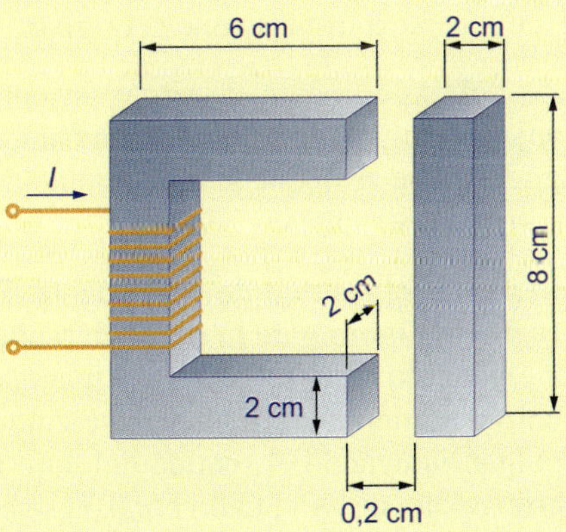

Figura 5.18. *Electroimán.*

Solución:

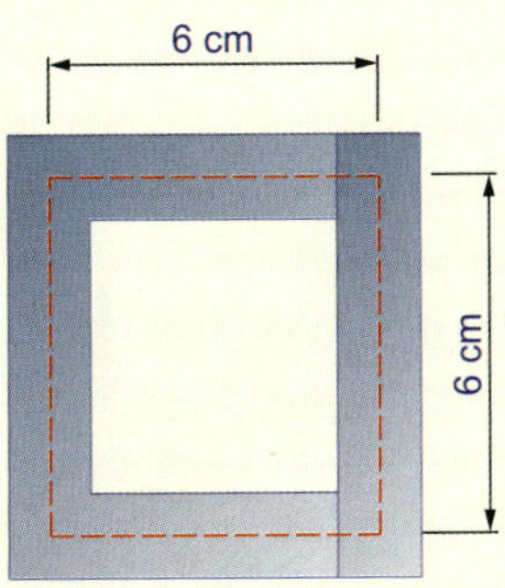

Figura 5.19. *Línea media del campo magnético.*

La superficie de atracción, teniendo en cuenta que son dos polos y de forma cuadrada de 2 cm de lado, es de:

$$S = 2 \text{ polos} \cdot 2 \text{ cm} \cdot 2 \text{ cm} = 8 \text{ cm}^2 = 8 \cdot 10^{-4} \text{ m}^2$$

La fuerza de atracción será de:

$$F = 40\,000 \cdot \beta^2 \cdot S$$

$$F = 40\,000 \cdot 0{,}9^2 \cdot 8 \cdot 10^{-4} = 26 \text{ kp}$$

Para determinar la corriente partimos de:

$$\mathcal{F} = N \cdot I \quad \rightarrow \quad I = \frac{\mathcal{F}}{N}$$

Para determinar la fuerza magnetomotriz hay que tener en cuenta la chapa y el entrehierro (espacio entre el núcleo y la armadura):

$$\mathcal{F} = \mathcal{F}_{Chapa} + \mathcal{F}_{Entrehierro}$$

Si:

$$\mathcal{F} = H \cdot l$$

Para el núcleo, teniendo en cuenta que es de chapa normal y la inducción es de 0,9 T, se consulta la Tabla 5.7, donde nos da una intensidad de campo de 360 Av/m, y la longitud del núcleo es de:

$$l_{Núcleo} = 6 + 6 + 6 + 6 = 24 \text{ cm} = 0{,}24 \text{ m}$$

$$\mathcal{F}_{Chapa} = H \cdot l = 360 \cdot 0{,}24 = 86{,}4 \text{ Av}$$

Para el entrehierro, como es aire:

$$H = \frac{\beta}{\mu_0} = \frac{0{,}9}{4 \cdot \pi \cdot 10^{-7}} = 716\,200 \text{ Av/m}$$

$$l_{Entrehierro} = 0{,}2 + 0{,}2 = 0{,}4 \text{ cm} = 4 \cdot 10^{-3} \text{ m}$$

$$\mathcal{F}_{Entrehierro} = H \cdot l = 716\,200 \cdot 4 \cdot 10^{-3} = 2864{,}8 \text{ Av}$$

Por tanto:

$$\mathcal{F} = \mathcal{F}_{Chapa} + \mathcal{F}_{Entrehierro} = 86{,}4 + 2864{,}8 = 2951 \text{ Av}$$

$$I = \frac{\mathcal{F}}{N} = \frac{2951}{1200} = 2{,}46 \text{ A}$$

Recuerda

La fuerza magnetomotriz (f. m. m.) relaciona las magnitudes de la corriente y el número de espiras, siendo ambas directamente proporcionales. Para obtener una misma fuerza magnetomotriz si se aumenta el número de espiras la corriente disminuye.

$$F = N \cdot I$$

5.10. Inducción electromagnética

La inducción electromagnética es la generación de electricidad por la acción de un campo magnético variable. Estos son los principios en los cuales se basa la generación de corriente eléctrica:

5.10.1. Ley de Faraday

La ley de Faraday dice que si se varía el flujo magnético que atraviesa la sección de un conductor se produce una tensión en los bornes de este:

$$E_{inducida} = -\frac{\Delta\Phi}{\Delta t}$$

Si se emplea una bobina con N espiras, se tiene que:

$$E_{inducida} = -N\frac{\Delta\Phi}{\Delta t}$$

Indicando que la f. e. m. inducida viene determinada por la variación del flujo magnético respecto al tiempo y multiplicado por el número de espiras (N). El signo negativo se debe a la ley de Lenz.

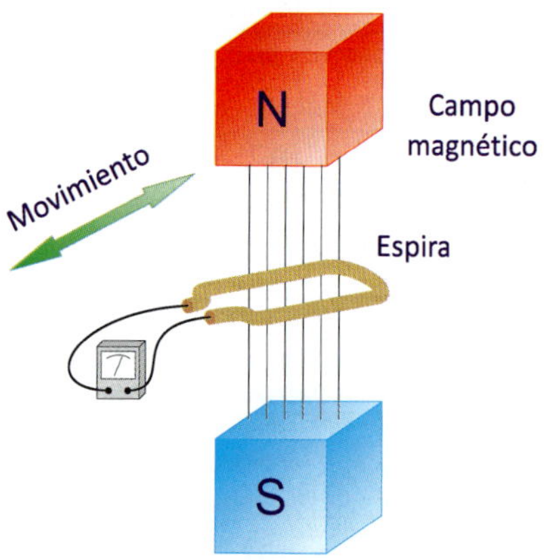

Figura 5.20. *Experimento de Faraday.*

Se demuestra que si en un campo magnético se coloca un conductor y se le somete a un movimiento de tal manera que corte perpendicularmente a las líneas de fuerza, se induce una corriente eléctrica que es detectada por el aparato de medida.

El valor de la f. e. m. inducida del conductor que se mueve dentro de este campo magnético se puede expresar como:

$$E_{inducida} = \beta \cdot l \cdot v$$

Donde:

β: inducción magnética (T, teslas).
l: longitud (m, metros).
v: velocidad (m/s, metros/segundos).

Actividad resuelta 5.8

Calcula la fuerza electromotriz inducida en un conductor que se desplaza a 2 m/s perpendicularmente a un campo magnético con una inducción de 1 T que tiene una longitud dentro del campo de 25 cm.

Solución:

El valor de la f. e. m. inducida en el conductor es de:

$$E_{inducida} = \beta \cdot l \cdot v$$

$$E_{inducida} = 1 \cdot 0{,}25 \cdot 2 = 0{,}5 \text{ V}$$

5.10.2. Ley de Lenz

La ley de Lenz se basa en el principio de acción-reacción, e indica que el sentido de la corriente eléctrica inducida es tal que tiende a oponerse a la causa que la originó.

Partiendo del experimento de situar un conductor en un campo magnético y realizar un movimiento, se crea un campo magnético que se opone al movimiento del conductor ejerciendo una resistencia.

Para determinar el sentido de la corriente inducida se emplea la **regla de Fleming de la mano derecha.** Se coloca el pulgar en ángulo recto respecto a la mano, que indica el movimiento del conductor. El índice se coloca perpendicular al pulgar, indicando el sentido del flujo magnético (de polo norte a polo sur) y el dedo corazón se coloca perpendicular al pulgar y al índice, indicando el sentido de la corriente (sentido convencional).

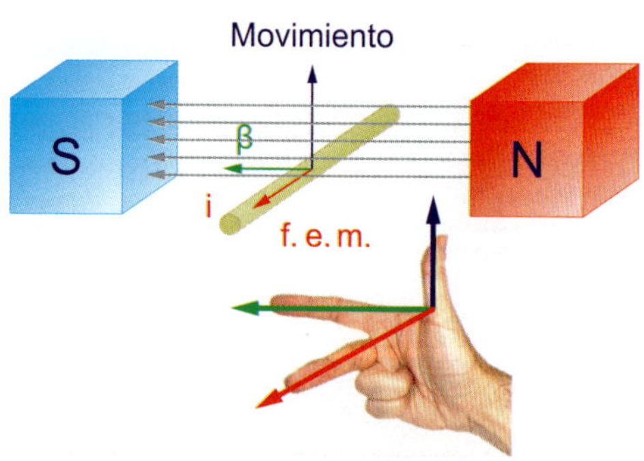

Figura 5.21. *Regla de la mano derecha.*

La regla de la mano derecha se emplea en los generadores donde es el conductor el que se mueve dentro del campo magnético.

5.11. Fuerza sobre un conductor

Si en el interior de un campo magnético se sitúa un conductor eléctrico por el cual circula una corriente aparece una fuerza que tiende a desplazarlo.

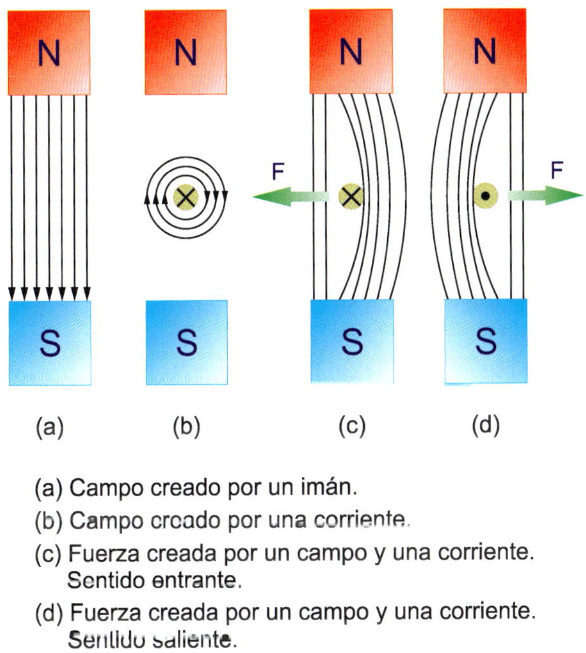

Figura 5.22. *Fuerza en un conductor dentro de un campo magnético cuando es recorrido por una corriente.*

Para determinar el sentido de la fuerza se aplica **la regla de Fleming de la mano izquierda.** Se sigue la misma mecánica que con la aplicación de la mano derecha. Se aplica en motores para determinar el movimiento generado al aplicar una corriente.

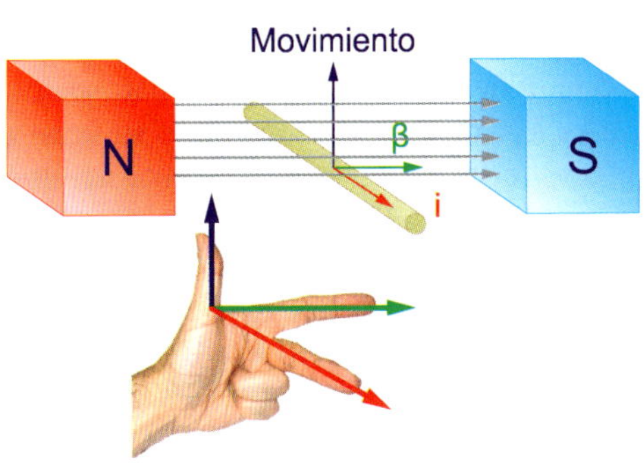

Figura 5.23. *Regla de la mano izquierda.*

El valor de esta fuerza, denominada **fuerza de Laplace,** viene determinada por la expresión:

$$F = \beta \cdot l \cdot I$$

Donde:

F: fuerza (N, newtons).

β: inducción (T, teslas).

l: longitud del conductor (m, metros).

I: intensidad (A, amperios).

La aplicación práctica de la teoría de la fuerza generada por un conductor por el cual circula una corriente y situado dentro de un campo magnético es la base de funcionamiento de los motores eléctricos.

Actividad resuelta 5.9

Calcula la fuerza que el campo magnético ejerce sobre un conductor de 25 cm de longitud que es recorrido por una corriente de 20 A. El conductor está situado dentro del campo magnético y perpendicularmente. La inducción del campo magnético es de 0,8 T.

Solución:

Aplicando la expresión de la fuerza de Laplace:

$$F = \beta \cdot l \cdot I$$

$$F = 0{,}8 \cdot 25 \cdot 10^{-2} \cdot 20 = 4 \text{ N}$$

5.12. Corrientes parásitas de Foucault

Las corrientes de Foucault son corrientes que se producen en el interior del núcleo conductor cuando es sometido a un campo magnético variable. Estas corrientes circulan por el interior generando un calentamiento y son pérdidas de rendimiento para la máquina eléctrica.

Con objeto de minimizar estas **pérdidas,** limitando las corrientes por el conductor, se recurre a construir bobinas en forma de chapa aisladas entre sí.

Estas chapas se aíslan mediante un barniz y se fabrican aleándolas con silicio para aumentar la resistividad; de esta manera se consiguen buenos núcleos magnéticos con unas corrientes parásitas reducidas.

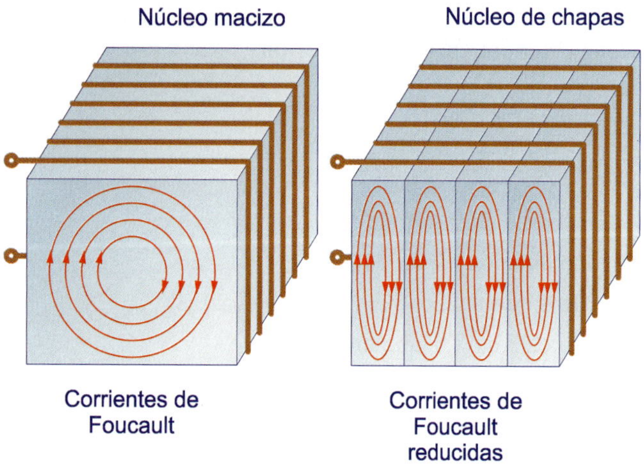

Figura 5.24. *Reducción de corrientes parásitas de Foucault.*

Otra solución para reducir las corrientes parásitas de Foucault consiste en emplear materiales para el núcleo que sean malos conductores.

Sabías que...

Existen aplicaciones donde se aprovechan las corrientes de Foucault, por ejemplo en los hornos y cocinas de inducción, en los cuales se aprovecha el calentamiento producido por estas corrientes.

5.13. Transformador eléctrico

El transformador es una máquina eléctrica que se basa en el fenómeno de la inducción electromagnética.

Una bobina con núcleo ferromagnético (primaria) es recorrida por una corriente variable, que da lugar a un campo magnético variable. En su proximidad se coloca otra bobina (secundaria), la cual por efecto del campo magnético variable de la primaria induce una f. e. m. en el conductor de la bobina secundaria.

El valor eficaz de la fuerza electromotriz viene determinado por la expresión:

$$E = 4{,}44 \cdot \Phi \cdot f \cdot N$$

Donde:

E: fuerza electromotriz (V, voltios).

Φ: flujo máximo (Wb, weber).

f: frecuencia (Hz, hercios).

N: número de espiras.

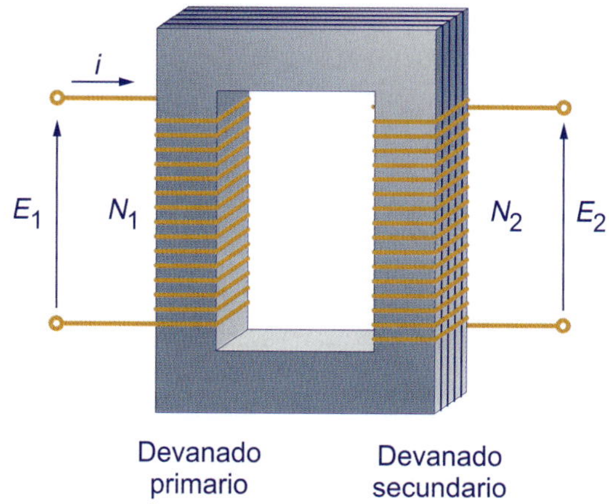

Figura 5.25. *Transformador monofásico.*

Así, para el primario y el secundario se tiene que:

$$E_1 = 4{,}44 \cdot \Phi \cdot f \cdot N_1$$

$$E_2 = 4{,}44 \cdot \Phi \cdot f \cdot N_2$$

La tensión obtenida en el secundario depende de la tensión del primario, así como del número de espiras de ambas bobinas, según la **relación de transformación** (m).

$$m = \frac{E_1}{E_2} = \frac{N_1}{N_2} = \frac{I_2}{I_1}$$

Donde:

m: relación de transformación.

E_1: fuerza electromotriz del primario (V, voltios).

E_2: fuerza electromotriz del secundario (V, voltios).

N_1: número de espiras del primario.

N_2: número de espiras del secundario.

I_1: corriente en el primario.

I_2: corriente en el secundario.

Si el número de espiras del primario es igual a las del secundario, la relación de transformación es 1. Si el número de espiras del primario es mayor que la del secundario, se tiene un transformador reductor y la tensión del secundario es menor que la del primario. Si el número de espiras del secundario es mayor que en el primario se tiene un transformador elevador y la tensión del secundario es mayor que la del primario.

5.13.1. Ensayo en vacío del transformador

El ensayo en vacío consiste en hacer funcionar el transformador dejando a circuito abierto el devanado secundario y aplicando la tensión nominal al primario.

Para realizar este ensayo se emplean los siguientes aparatos de medida:

- Primario: voltímetro, amperímetro, vatímetro.
- Secundario: voltímetro.

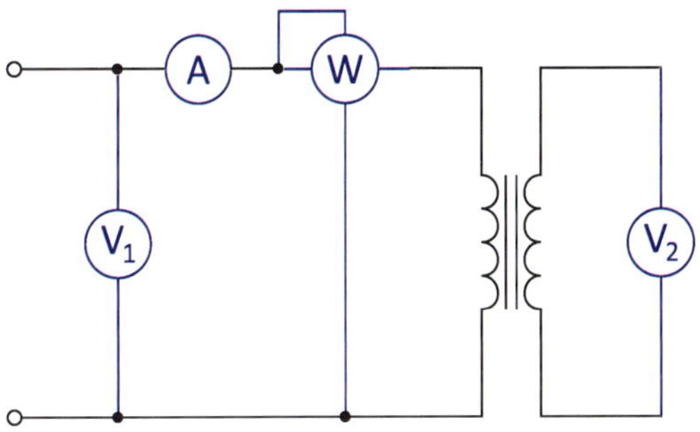

Figura 5.26. *Esquema del ensayo en vacío del transformador.*

Los objetivos de este ensayo son obtener las siguientes características del transformador:

- La relación de transformación (m).
- La corriente en vacío (I_0).
- Las pérdidas en el hierro (P_{FE}).

Mediante los dos voltímetros se obtiene la relación de transformación:

$$m = \frac{E_1}{E_2}$$

Mediante el amperímetro se obtiene la corriente en vacío.

Mediante el vatímetro se obtienen las pérdidas en el hierro. La potencia en vacío (P_0) es de:

$$P_0 = U_1 \cdot I_0 \cdot \cos \varphi_0$$

Esta potencia corresponde a la suma de la potencia por efecto Joule más la potencia debida a la corriente de Foucault. Como está a circuito abierto, la corriente por efecto Joule es muy pequeña (depende de I_0) y es prácticamente despreciable, así que las pérdidas en el hierro:

$$P_{FE} \approx P_0$$

Actividad resuelta 5.10

Un transformador monofásico se somete a un ensayo en vacío, dando las siguientes lecturas en los aparatos de medición:

- Voltímetro en el primario: 230 V.
- Voltímetro en el secundario: 40 V.
- Amperímetro en el primario: 300 mA.
- Vatímetro en el primario: 15 W.

Determina la relación de transformación, las pérdidas en el hierro y la corriente de vacío.

Solución:

La relación de transformación es:

$$m = \frac{E_1}{E_2} = \frac{230}{40} = 5{,}75$$

Las pérdidas en el hierro corresponden a la lectura del vatímetro conectado en el primario:

$$P_{FE} = \text{Lectura vatímetro} = 15 \text{ W}$$

La corriente de vacío corresponde a la lectura del amperímetro conectado en el secundario:

$$I_O = \text{Lectura amperímetro} = 0{,}3 \text{ A}$$

5.13.2. Ensayo en cortocircuito del transformador

El ensayo en cortocircuito consiste en hacer funcionar el transformador cortocircuitando el devanado secundario, aplicando una tensión en el primario hasta obtener la intensidad nominal.

Para realizar este ensayo se emplean los siguientes aparatos de medida:

- Primario: voltímetro, amperímetro, vatímetro.
- Secundario: amperímetro.

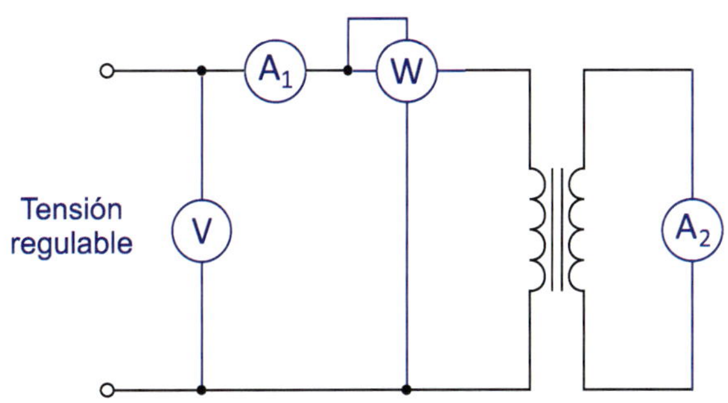

Figura 5.27. *Esquema del ensayo en cortocircuito del transformador.*

Los objetivos de este ensayo son obtener varios parámetros, siendo uno de ellos la determinación de las pérdidas en el cobre.

Se inicia el ensayo regulando la tensión del devanado primario. Se parte desde una tensión de cero voltios y se va aumentando lentamente hasta que en el amperímetro del primario (A_1) marque la intensidad nominal del transformador. Se toma la lectura de la corriente en el devanado secundario (A_2)

Como se trabaja con tensiones muy bajas respecto a la nominal del transformador, las pérdidas en el hierro son muy reducidas y se pueden considerar como despreciables. Con esta consideración, las pérdidas en el cobre son las obtenidas por la lectura del vatímetro:

$$P_{CU} \approx \text{Lectura del vatímetro} = R_1 \cdot I_1^2 + R_2 \cdot I_2^2$$

Estas pérdidas corresponden al efecto de calentamiento de los devanados primario y secundario.

5.13.3. Rendimiento del transformador

Partiendo de la expresión del rendimiento de las máquinas eléctricas se tiene que:

$$\eta = \frac{\textit{Potencia útil}}{\textit{Potencia total}} = \frac{\textit{Potencia útil}}{\textit{Potencia útil} + \textit{Pérdidas}}$$

La potencia total es la que el transformador absorbe en el primario de la red eléctrica. Parte de esta potencia se aprovecha para realizar un trabajo útil y parte se destina a las pérdidas.

Como:

$\textit{Potencia útil}$: $P_2 = U_2 \cdot I_2 \cdot \cos\varphi_2$
$\textit{Pérdidas} = P_{FE} + P_{CU}$

Sustituyendo se tiene:

$$\eta = \frac{U_2 \cdot I_2 \cdot \cos\varphi_2}{U_2 \cdot I_2 \cdot \cos\varphi_2 + P_{FE} + P_{CU}}$$

Expresado en forma de potencias:

$$\eta = \frac{P_2}{P_2 + P_{FE} + P_{CU}}$$

Las pérdidas en el hierro (P_{FE}) son prácticamente constantes y por tanto no dependen de la carga conectada al transformador. Las pérdidas en el cobre (P_{CU}) dependen de la carga ya que son debidas por el efecto Joule. Estas pérdidas dependen del cuadrado de la corriente o, dicho de otra manera, dependen del cuadrado de la carga.

Si se incorporara un parámetro denominado índice de carga (k) siendo el cociente de la corriente absorbida por el secundario (I_2) y la corriente nominal del secundario (I_{2N}):

$$k = \frac{I_2}{I_{2N}}$$

Y se considera la situación en plena carga:

P_{2N}: potencia nominal en el secundario.

P_0: pérdidas en el hierro (ensayo de vacío).

P_{cc}: pérdidas en el cobre a plena carga (ensayo de cortocircuito).

Se tiene que:

$$\eta = \frac{k \cdot P_{2N}}{k \cdot P_{2N} + P_0 + k^2 \cdot P_{cc}}$$

Este rendimiento será máximo cuando las pérdidas en el cobre y en el hierro sean iguales.

En este caso:

$$k = \sqrt{\frac{P_0}{P_{cc}}}$$

Además, cuanto mayor sea el factor de potencia de la carga mayor será el rendimiento del transformador.

MAPA CONCEPTUAL

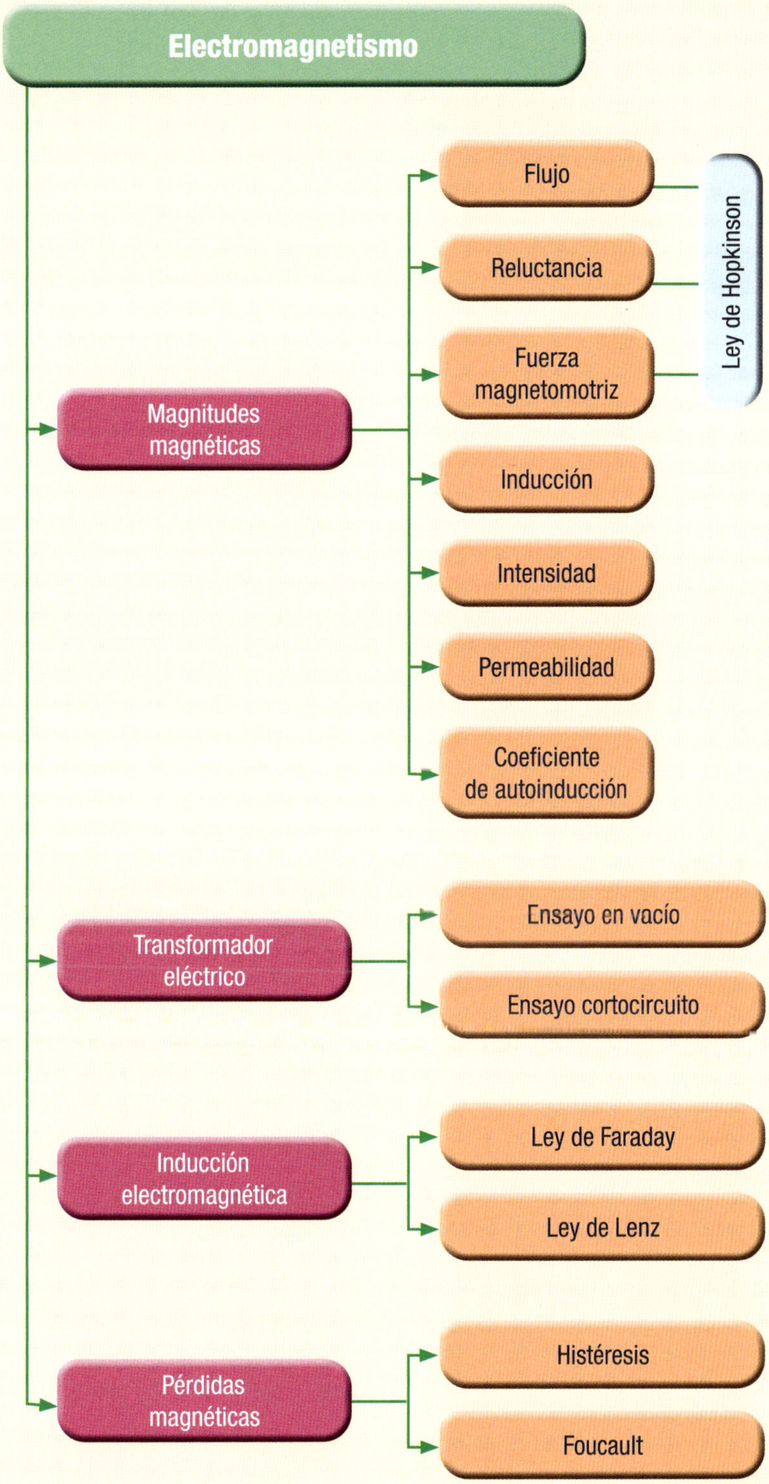

Actividades de comprobación

5.1. El punto de saturación magnética es aquel que:

a) Limita el polo norte con el polo sur.

b) Todos los dominios magnéticos están alineados.

c) Permite magnetizar a otras sustancias situadas en su proximidad.

d) A partir de este punto, el material adquiere capacidades magnéticas.

5.2. Los materiales se clasifican según sus propiedades magnéticas en:

a) Ferromagnéticos.

b) Ferromagnéticos y paramagnéticos.

c) Ferromagnéticos, paramagnéticos y diamagnéticos.

d) Ferromagnéticos, paramagnéticos, diamagnéticos y aislamagnéticos.

5.3. Por convencionalismo, se dice que las líneas de fuerza en un campo magnético:

a) Entran por el polo norte.

b) Entran por el polo sur.

c) Entran por cualquier polo.

d) Salen por cualquier polo.

5.4. El flujo magnético:

a) Se representa por la letra Φ y su unidad es el weber.

b) Se representa por la letra β y su unidad el tesla.

c) Se representa por la letra $\mathcal{R}$ y su unidad es el amperio-vuelta/weber.

d) Se representa por la letra H y su unidad es el amperio-vuelta/metro.

5.5. La inducción magnética:

a) Se representa por la letra Φ y su unidad es el weber.

b) Se representa por la letra β y su unidad el tesla.

c) Se representa por la letra $\mathcal{R}$ y su unidad es el amperio-vuelta/weber.

d) Se representa por la letra H y su unidad es el amperio-vuelta/metro.

5.6. La fuerza magnetomotriz:

a) Se representa por la letra $\mathcal{F}$ y su unidad es el amperio-vuelta.

b) Se representa por la letra $\mathcal{F}$ y su unidad es el newton-vuelta.

c) Se representa por la letra M y su unidad es el amperio-vuelta.

d) Se representa por la letra M y su unidad es el newton-vuelta.

5.7. La intensidad de campo magnético:

a) Se representa por la letra Φ y su unidad es el weber.

b) Se representa por la letra β y su unidad el tesla.

c) Se representa por la letra $\mathcal{R}$ y su unidad es el amperio-vuelta/weber.

d) Se representa por la letra H y su unidad es el amperio-vuelta/metro.

5.8. La reluctancia:

a) Se representa por la letra Φ y su unidad es el weber.

b) Se representa por la letra β y su unidad el tesla.

c) Se representa por la letra $\mathcal{R}$ y su unidad es el amperio-vuelta/weber.

d) Se representa por la letra H y su unidad es el amperio-vuelta/metro.

5.9. La unidad de la permeabilidad absoluta es:

a) Henrio.

b) Henrio/metro.

c) Henrio/weber.

d) Henrio/tesla.

5.10. Con el ciclo de histéresis se obtiene:

a) El magnetismo remanente y el campo coercitivo.

b) El campo coercitivo y la fuerza magnetomotriz.

c) La fuerza magnetomotriz y la permeabilidad magnética.

d) La permeabilidad magnética y la intensidad de campo magnético.

ACTIVIDADES FINALES

5.11. Mediante el ensayo en vacío del transformador se obtiene:

a) Las pérdidas en el hierro.

b) Las pérdidas en el cobre.

c) Las pérdidas totales.

d) La tensión máxima en el secundario.

5.12. Mediante el ensayo en cortocircuito del transformador se obtiene:

a) Las pérdidas en el hierro.

b) Las pérdidas en el cobre.

c) Las pérdidas totales.

d) La tensión máxima en el secundario.

Actividades de aplicación

5.13. ¿Cuál es la reluctancia del núcleo de una bobina de 1400 espiras por la que circula una corriente de 5 A creando un flujo magnético de 14 mWb?

5.14. Por una bobina de 25 cm de longitud y 1500 espiras con núcleo al aire circula una corriente de 10 A. Calcula la intensidad de campo magnético y la inducción en el interior del campo magnético.

5.15. Una bobina con núcleo al aire de forma toroidal con una longitud de 40 cm y de radio 2 cm está formada por 250 espiras y es recorrida por una corriente de 2,4 amperios. Determina la inducción magnética en el interior del núcleo y el flujo magnético.

5.16. Calcula el coeficiente de autoinducción para una bobina de 3600 espiras que es recorrida por una corriente de 8 A, que da lugar a un flujo magnético de 0,2 mWb.

5.17. Calcula el coeficiente de autoinducción para un solenoide de 2400 espiras con núcleo al aire con una longitud de 60 cm y un diámetro de 5 cm.

5.18. Calcula la reluctancia total del circuito magnético de la figura, así como la fuerza magnetomotriz necesaria para obtener una f. m. m. en el entrehierro de 1,5 T. La permeabilidad relativa es de 5000. Considera una dispersión del flujo magnético en el entrehierro del 10 %.

Los datos referentes a su geometría son: l_1 = 100 cm con una sección de S_1 = 30 cm^2. Entrehierro, l_2= 0,25 cm y S_2= 30 cm^2.

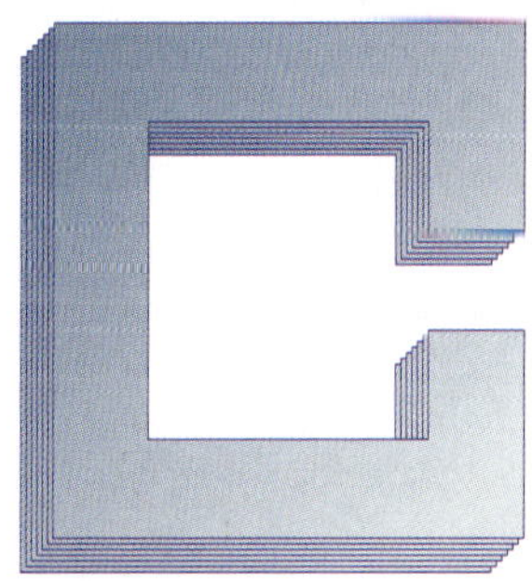

Figura 5.28. *Ejercicio de circuito magnético.*

5.19. Calcula la velocidad de un conductor de 25 cm de longitud que se desplaza perpendicularmente a un campo magnético de inducción 1,5 T para que la f. e. m. sea de 1,8 V.

5.20. Calcula la corriente necesaria para que un conductor rectilíneo de 40 cm de longitud y situado perpendicularmente y dentro de un campo magnético de 1,2 T ejerza una fuerza de 10 N.

5.21. Un transformador monofásico consta de 805 espiras en el devanado primario y 350 espiras en el secundario. El primario se conecta a una red alterna de 230 V y 50 Hz y el secundario a una carga por la cual circulan 4,6 A. Calcula considerando el transformador ideal:

a) La relación de transformación.

b) La tensión en bornes del secundario.

c) La intensidad que circula por el primario.

d) La potencia aparente que suministra el transformador.

6 Corriente alterna trifásica

A nivel de la industria, en los procesos productivos se emplea mayoritariamente la corriente alterna trifásica, ya que aporta una serie de ventajas frente a la corriente monofásica, principalmente por el empleo de motores. Este tipo de corriente permite conectar los receptores de diferentes formas.

Para verificar que los sistemas eléctricos funcionan correctamente es necesario realizar una serie de mediciones; por ello el técnico debe tener conocimiento de las diferentes magnitudes y de cómo realizar su correcta medición.

Contenidos

- **6.1. Corriente alterna trifásica**
- **6.2. Ventajas de los sistemas trifásicos**
- **6.3. Equilibrio en los sistemas eléctricos**
- **6.4. Tensiones en un sistema trifásico**
- **6.5. Conexiones en un sistema trifásico**
- **6.6. Potencia en sistemas trifásicos**
- **6.7. Mejora del factor de potencia**
- **6.8. Generador de corriente alterna trifásica**
- **6.9. Medición en corriente alterna trifásica**

Objetivos

- Determinar las características de la corriente alterna trifásica.
- Distinguir los sistemas eléctricos trifásicos equilibrado y desequilibrado.
- Conectar los sistemas trifásicos en estrella y triángulo.
- Calcular el factor de potencia de una instalación trifásica.
- Aplicar las diferentes magnitudes y realizar su medición con seguridad.

6.1. Corriente alterna trifásica

Un sistema de corriente alterna polifásica es aquel que está formado por más de una fase. El sistema polifásico que más se emplea es aquel que está formado por tres fases, denominado **sistema trifásico,** aunque también se pueden encontrar sistemas compuestos por dos fases, denominados **sistemas bifásicos.**

A lo largo de esta unidad nos centraremos en los sistemas trifásicos.

Como se ha comentado, el sistema trifásico es aquel que está compuesto por tres fases, pero estas fases deben cumplir con una serie de requisitos:

- **Frecuencia.** Han de tener la misma frecuencia, que será la frecuencia del sistema.
- **Desfase.** El desfase entre ellas será determinado por la expresión siguiente y que para un sistema trifásico será de 120º.

$$\text{Desfase} = \frac{360^\circ}{\text{Número de fases}} = \frac{360^\circ}{3\ (\text{trifásica})} = 120^\circ$$

- **Tensión.** El valor del voltaje de cada una de las fases será el mismo.

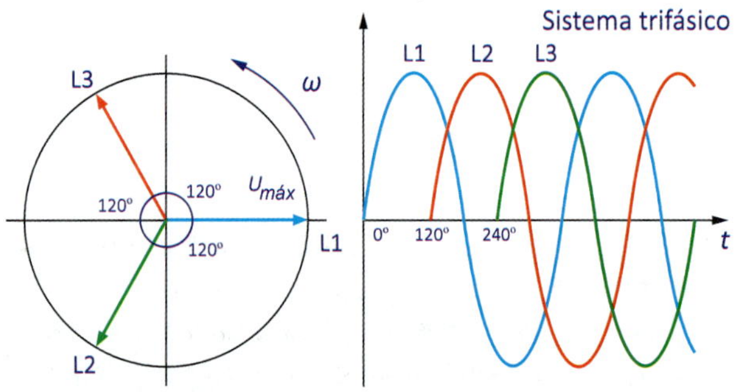

Figura 6.1. *Onda alterna trifásica.*

6.2. Ventajas de los sistemas trifásicos

Los sistemas trifásicos aportan una gran cantidad de ventajas frente a los sistemas monofásicos:

- **Sistema de doble tensión.** Los receptores pueden conectarse entre fases o entre fase y neutro, disponiendo de una doble tensión, por ejemplo 230 V/400 V.

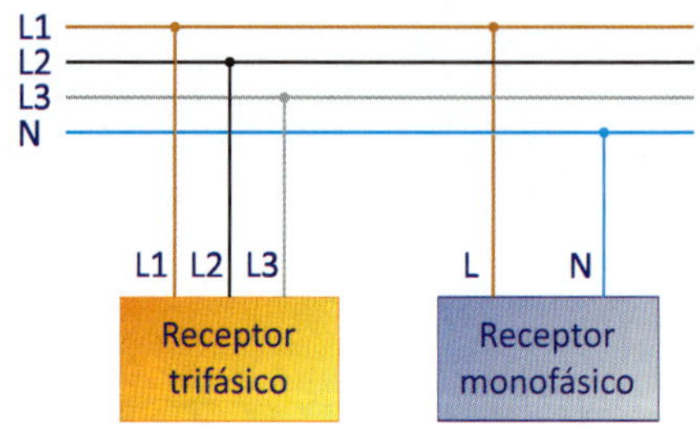

Figura 6.2. *Conexión de receptores a un sistema trifásico con neutro.*

El sistema trifásico es ampliamente utilizado en la industria, mientras que el sistema monofásico es empleado generalmente en las instalaciones domésticas. Como ambos sistemas pueden convivir juntos, esto permite tener dos niveles de tensiones.

- **Un sistema trifásico puede generar un sistema monofásico,** pero no al contrario.
- **Potencia suministrada más uniforme.** En un sistema monofásico la potencia suministrada es pulsatoria en función del tiempo, sin embargo en un sistema trifásico es más estable. Esto hace que los motores trifásicos sean más suaves en su funcionamiento que los monofásicos, que tienen mayores vibraciones.

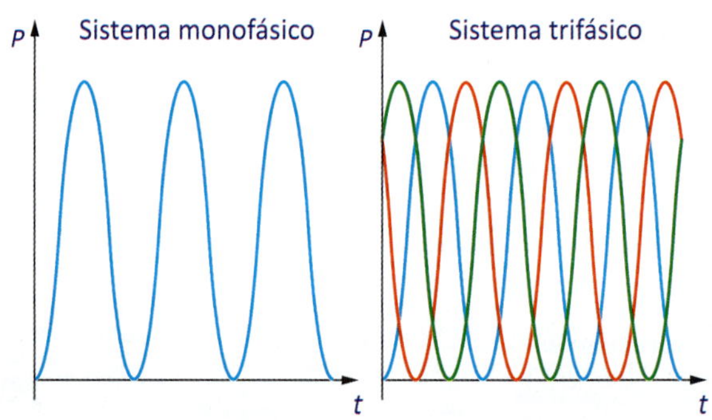

Figura 6.3. *Curvas de potencia instantánea en sistemas monofásico y trifásico.*

- **Reducción del cableado.** Un sistema trifásico necesita un 75 % de la sección del cableado frente al 100 % de uno monofásico a igualdad de potencia, por tanto reduce costes.
- **Volumen.** Para una misma potencia, los equipos monofásicos son más voluminosos que los trifásicos.
- **El arranque de motores eléctricos trifásicos** es menos problemático que el de los monofásicos por la generación de campos magnéticos giratorios, como se verá más adelante.

6.3. Equilibrio en los sistemas eléctricos

En función de los diferentes valores entre las tensiones y las corrientes que componen un sistema, este puede ser equilibrado o desequilibrado.

- **Sistema equilibrado.** Todas las fases que componen el sistema tienen los mismos valores de tensión, así como de corriente:

$$U_{L1N} = U_{L2N} = U_{L3N}$$
$$I_{L1} = I_{L2} = I_{L3}$$

Al conectar a la línea eléctrica un elemento inductivo o capacitivo, el desfase afecta por igual a todas ellas (Figura 6.4).

Este es el sistema eléctrico ideal.

- **Sistema desequilibrado.** Aunque normalmente el valor de las tensiones de cada fase es prácticamente el mismo, los valores de intensidad no son iguales en cada fase de la línea:

$$I_{L1} \neq I_{L2} \neq I_{L3}$$
$$\cos\varphi 1 \neq \cos\varphi 2 \neq \cos\varphi 3$$

Desde el origen de conexión al sistema de generación eléctrica y a lo largo de la línea de suministro, se van conectando los diferentes receptores (monofásicos o trifásicos, resistivos o inductivos), que van modificando el estado de equilibrio.

Por ejemplo, en la Figura 6.5 se observa que las cargas monofásicas van conectadas a la misma fase (L1); por tanto por esta fase circulará más corriente que por la demás.

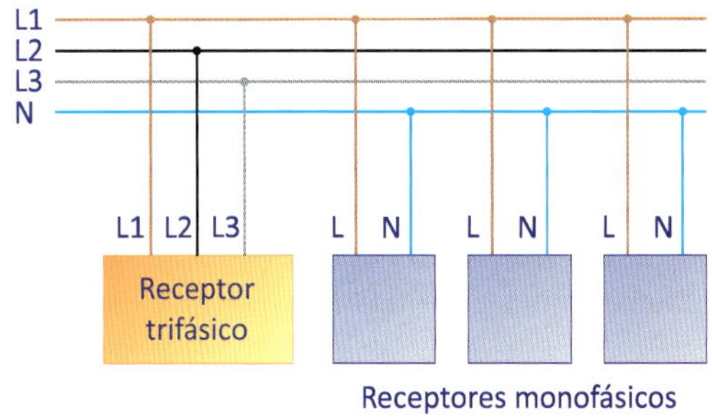

Figura 6.5. *Esquema de sistema desequilibrado con sobrecarga en una fase.*

Por ello, es importante a la hora de realizar el diseño repartir las cargas de tal manera que se compensen entre sí y evitar en lo posible el desequilibrio.

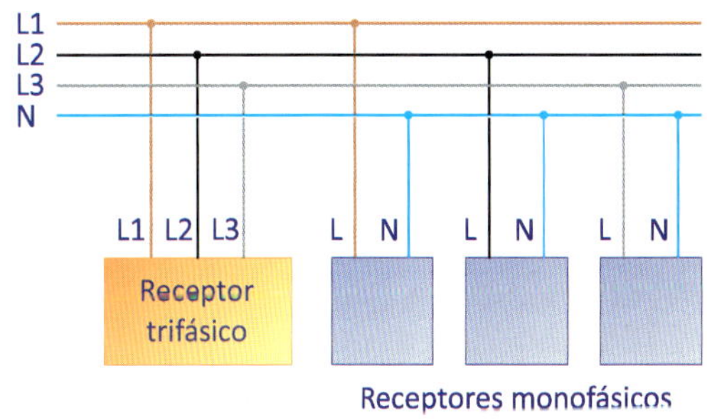

Figura 6.6. *Esquema para equilibrar un sistema con reparto de cargas.*

Recuerda

En un sistema trifásico, cada una de las fases adopta un color (marrón, negro y gris) para poder distinguirlas entre ellas. Si además consta de neutro, este será de color azul.

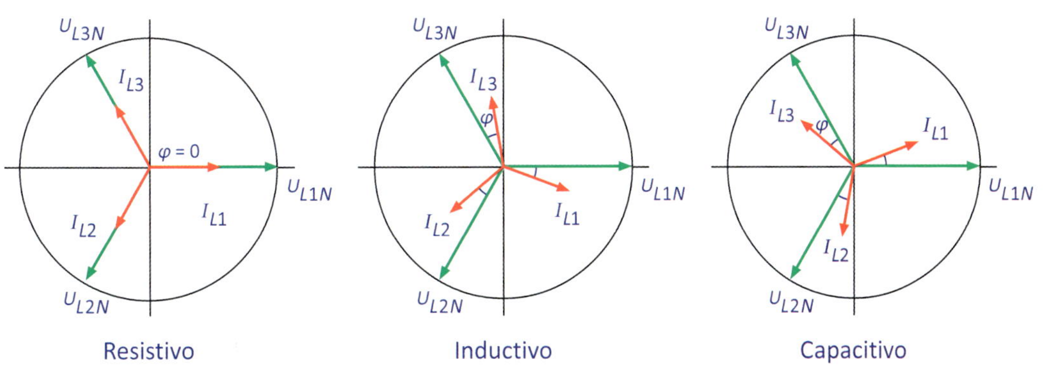

Figura 6.4. *Diagrama de fasores en un sistema trifásico equilibrado.*

6.4. Tensiones en un sistema trifásico

En un sistema trifásico conviven varias tensiones eléctricas que ayudan a esa versatilidad que poseen estos sistemas.

Un sistema trifásico completo se compone de cinco líneas (tres fases más neutro más el conductor de protección o toma de tierra). Dejando a un lado el conductor de protección se pueden dar diversas combinaciones entre las fases y el neutro.

6.4.1. Tensión simple o de fase

La **tensión simple** (U_S) o **tensión de fase** (U_F) es la diferencia de potencial que hay entre cualquiera de las fases y la línea de neutro.

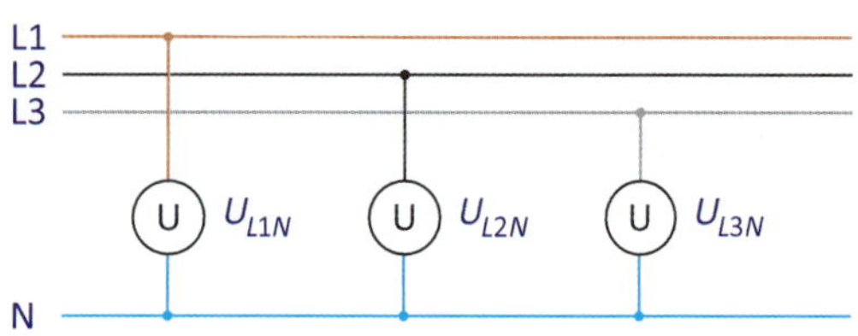

Figura 6.7. *Tensión de fase en un sistema trifásico.*

En un sistema trifásico habrá por tanto tres valores de tensión de fase, ambas del mismo valor pero desfasadas 120º:

$$U_{L1} = U_{L1N} = U_{L1} - U_N$$

$$U_{L2} = U_{L2N} = U_{L2} - U_N$$

$$U_{L3} = U_{L3N} = U_{L3} - U_N$$

6.4.2. Tensión compuesta o de línea

La **tensión compuesta** (U_C) o **tensión de línea** (U_L) es la diferencia de potencial que hay entre cualquiera de las fases.

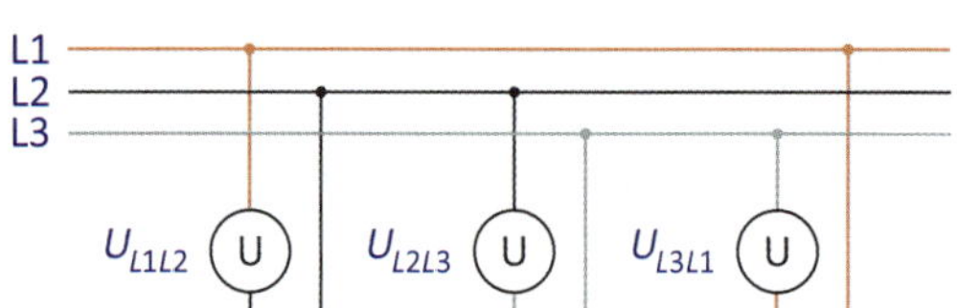

Figura 6.8. *Tensión de línea en un sistema trifásico.*

En un sistema trifásico habrá por tanto tres valores de tensión de línea, ambas del mismo valor pero desfasadas 120º:

$$U_{L1L2} = U_{L1} - U_{L2}$$

$$U_{L2L3} = U_{L2} - U_{L3}$$

$$U_{L3L1} = U_{L3} - U_{L1}$$

6.4.3. Relación entre la tensión de fase y la tensión de línea

En un sistema eléctrico trifásico se ha visto que existen dos tipos de tensiones: la tensión de fase y la tensión de línea. Si se observa el diagrama fasorial de la Figura 6.9, correspondiente a un sistema equilibrado, se puede ver esa relación.

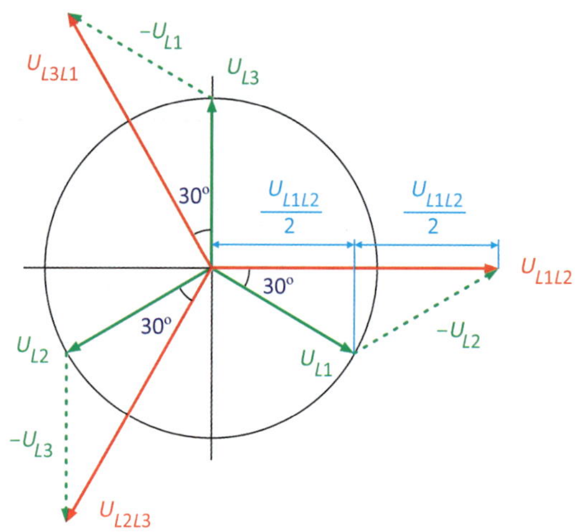

Figura 6.9. *Relación entre las tensiones de línea y las de fase.*

Se observa que si se realiza la suma vectorial de las tensiones de fase se obtiene la tensión de línea. Además, el ángulo que aparece entre ambas es de 30°. Del triángulo que se forma se establece la siguiente relación trigonométrica:

$$\frac{U_{L1L2}}{2} = U_{L1} \cdot \cos 30°$$

$$\frac{U_{L1L2}}{2} = U_{L1} \cdot \frac{\sqrt{3}}{2}$$

$$U_L = U_F \cdot \sqrt{3}$$

Por tanto, la tensión de línea es $\sqrt{3}$ veces la tensión de fase.

Actividad resuelta 6.1

Si la tensión de fase en un sistema trifásico es de 230 V, ¿cuál es su tensión de línea? Y si la tensión de línea fuese 230 V, ¿cuál es la tensión de fase?

Solución:

Como la relación es:

$$U_L = \sqrt{3} \cdot U_F = \sqrt{3} \cdot 230 \approx 400 \text{ V}$$

Y por otro lado:

$$U_F = \frac{U_L}{\sqrt{3}} = \frac{230}{\sqrt{3}} \approx 130 \text{ V}$$

6.5. Conexiones en un sistema trifásico

Un sistema trifásico se compone de tres ramas, cuyos receptores se pueden conectar de diferentes maneras, dando lugar a la conexión **estrella** y la conexión **triángulo.**

6.5.1. Conexión estrella (Y)

En un conjunto formado por tres receptores la conexión **estrella** consiste en unir entre sí uno de los extremos y los otros tres extremos se conectan a la red eléctrica (Figura 6.10).

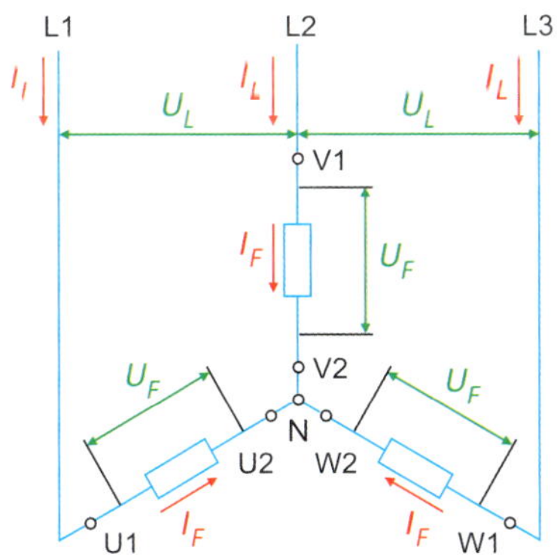

Figura 6.10. *Conexión en estrella (Y).*

Si el conjunto de los tres receptores forma un sistema equilibrado, es decir, son iguales entre sí, en ese punto de unión se forma un neutro. La corriente en dicho punto es nula:

$$I_N = I_{L1} + I_{L2} + I_{L3} = 0$$

Se observa que en un sistema con conexión en estrella las corrientes de fase (I_F) son las mismas que las corrientes de línea (I_L).

Por tanto, en estrella las relaciones que se forman son:

$$I_F = I_L$$
$$U_L = U_F \cdot \sqrt{3}$$

6.5.2. Conexión triángulo (Δ)

En un sistema con conexión **triángulo** los receptores se conectan entre dos fases, siguiendo una disposición como la mostrada en la Figura 6.11.

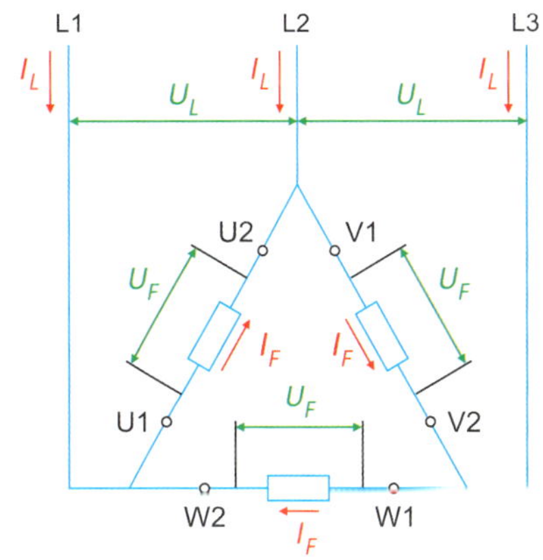

Figura 6.11. *Conexión en triángulo (Δ).*

En esta disposición, la unión de dos receptores va conectada a una de las fases de la red eléctrica. Se observa que coincide la tensión de fase con la tensión de línea:

$$U_F = U_L$$

En cuanto a la intensidad, se observa (Figura 6.12) que la corriente de línea es $\sqrt{3}$ veces la corriente de fase:

$$I_L = \sqrt{3} \cdot I_f$$

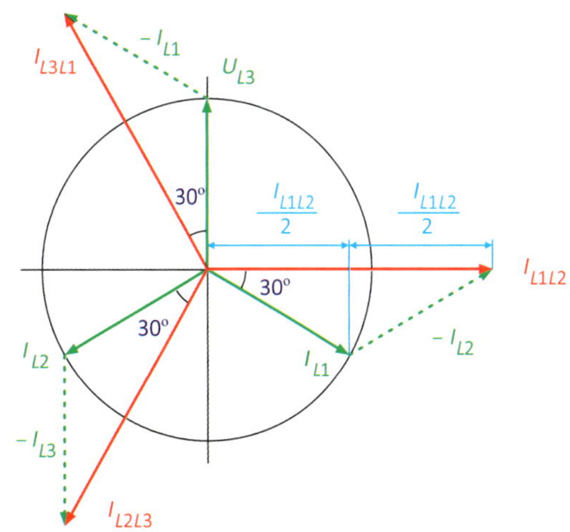

Figura 6.12. *Las corrientes en conexión en triángulo.*

Se observa que si se realiza la suma vectorial de las corrientes de fase se obtiene la corriente de línea. Además, el ángulo que aparece entre ambas es de 30°. Del triángulo que se forma se establece la siguiente relación trigonométrica:

$$\frac{I_{L1L2}}{2} = I_{L1} \cdot \cos 30°$$

$$\frac{I_{L1L2}}{2} = I_{L1} \cdot \frac{\sqrt{3}}{2}$$

$$I_L = I_F \cdot \sqrt{3}$$

Por tanto, en triángulo las relaciones que se forman son:

$$U_F = U_L$$
$$I_L = \sqrt{3} \cdot I_F$$

Actividad resuelta 6.2

A una línea trifásica de 400 V se conectan 3 lámparas. ¿Qué voltaje hay en bornes de cada lámpara si estas se conectan en estrella? ¿Y si se conectan en triángulo?

Solución:

En la conexión en estrella:

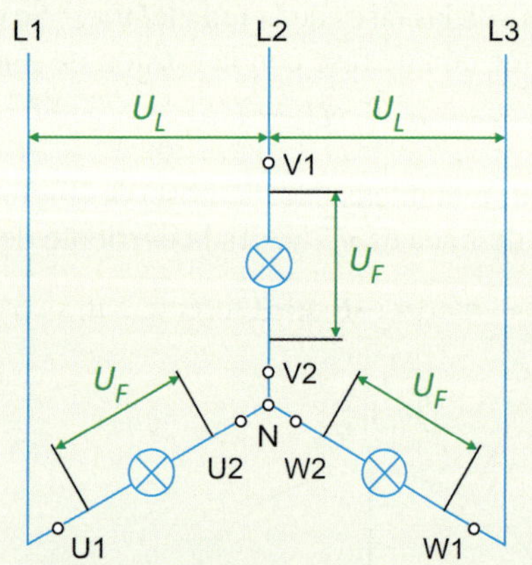

Figura 6.13. *Conexión en estrella (Y).*

Si la tensión de línea (U_L) es de 400 V, la tensión de fase (U_F) será de:

$$U_F = \frac{U_L}{\sqrt{3}} = \frac{400}{\sqrt{3}} \approx 230 \text{ V}$$

Que es el voltaje en bornes de las lámparas.

Pero si las conectamos en triángulo:

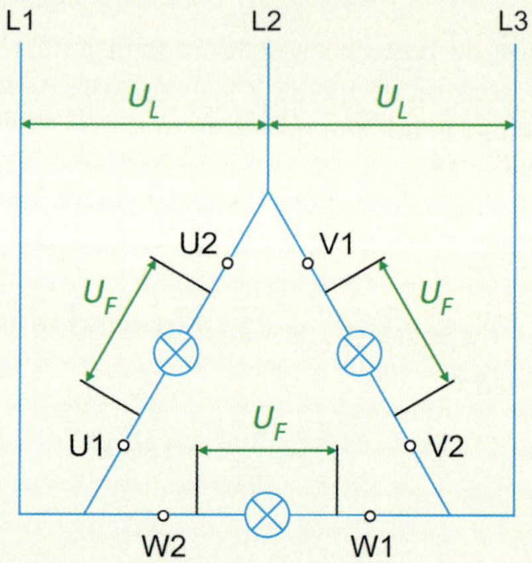

Figura 6.14. *Conexión en triángulo (Δ).*

En esta configuración la tensión de fase (U_F) corresponde con la tensión de línea (U_L), estando las lámparas sometidas a un voltaje de 400 V:

$$U_F = U_L = 400 \text{ V}$$

6.6. Potencia en sistemas trifásicos

En un sistema trifásico, al igual que en los monofásicos, se tienen tres tipos de potencias: potencia aparente (S), potencia activa (P) y potencia reactiva (Q), pero cambian sus expresiones, siendo ahora:

Potencia activa $\rightarrow P = \sqrt{3} \cdot U_L \cdot I_L \cdot \cos\varphi$

Potencia aparente $\rightarrow S = \sqrt{3} \cdot U_L \cdot I_L$

Potencia reactiva $\rightarrow Q = \sqrt{3} \cdot U_L \cdot I_L \cdot \operatorname{sen}\varphi$

Manteniendo las mismas unidades de medida:

Potencia activa: W, vatios.

Potencia aparente: VA, voltioamperios.

Potencia reactiva: VAr, voltioamperios reactivos.

Un sistema trifásico se puede considerar como una asociación de tres sistemas monofásicos conectados en estrella o en triángulo. Cuando estos tres sistemas monofásicos son iguales, se dice entonces que el sistema está **equilibrado;** en caso contrario se dice que el sistema está **desequilibrado.**

6.6.1. Sistemas equilibrados y desequilibrados

Si el sistema está **desequilibrado,** la potencia total es la suma de las potencias de cada fase. Por tanto, se deben obtener en primer lugar las potencias activa, reactiva y aparente, y a continuación realizar la suma de cada tipo de potencia.

Para la fase L_1 se tiene que:

$$P_{L1} = U_{L1} \cdot I_{L1} \cdot \cos\varphi_{L1}$$

$$Q_{L1} = U_{L1} \cdot I_{L1} \cdot \operatorname{sen}\varphi_{L1}$$

$$S_{L1} = U_{L1} \cdot I_{L1}$$

Para la fase L_2:

$$P_{L2} = U_{L2} \cdot I_{L2} \cdot \cos\varphi_{L2}$$

$$Q_{L2} = U_{L2} \cdot I_{L2} \cdot \operatorname{sen}\varphi_{L2}$$

$$S_{L2} = U_{L2} \cdot I_{L2}$$

Y para la fase L_3:

$$P_{L3} = U_{L3} \cdot I_{L3} \cdot \cos\varphi_{L3}$$

$$Q_{L3} = U_{L3} \cdot I_{L3} \cdot \operatorname{sen}\varphi_{L3}$$

$$S_{L3} = U_{L3} \cdot I_{L3}$$

La **potencia activa total** (P) es la suma de las potencias activas de cada fase:

$$P = P_{L1} + P_{L2} + P_{L3}$$

La **potencia reactiva total** (Q) es la suma de las potencias reactivas de cada fase:

$$Q = Q_{L1} + Q_{L2} + Q_{L3}$$

La **potencia aparente** (S) se puede obtener de la misma manera, mediante la suma vectorial o calculando la hipotenusa del triángulo formado por estas potencias.

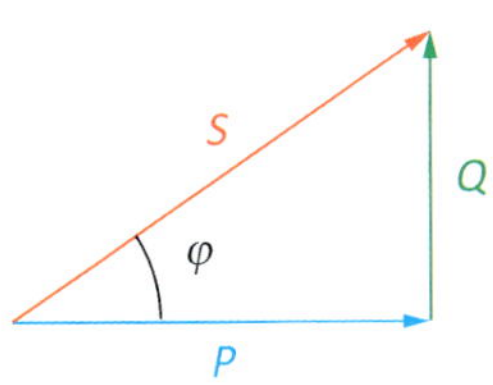

$$S = \sqrt{P^2 + Q^2}$$

Figura 6.15. *Triángulo de potencias.*

Si el sistema está **equilibrado,** es decir, las corrientes y los desfases son iguales, el sistema se simplifica:

$$I = I_{L1} = I_{L2} = I_{L3}$$

$$\varphi = \varphi_{L1} = \varphi_{L3} = \varphi_{L3}$$

Obteniendo que:

$$P = 3 \cdot U_F \cdot I_F \cdot \cos\varphi$$

$$Q = 3 \cdot U_F \cdot I_F \cdot \operatorname{sen}\varphi$$

$$S = 3 \cdot U_F \cdot I_F$$

6.6.2. Potencia en sistemas conectados en estrella

En la conexión en estrella se tiene que:

$$U_L = U_F \cdot \sqrt{3}$$

$$I_F = I_L$$

Si se expresan las ecuaciones de las potencias en función de U_L e I_L se tiene que, para la potencia activa:

$$U_F = \frac{U_L}{\sqrt{3}}$$

$$P = 3 \cdot U_F \cdot I_F \cdot \cos\varphi = 3 \cdot \frac{U_L}{\sqrt{3}} \cdot I_L \cdot \cos\varphi$$

Multiplicando y dividiendo por $\sqrt{3}$ se elimina esta del denominador, obteniendo la expresión:

$$P = \sqrt{3} \cdot U_L \cdot I_L \cdot \cos\varphi$$

De similar manera se opera con las otras potencias obteniendo:

$$Q = \sqrt{3} \cdot U_L \cdot I_L \cdot \operatorname{sen}\varphi$$

$$S = \sqrt{3} \cdot U_L \cdot I_L$$

6.6.3. Potencia en sistemas conectados en triángulo

En la conexión en triángulo se tiene que:

$$U_F = U_L$$

$$I_L = \sqrt{3} \cdot I_F$$

Si se expresan las ecuaciones de las potencias en función de I_L y U_L se tiene que, para la potencia activa:

$$I_F = \frac{I_L}{\sqrt{3}}$$

$$P = 3 \cdot U_F \cdot I_F \cdot \cos\varphi = 3 \cdot U_L \cdot \frac{I_L}{\sqrt{3}} \cdot \cos\varphi$$

Multiplicando y dividiendo por $\sqrt{3}$ se elimina esta del denominador, obteniendo la expresión:

$$P = \sqrt{3} \cdot U_L \cdot I_L \cdot \cos\varphi$$

De similar manera se opera con las otras potencias obteniendo:

$$Q = \sqrt{3} \cdot U_L \cdot I_L \cdot \operatorname{sen}\varphi$$

$$S = \sqrt{3} \cdot U_L \cdot I_L$$

Se observa que las expresiones de las potencias son iguales tanto en estrella como en triángulo si se emplean magnitudes de línea.

Actividad resuelta 6.3

Un sistema trifásico conectado a una red eléctrica de 400 V muestra los siguientes valores en cada una de sus fases:

$I_{L1} = 10$ A $\quad \cos\varphi_1 = 0{,}75$

$I_{L2} = 12$ A $\quad \cos\varphi_2 = 0{,}68$

$I_{L3} = 8$ A $\quad \cos\varphi_3 = 0{,}9$

Calcula las potencias activa, reactiva y aparente así como el desfase.

Solución:

Con los datos iniciales:

$I_{L1} = 10$ A $\quad \cos\varphi_1 = 0{,}75$
$\varphi_1 = 41{,}409 \quad \operatorname{sen}\varphi_1 = 0{,}661$

$I_{L2} = 12$ A $\quad \cos\varphi_2 = 0{,}68$
$\varphi_2 = 47{,}156 \quad \operatorname{sen}\varphi_2 = 0{,}733$

$I_{L3} = 8$ A $\quad \cos\varphi_3 = 0{,}9$
$\varphi_3 = 25{,}841 \quad \operatorname{sen}\varphi_3 = 0{,}435$

Se calculan las potencias activas:

$$P_{L1} = U \cdot I \cdot \cos\varphi_1 = 400 \cdot 10 \cdot 0{,}75 = 3000 \text{ W}$$

$$P_{L2} = U \cdot I \cdot \cos\varphi_2 = 400 \cdot 12 \cdot 0{,}68 = 3264 \text{ W}$$

$$P_{L3} = U \cdot I \cdot \cos\varphi_3 = 400 \cdot 8 \cdot 0{,}9 = 2880 \text{ W}$$

$$P = P_{L1} + P_{L2} + P_{L3} = 3000 + 3264 + 2880$$

$$P = 9144 \text{ W}$$

Las potencias reactivas:

$$Q_{L1} = U \cdot I \cdot \operatorname{sen}\varphi_1 = 400 \cdot 10 \cdot 0{,}661 = 2645{,}75 \text{ VAr}$$

$$Q_{L2} = U \cdot I \cdot \operatorname{sen}\varphi_2 = 400 \cdot 12 \cdot 0{,}733 = 3519{,}41 \text{ VAr}$$

$$Q_{L3} = U \cdot I \cdot \operatorname{sen}\varphi_3 = 400 \cdot 8 \cdot 0{,}435 = 1394{,}84 \text{ VAr}$$

$$Q = Q_{L1} + Q_{L2} + Q_{L3} = 2645{,}75 + 3519{,}41 + 1394{,}84$$

$$Q = 7560 \text{ VAr}$$

La potencia aparente:

$$S = \sqrt{P^2 + Q^2} = \sqrt{9144^2 + 7560^2} = 11\,864{,}5 \text{ VA}$$

Con estos datos ya es posible obtener el factor de potencia:

$$\cos\varphi = \frac{P}{S} = \frac{9144}{11\,864{,}5} = 0{,}77$$

Recuerda

Cuando se habla de potencia en un sistema trifásico se refiere a la potencia total que aportan o toman las tres fases a la vez.

6.7. Mejora del factor de potencia

En las redes eléctricas trifásicas también se puede mejorar el factor de potencia de manera similar a como se hace en las monofásicas.

Las fórmulas de cálculo son las mismas:

$$C = \frac{P\,(\tan\varphi - \tan\varphi')}{2 \cdot \pi \cdot f \cdot U_L^2}$$

Pero en este caso se necesitan tres condensadores que se pueden conectar de dos formas posibles.

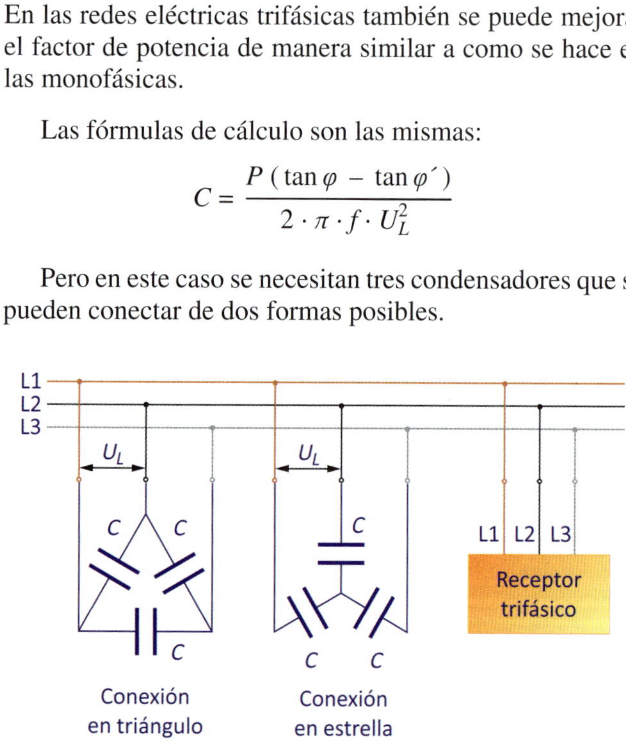

Figura 6.16. *Conexión del condensador en trifásica.*

En la **conexión en estrella** la capacidad de cada condensador es igual a la capacidad obtenida:

$$C_{ESTRELLA} = C \qquad Tensión: U_F$$

Es decir, la batería de condensadores estará compuesta de tres condensadores de una capacidad que es la misma que la obtenida en el cálculo y debe soportar una tensión igual a la de la red monofásica.

En la **conexión en triángulo** la capacidad de cada condensador es de:

$$C_{TRIÁNGULO} = \frac{C}{3} \qquad Tensión: U_L$$

Es decir, la batería de condensadores estará compuesta de tres condensadores de una capacidad que es la tercera parte de la obtenida en el cálculo y debe soportar una tensión igual a la de la red trifásica.

Actividad resuelta 6.4

Se ha calculado el condensador para la mejora del factor de potencia en una red eléctrica de 230 V/400 V, obteniéndose una capacidad de 3000 μF. Determina la batería de condensadores que hay que instalar y sus características.

Solución:

El condensador calculado es de $C = 3000\ \mu F$.

Según su conexión se tiene que la batería de condensadores estará formada por:

- Si se conecta en triángulo:

$$C_{TRIÁNGULO} = \frac{C}{3} = \frac{3000\ \mu F}{3} = 1000\ \mu F \rightarrow$$

$$\rightarrow 3 \times 1000\ \mu F / 400\ V$$

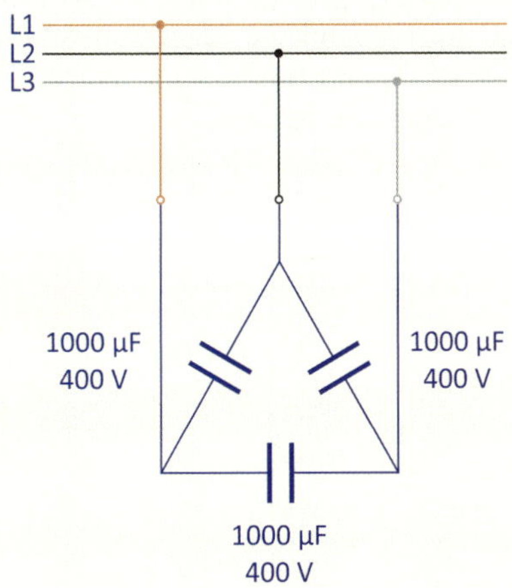

Figura 6.17. *Conexión de la batería de condensadores en triángulo.*

- Si se conecta en estrella:

$$C_{ESTRELLA} = C = 3000\ \mu F \quad \rightarrow \quad 3 \times 3000\ \mu F / 230\ V$$

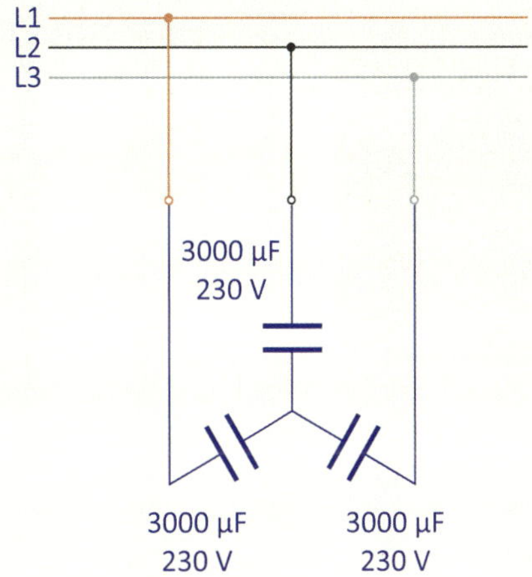

Figura 6.18. *Conexión de la batería de condensadores en estrella.*

Sabías que...

Si al conectar un condensador o batería de condensadores el desfase cambia de signo significa que el sistema pasa de ser de naturaleza inductiva a naturaleza capacitiva.

A nivel comercial, las baterías de condensadores se expresan en términos de potencia reactiva (kVAr) que aportan al sistema. En estas baterías los condensadores van conectados internamente en triángulo, siendo solo accesibles los tres bornes de conexión eléctrica.

$$Q_{BATERÍA\ \ CONDENSADORES} = P\,(\tan\varphi - \tan\varphi')$$

Tabla 6.1. Baterías comerciales de condensadores para motores ($\cos\varphi \geq 0{,}95$)

Compensación de motores					
kW	CV	Q_c (kVAr) 3000 r. p. m.	Q_c (kVAr) 1500 r. p. m.	Q_c (kVAr) 1000 r. p. m.	Q_c (kvVA) 750 r. p. m.
5,5	7,5	2,5	2,5	5,0	5,0
7,5	10	2,5	5,0	5,0	7,5
11	15	2,5	5,0	7,5	10,0
15	20	5,5	5,0	7,5	10,0
18,5	25	5,0	7,5	10,0	12,5
22	30	7,5	7,5	10,0	15,0
30	40	10	10,0	12,5	15,0

Existen baterías de condensadores que cuentan con un sistema de control electrónico y de varios escalones de capacidad, que se activan en función del desfase detectado.

Figura 6.19. *Batería de condensadores de montaje mural. (Cortesía de Circutor).*

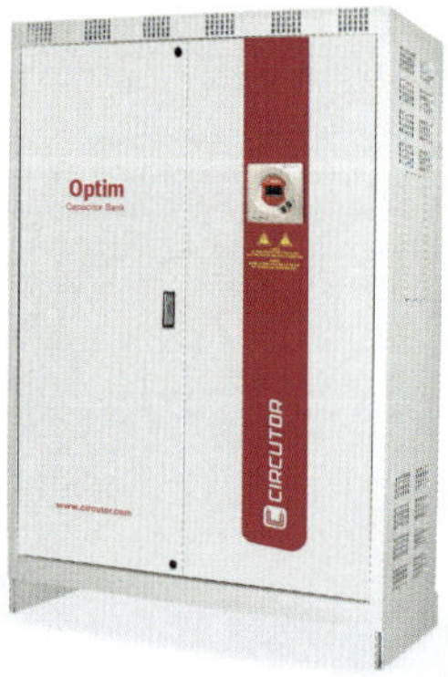

Figura 6.20. *Batería de condensadores de montaje superficial. (Cortesía de Circutor).*

6.8. Generador de corriente alterna trifásica

El generador de corriente alterna, también llamado **alternador,** basa su funcionamiento en el principio de inducción electromagnética en el cual al generar el movimiento en un conductor dentro de un campo magnético se induce una fuerza electromotriz. Al ser un movimiento circular, esta f. e. m. tiene carácter senoidal.

Para conseguir la tensión senoidal se sitúan tres devanados independientes y separados 120º que formarán el campo magnético inducido y se sitúan en el estátor. El campo inductor lo forma un electroimán situado en el rotor que gira. Este electroimán puede estar formado por uno o varios pares de polos y es alimentado por una corriente continua llamada **corriente de excitación.**

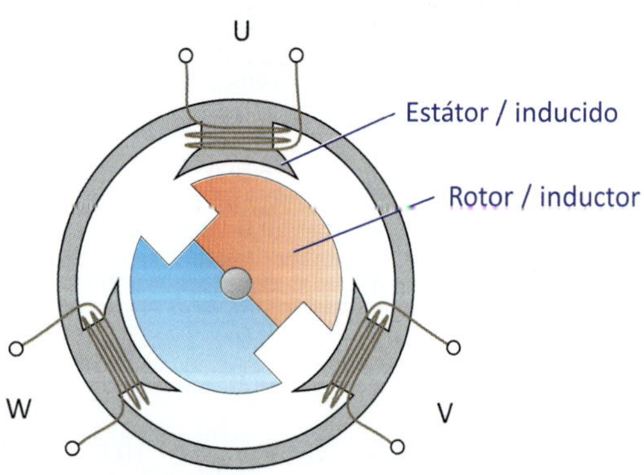

Figura 6.21. *Alternador trifásico.*

La frecuencia viene determinada por la velocidad de giro y por el número de pares de polos según la expresión:

$$f = \frac{p \cdot n}{60}$$

Donde:

f: frecuencia (Hz).

p: pares de polos.

n: velocidad (r. p. m.).

Actividad resuelta 6.5

Determina cuál es la frecuencia que genera un alternador que gira a 3000 r. p. m. y tiene un par de polos. ¿Y si tiene dos pares de polos?

Solución:

Para un par de polos:

$$f = \frac{p \cdot n}{60} = \frac{1 \cdot 3000}{60} = 50 \text{ Hz}$$

Para dos pares de polos:

$$f = \frac{p \cdot n}{60} = \frac{2 \cdot 3000}{60} = 100 \text{ Hz}$$

6.8.1. Acoplamiento de generadores en paralelo

Cuando se necesita poder suministrar más potencia a una carga o al sistema, o cuando se desea aumentar la fiabilidad en caso de fallo de algún generador, se recurre a la conexión de varios generadores en paralelo.

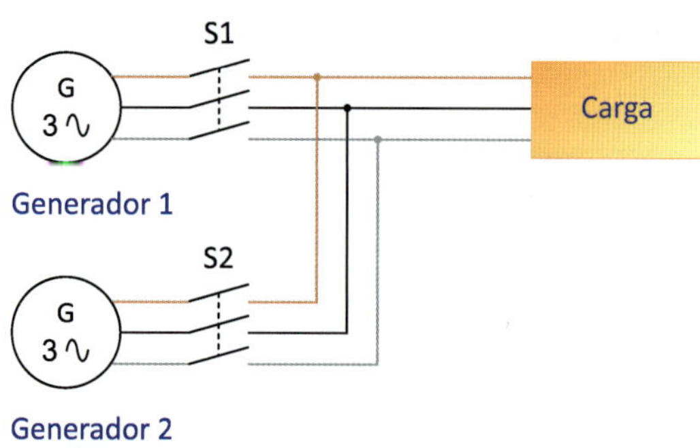

Figura 6.22. *Acoplamiento de generadores en paralelo.*

El acoplamiento de alternadores tiene cierta complejidad puesto que se trata de corriente alterna donde interviene el parámetro de la frecuencia. Para poder llevar a cabo esta operación deben darse una serie de condiciones:

- La **tensión** de los alternadores debe ser igual. Cada una de las tres fases debe tener la misma magnitud de voltaje y ángulo de fase que el conductor al que se conectará.
- La **frecuencia** debe ser la misma.
- La **secuencia de fases** debe ser la misma.

Para poder conseguir estas condiciones y realizar adecuadamente la conexión en paralelo se actúa sobre la velocidad de giro del rotor y sobre la corriente de excitación. Actualmente esta maniobra se lleva a cabo mediante equipos automáticos de sincronización.

6.8.2. Sistemas de distribución en trifásica

Existen dos configuraciones para la distribución de la red trifásica:

- **Red trifásica con conductor de neutro** distribuido o distribución a cuatro hilos. La red cuenta con cuatro conductores (tres fases más el neutro) además del conductor de protección. A partir de estas redes se obtienen sistemas monofásicos.

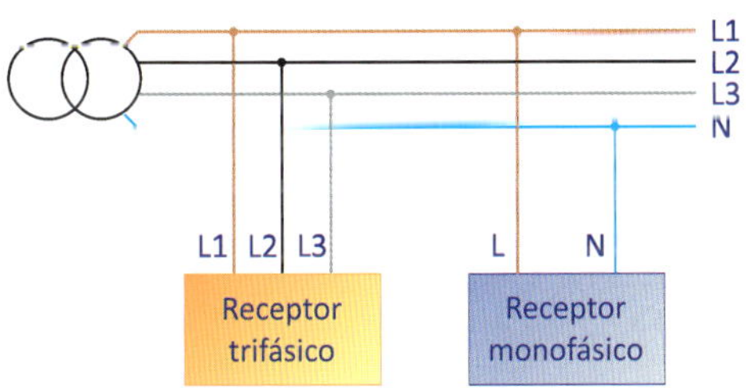

Figura 6.23. *Distribución trifásica con neutro.*

- **Red trifásica sin conductor de neutro** distribuido o distribución a tres hilos. La red cuenta con tres conductores (tres fases) además del conductor de protección. Solo pueden alimentar a cargas trifásicas.

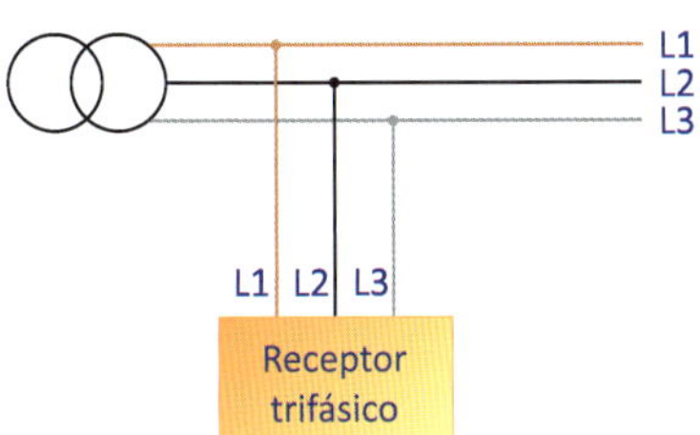

Figura 6.24. *Distribución trifásica sin neutro.*

6.8.3. Esquemas en redes de distribución

Existen diferentes esquemas de distribución que se definen en función de las conexiones a tierra del neutro de alimentación, por un lado, y de las masas de la instalación receptora, por otro.

La denominación de estos esquemas se realiza mediante un código de dos o tres letras (Tabla 6.2).

Tabla 6.2. Esquemas de distribución eléctrica

Primera letra	T	Conexión directa de un punto de la alimentación a tierra.
	I	Aislamiento de todas las partes activas de la alimentación con respecto a tierra o conexión de un punto a tierra a través de una impedancia.
Segunda letra	T	Masas conectadas directamente a tierra, independientemente de la eventual puesta a tierra de la alimentación.
	N	Masas conectadas directamente al punto de la alimentación puesto a tierra (en corriente alterna normalmente será el punto neutro).
Tercera letra	S	Las funciones de neutro y protección aseguradas por conductores separados (conductor N + conductor PE).
	C	Las funciones de neutro y de protección combinadas en un solo conductor (conductor CPN o PEN).

Esquema TT (neutro conectado a tierra)

Es el esquema más utilizado en redes de distribución de baja tensión. Un punto de la fuente de alimentación se conecta directamente a tierra y todas las masas o partes conductoras accesibles de la instalación eléctrica receptora se conectan a una toma de tierra independiente.

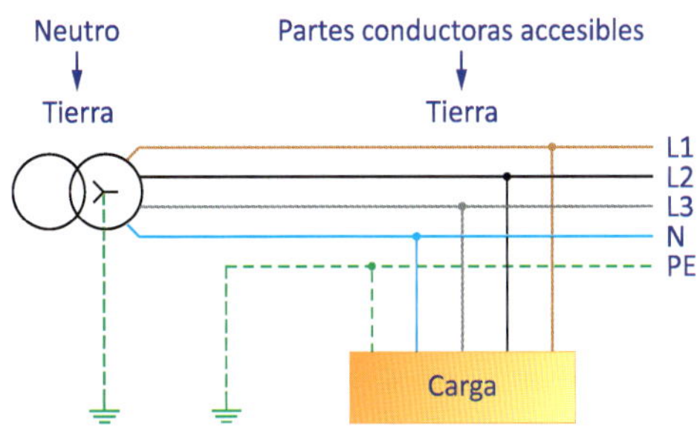

Figura 6.25. *Esquema TT.*

Esquema IT (neutro aislado o impedante)

No se realiza ninguna conexión entre el punto neutro de la fuente de alimentación y tierra, o se establece una conexión a través de una impedancia. Las masas o partes conductoras accesibles de la instalación eléctrica receptora se conectan a una toma de tierra. En este tipo de distribución se recomienda no distribuir el conductor de neutro.

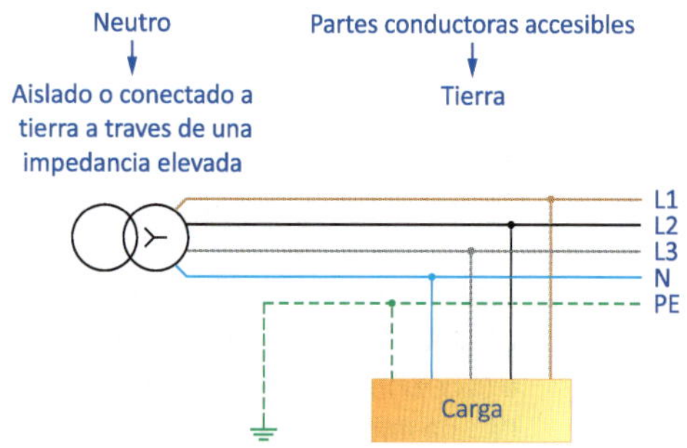

Figura 6.26. *Esquema IT.*

Esquema TN-S

Tienen el punto de neutro de la fuente de alimentación conectado directamente a tierra y las masas de la instalación receptora conectadas al mismo punto mediante conductores de protección. El conductor de neutro y el conductor de protección son distintos en todo el esquema.

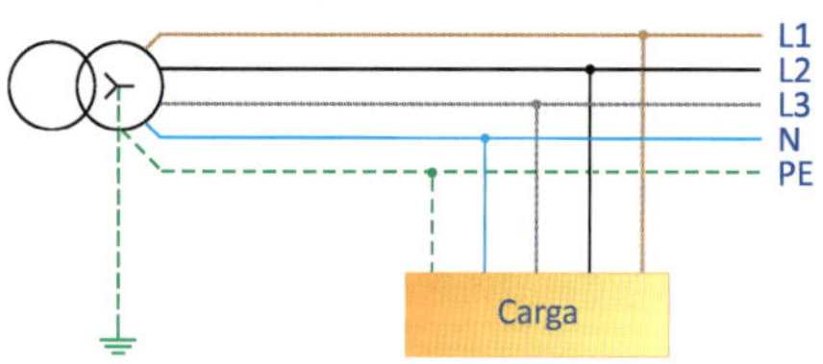

Figura 6.27. *Esquema TN-S.*

Esquema TN-C

Tienen el punto neutro de la fuente de alimentación conectado directamente a tierra y las masas de la instalación receptora conectadas al mismo punto mediante conductores de protección. Las funciones de neutro y protección están combinadas en un solo conductor en todo el esquema.

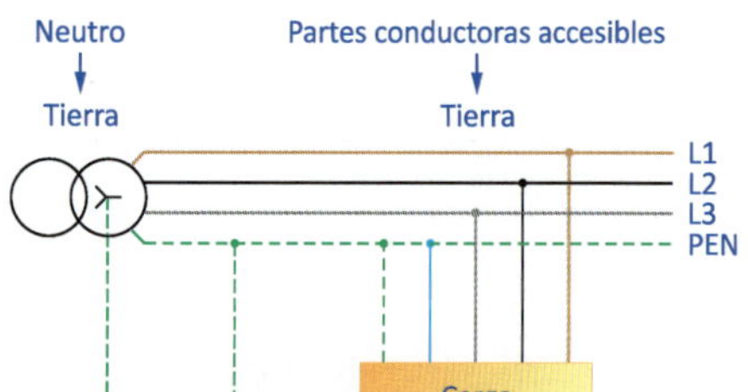

Figura 6.28. *Esquema TN-C.*

Esquema TN-C-S

Tienen el punto neutro de la fuente de alimentación conectado directamente a tierra y las masas de la instalación receptora conectadas al mismo punto mediante conductores de protección. Las funciones de neutro y protección están combinadas en un solo conductor, pero solo en un tramo del esquema.

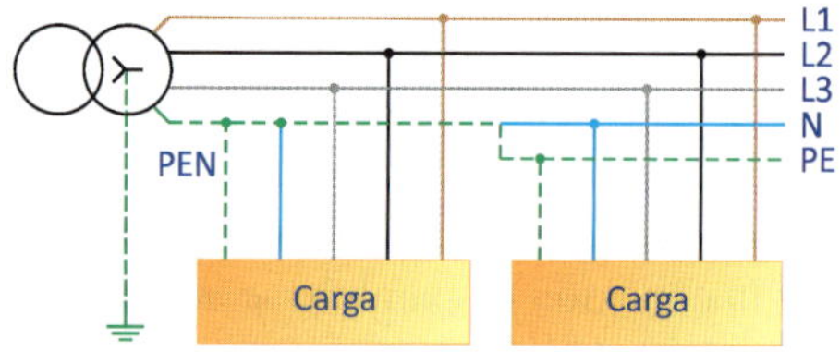

Figura 6.29. *Esquema TN-C-S.*

6.9. Medición en corriente alterna trifásica

Sobre los sistemas trifásicos se pueden realizar las mismas mediciones que se estudiaron en la unidad anterior, puesto que trifásica y monofásica están relacionadas.

6.9.1. Medición de la potencia

La medición de la potencia se realiza de idéntica manera que con los sistemas monofásicos, pero en el sistema trifásico la corriente que circula por cada una de las fases no tiene por qué ser la misma.

Si el sistema es trifásico, la medición puede realizarse de diferentes formas:

- **Sistema equilibrado con neutro.** Solo es necesario un vatímetro. La potencia de la carga es tres veces la lectura.

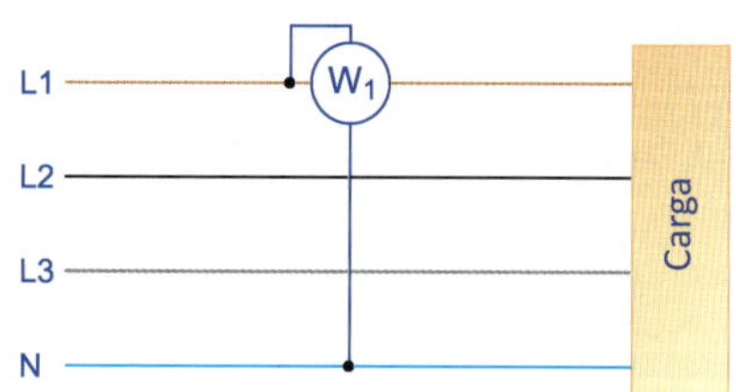

Figura 6.30. *Medición de la potencia en sistema equilibrado con neutro.*

- **Sistema desequilibrado con neutro.** Son necesarios tres vatímetros, uno para cada fase. La potencia de la carga es la suma de las lecturas de los vatímetros.

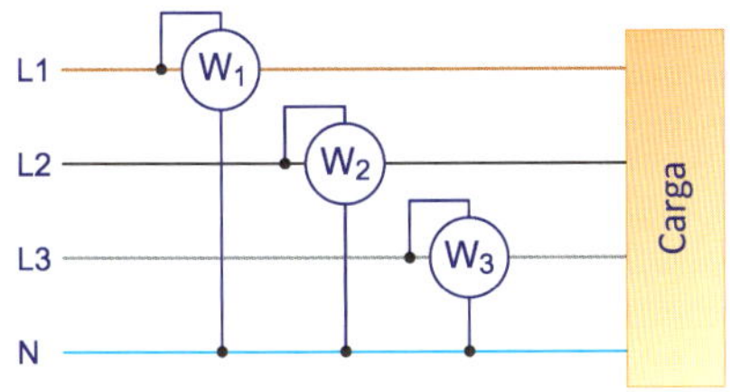

Figura 6.31. *Medición de la potencia en sistema desequilibrado con neutro.*

- **Sistema equilibrado y desequilibrado sin neutro.** Se unen los tres vatímetros por uno de sus bornes (bobinas voltimétricas, que deben ser todas iguales). La potencia de la carga es la suma de las lecturas de los vatímetros.

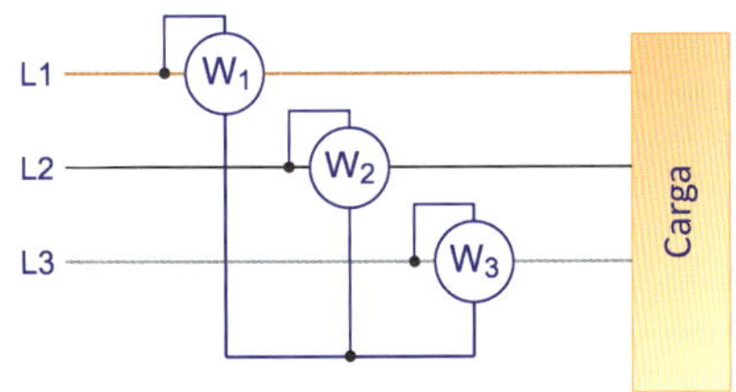

Figura 6.32. *Medición de la potencia en sistema sin neutro.*

Existe un método por el cual mediante dos vatímetros se puede conocer la potencia activa total de un sistema. Esta técnica se denomina **método de Arón** y se puede emplear tanto con sistemas equilibrados como desequilibrados.

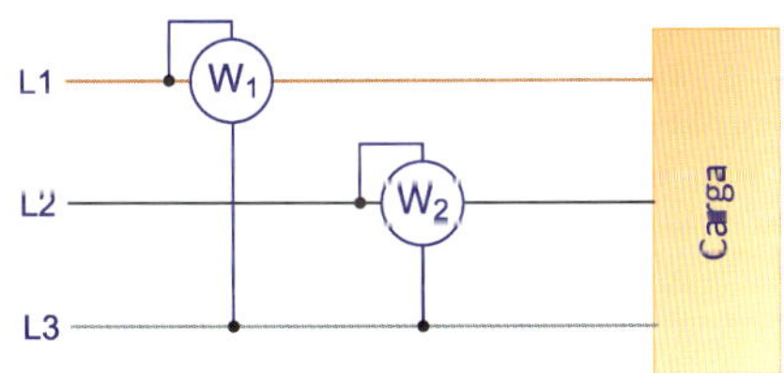

Figura 6.33. *Medición de la potencia aplicando el método de Arón.*

Para ello se conectan dos vatímetros en dos fases cualesquiera y la potencia activa total será la suma de ambas lecturas:

$$P_T = P_1 + P_2$$

Si el sistema es equilibrado, la potencia reactiva total viene determinada por la expresión:

$$Q_T = \sqrt{3} \cdot (P_1 - P_2)$$

Actividad resuelta 6.6

Un sistema trifásico equilibrado al cual se le han conectado dos vatímetros según el método de Arón muestra las siguientes lecturas: $W_1 = 8500$ W y $W_2 = 6000$ W. Calcula las potencias activa, reactiva y aparente, el factor de potencia y el consumo en la carga.

Solución:

La potencia activa la calculamos mediante Arón:

$$P = P_1 + P_2 = 8500 + 6000 = 14\,500 \text{ W}$$

La potencia reactiva es de:

$$Q_T = \sqrt{3} \cdot (P_1 - P_2) = \sqrt{3}\,(8500 - 6000) = 4330{,}12 \text{ VAR}$$

Y la potencia aparente:

$$S = \sqrt{P^2 + Q^2} = \sqrt{14\,500^2 + 4330{,}12^2} = 15\,132{,}7 \text{ VA}$$

El desfase es de:

$$\tan\varphi = \frac{Q}{P} = \frac{4330{,}12}{14\,500} = 0{,}298 \quad \rightarrow \quad \varphi = 16{,}627°$$

Con un factor de potencia de:

$$\cos\varphi = 0{,}958$$

El consumo en la carga:

$$I = \frac{P}{\sqrt{3} \cdot U \cdot \cos\varphi} = \frac{14\,500}{\sqrt{3} \cdot 400 \cdot 0{,}958} = 21{,}84 \text{ A}$$

6.9.2. Medición de la energía

En los sistemas trifásicos cobra tanta importancia la medición de la energía activa como la reactiva, contando con aparatos para ambas.

- **Contador de energía activa.** Se encarga de registrar la energía en función de la potencia activa. Su lectura es en kilovatios hora (kW · h).

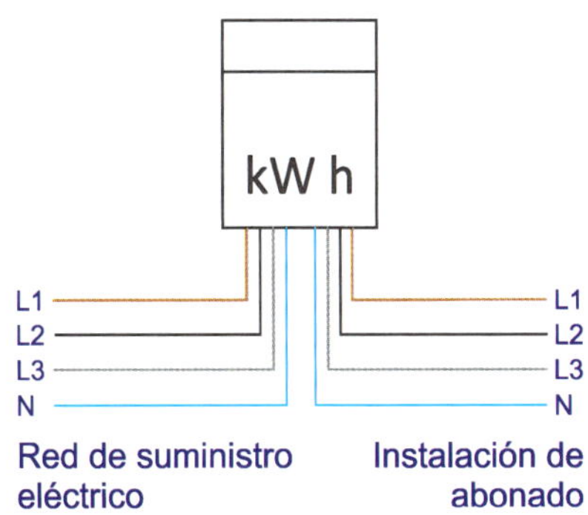

Figura 6.34. *Medición con contador de energía activa trifásico.*

- **Contador de energía reactiva.** Se encarga de registrar la energía en función de la potencia reactiva. Su lectura es en kilovoltiamperios reactivos (kVAr · h).

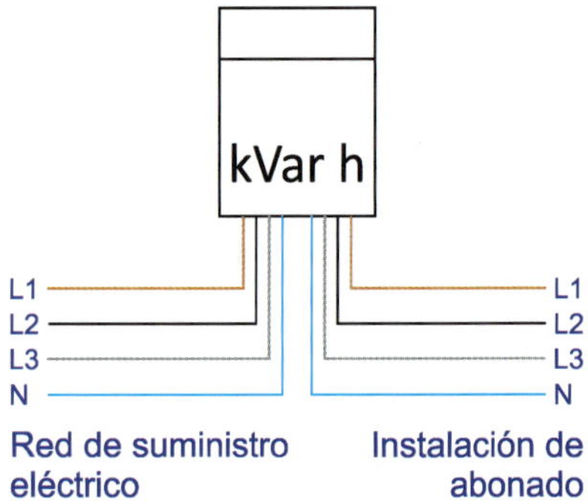

Figura 6.35. *Medición con contador de energía reactiva trifásico.*

Existen contadores que tienen la capacidad de realizar mediciones tanto de potencia activa como reactiva.

Figura 6.36. *Contador trifásico. (Cortesía de Circutor).*

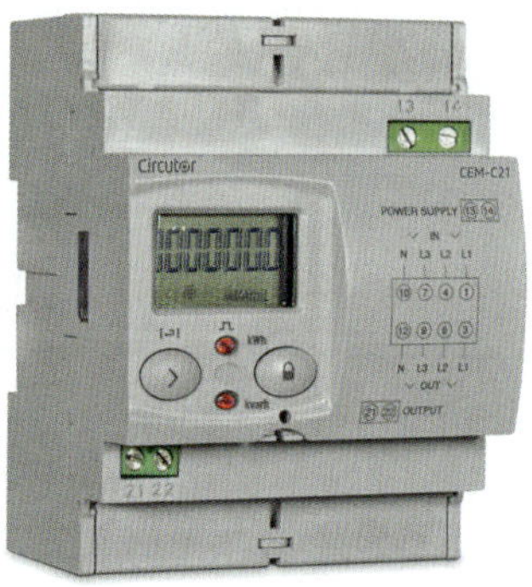

Figura 6.37. *Contador para cuadro. (Cortesía de Circutor).*

6.9.3. Categorías de los aparatos de medición

El mayor problema ocurre con los picos de tensión. Las sobretensiones transitorias pueden ser debidas a los equipos eléctricos (motores, baterías de condensadores, variadores de frecuencia, etc.) o a factores climatológicos (caída de rayos sobre las líneas eléctricas).

La norma EN 61010 establece una serie de categorías para que los aparatos de medición para baja tensión se encuadren en ellas. Estas categorías van desde la categoría I a la IV y se abrevian de CAT I a CAT IV. Es una clasificación en función de la energía, siendo CAT IV la de mayor energía y CAT I la de menor energía.

Tabla 6.3. Categorías de seguridad de los aparatos de medición

Categoría	Descripción	Ejemplos
CAT IV	Tres fases en la conexión del servicio de energía eléctrica, cualquier conductor externo.	• Se refiere a «origen de la instalación»; es decir, en dónde se efectúa la conexión de baja tensión a la alimentación del servicio de energía eléctrica. • Medidores de consumo de electricidad, equipos de protección contra sobrecorrientes. • Exterior y entrada del servicio, acometida del servicio desde el poste al edificio, recorrido entre el medidor y el panel. • Línea en altura a edificio separado, línea subterránea a bomba de pozo.
CAT III	Distribución trifásica, incluyendo iluminación comercial monofásica.	• Equipos en instalaciones fijas, tales como equipos de conmutación y distribución y motores polifásicos. • Bus y alimentador en plantas industriales. • Alimentadores y circuitos de derivación corta, dispositivos de paneles de distribución. • Sistemas de iluminación en edificios grandes. • Salidas para aparatos con conexiones cortas a la entrada del servicio.
CAT II	Cargas conectadas a toma-corrientes monofásicos.	• Artefactos, herramientas portátiles y otras cargas domiciliarias y similares. • Tomacorrientes y circuitos de derivación larga. • Salidas a más de 10 metros (30 pies) de fuente CAT III. • Salidas a más de 20 metros (60 pies) de fuente CAT IV.
CAT I	Electrónica.	• Equipos electrónicos protegidos. • Equipos conectados a circuitos (fuente) en los cuales se toman mediciones para limitar las sobretensiones transitorias a un nivel adecuadamente bajo. • Cualquier fuente de voltaje alto y baja energía derivada de un transformador de gran resistencia de bobinado, tal como la sección de voltaje alto de una fotocopiadora.

6.9.4. Consideraciones prácticas

Es necesario que el operario encargado de realizar las mediciones eléctricas tenga en cuenta una serie de consideraciones para poder realizar su trabajo con seguridad:

- Siempre que sea posible se debe trabajar **sin tensión** y con los circuitos sin energía acumulada. Se debe evitar el rearme bloqueando los elementos de mando mediante candados, pasadores, llaves, etcétera.
- Se deben utilizar los **EPI** (equipos de protección individual) tales como:
  - — Guantes aislados. Además, no se deben llevar objetos metálicos (relojes, anillos, pulseras, etcétera).
  - — Gafas de seguridad o máscaras de protección facial.
  - — Ropa de trabajo de seguridad ignífuga.
- Se deben utilizar **elementos aislantes** tales como:
  - — Herramientas aisladas.
  - — Alfombras o banquetas aislantes.
- A la hora de realizar las mediciones:
  - — Se debe realizar una medición de prueba previa y conocida, para verificar el correcto funcionamiento del aparato de medida.
  - — Con los terminales de medición se debe hacer contacto primero con el conductor de tierra o neutro y luego con el conductor de fase. Y al retirar los terminales de medición se procede de manera inversa, retirando primero el terminal de fase.
  - — El aparato de medida, si es posible, no debe estar en contacto con el operario, para ello se debe apoyar o colgar. Esta es una medida de seguridad por si existe un choque eléctrico (debido a una fuerte sobretensión o fallo de aislamiento); de esta manera se evita que el circuito eléctrico se cierre a través del cuerpo del operario.
- Se debe mantener el **aparato de medición en perfectas condiciones:**
  - — Se debe revisar que los terminales de medición y su cableado, así como la carcasa, no presenten desperfectos.
  - — Los aparatos de medición llevan fusibles como medida de protección; en caso de sustitución se deben emplear los adecuados según el fabricante.
  - — Se debe verificar el estado de las baterías para así obtener lecturas fiables.

MAPA CONCEPTUAL

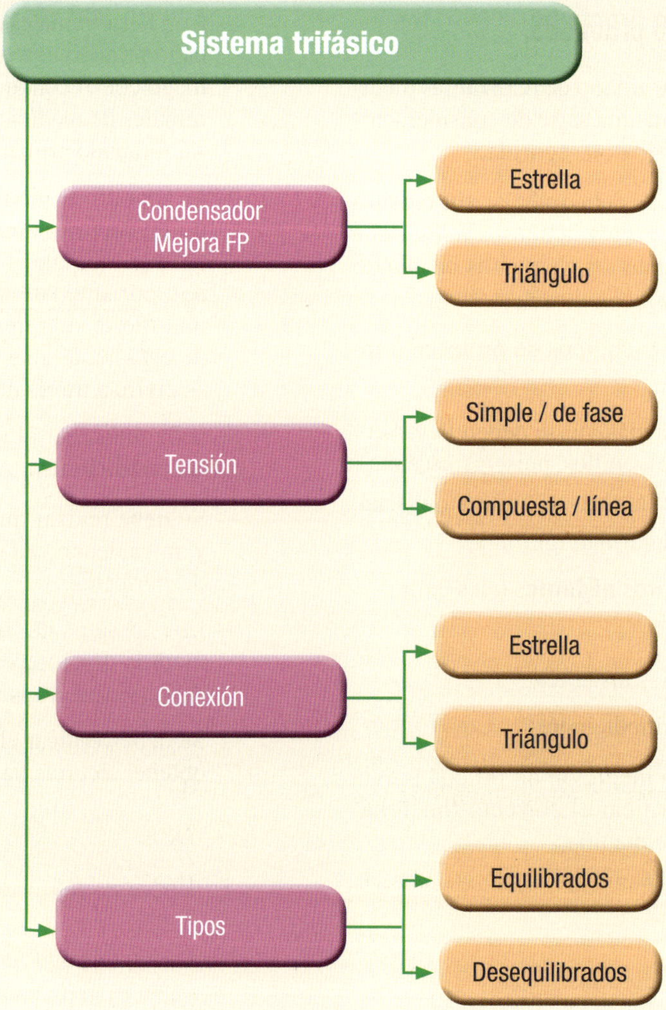

Actividades de comprobación

6.1. Las ventajas de los sistemas trifásicos son:

a) Son sistemas de doble tensión.

b) La potencia suministrada es más uniforme.

c) Hay una reducción del cableado frente a los sistemas monofásicos.

d) Todas las respuestas anteriores son correctas.

6.2. La tensión de fase es:

a) El voltaje que hay entre fase y neutro.

b) El voltaje que hay entre dos fases cualesquiera.

c) El voltaje que hay entre neutro y la toma de tierra.

d) El voltaje que hay entre las masas metálicas y la toma de tierra.

6.3. La tensión compuesta es:

a) El voltaje que hay entre fase y neutro.

b) El voltaje que hay entre dos fases cualesquiera.

c) El voltaje que hay entre neutro y la toma de tierra.

d) El voltaje que hay entre las masas metálicas y la toma de tierra.

6.4. La relación entre la tensión de fase y la tensión de línea es:

a) $\vec{U}_L = \vec{U}_F$

b) $\vec{U}_F = \vec{U}_L \cdot \sqrt{3}$

c) $\vec{U}_L = \vec{U}_F \cdot \sqrt{3}$

d) $\vec{U}_L = \dfrac{\vec{U}_F}{\sqrt{3}}$

6.5. En un receptor trifásico conectado en triángulo se observa la siguiente relación:

a) $U_F = U_L$

b) $U_L = U_F \cdot \sqrt{3}$

c) $\vec{U}_L = \dfrac{\vec{U}_F}{\sqrt{3}}$

d) $U_L = 0$

6.6. En un receptor trifásico conectado en estrella se observa la siguiente relación:

a) $U_F = U_L$

b) $U_L = U_F \cdot \sqrt{3}$

c) $\vec{U}_L = \dfrac{\vec{U}_F}{\sqrt{3}}$

d) $U_L = 0$

6.7. Los condensadores que forman una batería trifásica están sometidos a una tensión de:

a) Si la conexión es en triángulo, entonces están sometidos a la mayor tensión de la red.

b) Si la conexión es en estrella, entonces están sometidos a la mayor tensión de la red.

c) La batería de condensadores solo se puede conectar en monofásica.

d) Internamente, al estar conectados a neutro, la tensión entre todos sus bornes es cero.

6.8. ¿En qué esquema de distribución, un punto de alimentación se conecta directamente a tierra y todas las masas o partes conductoras accesibles de la instalación eléctrica receptora se conectan a una toma de tierra independiente?

a) TT.

b) IT.

c) TN-S.

d) TN-C.

6.9. El método de Arón consiste en:

a) Emplear un vatímetro (conectado a una fase y a neutro) y su potencia activa es el producto de su lectura por tres.

b) Emplear dos vatímetros (conectados cada uno a una fase y el otro terminal a la fase restante) y su potencia activa es la suma de sus dos lecturas.

c) Emplear tres vatímetros (cada uno a una fase y a neutro) y su potencia activa es la suma de sus tres lecturas.

d) Emplear tres vatímetros (cada uno a una fase y el otro terminal unido entre sí formando un neutro ficticio) y su potencia activa es la suma de sus tres lecturas.

6.10. ¿Cuál debe ser la categoría del equipo de medición en sistemas de alumbrado en edificios comerciales?

a) Categoría I.

b) Categoría II.

c) Categoría III.

d) Categoría IV.

Actividades de aplicación

6.11. Un horno eléctrico trifásico está formado por tres resistencias de 80 Ω. Calcula la potencia que consume si se conecta a una red trifásica de 400 V al conectarlo en estrella y en triángulo.

6.12. Un motor trifásico tiene las siguientes características: tensión nominal 230 V/400 V, cos φ = 0,87, rendimiento 0,80, potencia nominal 5 CV, y se conecta a una red trifásica de 400 V. Determina el tipo de conexión posible, las intensidades de fase y de línea y las potencias.

6.13. Un motor trifásico tiene las siguientes características: tensión nominal 400 V/690 V, cos φ = 0,88, rendimiento 0,85, potencia nominal 7,5 kW, y se conecta a una red trifásica de 400 V. Determina el tipo de conexión posible, las intensidades de fase y de línea y las potencias.

6.14. Un sistema trifásico a 400 V presenta los siguientes valores en los conductores de fase:

$$I_{L1} = 25 \text{ A} \qquad \cos\varphi_{L1} = 0{,}6$$

$$I_{L2} = 10 \text{ A} \qquad \cos\varphi_{L2} = 0{,}74$$

Entre el conductor L3 y el neutro hay una carga de impedancia $\vec{Z} = 20 + j10\ \Omega$.

Determina las potencias del sistema y el factor de potencia total, suponiendo que todas las cargas están conectadas entre fase y neutro.

6.15. Un motor trifásico de 2,5 CV con un rendimiento de 0,86 y un factor de potencia de 0,75 está conectado a una red de 400 V. Determina la batería de condensadores que hay que conectar en estrella para situar el factor de potencia a 0,98. Determina, además, la corriente antes y después de colocar la batería de condensadores.

6.16. Un motor trifásico de 10 CV con un rendimiento de 0,89 y un factor de potencia de 0,7, está conectado a una red de 400 V. Determina la batería de condensadores que hay que conectar en estrella para situar el factor de potencia a 0,94. Determina, además, la corriente antes y después de colocar la batería de condensadores.

6.17. Los receptores de una instalación industrial se conectan a una red trifásica de 400 V, con las siguientes características:

Receptor	P_n (kW)	Rendimiento	cos φ	Conexión
Motor M1	15	0,86	0,85	Δ
Motor M2	10	0,82	0,80	Y
Calefacción	8,2	1	1	Δ
Lámparas	0,15 × 30	1	0,6	Y

Calcula para cada receptor:

- Corrientes y tensión de fase y de línea.
- Potencias activas, reactivas y aparentes.

Calcula para el conjunto:

- Corriente.
- Factor de potencia.
- Batería de condensadores para mejorar el factor de potencia a 0,95 tanto en conexión en estrella como en triángulo.
- Corriente con el factor de potencia mejorado.

ACTIVIDADES FINALES

6.18. Los receptores de una instalación industrial se conectan a una red trifásica de 400 V, con las siguientes características:

Receptor	P_n (kW)	Rendimiento	cos φ	Conexión
Motor M1	5	0,91	0,82	Δ
Motor M2	7,5	0,87	0,84	Y
Calefacción	4	1	1	Δ
Lámparas	0,25 × 36	1	0,62	Y

Calcula para cada receptor:

- Corrientes y tensión de fase y de línea.
- Potencias activas, reactivas y aparentes.

Calcula para el conjunto:

- Corriente.
- Factor de potencia.
- Batería de condensadores para mejorar el factor de potencia a 0,90 tanto en conexión en estrella como en triángulo.
- Corriente con el factor de potencia mejorado.

6.19. Los receptores de una instalación industrial se conectan a una red trifásica de 400 V, con las siguientes características:

Receptor	P_n	Rendimiento	cos φ	Conexión
Motor M1	10 CV	0,95	0,70	Δ
Motor M2	6 kW	0,98	0,78	Y
Horno	3000 W	1	1	Δ

Calcula para el conjunto total de receptores:

- Corriente.
- Factor de potencia.
- Batería de condensadores para mejorar el factor de potencia a 0,98 tanto en conexión en estrella como en triángulo.
- Corriente con el factor de potencia mejorado.

Actividades de ampliación

6.20. Consulta en internet páginas web de fabricantes de baterías de condensadores. Fíjate en sus catálogos comerciales. Observa la gama y sus características. Por ejemplo, Circutor (www.circutor.es) o Cydesa (www.cydesa.com).

7

Cálculo de secciones

Una de las tareas del técnico durante la fase de proyecto consiste en el correcto dimensionado de las conducciones eléctricas, así como de sus canalizaciones. Parte de este cálculo está recogido en la normativa que marca el REBT y otra parte consiste en la aplicación de unas expresiones matemáticas. Estos cálculos hacen uso de una serie de tablas que recientemente se actualizaron derogando la UNE 20460-5-523 e incorporando la UNE-HD 60364-5-52.

Las tablas empleadas se basan principalmente en la ITC-BT-19 que habla de las prescripciones generales de las instalaciones interiores o receptoras. Se deja fuera del estudio las redes de distribución aérea y subterránea.

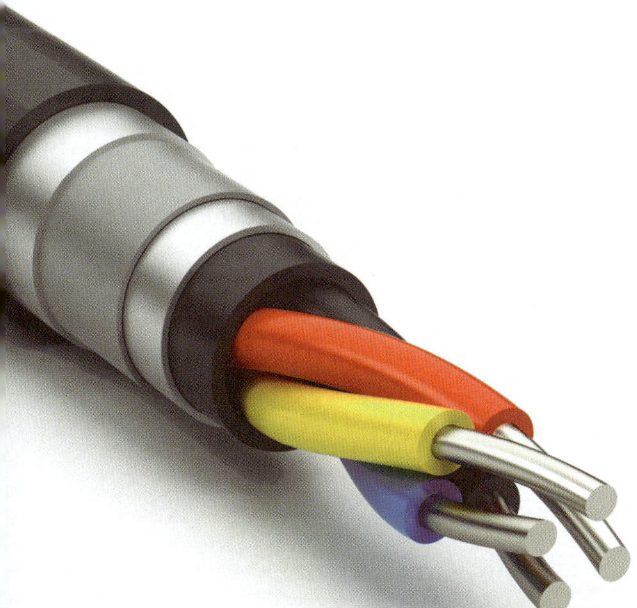

Contenidos

Objetivos

- Aplicar los diferentes criterios para el cálculo de secciones.
- Dimensionar el cableado en función de la intensidad máxima admisible.
- Dimensionar el cableado en función de la caída de tensión máxima.
- Aplicar las tablas del REBT.
- Dimensionar las canalizaciones eléctricas.

7.1. Proceso del cálculo de secciones eléctricas

Cuando un técnico diseña una instalación eléctrica, parte de su trabajo también consiste en seleccionar correctamente las secciones del cableado que intervienen en la misma.

El cálculo de las secciones del cableado eléctrico es importante por cuestiones de seguridad.

Una instalación infradimensionada, que incorpora una sección de cableado inferior a la que debería llevar, trae consigo riesgos de accidentes. Al circular más corriente de la que soporta el cable se produce un calentamiento por efecto Joule que provoca un deterioro del aislante dando lugar a cortocircuitos y posiblemente genere un incendio.

Una instalación sobredimensiona, que incorpora una sección muy superior a la que debería llevar, trae consigo un aumento del coste de la misma de una manera innecesaria.

Para el proceso del cálculo de secciones se debe seguir la normativa vigente que en este caso se basa en las instrucciones del **Reglamento Electrotécnico para Baja Tensión** (REBT).

Hay tres criterios de cálculo:

- Criterio de intensidad máxima admisible.
- Criterio de caída máxima de tensión.
- Criterio de cortocircuito.

Los criterios de intensidad máxima admisible y de caída máxima de tensión están relacionados con la capacidad del cableado de soportar las condiciones de trabajo en el caso más extremo y desfavorable. El criterio de cortocircuito está relacionado con la capacidad de poder actuar los sistemas de protección frente a una intensidad de cortocircuito.

Para determinar correctamente cuál es la sección a emplear se debe realizar el cálculo bajo estos tres criterios.

Lo normal es que, al realizar estos cálculos, cada criterio arroje un valor diferente. Se tomará como resultado a adoptar aquella sección más desfavorable, es decir, **la sección de mayor calibre.**

Además, el REBT incorpora una serie de correcciones en función del tipo de receptor, tipo de instalación y condiciones físicas. Estas correcciones aportan una mayor seguridad ya que ajustan las desviaciones que se producen respecto a las condiciones ideales.

7.2. Criterio de caída de tensión máxima admisible

Cuando circula la corriente eléctrica por un conductor y debido a que posee una resistencia eléctrica se produce una caída de tensión. El REBT en la ITC-19 fija unos límites.

Como regla general, en las **instalaciones de interior** se permite una caída de tensión (c. d. t.) máxima de:

- 3 % para alumbrado.
- 5 % para los demás usos.

Aunque en el caso de **instalaciones industriales,** que se alimenten en alta tensión mediante un transformador de distribución propio, se permite:

- 4,5 % para alumbrado.
- 6,5 % para los demás usos.

Si se trata de **derivaciones individuales** en las instalaciones de enlace, en la ITC-15 los límites son:

- 0,5 % para el caso de contadores concentrados en más de un lugar.
- 1 % para el caso de contadores totalmente concentrados.
- 1,5 % para el caso de suministros individuales de un único usuario donde no existe línea general de alimentación (LGA).

Para la **línea general de alimentación** (LGA), la caída máxima de tensión permitida según REBT (ITC-14) será de:

- 0,5 % para el caso de contadores totalmente centralizados.
- 1 % para el caso de contadores parcialmente centralizados.

7.2.1. Cálculo de la caída de sección

Para obtener la sección mediante caída de tensión hay dos expresiones en función del número de fases.

En función de la potencia las expresiones son las de la Tabla 7.1.

Tabla 7.1. Sección según la potencia

Monofásica	Trifásica
$S = \dfrac{2 \cdot P \cdot L}{\gamma \cdot e \cdot V}$	$S = \dfrac{P \cdot L}{\gamma \cdot e \cdot V_L}$

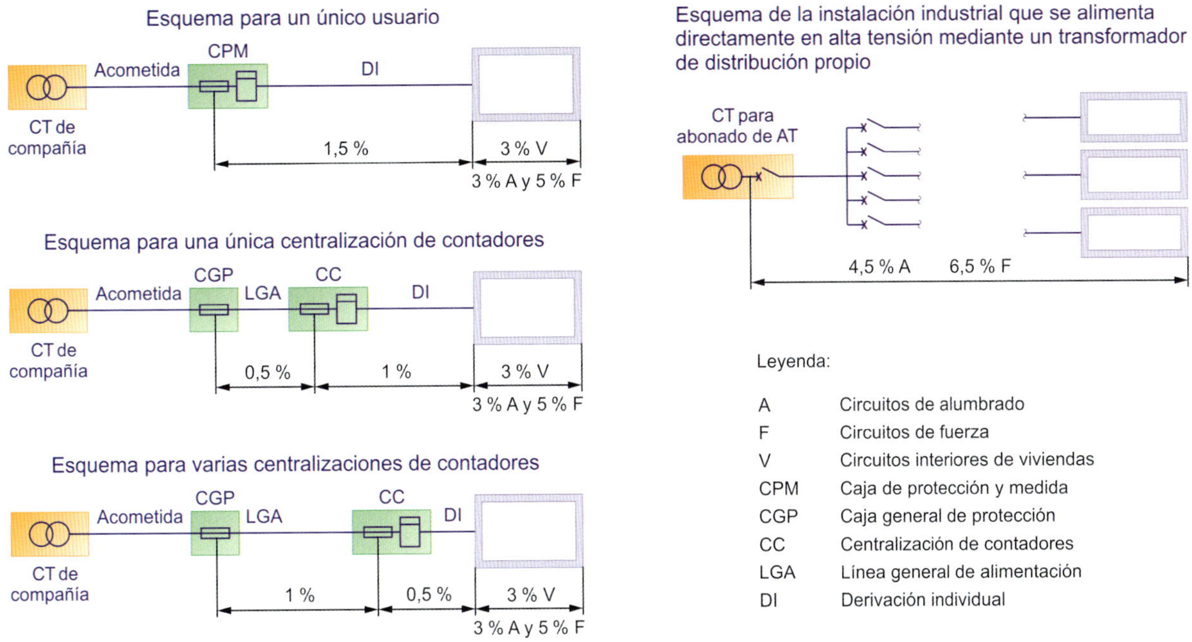

Figura 7.1. *Caídas de tensión máximas admisibles en % según el REBT.*

Si se desarrolla la potencia con el objetivo de incorporar la corriente en la expresión se obtiene lo indicado en la Taba 7.2.

Tabla 7.2. Sección según la corriente

Monofásica	Trifásica
$S = \dfrac{2 \cdot I \cdot \cos\varphi \cdot L}{\gamma \cdot e}$	$S = \dfrac{\sqrt{3} \cdot I_L \cdot \cos\varphi \cdot L}{\gamma \cdot e}$

Donde:

S: sección (mm²).

γ: conductividad (m/Ω · mm²).

I_L: corriente de la línea en amperios (A).

cos φ: factor de potencia.

L: longitud en metros (m).

e: caída de tensión en voltios (V).

V: tensión en voltios (V).

Recuerda

La potencia en trifásica se puede expresar en valores de fase o de línea:

$$P = \sqrt{3} \cdot V_L \cdot I_L \cdot \cos\varphi = 3 \cdot V_F \cdot I_F \cdot \cos\varphi$$

Saber más

Cuando la sección de los conductores es de gran tamaño es conveniente tener en cuenta el efecto de la reactancia de los cables, cuya expresión para trifásica es.

$$S = \frac{\sqrt{3} \cdot I \cdot \cos\varphi \cdot L}{\gamma \cdot \left(e - 1{,}732 \cdot 10^{-3} \cdot \dfrac{x}{n} \cdot L \cdot I \cdot \operatorname{sen}\varphi\right)}$$

Donde:

n: número de conductores por fase.

x: reactancia de la línea, se suele tomar el valor de 0,08 Ω/km.

Estas expresiones se han desarrollado en función de la conductividad (γ), teniendo en cuenta que es la inversa de la resistividad (ρ).

$$\rho = \frac{1}{\gamma} \qquad \gamma = \frac{1}{\rho}$$

Tabla 7.3. Conductividad y resistividad para el cobre y el aluminio a diferentes temperaturas

	Conductividad (m/Ω · mm²)			Resistividad (Ω · mm²/m)		
	$\gamma_{20\,°C}$	$\gamma_{70\,°C}$	$\gamma_{90\,°C}$	$\rho_{20\,°C}$	$\rho_{70\,°C}$	$\rho_{90\,°C}$
Cobre	58	48,47	45,49	0,0172	0,0206	0,0220
Aluminio	35,71	29,67	27,8	0,028	0,0337	0,0359

Para diferentes valores de temperatura se aplica la expresión:

$$\rho_\theta = \rho_{20\,°C}\,[1 + \alpha(\theta - 20)]$$

Siendo el coeficiente α a 20 °C:

- Cobre: $\alpha = 0{,}00393$.
- Aluminio: $\alpha = 0{,}00407$.

Una vez obtenido el valor de la sección mínima se debe redondear al valor comercial igual o superior.

Tabla 7.4. Secciones comerciales

Secciones comerciales (mm²)
1 – 1,5 – 2,5 – 4 – 6 –10 – 16 – 25 – 35 – 50 – 70 – 95 – – 120 – 150 – 185 – 240 – 300 – 400 – 500

7.2.2. Ejemplo de aplicación

Para poder seleccionar qué expresión de cálculo hay que aplicar, lo primero es fijarse en si se parte de la corriente o de la potencia como parámetro conocido, así como si se trata de una línea monofásica o trifásica.

Los parámetros necesarios para poder aplicar la expresión para el cálculo de la sección son los siguientes:

- Corriente o potencia.
- Sistema eléctrico: monofásico o trifásico.
- Tipo de conductor y su aislante. Estos datos son necesarios para determinar el valor de la conductividad a emplear. Se empleará para la temperatura máxima de trabajo, 70 ºC para termoplásticos (PVC) y 90 ºC para termoestables (XLPE y EPR).
- Factor de potencia.
- Longitud de la línea.
- Tensión, generalmente 230 V en monofásica y 400 V en trifásica.
- Caída de tensión (e). El porcentaje se aplica sobre la tensión de la línea. Por ejemplo, un 5 % sobre 400 V da una caída de tensión de:

$$e = 5\ \%\ (400\ \text{V}) = \frac{5 \cdot 400}{100} = 20\ \text{V}$$

Este valor significa que se permite que como máximo caigan 20 V a lo largo de esta línea.

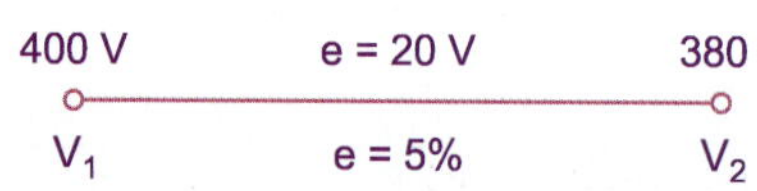

Figura 7.2. *Ejemplo de caída de tensión en una línea.*

Actividad resuelta 7.1

Calcula la sección mediante el criterio de caída de tensión de una línea monofásica de 230 V de 25 metros de longitud de cobre con aislante de PVC que alimenta a un receptor de alumbrado en interior de vivienda de 2000 W.

Solución:

Con los datos del problema se obtienen los parámetros de partida:

- Parámetro de partida: corriente.
- Tipo de conductor: cobre.
- Sistema eléctrico: monofásico → 2.
- Tipo de aislante: termoplástico → PVC .
- Conductividad (PVC → temperatura máxima para PVC: 70 ºC): 48,47 m/Ω · mm².
- Longitud: 25 m.
- Potencia: 2000 W.
- Caída de tensión (alumbrado en vivienda: 3 %): e = 3 % (230 V) = 6,9 V.

Con estos datos se aplica la fórmula correspondiente (corriente, monofásica):

$$S = \frac{2 \cdot P \cdot L}{\gamma \cdot e \cdot V} = \frac{2 \cdot 2000 \cdot 25}{48{,}47 \cdot 6{,}9 \cdot 230} = 1{,}3\ \text{mm}^2$$

Con este valor se busca la sección comercial inmediata superior, siendo de:

$$S = 1{,}5\ \text{mm}^2$$

7.2.3. Receptores iguales uniformemente repartidos

En el caso de receptores iguales uniformemente repartidos, como suelen ser las líneas de iluminación (Figura 7.3), se emplean las expresiones de la Tabla 7.5.

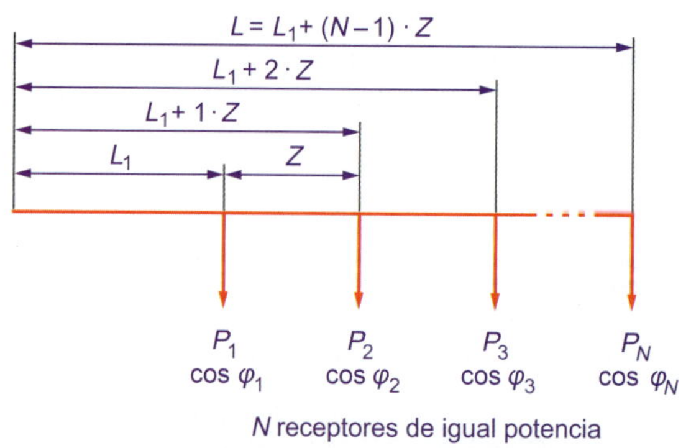

Figura 7.3. *Receptores uniformemente repartidos de iguales características.*

Tabla 7.5. Sección para cargas iguales uniformemente repartidas. No se tiene en cuenta el efecto de la reactancia del cableado

Monofásica		Trifásica	
$S = \dfrac{2 \cdot P \cdot N \cdot \left(\frac{L + L_1}{2}\right)}{\gamma \cdot e \cdot V}$	$S = \dfrac{2 \cdot I \cdot \cos\varphi \cdot N \cdot \left(\frac{L + L_1}{2}\right)}{\gamma \cdot e}$	$S = \dfrac{P \cdot N \cdot \left(\frac{L + L_1}{2}\right)}{\gamma \cdot e \cdot V_L}$	$S = \dfrac{\sqrt{3} \cdot I_L \cdot \cos\varphi \cdot N \cdot \left(\frac{L + L_1}{2}\right)}{\gamma \cdot e}$

Donde:

N: número de cargas.

L: longitud de la línea hasta el último receptor.

L_1: longitud de la línea hasta el primer receptor.

Saber más

Como se ha explicado anteriormente, cuando la sección de los conductores es de gran tamaño es conveniente tener en cuenta el efecto de la reactancia de la línea.

En la expresión de la Tabla 7.5, para trifásica teniendo en cuenta la reactancia del cableado, la sección viene dada por:

$$S = \frac{\sqrt{3} \cdot I \cdot \cos\varphi \cdot N \cdot \left(\frac{L + L_1}{2}\right)}{\gamma \cdot \left(e - 1{,}732 \cdot 10^{-3} \cdot \frac{x}{n} \cdot I \cdot \operatorname{sen}\varphi \cdot N \cdot \left(\frac{L + L_1}{2}\right)\right)}$$

Donde:

n: número de conductores por fase.

N: número de cargas.

x: reactancia de la línea, se suele tomar el valor de 0,08 Ω/km.

7.2.4. Receptores diferentes repartidos a lo largo de una línea

Cuando se tiene una línea en la cual hay cargas de diferente potencia y separadas a distancias no uniformes, se produce que en el primer tramo circula toda la corriente y va disminuyendo en cada tramo.

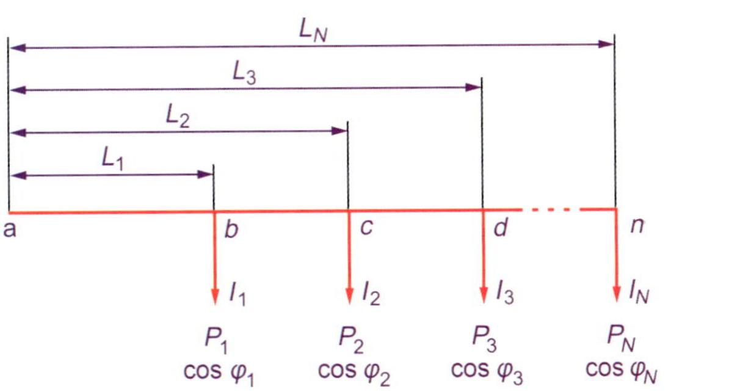

Figura 7.4. *Línea de sección uniforme con cargas repartidas a lo largo.*

Si se toma que la sección del cable es uniforme en toda su longitud, su valor viene determinado por las expresiones de la Tabla 7.6.

Tabla 7.6. Sección para cargas repartidas desigualmente

Monofásica	Trifásica
$S = \dfrac{2 \cdot \sum_{i=1}^{n} L_i \cdot I_i \cdot \cos\varphi_i}{\gamma \cdot e}$	$S = \dfrac{\sqrt{3} \cdot \sum_{i=1}^{n} L_i \cdot I_i \cdot \cos\varphi_i}{\gamma \cdot e}$

7.3. Criterio de intensidad máxima admisible

Al circular la corriente eléctrica por un conductor, este experimenta un calentamiento progresivo por efecto Joule. Este calentamiento es proporcional a dicha corriente, es decir, a mayor corriente mayor calentamiento.

El calor generado por un elemento que se comporte como resistencia eléctrica viene determinado por la expresión:

$$Q = 0{,}24 \cdot E$$

$$Q = 0{,}24 \quad R \cdot I^2 \cdot t$$

Donde:

Q: cantidad de calor en calorías (cal).

R: resistencia eléctrica en ohmios (Ω).

I: intensidad eléctrica en amperios (A).

t: tiempo que circula la corriente eléctrica en segundos (s).

En un conductor cilíndrico, su resistencia depende de la resistividad propia del conductor (ρ), de la longitud (L) y de su sección (S), según la expresión:

$$R = \rho \, \frac{L}{S}$$

Donde:

R: resistencia eléctrica en ohmios (Ω).

ρ: resistividad (Ω · mm²/m).

L: longitud en metros (m).

S: sección (mm²).

Por consiguiente, si se desea disminuir el efecto calorífico se puede aumentar la sección del conductor.

Actividad resuelta 7.2

Calcula el calor desprendido por un conductor eléctrico de cobre de 100 m de longitud que alimenta un receptor que consume 5 A que funciona durante 24 horas.

Considera las secciones en dos casos:

a) 1,5 mm^2.

b) 2,5 mm^2.

Solución:

El primer parámetro que hay que determinar es la resistencia del conductor. Al ser un conductor cilíndrico se aplica la expresión:

$$R = \rho \frac{L}{S}$$

Consultando la Tabla 7.3, la resistividad del cobre a temperatura ambiente es de $\rho = 0{,}0172\ \Omega \cdot \text{mm}^2/\text{m}$.

Para una sección de 1,5 mm^2:

$$R = \rho \frac{L}{S} = 0{,}0172\ \frac{100}{1{,}5} = 1{,}146\ \Omega$$

Para una sección de 2,5 mm^2:

$$R = \rho \frac{L}{S} = 0{,}0172\ \frac{100}{2{,}5} = 0{,}686\ \Omega$$

El tiempo de funcionamiento es de 24 horas, pero se debe expresar en segundos, por tanto:

$$t = 24 \cdot 60 \cdot 60 = 86\,400\ \text{s}$$

Una vez conocidos todos estos parámetros ya se puede aplicar la expresión de la cantidad de calor.

Para una sección de 1,5 mm^2:

$$Q = 0{,}24 \cdot R \cdot I^2 \cdot t = 0{,}24 \cdot 1{,}146 \cdot 5^2 \cdot 86\,400 = \\ = 594{,}4\ \text{kcal}$$

Para una sección de 2,5 mm^2:

$$Q = 0{,}24 \cdot R \cdot I^2 \cdot t = 0{,}24 \cdot 0{,}688 \cdot 5^2 \cdot 86\,400 = \\ = 356{,}6\ \text{kcal}$$

Se observa que al aumentar la sección, el calor generado disminuye porque la resistencia del conductor disminuye.

El criterio de **intensidad máxima admisible** o criterio de **calentamiento** se basa en obtener la máxima corriente que puede soportar un cable de una sección dada en servicio permanente sin deteriorar su aislante. Por tanto, uno de los datos de partida más importante es definir el tipo de aislamiento.

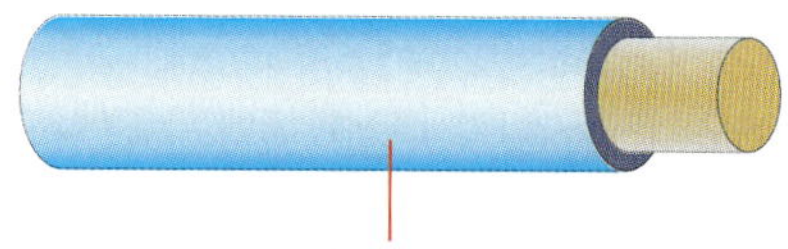

Aislamiento

70 ºC	PVC: policloruro de vinilo
90 ºC	XLPE: polietileno reticulado EPR: etileno propileno

Figura 7.5. *Principales tipos de aislantes.*

Existen dos grandes grupos de aislantes:

- **Termoplásticos.** Son materiales aislantes de tipo polimérico que al aumentarles su temperatura se deforman. Los más usuales en la fabricación de aislantes para cableados eléctricos son: **policloruro de vinilo (PVC),** polietileno (PE), poliolefinas (Z1), poliuretano (PU), etc. Su temperatura máxima de trabajo es de 70 ºC.

- **Termoestables.** Al igual que los termoplásticos, los termoestables son también aislantes de tipo polimérico pero sometidos a un proceso de vulcanización o reticulación. Al ser sometidos a una temperatura superior a la que soportan se queman, pero no se deforman. Los más usuales en la fabricación de aislantes para cableado eléctricos son: **polietileno reticulado (XLPE), etileno propileno (EPR),** neopreno (PCP), caucho natural (SBR), etc. Su temperatura máxima de trabajo es de 90 ºC.

Cuando ocurre un incendio y se quema el aislante del cable se genera una serie de gases que son tóxicos y corrosivos (por ejemplo, ácido clorhídrico HCl). Esta situación ocurre debido a que está compuesto por halógenos. Además, el aislante puede propagar el incendio y generar un humo opaco que dificulta la evacuación de las personas.

Para solucionar esta problemática, el REBT fija que para determinadas instalaciones (locales de pública concurrencia, derivaciones individuales, línea general de alimentación, y donde se requiera mejorar sus prestaciones frente al fuego), se empleen cables que sean «no propagadores del incendio y con emisión de humos y opacidad reducida». Estos cables se denominan de **alta seguridad** (AS y AS+).

Tabla 7.7. Tipos de cables recomendados según la instalación

Tipo de cable	Descripción	
	LGA (línea general de alimentación)	**ITC-14**
RZ1-K (AS)	Cable de tensión asignada 0,6/1 kV, con conductor de cobre clase 5 (-K), aislamiento de polietileno reticulado (R) y cubierta de compuesto termoplástico a base de poliolefina con baja emisión de humos y gases corrosivos (Z1), norma UNE 21123-4.	
DZ1-K (AS)	Cable de tensión asignada 0,6/1 kV, con conductor de cobre clase 5 (-K), aislamiento de etileno propileno (D) y cubierta de compuesto termoplástico a base de poliolefina con baja emisión de humos y gases corrosivos (Z1), norma UNE 21123-5.	
	DI (derivaciones individuales)	**ITC-15**
ES07Z1-K (AS)	Conductor unipolar aislado de tensión asignada 450/750 V, conductor de cobre clase 5 (-K), aislamiento de compuesto termoplástico a base de poliolefina con baja emisión de humos y gases corrosivos (Z1), norma UNE 211002.	
RZ1-K (AS)	Cable de tensión asignada 0,6/1 kV, con conductor de cobre clase 5 (-K), aislamiento de polietileno reticulado (R) y cubierta de compuesto termoplástico a base de poliolefina con baja emisión de humos y gases corrosivos (Z1), norma UNE 21123-4.	
DZ1-K (AS)	Cable de tensión asignada 0,6/1 kV, con conductor de cobre clase 5 (-K), aislamiento de etileno propileno (D) y cubierta de compuesto termoplástico a base de poliolefina con baja emisión de humos y gases corrosivos (Z1), norma UNE 21123-5.	
	Contadores	**ITC-16**
H07Z-R	Conductor unipolar aislado de tensión asignada 450/750 V, conductor de cobre clase 2 (-R), aislamiento de compuesto termoestable con baja emisión de humos y gases corrosivos (Z), norma UNE 21027-9.	
ES07Z1-R (AS)	Conductor unipolar aislado de tensión asignada 450/750 V, conductor de cobre clase 2 (-R), aislamiento de compuesto termoplástico a base de poliolefina con baja emisión de humos y gases corrosivos (Z1). Este tipo de cable solamente está normalizado para las secciones de 1,5 mm^2 con aislamiento de color rojo y de 6, 10, 16 mm^2. Norma UNE 211002.	
	Instalaciones interiores o receptoras	**ITC-20**
H07V-K	Conductor unipolar aislado de tensión asignada 450/750 V, con conductor de cobre clase 5 (-K) y aislamiento de PVC (V).	
ES07Z1-K (AS)	Conductor unipolar aislado de tensión asignada 450/750 V, conductor de cobre clase 5 (-K), aislamiento de compuesto termoplástico a base de poliolefina con baja emisión de humos y gases corrosivos (Z1).	
VV-K	Cable de tensión asignada 0,6/1 kV, con conductor de cobre clase 5 (-K), aislamiento y cubierta de policloruro de vinilo (VV).	
RV-K	Cable de tensión asignada 0,6/1 kV, con conductor de cobre clase 5 (-K), aislamiento de polietileno reticulado (R) y cubierta de policloruro de vinilo (V).	
RZ1-K (AS)	Cable de tensión asignada 0,6/1 kV, con conductor de cobre clase 5 (-K), aislamiento de polietileno reticulado (R) y cubierta de compuesto termoplástico con baja emisión de humos y gases corrosivos (Z1).	
	Instalaciones interiores en viviendas	**ITC-26**
H07V-U	Conductor unipolar aislado de tensión asignada 450/750 V, con conductor de cobre clase 1 (-U) y aislamiento de policloruro de vinilo (V).	
H07V-R	Conductor unipolar aislado de tensión asignada 450/750 V, con conductor de cobre clase 2 (-R) y aislamiento de policloruro de vinilo (V).	
H07V-K	Conductor unipolar aislado de tensión asignada 450/750 V, con conductor de cobre clase 5 (-K) y aislamiento de policloruro de vinilo (V).	

Tipo de cable	Descripción
	Instalaciones interiores en viviendas. Locales que contienen bañera o ducha ITC-27
H07V-U	Conductor unipolar aislado de tensión asignada 450/750 V, con conductor de cobre clase 1 (-U) y aislamiento de policloruro de vinilo (V).
H07V-R	Conductor unipolar aislado de tensión asignada 450/750 V, con conductor de cobre clase 2 (-R) y aislamiento de policloruro de vinilo (V).
H07V-K	Conductor unipolar aislado de tensión asignada 450/750 V, con conductor de cobre clase 5 (-K) y aislamiento de policloruro de vinilo (V).
H05VV-F	Cable de tensión asignada 300/500 V, con conductor de cobre clase 5 apto para servicios móviles (-F), aislamiento de compuesto de PVC (V) y cubierta de compuesto de PVC (V).
	Industria
RZ1KZ1-K (AS)	Cable AS para motores con variadores de frecuencia.
RVKV-K	Cable PVC para motores con variadores de frecuencia.
RZ1-K (AS)	Cable AS para energía y control de luminarias.
VV-K	Cable PVC para control y mando.
RZ1-K (AS)	Cable AS para control y mando.
RC4Z1-K (AS)	Cable AS apantallado para control y mando.
ZZ-F	Cable para instalaciones fotovoltaicas.
H01N2-D	Cable de goma para máquinas de soldar.
H07RN-F	Cable de goma (obras provisionales, servicios móviles, etcétera).

Otro punto importante en el cálculo de la intensidad máxima admisible es el relacionado con el método de la instalación. Este punto es fácil de entender si se considera el caso de una instalación al aire frente a una instalación enterrada. En la instalación al aire existe una mayor facilidad para evacuar el calor generado en el cableado frente a la instalación enterrada; por ello en una instalación al aire se permite una mayor corriente.

Los métodos para realizar las instalaciones se clasifican según la Tabla 7.8.

Tabla 7.8. Modos de instalación

	Modos de instalación (de cables no enterrados)	Ref.
A1	• Conductores aislados o cables **unipolares** en conductos **empotrados** en paredes térmicamente **aislantes.**	1
	• Cable multiconductor empotrado directamente en una pared térmicamente aislante.	3
	• Conductores aislados o cables unipolares en molduras.	12
	• Conductores aislados en conductos o cables unipolares o multipolares en arquitrabe.	15
	• Conductores aislados en conductos o cables unipolares o multipolares en los cercos de ventana.	16
A2	• Cable **multiconductor** en conductos **empotrados** en una pared térmicamente **aislante.**	2
B1	• Conductores aislados o cable **unipolar** en conductos **sobre pared** de madera o de mampostería, no espaciados una distancia inferior a 0,3 veces el diámetro del conductor de ella.	4
	• Conductores aislados o cables unipolares en abrazaderas (canal protectora) fijadas sobre una pared de madera: – En recorrido horizontal. – En recorrido vertical.	6 7
	• Conductores aislados en abrazaderas (canal protectora) suspendidas.	10

	Modos de instalación (de cables no enterrados)	Ref.
	• Conductores aislados o cables unipolares en rodapiés ranurados.	13
	• Cables unipolares o multipolares en vacíos de construcción. 5 De ≤ V < 50 De.	40
	• Conductores aislados en conductos circulares en vacíos de construcción. V ≥ 20 De.	41
	• Conductores aislados en conductos no circulares en vacíos de construcción. V ≥ 20 De.	43
	• Conductores aislados en conductos empotrados en la mampostería (ladrillo, hormigón, yeso, etc.) de resistividad térmica no superior a 2 K · m/W. 5 De ≤ V < 50 De.	45
	• Cables unipolares o multipolares en los vacíos de techo o en los suelos suspendidos. 5 De ≤ V < 50 De.	47
	• Conductores aislados o cable unipolar en canales empotrados en el suelo.	50
	• Conductores aislados o cables unipolares en conductos perfilados empotrados.	52
	• Conductores aislados o cables unipolares en conductos, en canalizaciones no ventiladas en recorrido horizontal o vertical. V ≥ 20 De.	54
	• Conductores aislados en conductos, en canalizaciones abiertas o ventiladas en el suelo.	55
	• Cables unipolares o multipolares en canalizaciones abiertas o ventiladas de recorrido horizontal o vertical.	56
	• Conductores aislados o cables **unipolares** en **conductos empotrados** en una pared de mampostería (ladrillo, hormigón, yeso, etcétera).	59
	• Cable **multiconductor** en conducto **sobre pared** de madera o de mampostería (ladrillo, hormigón, yeso, etc.), no espaciado una distancia inferior a 0,3 veces el diámetro del conducto de ella.	5
	• Cable multiconductor en abrazaderas (canal protectora) fijadas sobre una pared de madera: – En recorrido horizontal. – En recorrido vertical.	 8 9
	• Conductores aislados en abrazaderas (canal protectora) suspendidas.	11
	• Cable multiconductor en rodapiés ranurados.	14
	• Cables unipolares o multipolares en vacíos de construcción. 1,5 De ≤ V < 5 De.	40
	• Conductores aislados en conductos circulares en vacíos de construcción. 1,5 De ≤ V < 20 De.	41
	• Cables unipolares o multipolares en conductos circulares en vacíos de construcción.	42
B2	• Conductores aislados en conductos no circulares en vacíos de construcción. 1,5 De ≤ V < 20 De.	43
	• Cables unipolares o multipolares en conductos no circulares en vacíos de construcción.	44
	• Conductores aislados en conductos empotrados en la mampostería (ladrillo, hormigón, yeso, etc.) de resistividad térmica no superior a 2 K · m/W. 1,5 De ≤ V < 5 De.	45
	• Cables unipolares o multipolares en conductos empotrados en la mampostería de resistividad térmica no superior a 2 K · m/W.	46
	• Cables unipolares o multipolares en los vacíos de techo o en los suelos suspendidos. 1,5 De ≤ V < 5 De.	47
	• Cable multiconductor en canales empotrados en el suelo.	51
	• Cable multiconductor en conductos perfilados empotrados.	52
	• Conductores aislados o cables unipolares en conductos, en canalizaciones no ventiladas en recorrido horizontal o vertical. 1,5 De ≤ V < 20 De.	54
	• Cables **multiconductores** en **conductos empotrados** en una pared de mampostería.	60
	• Cables **unipolares** o **multipolares** fijados **sobre una pared** de madera o espaciados menos de 0,3 veces el diámetro del cable de la pared.	20
C	• Cables unipolares o multipolares fijados bajo un techo de madera.	21
	• Cables unipolares o multipolares separados del techo.	22

	Modos de instalación (de cables no enterrados)	Ref.
C	• Cables **unipolares** o **multipolares** sobre **bandejas no perforadas.**	30
	• Cables unipolares o multipolares empotrados directamente en las paredes de mampostería (ladrillo, hormigón, yeso, etc.) de resistividad inferior a 2 K · m/W sin protección contra los daños mecánicos complementaria.	57
	• Cables unipolares o multipolares empotrados directamente en las paredes de mampostería (ladrillo, hormigón, yeso, etc.) de resistividad inferior a 2 K · m/W con protección contra los daños mecánicos complementaria.	58
E	• Cables **multipolares** sobre **bandejas perforadas.**	31
	• Cables multipolares sobre abrazaderas o **rejillas.**	32
	• Cables multipolares separados de la pared más de 0,3 veces el diámetro del cable.	33
	• Cables multipolares sobre **escaleras** de cables.	34
	• Cable multipolar suspendido de un cable portador o autoportante.	35
F	• Cables **unipolares** sobre **bandejas perforadas.**	31
	• Cables unipolares sobre abrazaderas o **rejillas.**	32
	• Cables unipolares separados de la pared más de 0,3 veces el diámetro del cable.	33
	• Cables unipolares sobre **escaleras** de cables.	34
	• Cable unipolar suspendido de un cable portador o autoportante.	35
G	• Conductores desnudos o aislados **sobre aisladores.**	36

Esta tabla se puede resumir en función de los tipos (Tabla 7.9).

Tabla 7.9. Modos de instalación (genéricos)

Ref.	Tipo de instalación	
A1	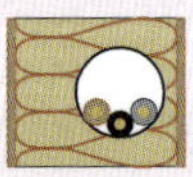	Conductores **aislados** en un **conducto** en una pared térmicamente aislante.
A2	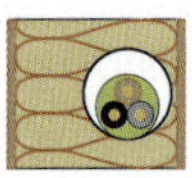	Cable **multiconductor** en un **conducto** en una pared térmicamente aislante.
B1	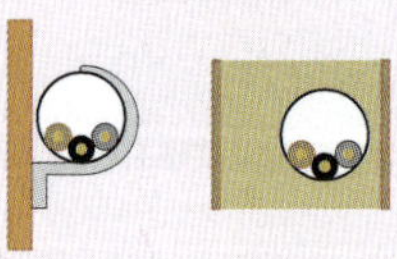	Conductores **aislados** en un conducto **sobre una pared o empotrados** en obra.
B2	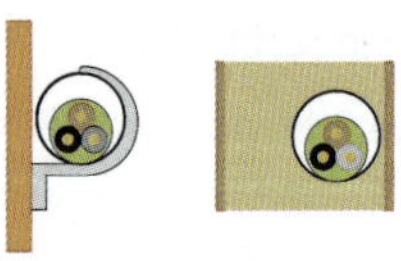	Cable **multiconductor** en un conducto **sobre una pared o empotrados** en obra.
C	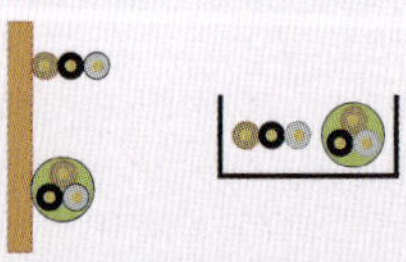	Cables **unipolares** o **multipolares sobre una pared** o en **bandeja no perforada.**

Ref.	Tipo de instalación	
D1	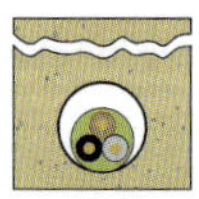	Cable **multiconductor** en **conductos enterrados.**
D2		Cables con cubierta **unipolares** o **multipolares** directamente en el **suelo.**
E	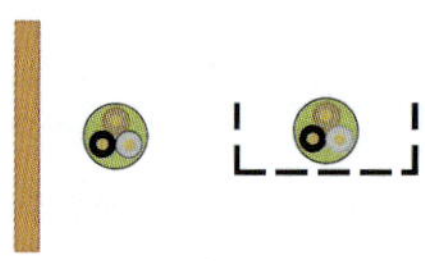	Cable **multiconductor** al **aire** libre (distancia al muro no inferior a 0,3 veces el diámetro del cable) o en **bandeja perforada.**
F	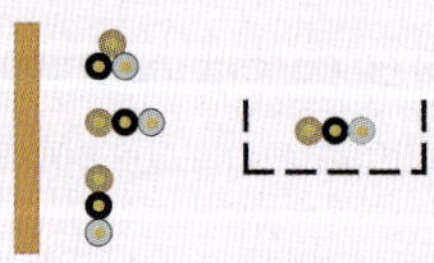	Cables **unipolares** al **aire** libre (distancia al muro no inferior al diámetro del cable) o en **bandeja perforada.**

Tabla 7.10. Intensidades máximas admisibles. UNE-HD 60364-5-52:2014. Tabla C-52-1 bis

(UNE-HD 60364-5-52:2014) Intensidades admisibles en amperios. Temperatura ambiente de 40 °C en el aire																		
Método de instalación	Número de conductores cargados y tipos de aislamiento																	
A1		PVC 3	PVC 2				XLPE 3		XLPE 2									
A2	PVC 3	PVC 2			XLPE 3		XLPE 2											
B1				PVC 3		PVC 2					XLPE 3				XLPE 2			
B2			PVC 3	PVC 2					XLPE 3		XLPE 2							
C						PVC 3				PVC 2			XLPE 3			XLPE 2		
E								PVC 3				PVC 2			XLPE 3		XLPE 2	
F										PVC 3				PVC 2		XLPE 3		XLPE 2
1	2	3	4	5a	5b	6a	6b	7a	7b	8a	8b	9a	9b	10a	10b	11	12	13
Sección mm²	Cobre																	
1,5	11	11,5	12,5	13,5	14	14,5	15,5	16	16,5	17	17,5	19	20	20	20	21	23	–
2,5	15	15,5	17	18	19	20	20	21	22	23	24	26	27	26	28	30	32	–
4	20	20	22	24	25	26	28	29	30	31	32	34	36	36	38	40	44	–
6	25	26	29	31	32	34	36	37	39	40	41	44	46	46	49	52	57	–
10	33	36	40	43	45	46	49	52	54	54	57	60	63	65	68	72	78	–
16	45	48	53	59	61	63	66	69	72	73	77	81	85	87	91	97	104	–
25	59	63	69	77	80	82	86	87	91	95	100	103	108	110	115	122	135	146
35	–	–	–	95	100	101	106	109	114	119	124	127	133	137	143	153	168	182
50	–	–	–	116	121	122	128	133	139	145	151	155	162	167	174	188	204	220
70	–	–	–	148	155	155	162	170	178	185	193	100	208	214	223	243	262	282
95	–	–	–	180	188	187	190	207	216	224	234	241	252	259	271	298	320	343
120	–	–	–	207	217	216	226	240	251	260	272	280	293	301	314	350	373	397
150	–	–	–	–	–	247	259	276	289	299	313	322	337	343	359	401	430	458
185	–	–	–	–	–	281	294	314	329	341	356	368	385	391	409	460	493	523
240	–	–	–	–	–	330	345	368	385	401	419	435	455	468	489	545	583	617
Sección mm²	Aluminio																	
2,5	11,5	12	13	14	15	16	16,5	17	17,5	18	19	20	20	20	21	23	25	–
4	15	16	17	19	20	21	22	22	23	24	25	26	28	27	29	31	34	–
6	20	20	22	24	25	27	29	28	30	31	32	33	35	36	38	40	44	–
10	26	27	31	33	35	38	40	40	41	42	44	46	49	50	52	56	60	–
16	35	37	41	46	48	50	52	53	55	57	60	63	66	66	70	76	82	–
25	46	49	54	60	63	63	66	67	70	72	75	78	81	84	88	91	98	110
35	–	–	–	74	78	78	81	83	87	89	93	97	101	104	109	114	122	136
50	–	–	–	90	94	95	100	101	106	108	113	118	123	127	132	140	149	167
70	–	–	–	115	121	121	127	130	136	139	145	151	158	162	170	180	192	215
95	–	–	–	140	146	147	154	159	166	169	177	183	192	197	206	219	233	262
120	–	–	–	161	169	171	179	184	192	196	205	213	222	228	239	254	273	306
150	–	–	–	–	–	196	205	213	222	227	237	246	257	264	276	294	314	353
185	–	–	–	–	–	222	232	243	254	259	271	281	293	301	315	337	361	406
240	–	–	–	–	–	261	273	287	300	306	320	332	347	355	372	399	427	482

La normativa actual del REBT en su ITC-19 y según UNE-HD 60.364-5-52 recoge todos estos parámetros en unas tablas según el conductor eléctrico (una para el cobre y otra para el aluminio). La Tabla 7.10 indica la densidad de corriente, es decir, cuál es la corriente máxima en amperios por milímetro cuadrado para una temperatura ambiente de 40 °C.

En estas tablas se hace referencia al número de conductores activos:

- **Trifásica.** El número **3X** indica que hay tres conductores activos, que son normalmente las tres fases. El neutro y el conductor de protección no se consideran activos. No obstante, hay una consideración especial para neutros cargados por influencia de las corrientes armónicas. Se tratará en el Apartado 7.5.7.
- **Monofásica.** El número **2X** indica que hay dos conductores activos, que son normalmente la fase y el neutro en instalaciones monofásicas. El conductor de protección no se considera activo.

7.3.1. Ejemplo de aplicación

El parámetro inicial de cálculo es la corriente en amperios. Si en lugar de la corriente se conoce la potencia, a partir de aquí se puede obtener la corriente.

En sistemas monofásicos:

$$I = \frac{P}{V \cdot \cos \varphi}$$

En sistemas trifásicos la corriente de línea viene definida por la expresión:

$$I_L = \frac{P}{\sqrt{3} \cdot V_L \cdot \cos \varphi}$$

Como el criterio de corriente máxima se basa en determinar el conductor mediante la Tabla 7.10, el primer paso es determinar las condiciones de la instalación, que son:

- Tipo de conductor: cobre o aluminio.
- Modo de llevar a cabo la instalación: montaje empotrado, superficial, etcétera.
- Sistema eléctrico: monofásico o trifásico.
- Tipo de aislante: termoplástico (PVC) o termoestable (XLPE, EPR).

Con estos datos de partida se entra en la tabla a través del método de instalación hasta encontrar la columna del tipo de aislante según el sistema eléctrico (monofásico 2 o trifásico 3). En esta columna y en el área del tipo de conductor (cobre o aluminio) se busca el valor igual o superior a la corriente buscada y se lee a qué valor de sección corresponde, siendo este el dato deseado.

Actividad resuelta 7.3

Calcula la sección del cable que alimenta un equipo monofásico que consume 50 A. La instalación es bajo tubo en montaje superficial mediante un cable multiconductor con aislante de PVC.

Solución:

Con los datos del problema se obtienen los parámetros de partida:

- Tipo de conductor: cobre.
- Instalación: montaje superficial bajo tubo en multiconductor → B2.
- Sistema eléctrico: monofásico → 2.
- Tipo de aislante: termoplástico → PVC.

Estos datos de partida sirven para poder consultar la Tabla 7.10 y moverse entre sus filas y columnas.

El dato del tipo de conductor sirve para discriminar sobre qué tabla se va a trabajar, ya que dicha tabla se divide en dos partes: para conductor de cobre y para conductor de aluminio. En este caso solo emplearemos la referente al cobre.

El dato del tipo de instalación, en este caso, es en montaje superficial en tubo y empleando multiconductor. Este tipo de instalación está codificado como método de instalación B2.

El dato del sistema eléctrico y el tipo de aislante se emplean conjuntamente. Si el sistema es monofásico se usa el número 2 y si es trifásico se emplea el número 3. Respecto al aislante, los termoplásticos emplean el código PVC y si son termoestables emplean el código XLPE. Así, en este caso el código que hay que emplear es PVC2.

Ahora se pasa a emplear la Tabla 7.10. Se consulta en la parte superior empleando los datos B2 y PVC2.

Sobre la columna del método de instalación se entra por **B2** (este es nuestro caso para este ejercicio), desplazándonos hasta encontrar la casilla que corresponde al aislante y sistema eléctrico (**PCV2**). Sobre esta columna nos desplazamos hasta entrar en la parte de la tabla que corresponde al tipo de conductor (cobre). Esta columna va codificada como **5a.**

En esta parte del conductor (cobre) nos vamos desplazando hasta encontrar un valor igual o superior al valor de corriente a calcular. Como se desea obtener el cable para 50 amperios se observa que de 43 A pasa a 59 A; por tanto se toma el valor de 59 amperios y nos desplazamos para ver a qué sección corresponde, siendo de **16 mm².**

Tabla 7.11. Intensidades máximas admisibles y ejemplo de empleo

(UNE-HD 60364-5-52:2014) Intensidades admisibles en amperios. Temperatura ambiente de 40 °C en el aire																		
Método de instalación	Número de conductores cargados y tipos de aislamiento																	
A1		PVC 3	PVC 2				XLPE 3		XLPE 2									
A2	PVC 3	PVC 2			XLPE 3		XLPE 2											
B1				PVC 3		PVC 2					XLPE 3				XLPE 2			
B2			PVC 3	PVC 2					XLPE 3		XLPE 2							
C						PVC 3				PVC 2			XLPE 3			XLPE 2		
E								PVC 3				PVC 2			XLPE 3		XLPE 2	
F										PVC 3				PVC 2		XLPE 3		XLPE 2
1	2	3	4	5a	5b	6a	6b	7a	7b	8a	8b	9a	9b	10a	10b	11	12	13
Sección mm²	Cobre																	
1,5	11	11,5	12,5	13,5	14	14,5	15,5	16	16,5	17	17,5	19	20	20	20	21	23	–
2,5	15	15,5	17	18	19	20	20	21	22	23	24	26	27	26	28	30	32	–
4	20	20	22	24	25	26	28	29	30	31	32	34	36	36	38	40	44	–
6	25	26	29	31	32	34	36	37	39	40	41	44	46	46	49	52	57	–
10	33	36	40	43	45	46	49	52	54	54	57	60	63	65	68	72	78	–
16	45	48	53	59	61	63	66	69	72	73	77	81	85	87	91	97	104	–
25	59	63	69	77	80	82	86	87	91	95	100	103	108	110	115	122	135	146
35	–	–	–	95	100	101	106	109	114	119	124	127	133	137	143	153	168	182
50	–	–	–	116	121	122	128	133	139	145	151	155	162	167	174	188	204	220
70	–	–	–	148	155	155	162	170	178	185	193	199	208	214	223	243	262	282
95	–	–	–	180	188	187	196	207	216	224	234	241	252	259	271	298	320	343
120	–	–	–	207	217	216	226	240	251	260	272	280	293	301	314	350	373	397
150	–	–	–	–	–	247	259	276	289	299	313	322	337	343	359	401	430	458
185	–	–	–	–	–	281	294	314	329	341	356	368	385	391	409	460	493	523
240	–	–	–	–	–	330	345	368	385	401	419	435	455	468	489	545	583	617

Por tanto, el cable que hay que emplear es el de **16 mm²** que soporta una corriente de **59 A.**

7.3.2. Instalaciones enterradas

Para las instalaciones subterráneas interiores o receptoras se emplea la Tabla 7.12.

Esta tabla presenta los resultados para una profundidad de 0,70 metros, una temperatura del terreno de 25 °C y una resistividad térmica del terreno de 2,5 K · m/W.

Saber más

La sección mínima para instalaciones enterradas según la norma ITC-BT-07 es de 6 mm² para cobre y 10 mm² para aluminio.

La instalación puede realizarse con conductores directamente enterrados o bajo tubo. En este caso solo se instalará **un circuito por tubo.**

7.3.3. Ejemplo de aplicación para instalaciones enterradas

El proceso de trabajar con la Tabla 7.12 para obtener la sección de instalaciones enterradas es similar a la de los otros tipos de montaje. En este caso se entra por el tipo de conductor (cobre o aluminio) y el tipo de aislante (termoplástico PVC y termoestable XLPE) en función de la corriente (monofásico 2 y trifásico 3).

Tabla 7.12. Intensidades máximas admisibles para instalaciones enterradas D1/D2. UNE 60364-5-52. Tabla C-52-2 bis

	Sección mm²	1,5	2,5	4	6	10	16	25	35	50	70	95	120	150	185	240	300
Cobre	PVC2	20,5	27,5	36	44	59	76	98	118	140	173	205	233	264	296	342	387
	PVC3	17	22,5	29	37	49	63	81	97	115	143	170	192	218	245	282	319
	XLPE2	24,5	32,5	42	53	70	91	116	140	166	204	241	275	311	348	402	455
	XLPE3	21	27,5	35	44	58	75	96	117	138	170	202	230	260	291	336	380
Aluminio	XLPE2	–	–	–	–	–	70	89	107	126	156	185	211	239	267	309	349
	XLPE3	–	–	–	–	–	58	74	90	107	132	157	178	201	226	261	295

Resistividad del terreno: 2,5 K · m/W.
Temperatura del terreno: 25 °C.
Profundidad de la instalación: 0,70 m.

Actividad resuelta 7.4

Calcula la sección del cable de una línea general de alimentación trifásica de un edificio con una potencia de 115 kW que circula enterrada bajo tubos. Considera un factor de potencia de $\cos\varphi = 0{,}9$.

Solución:

En primer lugar se debe conocer la corriente. Por ser trifásica se aplica la ecuación:

$$I = \frac{P}{\sqrt{3} \cdot V \cdot \cos\varphi} = \frac{115\,000}{\sqrt{3} \cdot 400 \cdot 0{,}9} = 184{,}43 \text{ A}$$

Con los datos del problema se obtienen los parámetros de partida:

- Corriente: 184,43 A.
- Tipo de conductor: cobre.
- Sistema eléctrico: trifásico → 3.
- Tipo de aislante: las LGA se instalan de tipo XLPE.

Se entra por el tipo de conductor eléctrico, en este caso cobre. En la fila del aislante y para trifásica (XLPE3) se busca el valor de corriente igual o superior al de cálculo (184,43 A) encontrándose el valor de 202 A que corresponde con una sección de **95 mm².**

Tabla 7.13. Ejemplo de empleo de la intensidad máxima admisible para líneas enterradas (D1/D2)

	Sección mm²	1,5	2,5	4	6	10	16	25	35	50	70	95	120	150	185	240	300
Cobre	PVC2	20,5	27,5	36	44	59	76	98	118	140	173	205	233	264	296	342	387
	PVC3	17	22,5	29	37	49	63	81	97	115	143	170	192	218	245	282	319
	XLPE2	24,5	32,5	42	53	70	91	116	140	166	204	241	275	311	348	402	455
	XLPE3	21	27,5	35	44	58	75	96	117	138	170	202	230	260	291	336	380
Aluminio	XLPE2	–	–	–	–	–	70	89	107	126	156	185	211	239	267	309	349
	XLPE3	–	–	–	–	–	58	74	90	107	132	157	178	201	226	261	295

(Anotaciones: 1º Cobre; 2º XLPE3; 3º; 4º → 95)

7.4. Criterio de cortocircuito

El cálculo de la corriente de cortocircuito está más relacionado con la capacidad de actuar los sistemas de protección frente a un cortocircuito, de tal manera que se asegure la integridad del cableado. Por tanto, los sistemas de protección deben cumplir que:

- El poder de corte sea superior a la corriente de cortocircuito.
- El tiempo de corte sea inferior al necesario para dañar la instalación.

En el cálculo de la corriente de cortocircuito aparecen términos tales como impedancia del transformador, red de distribución y acometida, que son datos de difícil obtención. Por ello se admite la ecuación simplificada:

$$I_{CC} = \frac{0{,}8 \cdot U}{R}$$

Donde:

I_{CC}: intensidad máxima de cortocircuito en el punto dado.

U: tensión.

R: resistencia de los conductores desde el punto considerado hasta la alimentación.

Para el cálculo se considera que la temperatura es de 20 °C para así obtener el máximo valor.

Este cálculo simplificado es válido para secciones de hasta 95 mm². En secciones superiores se puede corregir según la Tabla 7.14.

Tabla 7.14. Corrección de la impedancia

Sección del conductor (mm²)	Impedancia total que considerar
120	R + 10 %
150	R + 15 %
185	R + 20 %
240	R + 25 %
300	R + 30 %

Actividad resuelta 7.5

Se tiene la instalación para un edificio de viviendas con las siguientes características:

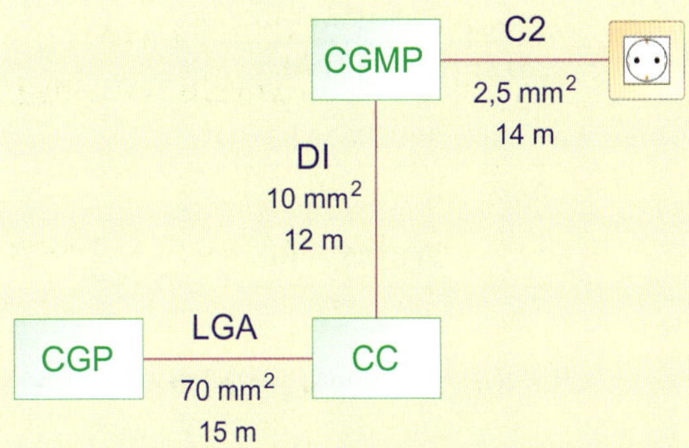

Figura 7.6. *Instalación en vivienda con circuito C2.*

La LGA se ha realizado empleando conductores termoestables y la DI y el circuito C2 se han realizado empleando conductores termoplásticos.

Verifica que las protecciones funcionarán correctamente.

Solución:

La corriente de cortocircuito viene definida en su forma simplificada como:

$$I_{CC} = \frac{0{,}8 \cdot U}{R}$$

Se obtiene la resistencia de la línea general de alimentación y de la derivación individual. Al ser monofásica, la longitud contempla ida y vuelta.

$$R_{LGA} = \frac{\rho \cdot L_{LGA}}{S_{LGA}} = \frac{0{,}0172 \cdot (15 \cdot 2)}{70} = 0{,}00737\ \Omega$$

$$R_{DI} = \frac{\rho \cdot L_{DI}}{S_{DI}} = \frac{0{,}0172 \cdot (12 \cdot 2)}{10} = 0{,}04128\ \Omega$$

Y sustituyendo se obtiene el **cortocircuito de valor máximo:**

$$I_{CC} = \frac{0{,}8 \cdot U}{R} = \frac{0{,}8 \cdot 230}{0{,}00737 + 0{,}04128} = 3782\ \text{A}$$

$$I_{CC} = 3782\ A < 4500\ \text{A}$$

Se puede observar que la corriente de cortocircuito es menor de 4500 A, valor de poder de corte que fija el REBT (ITC-BT-17) como mínimo para el IGA.

El siguiente paso es verificar que con un cortocircuito de valor mínimo (en el punto más alejado y a la temperatura máxima del cable) el interruptor automático es capaz de detectarlo para actuar rápidamente. Para ello se procede de similar manera, pero teniendo en cuenta las resistividades ($\rho_{70\,°C} = 0{,}0206\ \Omega \cdot mm^2/m$ para la DI y C2 y $\rho_{90\,°C} = 0{,}022\ \Omega \cdot mm^2/m$ para la LGA) según la Tabla 7.3.

$$R_{LGA} = \frac{\rho \cdot L_{LGA}}{S_{LGA}} = \frac{0{,}022 \cdot (15 \cdot 2)}{70} = 0{,}0094\ \Omega$$

$$R_{DI} = \frac{\rho \cdot L_{DI}}{S_{DI}} = \frac{0{,}0206 \cdot (12 \cdot 2)}{10} = 0{,}04944\ \Omega$$

$$R_{C2} = \frac{\rho \cdot L_{C2}}{S_{C2}} = \frac{0{,}0206 \cdot (14 \cdot 2)}{2{,}5} = 0{,}23072\ \Omega$$

$$R = R_{LGA} + R_{DI} + R_{C2} = 0{,}289\ \Omega$$

Sustituyendo se obtiene el **cortocircuito de valor mínimo:**

$$I_{CC} = \frac{0{,}8 \cdot U}{R} = \frac{0{,}8 \cdot 230}{0{,}289} = 528\ \text{A}$$

El interruptor automático magnetotérmico que protege al circuito C2 es de 16 A con curva de tipo C. Este dispositivo necesita una intensidad de cortocircuito superior a 10 veces su corriente nominal para actuar, es decir, 160 A.

$$I_{CC} = 528\ A > 160\ \text{A}$$

Por tanto, la instalación está correctamente dimensionada.

Para las corrientes de cortocircuito en sistemas trifásicos el estudio se complica puesto que existen varios tipos de cortocircuitos (entre tres fases, entre dos fases, entre fase y tierra), saliéndose del objeto de estudio de esta unidad.

7.5. Correcciones de cálculo

Los datos que proporcionan las tablas para el cálculo de secciones se han determinado bajo una serie de condiciones, tales como temperatura ambiente, número de circuitos que circulan por la misma canalización, etc. Cuando estas condiciones varían, se debe realizar un ajuste para tener en cuenta todas estas consideraciones y así asegurar que el cableado eléctrico trabaje con seguridad.

7.5.1. Corrección según el tipo de receptor

El REBT fija una serie de coeficientes de corrección que se analizan a continuación.

Lámparas de descarga

Según la ITC-BT-09, las lámparas de descarga se sobredimensionarán. La potencia aparente mínima se considera **1,8 veces** la potencia en vatios de las lámparas o tubos de descarga.

Actividad resuelta 7.6

Calcula la potencia total de un conjunto de 60 lámparas fluorescentes de 50 W cada una, con un factor de potencia unitario de 0,9.

Solución:

Como se debe aplicar un sobredimensionamiento, la potencia aparente total (S_T) será de:

$$S = k \cdot (\text{Número de lámparas} \cdot \text{Potencia})$$

$$S = 1{,}8 \cdot (60 \cdot 50) = 5400\ \text{VA}$$

Y la potencia activa total es de:

$$P = S \cdot \cos\varphi = 5400 \cdot 0{,}9 = 4860\ \text{W}$$

Motores

En la ITC-BT-47 se fijan las correcciones respecto al empleo de motores eléctricos, considerando los siguientes casos:

- **Un solo motor.** Se aplica un dimensionamiento del **125 %** de la corriente del motor a plena carga.
- **Varios motores.** Los conductores de conexión que alimentan a varios motores deben estar dimensionados para una intensidad no inferior a la suma del **125 %** de la intensidad del motor de mayor potencia, más la intensidad a plena carga de todos los demás.
- **Carga combinada.** Los conductores de conexión que alimentan a motores y otros receptores deben estar dimensionados según el caso de varios motores más la intensidad total del resto de receptores.

Actividad resuelta 7.7

Calcula la corriente de una línea que alimenta a los siguientes receptores trifásicos a 400 V:

a) Un único motor de 1 kW.

b) Un equipo de tres motores de 1 kW, 1,5 kW y 2,5 kW.

Todos ellos con un factor de potencia de 0,82.

Solución:

Como la corriente se puede expresar de la siguiente manera:

$$I = \frac{P}{\sqrt{3} \cdot U \cdot \cos\varphi}$$

La intensidad que consume cada motor es de:

$$I_{1\,\text{kW}} = \frac{P}{\sqrt{3} \cdot U \cdot \cos\varphi} = \frac{1000}{\sqrt{3} \cdot 400 \cdot 0{,}82} = 1{,}76\ \text{A}$$

$$I_{1{,}5\,\text{kW}} = \frac{P}{\sqrt{3} \cdot U \cdot \cos\varphi} = \frac{1500}{\sqrt{3} \cdot 400 \cdot 0{,}82} = 2{,}64\ \text{A}$$

$$I_{2{,}5\,\text{kW}} = \frac{P}{\sqrt{3} \cdot U \cdot \cos\varphi} = \frac{2500}{\sqrt{3} \cdot 400 \cdot 0{,}82} = 4{,}40\ \text{A}$$

a) Para un único motor de 1 kW:

$$I = 1{,}25 \cdot I_N = 1{,}25 \cdot 1{,}76 = 2{,}20\ \text{A}$$

b) Para un grupo de motores, siendo el mayor de 2,5 kW:

$$I = 1{,}25 \cdot I_{Mayor} + \Sigma I_{Resto\ motores}$$

$$I = (1{,}25 \cdot 4{,}40) + 1{,}76 + 2{,}64 = 9{,}9\ \text{A}$$

Motores de elevación y transporte

Conforme a la ITC-BT-47, en el caso de ascensores, grúas y aparatos de elevación, **todos los motores** se dimensionarán aplicando un coeficiente de **1,3** a la corriente nominal a plena carga a la velocidad de régimen una vez pasado el período de arranque.

$$I_{Cálculo} = 1{,}3 \cdot I_N$$

Locales con riesgo de incendio

Conforme a la ITC-BT-29, la intensidad máxima admisible en los conductores deberá disminuirse en un **15 %** respecto al valor correspondiente de una instalación convencional.

Instalaciones generadoras de baja tensión

Conforme a la ITC-BT-40, los cables de conexión deberán estar dimensionados para una intensidad **no inferior al 125 % de la intensidad máxima** del generador y la citada tensión entre el generador y el punto de interconexión no será superior al 1,5 % para la intensidad nominal.

7.5.2. Corrección por agrupación de circuitos

Los conductores eléctricos cuando están trabajando generan calor. Cuando por una canalización circulan varios circuitos, entre ellos se influyen térmicamente. Esta influencia mutua debe tenerse en cuenta y corregirse.

Pueden darse varios casos de agrupamiento, tal y como se estudiará a continuación.

Instalaciones no enterradas

Se utiliza la Tabla 7.15 de la ITC-BT-19, en la cual se proporciona el factor de corrección, según el número de circuito y el tipo de instalación.

Esta agrupación de circuitos, además, puede disponerse en una o varias capas.

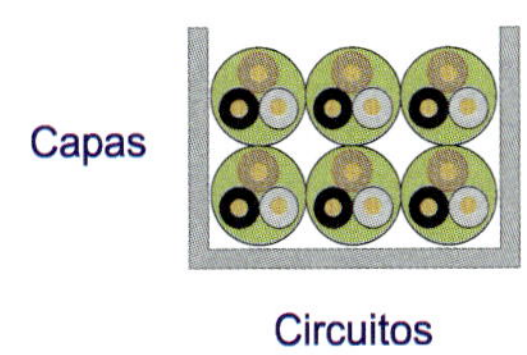

Figura 7.7. *Capas de circuitos.*

Tabla 7.15. Coeficientes de corrección por agrupación de circuitos. UNE 60364-5-52. Tabla C-52-3

Disposición		Número de circuitos o cables multiconductores								
		1	2	3	4	6	9	12	16	20
1	Empotrados o embutidos	1,0	0,80	0,70	0,70	0,55	0,50	0,45	0,40	0,40
2	Capa única sobre los muros o suelos o bandejas no perforadas	1,00	0,85	0,80	0,75	0,70	0,70	0,70	0,70	0,70
3	Capa única en el techo	0,95	0,80	0,70	0,70	0,65	0,60	0,60	0,60	0,60
4	Capa única sobre bandejas perforadas horizontales o verticales	1,0	0,90	0,80	0,75	0,75	0,70	0,70	0,70	0,70
5	Capa única sobre escaleras de cables, abrazaderas, etc.	1,0	0,85	0,80	0,80	0,80	0,80	0,80	0,80	0,80

Tabla 7.16. Coeficientes de corrección por agrupación de circuitos en capas

Número de capas	2	3	4 o 5	6 a 8	9 o más
Factor	0,8	0,73	0,7	0,68	0,66

El coeficiente total de corrección será el producto de los factores por el número de circuitos por el coeficiente del número de capas.

$$K_{Agrupamiento} = K_{Circuitos} \cdot K_{Capas}$$

Actividad resuelta 7.8

Obtén el factor de corrección por agrupamiento para una instalación eléctrica que discurre en bandeja perforada con dos capas de seis circuitos.

Solución:

Con los datos del número de circuitos y la disposición o tipo de instalación se busca el valor del cruce.

Tabla 7.17. Ejemplo de aplicación de coeficientes de corrección por agrupación de circuitos

Disposición		Número de circuitos o cables multiconductores								
		1	2	3	4	6	9	12	16	20
1	Empotrados o embutidos	1,0	0,80	0,70	0,70	0,55	0,50	0,45	0,40	0,40
2	Capa única sobre los muros o suelos o bandejas no perforadas	1,00	0,85	0,80	0,75	0,70	0,70	0,70	0,70	0,70
3	Capa única en el techo	0,95	0,80	0,70	0,70	0,65	0,60	0,60	0,60	0,60
4	Capa única sobre bandejas perforadas horizontales o verticales	1,0	0,90	0,80	0,75	0,75	0,70	0,70	0,70	0,70
5	Capa única sobre escaleras de cables, abrazaderas, etc.	1,0	0,85	0,80	0,80	0,80	0,80	0,80	0,80	0,80

Por ello, el factor de corrección por agrupamiento de circuitos en estas condiciones es:

$$K_{Circuitos} = 0,75$$

Y para dos capas:

Tabla 7.18. Ejemplo de aplicación de coeficientes de corrección por capas

Número de capas	2	3	4 o 5	6 a 8	9 o más
Factor	0,8	0,73	0,7	0,68	0,66

$$K_{Capas} = 0{,}8$$

Siendo el factor de corrección total:

$$K_{Agrupamiento} = K_{Circuitos} \cdot K_{Capas} = 0{,}75 \cdot 0{,}8 = 0{,}6$$

Hay que tener en cuenta que no se considerarán los factores de agrupamiento cuando la distancia en la que discurran paralelos los circuitos sea **inferior a 2 metros,** por ejemplo en la salida de varios circuitos de un cuadro de mando y protección o cuando la distancia horizontal sea superior al doble de su diámetro exterior.

Cuando la agrupación sea de **tubos no enterrados** se aplica la Tabla 7.19.

Instalaciones enterradas

Si son **tubos enterrados** se aplica la Tabla 7.20 para la corrección por agrupamiento, y en función de la separación entre ellos se aplica la corrección de la Tabla 7.21.

Actividad resuelta 7.9

Obtén el factor de corrección para una instalación con agrupamiento de tubos no enterrados de tres capas y cuatro circuitos por capa.

Solución:

Número de capas en vertical: 3.

Número de tubos en horizontal: 4.

Dando un coeficiente de 0,76.

Tabla 7.19. Coeficientes de corrección por agrupación de tubos no enterrados

Número de capas en vertical	Número de tubos en horizontal					
	1	2	3	4	5	6
2	0,92	0,87	0,84	0,81	0,80	0,79
3	0,85	0,81	0,78	0,76	0,75	0,74
4	0,82	0,78	0,74	0,73	0,72	0,72
5	0,80	0,76	0,72	0,71	0,70	0,70
6	0,79	0,75	0,71	0,70	0,69	0,68

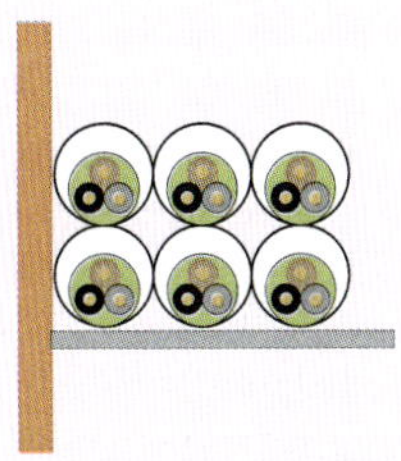

Tabla 7.20. Coeficientes de corrección por agrupación de tubos enterrados

Número de capas en vertical	Número de tubos en horizontal					
	1	2	3	4	5	6
2	0,87	0,71	0,62	0,57	0,53	0,50
3	0,77	0,62	0,53	0,48	0,45	0,42
4	0,72	0,57	0,48	0,44	0,40	0,38
5	0,68	0,53	0,45	0,40	0,37	0,35
6	0,66	0,50	0,42	0,32	0,35	0,32

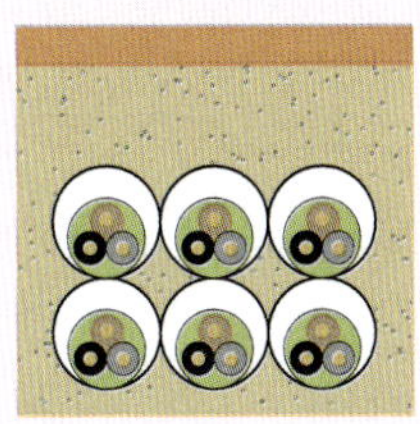

Tabla 7.21. Coeficientes de corrección por distancia de tubos enterrados

Número de cable	Distancia entre conductos			
	Tubos en contacto	0,25 m	0,50 m	1,0 m
2	0,85	0,90	0,95	0,95
3	0.75	0,85	0,90	0,95
4	0,70	0,80	0,85	0,90
5	0,65	0,80	0,85	0,90
6	0,60	0,80	0,80	0,90
7	0,57	0,76	0,80	0,88
8	0,54	0,74	0,78	0,88
9	0,54	0,73	0,77	0,87
10	0,49	0,72	0,76	0,86
11	0,47	0,70	0,75	0,86
12	0,45	0,69	0,74	0,85
13	0,44	0,68	0,73	0,85
14	0,42	0,68	0,72	0,84
15	0,41	0,67	0,72	0,84
16	0,39	0,66	0,71	0,83
17	0,38	0,65	0,70	0,83
18	0,37	0,65	0,70	0,83
19	0,35	0,64	0,69	0,82
20	0,34	0,63	0,68	0,82

Resistividad del terreno: 2,5 K · m/W.
Temperatura del terreno: 25 °C.
Profundidad de la instalación: 0,70 m.

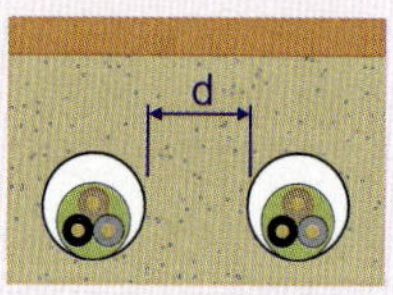

7.5.3. Corrección por temperatura para cables no enterrados

La temperatura afecta al dimensionado de los conductores eléctricos. La Tabla 7.10 muestra la densidad de corriente cuando la temperatura ambiente es de 40 °C. Cuando esta temperatura es diferente se debe corregir aplicando los coeficientes de la Tabla 7.22.

Actividad resuelta 7.10

Calcula la corriente máxima que circula por un cable multiconductor trifásico de cobre de 10 mm² con aislante de XLPE que está instalado en montaje superficial grapado a la pared junto a otros dos circuitos. La temperatura ambiente es de 50 °C.

Solución:

Con los datos del problema se obtienen los parámetros de partida:

- Tipo de conductor: cobre.
- Sección: 10 mm².
- Instalación: montaje superficial en multiconductor → C.
- Sistema eléctrico: trifásico → 3.
- Tipo de aislante: termoestable → XLPE.
- Agrupamiento: → 3 circuitos.
- Temperatura ambiente: 50 °C.

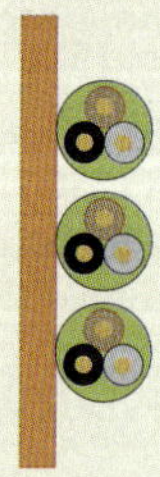

Figura 7.8. *Montaje C.*

Con estos datos se consulta la tabla de intensidades máximas admisibles.

Tabla 7.22. Coeficientes de corrección por temperaturas

Material aislante	Temperatura ambiente (en °C)														
	10	15	20	25	30	35	40	45	50	55	60	65	70	75	80
PVC	1,40	1,34	1,29	1,22	1,15	1,08	1,00	0,91	0,82	0,70	0,57	–	–	–	–
XLPE o EPR	1,26	1,23	1,19	1,14	1,10	1,05	1,00	0,96	0,90	0,83	0,78	0,71	0,64	0,55	0,45

Tabla 7.23. Ejemplo de aplicación de la tabla de intensidades máximas admisibles

(UNE-HD 60364-5-52:2014) Intensidades admisibles en amperios. Temperatura ambiente de 40 °C en el aire																		
Método de instalación	**Número de conductores cargados y tipos de aislamiento**																	
A1		**PVC 3**	**PVC 2**				**XLPE 3**		**XLPE 2**									
A2	**PVC 3**	**PVC 2**			**XLPE 3**		**XLPE 2**											
B1				**PVC 3**		**PVC 2**					**XLPE 3**				**XLPE 2**			
B2			**PVC 3**	**PVC 2**					**XLPE 3**		**XLPE 2**							
C						**PVC 3**				**PVC 2**			**XLPE 3**			**XLPE 2**		
E								**PVC 3**				**PVC 2**			**XLPE 3**		**XLPE 2**	
F										**PVC 3**				**PVC 2**		**XLPE 3**		**XLPE 2**
1	**2**	**3**	**4**	**5a**	**5b**	**6a**	**6b**	**7a**	**7b**	**8a**	**8b**	**9a**	**9b**	**10a**	**10b**	**11**	**12**	**13**
Sección mm²	**Cobre**																	
1,5	11	11,5	12,5	13,5	14	14,5	15,5	16	16,5	17	17,5	19	20	20	20	21	23	–
2,5	15	15,5	17	18	19	20	20	21	22	23	24	26	27	26	28	30	32	–
4	20	20	22	24	25	26	28	29	30	31	32	34	36	36	38	40	44	–
6	25	26	29	31	32	34	36	37	39	40	41	44	46	46	49	52	57	–
10	33	36	40	43	45	46	49	52	54	54	57	60	63	65	68	72	78	–
16	45	48	53	59	61	63	66	69	72	73	77	81	85	87	91	97	104	–
25	59	63	69	77	80	82	86	87	91	95	100	103	108	110	115	122	135	146
35	–	–	–	95	100	101	106	109	114	119	124	127	133	137	143	153	168	182
50	–	–	–	116	121	122	128	133	139	145	151	155	162	167	174	188	204	220
70	–	–	–	148	155	155	162	170	178	185	193	199	208	214	223	243	262	282
95	–	–	–	180	188	187	196	207	216	224	234	241	252	259	271	298	320	343
120	–	–	–	207	217	216	226	240	251	260	272	280	293	301	314	350	373	397
150	–	–	–	–	–	247	259	276	289	299	313	322	337	343	359	401	430	458
185	–	–	–	–	–	281	294	314	329	341	356	368	385	391	409	460	493	523
240	–	–	–	–	–	330	345	368	385	401	419	435	455	468	489	545	583	617

Se obtiene que este cable soporta una corriente máxima de 63 A.

Como la temperatura ambiente es de 50 ºC y la tabla está preparada para la temperatura de 40 ºC, se debe por tanto corregir. Se consulta la tabla de corrección de temperatura ambiente (Tabla 7.22) y donde se cruza la temperatura (50 ºC) con el tipo de aislante (XLPE) se obtiene el coeficiente.

Tabla 7.24. Ejemplo de aplicación de coeficientes de corrección por temperatura

Material aislante	Temperatura ambiente (en ºC)										
	10	**15**	**20**	**25**	**30**	**35**	**40**	**45**	**50**	**55**	**60**
PVC	1,40	1,34	1,29	1,22	1,15	1,08	1,00	0,91	0,82	0,70	0,57
XLPE o EPR	1,26	1,23	1,19	1,14	1,10	1,05	1,00	0,96	0,90	0,83	0,78

Por ello, el factor de corrección por temperatura en estas condiciones es:

$$K_{Temp} = 0{,}90$$

Pero, además, hay que tener en cuenta la influencia por agrupamiento para tres circuitos en montaje directo sobre pared.

Tabla 7.25. Ejemplo de aplicación de coeficientes de corrección por agrupación de circuitos

Disposición		Número de circuitos o cables multiconductores								
		1	2	3	4	6	9	12	16	20
1	Empotrados o embutidos	1,0	0,80	0,70	0,70	0,55	0,50	0,45	0,40	0,40
2	Capa única sobre los muros o suelos o bandejas no perforadas	1,00	0,85	0,80	0,75	0,70	0,70	0,70	0,70	0,70
3	Capa única en el techo	0,95	0,80	0,70	0,70	0,65	0,60	0,60	0,60	0,60
4	Capa única sobre bandejas perforadas horizontales o verticales	1,0	0,90	0,80	0,75	0,75	0,70	0,70	0,70	0,70
5	Capa única sobre escaleras de cables, abrazaderas, etc.	1,0	0,85	0,80	0,80	0,80	0,80	0,80	0,80	0,80

Obteniendo un factor de corrección por agrupamiento de:

$$K_{Agrp} = 0{,}80$$

Aplicando todos los factores de corrección, el conductor puede soportar con seguridad una corriente máxima de:

$$I = I \cdot K_{Temp} \cdot K_{Agrp} = 63 \cdot 0{,}9 \cdot 0.8 = \mathbf{45{,}36\ A}$$

Se ha pasado de 63 A en condiciones estándar a 45,63 A en las condiciones adversas de trabajo (mayor temperatura y agrupamiento con otros circuitos).

7.5.4. Corrección por temperatura para cables enterrados

Cuando la temperatura del terreno es distinta de 25 ºC, esta se debe corregir.

Tabla 7.26. Factor de corrección F, para temperatura del terreno distinta de 25 °C (UNE 211435)

Temperatura máxima del conductor	Temperatura del terreno θ_T								
	10 ºC	15 ºC	20 ºC	25 ºC	30 ºC	35 ºC	40 ºC	45 ºC	50 ºC
70 ºC	1,15	1,10	1,05	1	0,94	0,88	0,81	0,74	0,66
90 ºC	1,11	1,07	1,04	1	0,96	0,92	0,88	0,83	0,78

7.5.5. Corrección de la profundidad en instalaciones enterradas

Cuando la profundidad a la cual está enterrada la instalación es diferente de 0,70 metros, se debe corregir aplicando los coeficientes de la Tabla 7.27. Esta tabla indica el factor de corrección según la profundidad para los casos de canalizaciones enterradas y conductores directamente enterrados.

Tabla 7.27. Factores de corrección para diferentes profundidades. UNE 211435

Profundidad (m)	Cables 0,6/1 kV. 0,70 m	
	Soterrados	En tubo
0,50	1,04	1,03
0,60	1,02	1,01
0,70	1	1

Profundidad (m)	Cables 0,6/1 kV. 0,70 m	
	Soterrados	En tubo
0,80	0,99	0,99
1,00	0,97	0,97
1,25	0,95	0,96
1,50	0,93	0,95
1,75	0,92	0,94
2,00	0,91	0,93
2,50	0,89	0,91
3,00	0,88	0,90

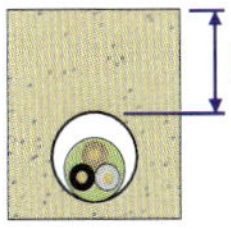

Actividad resuelta 7.11

Obtén el factor de corrección de una red de distribución mediante tubo enterrado a una profundidad de 1 metro.

Solución:

Con el valor de la profundidad y siendo bajo tubo se busca el valor del cruce.

Tabla 7.28. Ejemplo de aplicación de coeficientes de corrección para profundidad

Profundidad (m)	Cables 0,6/1 kV. 0,70 m	
	Soterrados	En tubo
0,50	1,04	1,03
0,60	1,02	1,01
0,70	1	1
0,80	0,99	0,99
1,00	0,97	0,97
1,25	0,95	0,96
1,50	0,93	0,95
1,75	0,92	0,94
2,00	0,91	0,93
2,50	0,89	0,91
3,00	0,88	0,90

Por ello, el factor de corrección por profundidad en estas condiciones es:

$$K_{Prof} = 0{,}97$$

7.5.6. Corrección de la resistividad del terreno en instalaciones enterradas

El tipo de terreno es importante a nivel térmico. La Tabla 7.12 está referida a una resistividad térmica de 2,5 K · m/W.

Tabla 7.29. Resistividad térmica del terreno en función de su naturaleza y grado de humedad

Resistividad térmica del terreno (K · m/W)	Naturaleza del terreno y grado de humedad
0,4	Inundado
0,5	Muy húmedo
0,7	Húmedo
0,85	Poco húmedo
1	Seco
1,2	Arcilloso muy seco
1,5	Arenoso muy seco
2	De piedra arenisca
2,5	De piedra caliza
3	De piedra granítica

Para corregir la resistividad del terreno se aplica la Tabla 7.30.

Tabla 7.30. Factores de corrección para resistividad térmica del terreno. UNE 60364-5-52

Resistividad térmica (K · m/W)	0,5	0,7	1	1,5	2	2,5	3
En conductos enterrados	1,28	1,20	1,18	1,10	1,05	1	0,96
Enterrados directamente	1,88	1,62	1,5	1,28	1,12	1	0,90

7.5.7. Corrección por corrientes armónicas

Si se observa mediante un osciloscopio la señal eléctrica de la red, esta presenta una onda senoidal con muchas distorsiones. Esta onda distorsionada se compone de la onda fundamental (50 Hz o 60 Hz según el sistema eléctrico) más la suma de otras ondas alternas que son múltiplo de la onda fundamental o de base llamadas **armónicos.**

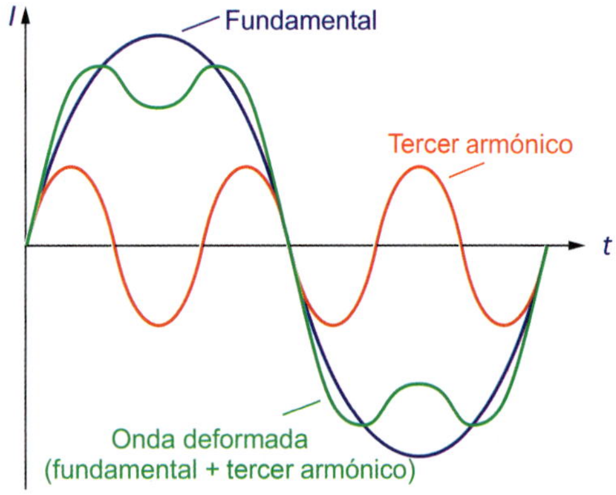

Figura 7.9. *Onda fundamental con tercer armónico.*

Así, para una onda de 50 Hz, la frecuencia del segundo armónico es de 100 Hz, tercer armónico de 150 Hz, cuarto armónico de 200 Hz, y así sucesivamente.

Estos armónicos se originan en los equipos eléctricos y electrónicos que consumen energía de una forma no lineal con el tiempo y de una manera brusca, como por ejemplo: rectificadores, variadores de velocidad, inversores, balastros electrónicos, fuentes de alimentación conmutadas, sistemas de alimentación ininterrumpidas, etcétera.

Las consecuencias de la presencia de armónicos originan una serie de inconvenientes, entre ellas, un aumento del calentamiento en las líneas, disparos de los dispositivos de protección (interruptores automáticos, fusibles, diferenciales), calentamiento en las máquinas eléctricas (motores y transformadores), mal funcionamiento de motores eléctricos, mal funcionamiento en equipos electrónicos, etcétera.

Estos armónicos se definen normalmente mediante dos parámetros:

- **Amplitud.** Hace referencia al valor de la tensión o la corriente.
- **Orden.** Hace referencia a la frecuencia base; así, un armónico de tercer orden tiene una frecuencia tres veces la fundamental, por ejemplo: 3 × 50 Hz = 150 Hz.

Los armónicos que más afectan a la calidad de la corriente eléctrica son los de orden impar y múltiplos de tres; así, el armónico más significativo es el de tercer orden.

Para averiguar la calidad de la red eléctrica y determinar los armónicos se emplean los analizadores de redes. Estos equipos proporcionan diversa información, entre ella el **factor de distorsión armónica total** (THD %), que es el valor porcentual de todos los armónicos en relación con la frecuencia fundamental.

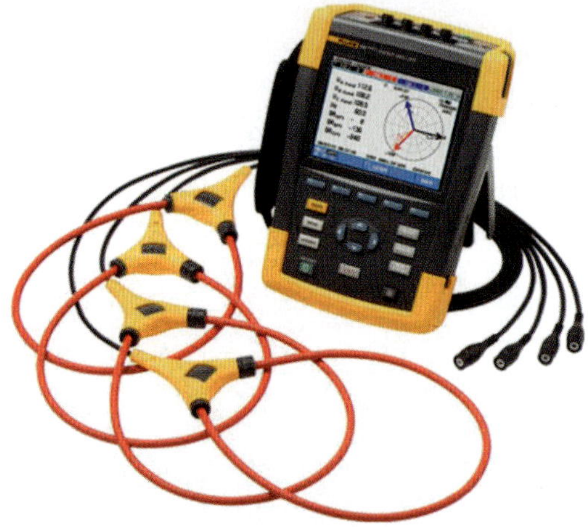

Figura 7.10. *Analizador de redes. (Cortesía de Fluke).*

Para compensar los armónicos se emplean filtros que están compuestos de elementos a base de bobinas y condensadores, y los más modernos y complejos a base de electrónica que inyectan señales para neutralizar estos armónicos.

En sistemas equilibrados trifásicos, el neutro puede presentar corrientes superiores a las de fase debido a las **corrientes armónicas,** que no se anulan en el neutro. Por todo ello, el conductor de neutro debe ser tenido en cuenta a la hora de dimensionar una instalación.

Según el REBT (ITC-BT-19), en las instalaciones interiores, la sección del neutro será como mínimo la sección de fase:

$$S_{neutro} \geq S_{fase}$$

Si la corriente en el conductor de neutro se espera que sea más elevada que la intensidad de fase, entonces conviene que la sección del cable se elija basándose en la corriente de neutro.

Para aplicar este coeficiente de reducción nos basaremos en la Tabla 7.31.

Tabla 7.31. Corrección por armónicos (UNE-HD 60364-5-52)

Contenido del tercer armónico en la intensidad de fase	Factor de reducción	
	Selección basada en la intensidad de fase	Selección basada en la intensidad de neutro
0-15	1,0	–
15-33	0,86	–
33-45	–	0,86
> 45	–	1,0

Saber más

El REBT, en la ITC-BT-07, permite en las redes de distribución reducir la sección del neutro siempre y cuando el sistema esté bien equilibrado y no presente armónicos. Condiciones cada vez más difíciles de cumplir, principalmente por los armónicos.

Actividad resuelta 7.12

Corrige la corriente para un circuito trifásico con una carga de 39 A que presenta armónicos en los siguientes casos:

a) Presencia de un 20 % del tercer armónico en fase.

b) Presencia de un 40 % del tercer armónico en neutro.

c) Presencia de un 50 % del tercer armónico en neutro.

Solución:

Sin armónicos, la corriente es de 39 A. Si hay armónicos se consulta la Tabla 7.31 para determinar el coeficiente corrector (K) que posteriormente se aplica a la corriente.

a) Presencia de un 20 % del tercer armónico. Selección según corriente de fase.

$$I_{máx} = \frac{I}{\text{Factor de corrección}} = \frac{39}{0{,}86} = 45 \text{ A}$$

b) Presencia de un 40 % del tercer armónico. Selección según corriente de neutro.

$$I_{máx} = \frac{I}{\text{Factor de corrección}} = \frac{39 \cdot 0{,}4 \cdot 3}{0{,}86} = 54{,}4 \text{ A}$$

c) Presencia de un 50 % del tercer armónico. Selección según corriente de neutro.

$$I_{máx} = \frac{I}{\text{Factor de corrección}} = \frac{39 \cdot 0{,}5 \cdot 3}{1} = 58{,}5 \text{ A}$$

7.6. Conductor de protección

El conductor de protección conecta la instalación con el circuito de puesta a tierra. Este circuito tiene por objetivo limitar la tensión de las partes metálicas respecto a tierra, siendo por tanto un elemento de protección.

La sección del conductor de protección está relacionada con la sección de los conductores de fase, tal y como se observa en la Tabla 7.32, y según la ITC-BT-19.

Tabla 7.32. Valores del conductor de protección

Sección conductor de fase S (mm²)	Sección conductor de protección SP (mm²)
$S \leq 16$	$SP = S$
$16 < S \leq 35$	$SP = 16$
$S > 35$	$SP = S / 2$

Con un mínimo de:

- Si los conductores de protección no forman parte de la instalación, serán de cobre y además:
  - — 2,5 mm² si tienen una protección mecánica.
  - — 4 mm² si no tienen una protección mecánica.
- Si el conductor de protección es común a varios circuitos se dimensionará en función de la mayor sección de los conductores de fase.

Además, no se podrá utilizar un conductor común para instalaciones de varias tensiones nominales diferentes.

7.7. Cálculo de la canalización por tubos

En el REBT, en la instrucción ITC-BT-21, se fijan las dimensiones de las canalizaciones en función de su modo de instalación.

Para determinar el diámetro que hay que emplear se considera el número total de conductores que irán en su interior, incluyendo a los conductores de fase, neutro y protección.

Los tubos deberán tener un diámetro tal que permita un fácil alojamiento y extracción de los cables o conductores aislados.

Instalaciones fijas en superficie

En las canalizaciones superficiales, los tubos deberán ser preferentemente **rígidos** y en casos especiales podrán usarse tubos curvables.

Para más de cinco conductores por tubo o para conductores aislados o cables de diferentes secciones, su sección interior será, como mínimo, igual a **2,5 veces la sección** ocupada por los conductores.

Tabla 7.33. Diámetros exteriores mínimos de tubos en canalizaciones en superficie

Sección nominal de los conductores unipolares (mm^2)	Diámetro exterior de los tubos (mm)				
	Número de conductores				
	1	2	3	4	5
1,5	12	12	16	16	16
2,5	12	12	16	16	20
4	12	16	20	20	20
6	12	16	20	20	25
10	16	20	25	32	32
16	16	25	32	32	32
25	20	32	32	40	40
35	25	32	40	40	50
50	25	40	50	50	50
70	32	40	50	63	63
95	32	50	63	63	75
120	40	50	63	75	75
150	40	63	75	75	–
185	50	63	75	–	–
240	50	75	–	–	–

Instalaciones empotradas

Las canalizaciones empotradas podrán ser **rígidas** o **flexibles** con los siguientes diámetros exteriores mínimos en función del número de conductores (Tabla 7.34).

Tabla 7.34. Diámetros exteriores mínimos de tubos en canalizaciones empotradas

Sección nominal de los conductores unipolares (mm^2)	Diámetro exterior de los tubos (mm)				
	Número de conductores				
	1	2	3	4	5
1,5	12	12	16	16	20
2,5	12	16	20	20	20
4	12	16	20	20	25
6	12	16	25	25	25
10	16	25	25	32	32
16	20	25	32	32	40
25	25	32	40	40	50
35	25	40	40	50	50
50	32	40	50	50	63
70	32	50	63	63	63
95	40	50	63	75	75
120	40	63	75	75	–
150	50	63	75	–	–
185	50	75	–	–	–
240	63	75	–	–	–

Para más de cinco conductores por tubo o para conductores aislados o cables de diferentes secciones su sección interior será, como mínimo, igual a **tres veces la sección** ocupada por los conductores.

Instalaciones aéreas o con tubos al aire

En las canalizaciones al aire, destinadas a la alimentación de máquinas o elementos con movilidad restringida, los tubos serán **flexibles.**

Tabla 7.35. Diámetros exteriores mínimos de tubos en canalizaciones al aire

Sección nominal de los conductores (mm^2)	Diámetro exterior de los tubos (mm)				
	Número de conductores				
	1	2	3	4	5
1,5	12	12	16	16	20
2,5	12	16	20	20	20
4	12	16	20	20	25
6	12	16	25	25	25
10	16	25	25	32	32
16	20	25	32	32	40

Para más de cinco conductores por tubo o para conductores aislados o cables de diferentes secciones su sección interior será, como mínimo, igual a **cuatro veces la sección** ocupada por los conductores.

Instalaciones enterradas

Para las instalaciones enterradas, las dimensiones exteriores de los tubos serán según conforme a la Tabla 7.36.

Tabla 7.36. Diámetros exteriores mínimos de tubos en canalizaciones enterradas

Sección nominal de los conductores unipolares (mm^2)	Diámetro exterior de los tubos (mm)				
	Número de conductores				
	≤ 6	7	8	9	10
1,5	25	32	32	32	32
2,5	32	32	40	40	40
4	40	40	40	40	50
6	50	50	50	63	63
10	63	63	63	75	75
16	63	75	75	75	90
25	90	90	90	110	110
35	90	110	110	110	125
50	110	110	125	125	140
70	125	125	140	160	160
95	140	140	160	160	180
120	160	160	180	180	200
150	180	180	200	200	225
185	180	200	225	225	250
240	225	225	250	250	–

Para más de 10 conductores por tubo o para conductores aislados o cables de diferentes secciones, su sección interior será, como mínimo, igual a **cuatro veces la sección** ocupada por los conductores.

Actividad resuelta 7.13

¿Cuáles son los diámetros de los tubos que hay que emplear en los siguientes casos?

a) Instalación fija en superficie. Tres cables de 16 mm^2.

b) Instalación empotrada. Monofásica de 6 mm^2 con toma de tierra.

c) Instalación al aire con cinco cables de 2,5 mm^2.

d) Instalación enterrada. Tres fases con neutro y protección de 25 mm^2.

Solución:

Los diámetros exteriores de los tubos son los siguientes:

a) Tabla 7.33. Diámetro de tubo de 32 mm.

b) Tabla 7.34. Con tres cables (fase, neutro y protección) de 6 mm^2, necesita un tubo de 25 mm.

c) Tabla 7.35. Diámetro de tubo de 20 mm.

d) Tabla 7.36. Diámetro de tubo de 90 mm.

7.8. Cálculo de la canalización por bandejas

Aparte de las canalizaciones por tubos, también pueden emplearse las bandejas. Estas últimas se emplean más en el área industrial, donde es más importante la funcionalidad que la estética.

Existen tres tipos de bandejas:

- Bandejas no perforadas (Figura 9.16).
- Bandejas perforadas (Figura 9.17).
- Bandejas de escalera y tipo rejilla (Figura 9.18).

Están fabricadas en materiales metálicos, aunque también las hay de tipo plástico de alta resistencia. Entre sus ventajas destacan su facilidad de mantenimiento y ampliación, así como que ofrecen una buena ventilación, sobre todo las de tipo escalera y rejilla.

Recuerda

Si las canalizaciones son de tipo metálico, estas deben estar conectadas a la red de tierra.

Respecto al cableado, se recomienda emplear cables unipolares o multipolares con conductor aislado bajo cubierta con una tensión asignada de 0,6/1 kV.

Uno de los datos que hay que tener en cuenta respecto al diseño es el peso que debe soportar tanto el conjunto actual como las posibles ampliaciones.

Para su dimensionamiento se emplea la expresión:

$$S = \frac{K \cdot (100 + a)}{100} \sum n$$

Donde:

S: sección mínima de la bandeja (mm^2).

K: coeficiente de relleno (1,2 para cables de pequeña sección y 1,4 para cables de potencia).

a: porcentaje de ampliación (entre 30 % y 50 %).

n: sección exterior del cable. Sección del cable con su aislante.

Para calcular la canalización se necesita obtener una serie de datos respecto a los cables (diámetro exterior, peso, etc.). Estos datos los proporcionan los fabricantes en sus catálogos.

Actividad resuelta 7.14

Calcula la sección mínima de una bandeja de tipo rejilla que portará los siguientes conductores con sus características, según el fabricante (Tabla 7.37).

Tabla 7.37. Datos del catálogo Prysmian Afumex Easy (AS)

Número de conductores	Características Prysmian Afumex Easy (AS)	Diámetro exterior	Peso (kg/km)	Sección exterior
5	RZ1 0,6/1 kV. 1 · 10 mm^2	8,4 mm	140	55,41 mm^2
4	RZ1 0,6/1 kV. 1 · 1,5 mm^2	5,7 mm	42	25,51 mm^2

Solución:

El sumatorio de secciones es:

$$\sum n = (5 \cdot 55{,}41) + (4 \cdot 25{,}51)$$

$$\sum n = 379{,}09 \text{ mm}^2$$

Si se considera un porcentaje de ampliación del 40 % y un coeficiente de relleno para todos los cables de 1,4 (se podría considerar el coeficiente de 1,2 para los cables de 1,5 mm^2), la sección mínima de la bandeja es:

$$S = \frac{K \cdot (100 + a)}{100} \sum n$$

$$S = \frac{1{,}4 \cdot (100 + 40)}{100} 379{,}09 = 743{,}02 \text{ mm}^2$$

$$S = 743{,}02 \text{ mm}^2 = 7{,}43 \text{ cm}^2$$

Y respecto al peso:

$$\sum P = (5 \cdot 140) + (4 \cdot 42)$$

$$\sum P = 868 \frac{\text{kg}}{\text{km}} = 0{,}868 \frac{\text{kg}}{\text{m}}$$

Si se tiene en cuenta la capacidad de ampliación del 40 %:

$$P = 0{,}868 \cdot 1{,}4 = 1{,}22 \text{ kg/m}$$

Con estos datos, se busca en algún fabricante de bandejas de tipo rejilla que cumpla con los requisitos de sección y peso.

7.9. Ejemplo de cálculo

Para comprender mejor el proceso de cálculo de secciones se va a desarrollar una serie de ejemplos prácticos.

Para obtener el cálculo de la sección de un cableado de suministro eléctrico a un receptor se deben seguir estos pasos:

- Obtener la corriente total. Hay que tener en cuenta los coeficientes correctores según el tipo de receptor.
- Obtener la sección por caída máxima de tensión. Este cálculo es importante en líneas de cierta longitud.
- Obtener la sección por corriente máxima admisible por el cable. Se deben tener en cuenta todos los factores de corrección en función de las condiciones del montaje.
- De las dos secciones que se han obtenido se selecciona la más desfavorable, es decir, la sección mayor, ya que de esta manera se cumple con ambos criterios.

Actividad resuelta 7.15

Calcula la línea (trifásico con neutro y protección) para el suministro eléctrico a un montacargas con las siguientes características:

- Potencia de 27 kW.
- Tensión trifásica de 400 V.
- Factor de potencia de 0,88.
- Longitud de la línea de 70 metros.
- Montaje superficial bajo tubo.
- Temperatura ambiente de 30 ºC.
- Junto a esta canalización irán otras tres más, con sus respectivos circuitos.

Se desea realizarla en cable unipolar con aislamiento en XLPE.

Calcula:

- Intensidad que circula por el conductor.
- Factores de corrección.
- Sección por criterio de caída máxima de tensión y por intensidad.
- Sección del cableado que hay que emplear.
- Diámetro de la canalización.

Solución:

El primer paso es obtener la **corriente** que circula por el conductor:

$$I = \frac{P}{\sqrt{3} \cdot V \cdot \cos\varphi} = \frac{27\,000}{\sqrt{3} \cdot 400 \cdot 0{,}88} = \mathbf{44{,}28\ A}$$

Al ser un motor para elevación se le debe aplicar un coeficiente de 1,3 (ITC-BT-47):

$$I = 1{,}3 \cdot 44{,}28 = 57{,}57\ \text{A}$$

Cálculo por criterio de caída máxima de tensión:

$$S = \frac{\sqrt{3} \cdot I \cdot \cos\rho \cdot L}{\gamma \cdot e}$$

Donde:

γ: conductividad 45,49 m/Ω · mm² para cobre en aislamiento XLPE a 90 ºC.

e: caída de tensión del 5 % (400 V) = 20 V.

$$S = \frac{\sqrt{3} \cdot 57{,}57 \cdot 0{,}88 \cdot 70}{45{,}49 \cdot 20} = 6{,}75 \text{ mm}^2$$

Se selecciona la sección comercial inmediata superior a la calculada, siendo de:

$$S = 10 \text{ mm}^2$$

Cálculo por intensidad máxima admisible:

Se obtienen los coeficientes de corrección:

a) Temperatura. La temperatura ambiente es de 30 ºC, pero la tabla está referida a 40 ºC; por tanto, necesita ser corregida mediante su factor de corrección.

Tabla 7.38. Corrección para temperatura de 30 ºC y XLPE

Material aislante	Temperatura ambiente (en ºC)										
	10	15	20	25	30	35	40	45	50	55	60
PVC	1,40	1,34	1,29	1,22	1,15	1,08	1,00	0,91	0,82	0,70	0,57
XLPE o EPR	1,26	1,23	1,19	1,14	1,10	1,05	1,00	0,96	0,90	0,83	0,78

$$K_{Temp} = 1{,}10$$

b) Agrupamiento. El circuito de alimentación del motor discurre en montaje superficial bajo tubo y además junto a otros tres circuitos (se tiene un total de cuatro circuitos).

Tabla 7.39. Corrección por agrupamiento

Disposición		Número de circuitos o cables multiconductores								
		1	2	3	4	6	9	12	16	20
1	Empotrados o embutidos	1,0	0,80	0,70	0,70	0,55	0,50	0,45	0,40	0,40
2	Capa única sobre los muros o suelos o bandejas no perforadas	1,00	0,85	0,80	0,75	0,70	0,70	0,70	0,70	0,70
3	Capa única en el techo	0,95	0,80	0,70	0,70	0,65	0,60	0,60	0,60	0,60
4	Capa única sobre bandejas perforadas horizontales o verticales	1,0	0,90	0,80	0,75	0,75	0,70	0,70	0,70	0,70
5	Capa única sobre escaleras de cables, abrazaderas, etc.	1,0	0,85	0,80	0,80	0,80	0,80	0,80	0,80	0,80

$$K_A = 0{,}75$$

El factor de corrección total es el producto de todos los coeficientes:

$$K = K_{Temp} \cdot K_A = 1{,}10 \cdot 0{,}75 = 0{,}825$$

Por tanto, la corriente corregida es de:

$$I_C = \frac{I}{K} = \frac{57{,}57}{0{,}825} = 69{,}78 \text{ A}$$

Esto significa que, aunque por el cableado circularán 44,28 A, el cableado debe estar preparado para soportar el paso de 69,78 A.

Con este valor de corriente (**69,78 A**) nos dirigimos a la tabla para buscar la sección considerando que el cableado es de **cobre,** trifásico con aislamiento (**XLPE-3**), en conductores unipolares bajo tubo en montaje sobre pared (**B1**).

Corresponde a la columna 8b, y se busca el inmediato superior que es de 77 A y que corresponde a una sección de **16 mm²**.

Tabla 7.40. Intensidades máximas admisibles para conductores de cobre

(UNE-HD 60364-5-52:2014) Intensidades admisibles en amperios. Temperatura ambiente de 40 °C en el aire																		
Método de instalación	Número de conductores cargados y tipos de aislamiento																	
A1		PVC 3	PVC 2				XLPE 3		XLPE 2									
A2	PVC 3	PVC 2			XLPE 3		XLPE 2											
B1				PVC 3		PVC 2					XLPE 3				XLPE 2			
B2			PVC 3	PVC 2					XLPE 3		XLPE 2							
C						PVC 3				PVC 2			XLPE 3			XLPE 2		
E								PVC 3				PVC 2			XLPE 3		XLPE 2	
F										PVC 3				PVC 2		XLPE 3		XLPE 2
1	2	3	4	5a	5b	6a	6b	7a	7b	8a	8b	9a	9b	10a	10b	11	12	13
Sección mm²	Cobre																	
1,5	11	11,5	12,5	13,5	14	14,5	15,5	16	16,5	17	17,5	19	20	20	20	21	23	–
2,5	15	15,5	17	18	19	20	20	21	22	23	24	26	27	26	28	30	32	–
4	20	20	22	24	25	26	28	29	30	31	32	34	36	36	38	40	44	–
6	25	26	29	31	32	34	36	37	39	40	41	44	46	46	49	52	57	–
10	33	36	40	43	45	46	49	52	54	54	57	60	63	65	68	72	78	–
16	45	48	53	59	61	63	66	69	72	73	77	81	85	87	91	97	104	–
25	59	63	69	77	80	82	86	87	91	95	100	103	108	110	115	122	135	146
35	–	–	–	95	100	101	106	109	114	119	124	127	133	137	143	153	168	182
50	–	–	–	116	121	122	128	133	139	145	151	155	162	167	174	188	204	220
70	–	–	–	148	155	155	162	170	178	185	193	199	208	214	223	243	262	282
95	–	–	–	180	188	187	196	207	216	224	234	241	252	259	271	298	320	343
120	–	–	–	207	217	216	226	240	251	260	272	280	293	301	314	350	373	397
150	–	–	–	–	–	247	259	276	289	299	313	322	337	343	359	401	430	458
185	–	–	–	–	–	281	294	314	329	341	356	368	385	391	409	460	493	523
240	–	–	–	–	–	330	345	368	385	401	419	435	455	468	489	545	583	617

Tenemos las siguientes secciones:

- Por caída de tensión máxima: $S = 10$ mm².
- Por intensidad máxima admisible: $S = 16$ mm².

Por tanto, se debe seleccionar la sección que cumpla con ambos criterios, que se corresponde con la mayor:

$$S = 16 \text{ mm}^2$$

Esta es la sección de los conductores de fases: 3 cables de 1 × 16 mm².

Para el conductor de neutro no se esperan armónicos de importancia y el sistema está equilibrado. Se toma 1 × 16 mm².

El conductor de protección, según la Tabla 7.40, será de 16 mm^2.

Cálculo de la canalización:

El cableado estará compuesto de cinco conductores unipolares de 16 mm^2 en montaje superficial bajo tubo. Para obtener la canalización bajo estas condiciones se emplea la Tabla 7.41.

Tabla 7.41. Diámetro de canalización para instalación fija en superficie

Sección nominal de los conductores unipolares (mm^2)	Diámetro exterior de los tubos (mm)				
	Número de conductores				
	1	2	3	4	5
1,5	12	12	16	16	16
2,5	12	12	16	16	20
4	12	16	20	20	20
6	12	16	20	20	25
10	16	20	25	32	32
16	16	25	32	32	32
25	20	32	32	40	40
35	25	32	40	40	50
50	25	40	50	50	50
70	32	40	50	63	63
95	32	50	63	63	75
120	40	50	63	75	75
150	40	63	75	75	–
185	50	63	75	–	–
240	50	75	–	–	–

Por tanto, se empleará una canalización de **32 mm de diámetro.**

MAPA CONCEPTUAL

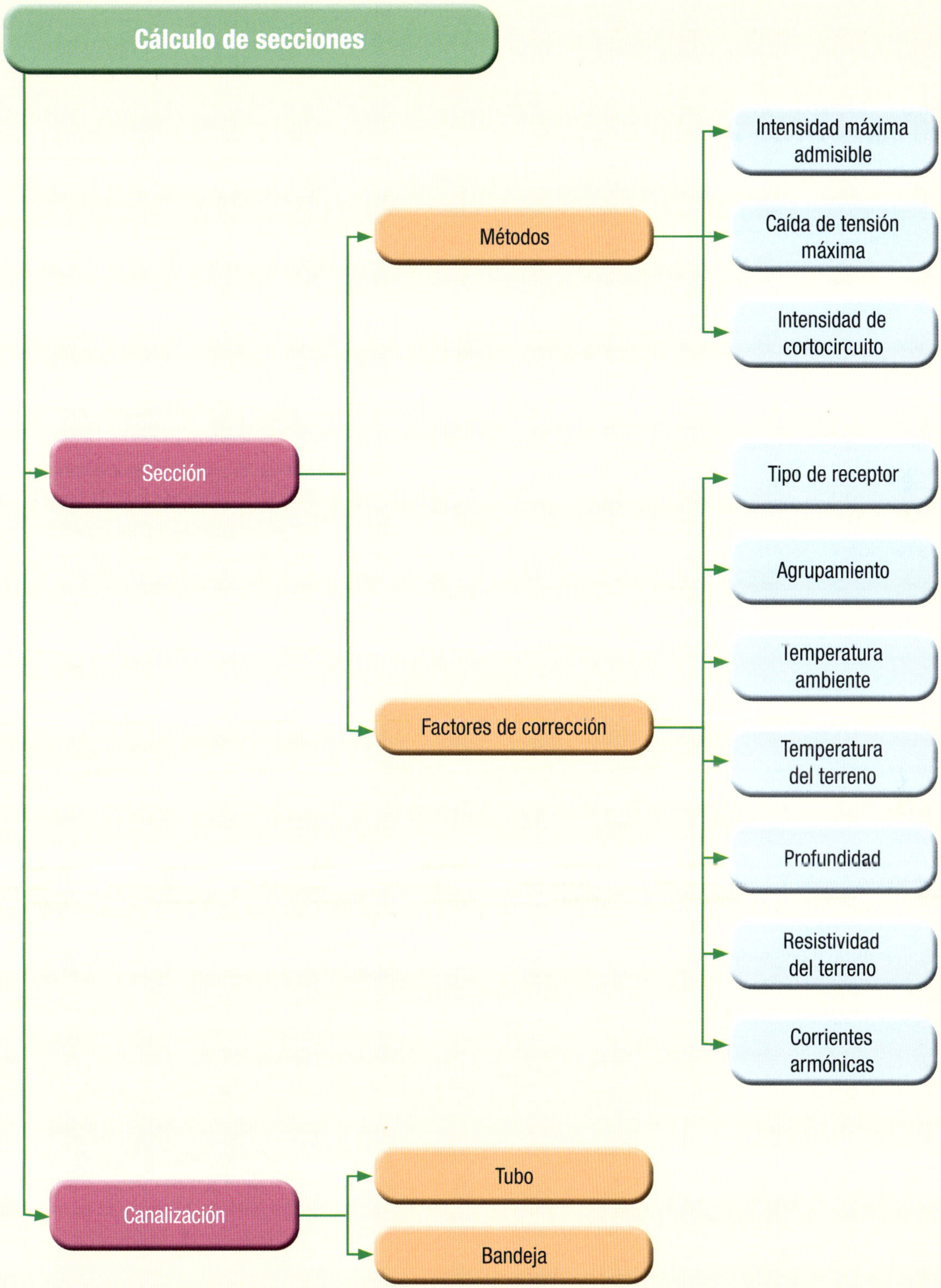

Actividades de comprobación

7.1. El criterio de la intensidad máxima admisible se basa en:

a) El efecto Joule.

b) El cálculo de la resistencia del conductor por la ley de Ohm.

c) Determinar la diferencia de potencial que se pierde por la línea.

d) Determinar la intensidad que se necesita para el receptor.

7.2. ¿De qué depende el calor generado en un conductor eléctrico?

a) La resistencia.

b) La tensión.

c) El tipo de aislante (PVC o XLPE/EPR).

d) El número de hilos que forman el conductor.

7.3. La temperatura máxima de trabajo de los aislantes de tipo termoplástico es de:

a) 25 °C.

b) 40 °C.

c) 70 °C.

d) 90 °C.

7.4. La temperatura máxima de trabajo de los aislantes de tipo termoestable es de:

a) 25 °C.

b) 40 °C.

c) 70 °C.

d) 90 °C.

7.5. ¿Cuál de los siguientes tipos de instalación es el correcto?

a) A1 – Cable multipolar empotrado en paredes aislantes.

b) A2 – Cable unipolar empotrado en paredes aislantes.

c) C – Cable en tubo en instalación enterrada.

d) F – Cable unipolar en bandeja perforada.

7.6. La tabla para el cálculo de la intensidad máxima admisible está determinada para la temperatura de:

a) 20 °C.

b) 25 °C.

c) 40 °C.

d) 50 °C.

7.7. El criterio de la caída de tensión máxima admisible se basa en:

a) Determinar cuál es el voltaje máximo al cual puede conectarse el receptor.

b) Determinar el porcentaje de tensión que puede perderse en la línea por efecto de la ley de Ohm.

c) Determinar el porcentaje de tensión necesaria para el correcto funcionamiento de los equipos conectados a la línea eléctrica.

d) Determinar la diferencia de tensiones en la línea.

7.8. ¿Qué caída de tensión máxima admisible se emplea para las líneas de alumbrado en instalaciones industriales con transformador propio?

a) 1 %.

b) 3 %.

c) 4,5 %.

d) 5 %.

7.9. El criterio de cortocircuito se emplea para:

a) Asegurar que los elementos de protección se activan antes de que se dañe el cableado.

b) Determinar que el cableado aguante de modo continuo una corriente máxima igual a la corriente de cortocircuito.

c) Determinar el porcentaje de la caída de tensión máxima en caso de cortocircuito.

d) Determinar las características del tipo de aislante que se emplea y que pueda soportar durante un breve intervalo de tiempo las corrientes de cortocircuito.

7.10. ¿Cuál de los siguientes receptores es el mayor generador de armónicos?

a) Lámparas led.

b) Lámparas de incandescencia.

c) Hornos basados en resistencias.

d) Motores.

ACTIVIDADES FINALES

Actividades de aplicación

7.11. Calcula la sección para una instalación que alimenta a un equipo eléctrico de 4,5 kW en monofásica, con un factor de potencia de 0,82. La instalación se realiza mediante cables unipolares de cobre con aislamiento en PVC que discurren bajo tubo empotrado en una pared aislante térmicamente. La longitud de la línea es de 42 m. Considera una caída de tensión del 2 %.

7.12. Calcula la sección de una instalación realizada en cable multiconductor en conducto empotrado en una pared térmica que alimenta a un equipo de iluminación mediante lámparas de descarga de 1800 W con un factor de potencia de 0,68. La longitud de la línea es de 24 m. Considera una caída de tensión máxima del 3 %.

7.13. Calcula la sección para alimentar a un aparato de elevación con un motor trifásico de 12 kW y un factor de potencia de 0,85. La instalación discurre bajo tubo en montaje superficial sobre pared, con una longitud de 100 m. El conductor es de tipo unipolar, de cobre con un aislamiento de XLPE. Junto a la canalización discurren un total de 9 canalizaciones, también bajo tubo. La temperatura ambiente se fija en 40 °C.

7.14. Calcula la sección para una línea de derivación individual (DI) que se va a realizar bajo tubo corrugado y situado en el interior de un hueco de la construcción. Esta línea alimentará a una vivienda con una electrificación de 5750 W en monofásica con una longitud de 20 m. Junto a esta canalización discurren un total de seis derivaciones individuales. El edificio cuenta con una única centralización de contadores. Observaciones:

- Las derivaciones individuales (DI) son líneas monofásicas que se realizan con conductores unipolares con aislante de tipo PVC.
- Considera un factor de potencia de 0,9.
- Si no se indica la temperatura, se considera que es de 40 °C.

7.15. Calcula la sección de la LGA (línea general de alimentación) de un edificio con una única centralización de contadores para una potencia de 100 kW. Esta línea tiene una longitud de 30 m que discurre enterrada bajo tubo. Ten en cuenta que:

- Las LGA son líneas trifásicas que se realizan con conductores con aislante de tipo XLPE.
- Para las LGA, y si no se indica lo contrario, se consideran con un factor de potencia de 0,9.
- Si no se indica nada, se toman las condiciones estándar (temperatura del terreno de 25 °C, resistividad del terreno de 2,5 k · m/W, etc.).

7.16. Calcula la sección que alimenta a un equipo trifásico de 40 kW a 400 V con un factor de potencia de 0,9. La instalación se realiza enterrada bajo tubo con una longitud de 28 m empleando cables de cobre con aislamiento en polietileno reticulado. Para la instalación se admite una caída de tensión máxima del 5 %. La canalización discurre enterrada a una profundidad de 1 metro, en terreno con una resistividad térmica de 3 K · m/W y con una temperatura de 30 °C.

7.17. Calcula la sección de una línea monofásica (230 V) destinada a la alimentación de un circuito de iluminación. La línea alimenta a 25 lámparas led de 100 W cada una, repartidas uniformemente y separadas 5 metros y una separación desde el cuadro a la primera lámpara de 20 metros. La línea será mediante cable multiconductor con aislante de PVC que discurre en bandeja perforada. La caída de tensión máxima es del 3 %. La canalización porta en su interior un total de cuatro circuitos. La temperatura ambiente es de 45 °C.

Actividades de ampliación

7.18. Consulta en internet páginas web de fabricantes de cables, por ejemplo, Prysmian, General Cable, Pirelli, etc. Fíjate en sus catálogos comerciales. Observa la gama y sus características.

Esquemas eléctricos y documentación técnica

8

Durante el planteamiento y la solución adoptada en una instalación eléctrica, las ideas se plasman mediante una serie de planos o esquemas eléctricos. Estos planos contienen la información necesaria y suficiente como para que el técnico responsable de llevarla a cabo entienda correctamente cómo realizar su trabajo. Toda esta documentación se recoge en el proyecto eléctrico.

Los esquemas eléctricos no solo son útiles para el técnico responsable de planificar la instalación. Esos planos luego pasan a los encargados de realizar el montaje y posteriormente a los responsables de realizar el mantenimiento de la instalación. Por tanto, se puede considerar que los esquemas eléctricos son el lenguaje de comunicación entre todos los técnicos eléctricos.

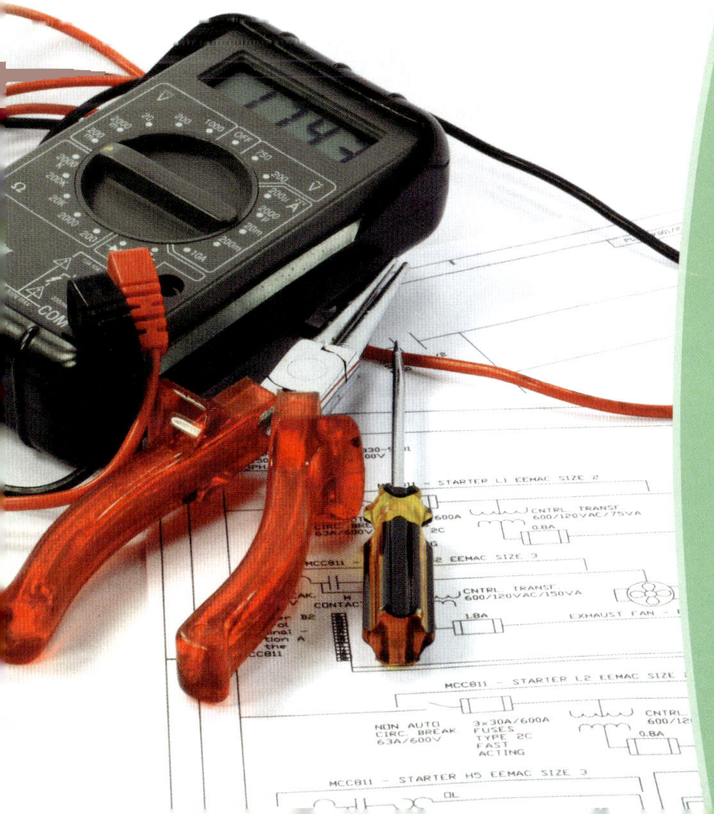

Contenidos

Objetivos

- Realizar esquemas eléctricos.
- Emplear los diferentes tipos de esquemas eléctricos.
- Numerar los elementos de un proyecto.
- Aplicar las referencias cruzadas.
- Representar en los esquemas los borneros.
- Generar la documentación que integran los proyectos eléctricos.

8.1. Normalización

Los esquemas eléctricos se rigen por una serie de normas, con el objetivo de que todos los elementos que intervienen en un plano sean realizados e interpretados de la misma forma, sin que puedan dar lugar a confusiones e interpretaciones incorrectas.

Estas normas las dictan una serie de organismos, que bien pueden ser nacionales o bien internacionales. Entre los organismos más importantes están los siguientes:

- **DIN (Instituto alemán de normalización).** La industria alemana fue la pionera en el campo de la normalización creando este organismo en 1917. Muchos otros países adoptaron normas DIN.
- **ISO (Organización internacional para la normalización).** Debido al intercambio comercial entre países se crea en 1926 este organismo con el objeto de establecer una serie de normas de uso común.
- En España las normas se llaman **UNE (Una norma española)**, y son creadas por **AENOR** que es la **Asociación Española de Normalización.**
- En América se establecen las normas **ANSI (Instituto nacional americano de normalización).**

Las normas se establecen en una serie de comités. Los comités son áreas de expertos en campos concretos. Hay que recordar que las normas, por ejemplo UNE, no solo se limitan al campo eléctrico, sino que abarcan todos los campos (mecánica, electrodomésticos, etc.). Entre los comités más importantes destacan los siguientes:

- **CIE:** Comité electrotécnico internacional.
- **CENELEC:** Comité europeo de la normalización electrotécnica.
- **IEEE:** Instituto de ingenieros eléctricos y electrónicos (de origen estadounidense).

Actualmente, hay dos grandes áreas de influencia en el campo de la normalización eléctrica: las normas europeas y las normas americanas. Por tanto, a la hora de interpretar un plano eléctrico hay que saber bajo qué normas se rige. Si el área de trabajo se fija en Europa y su zona de influencia, las normas a aplicar son las europeas.

Desde el punto de vista de la representación de esquemas, estos se rigen por la norma UNE-200002-1. Otras normas importantes son la IEC 1082 y la EN 81346.

Tabla 8.1. Comparativa de símbolos

Símbolo	Normas europeas	Normas americanas
Contacto abierto	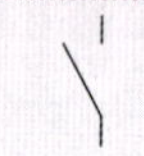	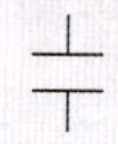
Contacto cerrado		
Bobina	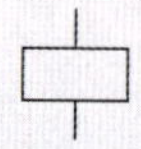	

Recuerda

La normalización consigue utilizar la misma simbología bajo unos mismos criterios, pero no todos los países usan las mismas normas; por ejemplo, Estados Unidos respecto a Europa.

8.2. Símbolos

Todo símbolo se compone principalmente de una serie de partes:

- **Contactos.** Dependiendo del tipo de elemento, el símbolo contará con una serie de contactos principales y con otros auxiliares.

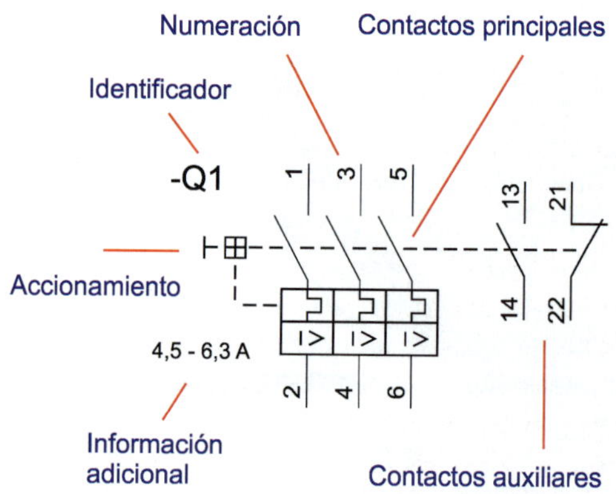

Figura 8.1. *Partes del símbolo eléctrico.*

- **Numeración.** Estos contactos eléctricos deben ir numerados.

  Los contactos principales se numeran del 1 al 6 si son tripolares y del 1 al 8 si son tetrapolares. Los números impares se colocan en la parte superior y los pares en la parte inferior, en sentido descendente y de izquierda a derecha.

Los contactos auxiliares se numeran mediante dos dígitos. El primer dígito hace referencia al número de contacto dentro del elemento y el segundo dígito hace referencia a la función que realiza de la siguiente manera:

- 1-2: para los contactos normalmente cerrados.
- 3-4: para los contactos normalmente abiertos.
- 5-6: para contactos normalmente cerrados de función especial, como contactos temporizados, térmicos, etcétera.
- 7-8: para contactos normalmente abiertos de función especial, como contactos temporizados, térmicos, etcétera.
- 9: para los contactos auxiliares de los relés de protección contra sobrecargas (relé térmico), seguido de los pares 5-6 (cerrado) y 7-8 (abierto).

Las bobinas de los relés se numeran por los pares A1-A2. Si son bobinas de doble bobinado, A1-A2 y B1-B2.

Las líneas de alimentación se numeran: para las fases, L1-L2-L3; para el neutro N; y para la línea de protección de puesta a tierra PE.

Recuerda

La numeración de los contactos es importante para realizar el montaje y que el cableado se realice correctamente y libre de errores.

- **Identificador.** Es el nombre del símbolo que permite diferenciarlo de cualquier otro. La designación del dispositivo eléctrico se compone de un conjunto de letras y números. Así, por ejemplo, el primer fusible de un circuito recibe el identificador -F1. Hay ocasiones en las cuales es posible incluir una segunda letra para indicar una función. Por ejemplo, un primer disyuntor recibiría la identificación de Q1, pero un segundo contactor de potencia recibiría la identificación de QA2.

Saber más

Actualmente, la codificación de la identificación de los dispositivos se rige por la norma EN 81346, aunque todavía es muy común seguir viéndolas según la norma IEC 750.

Ejemplos de dispositivos con doble designación (EN 81346):

- Contactor de potencia: QA1.
- Interruptor-seccionador: QB2.
- Motor eléctrico: MA3.
- Motor neumático: MM4.
- Relé temporizador: KF5.
- Sensor de proximidad: BG6.
- Sensor de temperatura: BT7.

Tabla 8.2. Comparativa de normas de identificación

Norma IEC 750	Ejemplo para aparatos eléctricos	Norma EN 81346
A	Conjuntos de objetos	A
B	Convertidores de señal	T
C	Condensadores	C
D	Dispositivos de memoria	C
E	Filtros electrostáticos	V
F	Disparadores bimetálicos	F
F	Presostatos	B
F	Fusibles (para corrientes débiles, HH, de señales)	F
G	Convertidores de frecuencia	T
G	Generadores	G
G	Arrancadores suaves	T
G	SAI	G
H	Lámparas	E
H	Aparatos de señalización ópticos y acústicos	P
H	Columnas de señalización	P
K	Relés auxiliares	K
K	Contactor auxiliar	K
K	Contactor semiconductor	T
K	Contactor de potencia	Q
K	Relés temporizadores	K
L	Bobinas de inductancia	R
M	Motores	M
N	Amplificadores de aislamiento, amplificadores de inversión	T
Q	Interruptores-seccionadores	Q

Norma IEC 750	Ejemplo para aparatos eléctricos	Norma EN 81346
Q	Interruptores automáticos para protección	Q
Q	Interruptores protectores de motor	Q
Q	Conmutadores estrella-triángulo	Q
Q	Seccionadores	Q
R	Resistencia de ajuste	R
R	Resistor de precisión	B
R	Resistencia de calefacción	E
S	Aparatos de mando	S
S	Pulsadores	S
S	Interruptores de posición	B
T	Transformadores de tensión	T
T	Transformadores de intensidad	T
T	Transformadores	T
U	Transformadores de frecuencia	T
V	Diodos	R
V	Rectificadores	T
V	Transistores	K
Z	Filtros CEM	K
Z	Dispositivos supresores de radiointerferencias y de amortiguación de chispas	F

Un elemento eléctrico (según la norma EN 81346-1) se define por varios campos (dispositivo, lugar y función). En los esquemas simples (de un único nivel) basta con colocar el tipo de producto, pero en instalaciones de cierta envergadura (de varios niveles o multinivel) es necesario indicar el resto de identificadores:

Campo	Signo	
Producto	–	Obligado
Ubicación	+	Opcional
Función	=	Opcional

En la Figura 8.2(a) se muestra, a modo de ejemplo, la designación de un elemento, en este caso la bobina de un relé, la cual consta del tipo de producto (K1) y su lugar de instalación (A1). En la Figura 8.2(b) se indica que el esquema pertenece al lugar A1 y el dispositivo K1, al no llevar más identificación, pertenece por defecto a este lugar.

- **Accionamiento.** Los símbolos, según el caso, indican el modo de accionamiento. Existen accionamientos de tipo automático (disparo por sobrecarga, etc.) y otros accionamientos de tipo manual (pulsador, interruptor, tirador, etcétera).
- **Información adicional.** Pueden incorporar otra información, tal como la función que realizan (por ejemplo, interruptor general) o los datos técnicos (por ejemplo, la corriente nominal o la sección de los cables, etcétera).

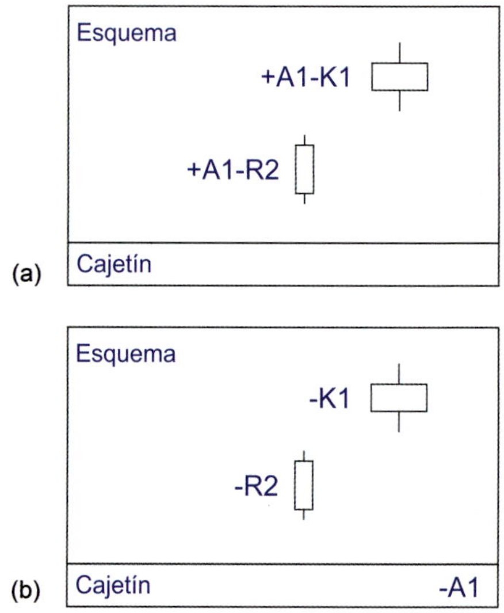

Figura 8.2. *Referencia de elementos en esquema eléctrico.*

Un símbolo no tiene por qué llevar todas esas partes, se adaptará según el tipo de símbolo, esquema o información que sea necesaria transmitir.

8.3. Esquemas eléctricos

Los esquemas eléctricos son la representación gráfica de una instalación eléctrica en la cual quedan perfectamente indicados los elementos eléctricos que la integran y la relación entre todos ellos.

Cuando un esquema eléctrico se plasma sobre papel, este debe cumplir con una serie de normas.

Las dimensiones de los planos deben estar normalizadas y existen varias clases de formatos. Los formatos hacen referencia a las dimensiones (largo × alto). Las clases más utilizadas vienen de las normas alemanas DIN, existiendo básicamente tres tipos: clases A, B y C.

La más utilizada es la clase A, la cual parte de una superficie de 1 m^2, con dimensiones de 841 mm × 1189 mm.

Este formato recibe el nombre de DIN-A0. Las siguientes subdivisiones son la mitad de la anterior; así, un formato DIN-A0 está formado por dos DIN-A1 y un DIN-A1 está formado por dos DIN-A2, y así sucesivamente.

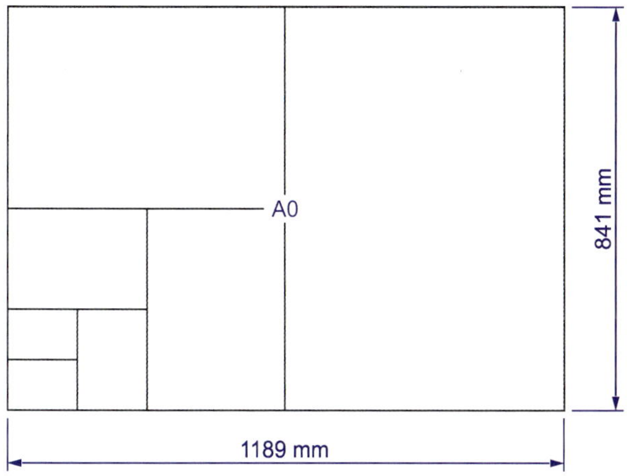

Figura 8.3. *Dimensiones de los formatos DIN-A.*

Las otras clases más utilizadas son la clase B (1000 mm × × 1414 mm) y la clase C (917 mm × 1297 mm). Además existen versiones alargadas que se emplean para esquemas que no son muy altos pero sí muy anchos.

Todos los esquemas eléctricos llevan un cajetín en el cual se proporciona información de índole administrativa (título del plano, cliente, autor, fecha, número de planos, etcétera).

Alrededor del plano y limítrofe con sus márgenes se suelen incluir unas coordenadas de tipo cartesiano. El eje de abscisas se ordena por números de izquierda a derecha y en el eje de ordenadas por letras siguiendo un orden de arriba abajo. El motivo de emplear este sistema de coordenadas es para poder localizar cualquier elemento con facilidad.

En la Figura 8.6 se representa un plano eléctrico rodeado de un sistema de ejes cartesianos. Por ejemplo, el motor está situado en las coordenadas C1 y el pulsador de paro -S1 (cerrado) está en las coordenadas A2.

Recuerda

Aunque el formato más utilizado es el DIN-A4, existen muchos más que se emplean cuando son necesarios. En estos casos se tiene la serie B (B0 de 1000 × 1414 mm) y la serie C (C0 de 917 × 1297 mm). Excepcionalmente la norma permite utilizar formatos especiales y excepcionales para la representación de piezas alargadas. Estos formatos se obtienen multiplicando por 2, 3, 4, etc., e incluso hasta 9 veces, las dimensiones del lado corto de un formato.

8.3.1. Tipos de representación

Existen dos tipos o formas de representación de los esquemas eléctricos, en función del número de hilos que hay que dibujar.

- **Representación unifilar.** En este tipo de esquemas, solo se representa un único hilo conector entre todos los elementos. Se emplea en esquemas muy sencillos y la idea es transmitir simplicidad y claridad en el diseño.

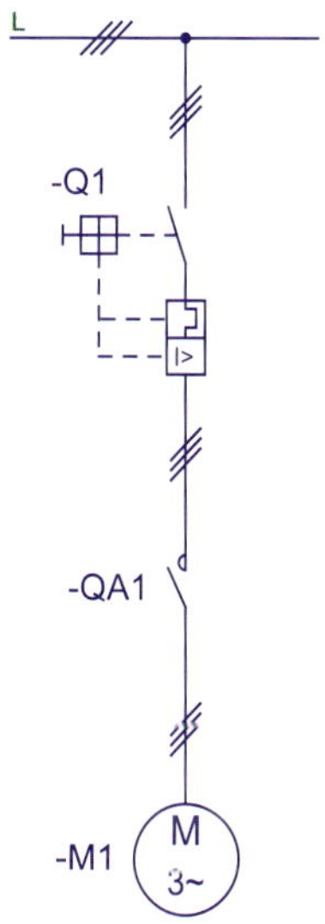

Figura 8.4. *Representación unifilar.*

- **Representación multifilar.** En este tipo de esquemas se representan todos y cada uno de los conductores eléctricos. Es un tipo de representación completa y el objetivo es no dejar lugar a ninguna duda sobre su implantación.

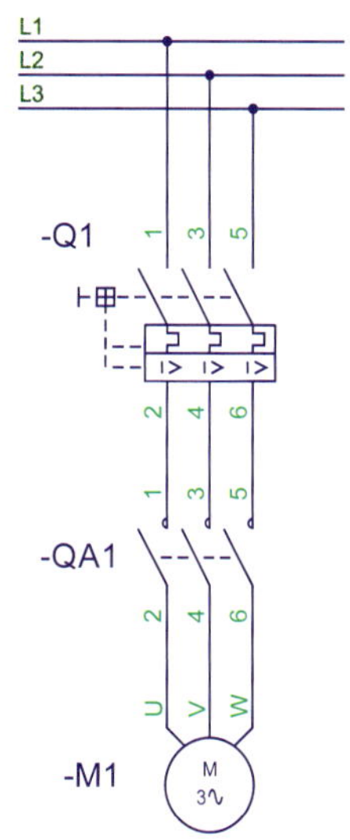

Figura 8.5. *Representación multifilar.*

En los esquemas de automatismos eléctricos se emplea mayoritariamente el tipo de representación multifilar.

Cuando un proyecto eléctrico es de gran envergadura se divide el esquema en varios planos. Normalmente, el criterio de la división se basa en bloques de funciones: circuito de alimentación, circuito de seguridad, circuito del autómata programable, funciones que realizan los diferentes motores, etcétera.

Dividir un esquema en varios planos tiene otra ventaja, el mantenimiento de ese proyecto. Si en un futuro se debe volver a utilizar este proyecto pero hay modificaciones en una parte, solo se debe modificar esa parte en concreto, lo que se traduce en rapidez de diseño y en seguridad, puesto que se ha comprobado previamente que el sistema funciona correctamente.

8.3.2. Esquema de conjunto

El esquema de conjunto representa en un único plano todos los elementos que componen el circuito de manera multifilar.

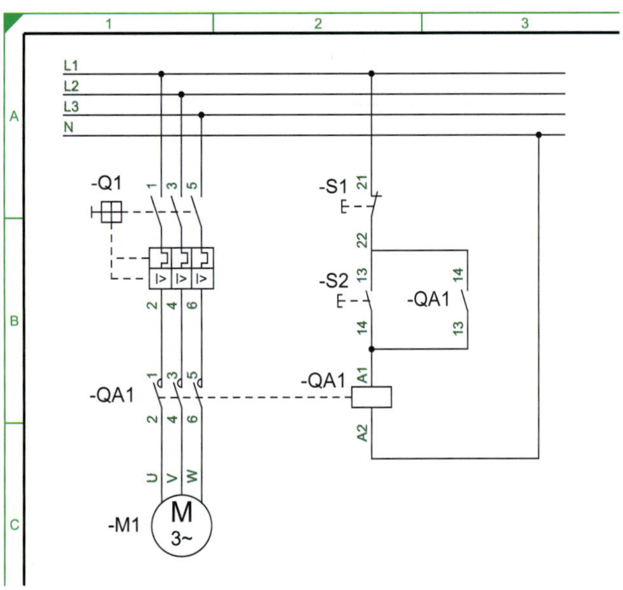

Figura 8.6. *Esquema de conjunto.*

Este tipo de esquema se emplea en aquellas ocasiones en las cuales intervienen muy pocos elementos. Cuando la complejidad aumenta, este tipo de esquema no es muy útil siendo necesario para clarificar la visión dividir el esquema en dos partes dependiendo de la función que realizan: parte de fuerza y parte de mando o maniobra.

8.3.3. Esquema de fuerza y de maniobra

Cuando el esquema aumenta en tamaño y complejidad es más útil dividir ese esquema de conjunto en dos partes: el esquema de fuerza y el esquema de maniobra.

El **esquema de fuerza** representa a todos los elementos que requieren una alta demanda energética (como son los motores eléctricos), sus elementos de conmutación (contactores) y de seguridad (disyuntores, relés térmicos). Estos elementos son el motivo principal del circuito eléctrico.

El **esquema de maniobra,** también llamado **esquema de mando,** es el que contiene el resto de los elementos que son necesarios para poder gobernar correctamente el circuito de fuerza. Este esquema también contiene los diferentes aparatos de medida junto con los elementos de señalización de maniobras.

La alimentación eléctrica de los dispositivos del esquema de maniobra es de pequeña potencia. La tensión se puede tomar de la misma red de alimentación de fuerza o bien puede ser de menor valor empleando un transformador o una fuente de alimentación.

Cuando el esquema eléctrico es de reducidas dimensiones se puede emplear un mismo plano (hoja) en el cual están los esquemas de fuerza y de maniobra. Sin embargo, en ocasiones y cuando la complejidad del circuito eléctrico es grande, es normal que se emplee más de un plano que irán en hojas diferentes.

Con objeto de clarificar los esquemas y siempre que se pueda, cada tipo de elemento tiene una posición en los planos.

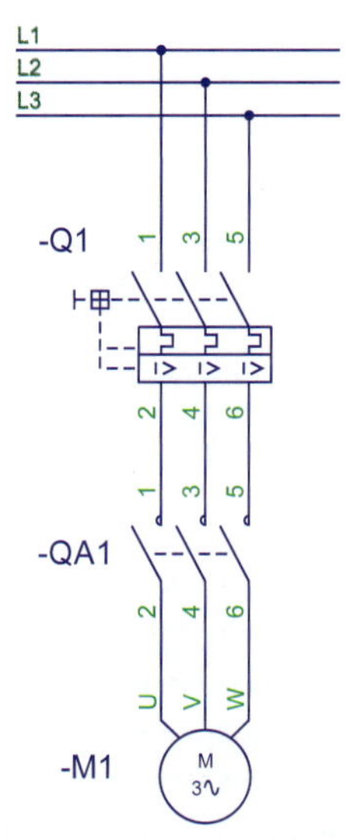

Figura 8.7. *Esquema de fuerza.*

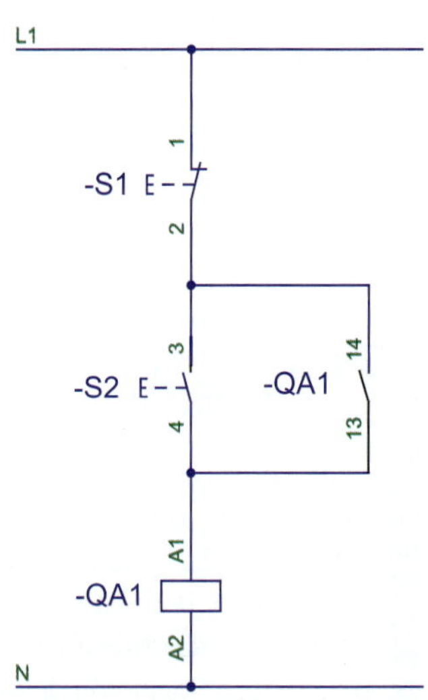

Figura 8.8. *Esquema de maniobra.*

Las líneas de alimentación eléctrica del plano de maniobra se sitúan tanto en la parte superior (conductor de fase o positivo) como en la parte inferior (conductor de neutro o negativo).

Los elementos de protección eléctrica se sitúan en la parte superior del plano e inmediatamente por debajo de la línea de alimentación eléctrica.

A continuación, se colocan los elementos de los dispositivos de protección (contactos auxiliares de los relés térmicos, disyuntores, etcétera).

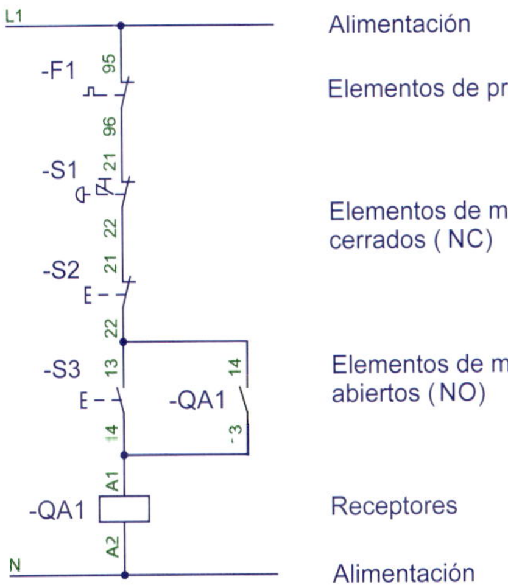

Figura 8.9. *Orden en los esquemas de maniobra.*

Luego van los elementos de maniobra, tales como los pulsadores de paro, marcha, realimentaciones, etc. Y con preferencia de colocar en la parte superior de esa zona a los elementos de corte (contactos cerrados).

Los receptores eléctricos (bobinas, pilotos de señalización, etc.) se colocan en la posición inferior del plano antes de la línea de alimentación de neutro o negativo en función del tipo de corriente eléctrica.

Es posible tener un elemento que, a su vez, conste de varias partes. En la Figura 8.10, los pulsadores S1 y S4 son un paro de emergencia de tipo seta, los cuales constan de dos cámaras de contactos, una cerrada y la otra abierta. En S1, para indicar que ambas se accionan a la vez, se dibujan con una línea discontinua uniendo ambas. En S4, ambas comparten el mismo identificador, pero el accionamiento se coloca en solo una de ellas.

Recuerda

Si se intercambian el orden, el circuito eléctricamente funciona, pero no se considera correcto su diseño.

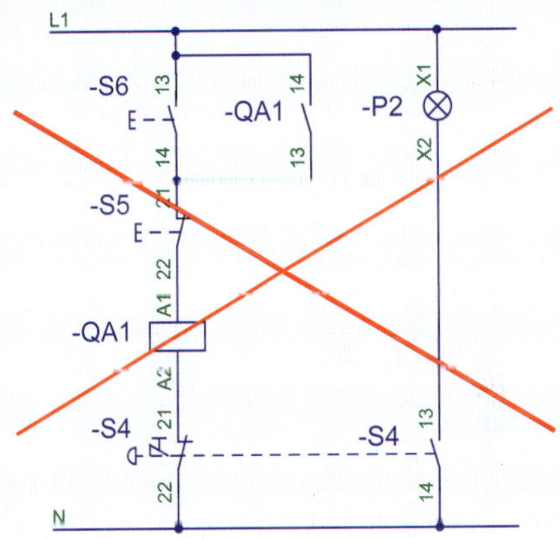

Figura 8.11. *Mal diseñado.*

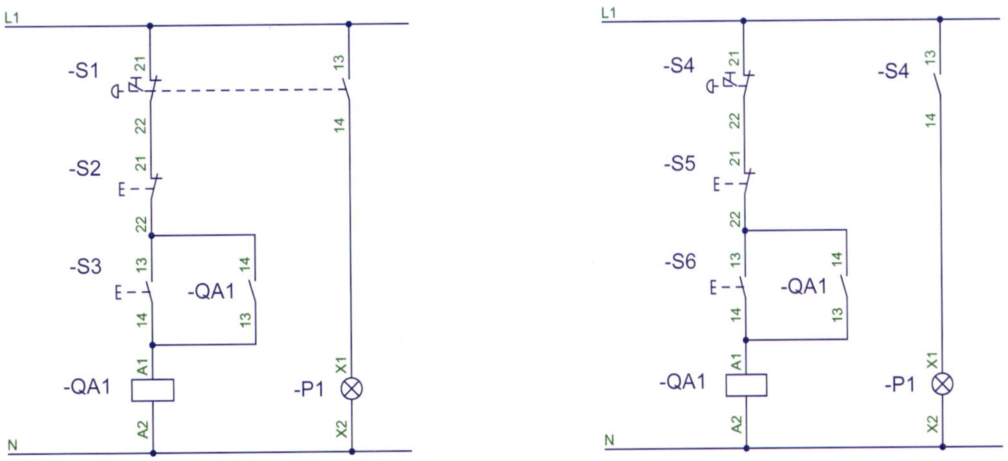

Figura 8.10. *Dispositivos compuestos de varios elementos (S1 y S4).*

8.4. Numeración de conductores

A la hora de realizar el montaje y el mantenimiento de una instalación de automatismos eléctricos es importante el poder identificar correctamente y de una manera rápida los diferentes conductores que la componen.

Existen varias técnicas de realizar esa numeración. La **numeración única de hilos** es más sencilla y consiste en asignar un número a cada conductor (Figura 8.12).

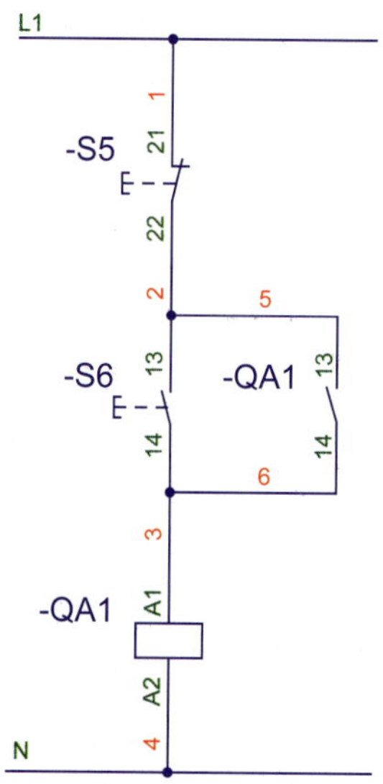

Figura 8.12. *Numeración única de conductor.*

Una simplificación de este método es la **numeración por potencial** que consiste en asignar el mismo número a los cables que concurren en un mismo punto de conexión (Figura 8.13).

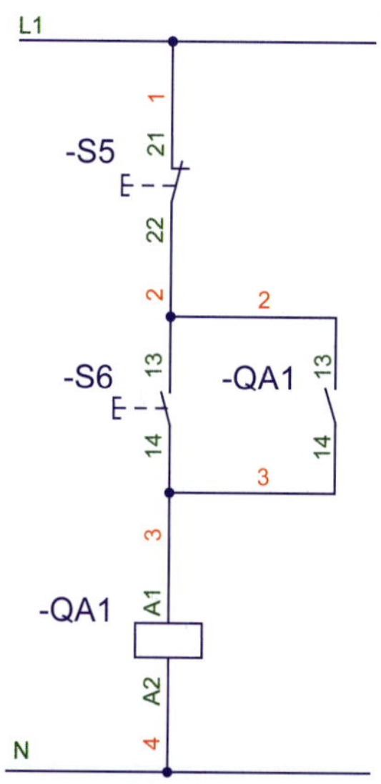

Figura 8.13. *Numeración por conexión.*

Una unión de cables se puede representar de varias formas de conexión (Figura. 8.14). En este ejemplo tenemos tres puntos unidos por dos cables, pero no se sabe cómo se ha realizado dicha unión, ¿A-B y A-C; o A-B y B-C; o A-C y B-C? Se puede indicar gráficamente la forma de realizar dicha unión simplemente girando el cable hacia la dirección correcta, como se indica en la Figura 8.15.

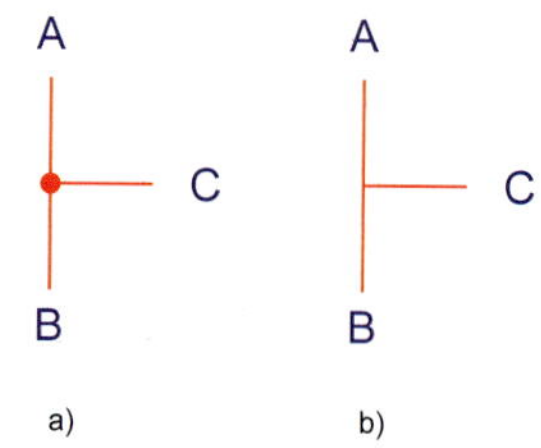

Figura 8.14. *Uniones.*

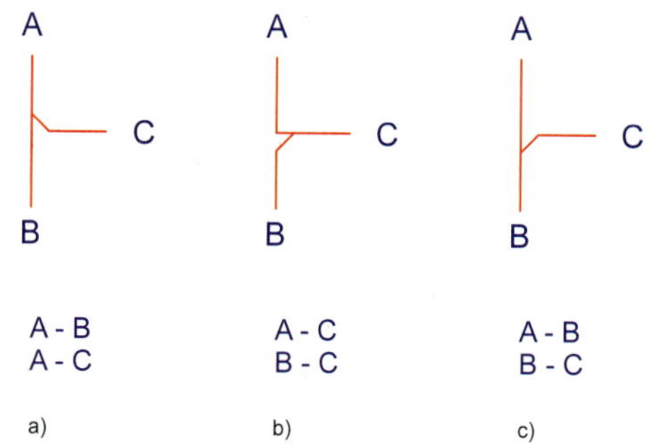

Figura 8.15. *Uniones con dirección.*

Una unión no solo se indica por un punto, sino que puede indicarse también la dirección del cable (Figura 8.16).

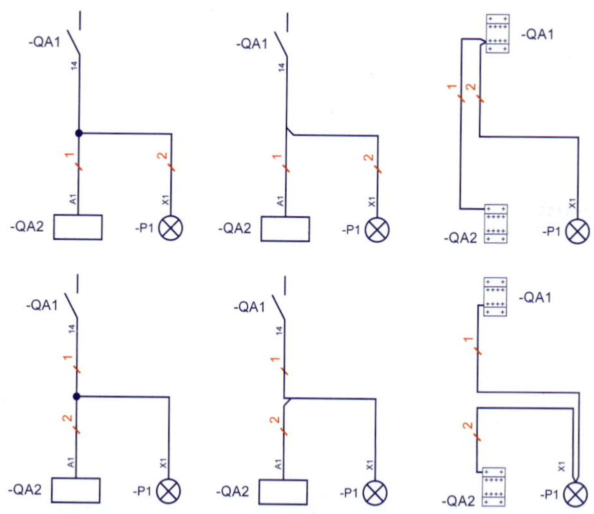

Figura 8.16. *Uniones y su numeración de cables.*

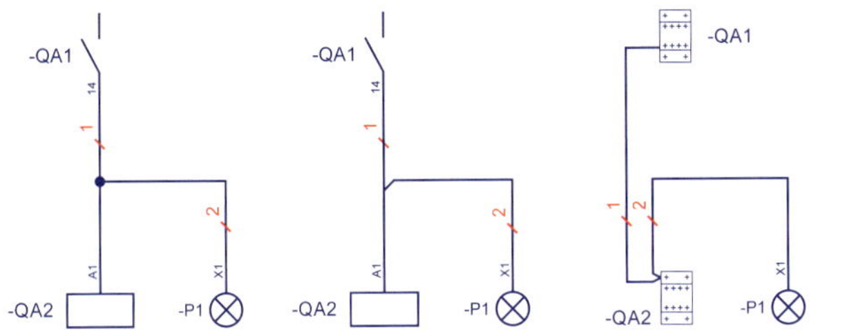

Figura 8.16. *Uniones y su numeración de cables (continuación).*

No existe una única forma de numerar. La numeración puede ser consecutiva o no. Y puede seguir un patrón, por ejemplo: «hoja . número de conductor», siendo 2.41 (hoja 2, conductor 41). Y puede emplear una serie de dígitos fijos: 02.041 (2 y 3 dígitos).

Físicamente, la numeración se realiza con una serie de anillas o etiquetas. Estas anillas pueden incorporar ya la numeración y permiten que se puedan colocar varias anillas para formar el número deseado o bien permiten añadir la numeración mediante una etiqueta que se imprime desde una impresora.

Esta numeración se aplica en los extremos de los conductores.

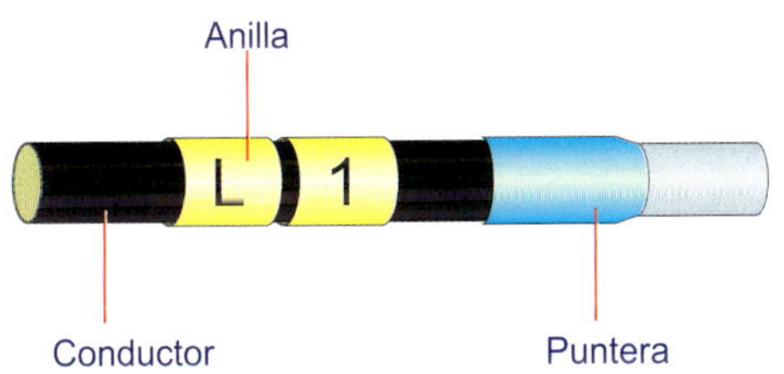

Figura 8.17. *Numeración de conductores con anillas.*

Existe otra forma de marcar los cables que consiste en indicar a dónde se conectará el conductor. Por ejemplo, en la Figura 8.18 ese extremo del conductor se conectará en el borne 13 del relé K1.

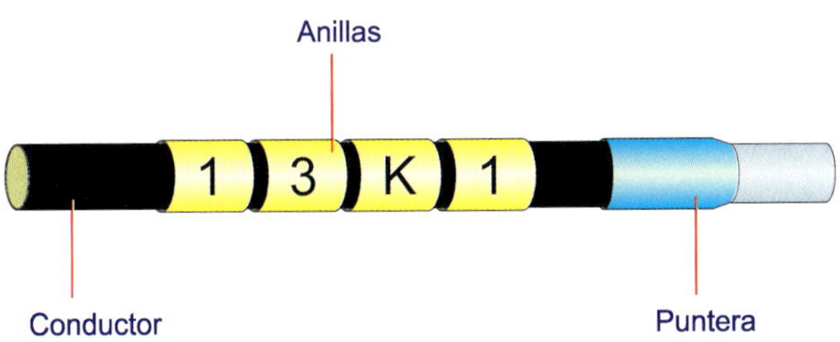

Figura 8.18. *Numeración de conductores mediante destino.*

El inconveniente de este sistema es que un conductor no posee un número, cada extremo tiene su etiqueta, siendo diferente en cada extremo. Pero la gran ventaja es que no es necesario tener a mano los esquemas para poder realizar el montaje o el mantenimiento.

Existe otro método que es una mezcla de ambos, es decir, cada cable tiene su número, pero además se añade el destino, por ejemplo 3-1S2, que indica que el cable es el número 3 y que se conecta al borne 1 del pulsador S2.

Recuerda

Al realizar un montaje eléctrico se deben numerar todos los extremos de los cables y añadir punteras. Para ello se pueden utilizar las anillas de numeración. Estas anillas ya vienen impresas con diferentes signos. Existen anillas según el diámetro del conductor.

8.5. Referencias cruzadas

Las referencias cruzadas es un método de localización de elementos dentro de un esquema o conjunto de esquemas eléctricos.

Un símbolo eléctrico se puede compones de varias partes y cada una de esas partes se puede colocar en diferentes lugares del plano. Por ejemplo, un contactor se compone de unos contactos de fuerza (que se colocarán en el esquema de fuerza) y de varios contactos auxiliares (que se colocarán según las necesidades, separados por el plano de maniobra). Para poder localizar todas estas partes, se recurre a las referencias cruzadas. Se denominan cruzadas porque cada parte indica dónde está situada la otra.

Existen dos formas de representar las referencias cruzadas:

- **En formato gráfico.** Las referencias cruzadas se indican debajo de las bobinas de los relés y contactores mediante el símbolo de los contactos junto con las coordenadas de situación.

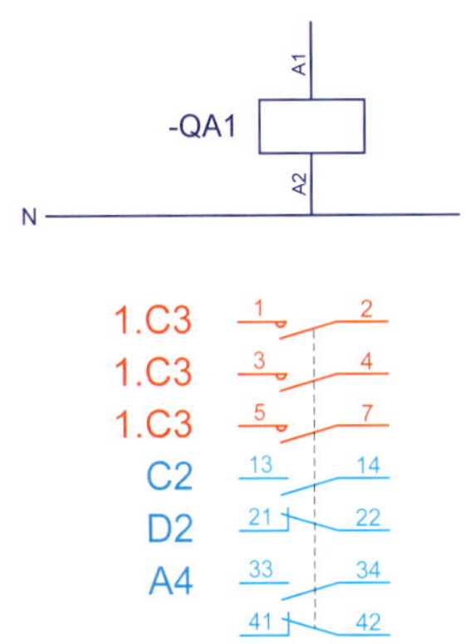

Figura 8.19. *Referencias en formato gráfico.*

- **En formato tabla.** Las referencias cruzadas se indican debajo de las bobinas de los relés y contactores mediante una tabla en la cual se indican los tipos de contactos (abiertos y cerrados) junto con las coordenadas de posición.

Al indicar las referencias cruzadas, tanto en formato gráfico como en formato tabla, se pueden indicar solamente los contactos empleados o bien indicar todos ellos. Los que no se emplean no tienen su correspondiente referencia cruzada.

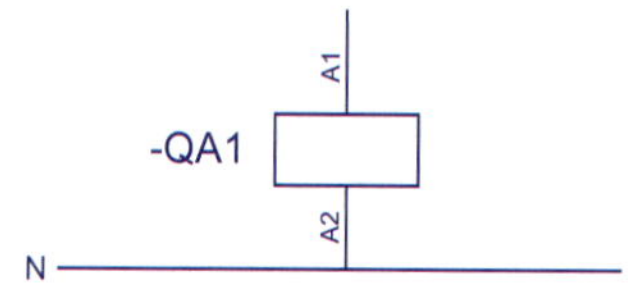

MA	NO	NC
1.C3	C2	D2
	A4	

Figura 8.20. *Referencias en formato tabla.*

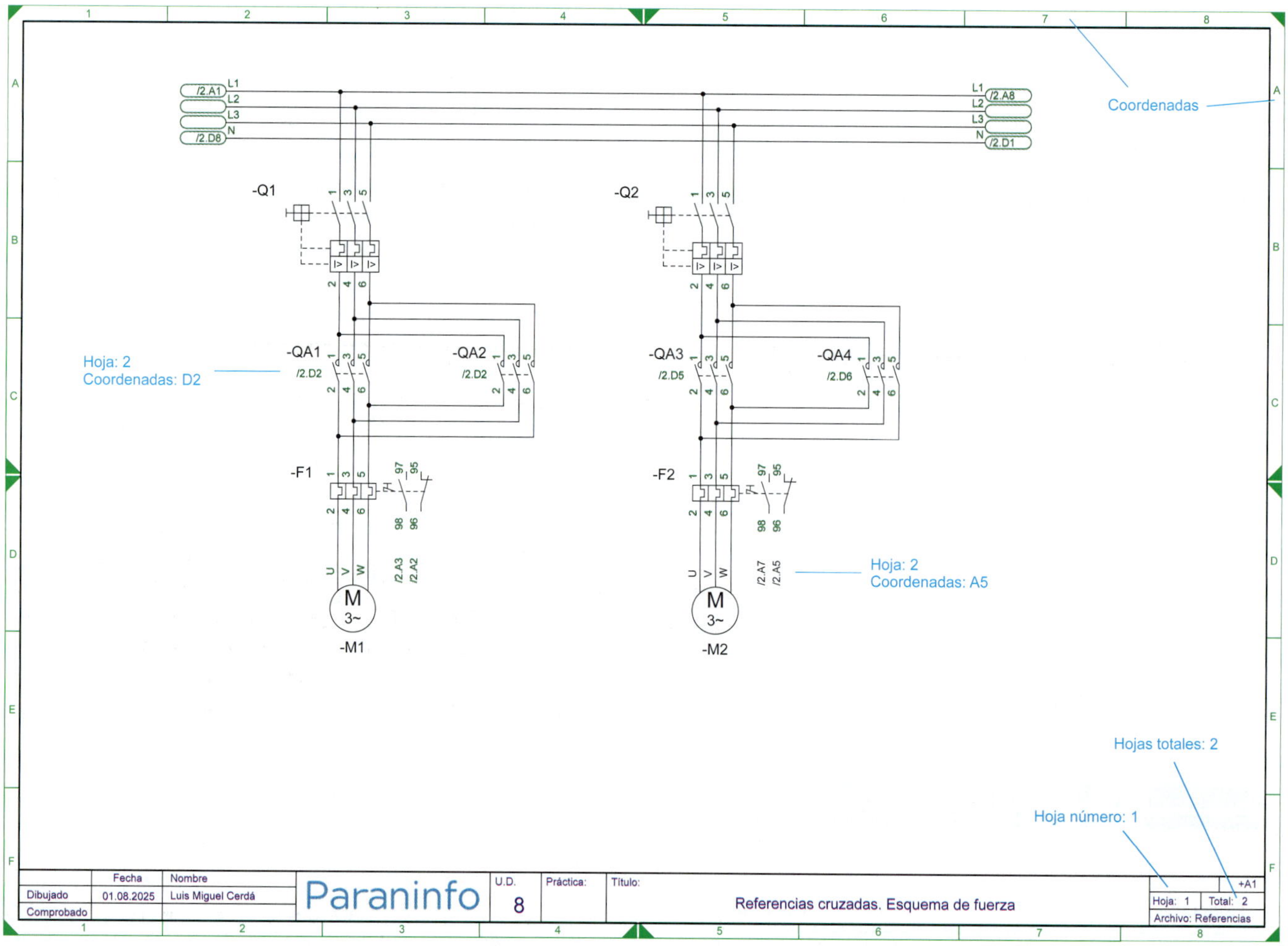

Figura 8.21. *Hoja 1. Esquema de fuerza.*

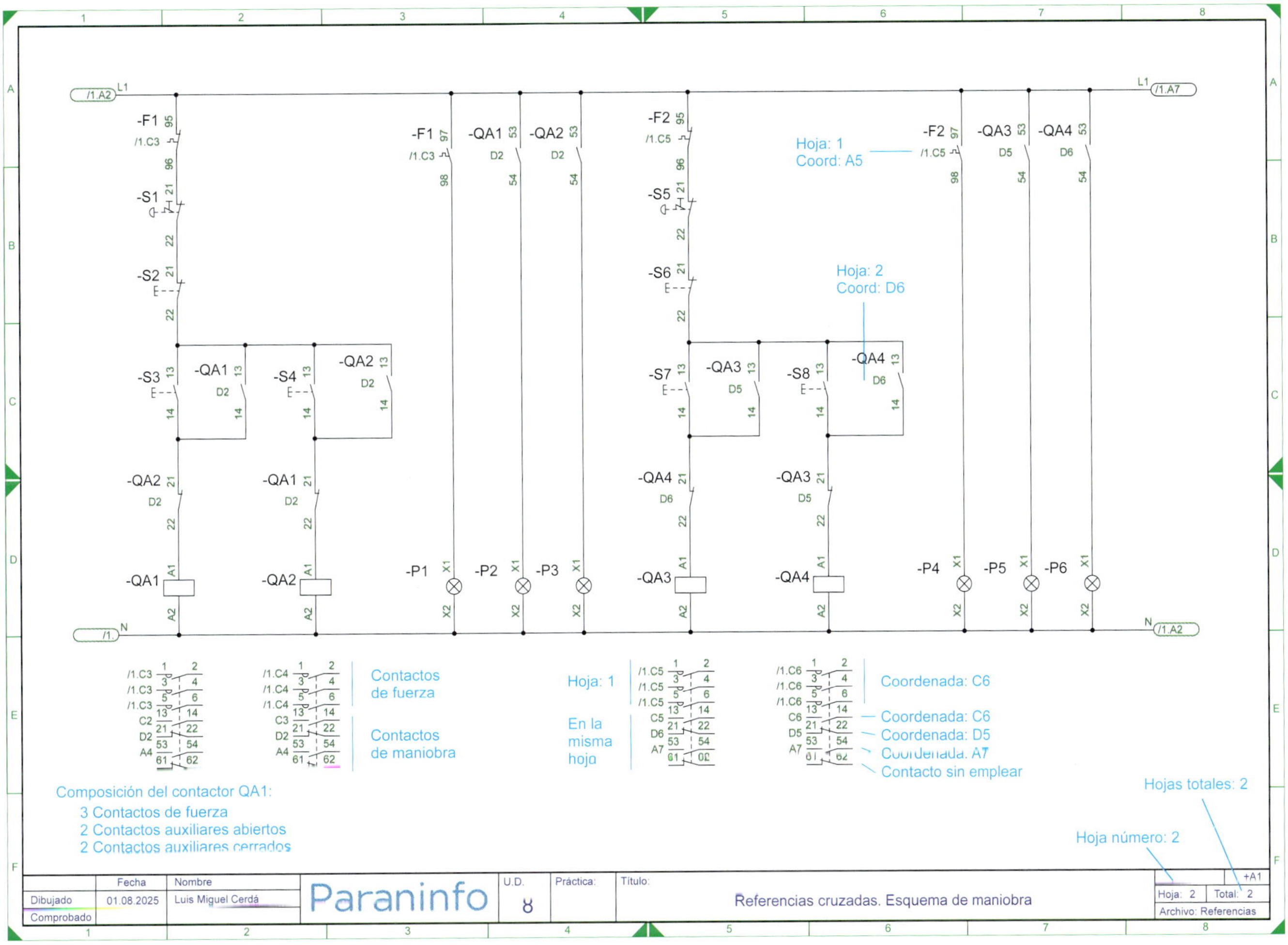

Figura 8.22. *Hoja 2. Esquema de maniobra.*

8.6. Bornero

Un bornero o regletero es el elemento de unión entre los elementos internos del cuadro y los elementos externos. Existes dispositivos (pulsadores, pilotos de señalización, motores, etc.) que no van situados en la placa de montaje del cuadro eléctrico. Por tanto, es necesario ubicar el punto de unión.

Físicamente, un bornero es un conjunto de bornes o terminales de conexión. La conexión del cableado puede ser con apriete a tornillo o a presión (Figura 8.24).

Existe una gran variedad de modelos tanto en la forma física como en los colores. Los colores van acorde al tipo de cableado: fase, neutro, toma de tierra, positivo, negativo. Los bornes, con el objeto de reducir su tamaño, por un lateral van abiertos, por lo que es necesario añadir una tapa final que se encargue de aislar eléctricamente el último terminal de la fila (Figura 8.25).

Además, los bornes están preparados para poder añadir una serie de etiquetas para tener perfectamente identificado cada borne. Así mismo, cuentan con unos puntos de conexión para poder incorporar unos peines de conexión. Los peines de conexión son unos elementos que permiten la conexión entre varios bornes directamente en lugar de cablear (Figura 8.26).

Estos bornes van montados sobre un carril normalizado.

Los borneros se dividen en función del cometido, es decir, un montaje no consta de un único bornero. Se suelen poner al menos dos borneros, uno para los elementos de fuerza (entrada de alimentación eléctrica, motores, etc.) y otro para los elementos de maniobra (pulsadores, pilotos de señalización, etcétera).

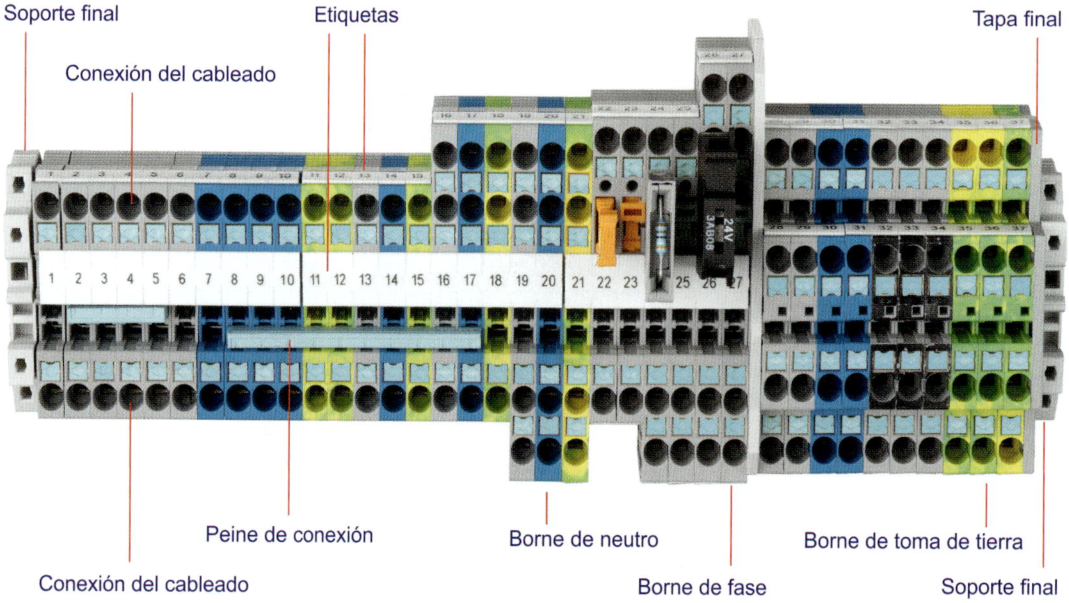

Figura 8.23. *Ejemplo de un bornero. (Cortesía de Siemens).*

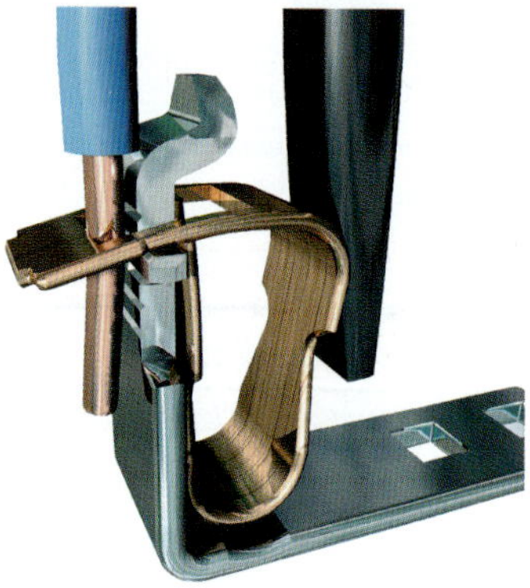

Figura 8.24. *Conexión a presión. (Cortesía de Siemens).*

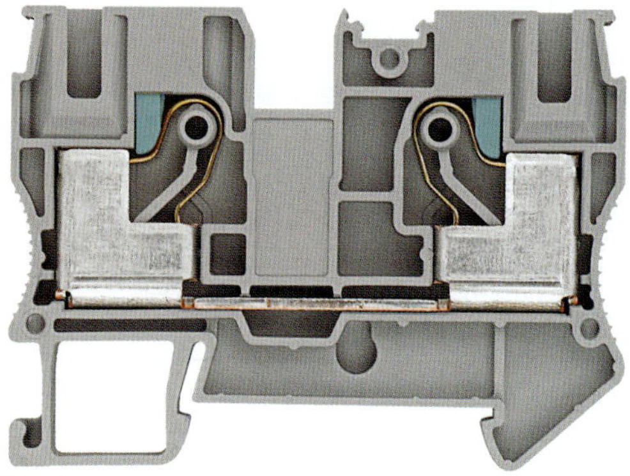

Figura 8.25. *Borne (vista lateral). (Cortesía de Siemens).*

Figura 8.26. *Conexión de peines. (Cortesía de Siemens).*

8.6.1. Simbología eléctrica

La simbología eléctrica que representa al bornero es como la mostrada en la Tabla 8.3.

Los bornes se identifican con la letra identificativa X más el número del bornero; junto a ella se añade otro número que es la posición en el bornero.

Tabla 8.3. Representación gráfica de los bornes

Elemento	Símbolo
Borne	-X 1

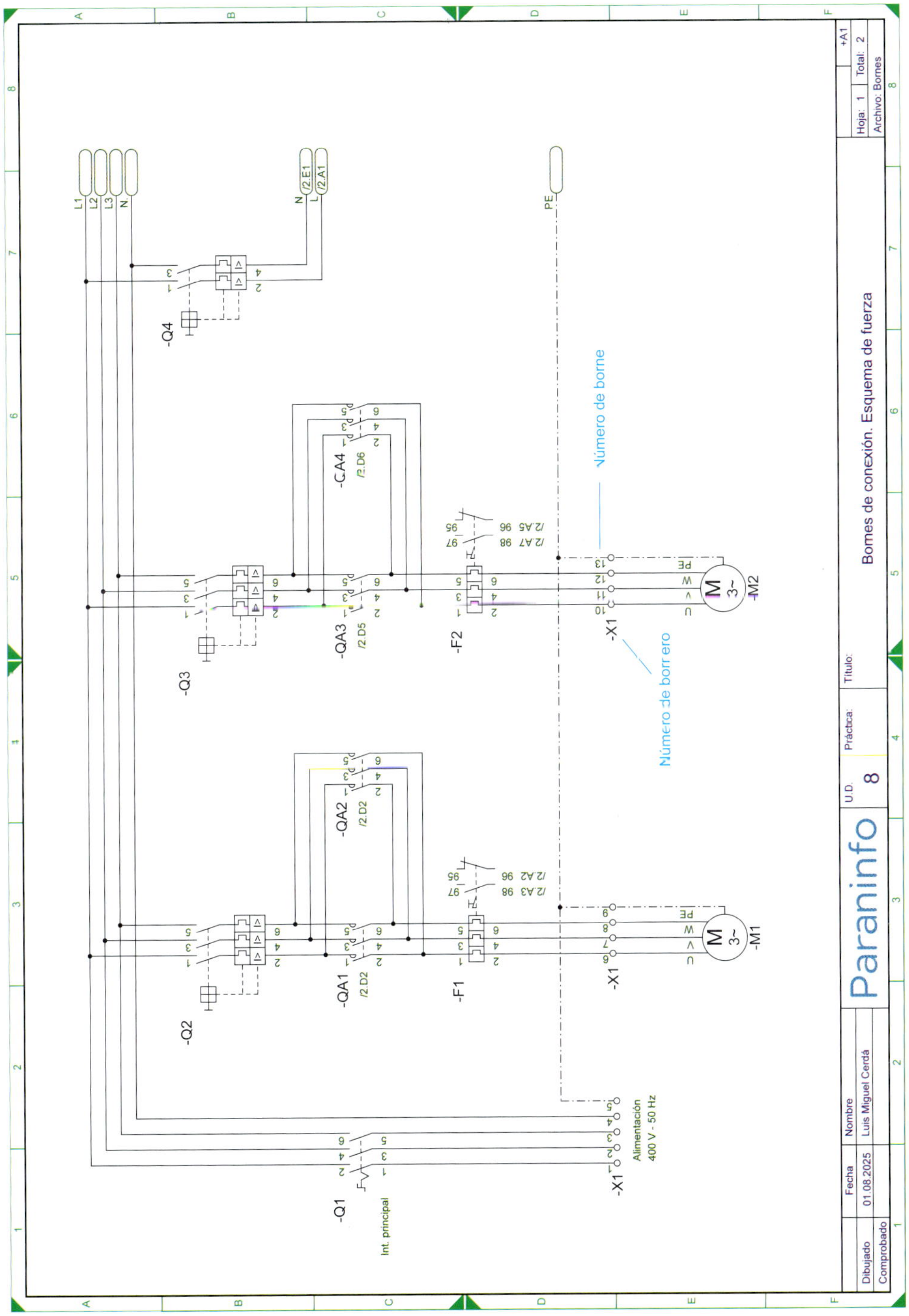

Figura 8.27. *Esquema de fuerza. Representación con sus bornes.*

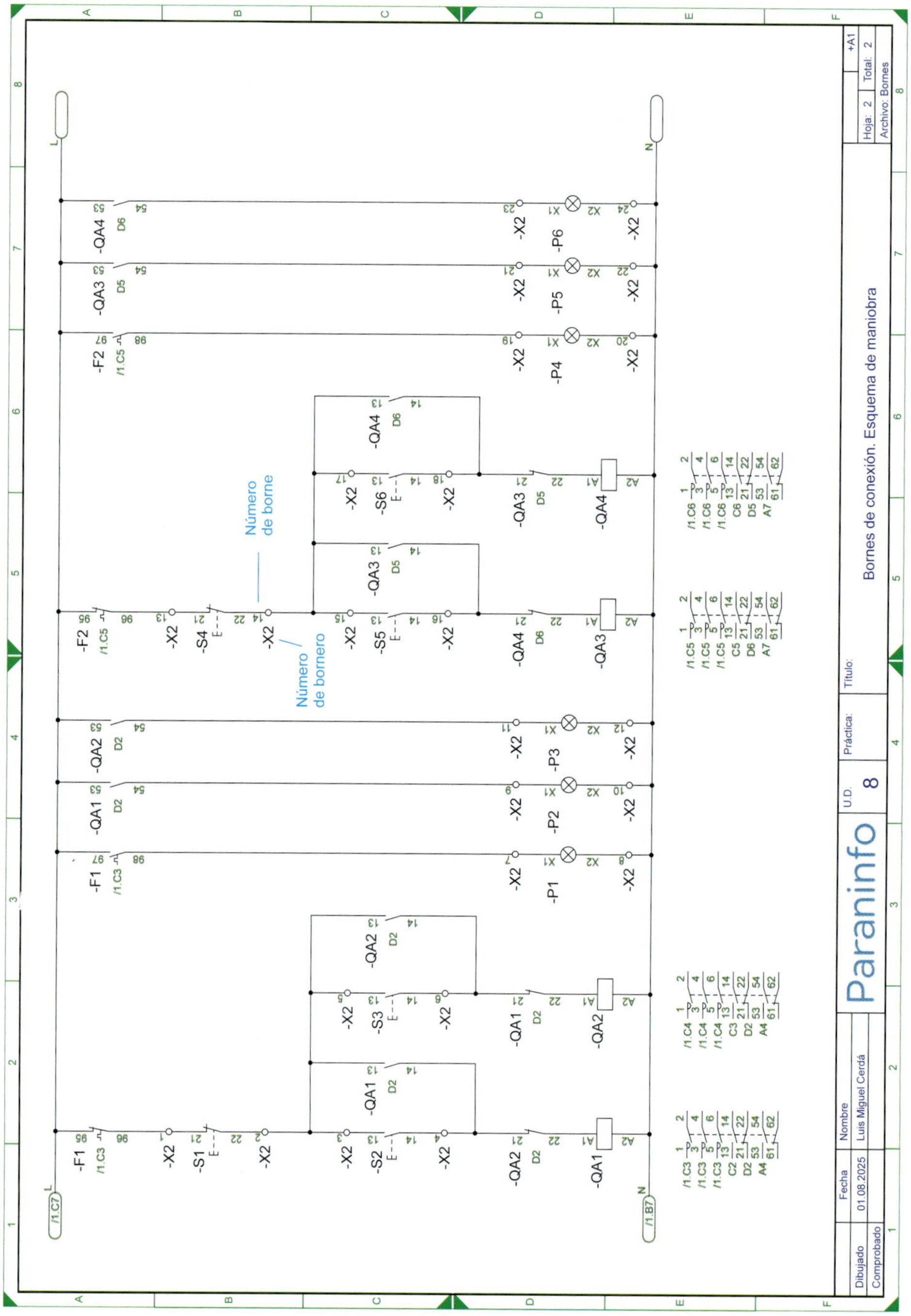

Figura 8.28. *Esquema de maniobra. Representación con sus bornes.*

8.6.2. Esquemas de borneros

El esquema del bornero o **regletero** es una forma gráfica en la cual se muestra cómo deben ser las conexiones de los elementos externos con el cuadro eléctrico.

Estos esquemas facilitan el correcto montaje, ya que son muy visuales. Su aspecto físico dependerá del programa CAD que se emplee. Se proporciona información sobre la cantidad de borneros (X1, X2, etc.); el número de borne; los destinos del cableado tanto a nivel interno del cuadro como externo; las mangueras y su composición; etc. (Figura 8.29).

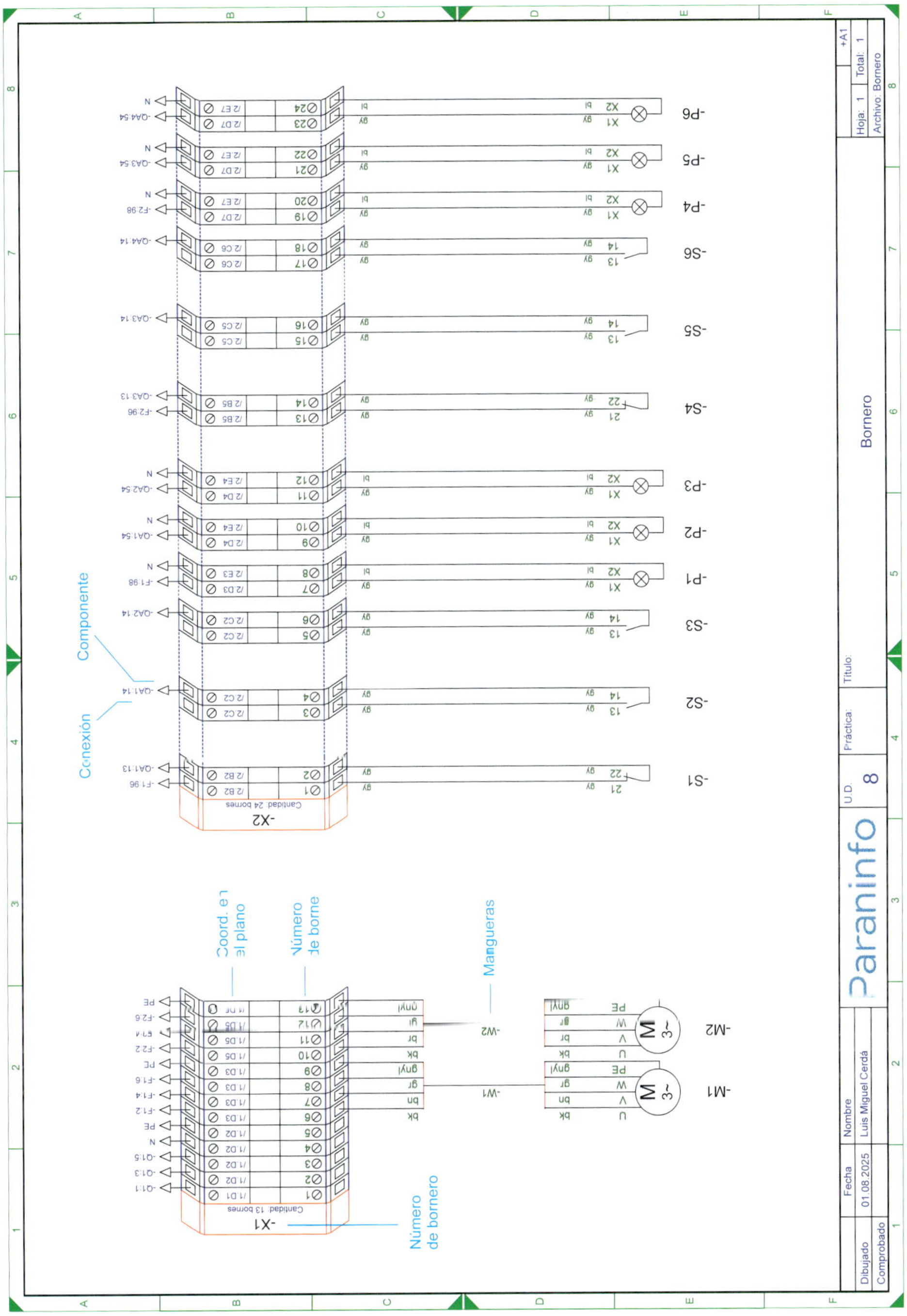

Figura 8.29. *Esquema del bornero.*

8.6.3. Lista de bornero

La lista de bornero es otra forma de proporcionar información sobre el bornero, en este caso en forma de tabla. Se proporciona casi la misma información que en los esquemas de bornero, incluso en algunos casos puede ser más exhaustiva (Figura 8.30).

Saber más

En los proyectos eléctricos siempre se proporciona información sobre la composición del bornero, que puede ser en forma de esquema o en forma de lista. No están estandarizadas las formas de llevar a cabo esta tarea, pero la información que hay que reflejar es la explicada y es decisión del proyectista eléctrico el cómo plasmarla.

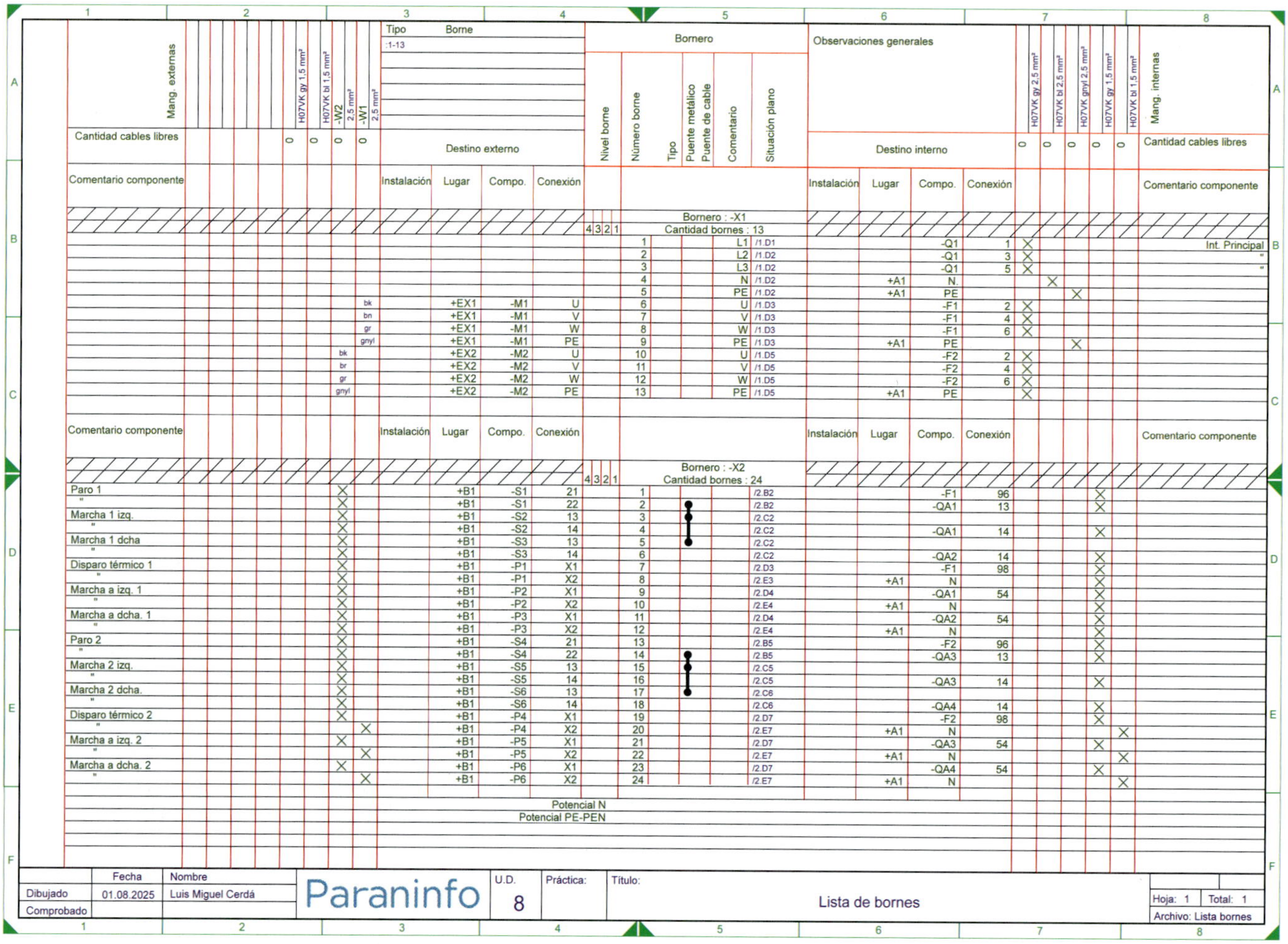

Figura 8.30. *Lista del bornero.*

8.7. Mangueras

Una manguera es un conjunto de cables eléctricos que guardan una relación entre todos ellos, por ejemplo llevar alimentación eléctrica a un motor. Este conjunto de cables, normalmente, van físicamente bajo una misma cubierta protectora, aunque puede darse el caso de ir unidos bajo algún elemento de fijación como bridas o espirales de fijación.

El marcado para la identificación de una manguera se realiza sobre la propia manguera, pero a su vez también se debe identificar cada uno de los cables que la componen.

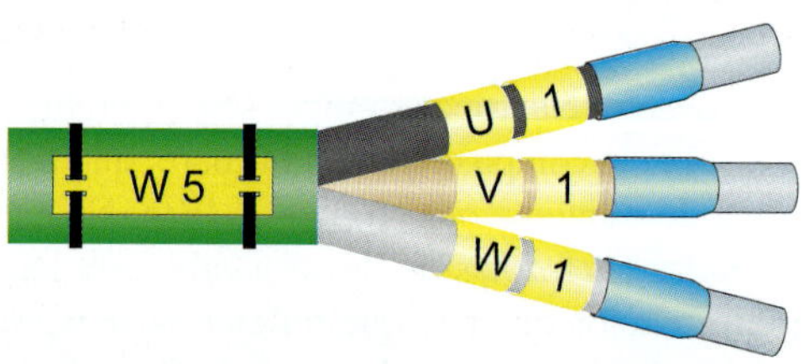

Figura 8.31. *Etiquetaje de una manguera.*

Las mangueras se identifican con la letra W seguida de un número de orden y junto a ella se indican los cables. Gráficamente, se pueden representar de varias maneras (Figura 8.32).

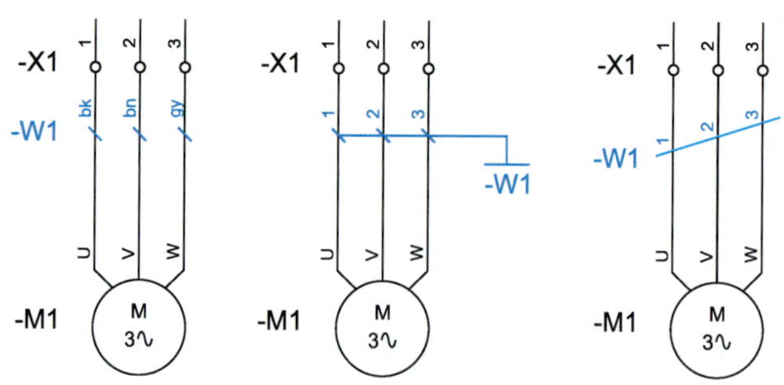

Figura 8.32. *Ejemplos de representación de mangueras.*

En la Figura 8.32 se han representado las diferentes formas de señalizar una manguera. En este ejemplo se ha conectado un motor trifásico (M1) a un bornero (X1) mediante una manguera (W1). Los cables de la manguera se pueden identificar por números (en este caso, 1, 2 y 3) o por letras (por ejemplo, bk, bn y gy, que hacen referencia a los colores de estos).

El número de cables que componen una manguera se debe ajustar a las necesidades presentes o futuras, aunque hay casos en los cuales al recurrir a una manguera comercial no existen de esa cantidad exacta; en estos casos quedarán cables sin utilizar.

8.8. Materiales en los esquemas eléctricos

Para llevar a cabo el diseño y posterior montaje de una instalación de automatismos se debe especificar en los planos qué material es el que se va a emplear. Existen dos tipos de listas relacionadas con el material: la lista de materiales y la lista de pedidos.

8.8.1. Lista de materiales

La lista de materiales es una relación de todos los materiales que se necesitarán. Es importante que se detalle con los códigos del proveedor de tal manera que no dé lugar a interpretaciones erróneas.

En la lista de materiales, aparte de los materiales que se emplean, se debe incluir información sobre cómo localizar su posición en los planos (hojas y coordenadas), así como en qué lugar de la instalación se ubicarán (datos de lugar).

En la Figura 8.33 se ha representado un ejemplo de una lista de materiales de un proyecto.

8.8.2. Lista de pedidos

De cara al departamento encargado de compras es importante la lista de pedidos, la cual se confecciona partiendo de la lista de materiales. En esta lista, los pedidos se encuentran agrupados por fabricante y por la cantidad necesaria de

Lista de materiales

N.º	Componente	Comentario	Lugar	Situación	Fabricante	Descripción	Artículo
1	-A1	Subrack	+C1	/4.B2	SIEMENS	6ES7 390	SIE_390-001
2	-A2	Alimentación	+C1	/4.B2	SIEMENS	230VAC/24VDC, 10A	SIE_307-001
3	-A3	CPU	+C1	/4.B4	SIEMENS	CPU 313	SIE_313-001
4	-A3	CPU	+C1	/4.B4	SIEMENS	CPU 312C	SIE.398 001
5	-A3	CPU	+C1	/4.B4	SIEMENS	3,6V/0,95AH	SIE.971-002
6	-A4	Entrada digital	+C1	/4.B5	SIEMENS	SM 321	SIE_321-001
7	-A5	Salida digital	+C1	/4.B6	SIEMENS	SM 322	SIE_322-001
8	-B1	Paro Izquierda	+EX1	/6.B3	SIEMENS	1NO,SN=60...300MM	SIE_SONAR-001
9	-B2	Posición Izquierda	+EX1	/6.B4	SIEMENS	1NO,SN=60...300MM	SIE_SONAR-001
10	-B3	Paro Derecha	+EX1	/6.B5	SIEMENS	1NO,SN=60...300MM	SIE_SONAR-001
11	-B4	Posición Derecha	+EX1	/6.B5	SIEMENS	1NO,SN=60...300MM	SIE_SONAR-001
12	-E1	Iluminación armario	+C1	/1.D4	RITTAL	PS 4144	RIT_PS41-001
13	-F1	Iluminación armario	+C1	/1.B3	LINDNER	16A	LIN.16A-001
14	-F1	Iluminación armario	+C1	/1.B3	LINDNER	16A	LIN.16A-002
15	-F1	Iluminación armario	+C1	/1.B3	LINDNER	max. 16A	LIN.16A-003
16	-F2	Alimentación 24V DC	+C1	/1.B6	SIEMENS	5SX9100	SIE.5SX0 001
17	-F3	Control parada de emergencia	+C1	/2.A2	SIEMENS	5SX9100	SIE.5SX9-001
18	-F4	PLC	+C1	/4.A2	SIEMENS	5SX9100	SIE.5SX9-001
19	-F2	Alimentación 24V DC	+C1	/1.B6	SIEMENS	5SX2, C	SIE_5SX2-002
20	-F3	Control parada de emergencia	+C1	/2.A2	SIEMENS	5SX2, C	SIE_5SX2-002
21	-F4	PLC	+C1	/4.A2	SIEMENS	5SX2, C	SIE_5SX2-002
22	-F1	Iluminación armario	+C1	/1.B3	SIEMENS	- 63A	SIE_NEOZD-001
23	-G1	Alimentación 24V DC	+C1	/1.B6	SIEMENS	230AC/24VDC 10A	SIE_230AC-001
24	-H4	Bocina	+D1	/3.D6	SCHNEIDER	106 dB	SDR_106DB-001
25	-H1	Paro emerg. Activado	+D1	/2.D4	SIEMENS	3SB	SIE_3SB-003
26	-H2	Operación	+D1	/3.D2	SIEMENS	3SB	SIE_3SB-002
27	-H3	Fallo	+D1	/3.D3	SIEMENS	3SB	SIE_3SB-001
28	-K1	Paro emerg.	+C1	/2.B2	PILZ	PNOZ24VDC3S10	PIL_PNOZ-001
29	-K2	Adelante	+C1	/5.E5	MOELLER	DIL00M-G/11(24VDC)	MOE_DIL00-001
30	-K3	Atrás	+C1	/5.E7	MOELLER	DIL00M-G/11(24VDC)	MOE_DIL00-001
31	-M1	Transportador 1	+EX1	/5.E2	SIEMENS	1LA9 2-, 4-pol - 50 Hz	SIE_1LA9-002
32	-Q1	Fusible	+C1	/1.B2	MOELLER	H-NZM7	MOE.HNZM7-001
33	-Q2	Int. principal	+D1	/1.C2	MOELLER	H-NZM7	MOE.HNZM7-001
34	-Q3	Transportador 1	+C1	/5.B2	SIEMENS	3RV	SIE.3RV-001
35	-Q1	Fusible	+C1	/1.B2	MOELLER	PKZ2/ZM-25	MOE_PKZ2-001
36	-Q3	Transportador 1	+C1	/5.B2	SIEMENS	S00	SIE_QS00-005
37	-Q2	Int. principal	+D1	/1.C2	MOELLER	NZM7-125N-M	MOE_NZM7-001
38	-S2	Liberar Paro emerg.	+D1	/2.D3	SIEMENS	22mm	SIE_S22MM-003
39	-S3	Paro emerg. Armario	+D1	/2.A5	SIEMENS	22mm	SIE_S22MM-005
40	-S4	Marcha	+D1	/3.B2	SIEMENS	22mm	SIE_S22MM-006
41	-S5	Confirmación	+D1	/3.B3	SIEMENS	22mm	SIE_S22MM-003
42	-S6	Paro	+D1	/3.B5	SIEMENS	22mm	SIE_S22MM-008
43	-S7	Paro bocina	+D1	/3.B6	SIEMENS	22mm	SIE_S22MM-001
44	-S1	Final de carrera puerta	+C1	/1.C3	RITTAL	PS 4127	RIT_PS41-002

Notas :

	Fecha	Nombre		U.D.	Práctica:	Título:	
Dibujado	01.08.2025	Luis Miguel Cerdá	Paraninfo	8		Lista de materiales	Hoja: 1 Total: 1
Comprobado							Archivo: Lista materiales

Figura 8.33. *Ejemplo de lista de materiales de un proyecto.*

Lista de pedido de materiales

N.º	Cant.	Artículo	Id.	Descripción	Tipo	Fabricante	Precio	Precio €
12	1	SIE.398-001	A	S7 300	CPU 312C	SIEMENS		
13	1	SIE.971-002	A	S7 300	3,6V/0,95AH	SIEMENS		
14	1	SIE_307-001	A	S7 300	230VAC/24VDC, 10A	SIEMENS		
15	1	SIE_313-001	A	S7 300	CPU 313	SIEMENS		
16	1	SIE_321-001	A	S7 300	SM 321	SIEMENS		
17	1	SIE_322-001	A	S7 300	SM 322	SIEMENS		
18	1	SIE_390-001	A	S7 300	6ES7 390	SIEMENS		
19	4	SIE_SONAR-001	B	sensor	1NO,SN=60...300MM	SIEMENS		
20	3	SIE.5SX9-001	F	Auxiliary Switch Block	5SX9100	SIEMENS		
21	3	SIE_5SX2-002	F	Si.-Automatic Type C,1pin, Aux.SwiBox	5SX2, C	SIEMENS		
22	1	SIE_NEOZD-001	F	1pole NEOZED built-in fuse base	- 63A	SIEMENS		
23	1	SIE_230AC-001	G	Power Supply	230AC/24VDC 10A	SIEMENS		
24	1	SIE_3SB-001	H	Indicator Light 24V	3SB	SIEMENS		
25	1	SIE_3SB-002	H	Indicator Light 24V	3SB	SIEMENS		
26	1	SIE_3SB-003	H	Indicator Light 24V	3SB	SIEMENS		
27	1	SIE_1LA9-002	M	LOW-VOLTG. SQUIRREL-CAGE MOTOR	1LA9 2-, 4-pol - 50 Hz	SIEMENS		
28	1	SIE.3RV-001	Q	Auxiliary Contact	3RV	SIEMENS		
29	1	SIE_QS00-005	Q	Motor Protection switch	S00	SIEMENS		
30	1	SIE_S22MM-001	S	Pushbutton	22mm	SIEMENS		
31	2	SIE_S22MM-003	S	Key-operated Switch	22mm	SIEMENS		
32	1	SIE_S22MM-005	S	Emergency Pushbutton	22mm	SIEMENS		
33	1	SIE_S22MM-006	S	Pushbutton	22mm	SIEMENS		
34	1	SIE_S22MM-008	S	Pushbutton	22mm	SIEMENS		

Notas :

Subtotal	0.00	0.00 €
Total	0.00	0.00 €

	Fecha	Nombre		U.D.	Práctica:	Título:	
Dibujado	01.08.2025	Luis Miguel Cerdá	Paraninfo	8		La lista de pedido	Hoja: 1 Total: 1
Comprobado							Archivo: Lista pedido

Figura 8.34. *Ejemplo de lista de pedidos de un proyecto para un proveedor.*

cada uno de ellos. En la Figura 8.34 se muestra un ejemplo de una lista de pedidos de un proyecto para un proveedor.

Esta lista no solo es necesaria para realizar el aprovisionamiento de materiales, sino que sirve de punto de partida para realizar los presupuestos que se presentarán al cliente.

8.9. Plano de mecanizado

El plano de mecanizado, que consta de esquemas acotados y realizados a escala, se emplea para mecanizar los elementos fijos que intervienen en la instalación. Serán objeto de mecanizado tanto la placa de montaje para fijar las canaletas y los carriles como el armario eléctrico. Normalmente, en el armario se mecanizará la tapa para ubicar la pulsantería así como los elementos de señalización y las pantallas de diálogo (HMI). También se suele mecanizar (en función de las necesidades) un lateral para ubicar las rejillas de ventilación y las tapas para incorporar los prensaestopas que facilitan la entrada y salida de cableado.

8.10. Distribución de materiales en el armario eléctrico

En los proyectos de automatismos eléctricos existe otro tipo de plano que se corresponde con la distribución de los materiales en el armario eléctrico.

Es importante que desde la oficina técnica se especifique cómo será esta distribución para que el técnico encargado del montaje tenga bien claro cómo debe realizarlo.

Este plano no solo es importante en la fase de montaje, sino que también es importante de cara al mantenimiento. Es decisivo en la solución de problemas eléctricos la rapidez, y parte de ella consiste en localizar eficientemente algún elemento en concreto.

En la Figura 8.35 se muestra un ejemplo de una distribución en un armario de un proyecto.

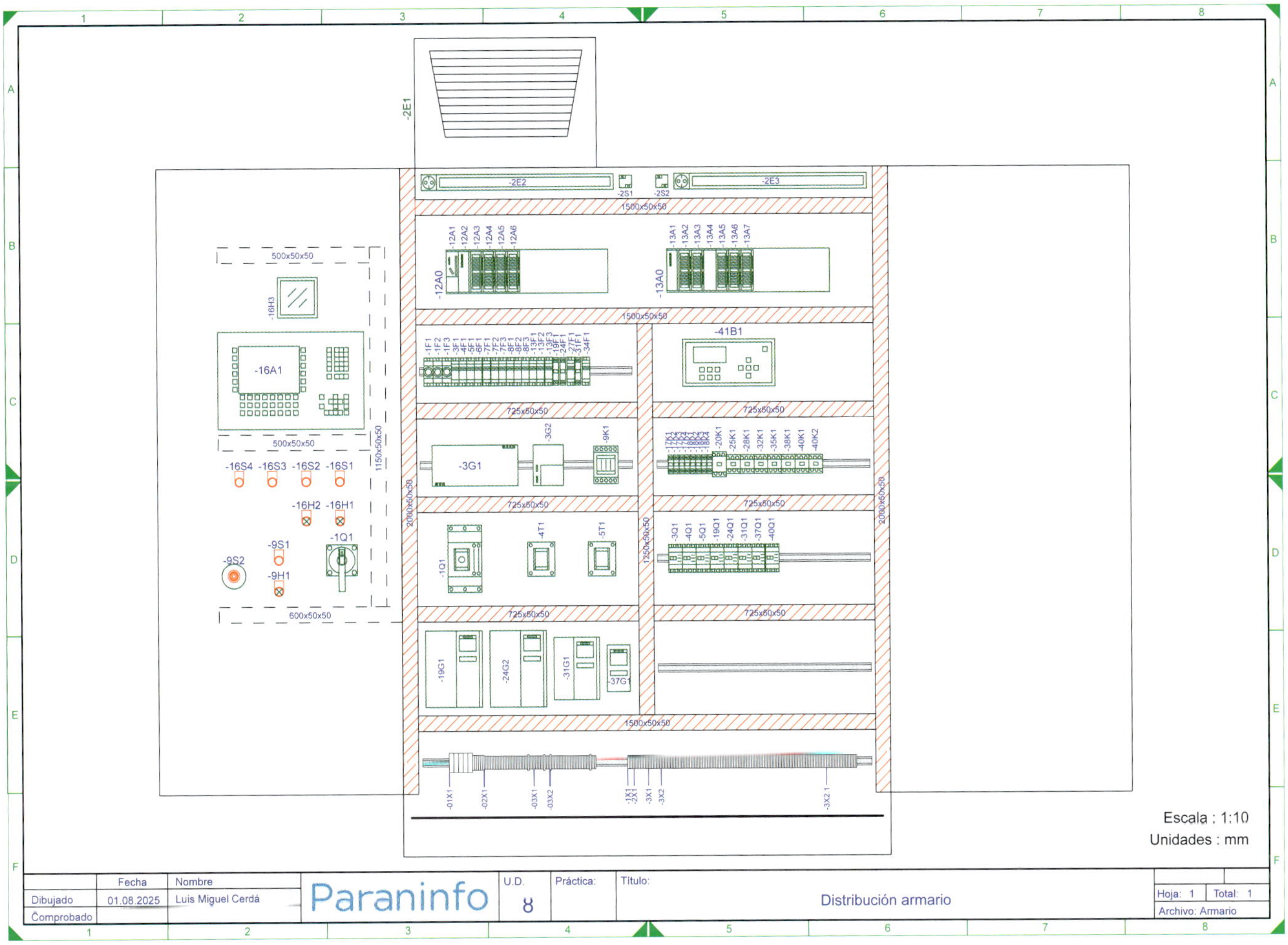

Figura 8.35. *Ejemplo de distribución de materiales en el armario eléctrico de un proyecto.*

8.11. Proyecto eléctrico

El proyecto eléctrico es la recopilación de toda la información en un documento respecto a un montaje desde el punto de vista eléctrico.

El proyecto eléctrico es importante en cada una de sus fases:

- **Planteamiento.** Fija qué es lo que se pretende realizar y cómo se debe llevar a cabo.
- **Montaje.** Fija las normas o los procedimientos de cómo se debe llevar a cabo el montaje de cada una de las partes. De tal manera que el técnico de montaje no deba tomar ninguna decisión puesto que están previamente definidas.
- **Pedidos de materiales.** Al definirse los materiales empleados en todo el montaje se puede obtener una lista de ellos para el departamento de almacén y compras.
- **Presupuestos.** Teniendo los materiales es fácil completar el presupuesto. Si la empresa encargada de realizar el diseño hace este trabajo para una tercera, esta información pasa al departamento comercial, que lo tratará con el cliente.
- **Subcontratación.** En el caso de que se subcontrate alguna parte del montaje se debe proporcionar la documentación relacionada con dicho trabajo.
- **Mantenimiento.** Para realizar un mantenimiento, tanto correctivo como preventivo, los técnicos encargados de dicha tarea deben tener toda esta información. Aparte de ello, todo armario eléctrico debe llevar en su interior los planos relacionados.
- **Ingeniería.** Los proyectos de una empresa son parte importante de sus conocimientos técnicos. Esos proyectos pueden ser la base de partida de otros trabajos, con la certeza de que están probados.

Básicamente, un proyecto eléctrico se compone de los siguientes planos o esquemas:

- **Portada.** Indica principalmente el cliente, el título, la fecha, etcétera.
- **Índice.** Es una relación de los planos que se incluyen en el proyecto.
- **Esquemas eléctricos.** Todos los esquemas eléctricos. En función de su complejidad, la cantidad de planos puede ser considerable. Los planos se suelen dividir en funciones.
- **Bornero.** Relación de los borneros existentes con su información respecto a cómo se debe llevar a cabo la conexión de cada dispositivo externo al cuadro eléctrico.
- **Lista de bornes.** Es complementaria a la anterior.
- **Mangueras.** Relación de cada una de las mangueras empleadas. Tipo de manguera, número de cables, identificación, longitud, etcétera.
- **Lista de materiales.** Relación de todo el material empleado.
- **Lista de pedidos.** Relación del material empleado, pero agrupado por proveedor con el fin de facilitar su provisión.
- **Anexos.** Hojas técnicas de los materiales empleados, etcétera.

Salvo los anexos, todas estas partes se pueden realizar con la ayuda de los programas informáticos de diseño eléctrico. No obstante, algunos de ellos también pueden incorporar información externa (como hojas técnicas) dentro de ellos mismos.

8.12. Software de diseño eléctrico

Actualmente, existen en el mercado varias soluciones de software asistido por ordenador para el diseño de circuitos de automatismos eléctricos, realizando todos los aspectos importantes de un proyecto eléctrico, facilitando así el trabajo que hay que realizar.

Entre los programas más importantes a nivel profesional se encuentran: Elcad, Eplan, Elecworks, SEE Electrical, Autocad Electrical, etcétera.

Estos programas de diseño avanzados disponen de una serie de ventajas tales como:

- Biblioteca de símbolos normalizados.
- Rápido diseño arrastrando y soltando los símbolos sobre el plano.
- Numeración de cableado automática.
- Creación de referencias cruzadas.
- Soporte de datos de los proveedores.
- Enlace con bases de datos.
- Generación de borneros.
- Generación de esquemas de mangueras.
- Distribución de materiales en el armario.
- Listados: materiales, pedidos, etcétera.
- Detección de errores.
- Generación de la documentación del proyecto eléctrico.

MAPA CONCEPTUAL

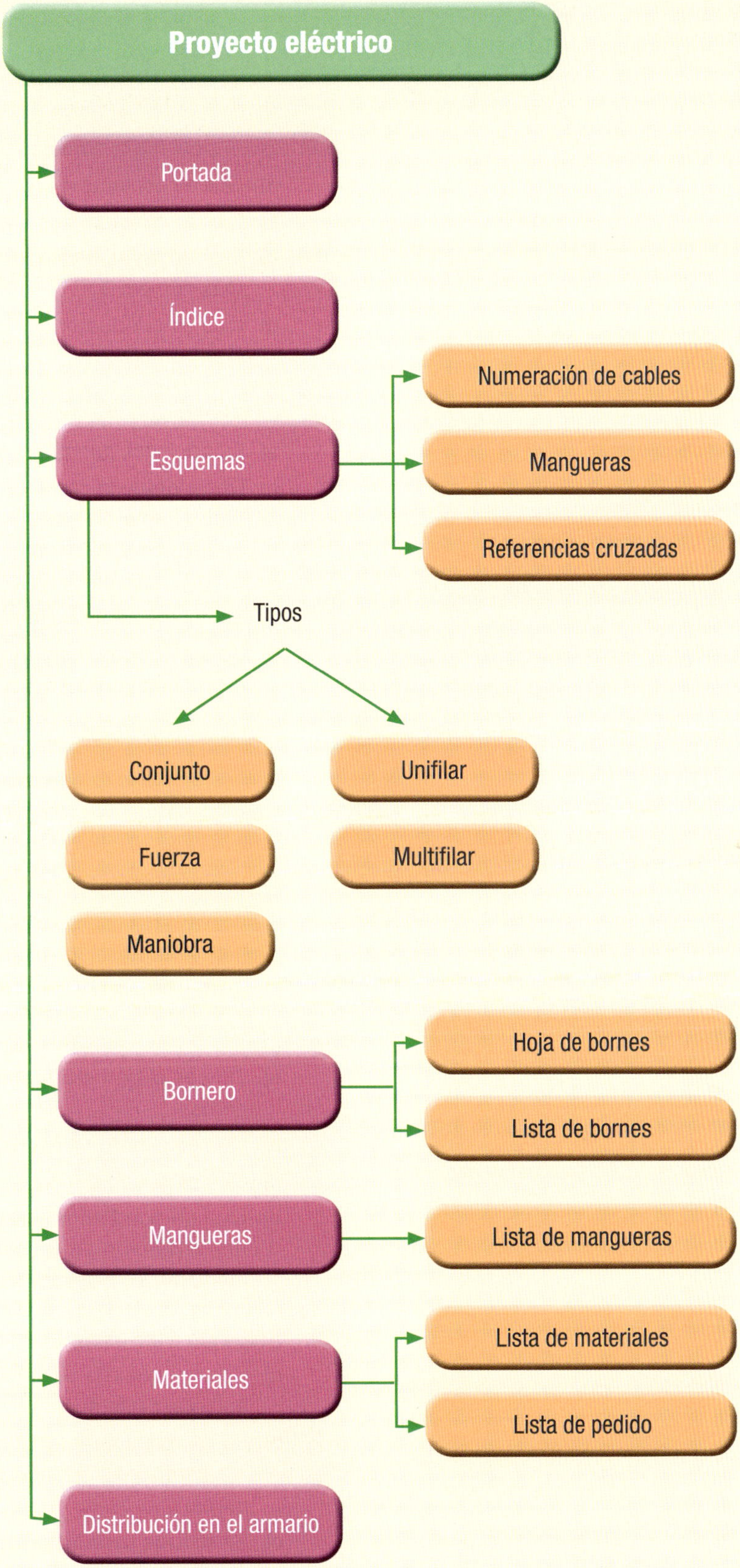

Actividades de comprobación

8.1. ¿Qué normas son de origen español?

- **a)** UNE.
- **b)** DIN.
- **c)** ANSII.
- **d)** ISO.

8.2. ¿Qué indica la terminación en la numeración de contactos 1-2?

- **a)** Que es un contacto abierto.
- **b)** Que es un contacto cerrado.
- **c)** Que es un contacto de función especial abierto.
- **d)** Que es un contacto de función especial cerrado.

8.3. Una numeración de contacto 95-96, ¿qué indica?

- **a)** Que es un contacto cerrado de un disyuntor.
- **b)** Que es un contacto abierto de un bloque de contactos auxiliares de un contactor.
- **c)** Que es un contacto cerrado de un relé térmico.
- **d)** Que es un contacto abierto de un limitador de sobretensiones.

8.4. ¿Qué diferencias hay entre el identificador +A1-QA1 y +A2-QA1?

- **a)** Que +A1-QA1 se refiere al contacto A1 de la bobina del contactor QA1 y +A2-QA1 al contacto A2 de la bobina de QA1.
- **b)** Que QA1 es un contactor con dos bobinas.
- **c)** Que QA1 es un contactor cuya bobina se alimenta en corriente continua.
- **d)** Que son dos contactores que están en diferentes armarios eléctricos.

8.5. ¿Qué indica un formato DIN-A3?

- **a)** Que el formato es el doble de tamaño respecto a un DIN-A4.
- **b)** Que el formato es la mitad de tamaño respecto a un DIN-A4.
- **c)** Que el formato es tres veces más grande que un A0.
- **d)** Que el formato es tres veces más grande que un A1.

8.6. ¿Qué significa la numeración de conductores 2.3?

- **a)** Que es contacto número 2 del conductor número 3.
- **b)** Que es contacto número 3 del conductor número 2.
- **c)** Que es conductor número 2 de la hoja de esquemas número 3.
- **d)** Que es conductor número 3 de la hoja de esquemas número 2.

8.7. La numeración física de los conductores:

- **a)** Es opcional, aunque se recomienda su uso.
- **b)** Depende de la complejidad del circuito. En esquemas simples no se numeran pero en esquemas complejos sí se debería.
- **c)** Todos los conductores se deben numerar, independientemente de la complejidad del circuito.
- **d)** Solo se deben numeran los circuitos de maniobra cuyos esquemas se representen en varias hojas.

8.8. Las referencias cruzadas:

- **a)** Las emplean todos los elementos.
- **b)** Las emplean los elementos que se descomponen en varias partes.
- **c)** Las emplean solo los elementos de fuerza para relacionarse con el esquema de maniobra.
- **d)** Las emplean solo los elementos del esquema de maniobra.

8.9. ¿Que indica el identificador -X4-5?

- **a)** Que es el bornero número 4 de un total de 5 borneros.
- **b)** Que es el borne 4 del bornero número 5.
- **c)** Que es el borne 5 del bornero número 4.
- **d)** Que un conductor se puede conectar tanto en el borne 4 como en el borne 5, ya que están unidos mediante un peine de conexión.

8.10. Respecto a las mangueras:

- **a)** Son el conjunto de varios cables bajo una misma cubierta protectora.
- **b)** En las mangueras se etiquetan solo los cables que las componen, siendo opcional el marcaje de la propia manguera.
- **c)** Se etiqueta tanto la manguera como los conductores.
- **d)** Solo se debe etiquetar en la manguera que los diferentes cables son identificables por el color de su aislamiento.

8.11. El plano de mecanizado tiene por objeto, entre otras tareas:

a) Definir las dimensiones y posiciones donde se colocarán los elementos, por ejemplo los pulsadores en el exterior del armario eléctrico.

b) Distribuir los diferentes elementos en la placa de montaje.

c) Realizar la distribución de los bornes, determinando el bornero de fuerza y el de maniobra.

d) Indicar sobre el plano de montaje las herramientas que hay que utilizar durante las tareas de mecanizado.

8.12. En una manguera se debe identificar físicamente:

a) La manguera.

b) La manguera y los cables.

c) La manguera, los cables y su sección.

d) La manguera, los cables, el color de los cables de la manguera y su sección.

Actividades de aplicación

8.13. ¿Qué es un esquema unifilar? ¿Qué es un esquema multifilar? ¿Qué es un esquema de conjunto? ¿En qué casos se emplea cada uno?

8.14. ¿Cuál es la utilidad de las referencias cruzadas? Explica y pon un ejemplo de cada tipo de referencia cruzada.

8.15. Realiza un plano de mecanizado de la placa de montaje de un armario. Esta placa tiene unas dimensiones de 570 mm de alto por 334 mm de ancho. Contará con dos carriles DIN para componentes más un carril para el bornero. La canaleta tiene un ancho de 40 mm y el carril de 35 mm. Sitúa todos los elementos en la placa de montaje con sus dimensiones.

8.16. Realiza el plano de mecanizado de la puerta de un armario de 600 mm de alto por 380 mm de ancho. Este contará con un pulsador de emergencia, un pulsador de marcha y uno de paro, así como un selector de funcionamiento manual/automático. Como elementos de señalización llevará cuatro pilotos de señalización. También contará con tres amperímetros. Las medidas de los elementos a emplear los debes buscar en la documentación técnica de catálogos de fabricantes.

8.17. Realiza el plano de mecanizado de la tapa inferior de un armario cuya parte inferior es de 380 mm × 210 mm. Es necesario situar los prensaestopas para la línea de alimentación del cuadro y para las salidas de cuatro motores que se conectarán a dicho cuadro.

8.18. El siguiente esquema eléctrico está compuesto por tres motores trifásicos. Cada motor está protegido mediante fusibles y relé térmico. El motor M1 se controla mediante una botonera marcha paro. El motor M2 se controla mediante una botonera de dos marchas (activación simultánea) y un paro. Este motor se girará si el motor M1 está parado. El motor M3 se controla mediante una botonera marcha paro y girará si el motor M2 está previamente girando. El sistema cuenta con tres pilotos de señalización que indican el disparo de cada relé térmico. Existe un interruptor general para el cuadro. El circuito de maniobra está protegido con un interruptor magnetotérmico F+N.

Completa los esquemas de las Figuras 8.36 a 8.40 realizando las siguientes tareas:

a) Numera los elementos según su identificador.

b) Numera los bornes de conexión de cada elemento.

c) Conecta los motores mediante mangueras.

d) Realiza las referencias cruzadas.

e) Coloca los bornes para los elementos que van fuera del cuadro eléctrico y realiza el bornero y la lista de bornes.

f) Numera los conductores para los esquemas de fuerza y maniobra.

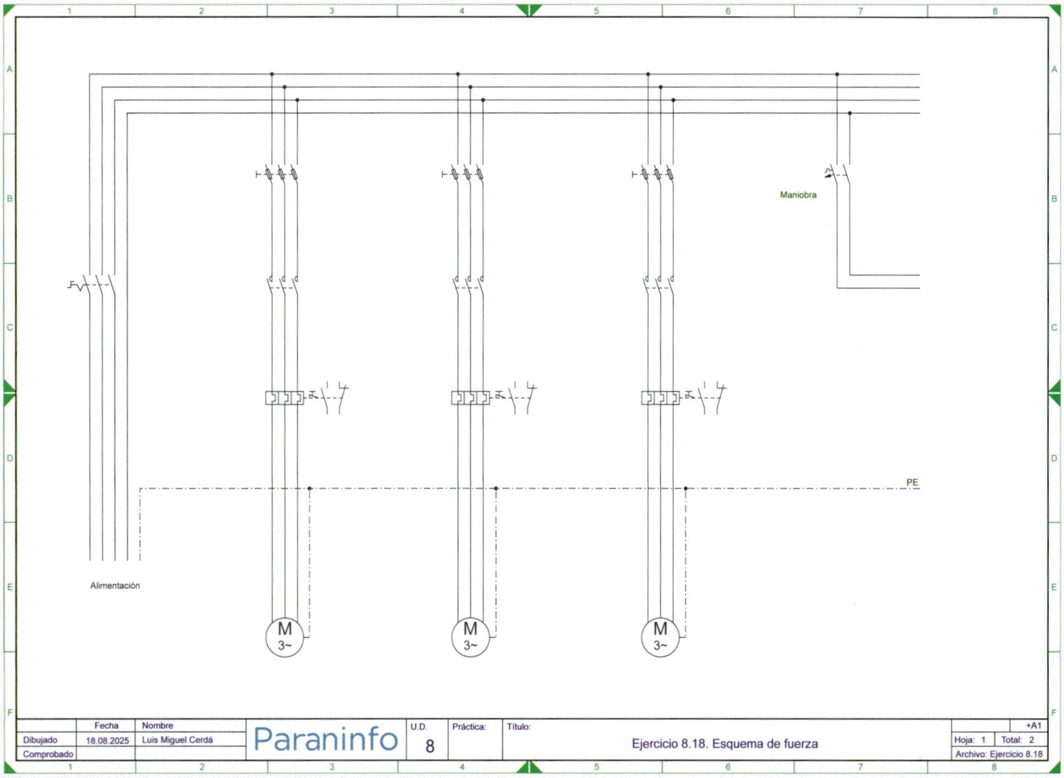

Figura 8.36. *Esquema de fuerza.*

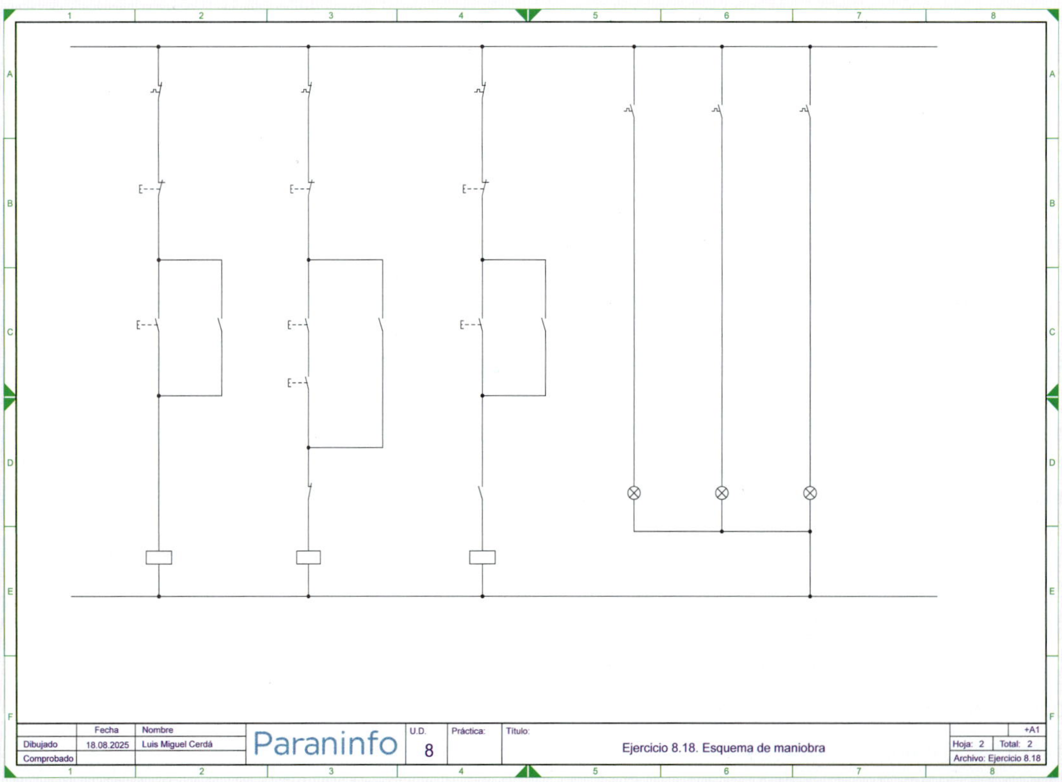

Figura 8.37. *Esquema de maniobra.*

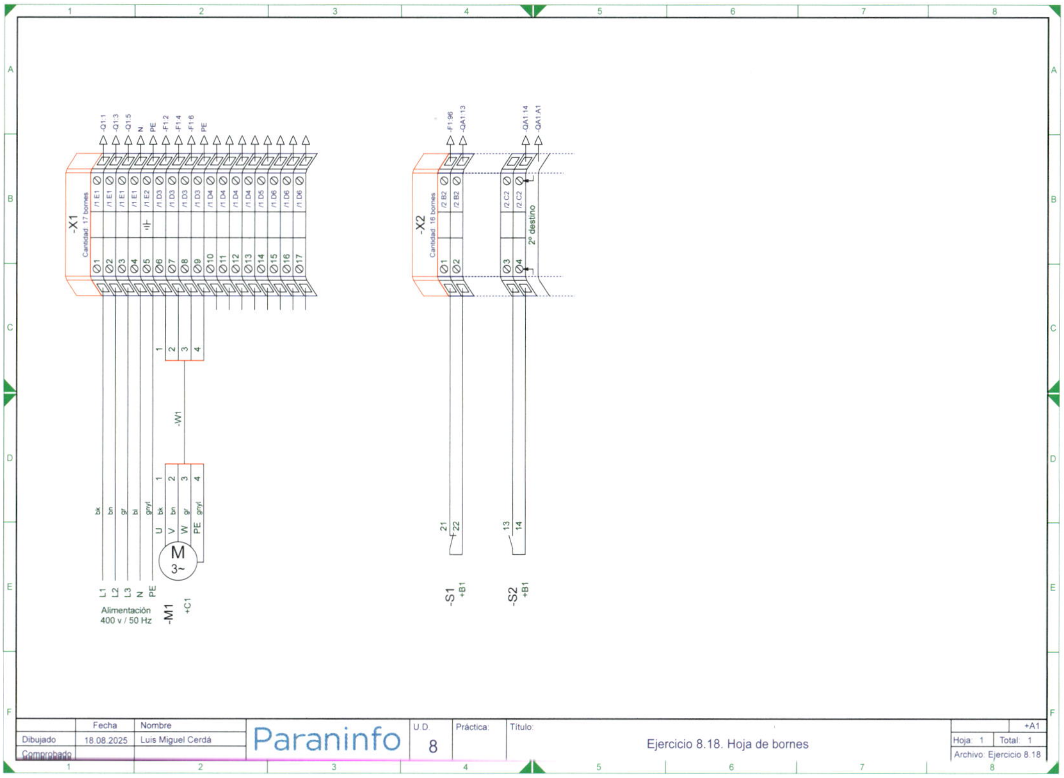

Figura 8.38. *Esquema del bornero.*

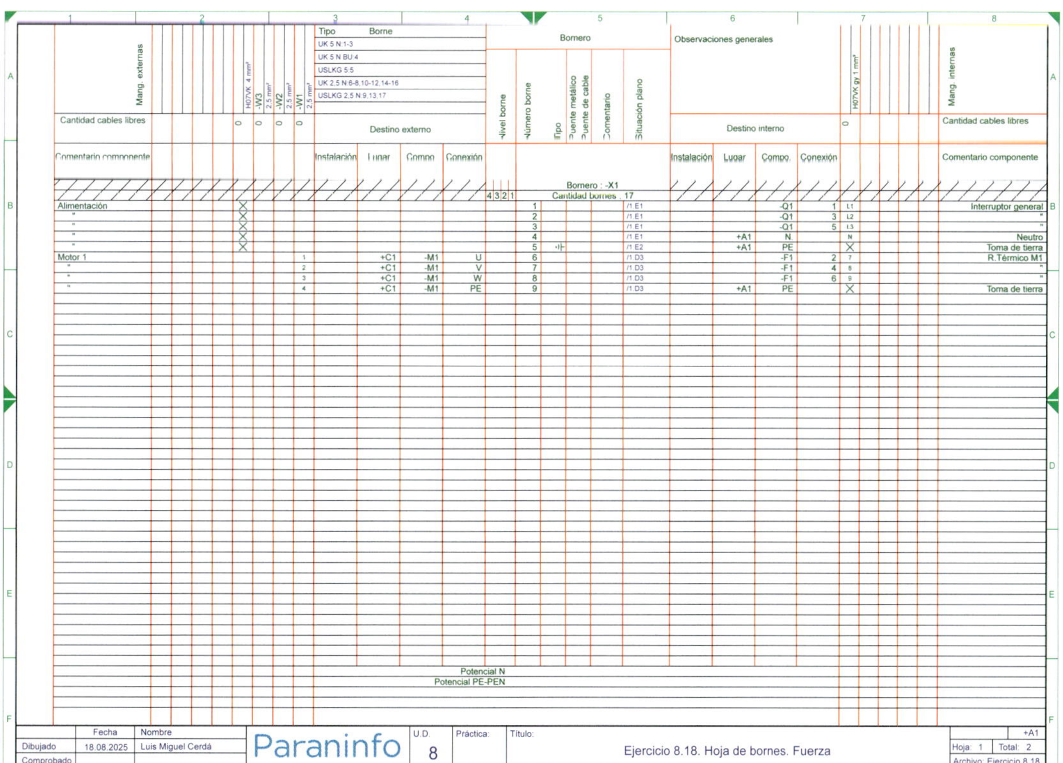

Figura 8.39. *Lista del bornero de fuerza.*

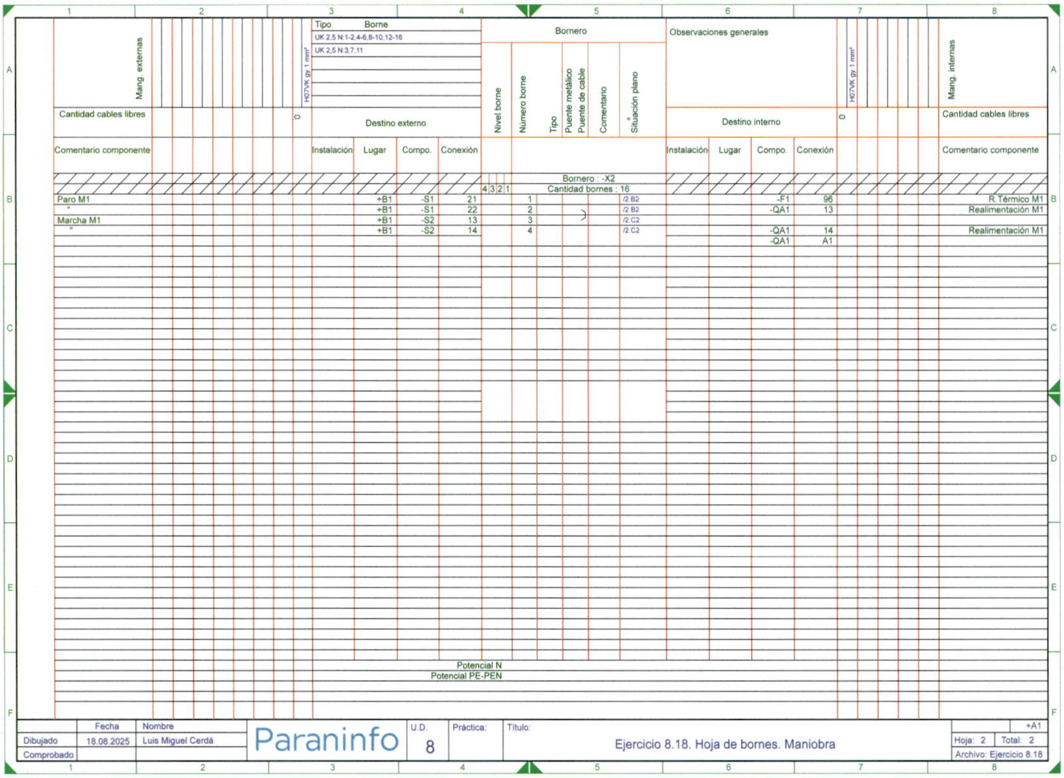

Figura 8.40. *Lista del bornero de maniobra.*

Actividades de ampliación

8.19. Localiza en internet algún proveedor de software de diseño eléctrico. Observa sus características principales y compáralas entre sí.

8.20. Localiza en internet algún fabricante de bornes para carril DIN (por ejemplo, Phoenix Contact o Legrand). Observa sus gamas de diferentes modelos. Fíjate también en el material auxiliar (impresoras de etiquetas, sistemas de señalización para borneros, etcétera).

Montaje de cuadros y sistemas eléctricos

9

Los circuitos eléctricos para automatismos industriales se montan sobre unas placas de montaje y estas se protegen del ambiente exterior mediante unos armarios o envolventes. Estos armarios son montados y mecanizados por el técnico, por ello es importante que el profesional conozca las características y las partes que lo forman.

En el proceso de montado de los cuadros eléctricos intervienen muchos elementos, desde los mismos cuadros con todas sus partes hasta los elementos auxiliares. Además, para poder realizar el montado, el técnico debe emplear una serie de herramientas según la tarea que debe realizar.

Contenidos

Objetivos

- Identificar cada una de las partes que componen un cuadro eléctrico y sus elementos asociados.
- Aplicar los niveles de protección en las envolventes eléctricas.
- Montar un cuadro eléctrico con sus elementos, siguiendo las fases de montaje.
- Emplear las herramientas con seguridad según la tarea que se vaya a realizar.

9.1. Conductores eléctricos

Los conductores eléctricos son los elementos encargados de unir eléctricamente los diferentes dispositivos que componen el circuito (generador, elementos de mando y receptores). A través de estos circula la corriente; por ello son buenos conductores de la electricidad, siendo de cobre o de aluminio.

9.1.1. Clasificación de los conductores eléctricos

Existen varias formas de clasificación:

Según su aislante

- **Conductores aislados.** El conductor eléctrico va recubierto por un material aislante de la electricidad.

Figura 9.1. *Conductor eléctrico aislado.*

- **Conductores desnudos** o sin aislamiento. El conductor no lleva ningún recubrimiento. Por lo general, se emplean en conductores por donde circulan grandes corrientes eléctricas, por ejemplo, en el tendido de líneas aéreas, o en grandes cuadros eléctricos, en la parte de distribución (embarrado).

Figura 9.2. *Conductor eléctrico desnudo en forma de barra.*

Según su forma

- **Cables rígidos.** Están formados por un solo hilo conductor. Se emplean en pequeñas secciones.
- **Cables flexibles.** El conductor está formado por varios hilos (consiguiendo así la flexibilidad) y trenzados en forma de hélice.

Según su número de conductores

- **Cables unipolares.** Están formados por un solo conductor eléctrico.
- **Cables bipolares.** Están formados por dos conductores eléctricos.
- **Cables tripolares.** Están formados por tres conductores eléctricos.
- **Cables tetrapolares.** Están formados por cuatro conductores eléctricos.
- **Cables pentapolares.** Están formados por cinco conductores eléctricos.
- **Cables multipolares.** Están formados por más de cinco conductores eléctricos.

Figura 9.3. *Cable multiconductor tripolar para aplicaciones monofásicas.*

9.1.2. Partes de un conductor eléctrico

Aunque no todos los conductores están formados de idéntica manera, estos se componen de las siguientes partes:

- **Alma.** Es el propio conductor eléctrico, que puede ser de un hilo o de varios, siendo de cobre o de aluminio.
- **Aislamiento.** Se encarga de aislar eléctricamente al conductor.
- **Cubiertas protectoras.** Se encargan de proteger al conductor y su aislamiento del medio que los rodea (ambientes agresivos a nivel físico o químico). Se puede componer de varias cubiertas protectoras.

- **Apantallamiento.** Algunos cables llevan en medio de las cubiertas protectoras una malla metálica que se conecta a tierra con el objeto de eliminar interferencias electromagnéticas.

- **Armadura o revestimiento metálico.** Algunos cables llevan en medio de las cubiertas protectoras un conjunto de hilos de acero que tienen como objetivo proteger al conjunto contra agresiones mecánicas tales como esfuerzos de tracción, de cizalladura, contra roedores, etcétera.

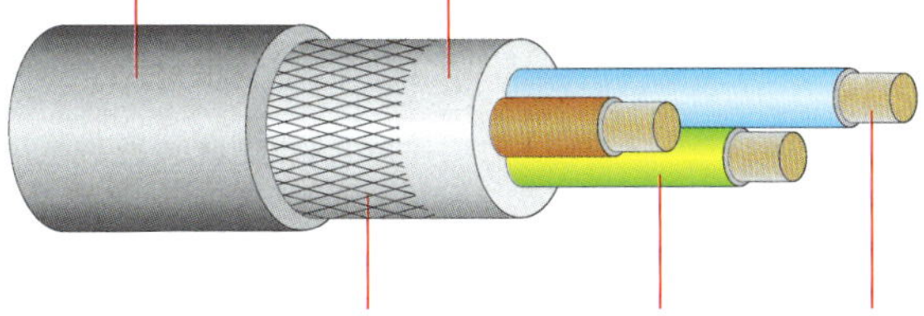

Figura 9.4. *Cable multiconductor con cubierta y apantallamiento.*

9.1.3. Aislantes

Existen varios materiales que se emplean como aislantes eléctricos:

- **Termoplásticos.** Son materiales aislantes de tipo polimérico que al aumentar su temperatura máxima se deforman. Los más empleados son policloruro de vinilo (PVC) y polietileno (PE). La temperatura máxima de trabajo es de 70 °C.

- **Termoestables.** Al igual que los termoplásticos, los termoestables son también aislantes de tipo polimérico pero sometidos a un proceso de vulcanización o reticulación. Al ser sometidos a una temperatura superior a la que soportan se queman pero no se deforman. El más empleado es el polietileno reticulado (XLPE). La temperatura máxima de trabajo es de 90 °C.

- **Elastómeros.** Son derivados del caucho, lo que les aporta gran flexibilidad. El más empleado es el etilenopropileno (EPR). La temperatura máxima de trabajo es de 90 °C.

- **Esmaltes.** Se basan en someter al conductor a un baño en un esmalte consiguiendo una capa aislante muy fina. Se emplean principalmente en aislar los conductores en los bobinados de los motores y transformadores.

Sabías que...

En el área de seguridad, la composición del tipo de aislante es muy importante. Actualmente, los fabricantes se esfuerzan para que, si ocurre un incendio, los cables no emitan humos opacos, no propaguen el incendio y no liberen gases de tipo halógeno que son tóxicos y corrosivos. Estos cables se identifican con el código AS.

9.1.4. Código de colores en los conductores

Los conductores eléctricos van codificados mediante colores en su aislamiento según normativa (REBT-ITC-19).

Para **corriente alterna** los conductores son los que se indican en la Tabla 9.1.

Tabla 9.1. Colores en los conductores en corriente alterna

Tipo	Color
Conductor de fase	Negro, marrón o gris
Conductor de neutro	Azul
Conductor de protección	Verde-amarillo

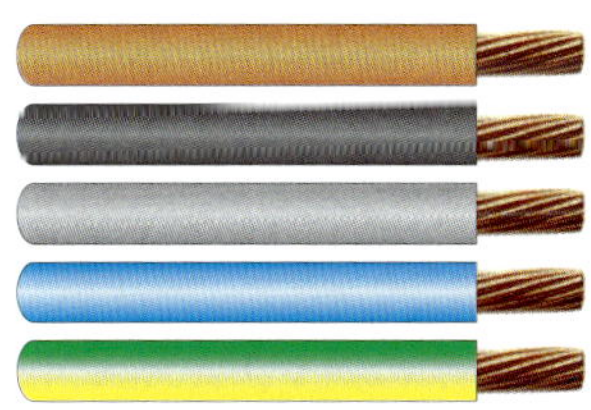

Figura 9.5. *Colores para identificar al cableado en corriente alterna.*

Para **corriente continua** los conductores son los que se indican en la Tabla 9.2.

Tabla 9.2. Colores en los conductores en corriente continua

Tipo	Color
Conductor positivo	Rojo
Conductor negativo	Negro

En los circuitos de automatismos se pueden emplear otros colores para la parte del esquema de mando o maniobra.

9.1.5. Secciones normalizadas

A nivel comercial, los conductores se distribuyen según su sección, estando estas normalizadas (Tabla 9.3).

Tabla 9.3. Secciones normalizadas

0,5 mm², 0,75 mm², 1 mm², 1,5 mm², 2,5 mm², 4 mm², 6 mm², 10 mm², 16 mm², 25 mm², 35 mm², 50 mm², 70 mm², 95 mm², etcétera.

Para la parte del circuito de fuerza se emplean las secciones desde 1,5 mm² en adelante. Y para la parte de mando o maniobra se emplean las secciones de 1,5 mm² o inferiores.

9.1.6. Designación de los conductores eléctricos

Una primera clasificación de los cables se realiza en función de su nivel de aislamiento, encontrándose la clase para tensiones asignadas de 450 V/750 V y la clase de 0,6 kV/1 kV.

La designación de los conductores eléctricos está normalizada por un código de letras y números.

- **Parte 1. Aspectos generales:**

Tabla 9.4. Aspectos generales

Posición	Referencia	Valor	Significado
1	Norma	H	Cable según normas armonizadas
		A	Cable de tipo nacional autorizado
		ES ES-N	Cable de tipo nacional (no existe norma armonizada)
2	Tensión asignada	01	100 V/100 V
		03	300 V/300 V
		05	300 V/500 V
		07	450 V/750 V

La tensión asignada consta de dos valores de tensión, la primera cifra hace referencia a la tensión entre el conductor activo y tierra, y el segundo valor entre los conductores activos.

- **Parte 2. Constitución:**

Tabla 9.5. Aislamientos

Posición	Referencia	Valor	Significado
3	Aislamiento	B	Goma de etileno-propileno
		G	Etileno-acetato de vinilo
		N2	Mezcla especial de policloropreno
		R	Goma natural o de estireno-butadieno
		S	Goma de silicona
		V	Policloruro de vinilo (PVC)
		V2	Mezcla de PVC (servicio de 90°)
		V3	Mezcla de PVC (servicio a baja temperatura)
		V4	Policloruro de vinilo (reticulado)
		Z	Mezcla reticulada a base de poliolefina, con baja emisión de gases corrosivos y humos
		Z1	Mezcla termoplástica a base de poliolefina, con baja emisión de gases corrosivos y humos

Tabla 9.6. Revestimientos metálicos

Posición	Referencia	Valor	Significado
4	Revestimientos metálicos	C4	Pantalla de cobre en forma de trenza, sobre el conjunto de los conductores aislados reunidos

Tabla 9.7. Cubierta y envolvente no metálica

Posición	Referencia	Valor	Significado
5	Cubierta y envolvente no metálica	B	Goma de etileno-propileno
		G	Etileno-acetato de vinilo
		J	Trenza de fibra de vidrio
		N	Policloropreno
		N4	Polietileno clorosulfatado

Posición	Referencia	Valor	Significado
		N8	Policloropreno especial, resistente al agua
		Q	Poliuretano
		R	Goma natural o de estireno-butadieno
		S	Goma de silicona
		T	Trenza textil sobre conductores aislados reunidos
		V	Policloruro de vinilo (PVC)
		V2	Mezcla de PVC (servicio de 90º)
		V4	Policloruro de vinilo (reticulado)
		V5	Mezcla de PVC (resistente al aceite)
		Z	Mezcla reticulada a base de poliolefina, con baja emisión de gases corrosivos y humos
		Z1	Mezcla termoplástica a base de poliolefina, con baja emisión de gases corrosivos y humos

Tabla 9.8. Elementos constitutivos y construcciones especiales

Posición	Referencia	Valor	Significado
6	Elementos constitutivos y construcciones especiales	(nada)	Cable redondo
		H	Cables planos, con o sin cubierta, cuyos conductores pueden separarse
		H2	Cables planos cuyos conductores aislados no pueden separarse
		H6	Cables planos que comprenden tres conductores aislados o más
		H7	Doble capa de aislamiento extruido
		H8	Cable extensible

Tabla 9.9. Forma del conductor

Posición	Referencia	Valor	Significado
7	Forma del conductor	-D	Flexible para uso en cables de máquinas de soldar
		-E	Muy flexible, para cables de máquinas de soldar
		-F	Flexible para servicios móviles (clase 5)
		-H	Extraflexible (clase 6)
		-K	Flexible para instalaciones fijas (clase 5)
		-R	Rígido circular de varios hilos (clase 2)
		-U	Rígido circular de un solo hilo (clase 1)
		-Y	Cintas de cobre arrolladas en hélice alrededor de un soporte textil (oropel)

- **Parte 3. Número y sección nominal de los conductores:**

Tabla 9.10. Número y sección nominal

Posición	Referencia	Valor	Significado
8	Número de conductores	Núm.	Número de conductores
9	Símbolo o signo de multiplicar	X	No lleva conductor de protección
		G	Lleva conductor de protección
10	Sección	mm^2	Sección nominal

La designación no tiene por qué llevar todas las posiciones, puesto que hay partes que no son de aplicación. Por ejemplo, la posición 4 hace referencia a los revestimientos metálicos y un cable no tiene por qué llevarla. En este caso no se indica.

Figura 9.6. *Cable con su designación impresa. (Cortesía de Prysmian).*

Actividad resuelta 9.1

Indica qué significa el siguiente texto que lleva impreso un cable determinado:

Prysmian Afumex Plus (AS) H07Z1-K (AS) Type 2
1x2,5 mm² AENOR

Solución:

Prysmian: marca comercial.
Afumex plus: modelo del cable.
AS: cable de alta seguridad.
H: cumple con las normas armonizadas.
07: con tensión asignada de 450 V/750 V.
Z1: aislamiento de mezcla termoplástica a base de poliolefina, con baja emisión de gases y humos.
-K: es un cable flexible para instalaciones fijas.
1: de un solo conductor.
2,5: con una sección de 2,5 mm².
AENOR: cable certificado por AENOR (este dato es opcional).

9.2. Canalizaciones eléctricas

Las canalizaciones eléctricas son los elementos que portan y protegen al cableado eléctrico de las instalaciones.

9.2.1. Tubos protectores

Los tubos protectores son elementos cilíndricos que portan y protegen al cableado de la instalación. Se pueden clasificar de varias maneras:

- **Según el material:**
  - — **Metálicos.** Suelen ser de acero o aleaciones de aluminio.
  - — **No metálicos.** Suelen ser materiales plásticos, generalmente PVC.
  - — **Mixtos.** Combinan materiales metálicos con partes no metálicas.

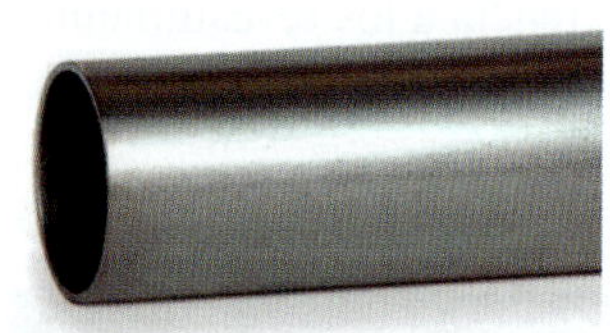

Figura 9.7. *Tubo metálico.*

Figura 9.8. *Tubo no metálico de PVC.*

- **Según sus características:**
  - — **Rígidos.** Pueden ser metálicos o no metálicos.
  - — **Flexibles.** A su vez, estos pueden ser:
    - ✓ Corrugados. Son de material plástico. Se emplean en las instalaciones empotradas.
    - ✓ Corrugados reforzados. Disponen de dos capas de material plástico.
    - ✓ Metálicos flexibles. De material mixto (metálico y no metálico). Se emplean en lugares con riesgos de golpes mecánicos.

Figura 9.9. *Tubo corrugado.*

Figura 9.10. *Tubo corrugado reforzado.*

Se distribuyen comercialmente en medidas en los diámetros indicados en la Tabla 9.11.

Tabla 9.11. Diámetros normalizados

Diámetros normalizados
12 mm, 16 mm, 20 mm, 25 mm, 32 mm, 40 mm, 50 mm, 63 mm, 75 mm, 90 mm, 110 mm, 125 mm, 140 mm, etcétera.

En las tiradas de las conducciones, los tubos se unen con otros de manera manual practicando un **abocardamiento** (ensanche del extremo del tubo para que el siguiente tubo encaje dentro) o mediante unas piezas destinadas a tal fin, llamadas **manguitos de unión.** El interior de este manguito puede ser liso o con rosca, dependiendo del método de unión.

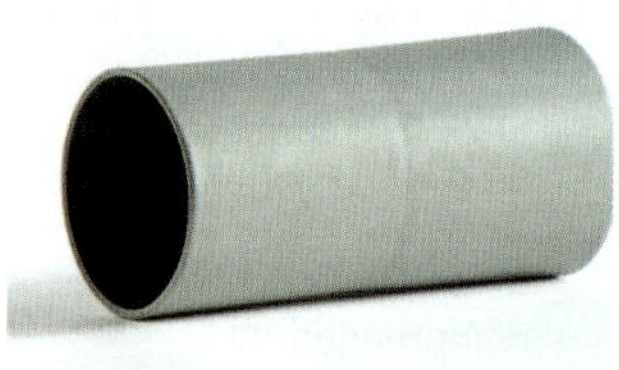

Figura 9.11. *Manguito liso.*

Figura 9.12. *Manguito roscado.*

Cuando se produce un cambio de dirección los tubos se pueden doblar de manera manual mediante herramientas adecuadas (aplicando calor en los tubos rígidos de PVC mediante un soplete o un decapador o de manera mecánica en los tubos metálicos mediante una dobladora de tubos). Como alternativa a realizar el doblado se pueden emplear unas piezas ya dobladas destinadas a este fin, llamadas **codos.**

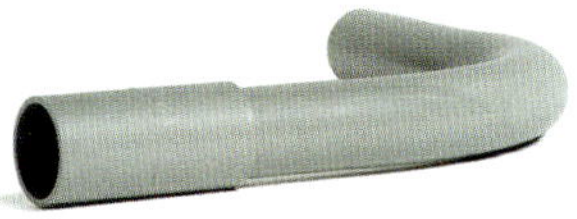

Figura 9.13. *Codo de PVC.*

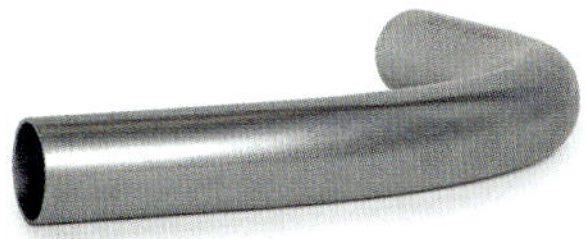

Figura 9.14. *Codo metálico.*

Los tubos se unen a los armarios, cajas y registros mediante un elemento llamado **prensaestopas,** el cual asegura la estanqueidad del conjunto.

Figura 9.15. *Prensaestopas.*

9.2.2. Bandejas metálicas

Estas bandejas son canalizaciones muy robustas, de las cuales existen tres tipos:

- **Bandejas metálicas no perforadas.** Son de chapa galvanizada.
- **Bandejas metálicas perforadas.** Son idénticas a las anteriores, pero disponen de agujeros en su superficie para facilitar la evacuación del calor generado por el cableado eléctrico.
- **Bandejas tipo escaleras o rejilla.** Es una versión donde se busca capacidad de ventilación y bajo peso.

Los fabricantes de bandejas metálicas proporcionan accesorios tales como curvas o elementos de unión en forma de T.

Las bandejas metálicas deben conectarse a tierra mediante una conexión con el conductor de protección.

Figura 9.16. *Bandeja no perforada.*

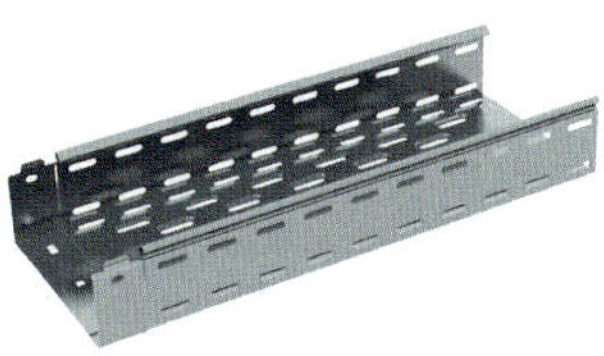

Figura 9.17. *Bandeja perforada.*

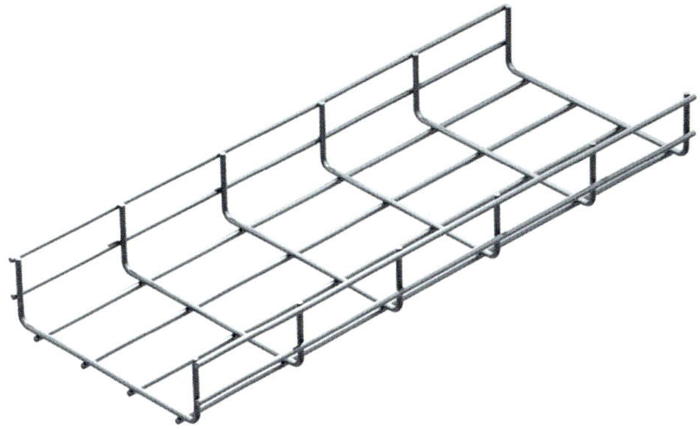

Figura 9.18. *Rejilla.*

Sabías que...

El cableado que se emplea con preferencia en las bandejas y las canales es de tipo multiconductor para no confundir conductores de diferentes circuitos.

9.2.3. Canales protectoras

Son elementos de perfil rectangular compuestos de dos piezas: la base y la tapa. Son de material plástico (PVC).

Estas canales pueden ser de dos tipos:

- **Lisas.** Se emplean en distribución del cableado y en el montaje superficial. Pueden disponer, en ciertas partes de su superficie, de elementos auxiliares (tomas de corriente, interruptores, tomas de red informática, etcétera).

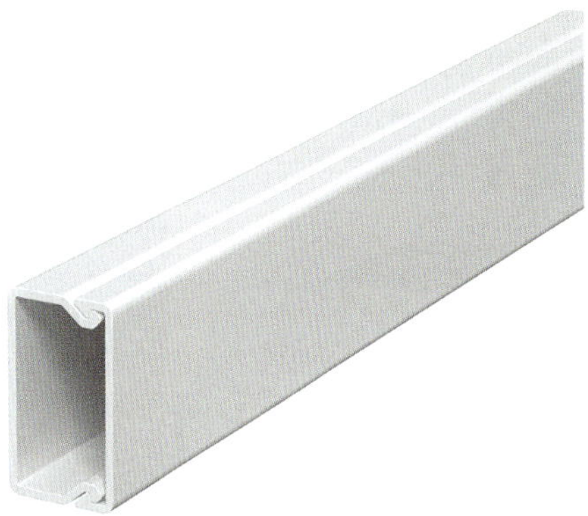

Figura 9.19. *Canal lisa.*

- **Ranuradas.** Se emplean en las canalizaciones del interior de los cuadros eléctricos (Figura 9.34). Disponen de unas ranuras a lo largo de sus laterales con el fin de facilitar el cableado entre los diferentes elementos que componen el cuadro eléctrico.

9.3. Elementos del cuadro eléctrico

Un cuadro eléctrico es aquella parte de la instalación que reúne en un lugar los elementos de protección eléctrica y de gestión de esta, cumpliendo fundamentalmente con las siguientes tareas:

- Protección de sus elementos contra golpes, introducción de cuerpos sólidos (polvo) y líquidos (agua).
- Protección contra la manipulación de personal ajeno.
- Facilita las tareas de mantenimiento al reunir en un lugar todos o la mayoría de los elementos que intervienen en la instalación eléctrica del control de maniobra y potencia. Las reparaciones se realizan en menor tiempo, reduciendo los costes por averías y paros no programados.
- Facilita las tareas de ampliación o renovación del material, con la correspondiente reducción de los tiempos y por tanto de los costes en los paros programados.

Esta envolvente también recibe el nombre de **armario eléctrico.**

Según el material de estos cuadros se pueden encontrar de:

- Material **aislante.**
- **Metálicos.** De chapa de acero. Estos ofrecen mayor robustez mecánica.

Se ofrecen para dos formas de colocación:

- **Mural.** De fijación sobre una pared.
- **De superficie.** Son de mayor tamaño que los de fijación sobre pared. Se apoyan sobre el suelo.

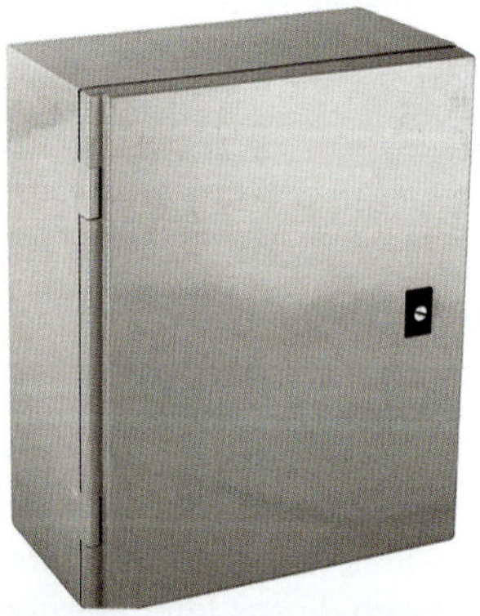

Figura 9.20. *Armario mural. (Cortesía de Siemens).*

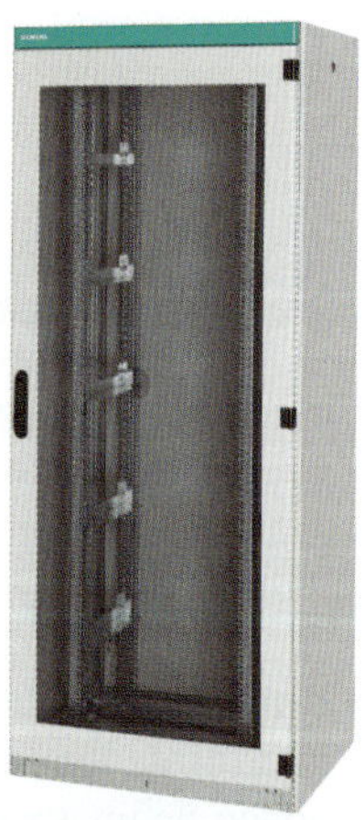

Figura 9.21. *Armario de superficie. (Cortesía de Siemens).*

Entre los armarios de superficie, los hay de unas dimensiones concretas y otros que permiten que se puedan acoplar varios entre sí hasta obtener las dimensiones deseadas. Esta modularidad los hace muy versátiles para grandes instalaciones.

Figura 9.22. *Armario compuesto de varios módulos. (Cortesía de Siemens).*

9.3.1. Tipos de armarios eléctricos

Los armarios eléctricos se clasifican en función de la tarea que desempeñan:

- **Armarios de protección eléctrica.** Son los encargados de la distribución eléctrica y en ella se encuentran los diferentes elementos de protección (interruptores magnetotérmicos, interruptores diferenciales, etc.). Según las dimensiones y las necesidades de la instalación puede haber varios armarios de protección, creándose una estructura piramidal, donde en la cima se halla el cuadro general de protección y en la base varios cuadros secundarios. Esta compartimentación permite que en el caso de querer aislar una zona, el resto no se vea afectada.
- **Armarios de medidas.** Son armarios destinados a contener instrumentos de medida, por ejemplo centralización de contadores.
- **Armarios de automatismos.** Son armarios destinados a máquinas o elementos funcionales concretos. Se encuentran en el escalafón más bajo de la distribución eléctrica, ya que en ellos se conectan los receptores.

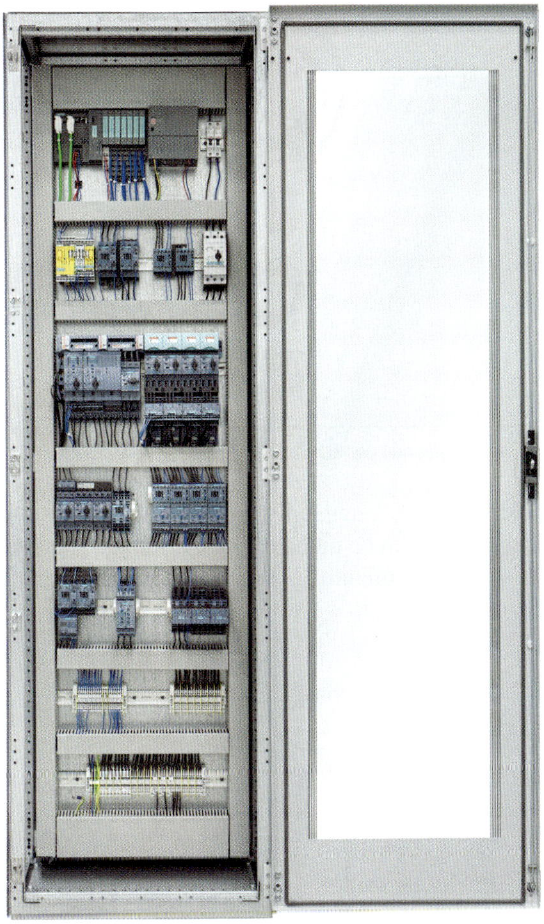

Figura 9.23. *Armario de automatismos. (Cortesía de Siemens).*

9.3.2. Cuadros secundarios

En las instalaciones eléctricas, la línea de alimentación eléctrica se gestiona desde el cuadro general de entrada, dividiéndola en áreas o funciones a través de los cuadros secundarios hasta llegar a los receptores finales.

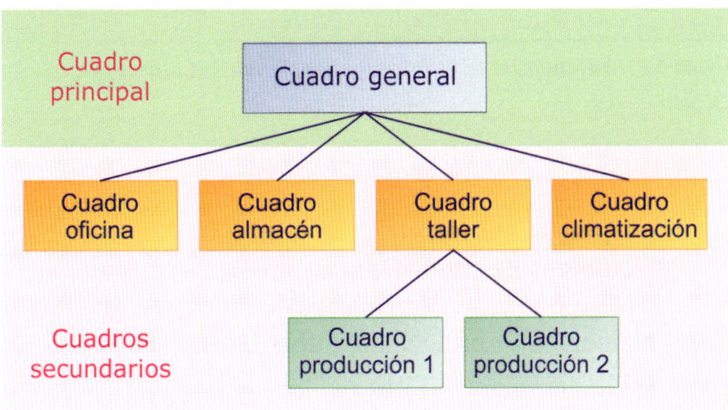

Figura 9.24. *Ejemplo de distribución de cuadros eléctricos en una industria.*

9.3.3. Partes de un armario eléctrico

Partiendo de un armario de un solo módulo, un armario se compone de las siguientes partes:

- **Caja o cofre.** Es la envolvente principal y en su interior se encuentra la placa sobre la cual se monta el circuito eléctrico. Si el armario es de tipo metálico, entonces cuenta con unos bornes de conexión para la puesta a tierra.
- **Puertas.** Es el elemento de cierre del armario. Según la instalación, su frontal se puede mecanizar para colocar en él la pulsantería (pulsador de marcha, paro, emergencias, etc.), y los elementos avisadores o de supervisión (pilotos de señalización, instrumentos de medida, pantallas, etcétera).

Figura 9.25. *Caja o cofre.*

Figura 9.26. *Puerta de armario.*

- **Tapa pasacables.** Es la tapa inferior del armario. Es desmontable y sobre ella se realiza la entrada del cableado al armario mediante prensaestopas.
- Para evitar el acceso a su interior de personal no autorizado cuentan con algún sistema de **cierre** a base de llave.

Figura 9.27. *Diferentes tipos de llaves para armarios.*

- En ciertos casos están preparados para colocar un **precinto,** como medida de verificar su integridad.
- Algunos cuadros, sobre todo los de protección, llevan una placa para **cubrir los bornes.** Cumplen una función de seguridad (impidiendo el acceso a las partes en tensión) y de estética.

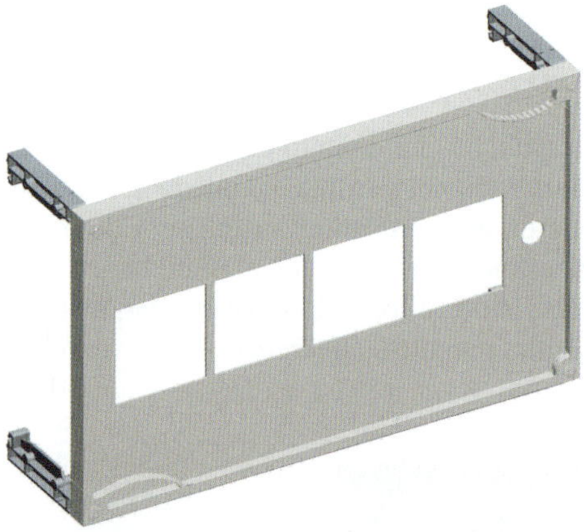

Figura 9.28. *Cubrebornes.*

En los armarios de gran tamaño:

- El **tejado** permite aumentar la robustez de la parte superior además de facilitar la evacuación de agua o líquidos al estar ligeramente inclinado.
- El **zócalo** permite elevar el armario del nivel del suelo facilitando, entre otras funciones, la entrada y salida del cableado.

Figura 9.29. *Zócalo. (Cortesía de Siemens).*

- Al ser armarios de cierto tamaño y peso, cuentan en las esquinas de la parte superior con unos **cáncamos de elevación,** con el objeto de facilitar su colocación en el lugar deseado.

Figura 9.30. *Cáncamo de elevación.*

Existen armarios que, en vez de estar formados por una pieza, se componen de un **bastidor** o armazón sobre el cual se fijan los revestimientos perimetrales (puerta, paneles laterales, etcétera).

Figura 9.31. *Bastidor con revestimientos perimetrales. (Cortesía de Siemens).*

En el interior de los armarios se encuentran:

- La **placa de montaje,** sobre la cual se montan los elementos de control que componen el circuito eléctrico (en el caso de armarios de automatismos) o los elementos de protección y distribución (en el caso de armarios de este tipo).

  La placa de montaje puede ser de chapa metálica o de material aislante y puede ser lisa o perforada.

Figura 9.32. *Placa de montaje lisa.*

- **Chasis de montaje.** Sobre todo, en los armarios de protección, el montaje de los elementos del circuito se realiza sobre un chasis en vez de sobre un cuadro. Estos chasis ya cuentan con los carriles fijados a la estructura. Una vez montado y cableados los elementos situados sobre el chasis, se puede introducir en el armario, lo que facilita la ergonomía del montaje.

Sobre la placa de montaje se sitúan los diferentes elementos que la componen:

- **Carril.** Sobre este carril, de ancho normalizado, se sitúan los elementos que componen la instalación. Puede ser de acero o aluminio y su superficie puede ser lisa o agujereada, lo que facilita su montaje. Este carril se fija a la placa mediante remaches, tornillos o piezas de fijación.

Figura 9.33. *Carril.*

- **Canales ranuradas.** Sobre el interior de estas canales discurre el cableado de la instalación eléctrica. Sus laterales están ranurados con el fin facilitar la entrada de los cables en el interior de la canal.

Figura 9.34. *Canal ranurada.*

- **Bornes de conexión.** Son los elementos de fijación del cableado de entrada y salida del cuadro eléctrico. Existen varios métodos de conexión, principalmente a tornillo o a presión. Los bornes que se emplean en los cuadros de automatismos tienen un lateral descubierto, que se debe tapar en su último terminal por medio de una tapa.

Figura 9.35. *Bornes de conexión.*

Figura 9.36. *Tapa de bornes.*

- **Separadores de carril.** Soportan el carril aportando una separación de la placa de montaje. Se suelen emplear para colocar el bornero de entrada/salida, facilitando la conexión del cableado externo del cuadro. Pueden ser rectos o inclinados.

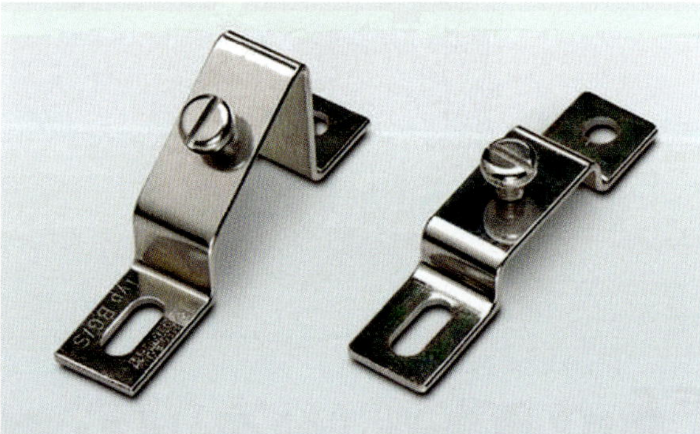

Figura 9.37. *Separadores de carril. Inclinado y recto.*

- **Peines de conexión.** Es otro elemento de conexión. Consiste en un conjunto de barras de cobre con un revestimiento aislante, sobre las que se distribuyen una serie de conexiones. Pueden ser de uno o de varios polos. Los hay de dos tipos: para cuadros de protección (permiten mayores corrientes) y para cuadros de automatismos.

Figura 9.38. *Peines de conexión eléctrica para cuadros de protección.*

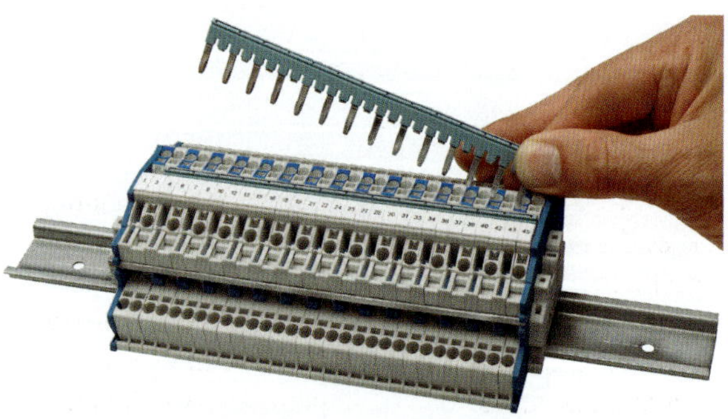

Figura 9.39. *Peines de conexión eléctrica para cuadros de automatismos.*

- **Pletina de puesta a tierra.** Es un punto común de conexión de todo el cableado de tierra. Consiste en una barra de cobre a la cual se pueden conectar los conductores de protección. Desde aquí parten las líneas de tierra hacia los diferentes circuitos.

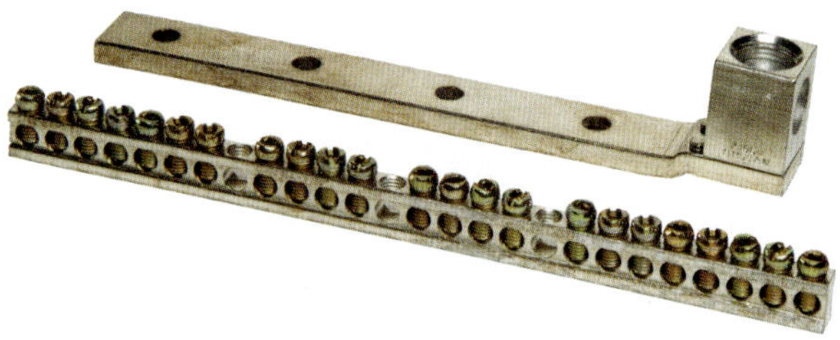

Figura 9.40. *Pletina de tierra.*

- **Obturadores.** Son elementos que permiten tapar los huecos libres de las tapas. Cumplen principalmente una función estética a la vez que impiden la entrada de objetos en el interior.

9.3.4. Embarrado

Cuando la alimentación eléctrica de un armario es de cierta potencia, en vez de utilizar un sistema de cableado se emplea un sistema mediante barras de cobre llamado **embarrado.**

El número de barras que comprende un embarrado depende de las necesidades; así, un sistema trifásico con neutro contará con cuatro barras. Las dimensiones de estas barras dependerán de las necesidades de corriente.

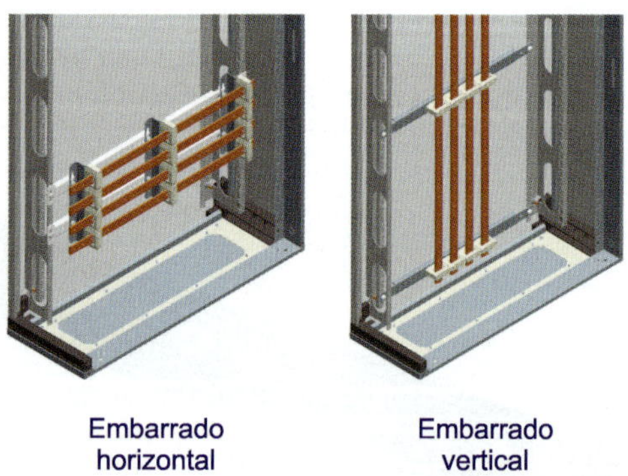

Figura 9.41. *Armario eléctrico con embarrado (horizontal y vertical).*

Las barras, en la mayoría de los casos, son de cobre desnudo, aunque también pueden ser aisladas. En ambos casos se deben etiquetar para identificar las fases (L1, L2 y L3), el neutro (N) y la protección (PE).

Cuando sea posible, el sistema de embarrado de entrada se colocará en una celda adosada al armario.

9.3.5. Compartimentación

La compartimentación de los armarios eléctricos tiene por objeto su división en unidades según la función a realizar. Esta operación aporta seguridad al disminuir los riesgos eléctricos en las tareas de mantenimiento.

Existen cuatro formas de compartimentación, según normativa:

- Forma 1: sin compartimentación.
- Forma 2: el embarrado separado del resto.
- Forma 3: separación de embarrado y el resto en unidades funcionales.
- Forma 4: separación de embarrado y el resto en unidades funcionales. Se separan también los bornes de entradas y salidas.

9.3.6. Sistemas de control de la temperatura

Dependiendo del cuadro eléctrico y de su lugar de instalación puede ser necesario incluir algún sistema de ventilación o climatización.

En cuadros muy sencillos no es necesario tomar ninguna medida, pero en algunos se debe contar con algún sistema de control de la temperatura.

El sistema más simple consiste en dotar al cuadro de unas rejillas para facilitar la entrada y salida del aire y es el propio aire que por diferencia de densidades entre el aire caliente y el frío produce su movimiento y su renovación (convección).

Un paso adelante consiste en forzar esa renovación del aire; para ello se dota al cuadro de un ventilador colocado sobre la rejilla. Como los cuadros se sitúan en ambientes industriales, lo normal es que el aire contenga polvo y partículas en suspensión. Con el fin de que esa suciedad no entre en el interior, las rejillas llevan unos filtros.

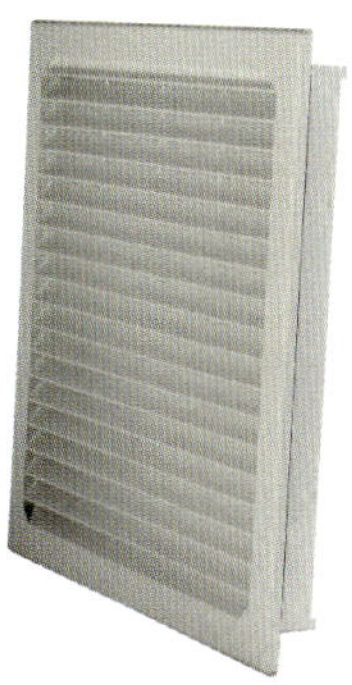

Figura 9.42. *Rejilla.*

Figura 9.43. *Rejilla con ventilador.*

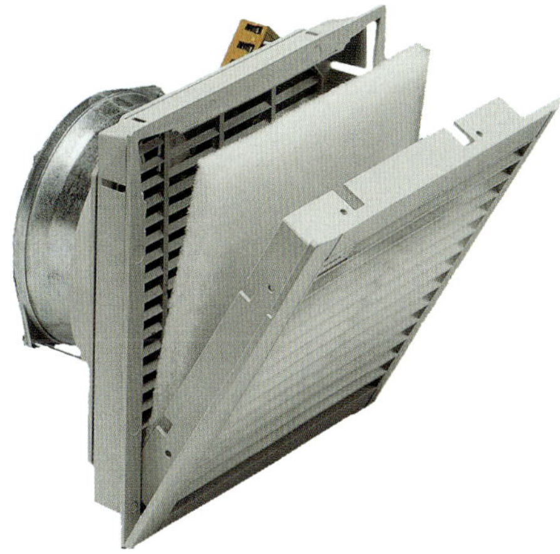

Figura 9.44. *Rejilla con filtro.*

Sabías que...

Se debe realizar un mantenimiento a los filtros de las rejillas de los cuadros eléctricos para mantenerlos en condiciones óptimas.

El aire de entrada al cuadro se debe realizar por la parte inferior y la expulsión por la parte superior, ya que el aire caliente tiende a subir.

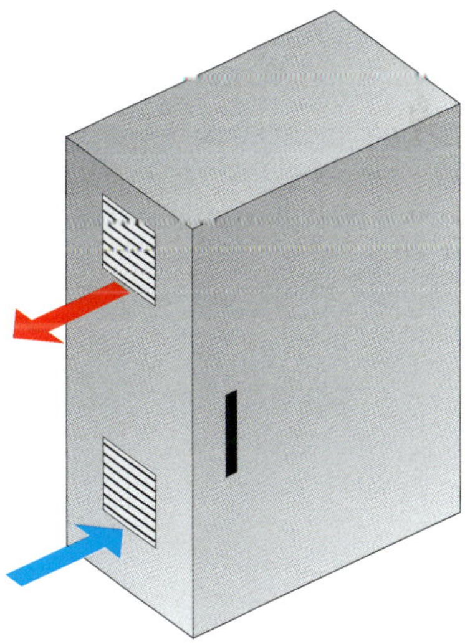

Figura 9.45. *Sentido de la circulación del aire.*

Cuando las condiciones climatológicas del ambiente donde esté situado el cuadro sean de bajas temperaturas puede producirse en su interior la condensación y formación de agua. En estos casos se necesita elevar la temperatura en el interior; para ello se dota al cuadro de unas resistencias calefactoras que se colocan en la parte inferior del cuadro.

Para controlar el punto de funcionamiento de los sistemas, se emplean termostatos.

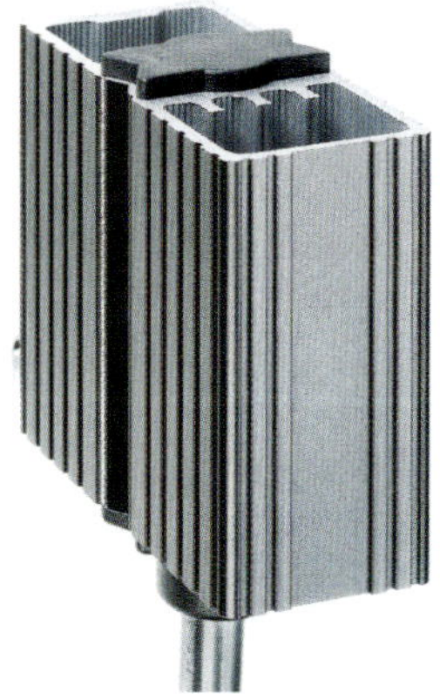

Figura 9.46. *Resistencias calefactoras. (Cortesía de Siemens).*

Figura 9.47. *Termostato. (Cortesía de Siemens).*

9.3.7. Otros elementos

Existen una serie de elementos auxiliares que tienen como función mejorar las tareas de mantenimiento.

Todos los armarios eléctricos deben llevar un **portadocumentos,** el cual debe contener los esquemas eléctricos y la documentación técnica.

Los grandes armarios, y sobre todo aquellos que se sitúen en zonas poco iluminadas, deben contar con un sistema de **iluminación interior** para facilitar las tareas de mantenimiento.

El encendido de la iluminación se puede realizar manualmente mediante algún interruptor o de forma automática cuando las puertas se encuentren abiertas.

Figura 9.48. *Iluminación y toma de corriente en armario.*

Otro punto para tener en cuenta, sobre todo en el caso de emplear autómatas programables (por la necesidad de conectar el ordenador para su programación), es dotar al armario con una **toma de corriente.**

9.3.8. Consideraciones técnicas respecto al montaje

A la hora de realizar la planificación y el montaje de los armarios eléctricos se deben tener en cuenta una serie de consideraciones técnicas respecto a las interferencias electromagnéticas generadas principalmente por motores, lámparas de descarga, etc., que son las siguientes:

- Todas las partes metálicas de la instalación deben unirse entre sí para crear una masa común y conectarse a tierra.
- Los conductores de potencia deben separarse de los conductores de maniobra, con el objeto de evitar falsas señales por interferencias electromagnéticas.
- En los cuadros con autómatas programables se evitará en lo posible la iluminación con lámparas de descarga (fluorescentes).
- En los cuadros con autómatas programables se intentará separar el circuito de maniobra del circuito de potencia.

9.4. Grados de protección

Las envolventes de los equipos eléctricos garantizan una seguridad frente a **contactos eléctricos** directos de las personas, la introducción de **cuerpos sólidos y líquidos** (código IP) y, además, deben hacer frente a posibles **impactos** mecánicos que puedan deteriorar el funcionamiento de la instalación (código IK). Estos tres riesgos deben ser tenidos en cuenta a la hora de diseñar una instalación.

Para poder clasificar el nivel de protección que se necesita la normativa establece unos grados de protección.

Recuerda

Las necesidades de protección de un armario eléctrico y sus canalizaciones no son las mismas para una industria, por ejemplo de transformación de piedra natural, que para una industria que se encarga de fabricar hielo. En la primera, la preocupación se centra en el polvo y en la segunda en el agua. Ambos elementos pueden inutilizar una instalación eléctrica.

Estos códigos están indicados en los aparatos y materiales de tal manera que el usuario o el técnico pueda determinar su instalación según el riesgo existente en el lugar.

9.4.1. Grado de protección IP

El grado de protección IP se emplea para definir el nivel de seguridad frente a la penetración de **cuerpos sólidos y líquidos.** Es un código adoptado internacionalmente y está recogido en la norma UNE-EN 60529.

Se indica mediante las letras IP seguidas de, al menos, dos cifras características. La primera hace referencia a sólidos y la segunda a líquidos. De manera opcional puede contener hasta dos letras más.

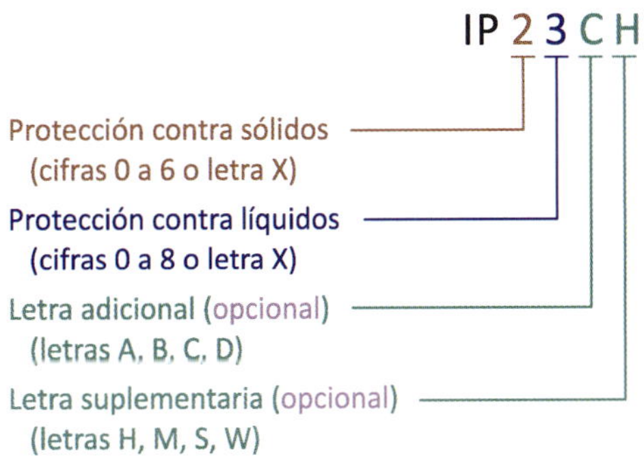

Figura 9.49. *Ejemplo de disposición del código IP.*

- La **primera cifra característica** indica la protección frente a la entrada de cuerpos **sólidos.** Evita la entrada de cuerpos sólidos, así como el contacto de personas con partes peligrosas. Oscila desde el nivel 0 (sin protección) hasta el nivel 6 (penetración de polvo).

Tabla 9.12. Grados de protección contra sólidos

Primera cifra	Protección contra contactos eléctricos directos y cuerpos sólidos extraños
0	Sin protección.
1	Protegido contra el acceso a partes peligrosas con el dorso de la mano o cuerpos sólidos extraños de diámetro superior a 50 mm.
2	Protegido contra el acceso a partes peligrosas con un dedo, ∅ ≥ 12 mm y 80 mm de longitud o cuerpos sólidos extraños de diámetro superior a 12,5 mm.
3	Protegido contra el acceso a partes peligrosas con una herramienta, ∅ ≥ 2,5 mm o protegido contra los cuerpos sólidos extraños de diámetro superior a 2,5 mm.
4	Protegido contra el acceso a partes peligrosas con un alambre de ∅ ≥ 1 mm o cuerpos sólidos extraños de diámetro superior a 1mm.
5	Protegido contra el polvo. Puede penetrar polvo en cantidad no perjudicial.
6	Totalmente protegido contra el polvo. Estancas al polvo.

- La **segunda cifra característica** indica la protección frente a la entrada de cuerpos **líquidos.** Evita la entrada de cuerpos líquidos. Oscila desde el nivel 0 (sin protección) hasta el nivel 8 (sumergidos en agua).

Tabla 9.13. Grados de protección contra líquidos

Segunda cifra	Protección contra el agua
0	Sin protección.
1	Protegido contra la **caída vertical** de gotas de agua, por ejemplo, por efecto de fugas o gotas de condensación en la parte alta del habitáculo o en las tuberías que pasen encima de la envolvente.
2	Protegido contra las **caídas de agua verticales** con un mayor caudal y con una inclinación de hasta 15º.
3	Protegido contra el agua en forma de **lluvia fina,** en una dirección que tenga, respecto a los dos lados de la vertical, un ángulo inferior o igual a 60º.
4	Protegido contra las **proyecciones de agua** en todas las direcciones sobre la envolvente.
5	Protegido contra **chorros de agua** sobre la envolvente en cualquier dirección.
6	Protegido contra **chorros fuertes de agua** sobre la envolvente en cualquier dirección.
7	Protegido contra los efectos de la **inmersión en agua** en cantidad perjudicial en el interior de la envolvente sumergida temporalmente en agua con una presión y un tiempo normalizados.
8	Protegido contra la **inmersión prolongada.** El equipo es adecuado para la inmersión continua en agua bajo las condiciones especificadas por el fabricante.

En determinadas ocasiones puede ser que solo se necesite indicar un grado de protección para un elemento (sólido o líquido). En este caso se indica el nivel de protección para la parte que interese y la otra se sustituye por una X.

Actividad resuelta 9.2

¿Qué indican los códigos IP siguientes?

- IP34.
- IP5X.
- IPX6.

Solución:

- **IP34.** Primera cifra significativa 3: envolvente protegida contra el acceso de una herramienta o cuerpo sólido extraño de un diámetro superior a 2,5 mm. Segunda cifra significativa 4: envolvente protegida contra las salpicaduras y proyecciones de agua desde cualquier dirección.
- **IP5X.** Primera cifra significativa 5: envolvente protegida contra el polvo en cantidad no perjudicial. Segunda cifra significativa X: no se indica el grado de protección contra líquidos.
- **IPX6.** Primera cifra significativa X: no se indica el grado de protección contra el acceso de cuerpos sólidos extraños. Segunda cifra significativa 6: envolvente protegida contra chorros fuertes de agua en cualquier dirección.

Sabías que...

Una envolvente con la segunda cifra característica 7 u 8 no se considera apropiada para exponerla a chorros de agua, como los indicados por las cifras 5 o 6; por eso, las envolventes que satisfacen estos grados de protección (7 u 8) deben llevar una doble marca, indicando si responden igualmente a un grado inferior, por ejemplo, IPX5/X7, IPX5/X8, etcétera.

Es posible completar la información del nivel de protección incorporando optativamente unos códigos adicionales:

- **Letra adicional,** que de manera opcional puede formar parte del código IP. Proporciona información suplementaria sobre el grado de **protección de personas contra el acceso a partes peligrosas.** Su uso se reserva a aquellos supuestos en que la protección efectiva del acceso a la parte peligrosa es más eficaz que la indicada por la primera cifra o cuando esta ha sido reemplazada por una X. Se identifican con los códigos A, B, C, D y su significado se corresponde respectivamente con el de las cifras 1, 2, 3, 4, pero proporciona información sobre la accesibilidad de determinados objetos o partes del cuerpo a las partes peligrosas en el interior de la envolvente. Una envolvente no puede ser designada por un grado de protección indicado por una letra adicional si no garantiza que satisface también todos los grados de protección inferiores.

Tabla 9.14. Letra adicional del código IP

Letra adicional	Descripción
A	Protegido contra el acceso con el dorso de la mano. Se prueba con una esfera de 50 mm, que ha de quedar a una distancia adecuada de las partes peligrosas.
B	Protegido contra el acceso con el dedo u objetos análogos. El dedo de prueba de 12 mm de diámetro y 80 mm de longitud.
C	Protegido contra el acceso con una herramienta u otro objeto de diámetro superior a 2,5 mm y longitud máxima 100 mm.
D	Protegido contra el acceso con un alambre, de diámetro superior a 1 mm y longitud máxima de 100 mm.

- **Letra suplementaria,** que de manera opcional puede formar parte del código IP. Indica que el producto satisface unas condiciones particulares que, en cualquier caso, deben responder a las exigencias de la **norma de seguridad básica** aplicable. Cuando se añaden letras suplementarias se sitúan después de la última cifra característica o después de la letra adicional en el caso de que asimismo se haya añadido letra adicional. Para la aparamenta eléctrica solo se utiliza la letra suplementaria W, que indica una protección contra la intemperie verificada por medios diferentes de los utilizados para la segunda cifra característica y que son difíciles de aplicar a materiales grandes.

Tabla 9.15. Letra suplementaria del código IP

Letra suplementaria	Descripción
H	Aparato de alta tensión.
M	Ensayo de la verificación de la protección contra la penetración de agua efectuada sobre el material estando sus partes móviles en movimiento.

Letra suplementaria	Descripción
S	Ensayo de la verificación de la protección contra la penetración de agua efectuada sobre el material estando sus partes móviles en reposo.
W	Material diseñado de forma que pueda utilizarse en las condiciones atmosféricas especificadas, y en el que se han previsto medidas o procedimientos complementarios de protección.

Recuerda

El grado de protección mínimo se debe mantener en toda la instalación y es responsabilidad del instalador. El fabricante indica el grado de protección de sus elementos, pero a la hora de montarlo, cerrarlo y conectarlo a las canalizaciones, el técnico se debe asegurar de que no hay una disminución o pérdida de esta protección.

Los cuadros para interior deben tener una protección mínima de IP2X. En cambio, si se trata de un cuadro para exterior su grado de protección mínima debe ser de IPX3.

9.4.2. Grado de protección IK

El grado de protección IK hace referencia a protección frente a **impactos mecánicos.** Está regulado por la norma UNE-EN 62262. Se expresa mediante las siglas IK, seguidas de dos cifras numéricas que van desde 00 hasta 10, e indican la energía de impacto que pueden soportar sin sufrir deformaciones peligrosas.

Tabla 9.16. Grados de protección IK contra impactos

Código	Energía de impacto (J)	Código	Energía de impacto (J)
00	Sin protección	06	1
01	0,15	07	2
02	0,20	08	5
03	0,35	09	10
04	0,50	10	20
05	0,70		

Actividad resuelta 9.3

¿Qué indica el código de protección IK07?

Solución:

Envolvente con protección contra impactos de una energía de 2 J.

9.5. Materiales característicos

En el ámbito de las instalaciones eléctricas se emplean diversos materiales. Cada material posee unas características diferentes, siendo muy importante conocerlas bien.

9.5.1. Características de los materiales

Las principales características de los materiales son:

- **Adherencia.** Es la capacidad que posee un cuerpo para adherirse a otro.
- **Comprensibilidad.** Es la capacidad que posee un cuerpo para reducir su volumen.
- **Dilatabilidad.** Es la capacidad que posee un cuerpo para aumentar su volumen.
- **Elasticidad.** Es la capacidad que posee un cuerpo para recuperar su estado inicial cuando cesa una fuerza deformante.
- **Fatiga.** Es la pérdida de la resistencia mecánica de un cuerpo cuando se le somete a esfuerzos repetitivos y constantes.
- **Plasticidad.** Es la capacidad que posee un cuerpo para adoptar otra forma cuando cesa una fuerza deformante.

9.5.2. Propiedades de los materiales

Las principales propiedades de los materiales son:

- **Conductividad.** Es la propiedad que poseen los cuerpos para transmitir el calor (conductividad térmica) o la electricidad (conductividad eléctrica).
- **Resistividad.** Es la inversa de la conductividad.
- **Densidad.** Es la relación entre la masa y el volumen de un cuerpo.
- **Ductilidad.** Es la propiedad que poseen los cuerpos a deformarse en hilos.

- **Dureza.** Es la resistencia que oponen los cuerpos a ser rayados.
- **Fragilidad.** Es la facilidad que poseen los cuerpos a romperse.
- **Magnetización.** Es la propiedad que poseen algunos cuerpos a adquirir propiedades magnéticas.
- **Maleabilidad.** Es la propiedad que poseen algunos cuerpos a deformarse en láminas.
- **Tenacidad.** Es la resistencia que oponen los cuerpos a deformarse o romperse.

9.5.3. Materiales de uso eléctrico

Existen diversos materiales que se emplean en el ámbito eléctrico, entre los más importantes están:

- **Cobre (Cu).**

  Metal de color rojizo, blando, dúctil y maleable. Buen conductor eléctrico y térmico. Es el material más empleado en las instalaciones eléctricas, denominándose cobre electrolítico por su pureza del 99,6 %. Se emplea principalmente como conductor eléctrico. Sus aleaciones principales son: **bronce** (cobre y estaño) y **latón** (cobre y zinc).

- **Aluminio (Al).**

  Metal de color blanco, dúctil y maleable. Buen conductor eléctrico y térmico. Aunque es ligeramente menos conductor que el cobre, posee un menor peso siendo además más barato, lo que hace que se emplee como conductor eléctrico, generalmente en líneas aéreas de alta tensión.

- **Hierro (Fe).**

  Metal de color gris, dúctil y maleable. Se oxida con facilidad. Fácilmente magnetizable, propiedad que hace que se emplee para la fabricación de elementos para circuitos magnéticos (electroimanes). Sirve de base para obtener otras aleaciones como el acero.

- **Acero.**

  Aleación de hierro con carbono. Al añadir carbono se aumenta la dureza, pero también la fragilidad. Se emplea principalmente como elemento estructural, por ejemplo en forma de chapas para formar los armarios eléctricos. Además, se alea con otros elementos para obtener diversas características, por ejemplo de dotarle de propiedades inoxidables.

- **Estaño (Sn).**

  Metal de color plateado, blando, dúctil y maleable. Conductor de la electricidad. Con bajo punto de fusión, cualidad que lo hace idóneo para su empleo como elemento de unión eléctrica (soldadura blanda), siendo aleado con plomo.

- **Plata (Ag).**

  Metal de color blanco brillante, dúctil y maleable. Es uno de los mejores conductores eléctricos (mejor que el cobre), pero su alto precio hace que se reserve para aplicaciones eléctricas especiales (microelectrónica, recubrimiento de contactos, etcétera).

- **Plomo (Pb).**

  Metal de color gris, dúctil y maleable. Aparte de emplearse junto al estaño para la soldadura blanda se emplea aleado en la fabricación de los cojinetes de los motores eléctricos.

- **Wolframio (W).**

  También llamado tungsteno. Metal de color gris. Muy resistente y muy escaso en la naturaleza. Es el metal con el punto de fusión más alto (3400 ºC). En el área de la electricidad se emplea como filamento en las lámparas de incandescencia.

- **Mercurio (Hg).**

  Metal líquido a temperatura ambiente de color blanco plateado. En el área de la electricidad se emplea en la fabricación de lámparas fluorescentes y de bajo consumo. Es un material muy tóxico y contaminante; por este motivo lleva años en que se está limitando su uso y prohibiendo en ciertas aplicaciones.

Sabías que...

Las lámparas de vapor de mercurio (tubos fluorescentes y de bajo consumo) contienen en su interior pequeñas gotas de mercurio. Por ello se recomienda su sustitución por las lámparas led más eficientes y menos contaminantes. La rotura de un tubo fluorescente es capaz de contaminar 30 000 litros de agua y una pila de botón de mercurio puede contaminar 600 000 litros de agua.

9.6. Mecanizado de cuadros eléctricos

El mecanizado del cuadro eléctrico es el conjunto de operaciones mecánicas necesarias para preparar el cuadro para albergar todos los elementos en las posiciones deseadas. Son, principalmente, las operaciones de:

- Preparar la placa de montaje (medir, cortar y colocar las canales y el carril).

- Realizar las operaciones de corte y taladrado en la superficie del armario para colocar la pulsantería, elementos de señalización, etcétera.
- Realizar las operaciones de colocación de las rejillas de ventilación.
- Realizar los agujeros para los prensaestopas del cableado de entrada/salida.

9.6.1. Herramientas de medida

El primer paso a la hora de realizar el mecanizado de las diferentes partes que compondrán el armario empieza con las tareas de medición. Entre las herramientas necesarias están:

- **Flexómetro.** Es una cinta metálica enrollada en un carrete con la superficie graduada.

Figura 9.50. *Flexómetro.*

- **Calibre o pie de rey.** Se emplea para la medición de piezas con precisión. Realiza mediciones externas, internas y de profundidad.

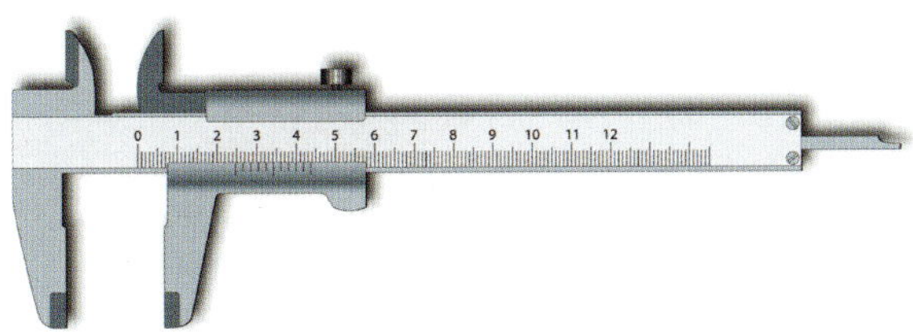

Figura 9.51. *Pie de rey.*

9.6.2. Herramientas de trazado y marcado

Durante las tareas previas al mecanizado es necesario realizar una serie de marcas (puntos y líneas) sobre el material. Las herramientas que se emplean para realizar esta labor son:

- **Regla.** Permite trazar líneas rectas.
- **Escuadra.** Permite trazar líneas perpendiculares.
- **Compás.** Permite trazar círculos.
- **Puntas de trazar.** Es un objeto puntiagudo metálico que permite marcar sobre las superficies metálicas.
- **Lápiz.** Permite realizar marcas sobre las superficies no metálicas.
- **Granete.** Objeto puntiagudo que con la ayuda de un martillo permite marcar puntos. Se emplea para señalar dónde se iniciará un taladrado.

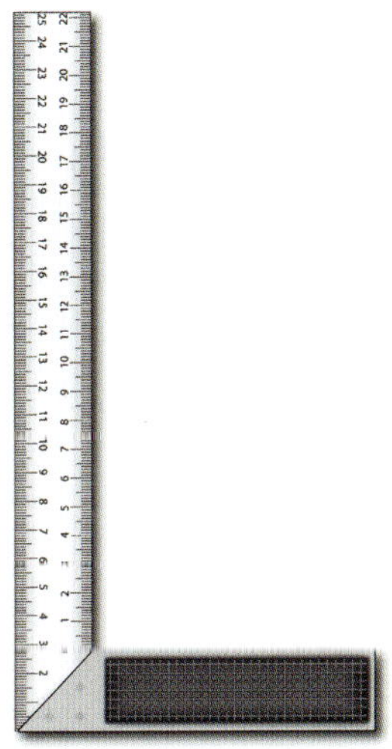

Figura 9.52. *Escuadra.*

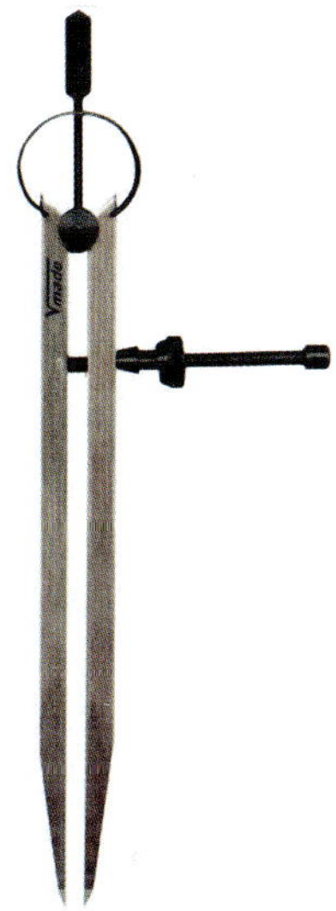

Figura 9.53. *Compás.*

Figura 9.54. *Puntas de trazar.*

Figura 9.55. *Granete.*

9.6.3. Herramientas de corte

Muchas de las piezas de partida se deben cortar para adaptarlas a unas medidas específicas, para lo que se emplean las siguientes herramientas:

- **Sierra manual.** Es la sierra de arco con la cual se realiza la operación de aserrado.

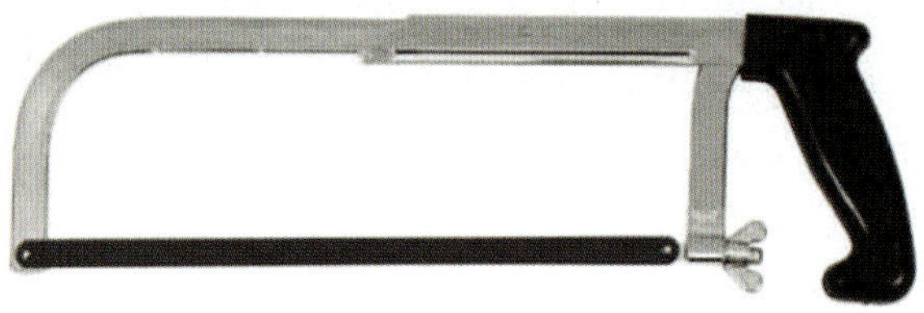

Figura 9.56. *Sierra manual.*

- **Sierra de calar.** Es la versión automática de la sierra manual. Consta de una hoja de sierra que se mueve en vaivén realizando el corte. La hoja de la sierra debe ser adecuada al material que se va a cortar.

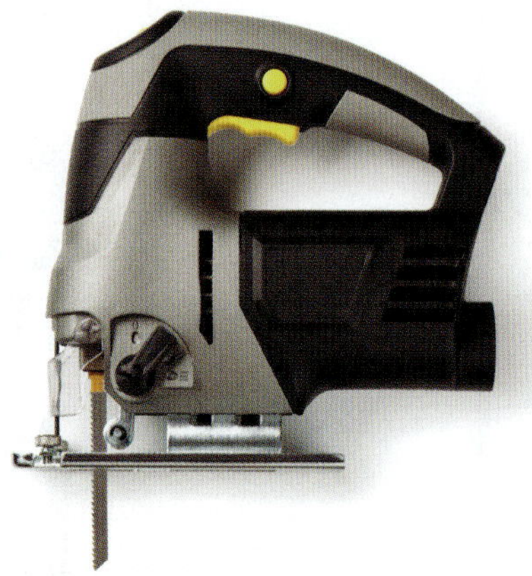

Figura 9.57. *Sierra de calar.*

- **Sierra radial.** Consta de un disco abrasivo, el cual por medio de la rotación y el contacto del canto del disco con el objeto realiza el corte.

Figura 9.58. *Sierra radial.*

- **Sierra angular.** Es una sierra radial, apoyada en una base, sobre la cual se puede fijar un ángulo de corte.
- **Ingletadora.** Es un elemento que tiene unas ranuras a 45°, y por medio de la sierra manual realiza cortes a ese ángulo.

Figura 9.59. *Sierra angular.*

Recuerda

Se deben emplear gafas protectoras de los ojos con las herramientas de corte, por la posible proyección de partículas generadas en el corte.

- **Tijeras de chapa.** Tijeras que se emplean para cortar chapa de pequeño espesor.
- **Cortatubos.** Herramienta destinada a realizar el corte de tubos.

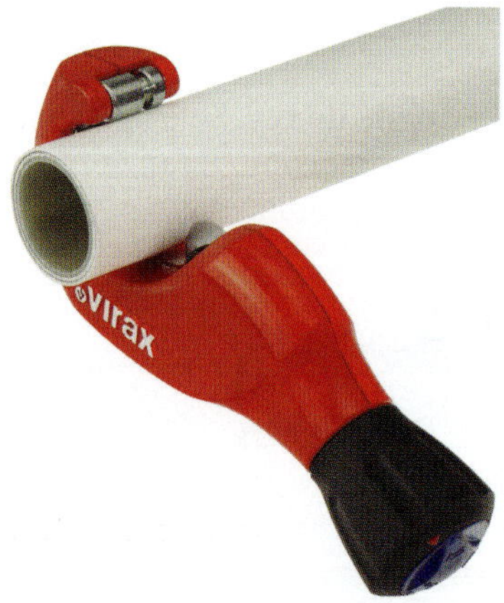

Figura 9.60. *Cortadora de tubos. (Cortesía de Virax).*

9.6.4. Herramientas de taladrado

Son las herramientas encargadas de realizar agujeros a un diámetro dado.

- **Taladro de columna o de pie.** Es una taladradora apoyada en una columna.

Figura 9.61. *Taladro de columna.*

- **Taladro de mano.** Es una versión muy ligera de la taladradora.

Figura 9.62. *Taladro de mano.*

Recuerda

Se deben emplear brocas adecuadas al material que hay que taladrar.

Técnica

Para realizar agujeros de cierto tamaño con precisión se pueden realizar taladros previos de una sección menor e ir cambiando el diámetro de broca paulatinamente.

- **Broca escalonada.** También llamada **fresa.** Es una broca que cuenta con varios escalones fijos de diámetro. Se emplea con la taladradora y consiste en ir pasando de escalón en escalón hasta llegar al diámetro deseado.

Figura 9.63. *Broca escalonada.*

- **Coronas.** Son unas hojas de sierra de forma circular que se adaptan a una taladradora. Permiten hacer agujeros de un tamaño superior al que se podría conseguir con las brocas.

Figura 9.64. *Corona.*

- **Punzonadora.** También llamada **sacabocados.** Es un conjunto formado por dos piezas. Se realiza un agujero previo y a través de este se introduce un eje con rosca de una de las piezas. Sobre esta rosca se coloca la otra pieza y se procede a roscar ambas. Mediante la presión ejercida conforme se van roscando se produce un corte por cizallamiento, siendo muy limpio, preciso y sin rebabas. Las punzonadoras pueden ser automáticas o manuales (en este caso, se necesitaría un par de llaves para roscar el sacabocados). Existen en el mercado sacabocados de diferentes diámetros.

Figura 9.65. *Punzonadora o sacabocados para chapa.*

Técnica

Para realizar los agujeros donde se colocarán la pulsantería y los pilotos de señalización, el empleo de un sacabocados de 22 milímetros facilita y agiliza la tarea.

9.6.5. Herramientas de acabado

En las operaciones de corte se originan rebabas que se deben eliminar; además en estas operaciones se debe terminar con un acabado fino y uniforme. Para ello se emplean las siguientes herramientas:

- **Limas.** Son elementos compuestos por un cuerpo de forma rugosa, el cual, por medio de la acción de rozamiento, produce el desbaste del material. En función de la rugosidad o **picado** se arranca más o menos material por pasada.

Figura 9.66. *Lima.*

Sabías que...

Existen diferentes formas para la caña de la lima: rectangular, circular, media caña, etcétera.

9.6.6. Herramientas de fijación

Existen diversas formas de realizar la unión de materiales:

- **Mecánica.** Mediante remaches, tornillos, etcétera.
- **Soldadura.** Con los tipos de soldadura por arco, aluminotérmica, oxiacetilénica o soldadura blanda.
- **Adhesivos.** Principalmente con los tipos de cola de contacto, resinas epoxi, etcétera.

En el taller de automatismos eléctricos, los elementos se fijan, generalmente, de manera mecánica empleando las siguientes herramientas:

- **Remachadora.** Consiste en realizar un agujero de igual diámetro entre las piezas a unir y por medio de una remachadora se aplica un remache. Un remache es un espárrago con una cabeza, al cual se le aplica una fuerza de compresión deformando la cabeza del remache y provocando la unión. El espárrago sobrante se corta en la misma operación de remachado. Produce uniones fijas.

Figura 9.67. *Remachadora.*

- **Atornillado.** Operación que consiste en unir dos piezas mediante un **tornillo.** Produce uniones desmontables.
- **Roscado.** Consiste en realizar la rosca sobre una superficie metálica, evitando el uso de tuercas. Se realiza un agujero previo y sobre este y por medio de un **macho de roscar** se genera la rosca.

Figura 9.68. *Machos de roscar.*

Técnica

Para realizar la rosca se emplean tres machos de roscar, de los cuales el primero inicia la rosca, el segundo arranca la mayoría del material y el tercero produce el acabado final de la rosca.

9.6.7. Herramientas de montaje

De índole eléctrica, se tienen las siguientes herramientas:

- **Destornillador.** Es la herramienta principal del técnico electricista. Se emplea principalmente para fijar el cableado a los elementos que componen la instalación. Hay de varios tamaños y formas de la punta.

Figura 9.69. *Destornilladores.*

- **Alicates.** Se emplean para sujetar (**alicates universales**) y cortar el cableado (**alicates de corte**).

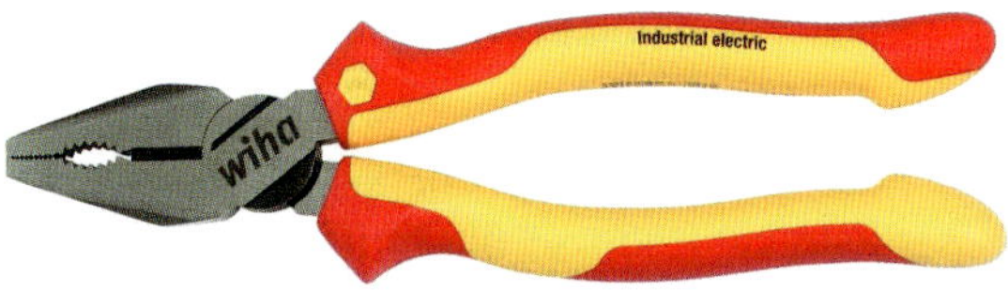

Figura 9.70. *Alicates universales. (Fuente: Wiha).*

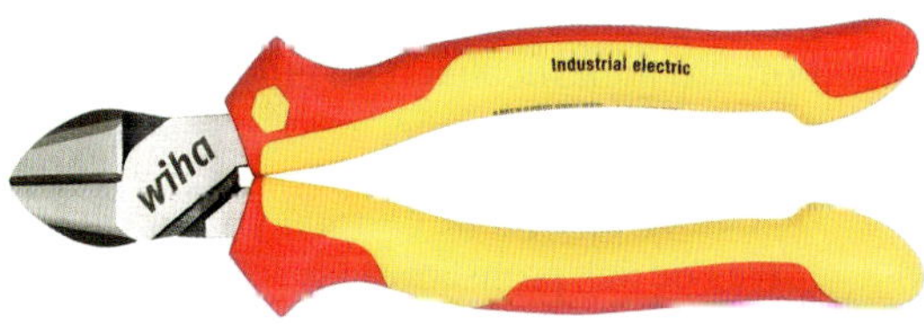

Figura 9.71. *Alicates de corte. (Fuente: Wiha).*

- **Pelacables.** Su objetivo es eliminar el aislamiento de los conductores.
- **Crimpadora.** Una vez que el cable está pelado se introduce en unos terminales o punteras metálicas y por medio de la crimpadora se fijan ambas partes. Se emplea para que la conexión entre el conductor y el dispositivo a conectar sea óptima. El tipo de crimpadora debe ser acorde al conector que se va a emplear. Los conectores que existen son: de tipo ojal, en forma de U, Faston, de punta, etcétera.

Figura 9.72. *Crimpadora para conectores de puntas. (Cortesía de Pro'sKit.)*

De índole mecánica, se tienen las siguientes herramientas:

- **Martillo.** Herramienta que se emplea para golpear. Se utiliza, entre otras funciones, para realizar el marcado de puntos junto con el granete.
- **Juego de llaves** (fijas, Allen, Torx, etc.). Es un conjunto de llaves de diferentes medidas y formas. Se utilizan en operaciones de fijado de algunos elementos.

9.7. Fases del montaje

El montaje de un cuadro eléctrico abarca varias fases:

1. El técnico recibe la **orden de trabajo** junto con la documentación (esquemas eléctricos, distribución topográfica, lista de materiales, etc.). Lo verifica y comprueba.
2. Se dirige al **almacén de materiales** y hace acopio de estos.
3. Con los materiales procede a **comprobar la distribución** en el cuadro. Verifica su ubicación y comprueba que hay espacio suficiente de reserva para posibles ampliaciones. Los elementos pesados se colocarán, siempre que sea posible, en la parte inferior. En caso contrario se reforzará su lugar de ubicación.

Técnica

Se debe dejar en los cuadros eléctricos un espacio de reserva para posibles modificaciones en el futuro sobre el cuadro. De esta manera se facilita el mantenimiento y la mejora de las instalaciones.

4. Si el armario viene desmontado, se **monta el bastidor,** dejando sin acoplar las puertas y los laterales.
5. Se procede al **mecanizado** del armario:
   - Se realizan las marcas que servirán de inicio del mecanizado (con el granete se marcarán los puntos de taladrado, con la regla y las puntas de trazar se marcará el perímetro de las superficies que hay que cortar, etcétera).
   - Se realizan los agujeros para el interruptor general.
   - Se realizan los cortes para la ubicación del sistema de ventilación (rejillas).
   - Se realizan los cortes para la ubicación de las pantallas o paneles (HMI).

- Se realizan los agujeros con el sacabocados para la pulsantería y los pilotos de señalización.

6. Si el cuadro cuenta con **embarrado,** se preparará, midiendo las barras de cobre y cortándolas. Posteriormente se fijarán y se marcarán.
7. Con la placa de montaje sobre la mesa de trabajo (si es un cuadro pequeño) se procede a medir y marcar la distribución de las **canales ranuradas** por las que discurrirá el cableado. Se **cortan** en ángulo recto las necesarias y las que van en las esquinas se cortan a inglete de 45°.
8. Una vez cortadas, se comprueban sobre la placa de montaje, se taladran y se **fijan** mediante remaches.

Técnica

Para asegurarse de que no se van a mover las piezas largas durante el montaje (de canales o de los carriles) se taladra y se fija con remache a uno de los extremos. Se procede igual con el otro extremo. Y por último con los puntos intermedios. Una vez fijada la pieza inicial, a partir de esta se fijan las demás.

9. A continuación, se miden los **carriles DIN** y se cortan (por ejemplo, con la sierra radial) y se liman las superficies de corte para eliminar las rebabas. Si el carril es perforado se marca por donde se fijará a la placa de montaje y si el carril es liso se realizarán los taladros y se fijarán a la placa de montaje mediante remaches.
10. Con los carriles y las canales fijadas se procede a **colocar** los diferentes elementos sobre la **placa de montaje** (aparamenta, bornes de conexión, etcétera).
11. Se inicia la **colocación del cableado.** Se pelan las puntas y se colocan las punteras. Se les dejará una longitud suficiente y holgada. Y se conectan a los diferentes elementos eléctricos. Una vez atornillada al dispositivo eléctrico se comprobará su correcta unión dándole un pequeño tirón. Es una fase importante, pues una mala conexión puede dar lugar a averías e incluso accidentes graves si se suelta un cable en tensión. El cableado que va hacia los elementos externos de la placa de montaje, pero pertenecientes al armario, se cablea dejando ese extremo sin conexión de momento. Se debe dejar suficiente longitud de cable.
12. Una vez terminada esa fase de cableado se **verifica** con el multímetro el correcto y completo conexionado del cableado.

Técnica

Siempre se debe trabajar con los esquemas eléctricos delante y seguir un orden para evitar que se nos pase la conexión de algún cable. Por ejemplo, empezar a cablear primero el esquema de fuerza, cablear por columnas según los esquemas, etcétera.

13. Se colocan los **elementos de las puertas y los laterales** (pulsadores, pilotos de señalización ventiladores, sistema de iluminación, etcétera).
14. **Se montan las partes** que estaban separadas del armario (puertas, laterales, etc.). Y se introduce la placa de montaje en su interior, fijándola.
15. Se termina de realizar las **conexiones** entre el cuadro y los elementos de las puertas y los laterales. Este cableado se fija entre sí utilizando bridas o espirales y se ancla para que no quede sueldo por medio del armario.
16. Se colocan los elementos **identificativos** de las partes del cuadro. Se procede además a marcar el bornero identificando con etiquetas, que se acoplan al bornero, cada borne.
17. Se coloca la **tapa** de entrada y salida del cableado a través de sus prensaestopas.
18. Se **prueba** en tensión el circuito.
19. Se añade el portadocumentos junto con la **documentación técnica** y se embala el cuadro listo para su ubicación.

9.8. Mantenimiento de las instalaciones eléctricas

El mantenimiento es el conjunto de medidas y técnicas destinadas a conservar equipos e instalaciones en servicio durante el mayor tiempo posible con la máxima seguridad y al menor coste.

Con el mantenimiento se pretende conseguir los siguientes objetivos:

- Evitar o reducir y reparar las averías.
- Disminuir la gravedad de las averías inevitables.
- Evitar paros o interrupciones inútiles de las instalaciones.
- Funcionamiento seguro de los elementos y las instalaciones.

- Prolongar la vida de equipos e instalaciones.
- Reducir costes.

En general, se distinguen tres tipos de mantenimiento:

- Mantenimiento correctivo.
- Mantenimiento preventivo.
- Mantenimiento predictivo.

9.8.1. Mantenimiento correctivo

El **mantenimiento correctivo** es la reparación de la avería cuando esta se produce, por ejemplo la avería de un motor eléctrico.

Las ventajas de este mantenimiento son que no se necesita realizar estudios previos de prevención y que solo se gasta el dinero cuando se produce la avería.

Como desventajas, la desconfianza por la imprevisibilidad del funcionamiento de la instalación, los grandes riesgos económicos de una avería y los riesgos de una reparación rápida (reducción de la vida útil de los equipos, posibilidad de repetirse la avería, etcétera).

Para la corrección de fallos o averías se siguen los pasos recogidos en la Tabla 9.17.

Tabla 9.17. Puntos que seguir en el mantenimiento correctivo

1. Inspección visual	Permite detectar pruebas evidentes do dónde y cómo se ha producido la avería.
2. Interpretar el síntoma de la avería	Deducir dependiendo de los síntomas de la avería su posible causa. A veces es interesante ayudarse de un manual del producto.
3. Localizar el elemento dañado	Averiguar dónde está el fallo mediante medidas de la señal, consulta de manuales, división de la instalación en zonas, etcétera.
4. Averiguar la causa de la avería	Averiguando la causa se evitará que se repita la avería y dañe los nuevos materiales sustituidos.
5. Reparación	Realizar las operaciones y sustituciones necesarias para la reparación de la parte dañada.
6. Verificación del funcionamiento	Comprobar y realizar los ajustes precisos para que la instalación funcione correctamente.

Este mantenimiento correctivo se puede dividir en:

- **Mantenimiento correctivo no planificado:** reparación de una avería urgente de la que se desconoce su origen y que ha dejado una instalación sin funcionar.
- **Mantenimiento correctivo planificado:** cuando se produce la misma avería que en el caso anterior pero ahora se dispone de personal cualificado y documentación técnica para realizar la reparación.

Figura 9.73. Toma de medidas en busca de fallos.

9.8.2. Mantenimiento preventivo

El **mantenimiento preventivo** son las medidas realizadas de forma periódica para evitar futuras averías. En general, es hacer inspecciones periódicas a las instalaciones para detectar averías incipientes o futuras y repararlas en el momento más oportuno.

Como ejemplo de medidas preventivas están las siguientes:

- Ajustar los niveles de los equipos.
- Limpieza de elementos.
- Pequeñas reparaciones (sujeciones, sustitución de elementos).
- Inspecciones de seguridad, como medidas de tierra, conexiones, etcétera.
- Llevar un registro con todos los datos y medidas.

Las ventajas del mantenimiento preventivo son obvias:

- Disminución del tiempo de parada de las instalaciones.
- Aumenta la duración de equipos e instalaciones.
- Disminución del *stock* de almacén al conocer los repuestos necesarios.
- Confianza en el funcionamiento de las instalaciones.

- Programar el trabajo del personal con anterioridad.
- Reducir costes.

También tiene otras desventajas como:

- Paros innecesarios para realizar revisiones.
- Cortes de estudio e implantación.

9.8.3. Mantenimiento predictivo

El **mantenimiento predictivo** es pronosticar el futuro fallo de un componente y así poder sustituirlo con anterioridad. Esto supone la medición de varios parámetros que muestren el deterioro del componente, como zumbidos, consumo, calentamiento, olor, etc. La implantación de este sistema es costosa y requiere personal y material específico.

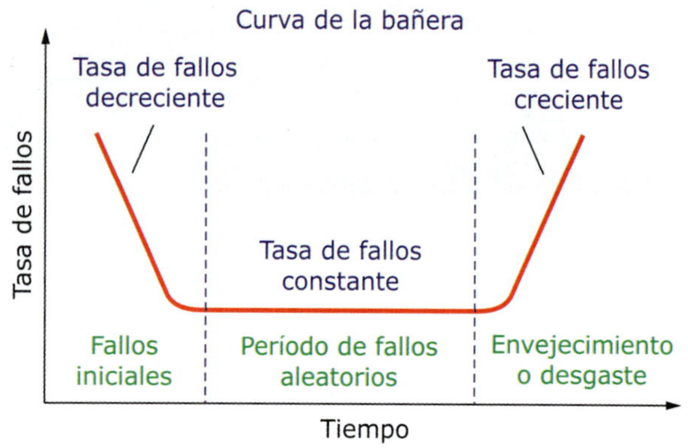

Figura 9.74. *Curva de vida de un producto.*

9.8.4. Plan de mantenimiento

El plan de mantenimiento es un documento en el cual se refleja quién, cuándo y qué actividades se deben realizar.

Se fija quién es el responsable de las actividades de mantenimiento. Incluye un listado o inventario de los equipos e instalaciones indicando los puntos sobre los cuales se debe intervenir, incluyendo las herramientas y los equipos específicos necesarios para poder llevarlas a cabo.

Las tareas que realizar dependen de los equipos instalados y del proceso productivo. A modo de ejemplo destacan las siguientes:

- Comprobación de los interruptores diferenciales.
- Medición de la resistencia de tierra.
- Verificación de valores característicos: caídas de tensión, corriente, etcétera.
- Limpieza de equipos y verificación de la correcta refrigeración de los mismos.
- Reapriete de conexiones.
- Verificación de la bancada de equipos.
- Verificación del estado de las escobillas del motor.
- Comprobación de la existencia de vibraciones y ruidos anómalos.

9.8.5. Libro de mantenimiento

El libro de mantenimiento es un documento donde se recogen las intervenciones realizadas. Se indica el técnico que intervino, la fecha y hora y la actuación llevada a cabo.

Posteriormente, el análisis del libro de mantenimiento permite el estudio estadístico y sus conclusiones sirven para tomar decisiones en el área del mantenimiento predictivo.

9.8.6. Manual de instrucciones

En muchos casos, la empresa instaladora que llevó a cabo la ejecución del proyecto de instalación o del montaje de los equipos no es la misma que posteriormente la explotará comercialmente. En estos casos, la empresa instaladora debe proporcionar un libro de instrucciones donde se recojan las funcionalidades y el modo de operar de manera correcta. En él se incluyen las tareas o partes sobre las cuales se debe realizar el mantenimiento y con qué periodicidad. Así mismo, incluye una relación de valores que indican el correcto funcionamiento (valores de tensión, corriente, temperatura, etc.) y las herramientas necesarias para llevar a cabo las intervenciones de mantenimiento.

MAPA CONCEPTUAL

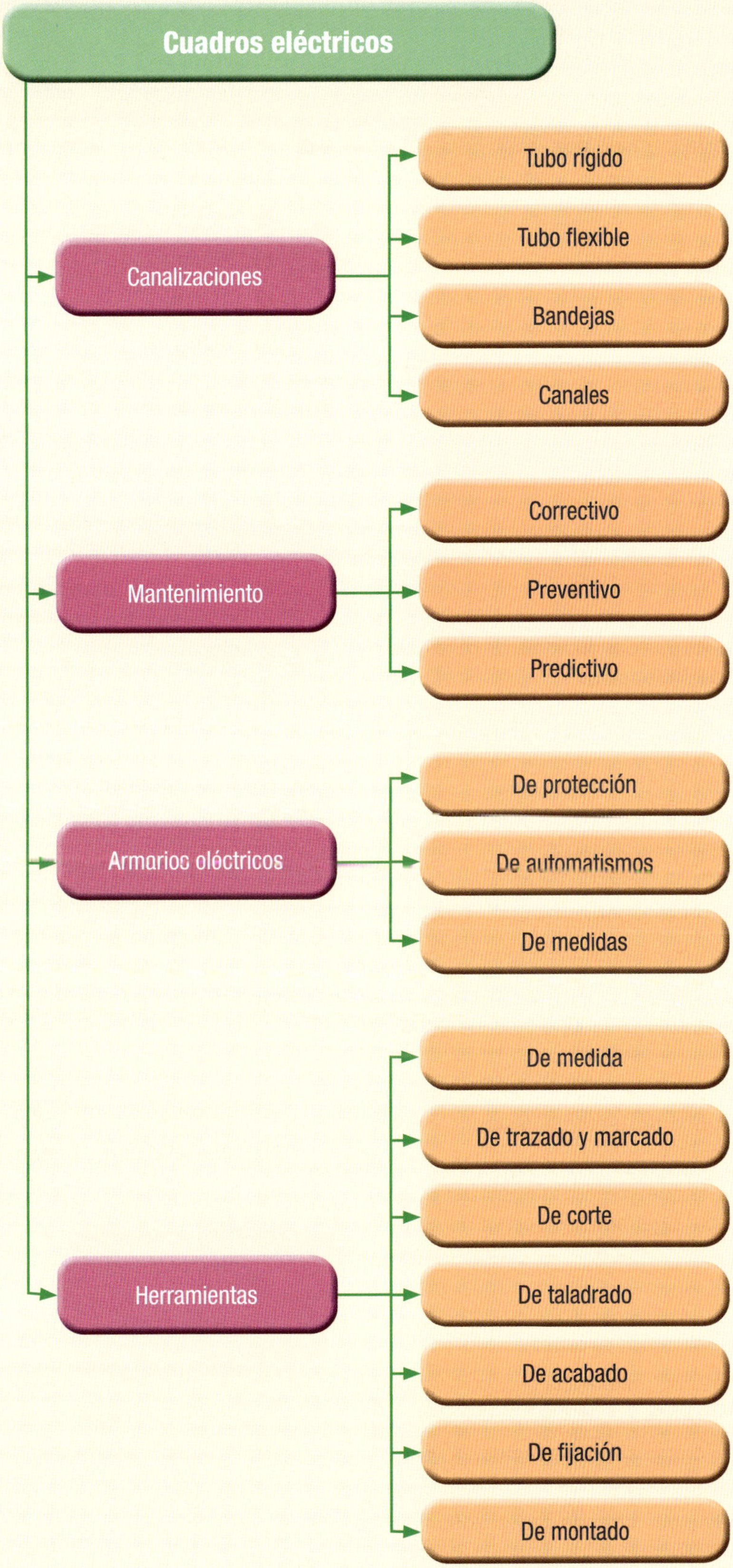

Actividades de comprobación

9.1. Un cable tetrapolar está formado por:

a) Dos conductores.
b) Tres conductores.
c) Cuatro conductores.
d) Cinco conductores.

9.2. Un conductor cuyo aislante es de color azul indica que:

a) Es un conductor de fase.
b) Es un conductor de neutro.
c) Es un conductor de protección.
d) Es un conductor de negativo.

9.3. Un conductor cuya designación termina por 2X4 indica que:

a) Está compuesto por dos conductores de fase más el de neutro y el de protección.
b) Está compuesto por el conductor de fase más el de neutro.
c) Está compuesto por ocho conductores.
d) Cada conductor tiene una sección de 2 mm^2 y la manguera es de 4 mm de diámetro.

9.4. Un prensaestopas es un elemento:

a) Para fijar las canalizaciones en los cuadros eléctricos, asegurando su grado de estanqueidad.
b) De cierre y precinto que se coloca en los cuadros eléctricos con el fin de asegurar que el cuadro no ha sido manipulado por personal no autorizado.
c) De unión entre tubos protectores, y puede ser a rosca o por inserción.
d) Es una herramienta que se encarga de doblar los tubos metálicos para generar las curvas de cambio de dirección en el tendido de las conducciones eléctricas.

9.5. Las bandejas metálicas de tipo escalera:

a) Son las empleadas con preferencia cuando se produce un cambio de nivel a diferente altura.
b) No necesitan conectarse a tierra, puesto que están formadas por barras y no por chapas.
c) Están compuestas por chapas perforadas con grandes huecos.
d) Son las más apropiadas para favorecer la evacuación del calor generado por el cableado.

9.6. ¿Cuál de las siguientes medidas no está normalizada como diámetro exterior de un tubo protector?

a) 16 mm.
b) 30 mm.
c) 40 mm.
d) 50 mm.

9.7. El embarrado es:

a) El conjunto de barras que forman el bastidor en los grandes armarios.
b) El conjunto de barras que forman el zócalo donde se apoyará el armario sobre el suelo.
c) La barra de carril sobre la cual se sitúa el bornero de salida y de entrada del cableado del cuadro eléctrico.
d) Las barras de distribución de la corriente eléctrica en forma de pletinas de cobre.

9.8. El portadocumentos:

a) Es opcional en cuadros grandes.
b) Es opcional en cuadros pequeños, pero recomendable en cuadros grandes.
c) Es opcional en cuadros pequeños, pero obligatorio en cuadros grandes.
d) Es obligatorio en todos los cuadros.

9.9. El granete se emplea para:

a) Trazar líneas sobre una superficie metálica.
b) Marcar el punto donde se realizará un taladro.
c) Medir objetos de pequeño tamaño.
d) Marcar líneas a 45 grados que servirán de guía para posteriormente cortarse.

9.10. El sacabocados es una herramienta destinada a:

a) El corte de cables de gran sección.
b) Realizar agujeros.
c) Realizar roscas en agujeros.
d) Es un elemento de unión mediante remaches.

Actividades de aplicación

9.11. ¿Cuáles son los tipos de cables en función del número de conductores?

9.12. ¿Cuáles son los diferentes tipos de aislantes eléctricos utilizados en el cableado eléctrico?

9.13. Describe el cableado cuya designación es:

- **a)** Cable: H07RN-K1X25.
- **b)** Cable: ES05VV-F3G1.
- **c)** Cable: H05RC4Z1-K4G1,5.
- **d)** Cable: H05V-K1X2,5.
- **e)** Cable: H07ZZ-F1X4.
- **f)** Cable: H07RN8-F1X16.

9.14. ¿Cuáles son los tipos de tubos flexibles?

9.15. ¿Cuáles son los diferentes tipos de bandejas metálicas empleadas en las canalizaciones eléctricas?

9.16. Indica los tipos de montajes para el tendido de cables eléctricos.

9.17. Indica qué significan los siguientes códigos de protección de envolventes:

- **a)** IP55.
- **b)** IP2X.
- **c)** IP32.
- **d)** IK04.

9.18. Un taller de fabricación de muebles cuenta con los siguientes cuadros eléctricos: cuadro general, oficinas, alumbrado del taller, maquinaria del taller, cabina de lacado y ventilación del taller. Representa cómo están conectados entre sí.

9.19. Cita las herramientas que conozcas para las tareas de trazado y marcado para el trabajo de mecanizado de los cuadros eléctricos.

9.20. ¿Qué herramientas te permiten realizar agujeros en el mecanizado de los cuadros eléctricos?

Actividades de ampliación

9.21. Consulta en internet páginas web de fabricantes de armarios eléctricos, por ejemplo Rittal, Siemens, Legrand, etc. Fíjate en sus catálogos comerciales. Observa la gama y sus características.

10 Protecciones eléctricas

Toda instalación eléctrica debe contar con una serie de elementos de seguridad que la proteja contra los daños eléctricos que puedan ocurrir, tanto por una incorrecta instalación como por un deterioro a lo largo de la vida de esta.

Existen diferentes elementos de protección, desde elementos muy simples hasta algunos más complejos. Pero el ámbito de la seguridad no solo afecta a los dispositivos de la instalación eléctrica, sino que incluyen también al cableado eléctrico y, por supuesto, a la seguridad de las personas.

Contenidos

Objetivos

- Emplear la protección adecuada en función de las características del elemento que hay que proteger.
- Dimensionar adecuadamente los diferentes elementos de protección.
- Aplicar las técnicas de filiación y selectividad para las protecciones eléctricas.
- Actuar adecuadamente frente a un accidente.

10.1. Fallos en las instalaciones eléctricas

Cuando se diseña, se instala y se prueba una instalación eléctrica no significa que durante toda su vida útil vaya a funcionar sin problemas. Existen una serie de factores que pueden ocasionar que la instalación falle.

Los principales fallos que afectan a las instalaciones eléctricas son:

- **Daños en los aislantes de la instalación debido al tiempo de servicio.** Los aislantes de las diferentes partes de la instalación, incluidos los conductores, van sufriendo un envejecimiento y una disminución de sus prestaciones, agravado también por el calentamiento que sufren. Todos estos daños dan lugar a una perforación del aislante.
- **Daños en las partes móviles de la instalación debido al tiempo de servicio.** Las partes móviles de las instalaciones (sobre todo, en los motores por ser máquinas dinámicas), sufren de envejecimiento y su posterior rotura. Este fallo mecánico se puede trasladar a la parte eléctrica. Por ejemplo, un fallo en los cojinetes del eje de un motor, puede producir un agarrotamiento del mismo. Al estar en funcionamiento, el motor va a producir un fuerte calentamiento en el mismo, pudiendo llegar incluso a provocar un incendio.
- **Sobreesfuerzos en las condiciones de trabajo.** Someter a una instalación eléctrica (conductores, motores, transformadores, etc.) a un exceso en las condiciones de trabajo y por tanto de dimensionamiento, todo ello da lugar a que la instalación falle.
- **Alteraciones en su espacio de trabajo.** Toda instalación eléctrica necesita de un área de trabajo. Cualquier alteración sobre dicha área puede producir daños. Por ejemplo, caída de un árbol sobre una línea eléctrica, caída de un objeto sobre una parte móvil de una máquina, etcétera.
- **Acciones climatológicas externas**. Alteración en las condiciones normales de trabajo por cuestiones climatológicas: descargas atmosféricas (rayos eléctricos), aumento de la humedad, etcétera.
- **Factores humanos.** Debidos a maniobras incorrectas. Por ejemplo, apertura de un seccionador en carga, incorrecta sustitución de un fusible por otro de mayor calibre, etcétera.
- **Factores de origen animal.** Los roedores son una fuente de problemas, debido a que suelen roer los cables eléctricos.

Todos estos fallos producen los siguientes efectos:

- **Cortocircuito.** Es la unión física entre dos o más fases, entre fase y neutro o entre el positivo y el negativo. Produce un aumento muy elevado de la corriente eléctrica, y a su vez un rápido y elevado calentamiento, llegando a producir un incendio.
- **Sobrecarga.** Es todo aumento de la corriente por encima del nivel de diseño y dimensionamiento de la instalación eléctrica. Es peligrosa si se mantiene a lo largo del tiempo. Produce un aumento de la temperatura anormal.
- **Derivación a tierra.** Es cuando un conductor activo entra en contacto con alguna parte metálica de la instalación. Puede producir descargas eléctricas a los usuarios si estos la tocan. Así mismo, puede producir incendios.
- **Sobretensión.** Es el aumento del valor de la tensión eléctrica por encima de su valor nominal. Si los elementos de la instalación no están preparados para dicho incremento, puede producir la destrucción de los mismos.
- **Subtensión.** Es la disminución del valor de la tensión por debajo de su valor nominal.

Tabla 10.1. Relación de defectos y su método de protección

Defecto	Protección
Cortocircuito	Fusible. Interruptor automático electromagnético. Disyuntor motor. Interruptor automático magnetotérmico.
Sobrecarga	Relé térmico. Disyuntor guardamotor. Sondas de temperatura. Interruptor magnetotérmico.
Defecto de aislamiento	Interruptor diferencial.
Sobretensión	Limitador de sobretensión.
Subtensión	Relé disparador de mínima tensión.

Existen otros sistemas avanzados de protección, que supervisan varias variables a la vez y reaccionan ante los defectos eléctricos, proporcionando una seguridad completa. Estos sistemas unen rapidez de respuesta, selectividad y especificaciones de fiabilidad para satisfacer los requisitos de resolución de averías, contando además con sistemas de telemedida y telegestión.

10.2. Fusible

El fusible es el elemento de protección más antiguo y a la vez el más simple en su concepción. En una instalación eléctrica, el fusible es el elemento más débil y, por ello, en caso de una sobreintensidad es este fusible el que se sacrifica. Por consiguiente, es un elemento destinado a la **protección contra cortocircuitos.**

Figura 10.1. *Conjunto de fusibles de diversos tipos. (Cortesía de Siemens).*

Una **sobreintensidad** es toda aquella corriente eléctrica que supera un valor para el cual se ha diseñado el elemento, receptor o línea eléctrica.

Una sobreintensidad se puede producir por un fallo en la línea eléctrica en la que se origina un contacto físico entre dos puntos que se encuentran a diferente potencial o bien por un funcionamiento anómalo en un elemento del circuito eléctrico.

Sabías que...

Los primeros fusibles eran de plomo, por ser este un material con un punto de fusión muy bajo (330 ºC). Cuando se producía una sobrecarga en la instalación, el fusible se fundía, de aquí la expresión «se han fundido los plomos».

El fusible está constituido por un hilo o lámina de un material conductor de la electricidad que tiene un punto de fusión bajo. De esta forma, al ser recorrido por una corriente eléctrica superior a cierto valor, el conductor del fusible se calienta por efecto Joule y una vez alcanzada la temperatura de fusión se rompe, interrumpiendo el paso de la corriente y protegiendo al resto de la instalación.

Recuerda

Una **sobrecarga** es una corriente ligeramente superior a la de funcionamiento o nominal, mientras que un cortocircuito es una corriente muy elevada.

Uno de los inconvenientes de los fusibles radica en su imprecisión. Los fabricantes indican un valor medio de entre una banda de actuación. Esta banda es mayor respecto a los otros sistemas de protección.

Otro problema radica en la independencia de cada fusible respecto al conjunto. En un sistema trifásico, la actuación de un fusible no afecta al resto y esto conlleva que el sistema trifásico pase a tener dos fases, con los inconvenientes que ello supone.

Cuando el fusible actúa, este se destruye, por ello es importante disponer de fusibles de repuesto. Nunca se debe reparar un fusible.

A pesar de estos inconvenientes, el fusible se sigue utilizando ampliamente, principalmente por su alto poder de corte.

10.2.1. Partes de un fusible

Un fusible se compone de varias partes, y aunque su forma física varíe de un tipo a otro, a nivel interno todas funcionan de igual manera, basándose en la fusión de un elemento conductor. Las partes de un fusible son las siguientes:

- Elemento fusible.
- Contactos.
- Cuerpo.
- Arena.
- Elemento de señalización.

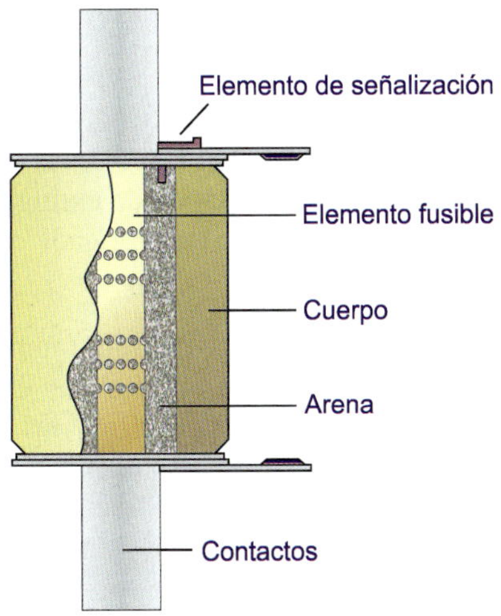

Figura 10.2. *Partes de un fusible de tipo NH.*

El **elemento fusible** es la parte más importante, ya que es esta la que actuará ante una sobreintensidad. Es de un material conductor, principalmente de cobre, cobre plateado o plata. Se dimensiona en función de la corriente que deberá circular de manera permanente y cuando esta se supere se funde en un tiempo determinado. Se fabrica en forma de hilo (corrientes pequeñas) o de láminas (corrientes más elevadas). Estas láminas están perforadas o tienen variaciones de sección.

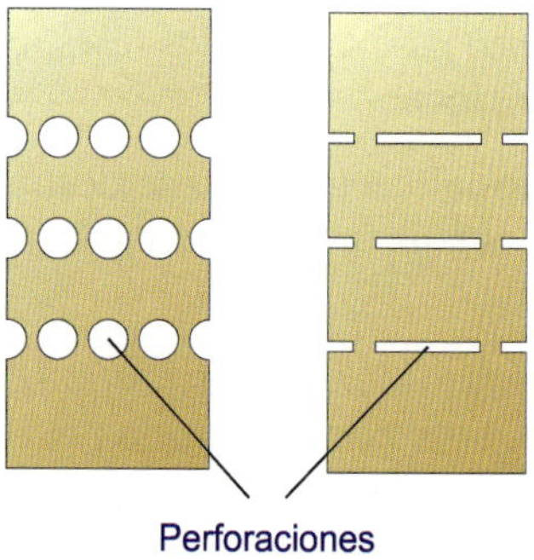

Figura 10.3. *Láminas empleadas como elemento fusible.*

Los **contactos** tienen la función de asegurar la continuidad eléctrica entre el elemento fusible y el circuito eléctrico. Los contactos están diseñados para permitir adaptarse a la base portafusible donde se insertará.

El **cuerpo** es la envolvente del elemento fusible. Los primeros fusibles carecían de ella y en el momento de un cortocircuito el elemento de fusión salía despedido pudiendo provocar incendios o accidente a las personas cercanas. Por tanto, realizan una tarea de protección y apantallamiento, y para realizar esta función están fabricadas de material resistente. Suelen estar fabricadas de vidrio, fibra de vidrio, esteatita, porcelana, etc., que son materiales capaces de resistir las presiones térmicas y mecánicas del proceso de ruptura interna.

Durante el cortocircuito y en el momento de la fusión del elemento fusible se produce un arco eléctrico importante. La **arena** tiene la función de extinguir el arco eléctrico. El material con el que está fabricada es arena de cuarzo o sílice.

El **elemento de señalización,** también llamado **percutor,** tiene como objetivo indicar que el fusible ha actuado y se ha fundido. No todos los fusibles cuentan con un elemento de señalización. Si no disponen de este elemento se debe retirar el fusible de su base y mediante un polímetro verificar su continuidad.

10.2.2. Funcionamiento

El proceso de fundido se inicia con una sobreintensidad y consta de dos fases. En la primera fase, llamada **prearco,** la sobreintensidad provoca que, por efecto Joule, se caliente el elemento fusible. Dependiendo del valor de esta sobreintensidad, el elemento fusible irá aumentando su energía térmica hasta que llega al punto de fusión.

La segunda fase, llamada **arco,** se inicia con la fusión. El elemento conductor, al fundirse, se divide en dos partes y entre ellas, y debido a la elevada corriente, se inicia un arco eléctrico por el cual aún sigue circulando la corriente eléctrica. La temperatura sigue aumentando hasta que llega a fundir la arena que lo rodea. Durante este proceso de fundido de la arena lo que ocurre es que la resistencia eléctrica aumenta, y al aumentar la resistencia disminuye la intensidad, con lo cual llega un momento en el cual se extingue el arco eléctrico.

El tiempo de actuación del fusible es la suma de los tiempos de prearco y arco. Estos tiempos los proporciona el fabricante de fusibles mediante unas tablas, en las cuales en los ejes aparecen el tiempo de actuación y la corriente de cortocircuito.

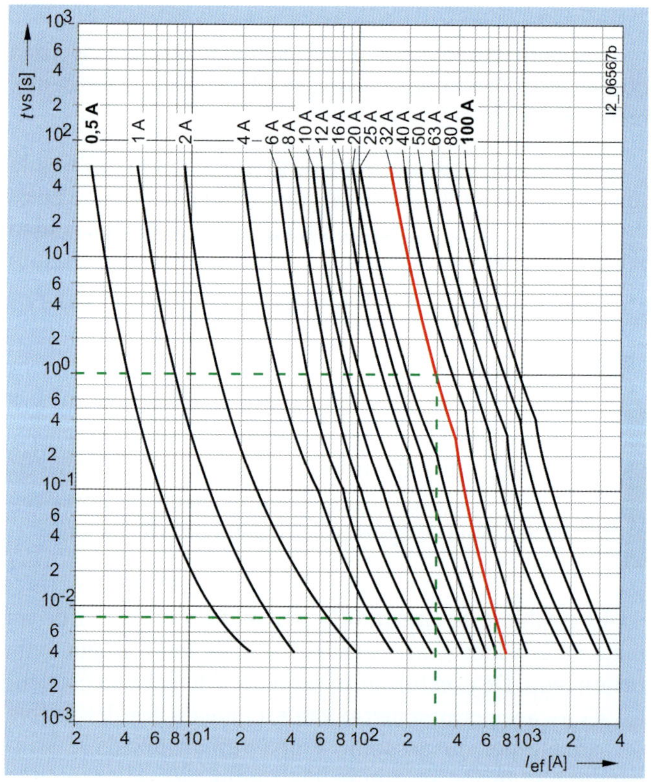

Figura 10.4. *Curva de fusible cilíndrico de tipo aM de Siemens 3NW8.*

En la gráfica de la Figura 10.4, el fabricante incluye curvas para los diferentes fusibles de esa gama.

Si, por ejemplo, nos fijamos en el fusible de 32 A, cuando circula una corriente de 300 A ($3 \cdot 10^2$) se fundirá en un tiempo de 1 segundo (10^0).

Se observa, para todas las curvas, que cuando aumenta la intensidad, disminuye el tiempo de respuesta.

Si para este mismo fusible se aumenta la corriente hasta los 700 A, el tiempo de respuesta baja hasta los 0,08 segundos.

Recuerda

El tiempo de respuesta de un fusible depende de la intensidad de sobrecarga que circula por él. Por ello, no son adecuados para pequeñas sobreintensidades.

10.2.3. Parámetros

A la hora de seleccionar un fusible es preciso conocer los parámetros que definen su comportamiento. Estos son los siguientes:

- **Tensión nominal.** Es el valor máximo de la tensión al cual puede estar sometido el fusible. No se debe sobrepasar este valor. La tensión nominal del fusible debe ser igual o superior a la tensión del circuito eléctrico, es decir, que un fusible de 400 V se puede colocar en un circuito cuya tensión sea de 230 V. Los valores para baja tensión son de 250, 400, 440, 500, 600 y 690 V.
- **Intensidad nominal.** Es el valor de corriente máxima que puede circular a través de él de manera permanente sin causar ningún daño. También recibe el nombre de **calibre.**

Tabla 10.2. Valores de calibre de fusibles más usuales

Calibres de fusibles (en amperios)
2, 4, 6, 8, 10, 12, 16, 20, 25, 32, 40, 50, 63, 80, 100, 125, 160, 200, 250, 315, 355, 400, 500, 630, 800

- **Poder de corte.** Es la máxima corriente que el fusible puede cortar. Es un valor muy alto que alcanza varios cientos de miles de amperios.
- **Intensidad convencional de fusión.** Es el valor de la intensidad para la cual el fabricante asegura que el fusible se fundirá.
- **Intensidad convencional de no fusión.** Es el valor de la corriente que puede circular por el fusible sin que se funda. Entre la intensidad de fusión y la de no fusión hay un margen en el cual no se puede asegurar cuál será el comportamiento del fusible.
- **Característica *t-i*.** Es la curva en la cual se representa el tiempo de actuación de un fusible respecto a la corriente que circula por él.

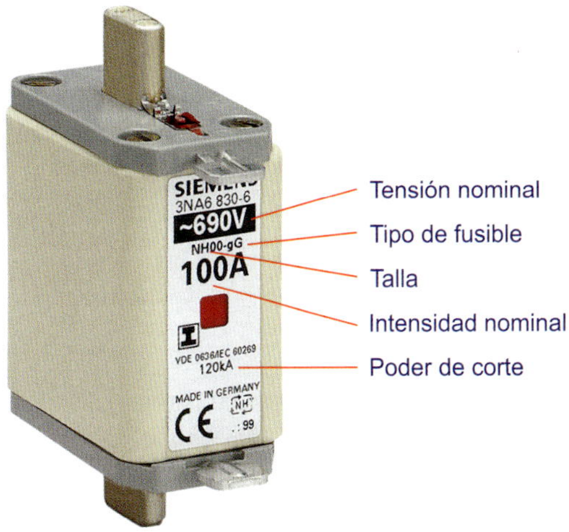

Figura 10.5. *Parámetros sobre un fusible.*

10.2.4. Tipos de fusibles

Existen diferentes tipos de fusibles, que se explican a continuación.

Fusibles cilíndricos

Tienen forma cilíndrica, con los contactos eléctricos en ambos extremos.

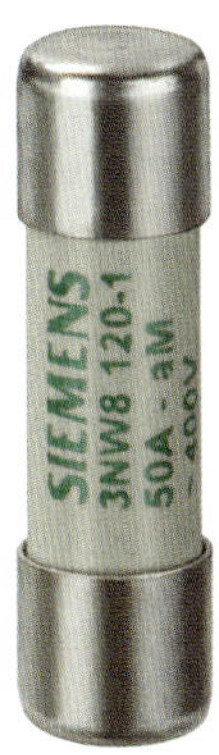

Figura 10.6. *Fusible cilíndrico. (Cortesía de Siemens).*

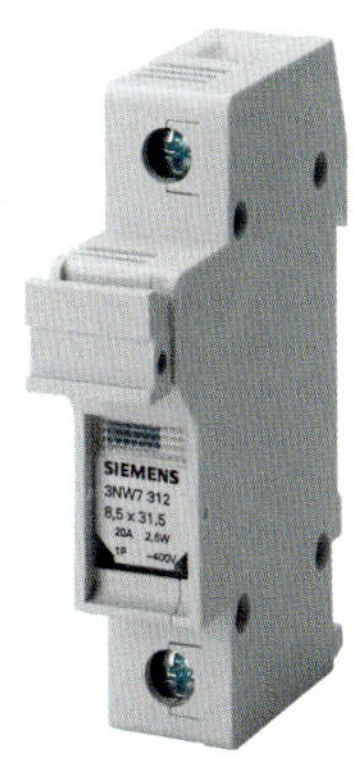

Figura 10.7. *Portafusible unipolar para fusible cilíndrico. (Cortesía de Siemens).*

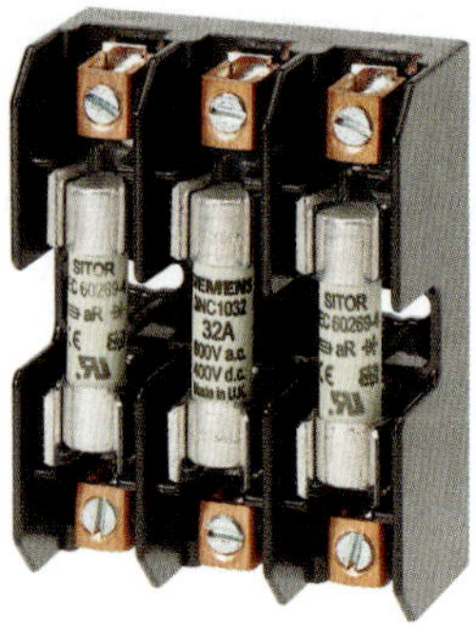

Figura 10.8. *Fusibles cilíndricos en portafusible tripolar. (Cortesía de Siemens).*

Figura 10.9. *Portafusible tripolar. (Cortesía de Siemens).*

Estos fusibles tienen unas medidas comerciales establecidas (diámetro × longitud), tal y como recoge la Tabla 10.3.

Tabla 10.3. Características eléctricas de fusibles cilíndricos

Medidas (mm)	Intensidad (A)	Tensión nominal	Poder de corte
8 × 31	0,5 a 20 A	400 / 500 / 690 V	80 / 120 kA
10 × 30	0,5 a 32 A		
14 × 51	1 a 50 A		
22 × 38	2 a 125 A		

Los **portafusibles** son los elementos en los cuales se inserta el fusible y que facilitan el cambio cuando uno de ellos actúa y se funde.

Fusibles de cuchillas o NH

Se emplean en aquellas aplicaciones por donde circulan altas corrientes, existiendo calibres superiores a los 1000 A. Por ello, se utilizan en la protección de edificios terciarios (hospitales, hoteles, etc.) e industriales, así como en los cuadros de distribución de las compañías suministradoras de electricidad.

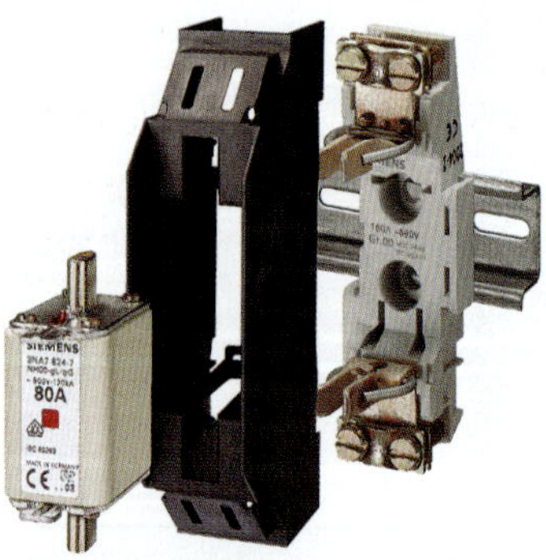

Figura 10.10. *Conjunto de base portafusible y fusible de cuchilla. (Cortesía de Siemens).*

Figura 10.11. *Fusibles de cuchillas de diferentes calibres. (Cortesía de Siemens).*

Los calibres comerciales que se pueden encontrar son los recogidos en la Tabla 10.4.

Tabla 10.4. Calibres de los fusibles NH

Talla	Ancho (mm)	Intensidad (A)
000	21 mm	10 a 100 A
00	30 mm	10 a 160 A
1	30-50 mm	50 a 250 A
2	50-58 mm	50 a 400 A
3	58-68 mm	200 a 630 A
4	102 mm	500 a 1000 A
4A	102 mm	500 a 1250 A

Este tipo de fusibles tiene una tensión nominal de 400 / / 500 / 690 V y un poder de corte de 80 / 100 kA.

Los fusibles NH requieren de la intervención de un especialista para su manipulación, y debido al riesgo eléctrico se emplean unas herramientas llamadas **manetas** para poder intervenir en el cambio de un fusible.

Figura 10.12. *Maneta. (Cortesía de Siemens).*

Figura 10.13. *Maneta con manguito. (Cortesía de Siemens).*

Recuerda

Para instalar o sustituir un fusible de tipo NH o cuchilla se necesitan herramientas adecuadas, entre ellas, las manetas.

Fusibles Diazed

También llamados de botella o tipo D. Es un sistema de fusible de **tipo roscado.** En el interior de la base dispone de una reducción del diámetro, de tal manera que impide que se coloque un fusible de la intensidad no adecuada al diseño. El calibre de estos fusibles va codificado mediante colores (Tabla 10.5).

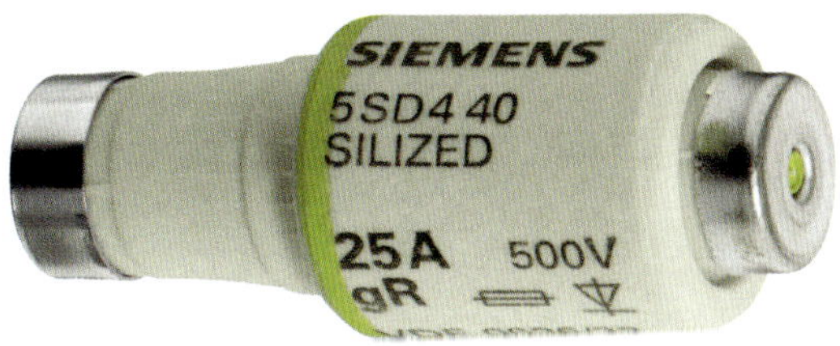

Figura 10.14. *Fusible Diazed. (Cortesía de Siemens).*

Tabla 10.5. Colores de los tornillos de ajuste

Calibre	Color identificativo	
2 A	●	Rosa
4 A	●	Marrón
6 A	●	Verde
10 A	●	Rojo
16 A	●	Gris
20 A	●	Azul
25 A	●	Amarillo
35 A	●	Negro
50 A	○	Blanco
63 A	●	Cobre
80 A	●	Plata
100 A	●	Rojo

Los calibres comerciales que se pueden encontrar son los que recoge la Tabla 10.6.

Tabla 10.6. Calibres de los fusibles de tipo Diazed

Talla	Rosca	Intensidad (A)
DI	E16	2 a 25 A
DII	E27	2 a 25 A
DIII	E33	35 a 63 A
DIV	R1¼"	80 a 100 A

Este tipo de fusible tiene una tensión nominal de 500 V y un poder de corte de 50 kA.

Fusibles Neozed

Son una evolución de los fusibles de tipo Diazed, de un tamaño ligeramente más pequeño y por ello la tensión nominal también es más baja. Básicamente, tienen la misma estructura interna que los del tipo Diazed y, al igual que estos, también constan de unos anillos de ajuste para imposibilitar el intercambio de calibres. Se emplean para la protección de conductores eléctricos. Reciben el nombre de fusibles DO.

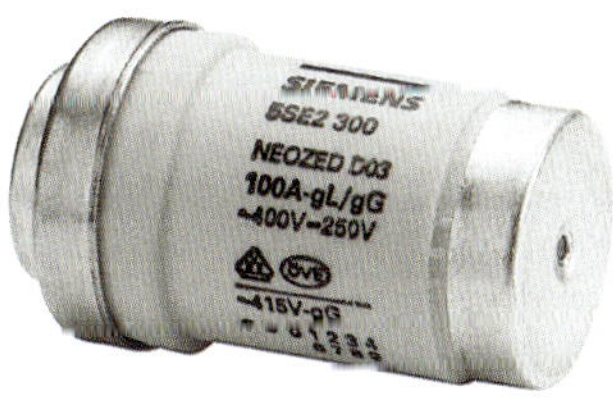

Figura 10.15. *Fusible Neozed. (Cortesía de Siemens).*

Figura 10.16. *Fusible Neozed con su base. (Cortesía de Siemens).*

Los calibres comerciales que se pueden encontrar son los que recoge la Tabla 10.7.

Tabla 10.7. Calibres de los fusibles de tipo Neozed

Talla	Rosca	Intensidad (A)
D01	E14	2 a 16 A
D02	E18	20 a 63 A
D03	M30	80 a 100 A

Este tipo de fusible tiene una tensión nominal de 500 V y un poder de corte de 50 kA.

10.2.5. Clasificación de los fusibles

Los fusibles se clasifican en función de la manera de responder ante una sobreintensidad. Existen elementos, como los motores eléctricos, donde durante la conexión o arranque se producen unos picos de corrientes que son varias veces la intensidad nominal. En estos casos, el fusible no debe actuar. Hay otros, por ejemplo para la protección de equipos electrónicos, donde se desea que actúen lo más rápido posible para evitar daños, ya que el elemento a proteger es muy sensible.

Los fusibles se clasifican por dos letras, donde la primera letra indica la función de ese fusible y la segunda letra indica el objeto a proteger.

Primera letra, **función:**

g: Fusible de uso general.
a: Fusible de acompañamiento.

Segunda letra, **objeto que hay que proteger:**

G: Uso general.
M: Motor.
L: Líneas eléctricas.
R: Semiconductores, equipos electrónicos.
Tr: Transformadores.
C: Condensadores.
Pv: Aplicaciones fotovoltaicas.

Figura 10.17. *Clases de fusibles.*

10.2.6. Simbología eléctrica

Hay varias formas de asociar un cartucho fusible.

Cuando un fusible forma parte de la instalación tal cual se le denomina **fusible.** Pero cuando ese fusible va asociado a un sistema de corte, se tienen dos variantes:

- **Seccionador fusible.** Permite la apertura del circuito. El seccionador no está preparado para poder cortar con carga, por tanto **debe utilizarse siempre en vacío.** Además, un seccionador (por normativa) debe disponer de un corte visible, es decir que deben estar a la vista los polos del seccionador.

- **Interruptor seccionador fusible.** Permite la apertura del circuito. Está preparado para poder cortar el circuito con carga. Este elemento combina las características del interruptor (trabajo en carga) con las del seccionador (corte visible).

Recuerda

Antes de actuar sobre un seccionador, asegúrate de que la carga no esté conectada de la red eléctrica. Recuerda que un seccionador puede trabajar en tensión, pero no debe circular la corriente eléctrica a través de él.

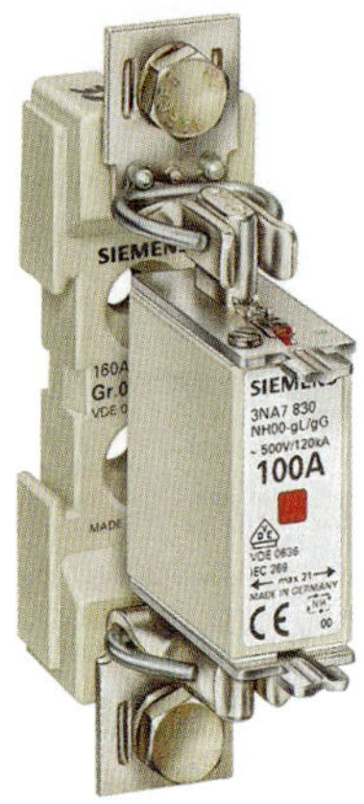

Figura 10.18. *Fusible. (Cortesía de Siemens).*

Figura 10.19. *Seccionador fusible. (Cortesía de Siemens).*

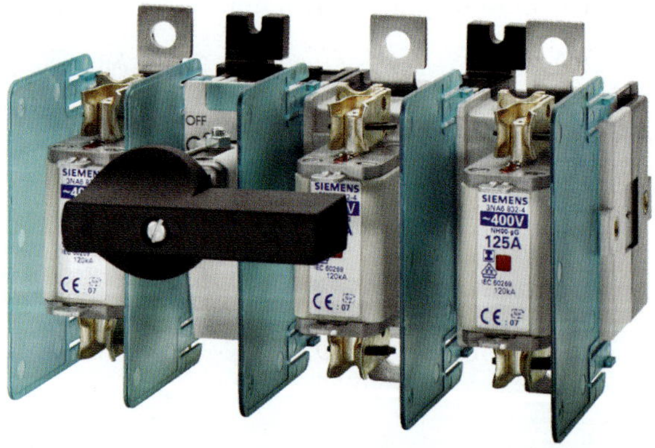

Figura 10.20. *Interruptor seccionador fusible. (Cortesía de Siemens).*

La simbología eléctrica que representa a los fusibles es la mostrada en la Tabla 10.8.

Tabla 10.8. Representación gráfica del fusible

Elemento	Símbolo
Fusible	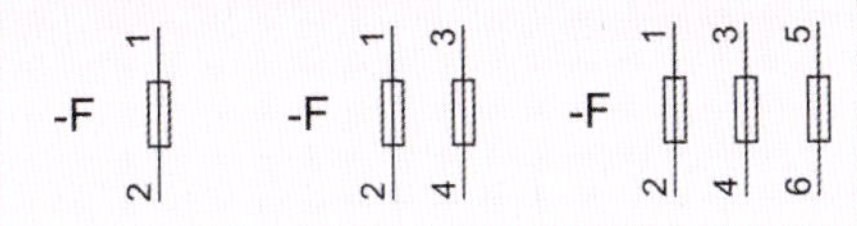
Seccionador fusible	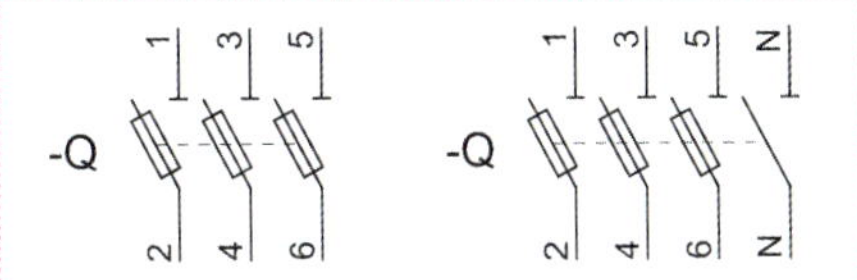
Interruptor seccionador fusible	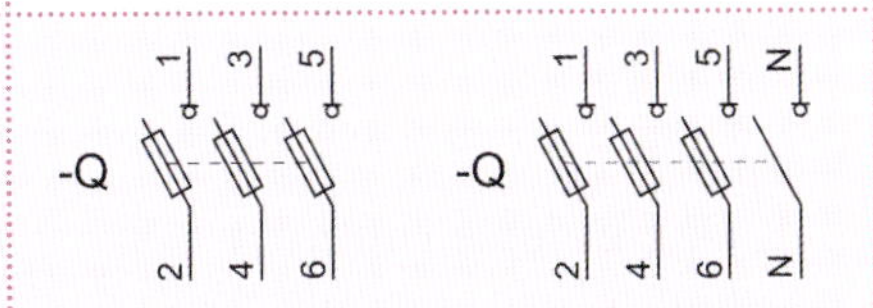

Sabías que...

La letra identificativa F se emplea con los dispositivos de protección. Un fusible tal cual es un elemento de protección. La letra identificativa Q se emplea con los aparatos de maniobra de altas intensidades y entre ellos se encuentran los seccionadores y los interruptores de potencia. Un interruptor o seccionador fusible entraría en el grupo Q.

10.3. Interruptor automático magnetotérmico

El interruptor automático magnetotérmico es un elemento de protección contra sobreintensidades, tanto sobrecargas como cortocircuitos. Su funcionamiento es similar al del disyuntor motor, con la salvedad de que el interruptor automático magnetotérmico no cuenta con ningún sistema de regulación externa, siendo calibrado internamente de fábrica. El valor de disparo se indica por su calibre o intensidad nominal.

Internamente consta de dos tipos de disparadores que dan lugar a la apertura del circuito:

- **Disparador magnético.** Consta de un electroimán, el cual al ser recorrido por una fuerte corriente eléctrica provoca el movimiento de un dispositivo mecánico generando la apertura del circuito. Protege contra los cortocircuitos.
- **Disparador térmico**. Costa de unas láminas bimetálicas que, por efecto de la temperatura, debido a una sobrecarga, provocan el disparo y la apertura del circuito.

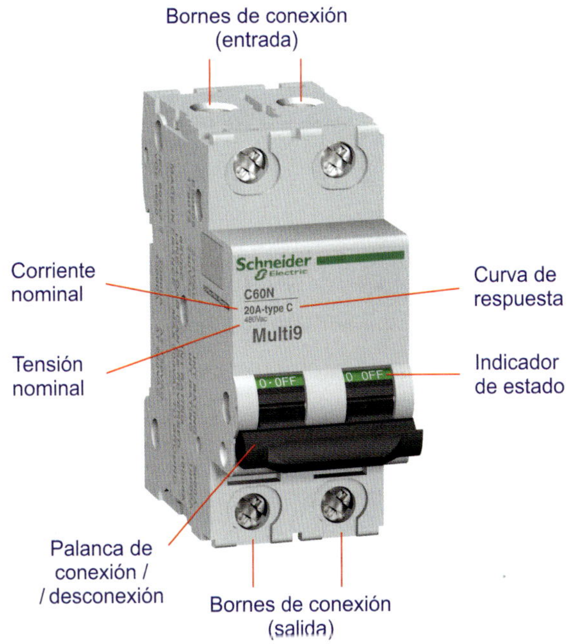

Figura 10.21. *Partes del interruptor automático magnetotérmico.*

Aparte de la protección, también ofrece comportamiento como interruptor manual, el cual por medio de una palanca permite la conexión y la desconexión de la red eléctrica. Esta palanca también realiza la función de mecanismo de rearme para cuando el magnetotérmico se dispare. No obstante, si perdura el origen de la sobreintensidad, el interruptor magnetotérmico no podrá rearmarse, volviendo instantáneamente a disparar.

Sabías que...

En el argot técnico del electricista, el interruptor automático magnetotérmico se conoce comúnmente por magnetotérmico.

10.3.1. Parámetros

Las características que definen a un interruptor automático magnetotérmico son las siguientes:

- **Corriente nominal.** También denominada **calibre.** Es el valor de la corriente a partir de la cual se produce el disparo y la apertura del circuito.
- **Tensión nominal.** Es el valor máximo de voltaje para el cual está diseñado.

- **Número de polos.** Es la cantidad de conductores eléctricos que el interruptor automático magnetotérmico maneja. Existen cuatro tipos: unipolares, bipolares, tripolares y tetrapolares.

Figura 10.22. *Interruptores magnetotérmicos según sus polos: unipolar, bipolar, tripolar y tetrapolar. (Cortesía de Schneider).*

- **Poder de corte.** Es la máxima corriente que el dispositivo puede cortar. Es un valor muy alto que alcanza varios cientos de miles de amperios.
- **Curva de respuesta.** Es una gráfica en la cual se muestra el modo de comportamiento frente a una sobreintensidad en función del tiempo. Existen los siguientes tipos:
  - **Curva B:** se emplean para sobreintensidades bajas (disparan en su zona magnética entre tres y cinco veces la intensidad nominal); por ejemplo, en la protección de líneas generadoras y en receptores sin picos de corriente.
  - **Curva C:** se emplean para sobreintensidades medias (entre cinco y diez veces la intensidad nominal); por ejemplo, en la protección de líneas para receptores y pequeños motores eléctricos. Permiten evitar disparos de receptores con pequeños picos de corriente.
  - **Curva D:** se emplean para sobreintensidades elevadas (entre diez y veinte veces la intensidad nominal); por ejemplo, para la alimentación de las líneas de alimentación de grandes motores eléctricos con fuertes picos de arranque.
  - **Curva ICP** (limitador de corriente): se emplean en viviendas y van sellados por la compañía suministradora de energía. Su calibre va en función de la potencia contratada. Disparan entre cinco y ocho veces la corriente nominal.

Todos ellos disparan en su zona térmica para valores comprendidos entre 1,1 y 1,4 veces la intensidad nominal.

10.3.2. Tipos de interruptores automáticos magnetotérmicos

Se pueden clasificar atendiendo al tipo de corriente:

- **De corriente alterna.** Son los diseñados para funcionar bajo corriente alterna. Por ejemplo, para la protección de las instalaciones domésticas e industriales.
- **De corriente continua.** Son los diseñados para funcionar bajo corriente continua. Por ejemplo, para la protección de las instalaciones generadoras de tipo fotovoltaico.

Figura 10.23. *Magnetotérmicos para corriente continua. (Cortesía de Schneider).*

Existe un tipo de interruptor automático magnetotérmico llamando **DPN.** Este tipo de magnetotérmico ofrece protección solo para la fase, aunque el corte lo realiza sobre fase y neutro. Otra característica importante es el hecho de ocupar la mitad del espacio físico.

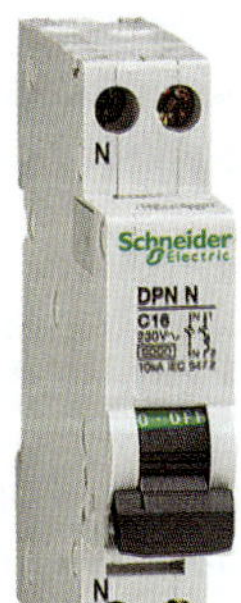

Figura 10.24. *Magnetotérmico DPN. (Cortesía de Schneider).*

10.3.3. Simbología eléctrica

La simbología eléctrica que representa al interruptor automático magnetotérmico está en función del número de polos y oscila entre un polo (unipolar) y cuatro polos (tetrapolar). En el caso de dos polos, hay dos variantes: una para dos fases y la otra para fase y neutro. Su representación es la mostrada en la Tabla 10.9.

Tabla 10.9. Representación gráfica del interruptor automático magnetotérmico

Elemento	Símbolo	Elemento	Símbolo
Unipolar	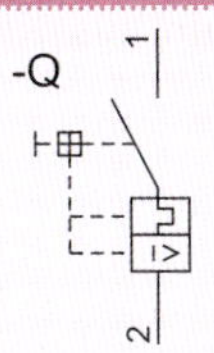	Tripolar	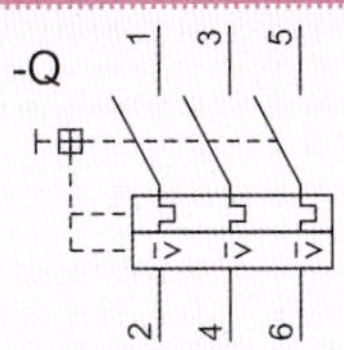
Fase + + neutro	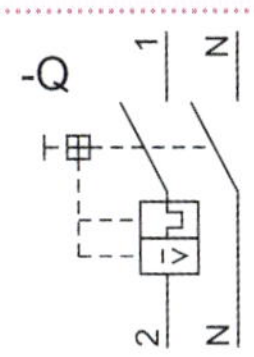	Tetrapolar	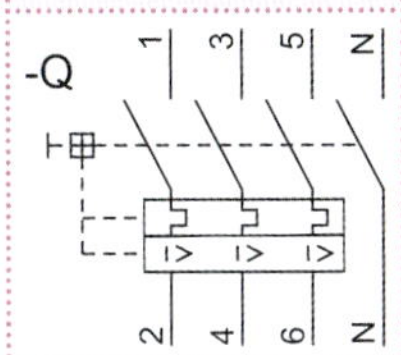
Bipolar	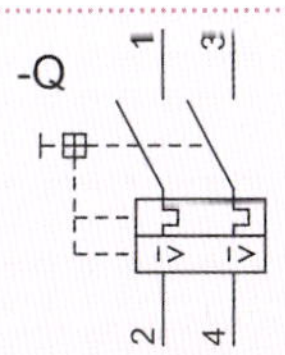	Unifilar	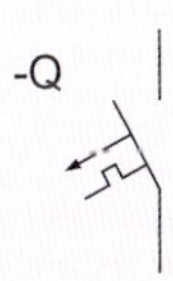

10.4. Interruptor diferencial

El interruptor diferencial, también llamado **disyuntor por corriente diferencial,** es un elemento de seguridad destinado a proteger a las personas contra las corrientes eléctricas perjudiciales en caso de fallo de aislamiento.

Figura 10.25. *Interruptor diferencial tetrapolar. (Cortesía de Schneider).*

10.4.1. Funcionamiento

El funcionamiento del interruptor diferencial consiste en hacer pasar el cableado principal, que es el que une la alimentación eléctrica con la carga del receptor, por un núcleo toroidal y formar un bobinado por cada hilo. Se crea, además, otro bobinado secundario.

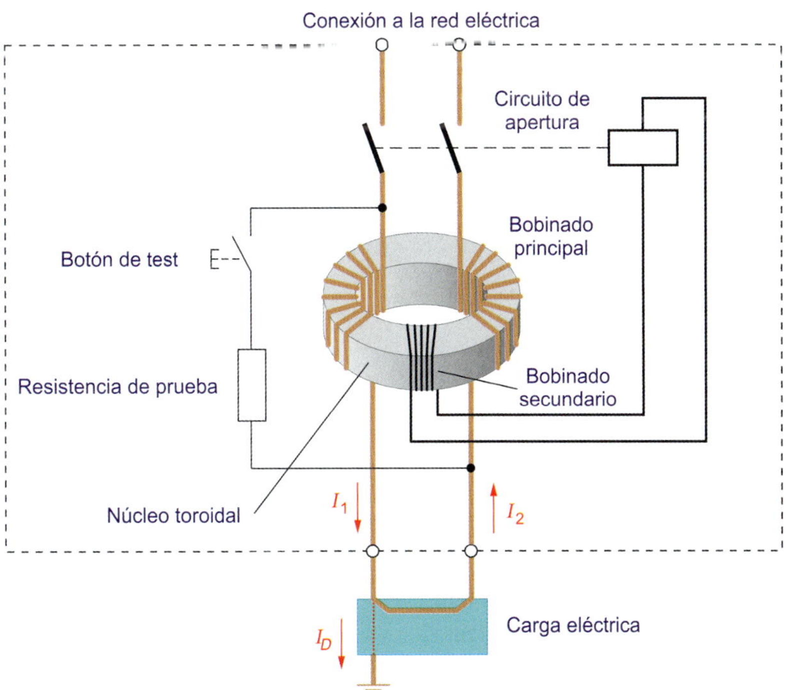

Figura 10.26. *Esquema de las partes internas de un interruptor diferencial.*

En condiciones normales (sin corrientes de fuga) la corriente I_1 es igual a I_2. Esas corrientes, al circular por el bobinado principal del núcleo toroidal, crean un campo magnético. Pero al ser iguales y de sentido contrario, ambos campos se anulan.

Cuando ocurre un fallo de aislamiento en el receptor (carga eléctrica) existe una corriente de derivación I_D y, por tanto, ya no se cumple que $I_1 = I_2$, sino que ahora $I_1 = I_D + I_2$. Estas corrientes (I_1 e I_2) crean sus respectivos campos magnéticos en el núcleo toroidal, pero al ser de diferente valor, el campo resultante ya no se anula sino que tiene un determinado valor. Este campo magnético induce una corriente en el bobinado secundario, el cual produce el disparo del circuito de apertura interrumpiendo el paso de corriente a la carga.

Esta corriente de fuga o de derivación I_D se llama **sensibilidad** y su valor se determina en miliamperios. El REBT fija que ese valor para viviendas debe ser como máximo de 30 mA, lo que significa que cuando se produzca una corriente de derivación a tierra igual o superior a 30 mA, el interruptor diferencial se disparará, protegiendo el sistema.

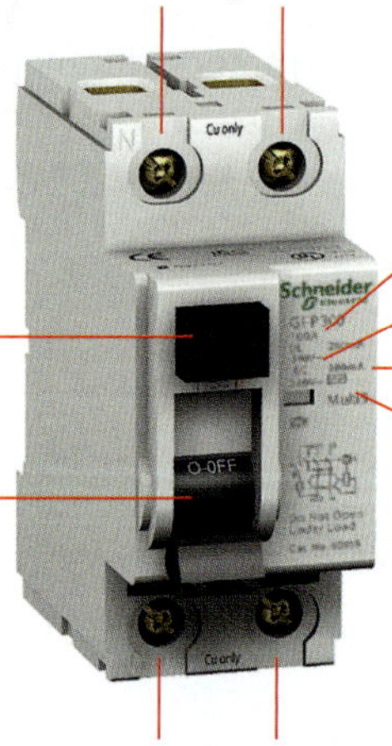

Figura 10.27. *Partes del interruptor automático diferencial.*

El interruptor diferencial tiene un botón de prueba, llamado ***test***, el cual por medio de una resistencia interna simula una derivación de corriente y provoca el disparo del interruptor diferencial.

Sabías que...

Los fabricantes de interruptores diferenciales recomiendan realizar pruebas periódicas para verificar su correcto funcionamiento; para ello se pulsa sobre el botón, dispuesto para tal fin, con la indicación impresa de *test*.

Recuerda

Los dispositivos de protección anteriormente vistos estaban destinados hacia la protección de las líneas de suministro y de los receptores eléctricos; sin embargo, el interruptor diferencial está diseñado para la protección de las personas.

10.4.2. Parámetros

Las características que definen a un interruptor diferencial son las siguientes:

- **Corriente nominal.** También denominada **calibre.** Es el valor de la corriente eléctrica a partir de la cual se produce el disparo y la apertura del circuito.
- **Tensión nominal.** Es el valor máximo del voltaje al cual está diseñado el aparato para funcionar.
- **Sensibilidad.** Es el valor de la corriente de fuga a partir de la cual se provoca el disparo y la apertura del circuito eléctrico.

Tabla 10.10. Valores de sensibilidad de los interruptores diferenciales

Sensibilidad		Aplicaciones
Alta sensibilidad	10 mA	Circuitos críticos para la seguridad de las personas. Utilizados en ambientes con presencia constante de humedad, tales como saunas, equipos de hidromasaje, etc.
	30 mA	Cualquier circuito que alimente a receptores que vayan a ser utilizados por personas (es la sensibilidad máxima permitida en viviendas según el REBT).
Baja sensibilidad	100 mA	Cuadros eléctricos secundarios.
	300 mA	Circuitos eléctricos generales, protección de maquinaria, instalaciones de alumbrado exterior.
	500 mA	Cuadros eléctricos generales.

- **Poder de corte.** Es la máxima corriente que el dispositivo puede cortar.

Recuerda

Un valor de sensibilidad bajo no significa que el aparato ofrezca mejor protección, sino que responde ante corrientes de fuga de menor valor. Un valor bajo puede ocasionar disparos no deseados, con la consiguiente desconexión de la línea.

- **Número de polos.** Es la cantidad de conductores eléctricos que el interruptor diferencial maneja. Existen dos tipos: bipolares y tetrapolares.

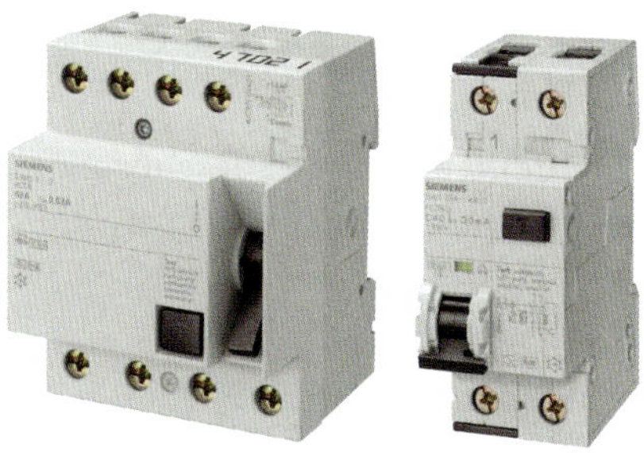

Figura 10.28. *Interruptores diferenciales tetrapolar y bipolar. (Cortesía de Siemens).*

- **Clase.** Existen las siguientes clases de interruptores diferenciales:
  - — **Clase AC:** diseñado para funcionar con corrientes senoidales. Es el utilizado en las viviendas.
  - — **Clase A:** diseñado para corrientes alternas o pulsantes. Es el utilizado por rectificadores, variadores de velocidad, etcétera.
  - — **Clase S:** son interruptores diferenciales con retardo en la respuesta para actuar de forma selectiva con otros mecanismos de protección.

El interruptor diferencial es un elemento de protección que siempre debe ir acompañado de algún otro elemento que proporcione al conjunto protección contra cortocircuitos, generalmente un interruptor automático magnetotérmico. El calibre del diferencial debe ser igual o superior al del magnetotérmico, para que, en caso de una sobreintensidad muy elevada, actúe antes el magnetotérmico.

Recuerda

A pesar de que el interruptor diferencial es un elemento de protección (hacia las personas), necesita de otro elemento de protección que le proteja a él mismo ante un cortocircuito; por eso siempre se coloca un interruptor magnetotérmico y luego el interruptor diferencial.

10.4.3. Tipos de interruptores diferenciales

Aparte del interruptor diferencial convencional clásico, existen otros tipos debido a la evolución de este dispositivo:

- **Interruptor diferencial superinmunizado.** Dispone de filtros que eliminan las perturbaciones en la red, evitando disparos intempestivos.
- **Interruptor diferencial con rearme automático.** Permite la reconexión de manera automática después de un disparo y una vez que cesa la causa del disparo. Estos dispositivos son interesantes en aquellas aplicaciones que no cuentan con supervisión y un disparo intempestivo o inoportuno provoca dejar fuera de servicio a la instalación.

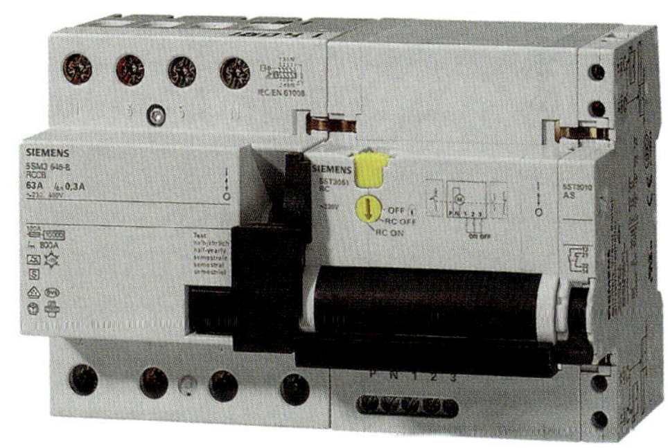

Figura 10.29. *Interruptor diferencial con rearme automático. (Cortesía de Siemens).*

- **Interruptor automático diferencial magnetotérmico.** Combina en un único dispositivo el interruptor diferencial con un interruptor automático magnetotérmico. Esta combinación garantiza la protección del diferencial, además de reducir espacio en el cuadro eléctrico.

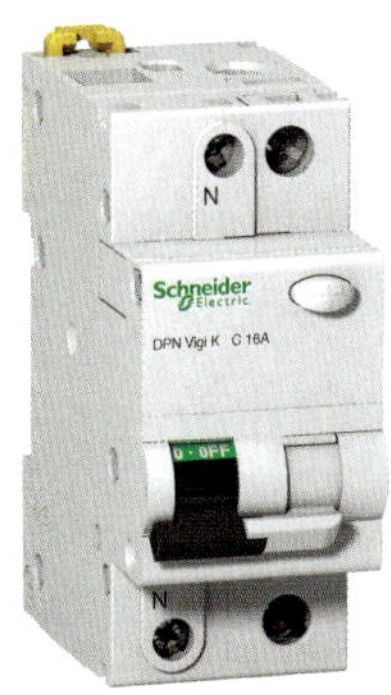

Figura 10.30. *Interruptor diferencial de tipo Vigi. (Cortesía de Schneider).*

- **Interruptor diferencial programable.** Es el más sofisticado, ya que incorpora circuitos de control electrónico. Cuenta con varios tipos de reglajes.

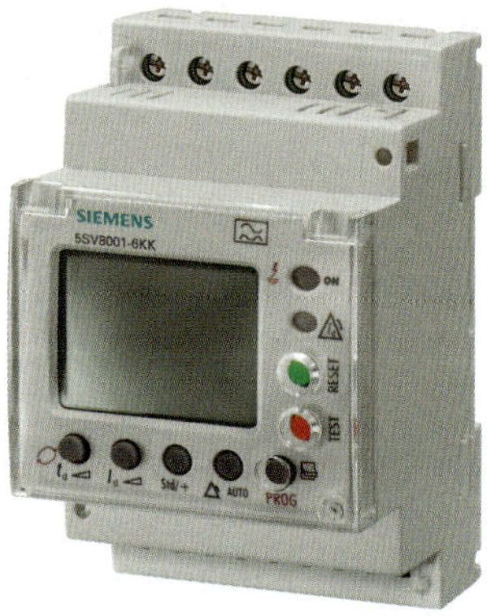

Figura 10.31. *Interruptor diferencial programable. (Cortesía de Siemens).*

10.4.4. Simbología eléctrica

La simbología eléctrica que representa al interruptor diferencial es la que se puede observar en la Tabla 10.11.

Tabla 10.11. Representación gráfica del interruptor diferencial

Elemento	Símbolo
Interruptor diferencial bipolar	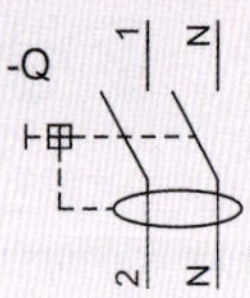
Interruptor diferencial tetrapolar	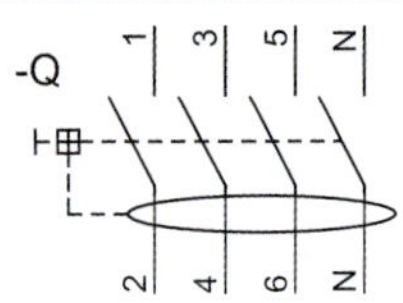
Interruptor diferencial unifilar	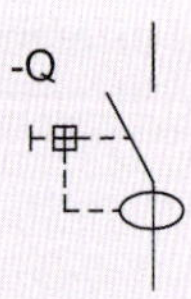

Estos símbolos se identifican con la letra Q.

10.5. Protección contra sobretensiones

Una **sobretensión** es un aumento no esperado del voltaje eléctrico que puede ser transitorio (operaciones de maniobra en la red eléctrica, descargas atmosféricas, etc.), o permanente (descompensación en la red eléctrica), lo cual da lugar a un pico de tensión que el equipo no puede soportar y acaba siendo destruido, provocando incluso un incendio.

Figura 10.32. *Cartucho descargador. (Cortesía de Siemens).*

Para evitar estos daños está el **descargador o limitador de sobretensiones,** el cual actúa en paralelo con la línea que hay que proteger y, en caso de detectar una subida de tensión deriva esta hacia tierra.

Existen varios tipos de descargadores (varistores, descargadores de gas, etc.), aunque en esta unidad solo nos centraremos en los descargadores de tipo varistor por ser los que más se emplean en protección de equipos.

Un descargador o limitador es una resistencia variable con la tensión (también llamado varistor), la cual con bajos valores de tensión tiene una resistencia muy alta y con valores de mayor tensión tiene una resistencia muy pequeña que facilita la conexión a tierra.

Cuando un descargador actúa ante una sobretensión, en función de este valor de voltaje, su vida útil disminuye o incluso finaliza. Para conocer el estado, los descargadores incluyen un sistema de visualización, de tal manera que cuando marca que ya no es útil para el trabajo debe ser sustituido.

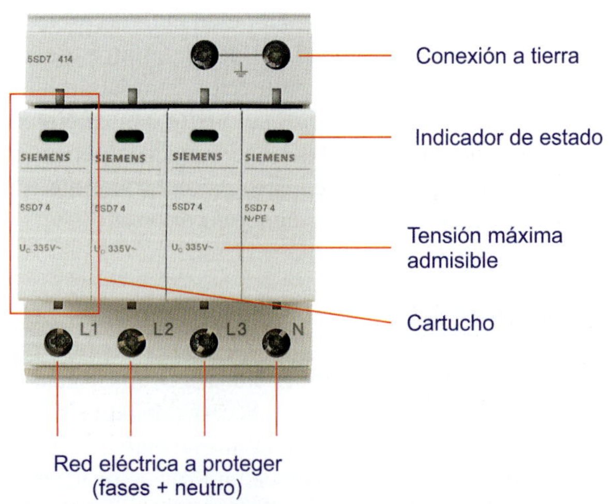

Figura 10.33. *Partes del descargador de sobretensiones.*

Para facilitar la sustitución, los descargadores van montados sobre unas bases de tal manera que facilitan la operación de mantenimiento.

Recuerda

No solo las sobretensiones se pueden producir por descargas atmosféricas. Así, por ejemplo, un corte o defecto de conexión del neutro en la línea de alimentación trifásica puede provocar una sobretensión en la instalación.

Los limitadores deben contar con un interruptor automático magnetotérmico instalado justo antes de ellos a modo de protección adicional.

10.5.1. Parámetros

Las características que definen a un descargador de sobretensiones son las siguientes:

- **Corriente máxima de descarga** (onda 8/20 μs). Es el valor máximo de la corriente de descarga que es capaz de soportar sin sufrir daños. Si se sobrepasa, el limitador actúa de manera correcta pero queda destruido y se debe sustituir.
- **Tensión nominal.** Es el valor del voltaje para el cual está diseñado el aparato para funcionar.
- **Tensión máxima admisible.** Es el valor máximo del voltaje que se puede aplicar de manera permanente sin que el limitador sufra.
- **Tensión de protección.** Es el valor máximo del voltaje de la sobretensión. Se sitúa en valores de miles de voltios (kV).

Figura 10.34. *Descargadores de sobretensiones bipolar y tripolar. (Cortesía de Siemens).*

- **Número de polos.** Es la cantidad de conductores eléctricos que tiene la línea eléctrica y que se conectarán al descargador. Existen tres tipos: bipolares, tripolares y tetrapolares.

Existe una clasificación de los limitadores en función del tipo de corriente de los receptores; así, aunque la mayoría de los descargadores son para receptores en corriente alterna, existe una gama de limitadores de sobretensiones destinados a aplicaciones en corriente continua. Este tipo de protección se emplea sobre todo para aplicaciones solares fotovoltaicas. Cuentan con tres bornes de conexiones: positivo, negativo y la toma a tierra.

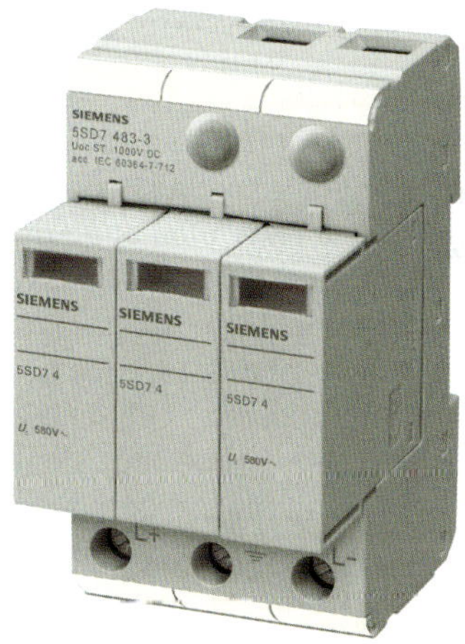

Figura 10.35. *Descargadores para instalaciones fotovoltaicas. (Cortesía de Siemens).*

10.5.2. Tipos de protecciones contra sobretensiones

Existen **tres tipos de protecciones** contra sobretensiones, denominadas tipo 1, tipo 2 y tipo 3. El objetivo que se persigue es reducir el valor de la sobretensión hasta valores aceptables por los receptores.

Por lo general, se emplean varios tipos de limitadores de sobretensiones combinándolos para aumentar la eficiencia de la protección.

La protección de **tipo 1** se coloca lo más cercana al punto de origen de la sobretensión y tiene una gran capacidad de absorción. Se coloca en las cabeceras de los cuadros y tiene un valor de intensidad máxima alto.

La protección de **tipo 2** se coloca en los cuadros secundarios y tiene una capacidad de absorción media.

Cuando el receptor es sensible a las sobretensiones (equipos electrónicos, informáticos, etc.) se puede completar con el **tipo 3.** Este tipo se coloca lo más cercano posible al receptor que hay que proteger y tiene una gran rapidez en su respuesta aunque su capacidad de absorción es baja.

10.5.3. Mantenimiento

Los limitadores de sobretensión se deben sustituir en los siguientes casos:

- **Por destrucción.** Cuando una fuerte sobretensión, por ejemplo por descarga atmosférica (caída de un rayo) con una intensidad superior a su corriente máxima, afecta al limitador, este actúa protegiendo a la instalación pero queda internamente destruido, siendo necesario su sustitución.
- **Por envejecimiento.** Un limitador tras sucesivas y pequeñas descargas agota su vida útil. Un limitador tiene una muy pequeña corriente de fuga (un poco menor de 1 mA) y en cada descarga ese valor aumenta. Ese paso de corriente se traduce en un calentamiento y a la larga este calentamiento va mermando sus características, lo que hace necesario la sustitución. Internamente, cuenta con un bimetal el cual, al llegar a unos valores de calentamiento no admisibles, produce la rotura interna y desconexión del sistema y, además, cuenta con una señalización para indicar este estado de no operatividad. Normalmente, el indicador de estado suele estar de color blanco o verde (depende del fabricante) y cuando ya no está operativo suele pasar a color rojo.

Existen limitadores que cuentan con un sistema de aviso a distancia. No es más que unos contactos que conmutan cuando se produce la rotura del bimetal y se aprovechan esos contactos para mandar una señal.

En ambos casos (por destrucción y por envejecimiento) y una vez que queda destruido el limitador, este se comporta como un cortocircuito dando lugar a que actúe el interruptor magnetotérmico asociado. No se podrá rearmar hasta que se realice la sustitución del limitador.

Es importante que dispare el interruptor magnetotérmico asociado al limitador antes que algún magnetotérmico de cabecera del cuadro para que no deje fuera de servicio a toda la instalación.

10.5.4. Simbología eléctrica

Los limitadores de sobretensión se identifican con la letra F. La simbología eléctrica que se emplea con estos dispositivos de protección está vinculada al número de polos, siendo similar. Así, se dispone de símbolos para modelos bipolares, tripolares y tetrapolares (Tabla 10.12).

Tabla 10.12. Representación gráfica del limitador de sobretensiones

Elemento	Símbolo
Descargador de sobretensión bipolar	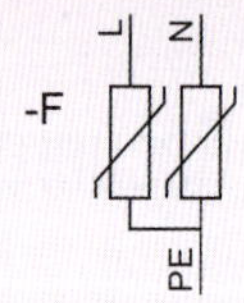
Descargador de sobretensión tripolar	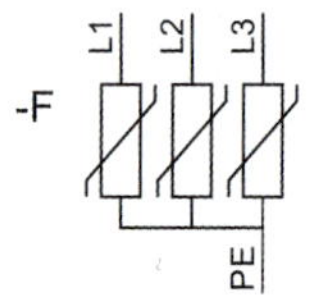
Descargador de sobretensión tetrapolar	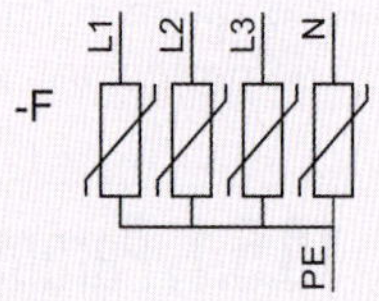

10.6. Técnicas de selección para la protección eléctrica

Un sistema de protección completo comprende el uso de varios elementos de protección. A la hora de diseñar correctamente el modo de funcionamiento de las protecciones se deben de tener en cuenta principalmente dos criterios: que puedan hacer frente al problema y, además, que actúe el elemento de protección más cercano al problema.

Para diseñar adecuadamente el sistema de protección se deben aplicar las técnicas de selectividad y las de filiación.

10.6.1. Selectividad

La selectividad es la capacidad del conjunto de elementos de protección de actuar lo más cercano posible a la zona de fallo. De esta manera el disparo del elemento de protección solo se limita a la zona afectada, dejando las otras zonas operativas.

Por ejemplo, en un proceso productivo, un fallo eléctrico de una máquina no debe parar toda la producción porque ha saltado el interruptor magnetotérmico general. Debería saltar la protección de la máquina, es decir, limitarse a la zona del problema.

La selectividad se puede conseguir de varias maneras:

- **Tiempo.** Los elementos de protección más próximos al elemento que hay que proteger serán más rápidos que los de protección general. Esto se consigue conociendo el tiempo de respuesta del elemento de protección y empleándolo en consecuencia. Aquí se emplean elementos con tiempo de retardo.

- **Corriente.** Se consigue empleando elementos de protección escalonados según la corriente de disparo, siendo los más pequeños los más próximos al elemento que hay que proteger.

Es importante para un correcto diseño verificar que se cumpla la selectividad en las instalaciones eléctricas; para ello los fabricantes de dispositivos de protección proporcionan los datos necesarios.

Por ejemplo, en la Figura 10.36 se muestran dos interruptores automáticos magnetotérmicos que están en serie con un receptor eléctrico. En la línea de alimentación se produce un cortocircuito. El elemento de seguridad que debería actuar sería el B por estar más cercano al punto de origen del fallo.

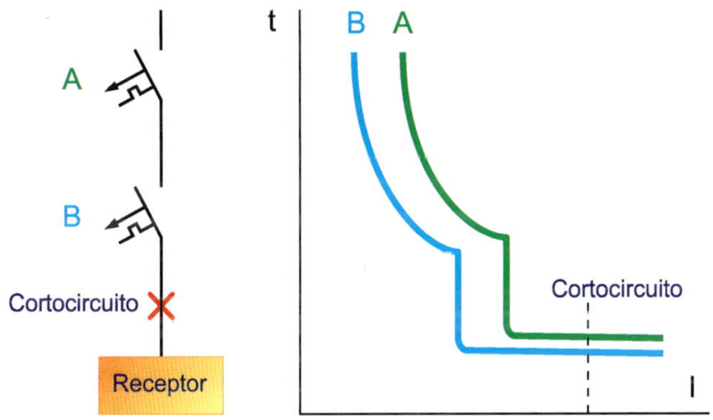

Figura 10.36. *Selectividad.*

Si el sistema procede de esta manera, se dice entonces que existe selectividad entre ellos.

Se puede observar, por las curvas de respuesta, que en caso de cortocircuito la primera gráfica con la que se cruza es la curva B. Por tanto, el magnetotérmico que actúa será el B.

10.6.2. Filiación

En un sistema de protección eléctrica, los elementos encargados de esta protección deben tener suficiente poder de corte como para poder hacer frente al fallo.

La filiación consiste en emplear elementos con un poder de corte inferior al valor de cortocircuito, siempre que exista algún elemento con un poder superior dentro del sistema de protección. Por lo general, los dispositivos más próximos al elemento que hay que proteger suelen ser de un tamaño reducido (y por lo general con un poder de corte también más reducido); sin embargo, los de protección general suelen tener un poder de corte más elevado.

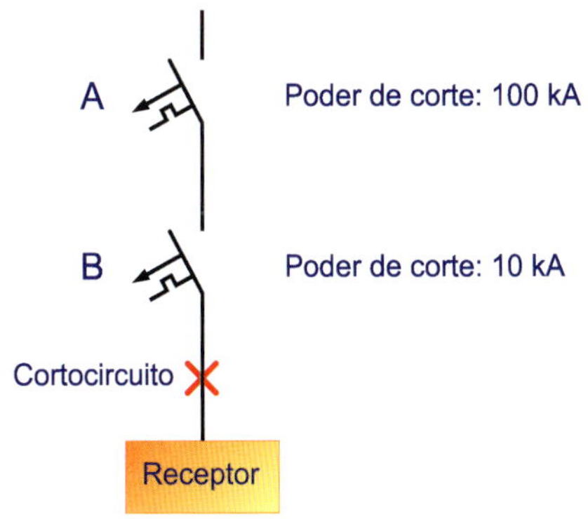

Figura 10.37. *Filiación.*

10.7. Seguridad eléctrica

Las instalaciones eléctricas suponen un riesgo para los técnicos y usuarios que las utilizan. Es por ello importante su conocimiento para prevenir accidentes laborales.

10.7.1. Riesgo eléctrico

Se considera **riesgo laboral** a la posibilidad de que un trabajador sufra una enfermedad, patología o malestar derivado de la realización del trabajo.

Un **accidente de trabajo** es toda lesión que el trabajador sufre con ocasión o como consecuencia de la realización del trabajo. Como accidentes de trabajo se consideran los sufridos no solo en el área de trabajo, sino los que puedan ocurrir durante el traslado hacia o desde el lugar de trabajo.

Con objeto de combatir a los accidentes de trabajo se redactó la Ley 31/95, de 8 de noviembre de 1995, sobre **prevención de riesgos laborales,** con tres líneas de actuación:

- **Detección** de los riesgos de accidentes.
- **Evaluación** para valorar los daños a los que está expuesto el trabajador.
- **Corrección** de las situaciones anteriormente detectadas y evaluadas.

Los accidentes eléctricos son de una gravedad elevada, sobre todo en aquellos casos en los cuales la corriente eléctrica atraviesa órganos vitales tales como el corazón. Otro problema añadido es que la electricidad no es percibida por el ser humano por sí mismo, ya que no se puede ver, ni oler, ni oír.

Este riesgo eléctrico está presente, en especial, en las tareas relacionadas con montaje e instalación, mantenimiento, reparación y manipulación, tanto de maquinaria eléctrica como de su propia instalación.

Los principales riesgos eléctricos son:

- **Electrocución.** Es la circulación de la corriente eléctrica a través del cuerpo humano con carácter dañino.
- **Choque eléctrico.** Es el contacto eléctrico directo con una parte en tensión.
- **Quemaduras.** Por choque eléctrico o por arco eléctrico.
- **Caídas o golpes.** Como consecuencia del choque eléctrico.
- **Incendios o explosiones.**

Casi todos los daños tienen que ver con el calor. En un contacto eléctrico del cuerpo humano con un circuito eléctrico, el cuerpo se comporta como un conductor y por efecto Joule se calienta. Este calor elevado causa graves daños en el recorrido que emplea la corriente eléctrica, y si atraviesa algunos órganos, estos sufrirán.

Un efecto de la corriente eléctrica alterna sobre el corazón es la llamada fibrilación ventricular.

El proceso de electrocución presenta quemaduras en los puntos de entrada y de salida de la corriente eléctrica. Además, durante su recorrido quemará todos los tejidos por los que circule, pudiendo causar graves daños a esos órganos o incluso la muerte.

10.7.2. Tipos de lesiones

Entre los tipos de lesiones por causa eléctrica se pueden considerar los siguientes:

- **Tetanización.** El proceso de tetanización consiste en la contracción de los músculos, impidiendo la relajación de estos de manera voluntaria. Por ejemplo, en el caso de la mano, la tetanización va a provocar que se cierre impidiendo su apertura. Por ello, es muy peligroso tocar los cables con los dedos o la palma de la mano, ya que ello provocaría que no se pudieran soltar los cables, alargando la electrocución.
- **Paro respiratorio.** Se produce cuando la corriente eléctrica daña el sistema nervioso respiratorio.
- **Asfixia.** Cuando la tetanización ocurre en los pulmones, estos se contraen impidiendo el proceso de entrada de aire.
- **Fibrilación ventricular.** Cuando la corriente eléctrica afecta al corazón se produce una ruptura del ritmo cardíaco. Al no bombear el corazón sangre, su falta puede dañar de manera irreparable el cerebro.
- **Quemaduras.** El paso de corriente genera una gran cantidad de calor provocando la quemadura y destrucción del tejido y órganos afectados. Se pueden alcanzar temperaturas de incluso 4000 °C.

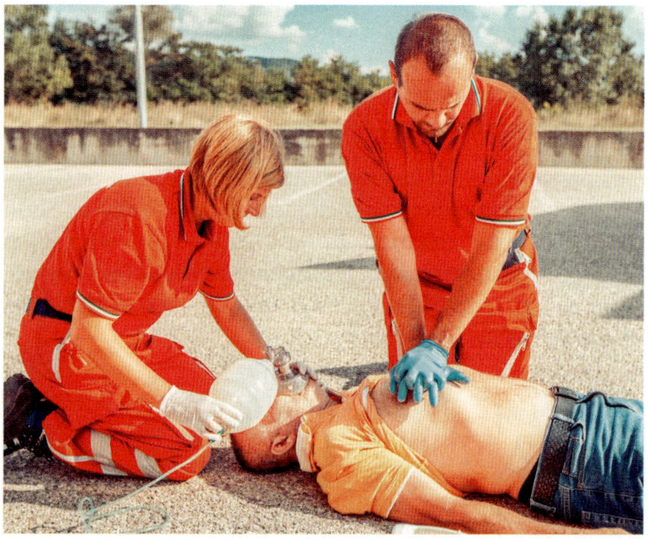

Figura 10.38. *Reanimación en parada cardiorrespiratoria.*

Tabla 10.13. Efectos del paso de la corriente alterna a través del cuerpo humano

Intensidad (mA)	Duración	Efectos
0-1	Independiente	Umbral de percepción.
1-15	Independiente	Desde cosquilleos hasta tetanización.
15-25	Minutos	Contracción de brazos. Dificultad respiratoria. Aumento de la presión arterial.
25-50	De segundos a minutos	Irregularidades cardíacas. Fuerte tetanización. Aumento de la presión arterial. Inconsciencia. Aparece fibrilación ventricular.
50-200	Menos de un ciclo cardíaco	No existe fibrilación ventricular. Fuerte contracción muscular.
	Más de un ciclo cardíaco	Fibrilación ventricular. Inconsciencia. Marcas visibles.

Intensidad (mA)	Duración	Efectos
> 200	Menos de un ciclo cardíaco	Fibrilación ventricular. Inconsciencia. Marcas visibles.
	Más de un ciclo cardíaco	Paro cardíaco. Inconsciencia. Marcas visibles. Quemaduras.

10.7.3. Tipos de riesgos

Durante el trabajo pueden ocurrir dos tipos de riesgos:

- **Riesgos comunes.** Son aquellos que, si bien no son propios del trabajo con electricidad, sí son de tipo común (Tabla 10.14).

Tabla 10.14. Riesgos comunes

Golpes, cortes, atrapamientos, etc.
• Verificación de la maquinaria. Al emplear maquinaria nueva se debe verificar que cumple con las normativas de seguridad en máquinas. Si cumple llevará el marcado CE. • Utilizar equipos de protección adecuados al trabajo que realizar, tales como cascos, guantes, calzado de seguridad, etcétera. • Proteger las partes cortantes de las máquinas con resguardos móviles. • Cuando se deba intervenir en el interior de una maquinaria, esta debe ser desconectada de la red eléctrica, y cuando no se pueda se señalizará y se impedirá que se pueda poner en marcha de manera imprevista y accidentalmente.
Caídas al mismo nivel
• Eliminar cualquier suciedad que pueda producir resbalones. • Eliminar cualquier obstáculo con el cual se pueda tropezar. • Reparar daños y deformación en el suelo. En caso de que no se pueda llevar a cabo, se señalizará. • Emplear suelo y escalones antideslizantes. • Mantener las zonas de paso libres de obstáculos y con una iluminación adecuada. • Utilizar calzado adecuado.
Caídas a distinto nivel
• Asegurar las barandillas, verificando su solidez. • Las escaleras de mano dispondrán de tacos antideslizamiento y sujeción en la parte superior. • Las escaleras de mano no deben presentar signos de daños. • Las escaleras de mano serán de la longitud adecuada. • En las escaleras de mano se sube de frente y con las dos manos. • Las escaleras de tijera se deben abrir completamente. • No se utilizarán andamios que no tengan barandillas. • Si los equipos de protección colectiva no son suficientes se emplearán otros medios para evitar las caídas, como por ejemplo arnés de seguridad.

- **Riesgos específicos.** Existen dos tipos de riesgos específicos en el trabajo con electricidad: los contactos directos y los contactos indirectos.

10.7.4. Contacto directo

Se considera contacto directo al contacto físico de personas o animales con alguna parte activa de la instalación o los equipos.

Existe una serie de protecciones que tener en cuenta:

- Protección mediante **aislamiento en las partes activas.** Se aplica un aislamiento eléctrico sobre las partes activas de tal manera que no pueda ser separado.
- Protección mediante la **interposición de barreras y envolventes,** de tal manera que asegure un grado de protección adecuado, suficiente y duradero conforme a las condiciones de servicio.
- Protección mediante la **interposición de obstáculos.** El objeto de estos obstáculos es impedir un acercamiento a la zona de riesgo.
- Protección por **alejamiento.** Consiste en separar las partes activas alejándolas lo más posible y así evitar contactos accidentales.
- Protección complementaria mediante **dispositivos de corriente diferencial.** Es una medida que se debe adoptar complementándola con otros métodos de protección.

10.7.5. Contacto indirecto

Se considera contacto indirecto al contacto de personas o animales con alguna parte que se ha puesto en tensión debido a un fallo en los aislamientos de la instalación o los equipos.

Existe una serie de protecciones que tener en cuenta:

- Protección por **corte automático.** Cuando ocurre un fallo en el aislamiento se provoca el corte de la instalación dejándola fuera de servicio.
- Protección mediante equipos de **protección doble.** Son equipos resistentes a estos fallos debido al empleo de aislamientos dobles o reforzados.
- Protección mediante **redes equipotenciales.** Consiste en unir eléctricamente todas las masas metálicas de la instalación entre sí.
- Protección mediante **separación eléctrica.** Se emplea un transformador de aislamiento.

10.8. Trabajo en la zona de riesgo eléctrico

El trabajo del técnico electricista se realiza sobre dos áreas: zona con elementos bajo tensión eléctrica y zona en ausencia de tensión eléctrica.

10.8.1. El trabajo en ausencia de tensión

Siempre que se pueda se deben realizar los trabajos en ausencia de tensión eléctrica. Para ello el técnico previamente debe:

- Informar al responsable de la instalación.
- Reconocer y delimitar la zona de trabajo.
- Contar con un equipo de primeros auxilios.

A continuación se procede a dejar sin tensión la zona de trabajo siguiendo las siguientes reglas, llamadas las **cinco reglas de oro en seguridad eléctrica:**

1. **Desconectar** la zona de trabajo de la red eléctrica. Abrir con corte visible todas las fuentes de tensión.
2. **Prevenir** e impedir la reconexión. Para ello se utilizarán tanto la señalización como los elementos de bloqueo, tales como candados, pasadores, etcétera.
3. **Verificar** la ausencia de tensión eléctrica. Para ello se emplearán los elementos de medición y de verificación.
4. **Cortocircuitar** todos los conductores y conectarlos a tierra.
5. **Delimitar** e impedir el paso a la zona de trabajo por parte de personal no autorizado. Se puede emplear vallas u otros elementos destinados a este fin.

Una vez que se han realizado todos los pasos descritos se puede empezar con el trabajo.

Sabías que...

Aunque las cinco reglas de oro son obligatorias para trabajos en media y alta tensión, para baja tensión son obligatorias las tres primeras y las restantes son recomendables.

10.8.2. El trabajo en tensión

Cuando por el motivo que sea no pueda ponerse la zona de trabajo en ausencia de tensión se debe aplicar una serie de recomendaciones:

- El trabajo se llevará a cabo por personal cualificado.
- Si el trabajo se realiza en una zona de difícil comunicación, este se llevará a cabo por al menos dos trabajadores con la suficiente cualificación y conocimiento de la tarea que se vaya a realizar.
- Se emplearán accesorios aislantes para recubrir las partes activas.
- Se empleará material en buenas condiciones y no deteriorado, acorde con las tensiones de trabajo.
- Se emplearán pértigas para la detección de las zonas en tensión.
- Se emplearán materiales aislantes, tales como alfombras, banquetas o plataformas de trabajo aisladas.
- Se emplearán los EPI adecuados al tipo de trabajo que hay que realizar y con protección frente a riesgos eléctricos, tales como guantes, cascos, etcétera.

Figura 10.39. *Protección en la toma de medidas.*

10.9. Actuación en caso de accidente

En el caso de que ocurra un accidente se debe actuar conociendo una serie de datos; para ello se debe disponer toda la información en un lugar visible (teléfonos de emergencias, ambulancias, bomberos, etcétera).

El sistema de emergencia debe comprender tres áreas:

- **Proteger,** tanto al accidentado como al personal de socorro.
- **Avisar.** Alertar a los servicios de emergencias (policía, ambulancias, hospitales, protección civil, etcétera).
- **Socorrer.** Una vez que se ha protegido y se ha avisado ya se puede socorrer al accidentado. Para ello es necesario que la persona que preste socorro tenga conocimientos sobre primeros auxilios.

Recuerda

Puedes recordar los pasos que hay que seguir ante un accidente mediante la palabra PAS: Proteger, Avisar y Socorrer.

Es importante, a la hora de avisar, mantener la calma y facilitar una serie de datos, tales como:

- El lugar donde ha ocurrido el accidente.
- El tipo de accidente: electrocución, caída, quemadura, fractura, etcétera.
- El número de víctimas involucradas.
- El estado de cada víctima: inconsciente, sangrando, sin respiración, etcétera.
- No colgar hasta que el servicio de emergencia lo autorice, puesto que se puede necesitar otra serie de datos complementarios.
- Disponer de una persona que espere y acompañe a los servicios de emergencia hasta el lugar del accidente.

MAPA CONCEPTUAL

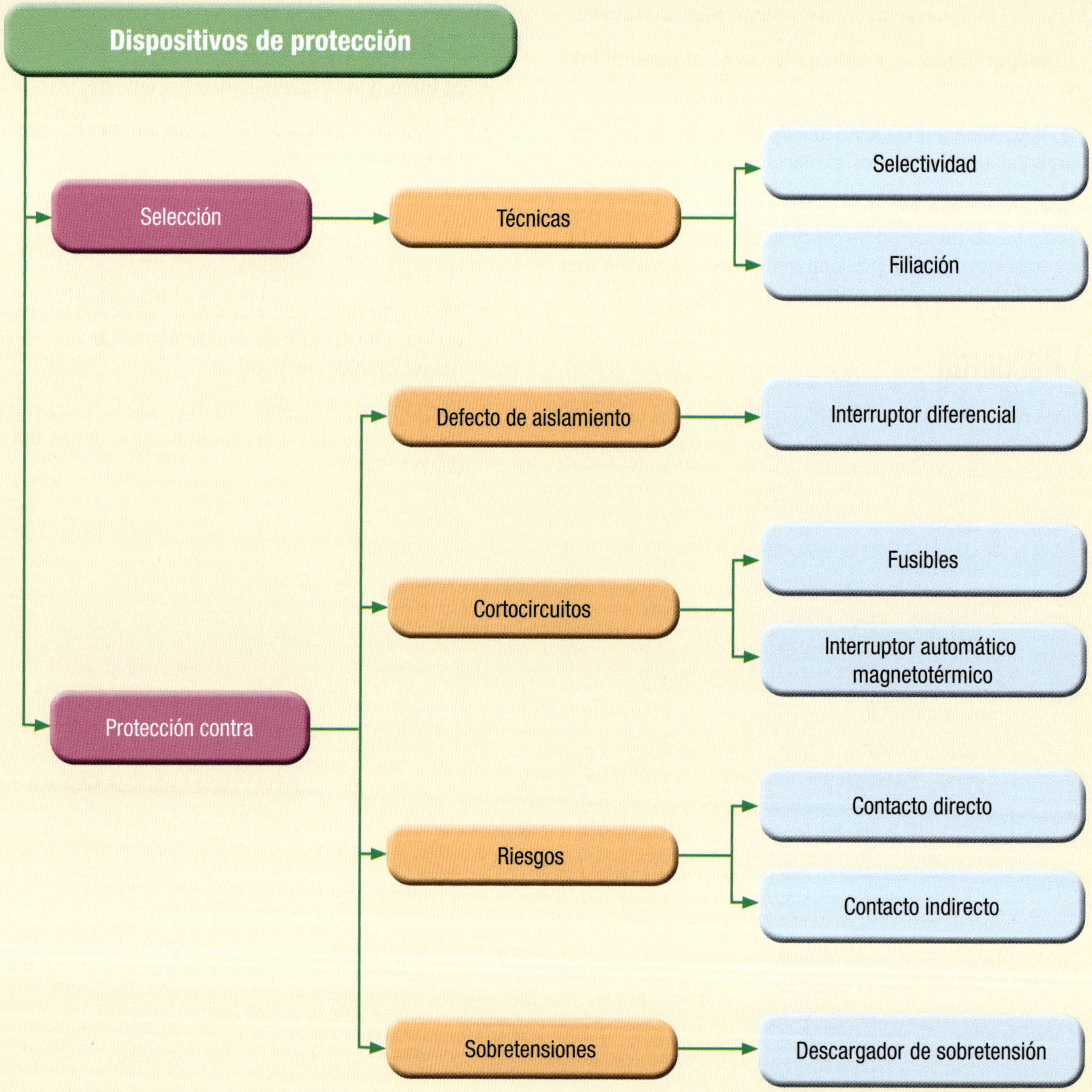

ACTIVIDADES FINALES

Actividades de comprobación

10.1. El fusible es un elemento de protección que se emplea para:

a) Cortocircuitos.

b) Sobrecargas.

c) Cortocircuitos y sobrecargas.

d) Variaciones de tensión.

10.2. ¿Qué parámetro hace referencia a la intensidad máxima de cortocircuito a la que puede hacer frente un fusible?

a) Intensidad nominal.

b) Intensidad convencional de fusión.

c) Poder de corte.

d) Tensión de cortocircuito.

10.3. El interruptor automático magnetotérmico es un elemento de protección que se emplea para:

a) Cortocircuitos.

b) Sobretensiones.

c) Variaciones de tensión.

d) Es un interruptor, por tanto no es un elemento de protección.

10.4. Un interruptor magnetotérmico de curva C:

a) Se emplea para intensidades bajas.

b) Se emplea para intensidades medias.

c) Se emplea para intensidades altas.

d) Todos disparan por igual frente a una sobreintensidad.

10.5. La sensibilidad de un interruptor diferencial:

a) Es el valor de la corriente a partir de la cual se produce el disparo por una sobreintensidad.

b) Es el valor de la corriente a partir de la cual se produce el disparo por una corriente de fuga.

c) Es el valor de la corriente mínima a partir de la cual el aparato es capaz de responder.

d) Es el valor de la tensión máxima de corte.

10.6. ¿Cómo se debe actuar después de una sobretensión?

a) Rearmar el descargador de sobretensiones. Como ha disparado se debe volver a poner en la posición de activado.

b) Verificar el estado del cartucho descargador.

c) Sustituir el cartucho limitador.

d) Pulsar el botón de *reset* para que vuelva a estar listo.

10.7. Para proteger a un equipo electrónico frente a descargas eléctricas se debe emplear un limitador de sobretensiones de:

a) Tipo 1.

b) Tipo 2.

c) Tipo 3.

d) Tipo 4.

10.8. Indica el nombre de la siguiente simbología eléctrica:

Tabla 10.15. Representación gráfica de simbología

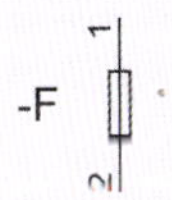	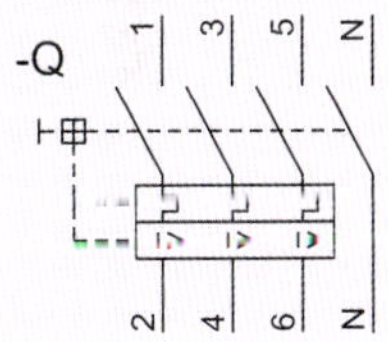
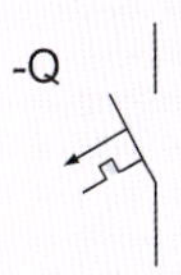	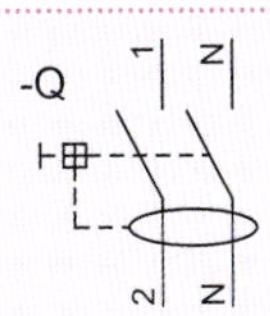
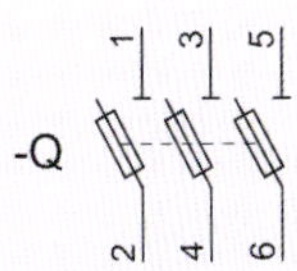	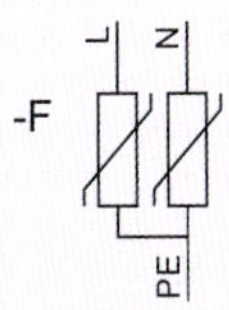

10.9. La capacidad de un conjunto de elementos de protección de actuar lo más cercano posible al punto de fallo se denomina:

a) Selectividad.

b) Filiación.

c) Sobreprotección.

d) Rango de actuación

10.10. Una de las ventajas de emplear la filiación es:

a) Poder emplear la protección frente a cortocircuito y las sobretensiones en un mismo dispositivo.

b) Aumentar el tiempo de respuesta ante un cortocircuito.

c) Poder emplear dispositivos de protección de reducido tamaño en los cuadros.

d) Emplear dispositivos de protección de diferentes curvas de respuesta en un mismo cuadro eléctrico.

Actividades de aplicación

10.11. Dada la curva de respuesta de fusibles de tipo aM, determina:

a) Para un fusible de 63 A. Si ocurre una sobreintensidad de 2000 A, ¿cuánto tiempo necesita para actuar?

b) Si para este mismo fusible ocurre una sobreintensidad de 300 A, ¿cuánto tiempo necesita para actuar?

c) Para un fusible de calibre 100 A, ¿qué intensidad hace dispararlo al cabo de 1 segundo?

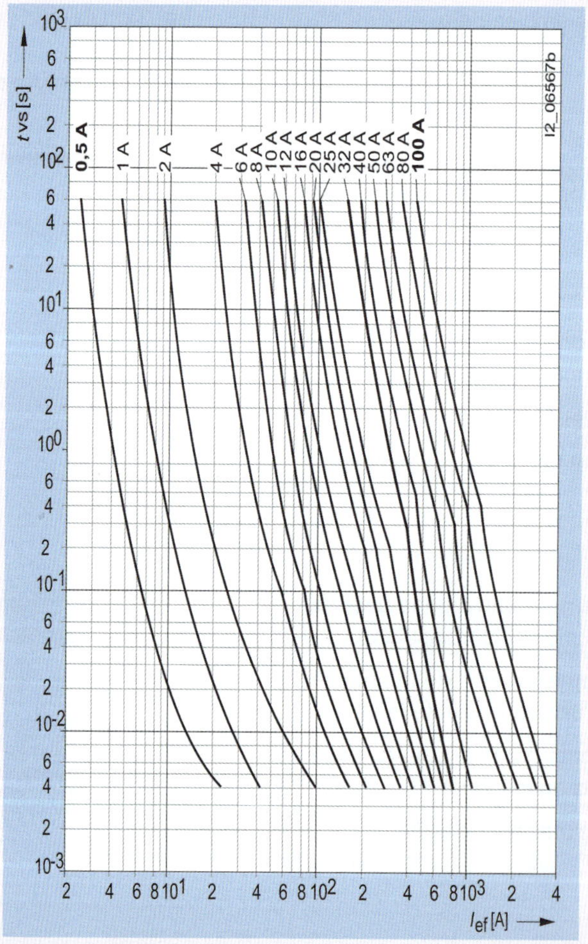

Figura 10.40. *Curva de fusible cilíndrico de tipo aM de Siemens 3NW8.*

ACTIVIDADES FINALES

10.12. Define el concepto de poder de corte.

10.13. ¿Para qué sirven las curvas de disparo de los interruptores automáticos magnetotérmicos? Pon dos ejemplos empleando dos curvas diferentes.

10.14. Explica las diferentes clases de interruptores diferenciales.

10.15. Explica el concepto de sensibilidad. Pon un ejemplo. ¿De qué valor máximo es el que se emplea obligatoriamente en los cuadros generales de protección de las viviendas?

10.16. ¿Qué diferencia hay entre un descargador de sobretensión de tipo 1 y otro de tipo 3? ¿Dónde los emplearías?

10.17. Define el concepto de selectividad y filiación.

10.18. Define los conceptos de contacto directo e indirecto.

10.19. Explica las cinco reglas de oro de la seguridad eléctrica

10.20. Realiza el esquema de un cuadro eléctrico con entrada de red trifásica con neutro y línea de tierra. La entrada de la red contará con interruptor general y con magnetotérmico, ambos tripolares. El cuadro tendrá salidas para cuatro líneas. La línea 1 será trifásica y tendrá un magnetotérmico tripolar. Las líneas 2, 3 y 4 serán monofásicas con protección mediante magnetotérmicos bipolares. Estas tres líneas partirán de una protección mediante magnetotérmico e interruptor diferencial, ambos tetrapolares. El cuadro dispondrá de protección contra sobretensiones.

Actividades de ampliación

10.21. Busca en catálogos o en la web de fabricantes diferentes tipos de dispositivos de protección (interruptores automáticos magnetotérmicos, diferenciales, descargadores de sobretensiones) y observa sus parámetros y principales características.

10.22. Compara estas curvas correspondientes a interruptores automáticos magnetotérmicos.

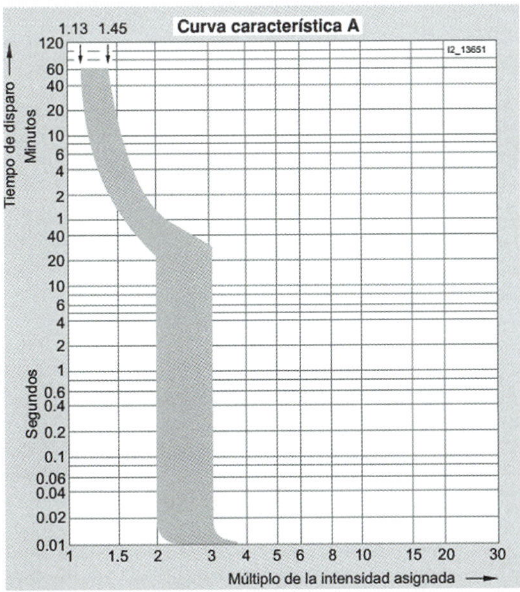

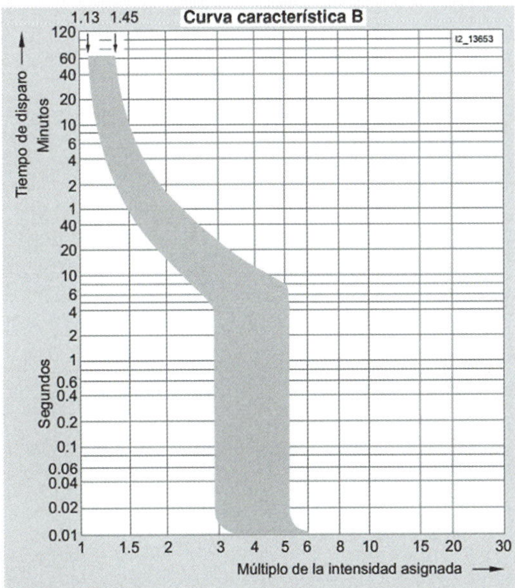

Figura 10.41. *Curvas de interruptores automáticos magnetotérmicos. (Cortesía de Siemens).*

Dispositivos de automatización industrial

11

Para poder desarrollar un automatismo industrial, el primer paso es identificar todos los elementos que intervienen y conocer sus características principales.

Como elemento principal se tiene el contactor, el cual conecta y desconecta la carga de la red eléctrica. Pero este elemento necesita a su vez de otros dispositivos. En esta unidad se estudiarán los elementos de mando, tanto los de accionamiento manual como los sensores de uso más común en la industria.

Contenidos

Objetivos

- Emplear el relé y el contactor según la tarea que haya que realizar.
- Emplear los elementos de accionamiento manual.
- Aplicar las diferentes técnicas de usos de los contactos.
- Aplicar los diferentes tipos de sensores en función de la magnitud física que detectar.

11.1. Automatización industrial mediante lógica cableada

A la hora de realizar un automatismo industrial, el primer paso es seleccionar el tipo de lógica que se va a emplear. En función de esta lógica, los automatismos se clasifican en:

- **Cableados.** Las funciones lógicas se determinan mediante la conexión de cables eléctricos (hardware).
- **Programables.** Las funciones lógicas se determinan mediante un programa informático (software).

En este módulo profesional se estudiará la resolución de problemas de automatismos empleando la lógica cableada. La lógica programada se estudiará dentro de este ciclo profesional pero en otro módulo.

La lógica cableada emplea una serie de dispositivos que realizan una función concreta. El cómo se van a comportar va a depender de sus relaciones, mediante conexiones eléctricas, con otros dispositivos.

11.2. Contactor

El contactor es un elemento electromecánico que es capaz de conectar y desconectar receptores eléctricos de potencia, como por ejemplo motores eléctricos, resistencias eléctricas, etcétera.

Cuando se necesita conectar algún receptor eléctrico de potencia no se puede utilizar directamente un interruptor porque dicho elemento no es capaz de soportar las elevadas corrientes eléctricas. Por ello, es necesario algún dispositivo que se encargue de realizar dicha maniobra. Este elemento es el contactor.

Figura 11.1. *Contactores. (Cortesía de Schneider y Siemens).*

Otra característica importante del contactor es el hecho de **poder realizar estas maniobras a distancia.** Es decir, el elemento de accionamiento no tiene por qué estar junto al contactor. De esta manera es posible contar con recintos o centros de control, mientras que los contactores estarán junto a la máquina.

El contactor es el elemento principal de todo circuito de automatismos eléctricos.

11.2.1. Constitución de un contactor

Un contactor está constituido por las siguientes partes:

- Circuito electromagnético.
- Contactos eléctricos principales o de fuerza.
- Contactos eléctricos auxiliares o de maniobra.

Figura 11.2. *Vista interna de un contactor. (Cortesía de Siemens).*

El **circuito electromagnético** es el conjunto de elementos que se encarga de cerrar y abrir los contactos eléctricos mediante la acción de un campo electromagnético. Actúa como un electroimán. Consta de una bobina que al conectarse a la red eléctrica crea un campo magnético que atrae una parte móvil (llamada **armadura**) sobre una parte fija (llamada **culata**). Al cesar la corriente eléctrica, el campo magnético de la bobina desaparece y por medio de un muelle el conjunto vuelve a su posición inicial.

La **bobina** es un arrollamiento de cobre de una sección muy pequeña y con un gran número de espiras. Va colocada sobre la culata. La armadura tiene como función cerrar el circuito magnético.

Mediante el movimiento de la armadura sobre la culata se abren y se cierran una serie de contactos eléctricos.

Todo el conjunto va protegido sobre una envolvente llamada **carcasa** que es de un material aislante y es la que le da el aspecto físico externo.

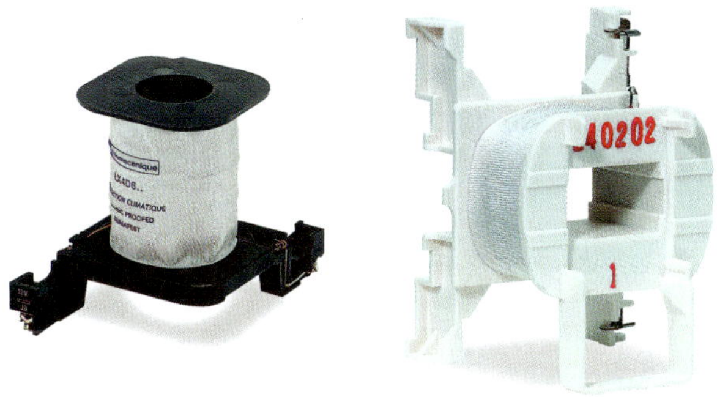

Figura 11.3. *Bobinas de contactores. (Cortesía de Schneider).*

La bobina puede funcionar a diversas tensiones, tanto en corriente continua como en corriente alterna. Es por ello que este parámetro es importante a la hora de seleccionar un contactor.

Los contactos de la bobina se identifican por las expresiones A1 y A2.

Un contactor dispone de dos grupos de contactos eléctricos:

- **Contactos eléctricos principales, de potencia o de fuerza.** Son los contactos encargados de abrir o cerrar el circuito que se desea controlar y así poder conectar los receptores a la red eléctrica de alimentación. Están diseñados para poder soportar las altas corrientes eléctricas que requieren los receptores, tales como motores eléctricos, resistencias de calefacción, alumbrado, etc. Estos pares de contactos se identifican con las letras L1-T1, L2-T2, L3-T3 o L4-T4.

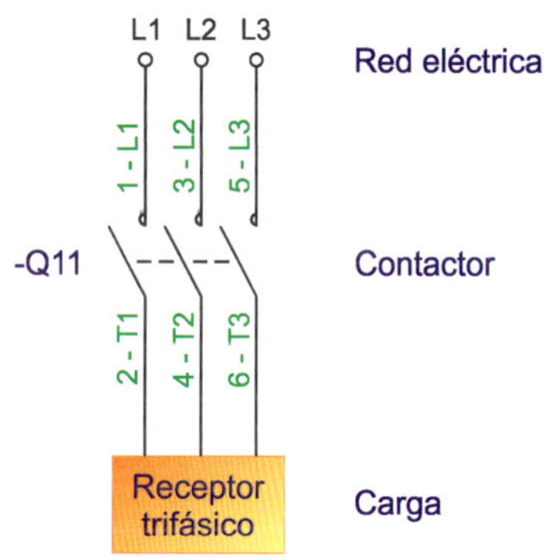

Figura 11.6. *Conexión de un contactor con una carga.*

El número de contactos de potencia puede variar según modelos, encontrándose en el mercado de dos polos (bipolares), de tres polos (tripolares) y de cuatro polos (tetrapolares).

Recuerda

Se debe comprobar siempre que la tensión de la bobina se corresponde con la tensión de funcionamiento del circuito. Si no es así, el contactor no funcionará o incluso se estropeará. Los fabricantes suelen indicar este valor sobre el mismo producto.

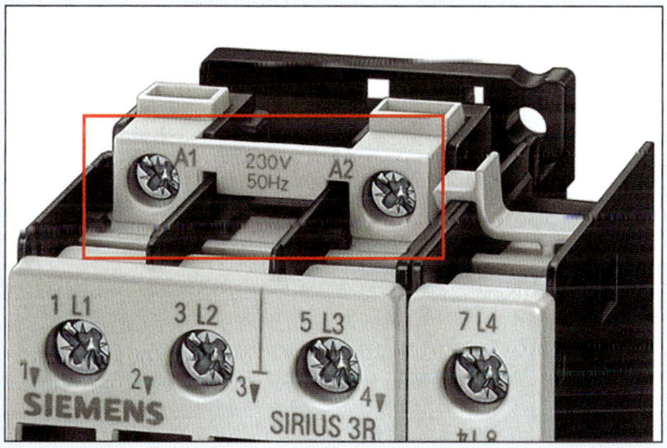

Figura 11.4. *Contactos A1-A2 de la bobina.*

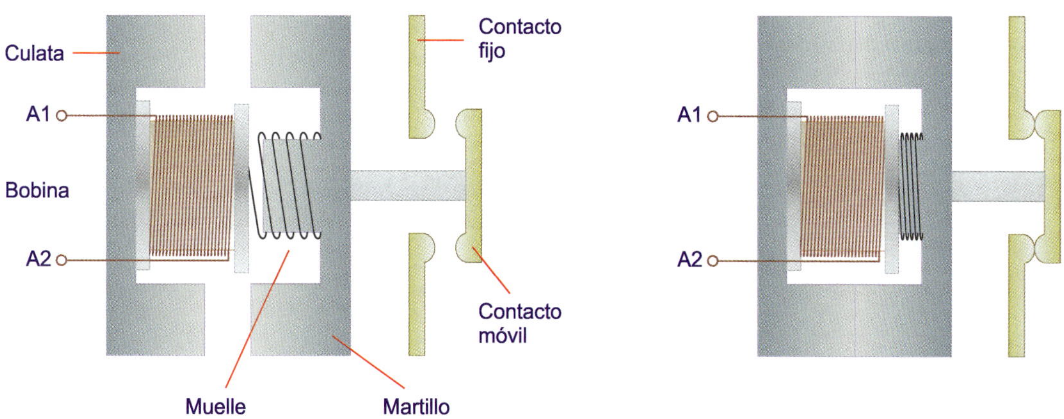

Figura 11.5. *Partes internas de un contactor. Sin activar y activado.*

Recuerda

En los contactos de potencia del contactor es donde se conecta el receptor eléctrico que se desea controlar a la red eléctrica.

- **Contactos eléctricos auxiliares, de mando o de maniobra.** Estos contactos se emplean para poder realizar tareas auxiliares, tales como la maniobra de arranque, señalizar el estado del receptor mediante pilotos de señalización, etc. Estos pares de contactos se identifican con números de dos dígitos; por ejemplo, 11-12, 21-22, 33-34, etcétera.

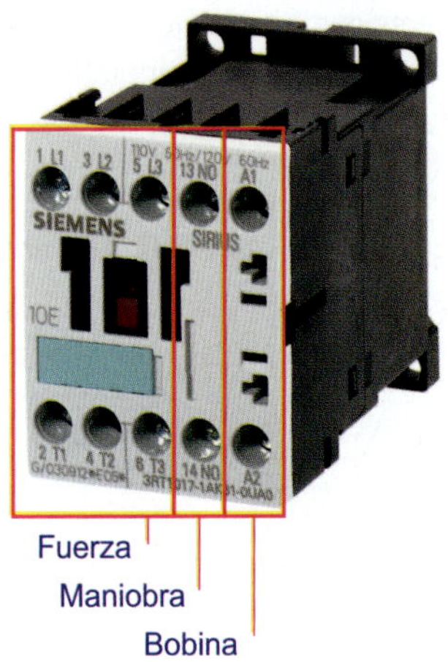

Figura 11.7. *Contactos de un contactor por bloques: fuerza, maniobra y bobina.*

11.2.2. Tipos de contactos

Como tanto el contactor como el relé disponen de una serie de contactos eléctricos. Estos contactos pueden ser de dos tipos:

- **Contactos normalmente abiertos** (NO, *Normally Open*). Son aquellos contactos eléctricos que en condiciones normales de reposo se encuentran abiertos. Es decir, por ellos no circula la corriente eléctrica.

Figura 11.8. *Contacto NO.*

- **Contactos normalmente cerrados** (NC, *Normally Close*). Son aquellos contactos eléctricos que en condiciones normales de reposo se encuentran cerrados. Es decir que por ellos circula la corriente eléctrica.

Figura 11.9. *Contacto NC.*

Estos contactos son de tipo monoestable, lo que quiere decir que solo tienen un único estado estable (abierto o cerrado). Cuando un contacto eléctrico es accionado, este contacto cambia de estado: si está abierto pasará a estar cerrado, y si está cerrado pasará a estar abierto. Permanecerá en este nuevo estado mientras permanezca la acción que originó el cambio, y una vez que cesa esta acción el contacto vuelve a su posición inicial.

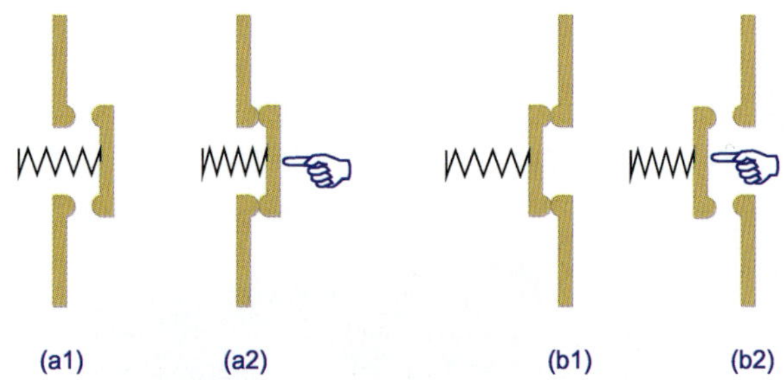

Figura 11.10. *Accionamiento sobre unos contactos NO (a1 en reposo, a2 accionado) y NC (b).*

Los contactos eléctricos van numerados según sus características:

- Los contactos NC (cerrados) se numeran con los números 1 y 2.
- Los contactos NO (abiertos) se numeran con los números 3 y 4.

Como tanto el relé como el contactor suelen llevar más de un contacto se numeran con dos dígitos. El primer dígito hace referencia al número de contacto y el segundo dígito hace referencia al tipo de contacto. Por ejemplo, en el par 23-24, el primer dígito, que es el 2, hace referencia a que es el segundo par de contactos, y los dígitos 3-4 hacen referencia a que es un contacto de tipo NC (cerrado). Por la misma razón, los contactos 41-42 indican que son el cuarto contacto y los números 1-2 indican que es un contacto normalmente cerrado.

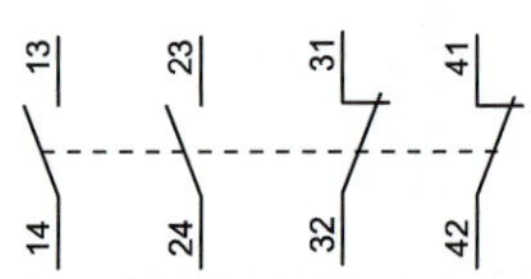

Figura 11.11. *Representación de un relé de cuatro contactos (dos NO y dos NC).*

11.2.3. Simbología eléctrica

La simbología eléctrica que se debe emplear con el contactor es la mostrada en la Tabla 11.1.

Tabla 11.1. Representación gráfica del contactor y sus partes

Elemento	Símbolo	
Bobina	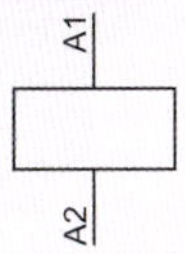	
Contactos de fuerza	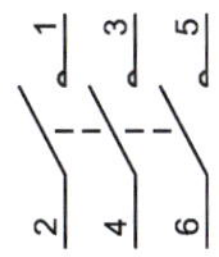	
Contactos de maniobra (NC y NO)		

En la representación gráfica de un contactor, aparte del símbolo, se incluye una letra que hace referencia a la naturaleza del elemento. Según la norma que emplear, la letra identificativa es según muestra la Tabla 11.2.

Tabla 11.2. Identificador del contactor y relé según normas

Norma IEC 750	Ejemplo para aparatos eléctricos	Norma EN 81346
K	Relés auxiliares	K
K	Contactor auxiliar	K
K	Contactor semiconductor	T
K	Contactor de potencia	Q
K	Relés temporizadores	K

A esta letra se le añade un número consecutivo a cada elemento empleado para diferenciarlos entre sí, por ejemplo K1.

Un contactor se puede clasificar en función del número de sus contactos de potencia y, en este caso, hay tres tipos (Tabla 11.3).

El contactor se suele dibujar con sus elementos por separado (bobina, contactos principales o de fuerza y contactos auxiliares o de maniobra), aunque hay veces en las que se puede dibujar con todos sus elementos al completo.

Tabla 11.3. Representación gráfica del contactor en función del número de contactos de potencia

Bipolar	Tripolar	Tetrapolar
	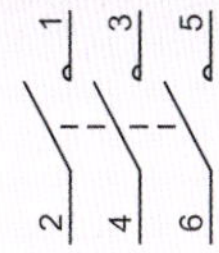	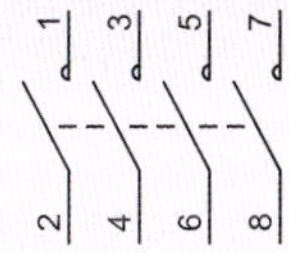

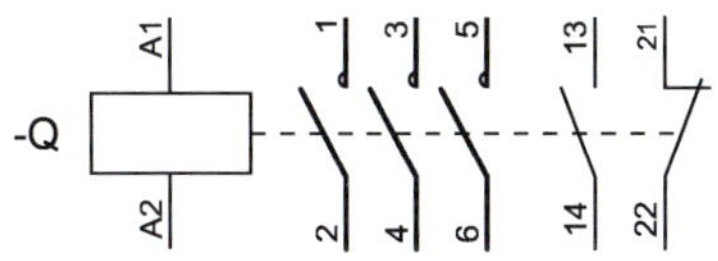

Figura 11.12. *Representación gráfica de un contactor de potencia.*

Saber más

Hasta hace muy poco, los contactores de potencia principales se identificaban con las letras KM seguidas del número de orden, por ejemplo KM1. Con la normativa actual, EN 81346, los contactores de potencia pasan a ser identificados con la letra Q seguida del número de orden.

11.2.4. Contactores auxiliares

El contactor auxiliar es una variación del contactor, al cual se le han suprimido los contactos de potencia. El modo de funcionamiento es idéntico al del contactor e incluso suele tener el mismo aspecto físico. Se emplea para realizar solamente las tareas de maniobra.

El número de contactos y su tipo varían según los modelos.

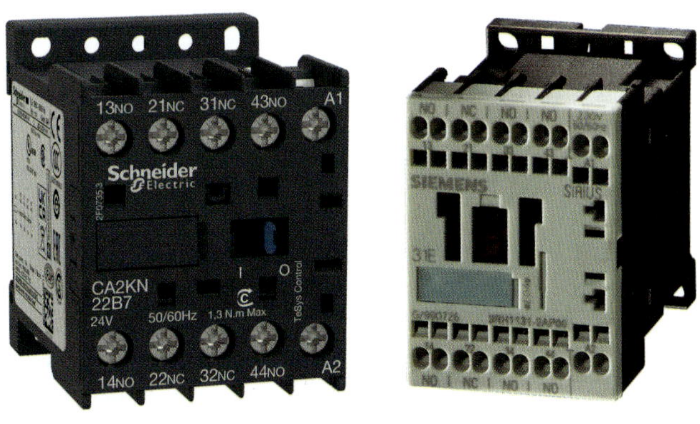

Figura 11.13. *Contactores auxiliares. (Cortesía de Schneider y Siemens).*

Sabías que...

Puedes diferenciar a simple vista un contactor de otro contactor auxiliar fijándote en que no tiene los pares de contactos de fuerza: L1-T1, L2-T2 y L3-T3.

11.2.5. Elementos complementarios del contactor

A un contactor se le pueden añadir una serie de elementos complementarios que hacen que ese contactor aumente sus prestaciones o incluso incorpore alguna función más.

Los elementos complementarios más importantes son:

- Los bloques de contactos auxiliares.
- Los bloques de contactos temporizados.
- Los filtros.

El **bloque de contactos auxiliares** es un elemento compuesto de uno o varios contactos eléctricos de maniobra que hace que el contactor disponga de más contactos. Se emplea cuando se necesitan más contactos de los que proporciona el propio contactor.

Figura 11.14. Bloques de contactos auxiliares de varios polos. (Cortesía de Schneider y Siemens).

Existen bloques de contactos auxiliares con diferentes configuraciones: todos los contactos son normalmente abiertos (NO), todos los contactos son normalmente cerrados (NC) o con una combinación de ellos.

El **bloque de contactos temporizados** añade una serie de contactos cuyo accionamiento dependerá del tiempo. Existen de dos tipos: temporizados a la conexión (al activar la bobina, los contactos no cambian de estado hasta pasado un tiempo) y temporizados a la desconexión (al desactivar la bobina, los contactos no cambian de estado hasta pasado un tiempo).

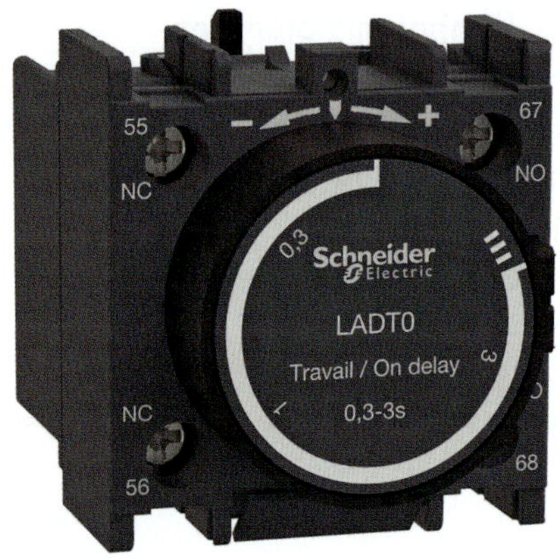

Figura 11.15. Bloque de contactos temporizado. (Cortesía de Schneider).

El **filtro antiparasitario** es un elemento que se coloca en paralelo a los bornes de la bobina y cuya función es la de protección. En el momento de la conexión de cargas inductivas (por ejemplo, motores) se generan una serie de perturbaciones que pueden dañar a la bobina. Estos filtros absorben estos defectos eliminando el riesgo de daño.

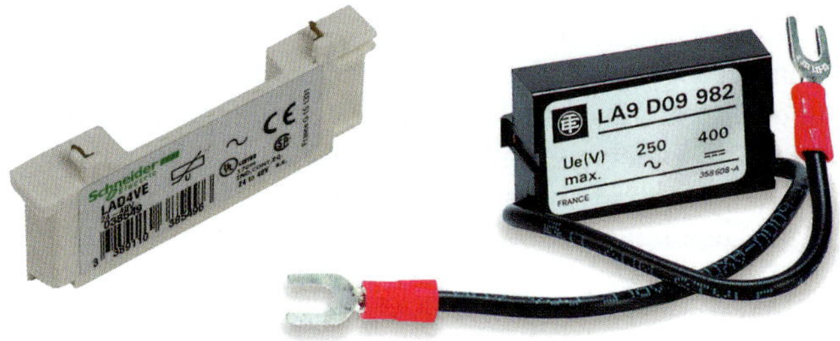

Figura 11.16. Filtros antiparasitarios para contactor. (Cortesía de Schneider).

Todos estos elementos complementarios pueden ir acoplados en el frontal o bien en un lateral.

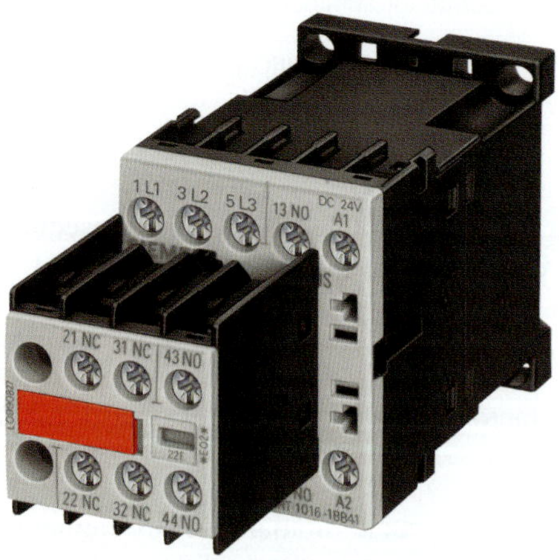

Figura 11.17. Acople del bloque de contactos frontal. (Cortesía de Siemens).

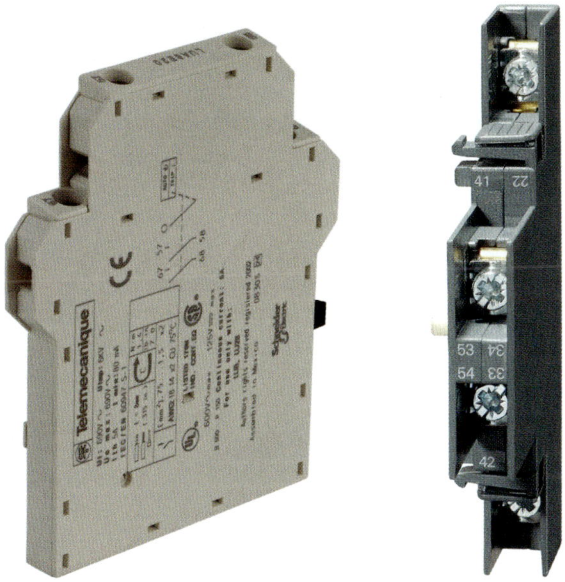

Figura 11.18. *Bloques de contactos de tipo lateral. (Cortesía de Schneider y Siemens).*

11.2.6. Categorías de empleo

No todos los contactores se emplean para todos los receptores eléctricos. Según el tipo de receptor, así debe ser el tipo de contactor. Atendiendo a la norma IEC 947, las categorías de empleo para corriente alterna son las recogidas en la Tabla 11.4.

Tabla 11.4. Categorías de empleo de contactores en alterna

Clase	Descripción
AC1	Cargas no inductivas o ligeramente inductivas. Factor de potencia ≥ 0,95. Se emplean, por ejemplo, en resistencias eléctricas de calefacción.
AC2	Motores de anillos rozantes. Se emplean en motores de gran potencia, como puede ser los motores de los puentes grúa.
AC3	Motores de jaula de ardilla. Son la mayoría de los motores eléctricos.
AC4	Motores de jaula de ardilla con funcionamiento a impulsos (arranque y paradas continuas).

Sabías que...

La gran mayoría de las aplicaciones de potencia en trifásica se centra en el arranque de motores; por ello, la categoría más empleada es la AC3.

Existe otra categoría para cargas en continua (Tabla 11.5).

Tabla 11.5. Categorías de empleo de contactores en continua

Clase	Descripción
DC1	Cargas resistivas, como por ejemplo resistencias eléctricas de calefacción.
DC2	Arranque de motores *shunt* en régimen normal.
DC3	Arranque de motores *shunt* en régimen de impulsos.
DC4	Arranque de motores serie en régimen normal.
DC5	Arranque de motores serie en régimen de impulsos.

11.3. Relé

El relé es otro de los **elementos de conmutación.** Al igual que el contactor, su función es la de cerrar y abrir circuitos eléctricos. Mientras que el contactor se emplea como elemento de control de potencia, el relé se emplea como elemento de control de la maniobra. Aunque para cargas o receptores de pequeño amperaje, tanto en corriente monofásica como en corriente continua, se emplean también los relés.

El número de **contactos eléctricos** y su tipo varían según el modelo. Como se diseñan para operaciones de maniobra, sus contactos no soportan corrientes elevadas. Este hecho permite que sus dimensiones sean reducidas en comparación con el contactor.

Tanto el circuito electromagnético como los contactos eléctricos van encapsulados juntos. Este conjunto se conecta a un zócalo que hace de soporte. La principal ventaja es que en caso de sustitución del relé por avería, esta operación se realizaría con rapidez y seguridad al no tener que desmontar el cableado.

Figura 11.19. *Cabezales de relés. (Cortesía Schneider y Siemens).*

Los contactos eléctricos de un relé, por lo general, van montados de tal manera que cada circuito consta de tres contactos: un contacto abierto, otro cerrado y uno que es el común a ambos. La manera de emplearlos es conectar siempre el común, y en función de las necesidades conectar el abierto o el cerrado, o incluso ambos. Estos tipos de contactos se llaman **contactos conmutados.**

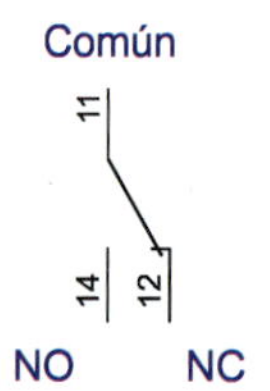

Figura 11.20. *Símbolo de un contacto conmutado.*

Importante

Siempre, antes de emplear un relé, se debe verificar la tensión de la bobina, así como la posición de los contactos.

Existen en el mercado diferentes tipos de relés y por tanto de zócalos.

Figura 11.21. *Zócalos para relés de diferentes tipos. (Cortesía de Schneider y Siemens).*

Una vez ensamblado el cabezal del relé en su zócalo, el conjunto está dispuesto para trabajar.

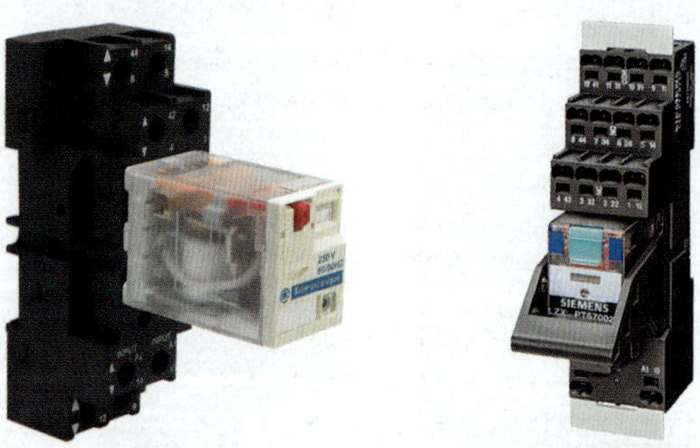

Figura 11.22. *Diferentes tipos de zócalos con el relé ensamblado. (Cortesía de Schneider y Siemens).*

11.3.1. Tecnología de estado sólido

Hasta ahora los elementos de conmutación que se han visto se basaban en que la conexión se realizaba por medios mecánicos. Hoy en día, y gracias a la electrónica, los elementos de conmutación (contactores y relés) han evolucionado y se ha creado un nuevo tipo, llamado de **estado sólido.** Estos elementos no tienen ninguna parte móvil, lo cual los hace silenciosos en su funcionamiento y tienen una mayor vida útil, sin embargo son sensibles a las perturbaciones y sobrecargas, aparte de necesitar de una buena disipación de calor.

Figura 11.23. *Relé de estado sólido. (Cortesía de Schneider).*

11.3.2. Simbología eléctrica del relé

Tanto el relé como el contactor tienen una simbología eléctrica idéntica, salvo que el relé no cuenta con los contactos eléctricos de potencia. Su letra identificativa es la K.

Tabla 11.6. Simbología de representación del relé

Elemento	Símbolo
Bobina	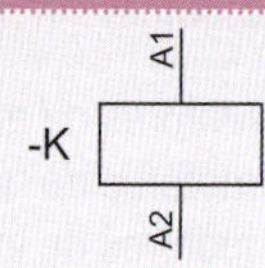
Contacto conmutado	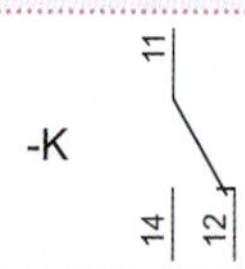
Relé con dos contactos conmutados. Símbolo de conjunto	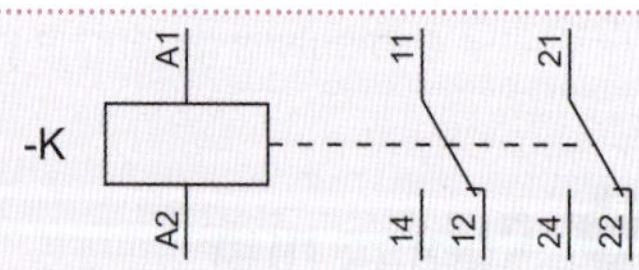
Contactos NO y NC	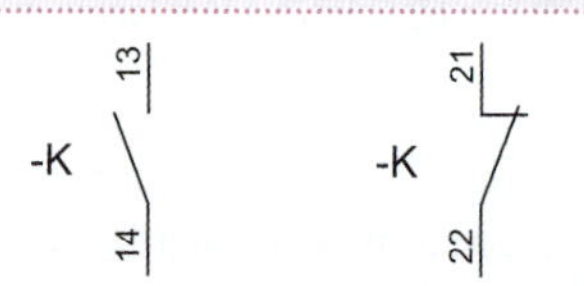

11.4. Dispositivos de accionamiento manual

En toda instalación de automatismos eléctricos cableados se necesita de un elemento de accionamiento o de puesta en marcha y de paro a voluntad. Estos dispositivos de accionamiento manual son el pulsador y el interruptor.

Un elemento de mando se compone, principalmente, de dos partes:

- Los contactos eléctricos.
- El accionamiento.

Los **contactos eléctricos** pueden ser, como ya se ha visto, de tipo NO (normalmente abiertos) o NC (normalmente cerrados).

Sabías que...

Los contactos eléctricos de los elementos de mando también se denominan **cámaras de contactos.**

Estas cámaras de contactos son elementos modulares que se eligen y se combinan en función de las necesidades de montaje.

Figura 11.24. *Cámaras de contactos. (Cortesía de Schneider y Siemens).*

El **accionamiento** es la forma de activar los contactos eléctricos. Existe una gran diversidad en la forma del accionamiento, que dependerá de las necesidades. Por ejemplo, hay ocasiones donde se necesita que una máquina se accione con la mano desde unos pulsadores, mientras que en otras ocasiones puede ser interesante que se accione con el pie (pedal). Habrá ocasiones, donde por seguridad, se necesite una llave para su accionamiento, etcétera.

Entre los sistemas de mando mecánico se encuentran los accionamientos mostrados en la Tabla 11.7.

Tabla 11.7. Simbología de accionamientos

Símbolo general	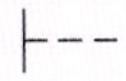	Llave	
Pulsador	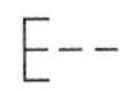	Pedal	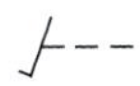
Selector rotativo	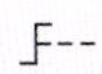	Tirador	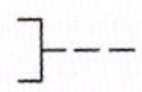
Seta	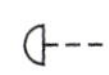	Manivela	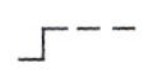

Volante	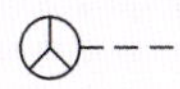
Roldana	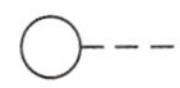
Palanca	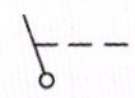
Palanca con maneta	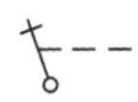

Por tanto, la simbología gráfica de un elemento de mando consiste en la unión de ambas partes. Un sistema de accionamiento puede actuar sobre uno o varios contactos (Tabla 11.8).

Tabla 11.8. Ejemplos de sistemas de accionamientos

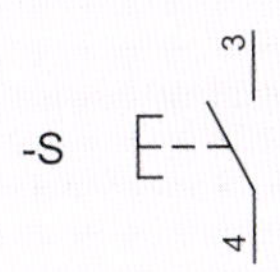	Accionamiento mediante pulsador con contacto normalmente abierto (NO).
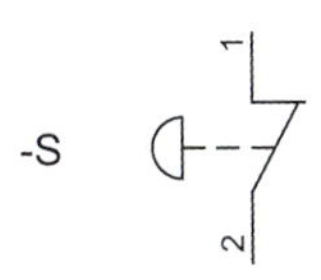	Accionamiento mediante pulsador de seta con contacto normalmente cerrado (NC).
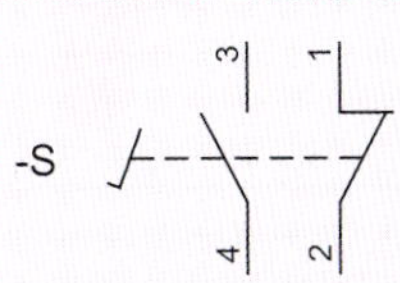	Accionamiento mediante pedal de dos contactos, uno normalmente abierto (NO) y otro normalmente cerrado (NC).

La unión entre ambas partes se realiza mediante una línea discontinua.

Hay ocasiones en las cuales se modifica el comportamiento del accionamiento. Esta información se añade modificando la línea discontinua (Tabla 11.9).

Tabla 11.9. Comportamiento del accionamiento

Símbolo	Descripción	Ejemplos	
--v--	Retorno no automático. Después de ser accionado, el sistema no vuelve a su posición inicial.	Interruptor ├-v--	Selector F--'v'--
--◺--	Con retención. El sistema cuenta con un elemento que bloquea la posición.	Seta de emergencia. (├-◺--	

Los elementos de mando se identifican con la letra S seguida de un número que hace referencia al orden dentro del esquema eléctrico.

A nivel físico, los diversos fabricantes proporcionan el sistema de accionamiento por separado de las cámaras de contactos.

Figura 11.25. *Pulsador. (Cortesía de Schneider).*

Figura 11.26. *Selector. (Cortesía de Schneider).*

Figura 11.27. *Selector con llave. (Cortesía de Schneider).*

Figura 11.28. *Paro de emergencia. (Cortesía de Schneider).*

Sabías que...

Al accionamiento del paro de emergencia se le llama **seta de emergencia,** por su aspecto físico.

Debido a la diversidad de variaciones, los fabricantes emplean un sistema de acople o bastidor entre las cámaras de contactos y los cabezales de accionamiento.

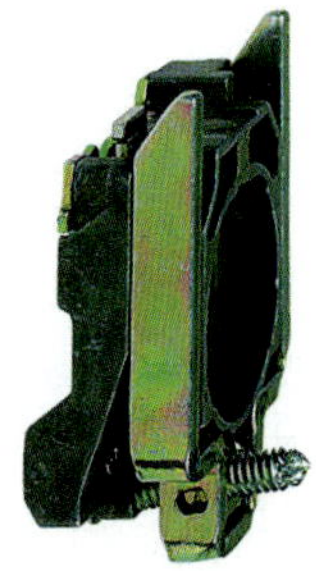

Figura 11.29. *Chasis o collarín de montaje.*

Figura 11.30. *Conjunto bloque de contactos montado.*

Figura 11.31. *Conjunto montado. (Cortesía de Schneider).*

Figura 11.32. *Conjunto de pulsador. (Cortesía de Schneider).*

Nota técnica

Los elementos de mando no están estandarizados, por lo que cada fabricante realiza sus propios modelos siendo incompatibles entre gamas y marcas de fabricantes.

11.5. Dispositivos de señalización

En muchas ocasiones es necesario señalizar el estado de alguna maniobra (máquina en marcha, máquina parada, accionamiento del paro de emergencia, averías, etc.). Como elementos de señalización se tienen los avisadores luminosos y los acústicos.

Los dispositivos de señalización ópticos y acústicos se identificaban anteriormente con la letra H, y actualmente con la letra P, según la norma EN 81346.

Tabla 11.10. Dispositivos de señalización

Tipo	Nombre	Símbolo
Luminoso	Piloto de señalización	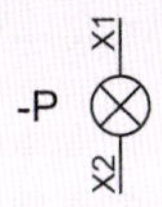
	Piloto de señalización intermitente	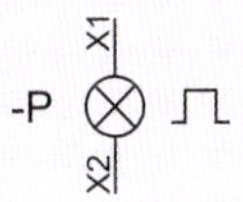
Acústico	Bocina	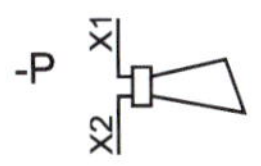
	Timbre	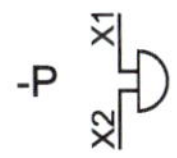
	Sirena	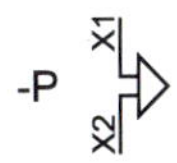
	Zumbador	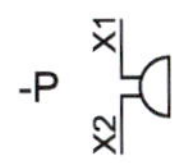

El uso de colores está tipificado para comunicar un significado (Tabla 11.11).

En la simbología se puede indicar este color adjuntando el código de color.

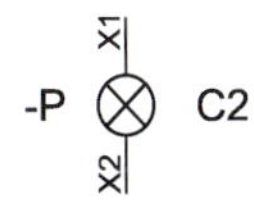

Figura 11.33. *Piloto de señalización de color rojo.*

Los sistemas de señalización luminosa pueden ser de los siguientes tipos:

- De montaje exterior a la placa. Suelen ir montados de idéntica manera que los pulsadores en las puertas u otras superficies exteriores del armario eléctrico.
- Sobre carril DIN.
- En baliza.

Dentro del grupo de avisadores acústicos hay una gran variedad (bocina, sirena, timbre, zumbador). En muchas ocasiones ambos tipos de avisadores (acústicos y luminosos) actúan a la par.

Tabla 11.11. Código de colores para elementos de señalización

Color (código)	Significado	Explicación	Casos típicos de empleo
Rojo (C2)	Peligro o alarma	Advertencia de un posible peligro o de un estado que requiera una acción inmediata.	• Fallo del sistema. • Temperatura que excede de los límites de seguridad. • Paro de una parte esencial del equipo debido a la actuación de una protección. • Peligro debido a elementos accesibles bajo tensión o elementos en movimiento.
Amarillo (C4)	Precaución	Modificación o cambio próximo de condiciones.	• Temperatura o presión que difiere del valor normal. • Sobrecarga admisible por tiempo limitado.
Verde (C5)	Seguridad	Condiciones de servicio seguras o luz verde para seguir funcionando.	• Circulación del refrigerante. • Conexión automática de la maniobra. • Máquina dispuesta para la puesta en marcha.
Azul (C6)	Información específica	Significado distinto al de los mencionados anteriormente.	• Señal para maniobra remota. • Selector colocado en posición de reparación.
Blanco (C9)	Información general	Confirmación u otro significado no cubierto por los colores: amarillo y verde.	• Interruptor general conectado. Tensión en el circuito. • Velocidad o sentido de rotación elegido.

Figura 11.34. *Piloto de señalización montado. (Cortesía de Schneider).*

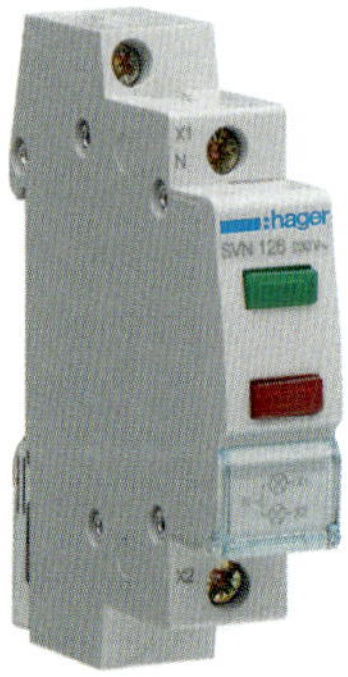

Figura 11.35. *Piloto de señalización de carril DIN. (Cortesía de Hager).*

Figura 11.36. *Dispositivo de señalización luminosa. (Cortesía de Schneider).*

Figura 11.37. *Balizas de señalización. (Cortesía de Schneider).*

Figura 11.38. *Dispositivos de señalización acústica. (Cortesía de Schneider).*

11.6. Operaciones con los contactos auxiliares

Los contactos auxiliares se emplean principalmente en las siguientes tareas:

- Realimentación.
- Operaciones de señalización.
- Operaciones con condicionantes.

11.6.1. Realimentación de la bobina

En las maniobras de automatismos cableados, se emplean pulsadores. Se necesita pues de alguna técnica que permita emplear pulsadores para la activación y desactivación de contactores y relés. A esta técnica se le denomina como realimentación de la bobina.

Para emplear la **técnica de la realimentación** se necesita un pulsador normalmente abierto (NO) que actuará como marcha, en paralelo con un contacto abierto de la bobina a gobernar. Este conjunto estará en serie con un pulsador normalmente cerrado (NC) que actuará como paro.

La Figura 11.39 representa la secuencia de realimentación de una bobina de un contactor. En la figura (a) se ve el sistema en reposo sin alimentación. Al conectar alimentación (b), la fase llega hasta el contacto 3 del pulsador de marcha (S2) y 13 del contacto de Q11, pasando a través del pulsador cerrado de paro (S1). Mientras pulsamos S2 (c), la corriente eléctrica circula a través de él, activando la bobina del contactor. Una vez activada esta bobina, sus contactos cambian de estado, cerrando los contactos abiertos y abriendo los contactos cerrados; en este caso cierra el contacto abierto 13-14 (d). Al dejar de pulsar S2 (e), la bobina sigue alimentándose a través de su contacto. Para parar o desactivar la bobina, pulsamos paro S1 (f), abriendo el circuito impidiendo que la corriente eléctrica llegue a la bobina. Al desactivarse la bobina, sus contactos vuelven a la posición de reposo.

En equipos industriales se emplean botoneras que pueden agrupar ambos pulsadores. Se componen de un cabezal que tiene dos botones y de dos cámaras de contactos: una abierta y la otra cerrada.

La técnica de la realimentación se emplea como elemento de seguridad. Siempre que una maquinaria pare su funcionamiento por fallo en la alimentación, no podrá volver a arrancar por sí sola en el caso de que vuelva el suministro eléctrico. Una puesta en funcionamiento de cualquier máquina sin esperarlo puede causar un accidente.

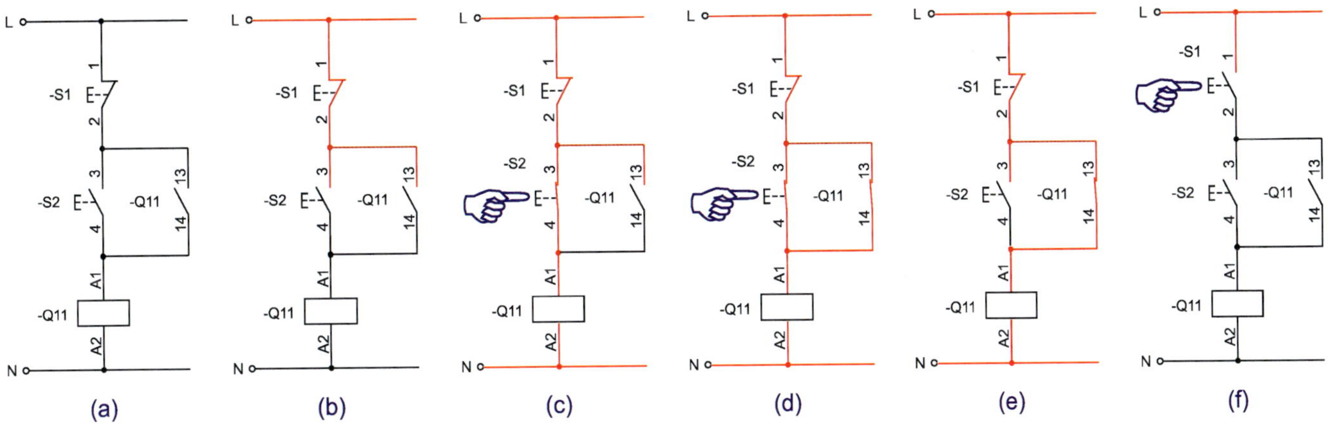

Figura 11.39. *Proceso de realimentación de una bobina.*

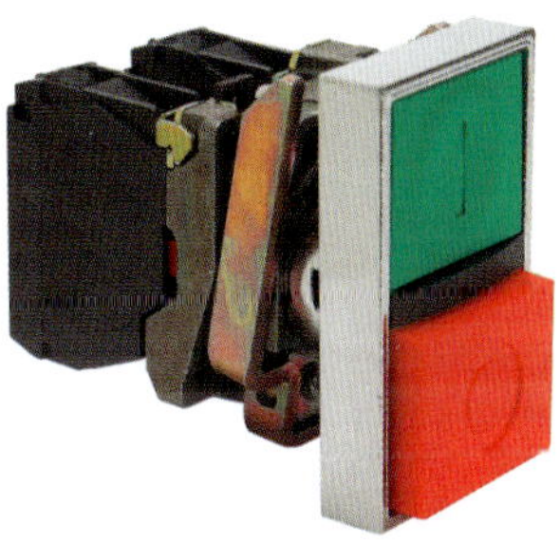

Figura 11.40. *Botonera marcha-paro en un único cabezal. (Cortesía de Schneider).*

Figura 11.41. *Botonera marcha-paro con pulsadores independientes. (Cortesía de Schneider).*

11.6.2. Operaciones de señalización

Una forma de diálogo entre las máquinas y los operarios es mediante señales. Se puede indicar así que cierta máquina está funcionando o bien que se ha parado debido a algún problema. Estas señales son de tipo luminoso o acústico.

Para activar estas señales se emplean los contactos auxiliares asociados a un contactor o relé.

Los elementos de señalización con contactos abiertos se emplean cuando se desea indicar que cierto contactor o relé está activado. Por ejemplo, en la Figura 11.42(a) el piloto de señalización P1 se activará cuando el contactor Q11 esté activado; si el contactor Q11 activa por ejemplo un motor, el piloto P1 indicará que el motor está funcionando.

Los elementos de señalización con contactos cerrados se emplean cuando se desea indicar que cierto contactor o relé no está activado. Por ejemplo, en la Figura 11.42(b) el piloto de señalización P2 se activará cuando el contactor Q11 no esté activado; si el contactor Q11 activa por ejemplo un motor, el piloto P2 indicará que el motor está parado.

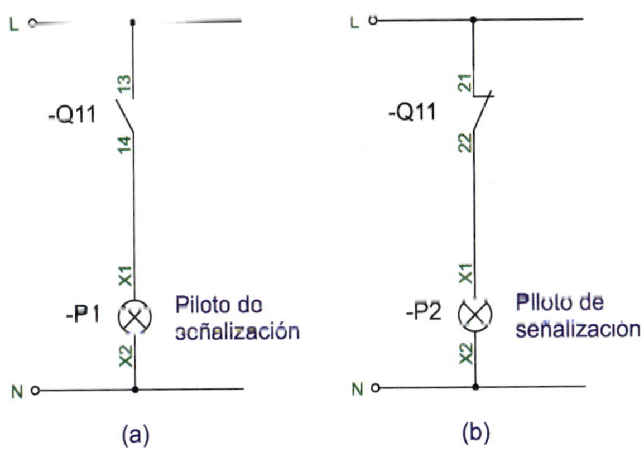

Figura 11.42. *Técnicas de señalización.*

11.6.3. Operaciones con condicionantes

Hay ciertas operaciones en las cuales se necesita que, para activar cierto contactor o relé, se cumplan una serie de condicionantes, como por ejemplo:

- Se tiene una máquina eléctrica de corte de piezas que produce polvo en el ambiente. Se debe activar primero un motor de ventilación antes de que se pueda activar la máquina de corte.
- Se tiene un horno eléctrico que calienta las piezas que le llegan por una cinta transportadora. Para que se active la cinta transportadora primero debe activarse el horno.

- Se tiene un motor eléctrico que puede girar en los dos sentidos de giro. Si gira en un sentido se imposibilita, por seguridad, que gire en el sentido inverso.

Estas condiciones de funcionamiento se aplican mediante contactos abiertos o cerrados, según la necesitad.

En el ejemplo de la Figura 11.43 se observa que para activar K1 no hay ninguna condición, simplemente se activará pulsando S2. Sin embargo, para que se active K2 primero debe estar activado K1, ya que de lo contrario el contacto 23-24 de K1 no se cerrará impidiendo la activación de K2. Es decir, K2 está condicionado por K1.

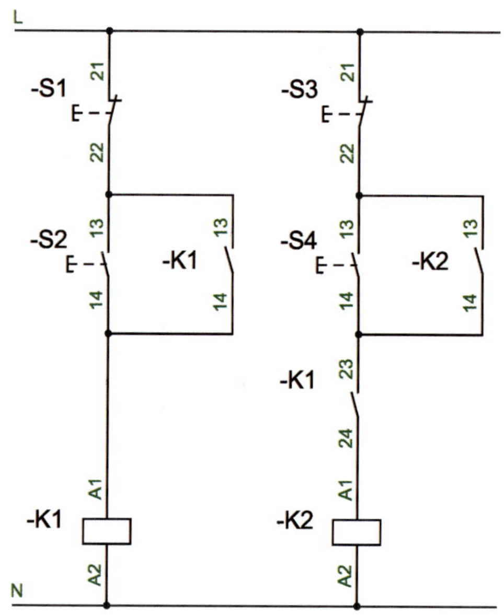

Figura 11.43. *Ejemplo de condición.*

11.7. Temporizador

El temporizador es un relé en el cual sus contactos se activan en función del tiempo. Este tiempo se puede fijar desde el propio dispositivo y su rango depende del modelo, pero oscila entre milisegundos hasta horas.

Existen dos grupos de temporizadores:

- **Acoplados al contactor.** No tienen la parte de la bobina y constan solamente de los contactos. Se activan mediante la activación o desactivación de la bobina del contactor al cual se le acopla. Suelen llevar al menos un par de contactos (uno abierto y uno cerrado).
- **Independientes.** Constan de su propia bobina junto con los contactos. Los contactos suelen ser conmutados, es decir, llevan un borne común a un contacto abierto y cerrado.

Figura 11.44. *Temporizador de acople a contactor. (Cortesía de Schneider).*

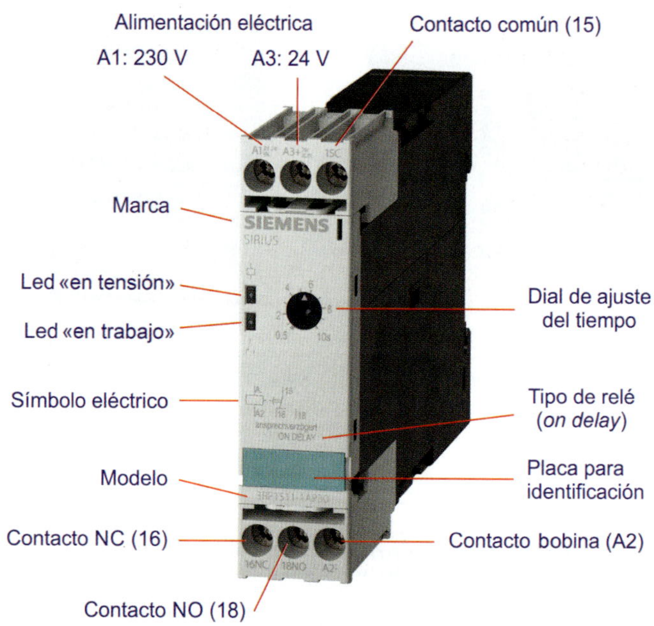

Figura 11.45. *Partes de un relé temporizador.*

Respecto a los contactos, que pueden ser normalmente abiertos (NO) o normalmente cerrados (NC), existen dos tipos:

- **SPST** (*Simple Pole – Simple Throw*). Son contactos simples. Cada contacto lo componen dos bornes.

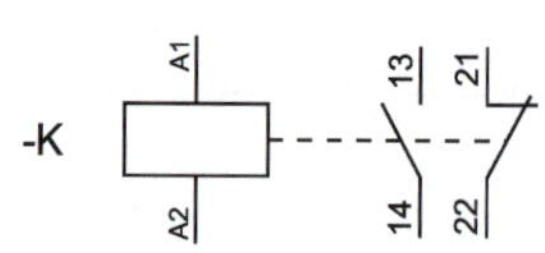

Figura 11.46. *Relé con dos contactos SPST.*

- **SPDT** (*Simple Pole – Double Throw*). Son contactos conmutados. Cada contacto lo componen tres bornes, que son: un borne abierto, uno cerrado y uno que se utiliza como común.

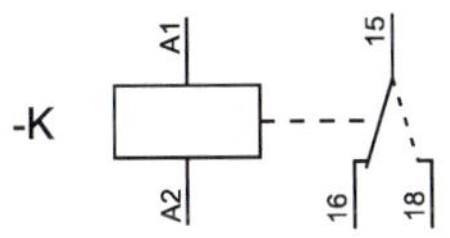

Figura 11.47. *Relé con dos contactos SPDT.*

11.7.1. Temporización a la conexión

En el relé temporizado a la conexión (*on delay*), cuando la bobina del temporizador es activada, internamente realiza el proceso de contar el tiempo. Alcanzado este tiempo, activa sus contactos variando su posición, es decir, abriendo los cerrados y cerrando los abiertos. Está **retrasando la conmutación de sus contactos al ser activada la bobina.**

Si durante el proceso de contar el tiempo se deja de alimentar la bobina, esta se inicializa volviendo al estado inicial.

Un relé temporizador con temporización a la conexión se simboliza de la forma indicada en la Tabla 11.12.

Tabla 11.12. Representación gráfica del relé temporizado a la conexión

Elemento	Símbolo	
Relé temporizador con retardo a la conexión	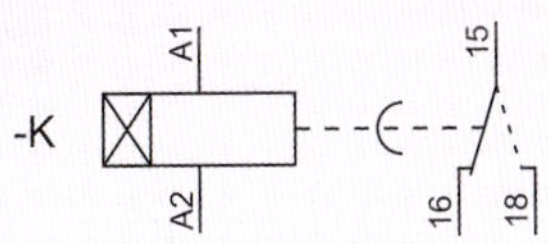	
Contactos temporizados a la conexión (NO y NC).	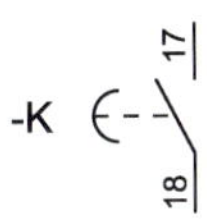	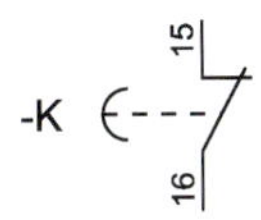

El símbolo del relé temporizador se identifica con la letra K. A veces se acompaña de la letra T, siendo KT.

En la Figura 11.48 se observa un ejemplo de funcionamiento. Al accionar S1 se activa la bobina del relé y transcurrido un tiempo (*t*) cierra su contacto 15-18 activando la lámpara P1. Al cesar la activación de la bobina, la lámpara se apaga instantáneamente, volviendo el circuito al estado inicial.

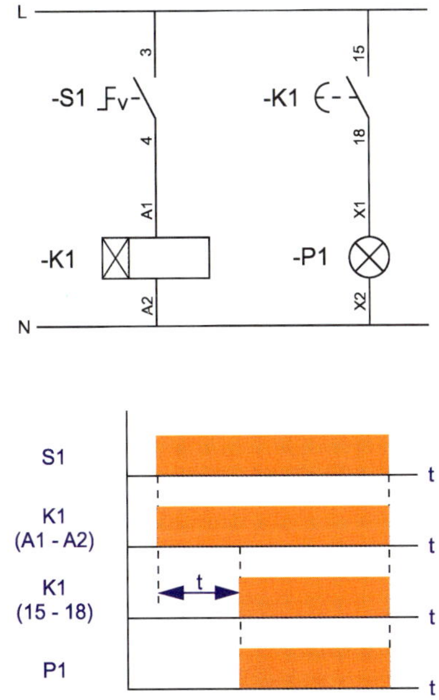

Figura 11.48. *Temporizador a la conexión.*

11.7.2. Temporización a la desconexión

En el relé temporizado a la desconexión (*off delay*), cuando la bobina del temporizador es activada, sus contactos cambian de estado de manera instantánea, es decir, abriendo los cerrados y cerrando los abiertos. Pero al cesar, internamente comienza a contar el tiempo y transcurrido este sus contactos vuelven al estado inicial. Está **retrasando la conmutación de sus contactos al ser desactivada la bobina.**

Un relé temporizador con temporización a la desconexión se simboliza de la forma indicada en la Tabla 11.13.

Tabla 11.13. Representación gráfica del relé temporizado a la desconexión

Elemento	Símbolo	
Relé temporizador con retardo a la desconexión	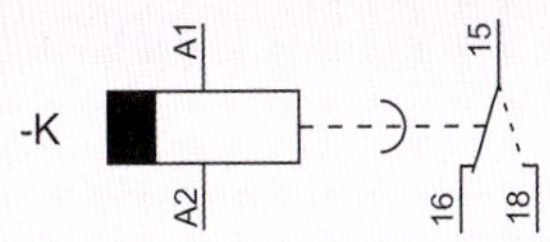	
Contacto temporizados a la desconexión (NO y NC)	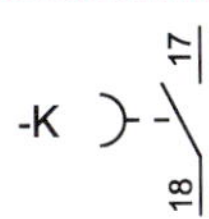	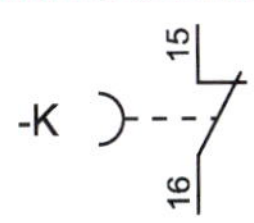

En la Figura 11.49 se observa un ejemplo de funcionamiento. Al accionar S1 se activa la bobina del relé y se cierra instantáneamente el contacto 15-18. Al abrir S1, deja de llegar tensión a la bobina y es entonces cuando comienza el proceso de temporizar. Pasado el tiempo prefijado, el contacto 15-18 se abre apagando la lámpara y volviendo el relé al estado inicial.

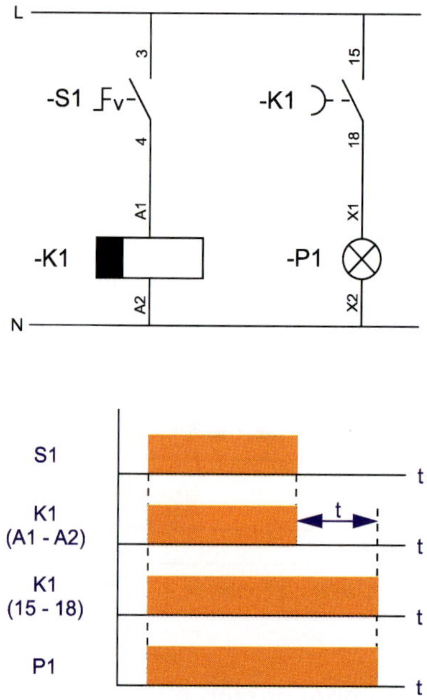

Figura 11.49. *Temporizador a la desconexión.*

11.7.3. Otras temporizaciones

No solo existen en el mercado estos dos tipos de temporizadores, sino que hay una amplia gama de funciones especiales: relés intermitentes, con temporización a la conexión y a la desconexión, relé de pulsos, etcétera.

Estos tipos de relés, por lo general, son de tipo multifunción. Significa que un único relé tiene varios modos de trabajo y mediante un selector se selecciona el modo de trabajo o función que se desea que realice.

11.8. Relé horario

El reloj o relé horario es otro dispositivo que permite gestionar el tiempo. Mientras que en el temporizador el tiempo es de un valor pequeño, normalmente segundos o minutos, el reloj horario permite el cierre y la apertura del circuito a lo largo de las 24 horas, incluso a lo largo del año.

La gran diferencia entre un relé temporizador y un relé horario es que mientras que el temporizador necesita de una señal de activación (manual o proveniente de algún tipo de sensor), el relé horario se activa y desactiva solo en función del tiempo.

Por ello, en función del margen del tiempo, se clasifican en relojes diarios, semanales o anuales.

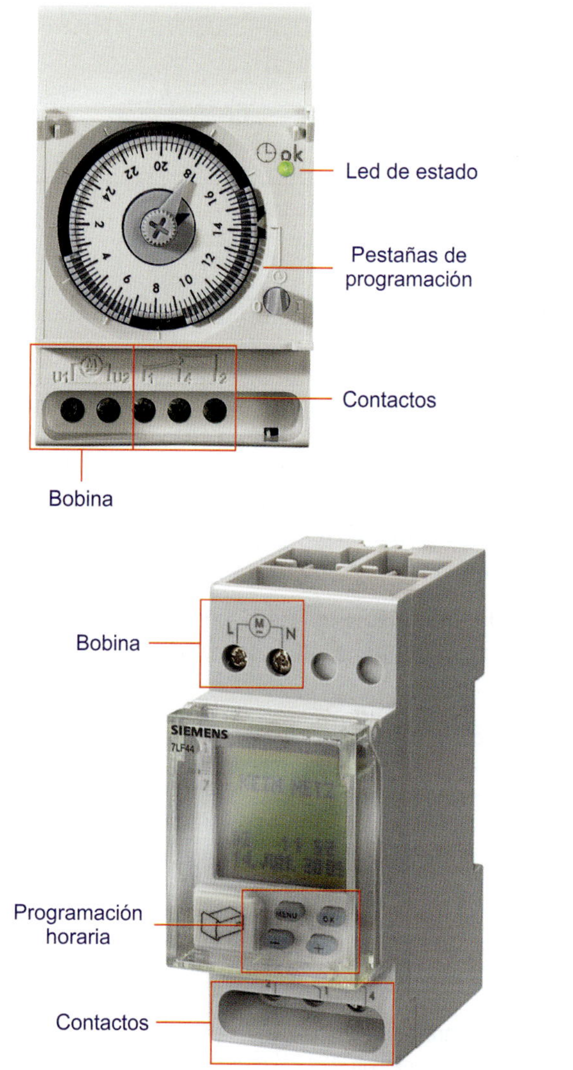

Figura 11.50. *Partes de un reloj horario (electromecánico y digital).*

Existen dos grandes grupos de estos dispositivos:

- **Electromecánicos.** Su programación se realiza mediante una serie de pestañas o levas que tienen distribuidas a lo largo de una circunferencia que actúa como reloj. Cada pestaña o leva abarca un espacio de tiempo y tiene dos posiciones: activada y desactivada. Cuando el tiempo llega a esa franja, en función de la posición de la pestaña, abrirá o cerrará sus contactos.
- **Digitales.** No contienen ningún elemento móvil. Se basan en el uso de la electrónica, tanto para la programación como para su funcionamiento.

Tabla 11.14. Representación gráfica del relé horario

Elemento	Símbolo	
Relé horario	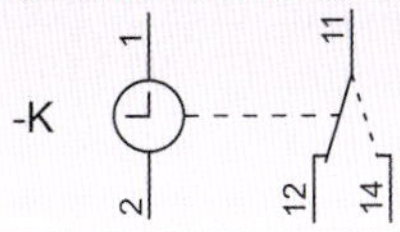	
Contactos (NO y NC)	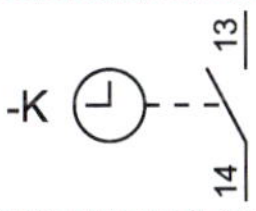	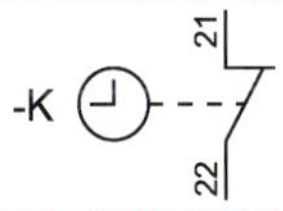

El símbolo del relé horario se identifica, al igual que el temporizador, con la letra K. A veces se acompaña de la letra T, siendo KT.

11.9. Interruptor de posición

El interruptor de posición, también llamado final de carrera, es un dispositivo electromecánico, similar a los interruptores, **que se acciona de manera mecánica por el contacto de un objeto móvil sobre él.** Se emplea para detectar la posición concreta y definida de un objeto que se desplaza por una trayectoria fija y conocida.

Existen una gran variedad de interruptores de posición que se distinguen por el cabezal o sistema de accionamiento (de pulsador, de varilla, de rodillo, etcétera).

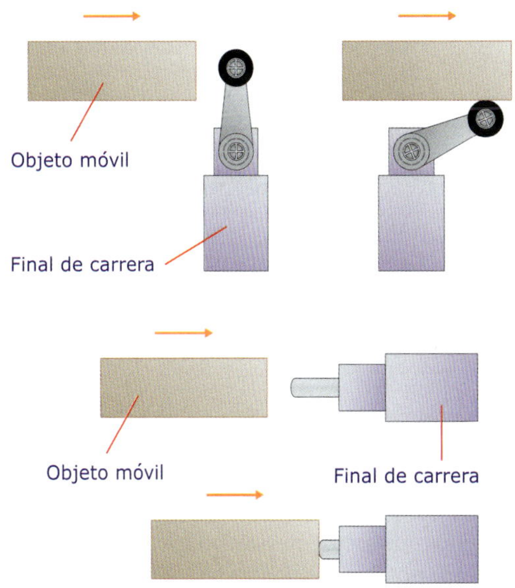

Figura 11.52. *Funcionamiento de la detección del final de carrera.*

Figura 11.51. *Diferentes tipos de interruptores de posición. (Cortesía de Siemens).*

Cuando un objeto incide sobre el cabezal, este acciona los contactos que se encuentran en el interior del cuerpo.

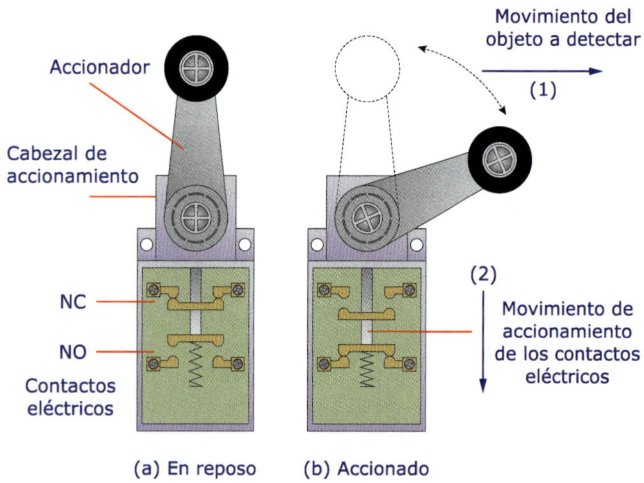

Figura 11.53. *Detalle de un interruptor de posición.*

En algunos modelos, el cuerpo es común para toda la gama y los cabezales son intercambiables entre sí. Esta modularidad favorece el mantenimiento de la instalación.

Figura 11.54. *Sistema modular de los interruptores de posición. (Cortesía de Siemens).*

La simbología eléctrica que representa al interruptor de posición o final de carrera es la mostrada en la Tabla 11.15.

Los interruptores de posición se identifican con la letra B según la norma EN 81346.

11.10. Sensores de proximidad

El **sensor de proximidad**, también llamado **transductor** o **captador**, es un dispositivo capaz de transformar una magnitud física en una magnitud eléctrica, por ejemplo, un sensor de temperatura, de presión, de presencia, etcétera.

Los detectores de proximidad revelan la presencia de un elemento dentro de su campo de acción. Entre el sensor y el elemento a detectar **no existe un contacto físico,** con lo que no existe un desgaste al no haber piezas en movimiento.

Estos dispositivos reemplazan los elementos mecánicos por elementos electrónicos, obteniéndose una serie de ventajas:

- Mayor vida útil independientemente del número de maniobras.
- Pueden trabajar sin problemas en ambientes duros: húmedos, polvorientos, etcétera.
- Su tiempo de respuesta es muy corto, lo que permite una frecuencia de trabajo alta.

Dentro del grupo de detectores o sensores de proximidad se encuentran dos variantes:

- El sensor de proximidad inductivo.
- El sensor de proximidad capacitivo.

Tabla 11.15. Representación gráfica del interruptor de posición

Elemento	Símbolo		
Final de carrera (símbolo genérico) (NO, NC y NO+NC)	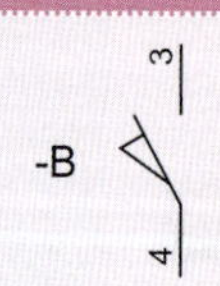	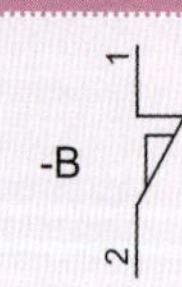	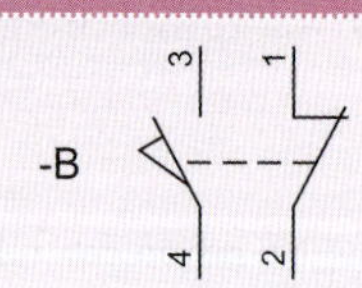
Final de carrera (accionamiento mediante roldana) (NO, NC y NO+NC)	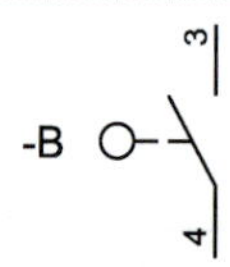	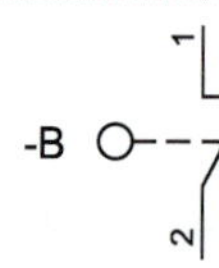	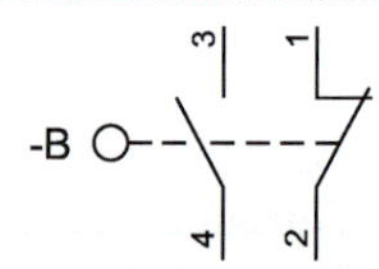

11.10.1. Sensores de proximidad inductivos

Son sensores de presencia que se emplean para la detección de materiales metálicos.

Figura 11.55. *Sensores de proximidad inductivos. (Cortesía de Schneider).*

Funcionan generando un campo electromagnético alterno mediante una bobina delante de una cara sensible o activa y con una frecuencia alta (entre 100 kHz y 500 kHz) mediante un oscilador. Cuando un objeto metálico se sitúa dentro de su campo de detección crean unas perturbaciones que el circuito de control detecta y activa la salida.

La distancia del campo de detección es corta (del orden de milímetros a centímetros) y puede ser alterada en función del tipo de material y de la forma del objeto que detectar. Por ejemplo, un objeto de acero dúctil se detecta mejor que uno de aluminio o cobre, y un objeto plano se detecta mejor que uno redondeado.

El material del cuerpo del sensor puede ser de tipo metálico o plástico, y con rosca o sin rosca. El cuerpo roscado facilita el montaje del sensor mediante un par de tuercas. El cuerpo suele contar con un diodo led que indica su estado para facilitar su comprobación operativa. Respecto a la salida de la señal, esta se puede llevar a cabo mediante un cableado o bien mediante conector.

11.10.2. Sensores de proximidad capacitivos

Los sensores de proximidad de tipo capacitivo son de aspecto similar a los de tipo inductivo.

En este caso, en vez de crear un campo electromagnético, crean un campo electrostático. Funcionan de manera similar al condensador. La cara activa del sensor actúa como una de las placas del condensador y la otra placa se considera tierra. Entre ambas se encuentra el dieléctrico, que es el aire. Cuando un objeto se sitúa en el campo de detección se modifica el dieléctrico y de esta manera el circuito de control lo detecta y actúa sobre la salida.

Figura 11.56. *Sensores de proximidad capacitivos. (Cortesía de Schneider).*

Por ello, este tipo de sensor es capaz de detectar tanto objetos metálicos como no metálicos.

Requieren un poco de mantenimiento, ya que si se acumula suciedad en la cara activa, esta puede dar lugar a falsas detecciones. Sin embargo, son muy utilizados para la detección de objetos no metálicos tales como: detección de niveles (tanto sólidos como líquidos), detección de elementos en envases, etcétera.

11.10.3. Simbología

La simbología eléctrica que representa a los sensores de proximidad es la indicada en la Tabla 11.16.

Tabla 11.16. Representación gráfica del sensor de proximidad

Elemento	Símbolo	
Símbolo genérico	-B 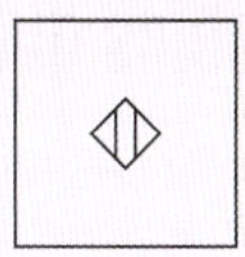	
Sensor de proximidad inductivo	-B 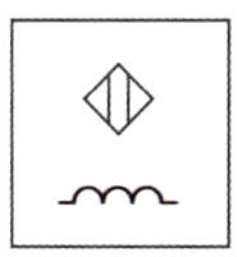	-B 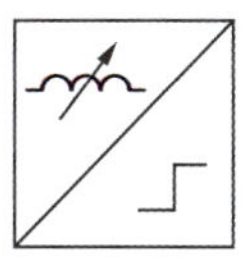
Sensor de proximidad capacitivo	-B 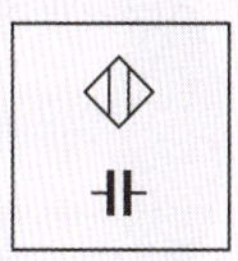	-B 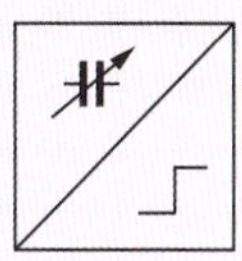

Estos elementos se identifican con la letra B.

11.10.4. Conexionado

En el conexionado eléctrico de los sensores existen dos grupos:

- **Sensores a dos hilos.**

  Se conectan en serie con la carga. La fuente de alimentación puede ser tanto en corriente continua como en alterna, depende del modelo.

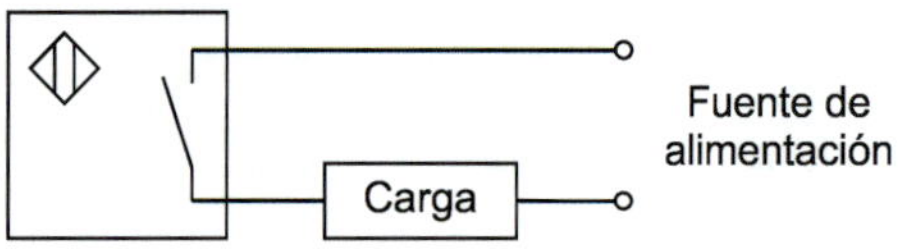

Figura 11.57. *Conexión eléctrica del sensor a dos hilos.*

- **Sensores a tres hilos.**

  Funcionan en corriente continua. Disponen de tres cables: dos de ellos se conectan a la fuente de alimentación eléctrica y el otro es la señal de salida que se conecta a la carga, que suele ser la bobina de un relé. Algunos sensores disponen cuatro cables: dos de alimentación, uno de señal de salida y otro de valor complementario a la salida.

  Respecto a los parámetros proporcionados por los fabricantes, la corriente de fuga no es aplicable en estos casos y la tensión residual es despreciable.

  Existen dos tipos de sensores a tres hilos: de tipo PNP y NPN. En los de tipo PNP (salida de valor positivo), la carga se conecta a la salida del sensor y al negativo; y en los de tipo NPN (salida de valor negativo), la carga se conecta a la salida y positivo de alimentación.

Sabías que...

La mayoría de los fabricantes dotan a sus modelos de sensores con una serie de protecciones tales como: protección contra la inversión del cableado de alimentación, protección contra sobrecargas y cortocircuitos, etcétera.

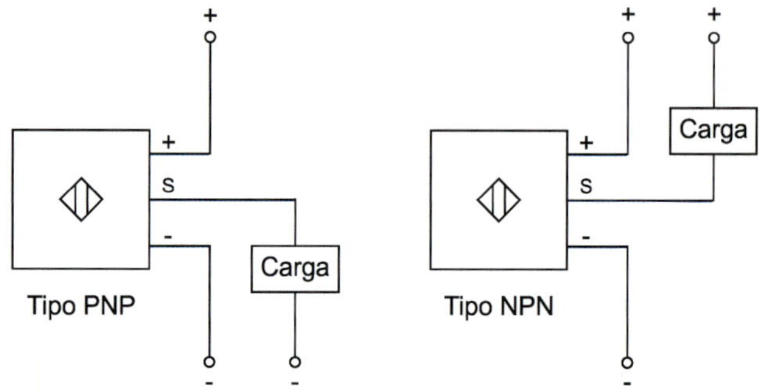

Figura 11.58. *Conexión eléctrica del sensor a tres hilos.*

Saber más

El nombre de PNP y NPN viene del tipo de transistor electrónico interno que se emplea como etapa de salida del sensor.

Los sensores de proximidad a tres hilos funcionan para una tensión de 24 V en corriente continua. La salida de señal del sensor se aplica a la entrada de un autómata programable (PLC) o se conecta a un relé auxiliar que actúa como preaccionador.

11.11. Detectores ópticos

Los detectores ópticos basan su funcionamiento en la emisión y posterior recepción de un haz de luz.

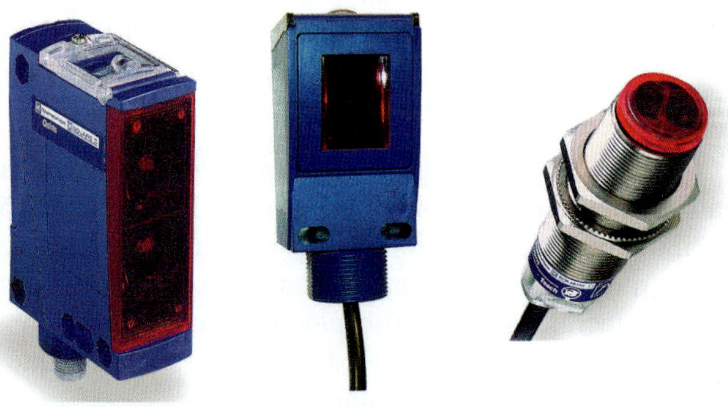

Figura 11.60. *Sensores fotoeléctricos. (Cortesía de Schneider).*

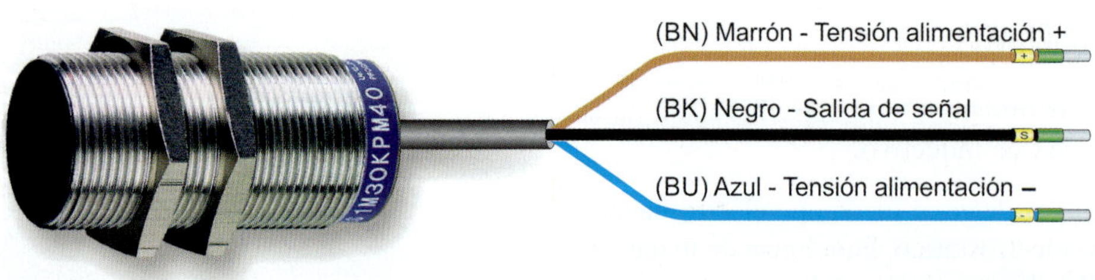

Figura 11.59. *Cableado en un sensor de proximidad.*

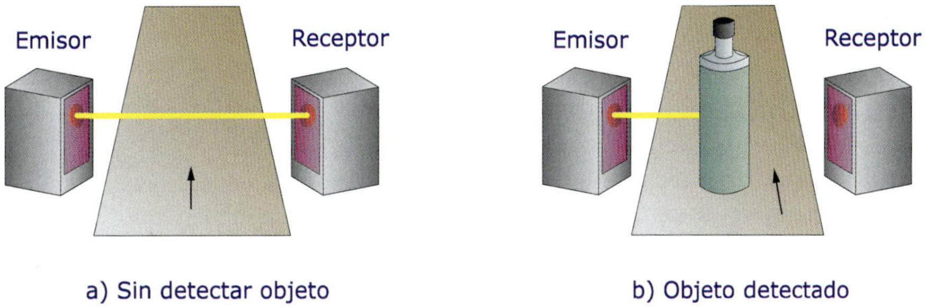

Figura 11.61. *Funcionamiento del método de detección por bloqueo de haz.*

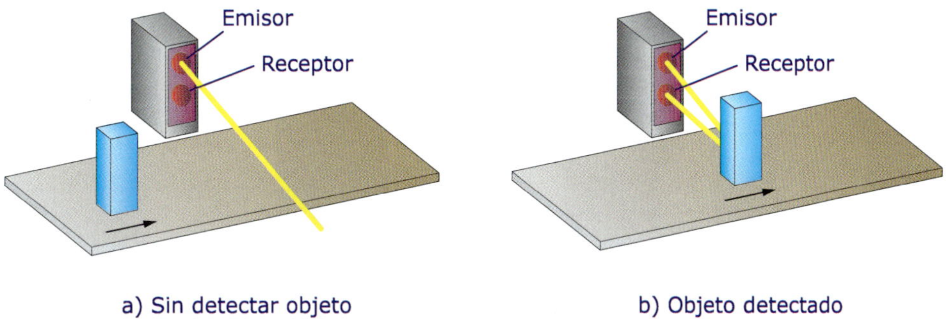

Figura 11.62. *Funcionamiento del método de detección por retorno de haz.*

El sistema básico consiste en crear una barrera de luz, es decir, un elemento llamado **emisor** es el encargado de generar y emitir un rayo de luz, y otro elemento, llamado **receptor,** es el encargado de recibir ese rayo de luz, creando entre ambos elementos una barrera. Hay dos sistemas de detección: sistema por bloqueo de haz (el receptor detecta el corte del haz) y sistema por retorno de haz (el receptor detecta el haz de luz).

El tipo de encapsulamiento es muy variado: rectangular, compacto, cilíndrico, de horquilla, de fibra óptica, barrera de matriz, etcétera.

El conexionado es a tres hilos o a cinco hilos (dos de alimentación y tres para la salida de tipo conmutado).

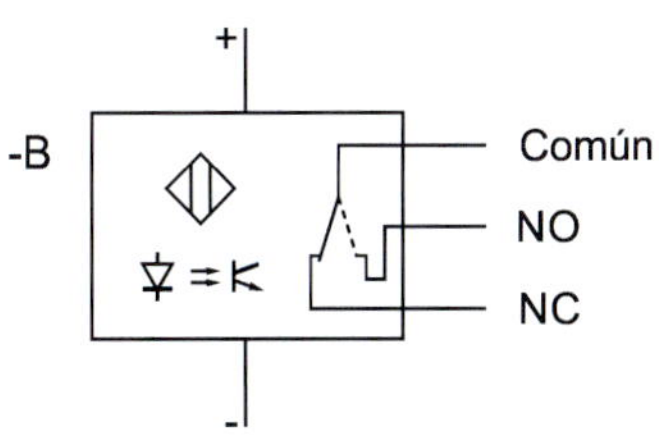

Figura 11.63. *Sensor con conexión a cinco hilos.*

Algunos sensores cuentan con cuatro hilos, pero son básicamente un sensor con tres hilos el cual cuenta con una segunda salida que es su complementaria.

11.11.1. Simbología

La simbología eléctrica que representa al sensor fotoeléctrico es la indicada en la Tabla 11.17.

Tabla 11.17. Representación gráfica del sensor fotoeléctrico

Elemento	Símbolo	
Sensor fotoeléctrico (de barrera)	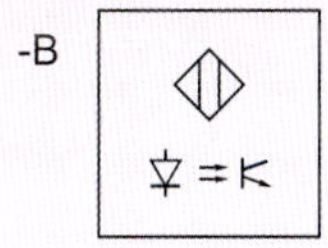	
Sensor fotoeléctrico (emisor y receptor)	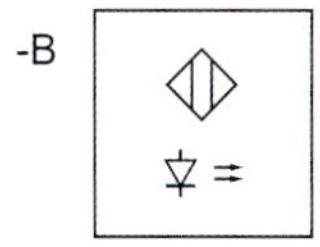	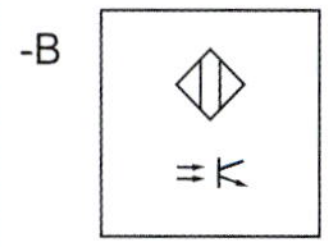
Sensor fotoeléctrico (réflex)	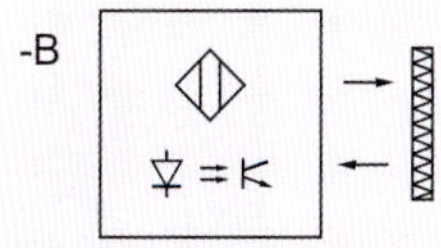	
Sensor fotoeléctrico (de proximidad)	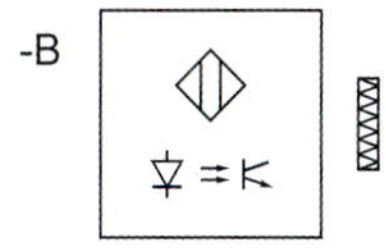	

Estos elementos se identifican con la letra B.

11.12. Detectores por ultrasonidos

El **detector o sensor de ultrasonidos** es un elemento capaz de detectar un objeto situado dentro de su campo de acción por medio de la emisión y recepción de ondas de ultrasonidos y, por tanto, no existe contacto físico entre el detector y el objeto.

El sensor de ultrasonidos puede operar de dos formas:

- **Modo difuso o modo eco.** El sensor emite y recibe él mismo la onda de ultrasonidos. Si recibe las ondas significa que ha detectado un objeto.
- **Modo opuesto.** En este modo se emplean dos sensores, de tal manera que uno de ellos emite la onda y el otro la recibe. Actúan como barrera sónica; si el receptor no recibe las ondas significa que ha detectado un objeto.

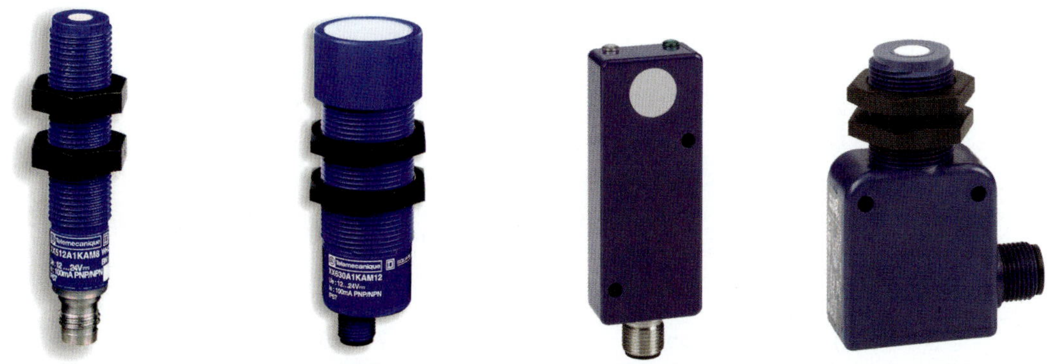

Figura 11.64. *Sensores de ultrasonidos. (Cortesía de Schneider y Siemens).*

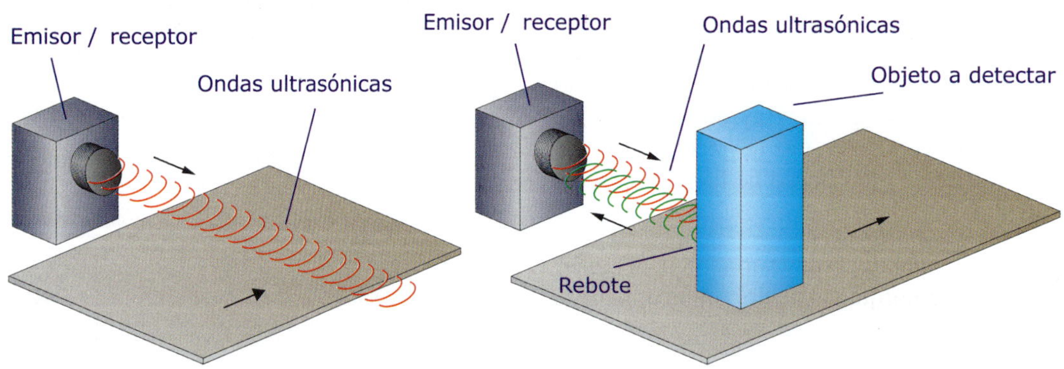

Figura 11.65. *Modo eco.*

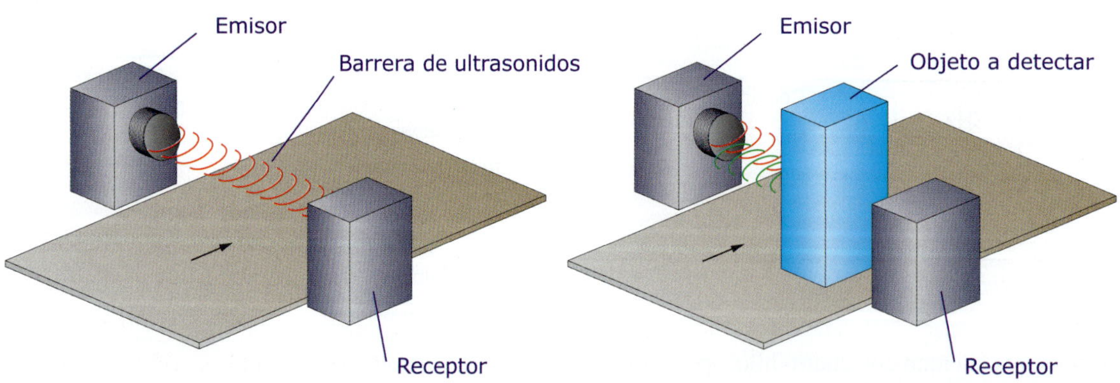

Figura 11.66. *Modo opuesto.*

Existen dos tipos de sensores de ultrasonidos, atendiendo a su forma de presentar los datos de salida.

- **Salida digital.** La señal de salida consiste en indicar si existe un objeto o no en su campo de detección. El cableado de salida es a tres hilos: dos de alimentación y uno de salida (PNP o NPN).
- **Salida analógica.** La señal de salida consiste en indicar si existe un objeto y, además, a qué distancia se encuentra. La salida es de tipo analógica (4-20 mA y 0-10 V_{CC}). Este tipo de salida se emplea con autómatas programables, por ejemplo para conocer el estado de la capacidad de un depósito.

Figura 11.67. *Control de capacidad mediante sensor de ultrasonidos.*

No obstante, muchos modelos comerciales incorporan los dos tipos de salida. Así, suelen contar con cuatro pines de conexión: positivo de alimentación eléctrica, negativo, salida digital y salida analógica.

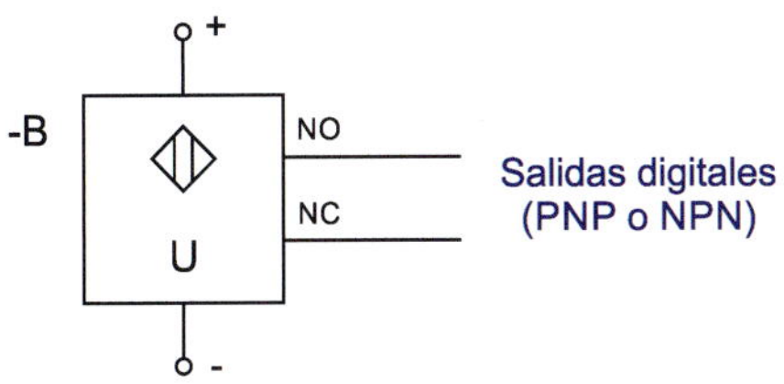

Figura 11.68. *Conexión a cuatro hilos (salida digital).*

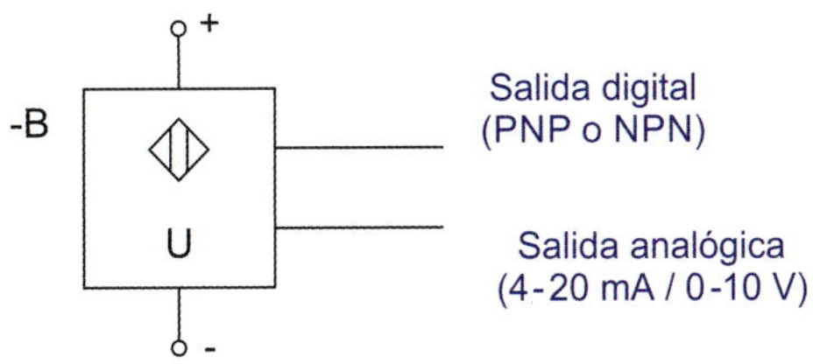

Figura 11.69. *Conexión a cuatro hilos con doble salida (analógica y digital).*

11.13. Sensores de temperatura

Un **sensor de temperatura** es un elemento capaz de transformar una señal física de temperatura en una señal eléctrica.

Existen diferentes dispositivos para la medición de la temperatura: eléctricos (termorresistencias, termopares, etc.), mecánicos (bimetales), radiación (pirómetros) y otros sistemas diversos.

En función de la manera de actuar, hay dos grupos: los termostatos, de salida digital (se activan al alcanzar cierto nivel de temperatura designado como consigna) y los termómetros, de salida analógica (miden la temperatura).

11.13.1. Tipos de sensores de temperatura

Los sensores de temperatura pueden ser de diferentes tipos, tales como:

- **Termistores.** Un termistor es una resistencia cuyo valor varía con la temperatura. Existen de dos tipos: **NTC** (*Negative Temperature Coefficient*) cuya resistencia varía inversamente con la temperatura, y **PTC** (*Positive Temperature Coefficient*) cuya resistencia varía directamente con la temperatura.
- **Termorresistencias,** también llamadas **RTD** (*Resistance Temperature Detector*), son metálicas, principalmente de platino. Se basan en el principio de que cuando un metal aumenta su temperatura, también aumenta su resistencia. El rango de medición va desde −200 °C a 800 °C aproximadamente. Son muy utilizadas.

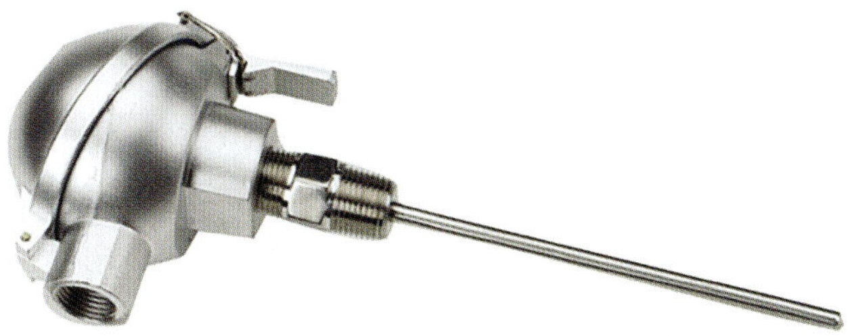

Figura 11.70. *Termorresistencia.*

- **Termopares.** Se basan en el principio de que en la unión de dos metales, cuando se aumenta su temperatura, se crea una pequeña diferencia de tensión (milivoltios). Se emplean principalmente para temperaturas muy elevadas (llegan incluso a valores superiores a 1000 °C).

- **Sistemas electrónicos (diodos y circuitos integrados).** Se basan en emplear tecnología de semiconductores para la medición de la temperatura. Existen circuitos integrados destinados expresamente para realizar esta tarea.

11.13.2. Simbología

La simbología eléctrica que representa a los elementos de medición y control de la temperatura son los que se indican en la Tabla 11.18.

Estos elementos se identifican con la letra B.

11.14. Sensores de presión

Un **sensor de presión** es un elemento capaz de transformar una señal física de presión en una señal eléctrica.

Al igual que ocurre con los de temperatura, los hay de salida analógica (miden la presión) y salida digital (presostatos, se activan una vez que se alcanza el nivel de presión establecido como consigna).

Aunque existen muchos métodos de determinar la presión, los sensores más utilizados para aplicaciones industriales constan de un elemento detector más una membrana (cerámica o metálica) que al ser sometido a una fuerza de compresión, genera una señal eléctrica. Junto a este detector se encuentra la electrónica necesaria para tratar esa información. Todo ello está envuelto en una carcasa protectora.

Según la tecnología, el elemento captador puede ser de varios tipos:

- **Capacitivos.** Están basados en la misma tecnología de los condensadores. Cuando la separación de las armaduras de un condensador varía por efecto de la presión, este varía su capacidad.
- **Resistivos.** Consiste en variar la resistencia de un conductor al ser sometido a una presión.
- **Piezoelectricos.** Están basados en el efecto piezoeléctrico: ciertos materiales al ser sometidos a una compresión, generan un pequeño voltaje.

Estos dispositivos se conectan mediante un sistema de dos o tres hilos, proporcionando una salida de 4 mA a 20 mA o de 0 V a 10 V.

Tabla 11.18. Representación gráfica de los elementos de medición y control de la temperatura

Elemento	Símbolo
Termistor (PTC y NTC)	
Termopar	
RTD (Pt 100, a 2, 3 y 4 hilos)	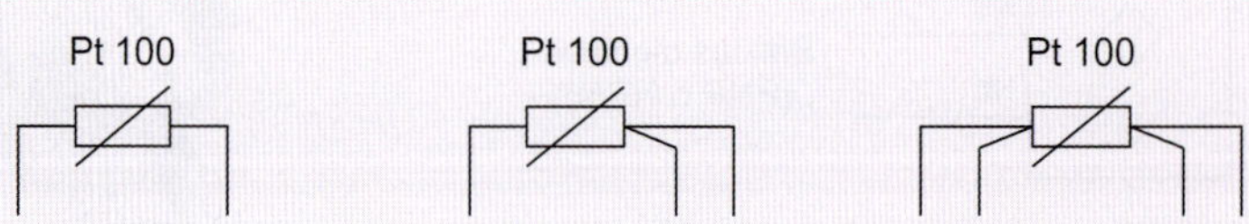
Termostato (NO, NC y NO+NC)	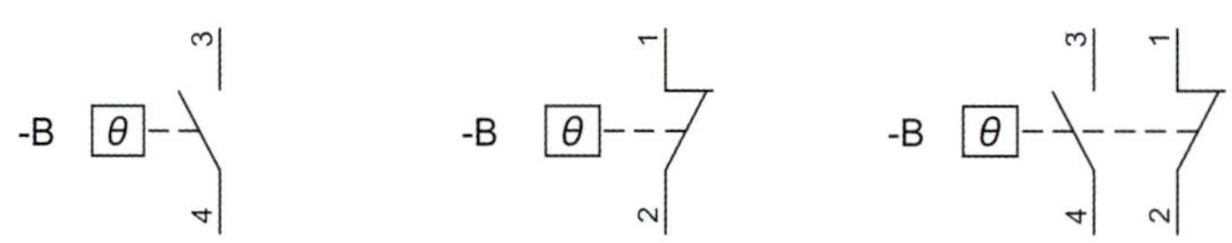
Sensor de temperatura	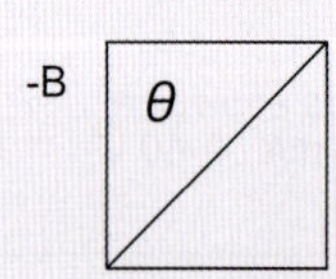

Figura 11.71. *Sensores transmisores de presión. (Cortesía de Danfoss).*

11.14.1. Simbología

La simbología eléctrica que representa a los elementos de control de presión es la que se indica en la Tabla 11.19.

Tabla 11.19. Representación gráfica

Elemento	Símbolo
Sensor de presión	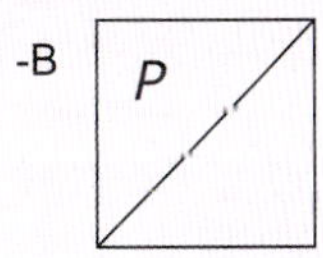
Presostato (NO, NC y NO+NC)	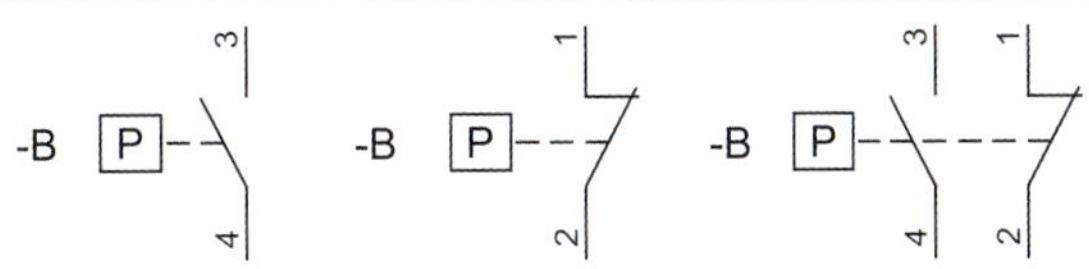

Este elemento se identifica con la letra B.

MAPA CONCEPTUAL

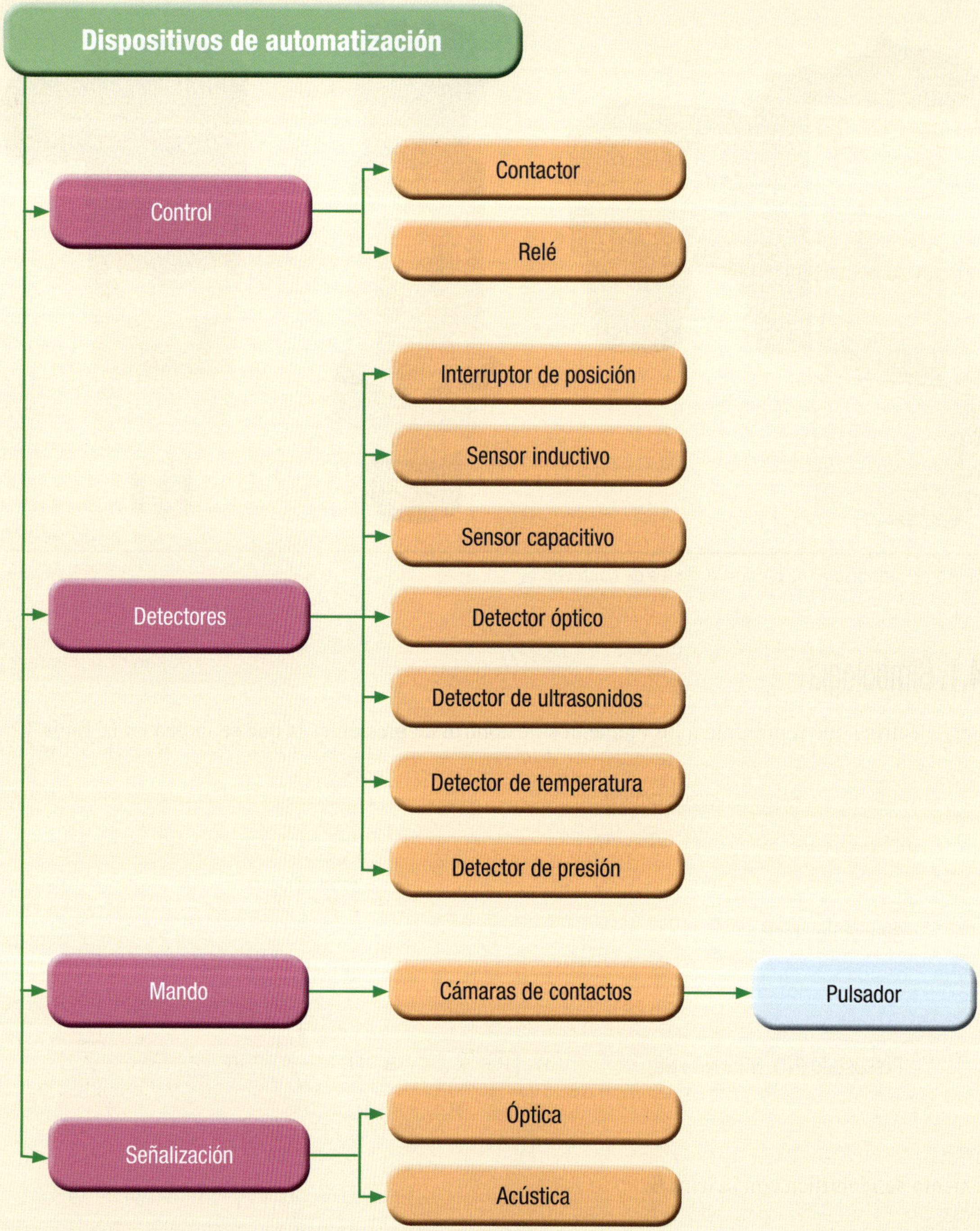

Actividades de comprobación

11.1. ¿De qué partes está constituido un contactor?

a) De una bobina junto con unos contactos principales.

b) De un circuito electromagnético junto con su elemento de activación.

c) De una bobina junto con los contactos principales y auxiliares.

d) De un circuito electromagnético junto con los contactos principales y auxiliares.

11.2. ¿Qué significa que un contacto es de tipo normalmente cerrado?

a) Que cuando está en reposo está cerrado su contacto, es decir, permite el paso de la corriente eléctrica.

b) Que cuando está en reposo está cerrado su contacto, es decir, impide el paso de la corriente eléctrica.

c) Que cuando está activado está cerrado su contacto, es decir, permite el paso de la corriente eléctrica.

d) Que cuando está activado está cerrado su contacto, es decir, impide el paso de la corriente eléctrica.

11.3. Un contactor auxiliar básicamente es:

a) Un contactor al cual se le han añadido más contactos auxiliares.

b) Un contactor al cual se le han quitado sus contactos auxiliares.

c) Un contactor al cual se le han quitado sus contactos principales.

d) Así es como se les llama a los contactores que se emplean en monofásica para diferenciarlos de los que se emplean en trifásica.

11.4. Si se tiene un contactor de potencia que tiene dos contactos auxiliares, pero se necesitan en total seis contactos auxiliares, ¿qué es lo más apropiado hacer en este caso?

a) Cambiar el contactor por otro que cuente con el número de contactos que se necesiten, es decir, por uno de tres contactos principales y seis contactos auxiliares.

b) Añadir un bloque de contactos auxiliares de cuatro contactos.

c) Colocar tres contactores de potencia, ya que así en total tendremos los seis contactos auxiliares que se necesitan.

d) Este es uno de los casos en el que no se puede resolver el problema y hay que recurrir a cambiar el diseño del circuito eléctrico.

11.5. Los filtros en los contactores tienen como función:

a) Eliminar las perturbaciones eléctricas que se generan en los procesos de conmutación.

b) Transformar la tensión eléctrica de 230 voltios a 24 voltios en los contactores que funcionan a esta tensión y que así no se quemen.

c) Transformar la corriente alterna en corriente continua que es la que se necesita en la bobina del contactor.

d) Evitar que se estropee el contactor si se colocan al revés los cables de alimentación de la bobina.

11.6. ¿De qué categoría de empleo debe ser el contactor que controla el motor de un sistema de ventilación industrial?

a) AC1, ya que un motor de ventilación no es de tipo inductivo.

b) AC2, ya que la mayoría de los motores de ventilación son de tipo de anillos rozantes.

c) AC3, puesto que tiene un factor de potencia que no está próximo a la unidad.

d) AC4, puesto que sus tiempos de funcionamiento son largos.

11.7. Un sensor de proximidad inductivo funciona a base de crear:

a) Un campo electromagnético.

b) Un campo electrostático.

c) Una barrera de luz inductiva.

d) Unas ondas de ultrasonidos mediante un campo inductivo.

11.8. Un sensor de proximidad capacitivo funciona a base de crear:

a) Un campo electromagnético.

b) Un campo electrostático.

c) Una barrera de luz capacitiva.

d) Unas ondas de ultrasonidos mediante un campo capacitivo.

11.9. En un sensor con conexión a tres hilos de tipo NPN la salida de señal del sensor se conecta:

- **a)** A la carga y la otra conexión de la carga a positivo.
- **b)** A la carga y la otra conexión de la carga a negativo.
- **c)** A la carga y la otra conexión de la carga a fase.
- **d)** A la carga y la otra conexión de la carga a neutro.

11.10. Un termistor de tipo PTC al aumentar la temperatura:

- **a)** Aumenta la resistencia.
- **b)** Disminuye la resistencia.
- **c)** Aumenta la tensión.
- **d)** Disminuye la tensión.

Actividades de aplicación

11.11. Realiza un esquema de mando donde se active un relé (K1) desde dos puntos: punto A (marcha S1, paro S2), punto B (marcha S3, paro S4).

11.12. Realiza un esquema de mando con el siguiente funcionamiento:

- Pulsar S1o S2 conecta K1.
- Pulsar S3 y S4 desconecta K1.

11.13. Realiza un esquema de mando con el siguiente funcionamiento:

- Pulsar S1 conecta K1.
- Pulsar S2 y S3 conecta K1.
- Pulsar S4 y S5 desconecta K1.

11.14. Realiza un esquema de mando con el siguiente funcionamiento:

- Pulsar S1 activa K1.
- Pulsar S2 activa K2 si K1 no está activado y enciende P1.
- Pulsar S3 desactiva K1 y K2, además, apaga P1.
- Pulsar S4 activa K3 y enciende P2.
- Pulsar S5 desactiva K3 y se apaga P2.

11.15. Realiza un esquema de mando con el siguiente funcionamiento:

- Alimentación a 24 V en corriente continua, a partir de una tensión de 230 V.
- S1 o S2 paran todo el circuito.
- S3 activa a K1 y K2.
- K3 activado desde S4, desactiva K2.
- K4 activado desde S5 o S6, solo puede activarse cuando no está activado K2.
- Señalización de K2 cuando no está funcionando.
- Señalización de K1 y K3 cuando están funcionando a la vez.
- Señalización de circuito en reposo cuando no está activado ningún contactor.

11.16. Realiza un esquema de mando con el siguiente funcionamiento:

- Pulsando sobre S8 y S9 a la vez se desactiva K2.
- Pulsando sobre S1 o S2 se para todo el circuito.
- K1 se activa desde S3, si no está activado K2.

- K2 se activa desde S4 o S5, si no está activado K1.
- K3 se activa desde S6 y S7.
- Señalizar K1 cuando no está activado.
- Señalización de S1 cuando está presionado.

11.17. Realiza un esquema de mando con el siguiente funcionamiento:

- Pulsando sobre S1 se para todo el circuito.
- Pulsando sobre S2 se activa K1 y se desactiva K2 si está activado.
- Pulsando sobre S3 se activa K2 y se desactiva K1 si está activado.
- K1 y K2 no pueden funcionar a la vez.

11.18. Realiza un esquema de mando con el siguiente funcionamiento:

- Pulsar S1 para todo el circuito.
- Pulsar S2 o S4 activa K1 y desactiva K2 si está funcionando.
- Pulsar S3 y S5 a la vez activa K2 y desactiva K1 si está funcionando.
- K1 y K2 no pueden funcionar a la vez.

11.19. Realiza un esquema de mando con el siguiente funcionamiento:

- S1 o S2 paran todo el circuito.
- K1 se activa desde S3, si K2 no está activado.
- K2 se activa desde S4 o S5, si K3 está activado.
- K3 se activa desde S6 y S7 y desactiva K1.
- S8 desactiva K2.
- Señalización de K1 cuando no está activado.

11.20. Realiza un esquema de mando con el siguiente funcionamiento:

- Alimentación del circuito de mando de 230 voltios. Tensión de funcionamiento de las bobinas 24 voltios.
- S1 para todo el circuito.
- K1 se activa desde S2 y S3, a la vez, si K3 está activado.
- K2 se activa desde S4 si K3 está desactivado.
- K2 se desactiva pulsando S7 y S8.
- K3 se activa desde S5 o S6.
- K3 se desactiva pulsando S3.
- K2 y K3 no pueden funcionar a la vez.
- P1, señalización de activación de K1.
- P2, señalización de K2 o K3 cuando está funcionado.

Actividades de ampliación

11.21. Busca en catálogos o en la web de fabricantes diferentes tipos de sensores y observa sus parámetros y principales características.

Protección, arranque y maniobra de motores

12

El proceso de arranque de un motor eléctrico es una maniobra delicada en la cual se producen una serie de perturbaciones sobre la red eléctrica, motivo por el cual está regulado en el REBT.

En esta unidad se mostrarán las diferentes técnicas a emplear para el arranque de motores eléctricos, según las características del proceso y del propio motor. Otra de las maniobras de motores más empleadas consiste en poder controlar el sentido de giro del motor con seguridad.

Contenidos

Objetivos

- Estudiar el proceso y la problemática del arranque de motores eléctricos.
- Aplicar la reglamentación (REBT) sobre el arranque de motores eléctricos.
- Realizar los esquemas de arranques más empleados en motores eléctricos.
- Efectuar la maniobra de inversión de giro.
- Emplear los sistemas de seguridad en las inversiones de giro de motores.

12.1. Motor eléctrico

Las máquinas eléctricas se clasifican en dos grandes grupos en función de si generan o no movimiento. Dentro del grupo de las dinámicas se encuentra el motor eléctrico, una máquina que transforma la energía eléctrica en energía mecánica.

Tabla 12.1. Clases de máquinas eléctricas

Grupo	Tipo	Aplicación
Estáticas	Transformador	Transforma la electricidad
Dinámicas	Generador	Genera electricidad
	Motor	Genera movimiento

A su vez, el motor eléctrico se puede clasificar atendiendo a la Tabla 12.2.

Tabla 12.2. Clasificación general de tipos de motores eléctricos

Motor de corriente alterna	Inducción (asíncronos)	Trifásico	Rotor en cortocircuito
			Rotor bobinado
		Monofásico	Fase partida
			Con condensador
			Espira de sombra
	Síncronos		
Motor de corriente continua	Excitación independiente		
	Autoexcitación	Excitación serie	
		Excitación *shunt*	
		Excitación *compound*	
Motores universales			
Otros motores (paso a paso, lineales, etcétera)			

12.1.1. Tipos de motores de corriente alterna

En corriente alterna existen principalmente dos tipos de motores: los motores síncronos y los motores asíncronos.

Los **motores síncronos** giran siempre a la misma velocidad, llamada **velocidad de sincronismo.** Esta velocidad vendrá determinada por las características constructivas de la máquina y por la frecuencia de la red eléctrica de alimentación del motor, según la expresión:

$$n = \frac{60 \cdot f}{p}$$

Donde:

n: velocidad de sincronismo (r. p. m., revoluciones por minuto).

f: frecuencia de la red eléctrica (Hz, hercios).

p: número de pares de polos.

Así, una máquina con un par de polos, a una frecuencia de 50 Hz, gira a:

$$n = \frac{60 \cdot f}{p} = \frac{60 \cdot 50}{1} = 3000 \text{ r. p. m.}$$

Figura 12.1. *Motores de corriente alterna trifásica. (Cortesía de Siemens).*

La principal ventaja del motor síncrono es que posee una velocidad de giro constante, pero su mayor inconveniente es que si la carga aumenta, el motor pierde velocidad, lo que se traduce en una pérdida en la sincronización de giro y, en consecuencia, el motor se para. Estos inconvenientes hacen que el motor síncrono se emplee solo en casos concretos.

Los **motores asíncronos** no poseen una velocidad constante de giro. La velocidad de giro del rotor es diferente a la velocidad de sincronismo.

Esta diferencia de velocidades se denomina **deslizamiento.** Esta magnitud se aplica en tanto por uno, pero se expresa en %.

$$s = \frac{n_{sincronismo} - n_{rotor}}{n_{sincronismo}} = \frac{n - n_1}{n}$$

Donde:

s: deslizamiento.

n_1: velocidad de giro del rotor (revoluciones por minuto).

n: velocidad de sincronismo (revoluciones por minuto).

Los motores asíncronos son ampliamente utilizados en la industria, principalmente por su robustez, bajo coste, facilidad de mantenimiento y facilidad de uso. Como inconveniente poseen un bajo par de arranque.

Según como esté construido el rotor, se encuentran dos tipos de máquinas:

- **De rotor en cortocircuito o en jaula de ardilla.** El devanado está formado por unas barras unidas entre sí por los extremos por medio de unos anillos.
- **De rotor bobinado o anillos rozantes.** Los extremos de los devanados se conectan al exterior mediante unas escobillas.

12.1.2. Funcionamiento de los motores de corriente alterna

En el **motor síncrono** se hace girar el campo magnético exterior, produciéndose que el imán interior persiga a este campo (Figura 12.2). Ambos girarán a la misma velocidad.

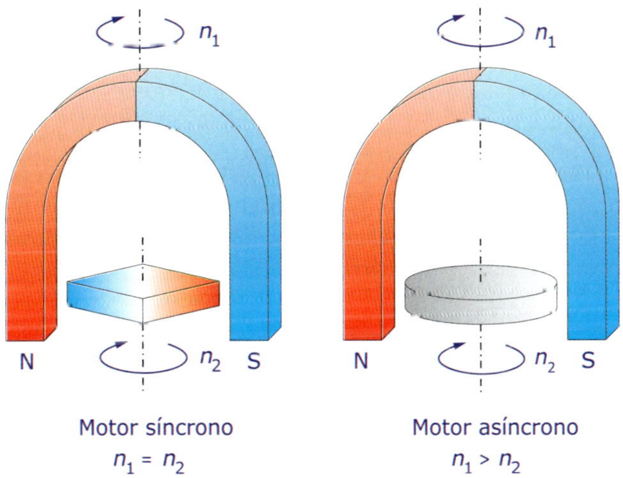

Figura 12.2. *Funcionamiento básico de los motores de alterna.*

El campo magnético interior (del rotor) se consigue mediante electroimán, por ello este rotor es bobinado y para acceder a este bobinado se necesita de unas escobillas.

En el **motor asíncrono o de inducción** se hace girar el campo magnético alrededor de un disco o masa metálica, produciéndose que el disco gire en el mismo sentido pero a una velocidad ligeramente inferior (Figura 12.2).

Al girar el campo magnético se inducen unas corrientes eléctricas en el disco que crean otro campo magnético que se opone a las variaciones del campo inductor (ley de Lenz), dando como resultado el movimiento del disco.

El método para crear el campo magnético giratorio trifásico, que actúa como inductor, consiste en colocar tres bobinas desfasadas 120º por las que circula una corriente alterna trifásica.

12.1.3. Simbología

La simbología eléctrica que representa a los motores asíncronos de corriente trifásica es la mostrada en la Tabla 12.3.

Tabla 12.3. Representación gráfica del motor trifásico asíncrono

Elemento	Símbolo
Motor trifásico asíncrono con rotor en cortocircuito o jaula de ardilla	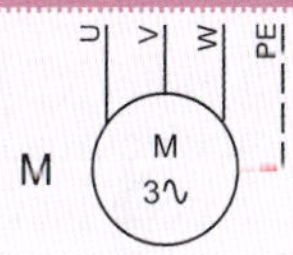
Motor trifásico asíncrono con rotor en cortocircuito, con todos sus bornes	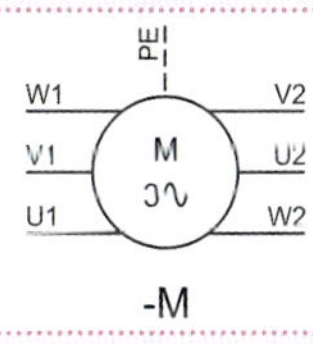
Motor trifásico asíncrono de rotor bobinado	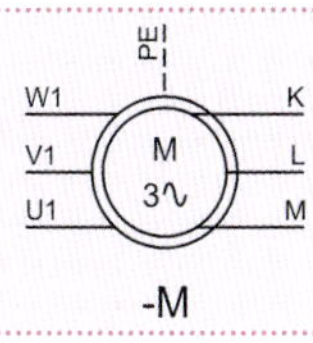

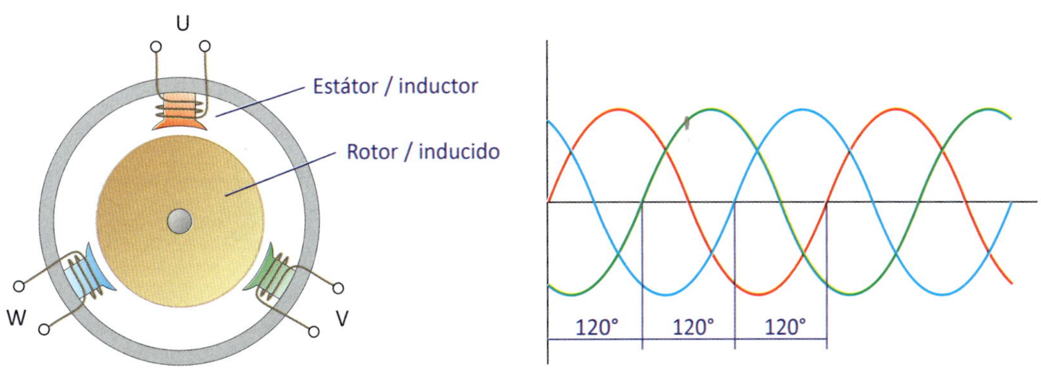

Figura 12.3. *Representación de los desfases en el bobinado.*

Y para los motores trifásicos síncronos es la mostrada en la Tabla 12.4.

Tabla 12.4. Representación gráfica del motor trifásico síncrono

Elemento	Símbolo
Motor trifásico síncrono con rotor de excitación independiente	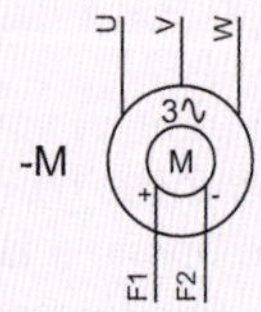
Motor trifásico síncrono con rotor de imán permanente	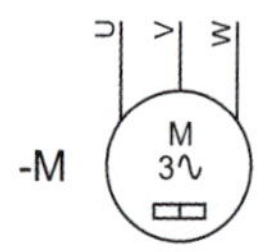

Los motores eléctricos se identifican con la letra M.

12.1.4. Conexión eléctrica de un motor trifásico asíncrono

Un motor eléctrico trifásico asíncrono está constituido internamente por tres devanados, con un total de seis bornes.

Un motor trifásico puede funcionar bajo dos valores de tensión eléctrica. A la hora de configurar este motor trifásico se debe tener en cuenta la tensión de la red eléctrica y de cómo se realizan las conexiones en los bobinados del motor. Las conexiones son **conexión en estrella** y **conexión en triángulo.**

Figura 12.4. *Cajas de conexiones de un motor trifásico.*

Para la conexión en estrella todos los bornes se unen en un punto; por ello se conectarán uniéndose entre sí.

Para la conexión en triángulo basta con cambiar la posición de las plaquitas y se unirán con las líneas de alimentación del motor. Al estar desplazados los bobinados se consigue la conexión correcta.

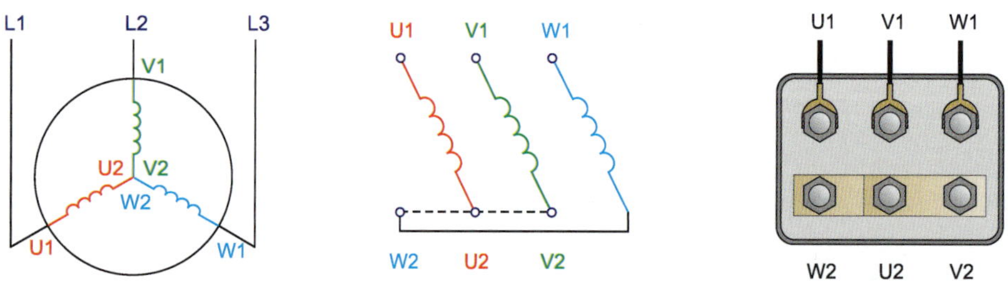

Figura 12.5. *Conexión en estrella.*

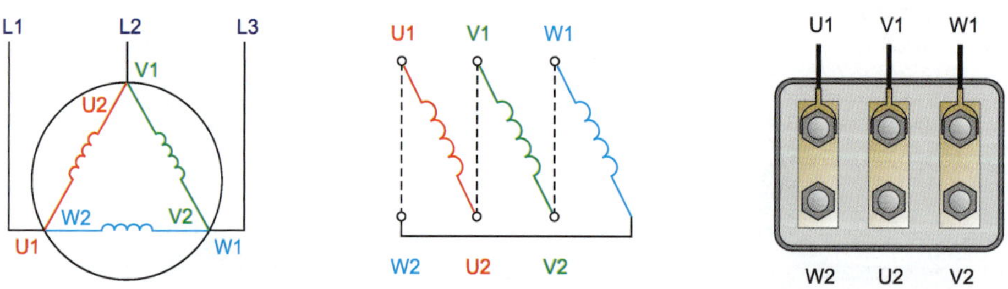

Figura 12.6. *Conexión en triángulo.*

12.2. Proceso de arranque de un motor de inducción

El arranque de un motor eléctrico es el intervalo en el cual el motor, partiendo del reposo, se acelera hasta alcanzar la velocidad nominal diseñada para ese motor. Es por tanto la primera fase en el funcionamiento de los motores y es una fase que es temporal. El tiempo de arranque de un motor depende principalmente de la carga arrastrada respecto al motor.

Para que un motor pueda arrancar es necesario que el par motor pueda vencer el par resistente de la carga.

12.2.1. Curva característica de par-velocidad

Hasta que el motor alcanza su régimen permanente, su par y velocidad no son constantes sino que tienen un comportamiento tal y como se muestra en la Figura.12.7.

En el momento inicial de aplicarle alimentación eléctrica para que inicie el arranque, el motor tiene una velocidad de giro nula (lógicamente, puesto que está parado) y tiene un par de arranque determinado por sus condiciones físicas. A este valor de par se le denomina **par de arranque.**

Conforme empieza a acelerar, su par disminuye hasta alcanzar el punto de **par mínimo.**

Pasado este punto de par mínimo, el motor sigue acelerando, desarrollando cada vez un mayor par, hasta llegar al **par máximo.**

En función del par resistente, el motor se estabilizará en el punto nominal de funcionamiento. En dicho punto el motor desarrollará una velocidad constante (velocidad nominal) y un **par nominal.** Ese será el punto de trabajo de ese motor con esa carga.

En esta gráfica se observan dos zonas: una zona inestable donde las condiciones van variando a lo largo del tiempo y una zona estable donde el motor se estabilizará y se situará el punto nominal o de trabajo.

Para que un motor se estabilice en su punto de trabajo nominal debe situarse en la zona estable. Este punto de trabajo nominal es fijo mientras no se alteren las condiciones. Pero puede pasar que la carga arrastrada por el motor varíe. Al variar la carga, varía el par resistente. Si el par resistente aumenta, la curva se desplaza hacia arriba, disminuyendo ligeramente la velocidad (de n_1 a n_2). Pasa lo opuesto en el caso contrario.

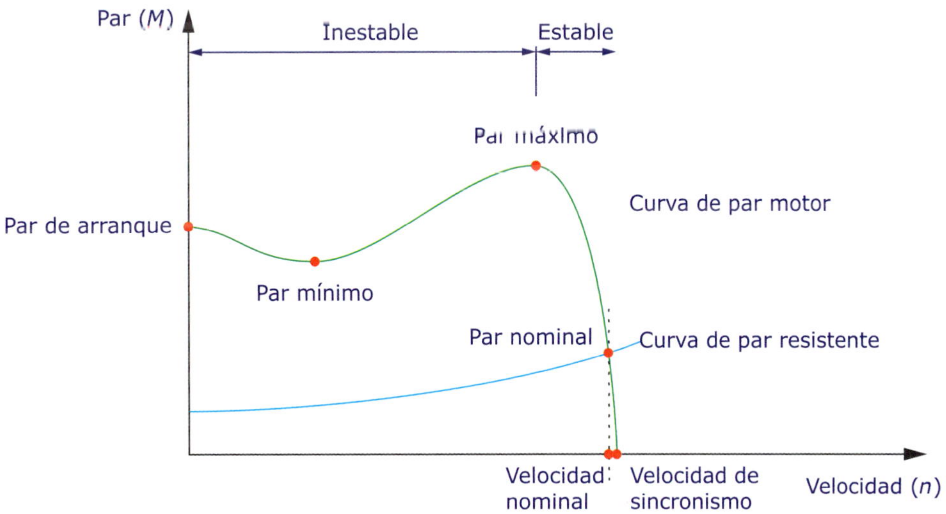

Figura 12.7. *Curva de arranque típica de un motor de inducción.*

Recuerda

El **par** es un término físico que indica una fuerza aplicada de forma rotacional. Esta fuerza se aplica con un sentido de giro y a una cierta distancia. Físicamente, par es fuerza por distancia. Cuando se habla de par motor nos referimos a quien realiza la fuerza del movimiento. Y cuando se habla de par resistente nos referimos a quien se opone a ese movimiento.

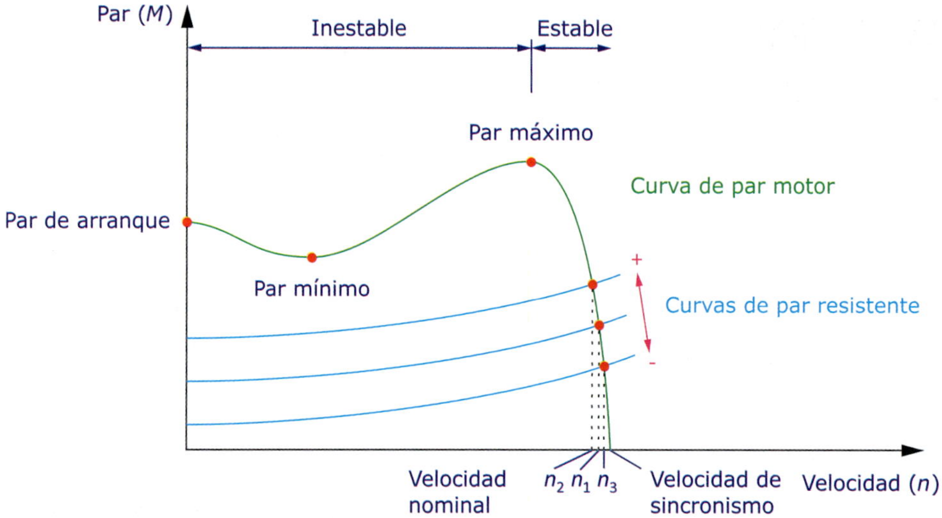

Figura 12.8. *Curvas con variación del par resistente.*

En el proceso de arranque pueden ocurrir las siguientes situaciones (Figura 12.9):

- **El motor no arranca.** El par resistente es mayor que el par motor. Es decir, el motor no puede mover la carga conectada. Es la representación de la curva M_1.
- **El motor arranca pero posteriormente se para.** El motor puede arrancar porque el par de arranque es superior al par resistente. Una vez arrancado, el motor empieza a acelerar, pero antes de llegar a la zona estable el par motor es inferior al par resistente, con lo cual el motor no puede con la carga y se para. Es la representación de la curva M_2.
- **El motor arranca y acelera hasta llegar al punto de trabajo.** En todo momento el par motor es superior al par resistente. Es la representación de la curva M_3.

Una vez que el motor se estabiliza, su velocidad será constante e inferior a la velocidad de sincronismo. Esa diferencia de velocidades se llama **deslizamiento.**

Existe un punto teórico en el cual la velocidad sería máxima e igual a la velocidad de sincronismo. En ese punto, en condiciones normales, el motor nunca la alcanzaría puesto que aunque el motor funcione en vacío (sin carga) aún debe vencer una serie de cargas mínimas (rozamientos, pérdidas, etcétera).

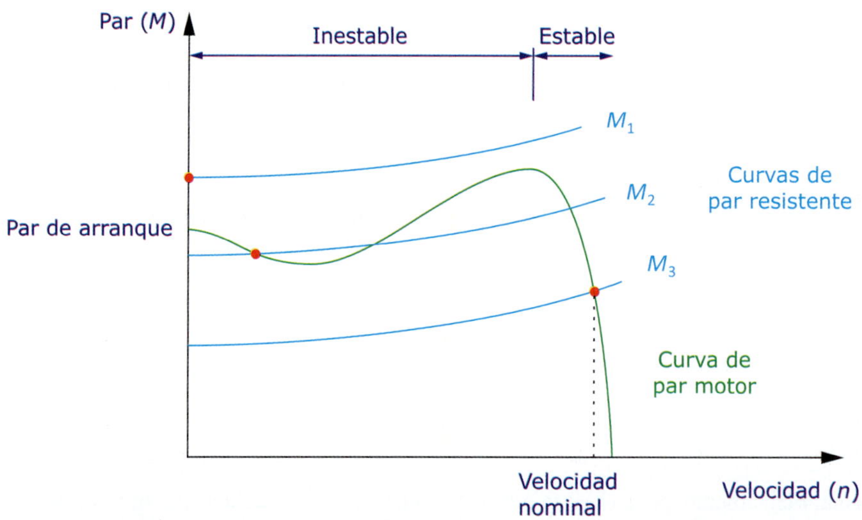

Figura 12.9. *Casos de situaciones en el arranque.*

12.2.2. Curva característica de corriente-velocidad

También en el proceso de arranque hay una curva característica de la relación de la corriente con la velocidad y el par. En el momento inicial (punto de arranque) la corriente eléctrica es muy elevada. Este valor de intensidad eléctrica va disminuyendo conforme la máquina se acelera estabilizándose en el punto nominal.

Esta punta de corriente eléctrica en el momento de arranque es importante, alcanzando varias veces la intensidad nominal.

Este aumento temporal en la corriente eléctrica producida por el arranque del motor genera una serie de problemas en la red eléctrica que son más importantes cuanto mayor sea la potencia del motor. Estas perturbaciones se traducen en variaciones en la red eléctrica con bajadas de tensión, generación de ruido eléctrico, generación de armónicos, etcétera.

Las empresas suministradoras de energía, así como los reglamentos, obligan a los usuarios a tomar medidas para disminuir estos efectos.

Los límites de la relación entre la corriente de arranque respecto a la corriente nominal a plena carga están fijados por normativa en los siguientes valores (Tabla 12.5).

Recuerda

Los armónicos son múltiplos de la frecuencia de la red eléctrica. Aparte de la onda eléctrica de 50 Hz se generan otras ondas que son múltiplos de esta, pudiéndose encontrar ondas (armónicos) de 100 Hz, 150 Hz, etcétera.

Los armónicos son ondas no deseadas y las consecuencias principales son sobrecargas, calentamientos, disparos no deseados de elementos de protección, distorsión en la forma de la onda eléctrica, etcétera.

Tabla 12.5. Limitaciones según el REBT-ITC-47 para el arranque de motores

Motores de corriente continua		Motores de corriente alterna	
Potencia nominal	K	Potencia nominal	K
De 0,75 a 1,5 kW	2,5	De 0,75 a 1,5 kW	4,5
De 1,5 a 5 kW	2	De 1,5 a 5 kW	3
Más de 5 kW	1,5	De 5 a 50 kW	2
		Más de 50 kW	1,5

K: Constante máxima de la proporcionalidad entre la intensidad de arranque y a plena carga.

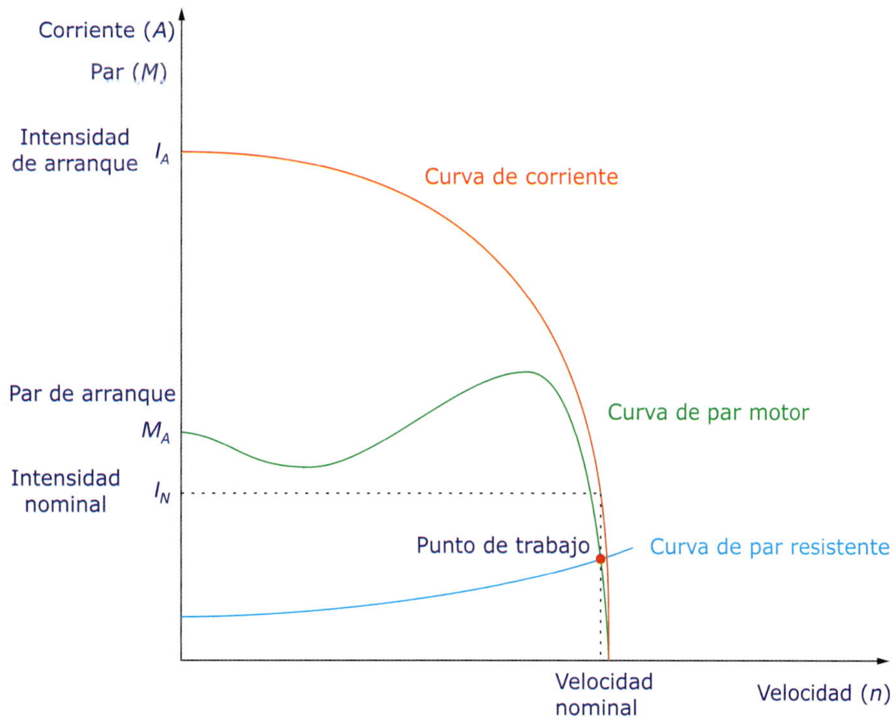

Figura 12.10. *Curva característica de corriente y velocidad.*

Recuerda

El REBT (Reglamento Electrotécnico para Baja Tensión), en la instrucción ITC-47, fija que a partir de un motor de 0,75 kW, este debe contar con algún sistema para limitar esta relación entre la corriente de arranque respecto a la corriente nominal.

12.3. Protección de motores eléctricos

En la mayoría de las aplicaciones industriales el receptor eléctrico más empleado es el motor eléctrico. Estos motores se deben proteger tanto para sobrecorrientes como para sobrecargas. Existen diversas soluciones para realizar una adecuada protección (relé térmico, disyuntor guardamotor, etcétera).

12.3.1. Relé térmico

El relé térmico es uno de los elementos de protección del motor eléctrico. Es un dispositivo de acción lenta que **reacciona por efecto de la temperatura sobre una lámina metálica.** Se emplea para la detección y protección de sobrecargas en el motor eléctrico. Un motor eléctrico puede soportar ligeras sobrecargas de una manera temporal sin que sufra en exceso. Si esa sobrecarga perdura en el tiempo, entonces sí que es dañino, ya que puede averiarlo.

Al ser un sistema de protección no total se debe combinar con otro sistema con el cual se complemente y ofrezca protección contra cortocircuitos, por ejemplo con fusibles.

Figura 12.11. *Relés térmicos. (Cortesía de Schneider).*

Los motivos del disparo del relé térmico están relacionados con las siguientes situaciones:

- **Sobrecarga del motor por un exceso de trabajo.** El motor intenta llegar a su régimen de trabajo aumentando la corriente y, por consiguiente, calentándose en exceso.
- **Sobrecarga por un defecto del motor.** El motor sufre un fallo, por ejemplo por un deterioro en los rodamientos del eje o por una curvatura del eje.
- **Fallo de una de las fases de alimentación de la red eléctrica.** El motor intenta compensar esta pérdida con un aumento de la intensidad en las demás fases.
- **Disminución de la tensión de alimentación del motor.**
- **Desequilibrio de las fases de alimentación de la red eléctrica.**
- **Excesivo número de arranques y paros en un corto intervalo de tiempo.** Durante el arranque, el motor tiene una pequeña sobrecarga. Si no se le da tiempo a disipar ese exceso de calor temporal se puede ir acumulando y provocar el disparo del relé.

Un relé térmico se compone de las siguientes partes:

- **Bornes de conexión del contactor.** Es la conexión directa con el contactor.
- **Bornes de conexión del motor trifásico.** Son los bornes de salida del relé térmico. Sobre estos se conectarán las tres fases del motor.
- **Pulsador de *stop*.** Accionándolo se abre el contacto auxiliar NC. Este contacto se conecta en serie con la bobina del contactor y, actuando sobre él se actúa sobre el contactor, parando el motor.

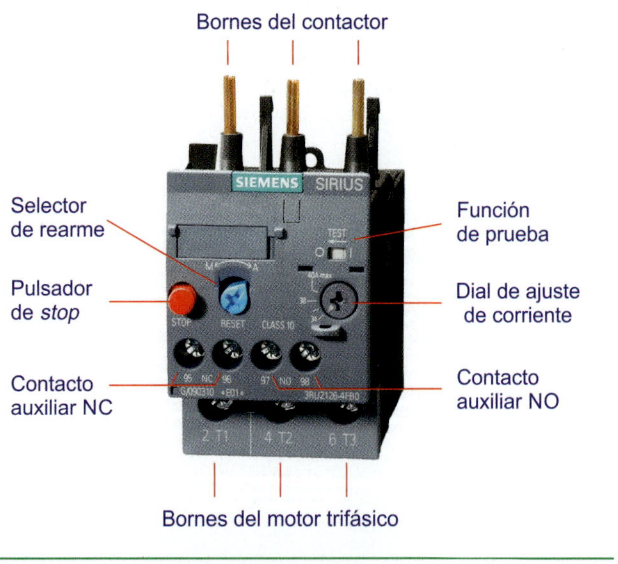

Figura 12.12. *Partes del relé térmico.*

- **Selector de rearme.** Permite seleccionar entre un rearme manual o automático.
- **Función de prueba.** Permite probar el correcto funcionamiento provocando un disparo del relé.
- **Contacto auxiliar NC.** Contacto normalmente cerrado. Se utiliza como elemento de paro del contactor.
- **Contacto auxiliar NO.** Contacto normalmente abierto. Se utiliza principalmente como elemento de señalización para indicar el disparo del relé térmico por sobrecarga del motor.
- **Dial de ajuste de corriente asignada.** Dial giratorio para el ajuste de la corriente. Permite la calibración de disparo del relé. Suele tener una tapa transparente con un cierre que permite su precintado como medida de protección contra manipulaciones indebidas.

El principio de funcionamiento del relé térmico se basa en emplear una **lámina compuesta de dos metales de diferente coeficiente de dilatación térmica.** Los metales, al calentarse, se dilatan. El metal de la lámina con mayor capacidad de dilatación va a forzar a que la lámina se curve. Con este movimiento se produce la desconexión del relé.

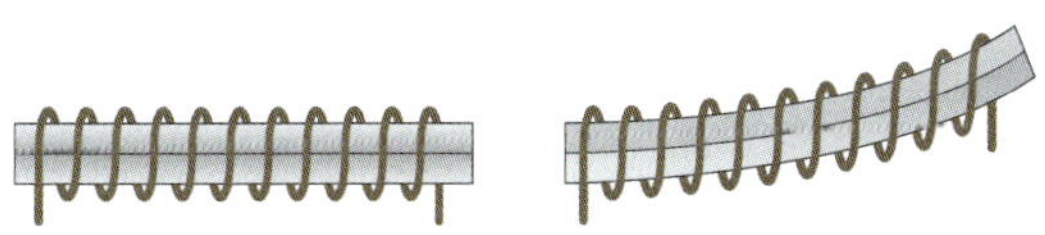

Figura 12.13. *Lámina bimetálica y su curvado.*

Una vez que se produce la desconexión del motor, la lámina bimetálica del relé deja de calentarse y poco a poco se enfría hasta que vuelve a recuperar su posición inicial.

A este tiempo se le denomina **tiempo de reposición.** Los fabricantes proporcionan tablas en las cuales se refleja cuál es el tiempo de reposición en función de la corriente que produjo el disparo.

Un relé térmico trifásico contará con tres láminas, una para cada fase.

Para que el relé térmico dispare, no es necesario que todas las láminas se curven por calentamiento, basta con una de ellas. Cuando falla una fase, de las tres láminas solo dos (por las que circula la corriente) se calentarán, y por la que no circula corriente permanecerá fría.

La mayoría de los relés actuales cuentan con una lámina de compensación. Esta lámina, que también es bimetálica, tiene por objeto compensar las variaciones de la temperatura ambiente.

Cuando el relé térmico dispara, solo actúa sobre los contactos auxiliares. Por los contactos de potencia el motor eléctrico sigue conectado a la red eléctrica de alimentación. Para provocar el paro del motor se emplea la ayuda de los contactos auxiliares para dar la orden de paro. El relé térmico no tiene capacidad de corte.

Recuerda

Una vez que se dispara el relé térmico no es posible volver a arrancar inmediatamente el motor eléctrico. Se debe enfriar la lámina bimetálica para que recupere su posición inicial y permita la conexión de sus contactos internos.

El reglaje se realizará teniendo en cuenta el motor (potencia, factor de potencia, etc.) y la carga (tipo de carga, etcétera).

Si un relé correctamente ajustado se dispara con relativa frecuencia, indica que el motor eléctrico va justo de potencia y que se debería cambiar el motor por uno de mayor potencia o disminuir la carga del motor.

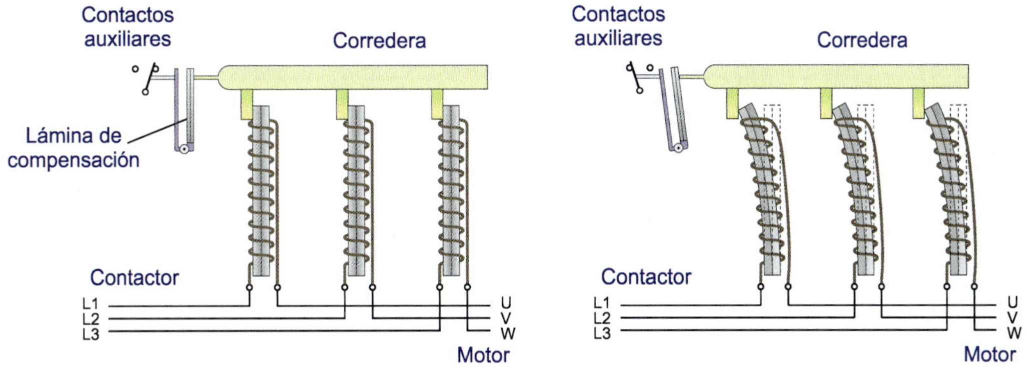

Figura 12.14. *Proceso de disparo del relé térmico.*

Los motores con una alta tasa de frecuencia de trabajo (varios arranques y paros en un intervalo corto de tiempo) implican una dificultad en su protección; no obstante, existen gamas de motores diseñados para tales fines.

Como ya se ha estudiado, durante el arranque de los motores se producen unos picos de corriente que son varias veces la intensidad nominal del motor. El relé térmico debe ignorar estas sobrecargas y permitir que el motor arranque. El tiempo de esta intensidad dependerá del tiempo de arranque y no todas las máquinas arrancan en el mismo intervalo. Para adaptar las condiciones de arranque, los relés térmicos se clasifican según su curva de respuesta en:

- **Relé de clase 10.** Permite el arranque con un tiempo máximo de 10 segundos.
- **Relé de clase 20.** Permite el arranque con un tiempo máximo de 20 segundos.
- **Relé de clase 30.** Permite el arranque con un tiempo máximo de 30 segundos.

Estos valores se han fijado considerando un arranque de 7,2 veces la intensidad nominal del motor.

En la Tabla 12.6 se representan las clases de relés en función de la intensidad de regulación del relé y del tiempo de actuación.

Tabla 12.6. Clases de disparo de relés térmicos según corriente y tiempo

Clase	Tiempo de disparo (en frío)			
	1,05 I	1,2 I	1,5 I	7,2 I
10 A			< 2 min	≤ 10 s
10	> 2 horas	< 2 horas	< 4 min	≤ 10 s
20			< 8 min	≤ 20 s
30			< 12 min	≤ 30 s

Saber más

Existen más clases de disparo (5, 10, 15, 20, 25, 30, 35, 40). La clase de disparo del relé térmico más empleada es la clase 10, con un tiempo de respuesta de menos de 10 segundos, que es menor que el tiempo de arranque normalmente empleado por la mayoría de las aplicaciones con motores trifásicos. La clase 30 se utiliza muy poco en Europa, pero sí es muy empleada en Estados Unidos.

La simbología eléctrica que representa a los relés térmicos es la mostrada en la Tabla 12.7.

Tabla 12.7. Representación gráfica del relé térmico

Elemento	Símbolo	
Relé térmico (fuerza y contactos)	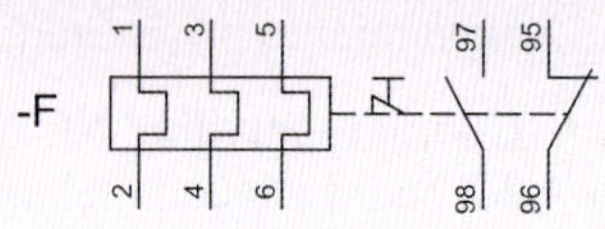	
Relé térmico (fuerza)	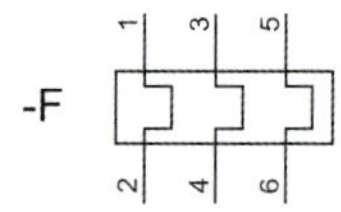	
Relé térmico (contacto auxiliar NC y NO)	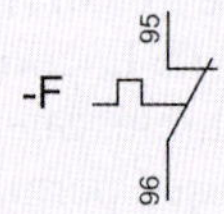	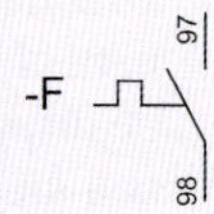

El símbolo del relé térmico se identifica con la letra F y se compone de dos partes: contactos de fuerza y contactos auxiliares.

Los contactos auxiliares emplean la numeración de 9 para la primera cifra y para la segunda cifra los pares 5-6 para el contacto normalmente cerrado y 7-8 para el contacto normalmente abierto.

Como el relé térmico solo proporciona protección contra sobrecargas necesita del apoyo de algún otro dispositivo que se encargue de la protección contra sobreintensidades (cortocircuitos). Este dispositivo suele ser el fusible o el interruptor automático electromagnético.

Si se emplea el fusible, el circuito básico para el arranque de un motor trifásico es el mostrado en la Figura 12.15.

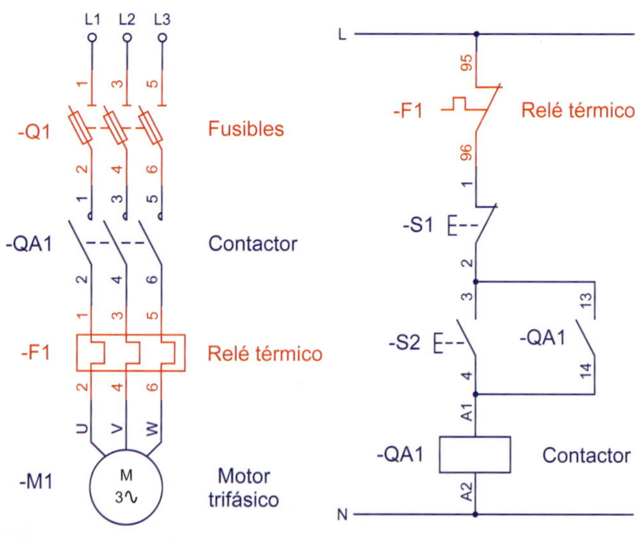

Figura 12.15. *Protección mediante fusibles y relé térmico.*

En este esquema se observa que, en condiciones de trabajo normales, el contacto cerrado del relé térmico (contactos 95-96) permite el arranque del motor una vez que se accione el pulsador de marcha (S2). Si hay algún problema y el relé térmico dispara, provoca la apertura de este mismo contacto y se comporta como un paro desactivando la bobina del contactor (QA1) y desconectando, a través de los contactos de fuerza del contactor, el motor.

12.3.2. Interruptor automático electromagnético

El interruptor automático electromagnético, también llamado **disyuntor electromagnético,** es un elemento de protección contra los cortocircuitos.

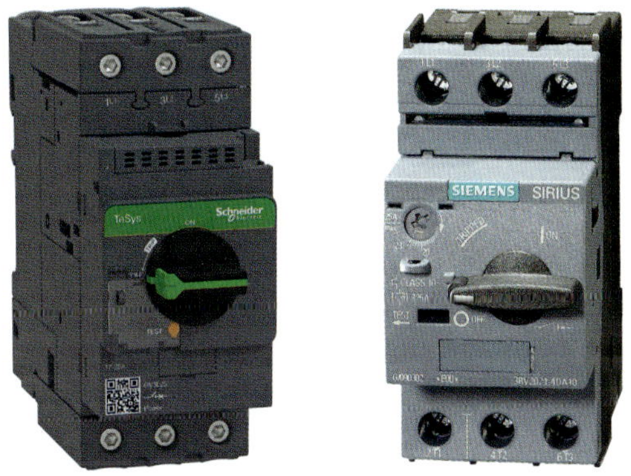

Figura 12.16. *Interruptores electromagnéticos. (Cortesía de Schneider Electric y Siemens).*

Se basa en emplear unos disparadores para abrir el circuito eléctrico mediante el efecto electromagnético. Un disparador por cada fase. El disparador consiste en un núcleo de hierro dentro de un campo magnético. Está calibrado para que cuando circule una corriente muy elevada debido a un cortocircuito, una parte móvil se mueva por efecto de ese campo electromagnético hacia una parte fija. Con este movimiento se provoca el disparo y la apertura del circuito.

Las características principales que definen a un disyuntor electromagnético son las siguientes:

- **Poder de corte.** Es la máxima corriente que el disyuntor magnético puede cortar bajo tensión. Es un valor de kiloamperios.
- **Poder de cierre.** Es el valor máximo de corriente que puede establecer un disyuntor magnético bajo tensión nominal. Se expresa como el número de veces del poder de corte.
- **Tensión asignada de empleo.** Es el valor de la tensión para la cual está diseñado el disyuntor para funcionar correctamente.
- **Corriente nominal.** Es el valor de la corriente para la cual está diseñado para trabajar sin causarle ningún daño. También se denomina **calibre.**
- **Umbral de funcionamiento de los disparadores electromagnéticos.** Es el valor de la corriente a partir de la cual se produce el disparo electromagnético. Se expresa como el número de veces la corriente nominal del disyuntor.

La simbología eléctrica que representa al disyuntor electromagnético es la mostrada en la Tabla 12.8.

Tabla 12.8. Representación gráfica del disyuntor electromagnético

Elemento	Símbolo	
Disyuntor electromagnético (fuerza y contactos auxiliares)	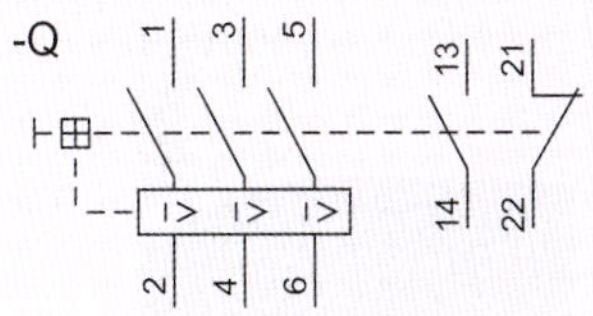	
Disyuntor electromagnético (fuerza)	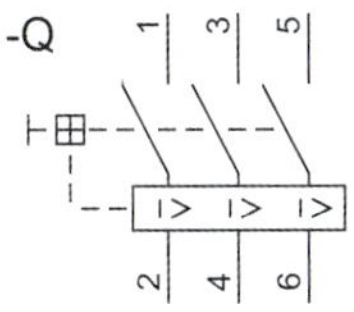	
Disyuntor electromagnético (contacto auxiliar NO y NC)	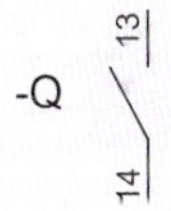	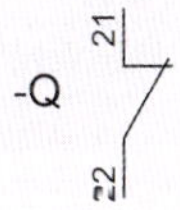

El símbolo del interruptor automático electromagnético se identifica con la letra Q.

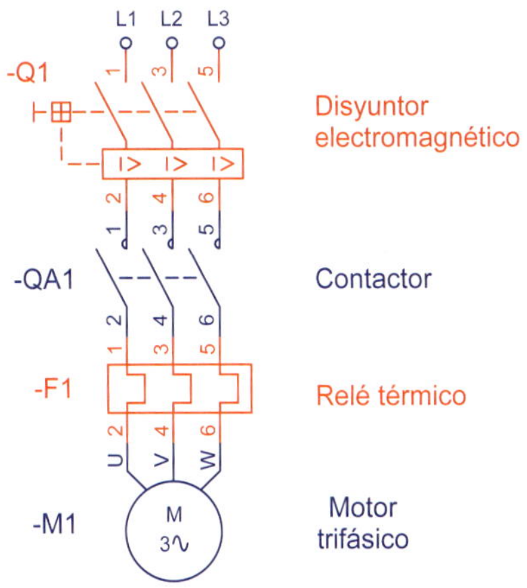

Figura 12.17. *Protección mediante interruptor automático electromagnético y relé térmico.*

El disyuntor electromagnético se emplea como sustituto de los fusibles y acompañando a los relés térmicos. Respecto a los fusibles, los disyuntores electromagnéticos son más rápidos en su respuesta.

En el esquema del circuito de fuerza el disyuntor electromagnético se coloca entre el contactor y la red de energía eléctrica. En el esquema del circuito de maniobra se emplea un contacto abierto de este disyuntor.

12.3.3. Disyuntor guardamotor

El disyuntor guardamotor es un sistema de protección para motores eléctricos que combina las ventajas del disyuntor electromagnético con las ventajas del relé térmico. Por tanto, es un sistema de protección completo frente a las sobrecargas y los cortocircuitos.

Figura 12.18. *Diversos modelos de disyuntores guardamotores. (Cortesía de Schneider y Siemens).*

Un disyuntor motor se compone de las siguientes partes:

- **Bornes de conexión de alimentación eléctrica** (entrada). Son los bornes que se conectan a la red eléctrica. Es el punto de entrada de la corriente al aparato.
- **Bornes de conexión del contactor** (salida). Son los bornes de conexión de salida y ahí se conecta el contactor.

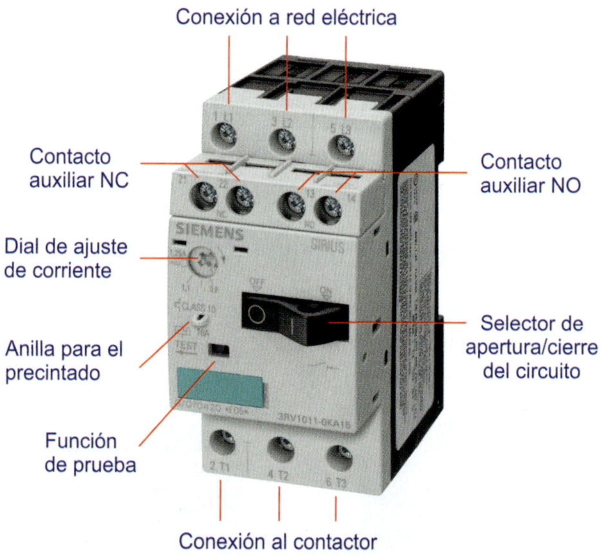

Figura 12.19. *Partes del disyuntor guardamotor.*

- **Selector de conexión y desconexión.** Es un selector que permite el cierre/apertura del circuito y que así pueda llegarle corriente eléctrica al motor.
- **Dial de ajuste de corriente.** Dial giratorio para el ajuste de la corriente. Permite la calibración de disparo del disyuntor por sobrecarga (térmico).
- **Función de prueba.** Permite probar el correcto funcionamiento provocando un disparo del disyuntor.
- **Contactos auxiliares.** Se utilizan para desconectar el circuito de mando una vez que salta el disyuntor y para operaciones de señalización (disparo del disyuntor). Los contactos auxiliares suelen ser un complemento del disyuntor. Pueden ser para un montaje frontal o lateral.
- **Precinto.** Suele tener una tapa transparente con un cierre que permite su precintado como medida de protección contra manipulaciones indebidas.

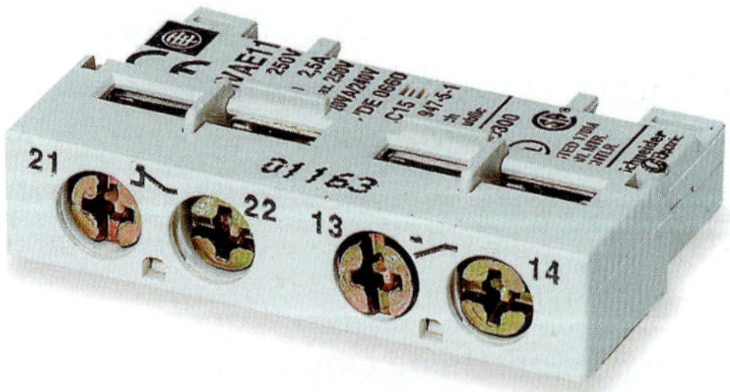

Figura 12.20. *Contactos auxiliares de montaje frontal. (Cortesía de Schneider).*

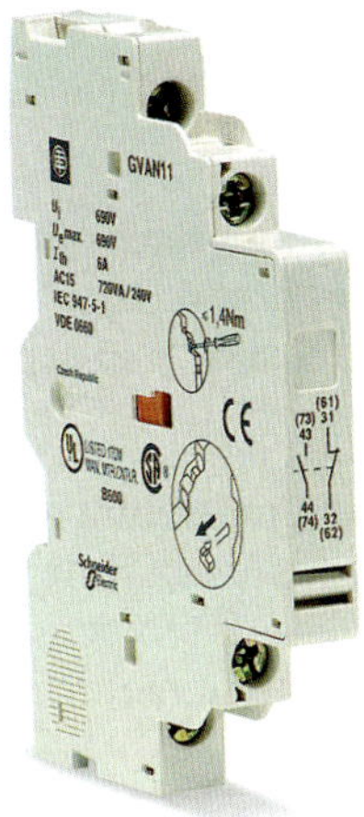

Figura 12.21. *Contactos auxiliares de montaje lateral. (Cortesía de Schneider).*

La simbología eléctrica que representa al disyuntor guardamotor es la mostrada en la Tabla 12.9.

Tabla 12.9. Representación gráfica del disyuntor guardamotor

Elemento	Símbolo	
Disyuntor guardamotor (fuerza y contactos auxiliares)	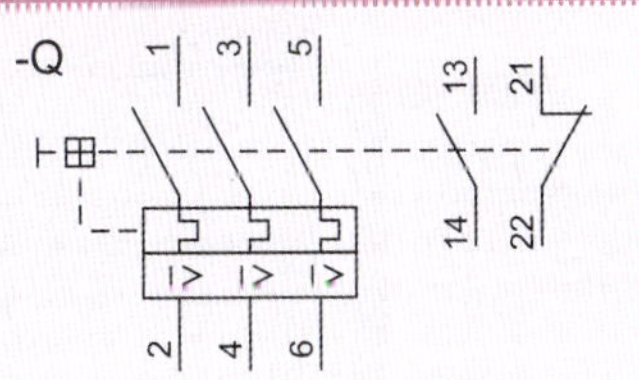	
Disyuntor guardamotor (fuerza)	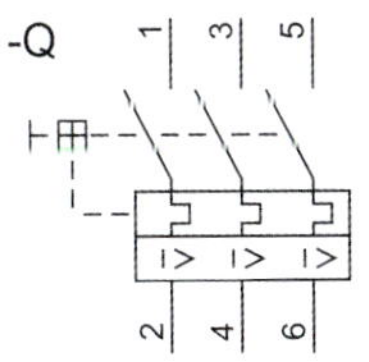	
Disyuntor guardamotor (contacto auxiliar NC y NO)	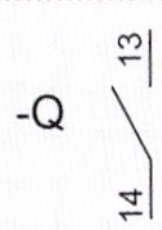	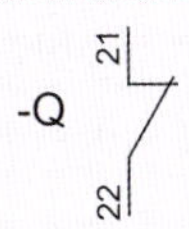

El símbolo del disyuntor guardamotor se identifica con la letra Q.

El disyuntor guardamotor es un dispositivo que, en condiciones de reposo, sus contactos se encuentran abiertos. Por ello, a la hora de utilizarlo se deben cerrar sus contactos. Al cerrar sus contactos, todos ellos cambian de estado, cerrando los abiertos y abriendo los cerrados. El contacto 13-14 (NO) del disyuntor ahora estará cerrado, permitiendo activar el contactor si se acciona el pulsador de marcha (S2).

Si el disyuntor dispara por un problema eléctrico, los contactos de fuerza se abren parando el motor y por medio del contacto 13-14 del disyuntor (que actuará como un paro) cortará la alimentación eléctrica a la bobina del contactor, desactivándolo.

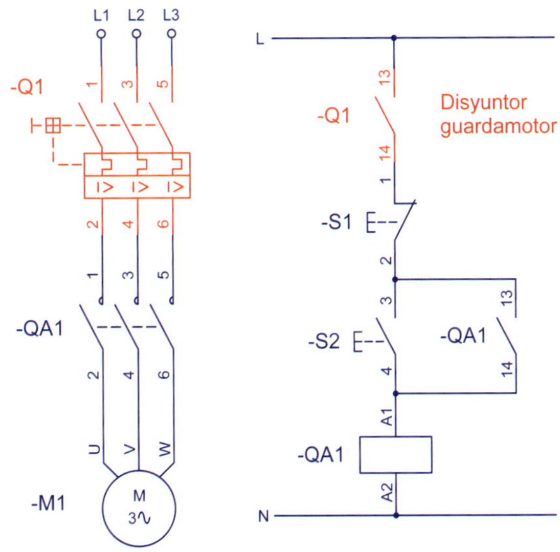

Figura 12.22. *Esquema de protección de un motor con un disyuntor guardamotor.*

Recuerda

El disyuntor guardamotor proporciona una protección al motor completa, tanto contra cortocircuitos como contra sobrecargas.

12.3.4. Sondas de temperatura

La protección mediante sondas térmicas es un método que consiste en medir directamente la temperatura en el interior del motor eléctrico. Toda sobrecarga se traduce en un aumento de temperatura, que si el motor no es capaz de disipar, a la larga daña o acorta la vida del motor. Las sondas de temperatura se emplean como método de **protección contra las sobrecargas.**

La sonda de temperatura es también capaz de poder detectar una refrigeración deficiente del motor. Si un motor eléctrico está funcionando correctamente y sin embargo se detecta un exceso de temperatura (descartando la temperatura ambiente) es signo de una mala refrigeración.

Las sondas de temperatura son unas resistencias (PTC o NTC) que varían su resistencia eléctrica en función de la temperatura. Miden la temperatura en el punto de contacto, por ello se deben situar en los puntos críticos del motor (en el fondo de las ranuras o en las cabezas de las bobinas). Un motor eléctrico puede llevar una o varias sondas.

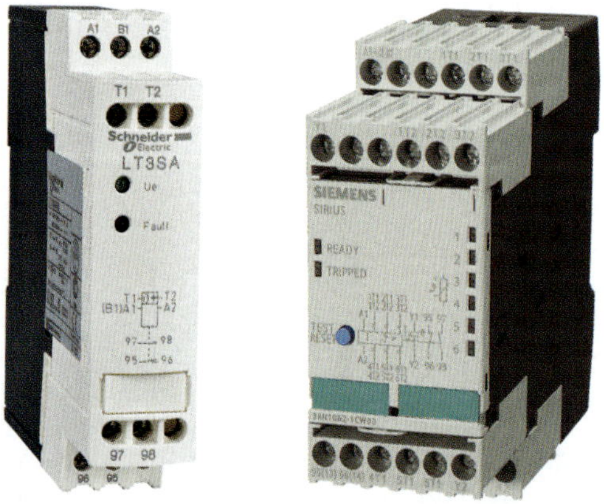

Figura 12.23. *Relés para termistores Schneider (LT3) y Siemens (3RN10).*

Las sondas térmicas se introducen en el motor durante el bobinado de este. Es por ello que a la hora de adquirir un motor eléctrico se ha de decidir si se desea que cuente con dichas sondas.

Las sondas realizan la tarea de medición pero es necesario contar con un dispositivo externo que se encargue de leer esos valores y decidir si se ha de cortar la alimentación eléctrica al motor. Este dispositivo es el **relé de protección del motor por termistancia.**

Existe otra serie de sondas llamadas PT-100, de mayor calidad que las PTC, además de ser más lineales en su respuesta. Las sondas PT-100 se emplean en motores de mayor tamaño.

La protección con sondas térmicas es adecuada en aquellos motores que van a funcionar de una manera intermitente, con arranques y frenados muy repetidos en el tiempo.

Tabla 12.10. Representación gráfica

Elemento	Símbolo
Sonda de temperatura	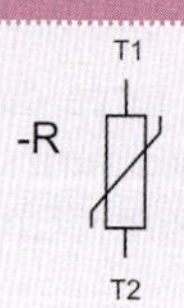
Motor trifásico con sonda de temperatura	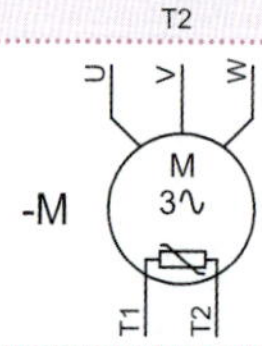
Relé de protección por sondas de temperatura	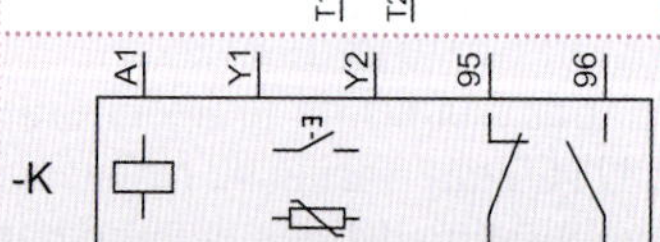

La simbología eléctrica que se emplea con los relés de protección por sondas de temperatura es la mostrada en la Tabla 12.10.

El símbolo del relé de protección por sondas de temperatura no está normalizado, pero se representa con los terminales de los que consta, y al ser un relé se identifica por la letra K.

La propia sonda de temperatura es una parte del motor, y el motor eléctrico se representa por la letra M. Si se necesita representar una sonda de temperatura del motor, esta se indicará con la letra M (de su motor).

12.3.5. Relé electrónico de protección de motores

El relé electrónico de protección de motores es un dispositivo que analiza una serie de parámetros para realizar la protección del motor.

Figura 12.24. *Relé electrónico de protección. (Cortesía de Siemens).*

Entre sus funciones se encuentra la protección frente a:

- Sobrecargas.
- Caídas de tensión.
- Variaciones de la frecuencia.
- Desequilibrios en la red de alimentación al motor.
- Pérdida de una fase.
- Control de arranque por unidad de tiempo.

Es el sistema más sofisticado de protección, empleando internamente un equipo electrónico con microprocesador que permite recoger datos y almacenarlos para realizar posteriormente su análisis. A pesar de ser un buen sistema de protección, su uso queda relegado para el empleo en aplicaciones críticas por su alto precio en comparación con los otros sistemas de protección.

12.4. Arranque de motores eléctricos

Existen diferentes técnicas para realizar el arranque de un motor. Cada una de ellas tiene sus características, que se deben tener en cuenta para la correcta selección.

12.4.1. Arranque directo

El arranque directo es la manera más simple y económica de arrancar un motor y por ello es el más empleado en motores de pequeña potencia.

Tiene un buen par de arranque consiguiendo llevar el motor en muy poco tiempo al punto de trabajo. Pero su mayor inconveniente es el alto pico de corriente que demanda durante esta maniobra (Apartado 12.2.2).

Consiste en conectar los devanados del motor directamente a la red eléctrica. Este tipo de arranque, al causar una sobrecorriente temporal en los devanados del motor, provoca un cierto estrés térmico.

La maniobra de arranque se ha estudiado anteriormente empleando un pulsador de marcha (S2) y otro de paro (S1), y emplea la técnica de la realimentación utilizando un contacto abierto del contactor (13-14 QA1).

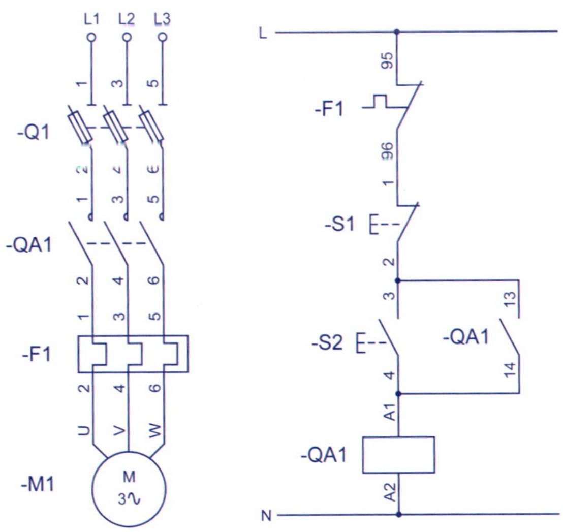

Figura 12.25. *Esquema de arranque directo. Protección mediante fusibles y relé térmico.*

Las características de este tipo de arranque son las siguientes:

- La corriente de arranque se sitúa en valores entre 4 y 8 veces la corriente nominal del motor.
- El par de arranque se sitúa entre 0,5 y 1,5 veces el par nominal.

> ### Recuerda
> Según el REBT, para motores de una potencia de más de 750 W no está permitido el arranque directo.

12.4.2. Arranque estrella-triángulo

En el Apartado 6.5 se estudió las características de la conexión de los receptores en conexión en estrella y en triángulo. Su aplicación práctica se puede emplear para desarrollar un arranque de un motor trifásico.

Consiste en arrancar el motor en configuración de los devanados en estrella y posteriormente pasar a la configuración de triángulo. Por ello, el motor debe poder estar en condiciones de trabajar en régimen permanente en triángulo.

Al arrancar en **estrella,** los devanados del motor se someten a una tensión inferior (de valor $U_n/\sqrt{3}$). A menor tensión, el campo magnético generado por el estátor es más débil y por tanto **el par desarrollado por el motor se reduce a un tercio** ($M_A/3$). **La corriente que circula por los devanados también se reduce a un tercio** ($I_A/3$).

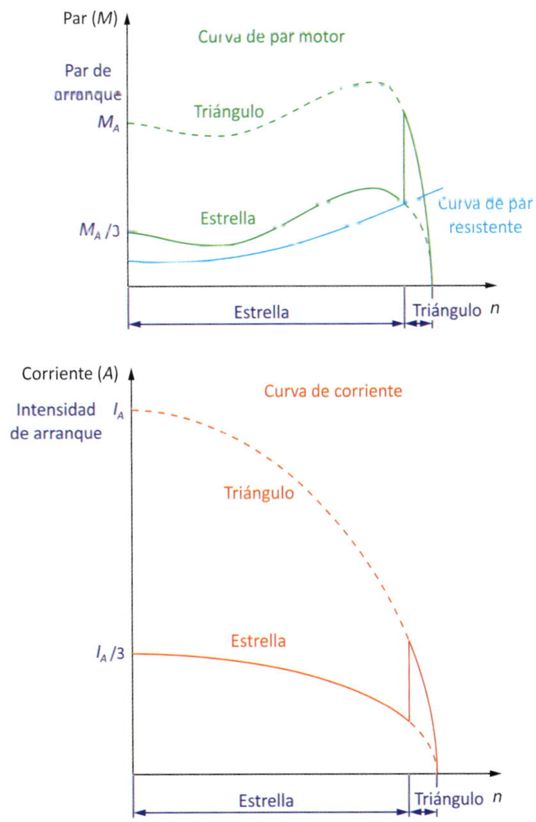

Figura 12.26. *Curvas de arranque par-intensidad-velocidad (estrella-triángulo).*

Pasado un tiempo, que suele oscilar entre 3 y 6 segundos y que depende de la carga, se pasa a la configuración en triángulo, que es la posición final de trabajo del motor.

Para emplear esta técnica con una red trifásica de 400 V el motor debe ser de una tensión de 400 V/690 V, ya que terminará el arranque en triángulo.

Recuerda

Para una red trifásica de 400 V el motor debe ser de 400 V/690 V, para aplicar el arranque estrella-triángulo.

Las principales desventajas de este método residen en la importante reducción del par de arranque y en que no siempre el motor está en disposición de poder trabajar en triángulo.

El esquema de fuerza, aparte de las protecciones, consiste en emplear tres contactores. Un contactor es el encargado de alimentar el motor (contactor de línea, QA1) y los otros dos contactores son los encargados de la configuración: en triángulo (QA2) y en estrella (QA3).

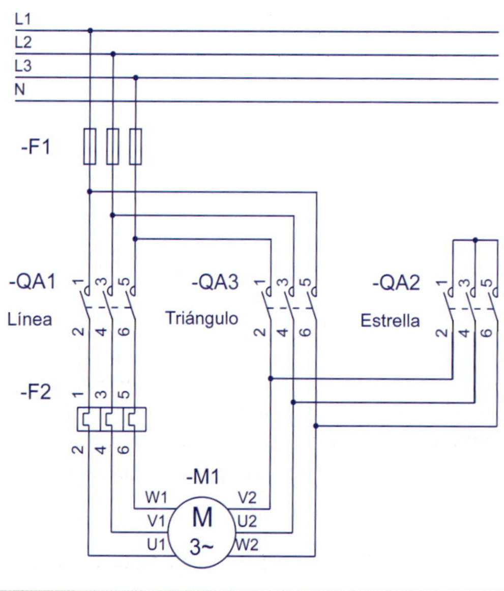

Figura 12.27. *Esquema de fuerza (estrella-triángulo). Protección mediante fusibles y relé térmico.*

El esquema de mando comprende los siguientes bloques:

- **Marcha-paro con realimentación.** Mediante una botonera marcha-paro se controla el contactor de línea (QA1), que es el que conecta el motor a la red eléctrica. Cuenta con su correspondiente realimentación.
- **Temporizador.** Mediante sus contactos, conmuta de estrella a triángulo. Al activarse QA1 mediante el contacto cerrado del temporizador conecta en estrella (QA2) al motor. Cuando pasa el tiempo establecido (primera fase del arranque) sus contactos cambian de estado, desconectando QA2 y activando QA3 (triángulo).

Estrella (Y) → Activación de: QA1 + QA2

Triángulo (Δ) → Activación de: QA1 + QA3

- **Desconexión del temporizador.** Una vez que el motor ya ha arrancado, el temporizador no se necesita y se desconecta de la red; para ello se emplea un contacto cerrado del contactor de triángulo (QA3).
- **Realimentación de contactor de triángulo.** Para que el motor siga en la configuración de triángulo necesita que la bobina siga conectada a la red eléctrica, para lo que se emplea la realimentación de ese mismo contactor (QA3).
- **Enclavamiento.** Es una medida de seguridad para evitar que el contactor de configuración en estrella (QA2) y el contactor de triángulo (QA3) entren a la vez, ya que provocarían un cortocircuito.

Se puede utilizar un relé temporizador general aunque hay fabricantes que ofrecen temporizadores específicos para esta tarea.

Figura 12.28. *Relé temporizador para arranque estrella-triángulo. (Cortesía de Siemens).*

Con el fin de facilitar la instalación de este tipo de arranque existen conjuntos de contactores y temporizador ya montados y cableados.

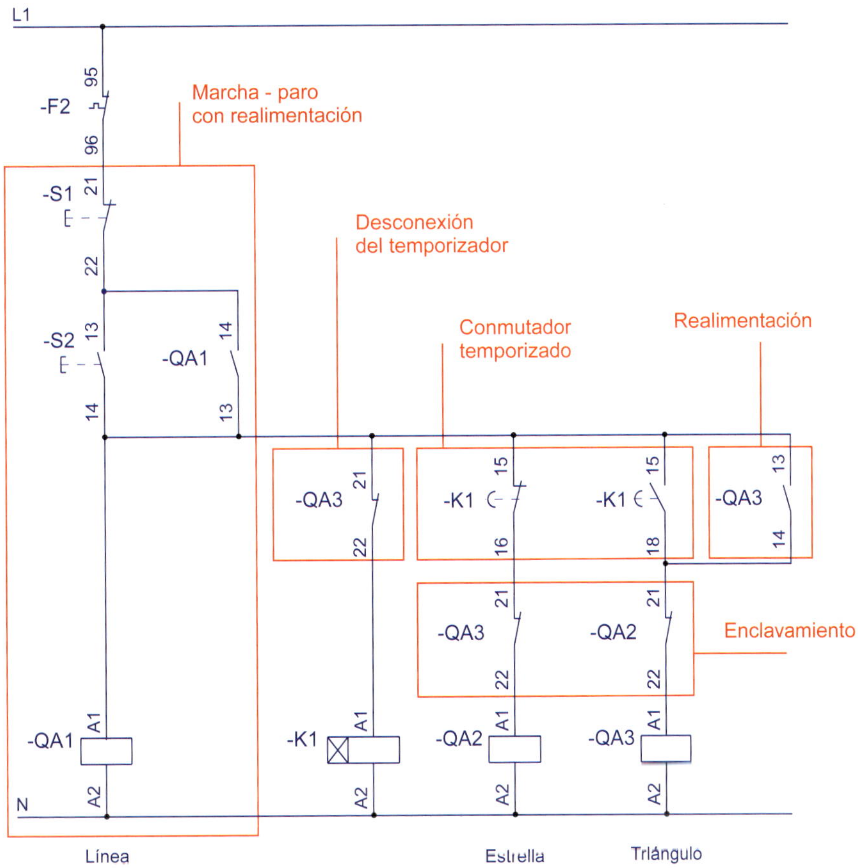

Figura 12.29. *Esquema de maniobra (estrella triángulo).*

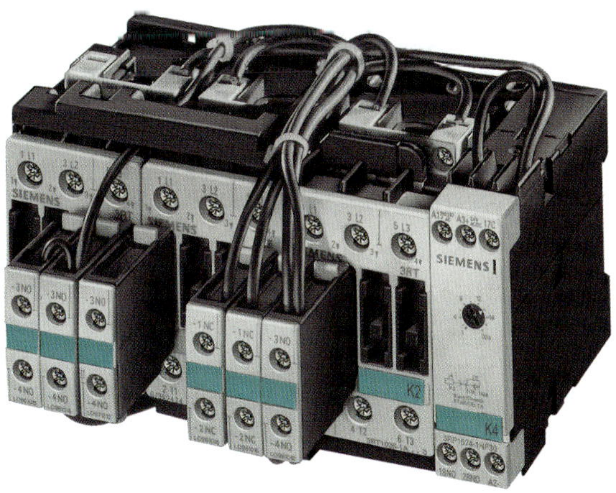

Figura 12.30. *Bloque estrella-triángulo. (Cortesía de Siemens).*

12.4.3. Arranque mediante autotransformador

Este sistema para reducir la corriente de arranque consiste en reducir la tensión de los devanados del motor empleando un **autotransformador.** A menor tensión, el campo magnético generado por el estátor es más débil y por tanto la corriente de arranque es menor (Figura 12.31).

En la primera fase del arranque se activan los contactores que dan servicio al autotransformador (QA2 y QA3). Transcurrido un tiempo se desactivan estos contactores y se activa el contactor de línea (QA1), el cual conecta directamente al motor a la línea eléctrica.

La corriente de arranque y el par de arranque quedan reducidos de forma cuadrática:

$$\text{Relación} = \left(\frac{\text{Tensión de la red eléctrica}}{\text{Tensión reducida del autotransformador}}\right)^2$$

Debido a esta relación, este arranque solo se emplea en aplicaciones en las cuales el par de arranque sea muy bajo.

Este tipo de arranque no se suele emplear en la actualidad debido al precio del autotransformador y a la existencia de otros métodos de arranque más eficaces y baratos.

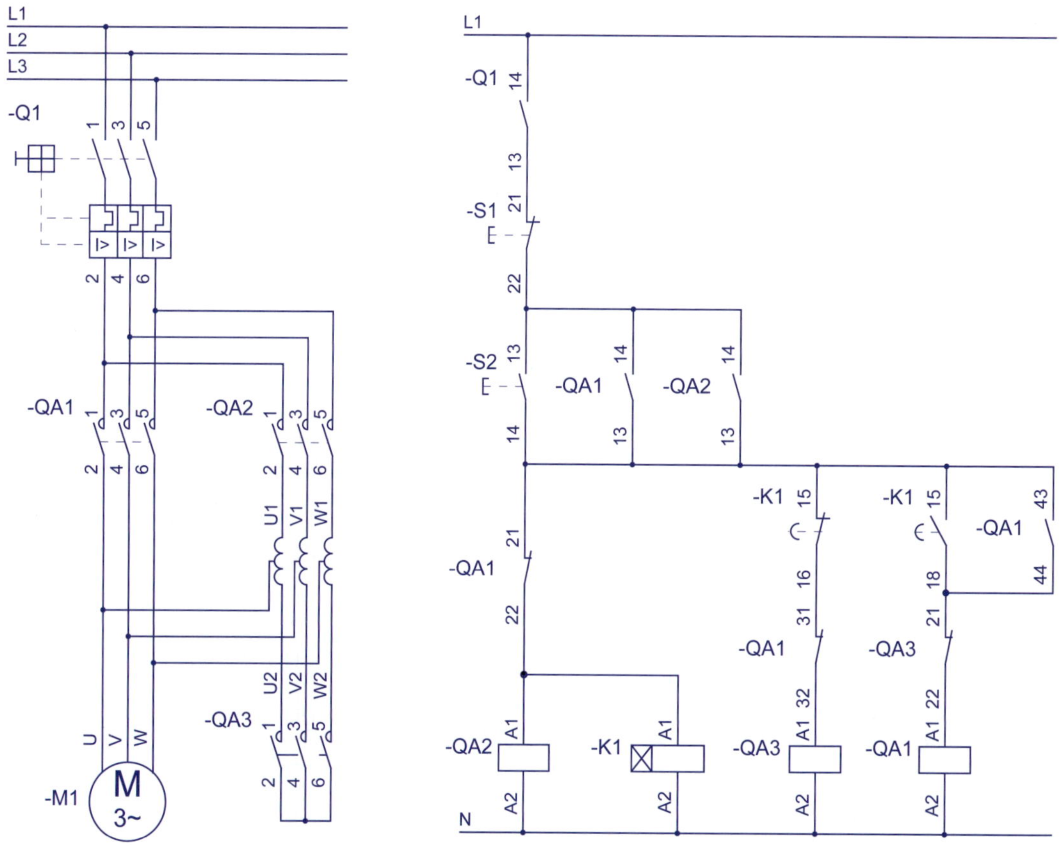

Figura 12.31. *Esquema de arranque con autotransformador. Protección mediante disyuntor guardamotor.*

Figura 12.32. *Autotransformador para arranque de motores trifásicos. (Cortesía de Schneider).*

12.4.4. Arranque mediante resistencias estatóricas

Este sistema para reducir la corriente de arranque consiste en provocar una caída de tensión en los **devanados del estátor del motor mediante resistencias.**

El arranque básico consta de dos contactores: uno de ellos (QA2) estará en serie con el grupo de resistencias y será el primer contactor en entrar en servicio. Pasado un tiempo, que depende de la carga, el motor se estabiliza. A continuación se desconectan estas resistencias, desactivando su contactor y activando el contactor de línea (QA1), el cual conectará el motor directamente a la red eléctrica.

El valor de las resistencias estará en función de la carga, de tal manera que permita el arranque con la mínima corriente.

Es un tipo de arranque que no se emplea mucho debido al bajo par de arranque y solo es interesante en aplicaciones en las cuales el par resistente varía aumentando con la velocidad (por ejemplo. en el caso de ventiladores).

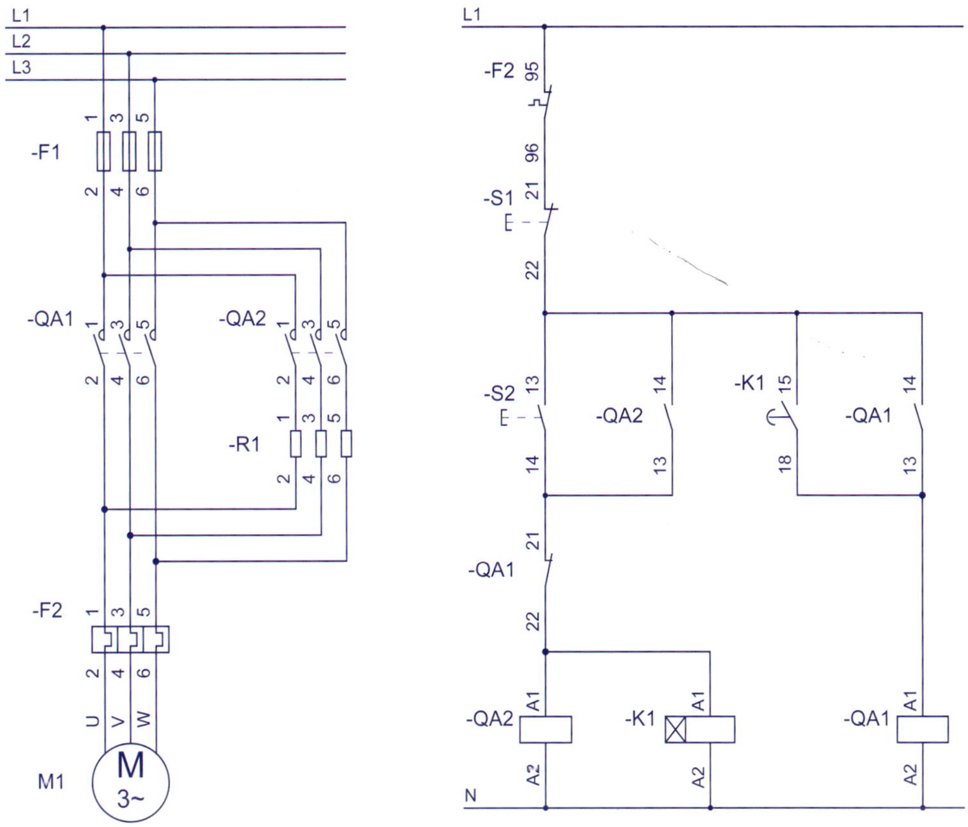

Figura 12.33. *Esquema de arranque con resistencias estatóricas.*

12.4.5. Arranque mediante resistencias rotóricas

El arranque con resistencias rotóricas solo se puede emplear con **el motor trifásico de rotor bobinado.** Una de sus ventajas es que la punta de corriente en el momento inicial del arranque es la más reducida en comparación con las técnicas de arranque vistas hasta ahora.

Consiste en conectar el devanado del estátor directamente a la red eléctrica y mediante unas resistencias conectadas en el devanado del rotor se controla la corriente de arranque y el par.

Se pueden colocar varios escalones o grupos de resistencias, las cuales se van retirando paulatinamente conforme avanza el proceso de arranque, finalizando con la eliminación de todas ellas.

En el esquema de la Figura 12.34 se han colocado dos grupos de resistencias, de modo que el arranque contará con tres pasos:

Primer paso → R1 + R2

Segundo paso → R2

Tercer paso → Sin resistencias

Por cada grupo de resistencias se coloca en paralelo un contactor, el cual al activarse provoca que no tengan efecto esas resistencias.

Recuerda

El arranque con resistencias rotóricas solo se puede aplicar al motor de rotor bobinado.

Para el esquema de maniobra se deben emplear tantos relés temporizadores como grupos de resistencias tenga.

En el primer paso, al activar el contactor de alimentación del motor (QA1) se activa el primer relé temporizador (K1), el cual provoca la eliminación del primer grupo de resistencias (R1) mediante la activación del contactor QA2.

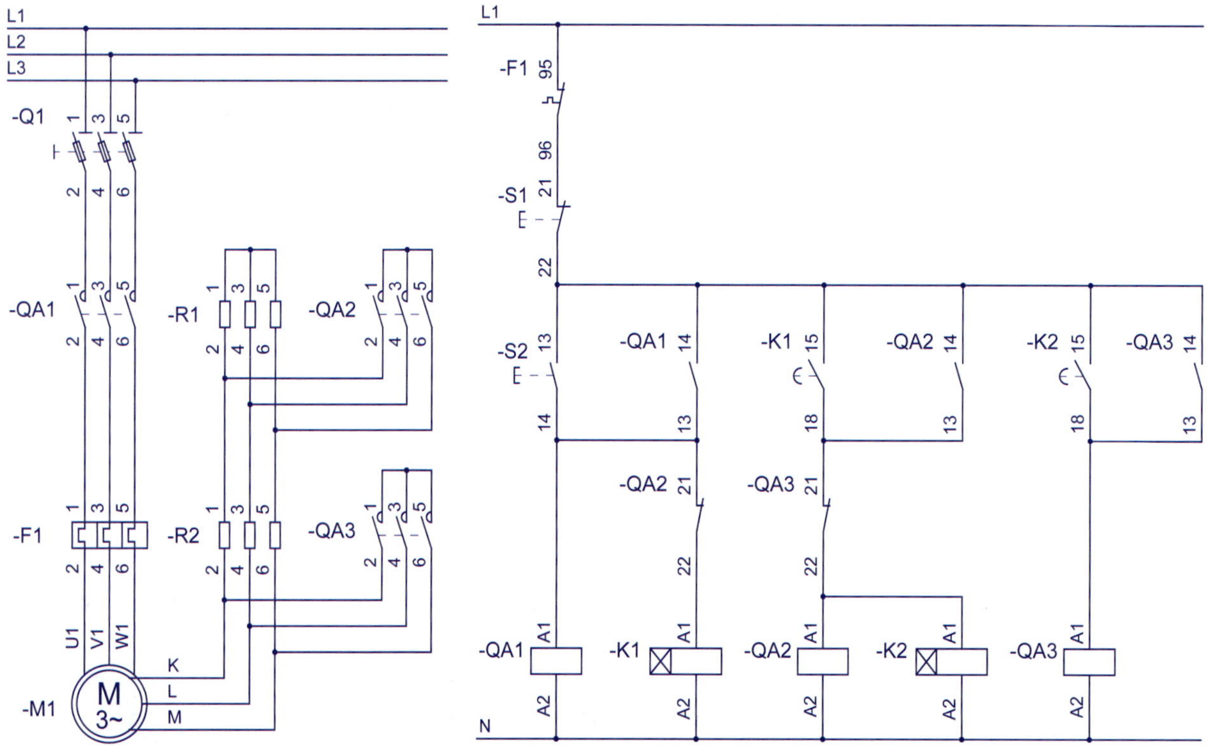

Figura 12.34. *Esquema de fuerza del arranque con dos escalones de resistencias rotóricas.*

A su vez, activa el siguiente temporizador (K2) y desconecta la alimentación del temporizador (K1) ya que es innecesario. Este paso se repite tantas veces como escalones de arranque tenga, finalizando con la activación del último contactor con su realimentación.

Esta técnica se emplea con motores de rotor bobinado de cierta potencia que deben arrancar a plena carga.

12.4.6. Arranque de un motor con devanados separados (*part-winding*)

El motor de devanados separados, también llamado *part-winding*, es un motor de inducción cuyo estátor consta de dos devanados en paralelo, ambos de iguales características. Es como tener un motor partido en dos partes por la mitad.

La filosofía de este tipo de motor para reducir el pico de corriente en el arranque consiste en empezar el proceso de arranque con solo la mitad de los devanados y posteriormente añadir la otra mitad.

Al arrancar con la mitad de los devanados, el motor desarrolla solo la mitad de la potencia. **La corriente que circula por los devanados se reduce a la mitad** ($I_A/2$). También ocurre por tanto que **el par desarrollado por el**

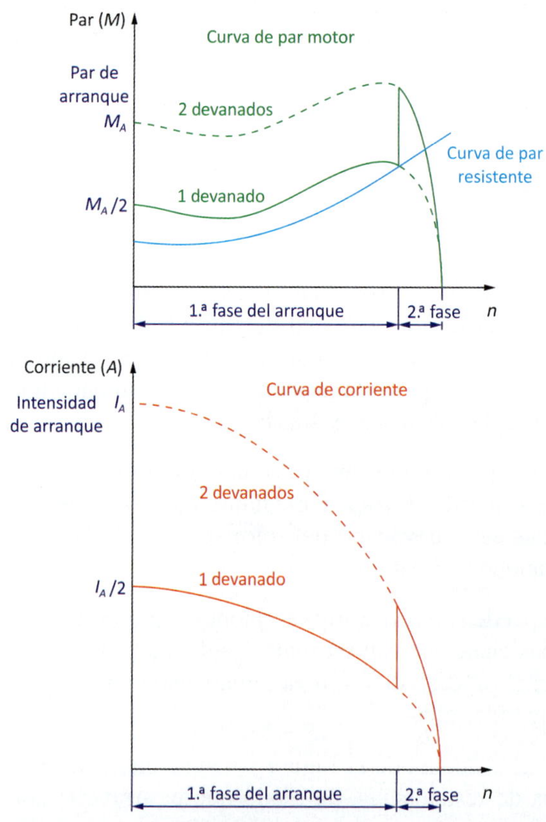

Figura 12.35. *Curvas de arranque par-intensidad-velocidad* (part winding).

motor se reduce a la mitad (M_A /2). No obstante, estas prestaciones son superiores a la que se consigue con el arranque estrella-triángulo, cuya reducción es a un tercio.

El símbolo eléctrico del motor *part-winding* es el mostrado en la Tabla 12.11.

Tabla 12.11. Representación gráfica del motor *part-winding*

Elemento	Símbolo
Motor de inducción de devanados separados	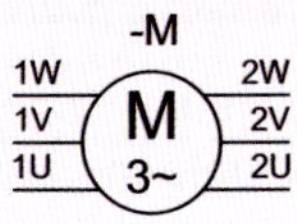

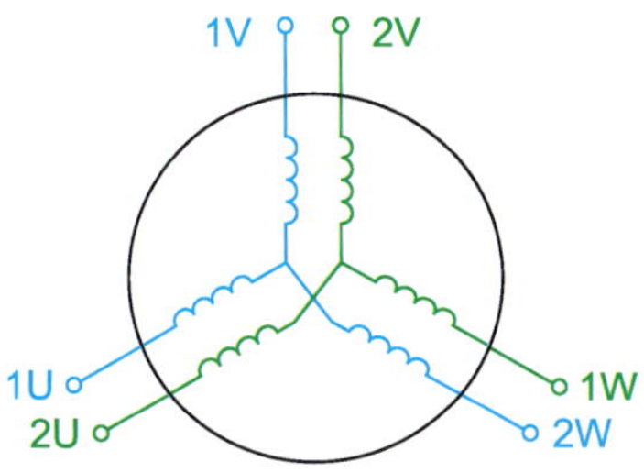

Figura 12.36. *Devanados en estrella de un motor* part-winding.

El sistema de protección se debe diseñar en función de los elementos empleados. Por ejemplo, si se emplean unos fusibles o algún tipo de disyuntor en cabecera el calibre a emplear debe estar en función de la corriente consumida por el motor, pero al emplear relés térmicos, como cada uno de ellos protege a un grupo de devanados, se debe calcular para la mitad de su corriente nominal ($I_{Relé\ térmico} - I_{Nominal} / 2$).

El motor arranca en primer lugar con un solo grupo de devanados, gobernado por el contactor QA1, y a su vez se activa el temporizador a la conexión (K1). En la segunda fase se conecta en paralelo el otro grupo de devanados, gobernado por QA2, y a su vez se desconecta el temporizador. Se termina el arranque con todos los devanados conectados a la red eléctrica.

Recuerda

Es importante asegurarse de que la secuencia de fases para ambos devanados es idéntica, pues de lo contrario los campos magnéticos se anularían y el motor no giraría (rotor bloqueado) con el riesgo de quemarse.

Entre las ventajas de este tipo de motor frente al arranque estrella-triángulo se encuentran:

- Solo se necesitan dos contactores frente a los tres del arranque estrella-triángulo.
- Reducción del espacio necesario para los dispositivos.
- Menor coste económico.
- No hay desconexión momentánea de la alimentación.

Como principal inconveniente está el hecho de que el motor debe ser especial y eso lo encarece.

Sabías que...

Este tipo de motor se emplea mucho en equipos de refrigeración (compresores), sobre todo si son de origen americano.

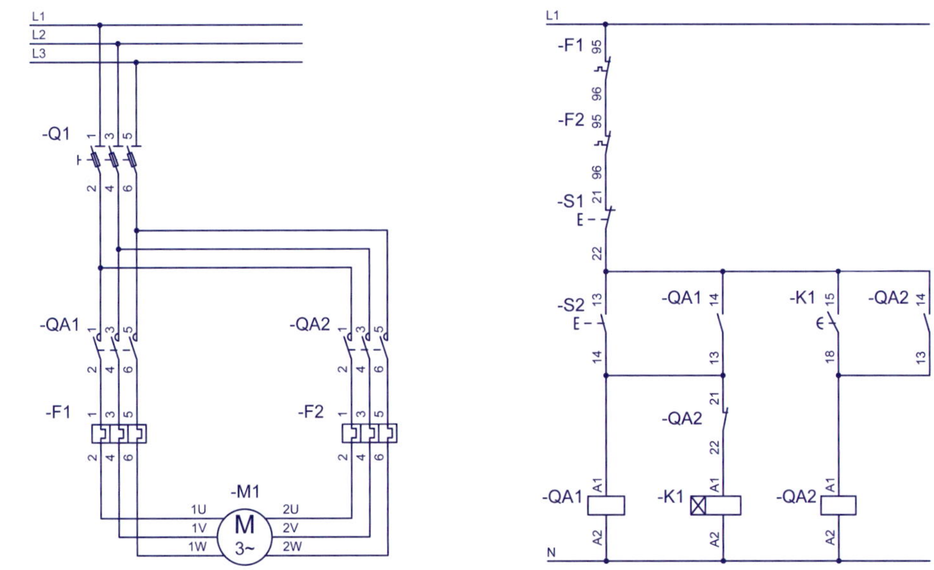

Figura 12.37. *Esquema de arranque con motor* part-winding.

12.4.7. Arranque mediante arrancadores progresivos

Los arrancadores progresivos, también llamados arrancadores electrónicos, basan su funcionamiento en el empleo de la electrónica de potencia para conseguir un arranque suave de motores asíncronos y así limitar la corriente de arranque a valores tolerables.

Su principal ventaja es que consiguen que **el motor arranque y acelere de una manera suave** y sin sacudidas.

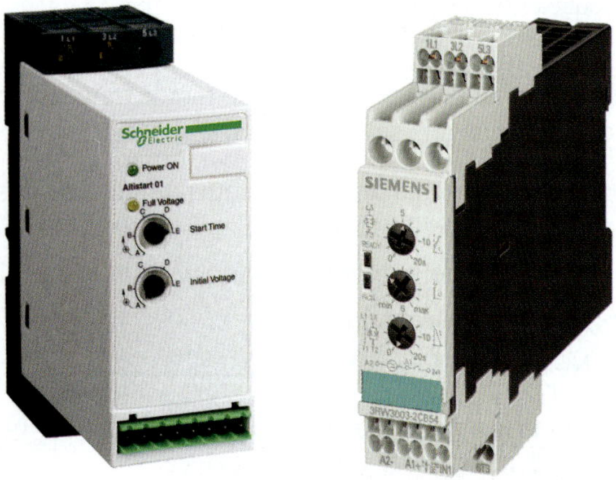

Figura 12.38. *Arrancadores progresivos.*

Actualmente son la mejor solución para el arranque de motores, con la que se consiguen unas curvas de arranque muy favorables y ajustadas a las necesidades, debido sobre todo a la facilidad del ajuste que incorporan los arrancadores progresivos.

Los principales campos de aplicación son los relacionados con:

- Transporte, cintas transportadoras. Se evitan sacudidas y posibles caídas del producto transportado en el arranque y parada.
- Bombas. Se evitan los golpes de ariete y se aumenta la vida útil de las tuberías.
- Máquinas de corte. Se evita el arranque brusco con la posible rotura del elemento de corte.
- Máquinas con gran corriente de arranque, como por ejemplo mezcladores y agitadores.
- Ventilación.

Hay arrancadores electrónicos en los cuales también se controla el proceso de parada. En ellos, la parada del motor puede ser libre (el motor se parará por inercia una vez que se deja de proporcionar corriente al motor) o bien se puede controlar mediante un frenado progresivo.

Recuerda

Con el arrancador progresivo electrónico el proceso de arranque y parada está más controlado y se consigue la mejor manera de arrancar y frenar un motor y, además, de una manera suave, evitando movimientos bruscos.

Al emplear electrónica, los arrancadores necesitan de un intervalo de tiempo entre dos arranques consecutivos para disipar el exceso de temperatura producida durante el trabajo de los tiristores. En caso de necesidad de disminuir este tiempo, en algunos arrancadores es posible incorporar un ventilador.

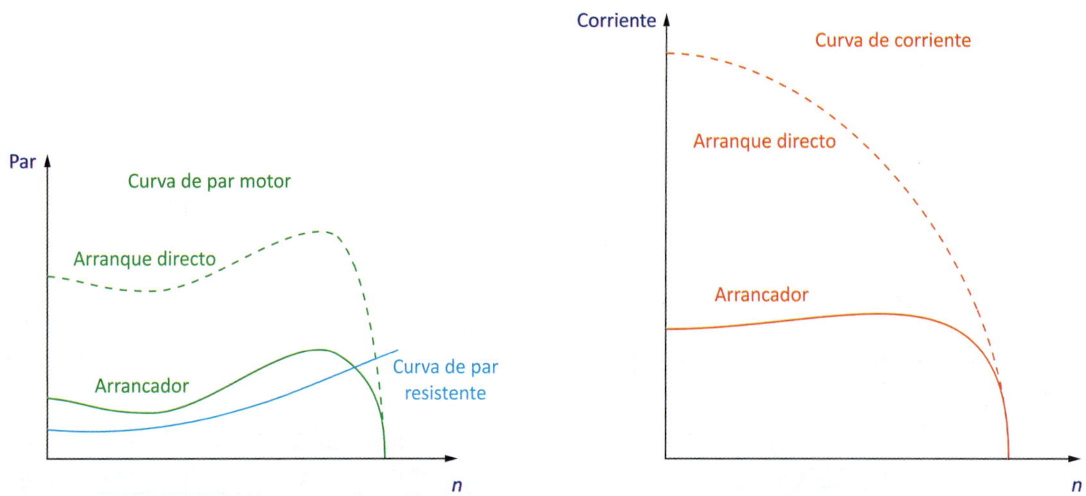

Figura 12.39. *Curvas de arranque par-intensidad-velocidad (arrancador).*

La configuración de un arrancador electrónico depende de este. Los modelos más sencillos cuentan al menos con los siguientes parámetros:

- **Tensión de arranque** (*initial voltaje*). Es el valor de la tensión que proporciona el arrancador en el primer instante del arranque. El valor de esta tensión determina el par de arranque.
- **Tiempo de arranque** (*start time*). Es el tiempo que dura el proceso de arranque, desde que se aplica la tensión inicial al motor hasta que llega al valor de tensión de la red eléctrica.
- **Tiempo de parada** (*stop time*). Es el tiempo que transcurre desde que se da la orden de *stop* hasta que el motor realmente deja de girar.

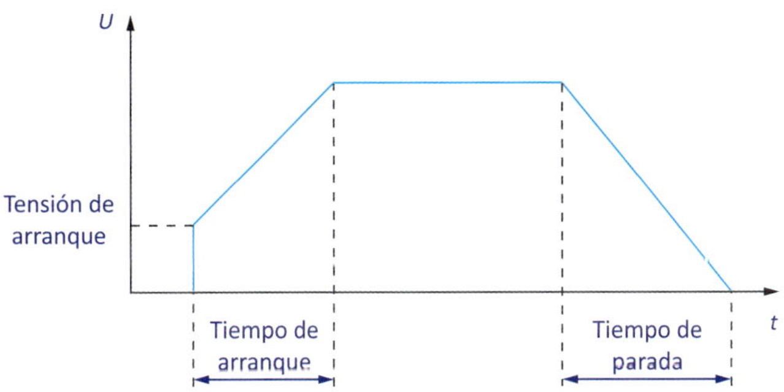

Figura 12.40. Parámetros de configuración básicos.

En los modelos más complejos el nivel de configuración aumenta, pudiendo incorporar el control sobre más parámetros, como por ejemplo:

- **Limitación de corriente.** Es posible limitar el valor máximo de la corriente que circula por el arrancador en el proceso de arranque.
- **Corriente del motor.** Al fijar la corriente del motor (indicada en la placa de características) es posible la detección de sobrecargas.
- **Clase de arranque.** Indica el nivel de dificultad en el arranque.
- **Control de la temperatura del motor.** Algunos modelos incorporan una entrada para un termistor de protección del motor por exceso de temperatura.
- **Función «arranque con sobrepar»**. Es una función que proporciona un sobrepar temporal en el momento inicial del arranque con el objetivo de facilitar y vencer el par resistente de arranque.

Básicamente, las partes físicas de las cuales está compuesto un arrancador son las siguientes:

- **Conexión a la red eléctrica.** Son los bornes de entrada de la corriente eléctrica de potencia al arrancador. Previamente ha pasado por algún dispositivo de protección y seccionamiento.
- **Conexión al motor.** Son los bornes de salida de potencia del arrancador y son donde se conecta el motor trifásico.
- **Parametrización.** Es el conjunto de selectores y diales destinados a la configuración del comportamiento del motor. Entre los más importantes se encuentran el control de tensión de arranque, el tiempo de arranque, el tiempo de parada y la limitación de corriente. Según la marca y el modelo, la cantidad de parámetros de configuración varía.
- **Señalizaciones.** Es el conjunto de ledes que se emplean para indicar el estado del arrancador. Los modelos más básicos cuentan al menos con led de conexión a red eléctrica y led de indicación de estar en el proceso de arranque. Los modelos más completos incorporan indicaciones de sobrecarga, funcionamiento en *by-pass*, etcétera.
- **Contactos de estado.** Se activan en función del estado en el cual se encuentre al arrancador.
- **Entradas de control.** Se emplean para dar las órdenes de arranque y paro.

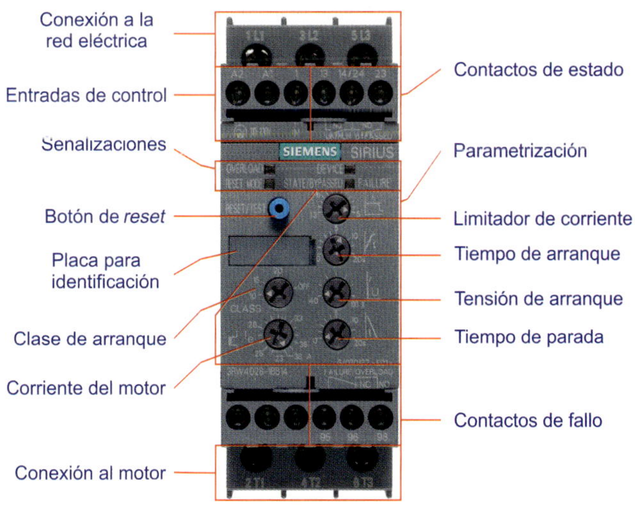

Figura 12.41. Partes de un arrancador progresivo.

Si el arrancador cuenta con sistemas avanzados de protección y detección de fallos puede incorporar los siguientes elementos:

- **Contacto de fallo.** Es un contacto (generalmente de tipo conmutado) que se emplea para indicar que el arrancador ha parado por detección de algún tipo de fallo.

- ***Reset.*** Una vez detectado un fallo se debe pulsar sobre el botón *Reset* para inicializar el dispositivo.
- **Bornes de conexión de termistor.** Se emplean para la conexión de los termistores que incorporan algunos motores como elemento de detección de sobrecargas por exceso de temperatura.

Un arrancador progresivo se simboliza de la manera indicada en la Tabla 12.12.

Tabla 12.12. Representación gráfica del arrancador progresivo

Elemento	Símbolo
Arrancador electrónico progresivo	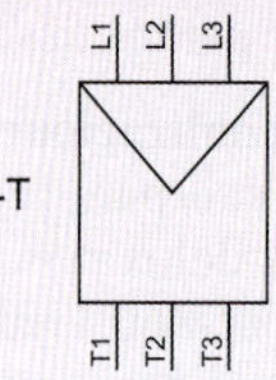

El símbolo del arrancador se identifica con la letra T. En aquellos esquemas en los cuales es necesario representar más entradas, debido a la complejidad del arrancador, se añaden estas al símbolo.

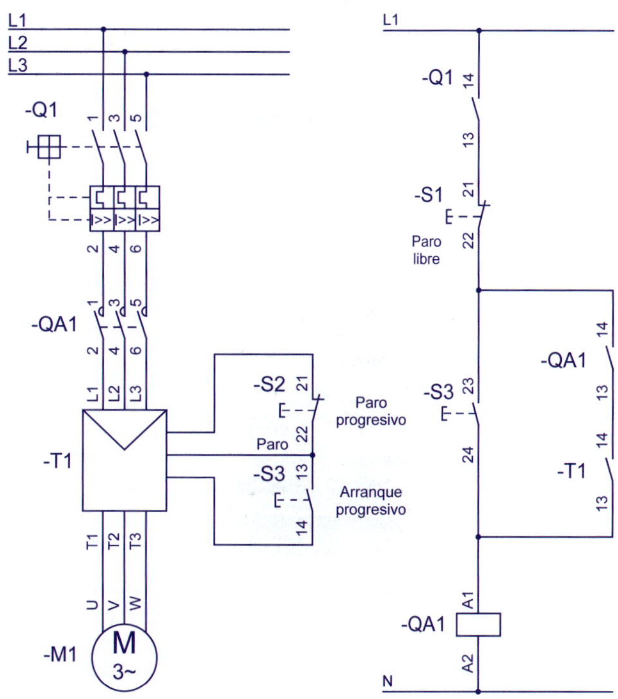

Figura 12.42. *Esquema de un arrancador progresivo con marcha y paro.*

Es posible realizar varios esquemas en función de cómo se desea realizar el arranque y el paro. En la Figura 12.42 se muestra un proceso con funcionalidad completa con arranque progresivo (S3), paro progresivo (S2) y paro libre (S1) sin freno, en el cual el motor parará por inercia. En el esquema de mando se incorpora un contacto (13-14 T1) del arrancador en la parte de la realimentación, de tal manera que si el arrancador detecta algún problema pueda provocar la desconexión del mismo mediante la desactivación de la bobina del contactor (QA1).

12.4.8. Arranque de un motor monofásico

El motor monofásico es una simplificación del motor trifásico para que este pueda funcionar en redes eléctricas monofásicas. Al utilizar solo una fase **el motor no puede arrancar por sí solo** y se necesita alguna técnica para provocar una perturbación en el campo magnético y que de esta manera pueda arrancar. Una vez arrancado, el motor puede girar sin problemas.

El elemento que se encarga de provocar el arranque puede ser un devanado auxiliar con o sin condensador.

Para estudiar el caso más completo, se va a considerar el motor monofásico con devanado auxiliar y condensador.

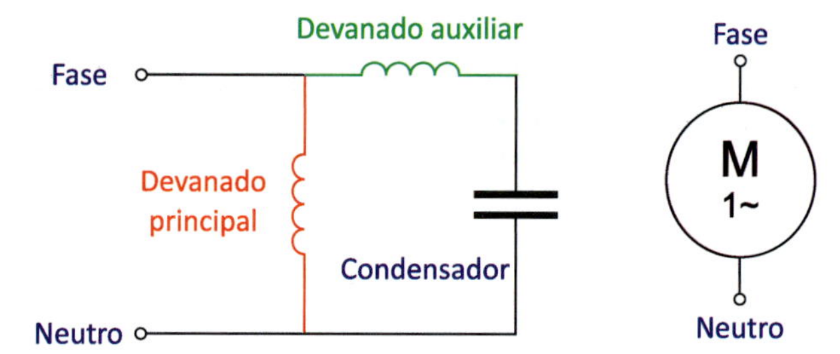

Figura 12.43. *Representación de un motor monofásico: partes y simbología.*

Tal y como está dispuesto, el motor monofásico gira en sentido directo. Da igual si se intercambia la fase por el neutro, el motor siempre girará en el mismo sentido.

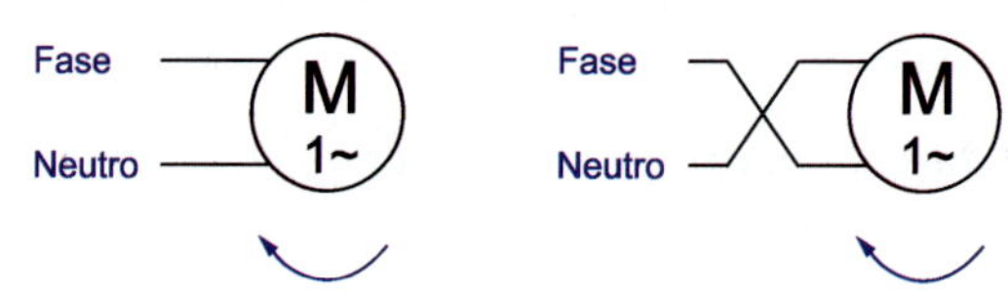

Figura 12.44. *Giro de un motor monofásico.*

Como cualquier motor eléctrico, este debe de contar con las protecciones pertinentes respecto a sobrecargas y sobreintensidades. El problema es que las protecciones de potencia están pensadas para motores trifásicos y por ello se deben adaptar para poder utilizarlas.

Para emplear algún elemento de protección, en el cual su sistema de detección se base en el paso de corriente a través de él (por ejemplo, disyuntor motor, disyuntor electromagnético, relé térmico, etc.), se debe realizar un lazo de tal manera que los conductores eléctricos atraviesen todos los circuitos del elemento de protección, tal y como aparece reflejado en la Figura 12.45.

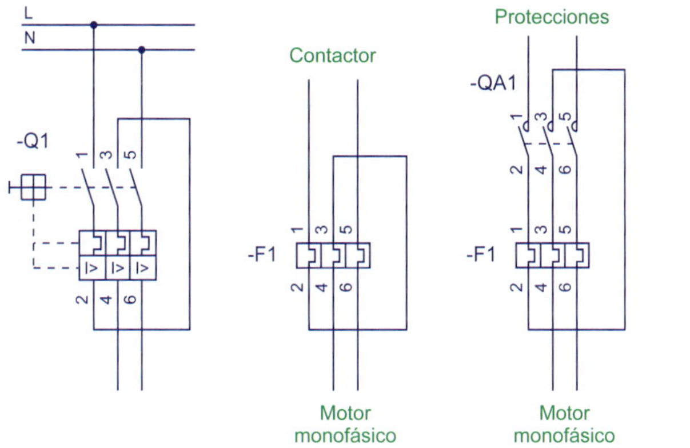

Figura 12.45. *Protección de un motor monofásico.*

12.4.9. Arranque de motores de corriente continua

En los motores de corriente continua el método más empleado consiste en reducir la corriente del devanado inducido mediante una o varias resistencias aunque frecuentemente se conecta un reostato. Actualmente se emplea el variador de velocidad para motores de corriente continua.

Figura 12.46. *Variador de velocidad para motores de corriente continua. (Cortesía de Siemens).*

12.4.10. Resumen de los tipos de arranques de motores trifásicos

En la Tabla 12.13 se presenta un resumen o comparativa de los diferentes tipos de arranques en motores trifásicos.

Tabla 12.13. Tabla comparativa de los diferentes tipos de arranques

Características	Directo	Estrella - triángulo	Resistencias estatóricas	Resistencias rotóricas	Autotransformador	*Part-winding*	Arrancador progresivo
Corriente de arranque	4 a 8 I_N (100 %)	1,3 a 2,6 I_N (33 %)	4,5 I_N (50 %)	< 2,5 I_N (70 %)	1,7 a 4 I_N (65-80 %)	2 a I_N	Ajustable (25-75 %)
Par de arranque	0,5 a 1,5 M_N (100 %)	0,2 a 0,5 M_N (33 %)	0,6 a 0,85 M_N (50 %)	< 2,5 M_N	0,4 a 0,85 M_N (40-80 %)	0,3 a 0,75 M_N (50 %)	Ajustable (10-70 %)
Duración	2 a 3 s	3 a 6 s	7 a 12 s	2,5 a 5 s	7 a 12 s	3 a 6 s	Ajustable
Ventajas	• Barato. • Sencillo. • Buen par de arranque.	• Barato. • Buena relación par y corriente.	• Buen ajuste. • Sin corte de alimentación.	• Buen par y corriente. • Buen ajuste. • Sin corte de alimentación.	• Buen par y corriente. • Buen ajuste. • Sin corte de alimentación.	• Sencillo. • Buen par y corriente. • Sin corte de alimentación.	• Regulación. • Reducidas dimensiones.
Inconvenientes	Alta corriente de arranque.	• Bajo par de arranque. • Genera perturbación eléctrica.	Bajo par de arranque.	Motor caro.	• Sistema caro. • Genera perturbación eléctrica.	Motor especial.	Genera perturbación eléctrica.
Aplicaciones	Pequeños motores.	Arranques en vacío o poca carga (ventiladores y bombas).	Máquinas de gran inercia.	Solo en motores de rotor bobinado.	Máquinas de gran potencia e inercia.	Arranques en vacío o poca carga (compresores).	Compresores, bombas, ventilación, transporte.

12.5. Inversión de giro de motores eléctricos

En muchas aplicaciones es necesario contar con la posibilidad de que el motor pueda girar en los dos sentidos de giro.

Cuando un motor conecta sus devanados en el mismo orden que las fases de alimentación, el motor gira en sentido de las agujas del reloj, llamado sentido horario o sentido directo. **La inversión de giro de los motores trifásicos se logra cambiando el orden de alimentación al motor, de dos cualesquiera de las fases.** Entonces el motor girará en sentido contrario a las agujas del reloj, llamado sentido antihorario o sentido inverso.

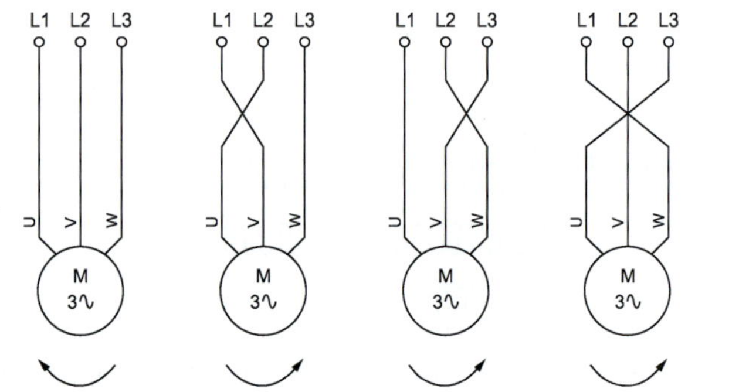

Figura 12.47. *Sentido de giro de un motor trifásico.*

De esta manera se invierte el sentido de giro del campo giratorio y por consiguiente el del rotor.

12.5.1. Inversión de giro con paro previo

Para realizar esta inversión se necesitan dos contactores (QA1 y QA2) que serán los encargados de conectar el motor a la red eléctrica.

Como medida de seguridad emplea una técnica llamada **enclavamiento,** que consiste en impedir que los dos contactores entren en activación a la vez, ya que esta situación provoca un cortocircuito.

Existen dos métodos de enclavamiento:

- **Enclavamiento mecánico.** Consta de una pieza que se acopla entre dos contactores y que evita la activación de ambos.
- **Enclavamiento eléctrico.** Se emplea un contacto cerrado de un contactor en serie con la bobina para evitar el accionamiento del otro contactor. Al estar activado un contactor, el contacto que normalmente está cerrado pasa a abrirse y de esta manera evita la activación de la otra bobina del contactor.

En los circuitos en los que intervienen varios contactores que no deben activarse a la vez se debe incorporar la técnica de seguridad por enclavamiento. De esta manera se evitan posibles cortocircuitos.

Figura 12.48. *Enclavamiento mecánico. (Cortesía de Schneider Electric y Siemens).*

Recuerda

Ambas técnicas de enclavamiento no son excluyentes y se pueden combinar las dos seguridades.

12.5.2. Inversión de giro sin paro previo

Existe otra técnica para realizar la inversión de giro, pero esta vez sin pasar por paro. Es decir, si estando girando se acciona el pulsador para el otro sentido, el motor realiza previamente el paro y acto seguido invierte el giro, todo ello de manera automática.

Para ello, y partiendo del esquema del inversor de giro, se añade a cada pulsador de marcha una cámara de contactos normalmente cerrada, la cual se encargará de realizar la tarea de paro del motor. Y la cámara de contactos normalmente abierta seguirá encargándose de realizar la tarea de activación de la bobina. Ambas cámaras se activan a la vez que se acciona el pulsador.

Figura 12.49. *Dos cámaras de contactos sobre un mismo bastidor.*

Figura 12.50. *Pulsador.*

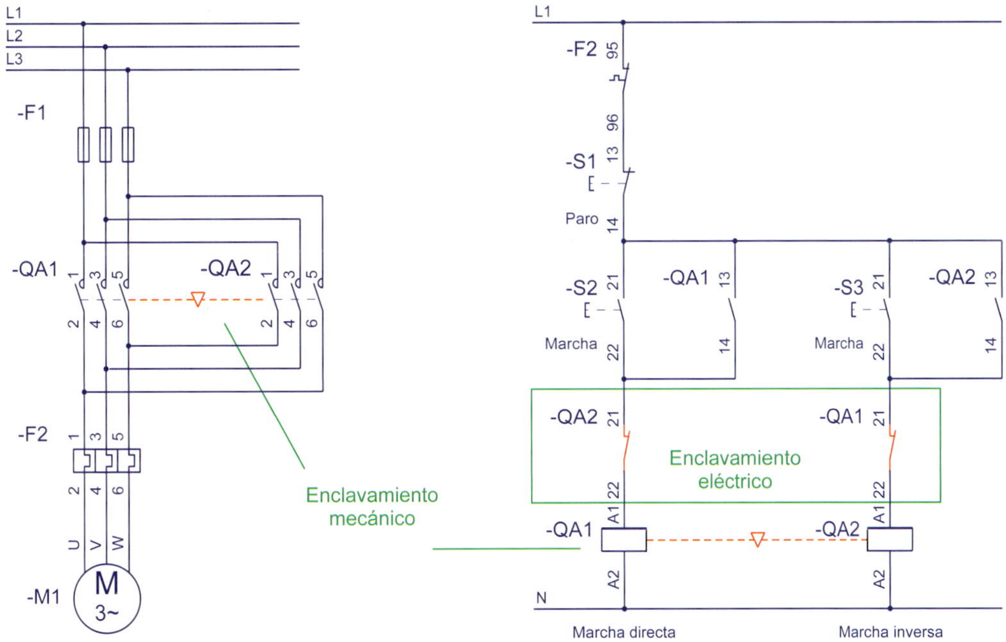

Figura 12.51. *Enclavamientos para la inversión de giro con paro previo de un motor trifásico.*

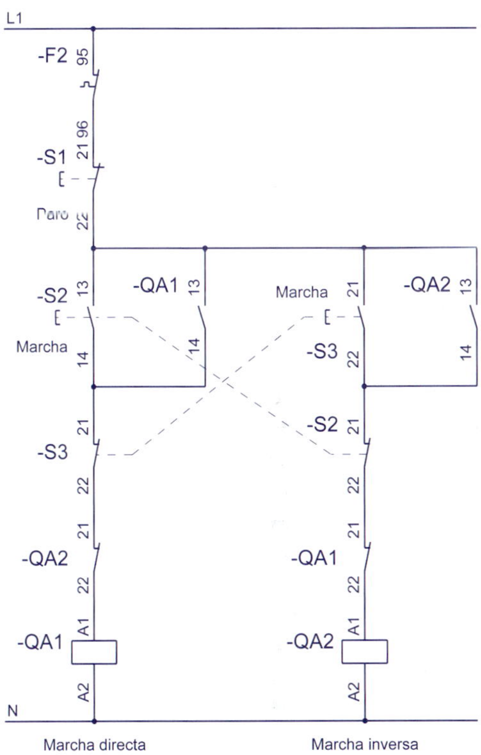

Figura 12.52. *Esquema de maniobra para la inversión de giro sin paro previo.*

Para realizar esta maniobra, que es muy brusca y estresante para el motor, este debe estar preparado para ello y no abusar de ella. Hay que tener en cuenta que esa sobreintensidad del motor al arrancar se traduce en calentamiento que el motor debe asimilar y disipar, necesitando un tiempo de recuperación.

Los fabricantes de contactores tienen en sus catálogos comerciales asociaciones de contactores para conseguir montar el esquema de una manera rápida (Figura 12.53).

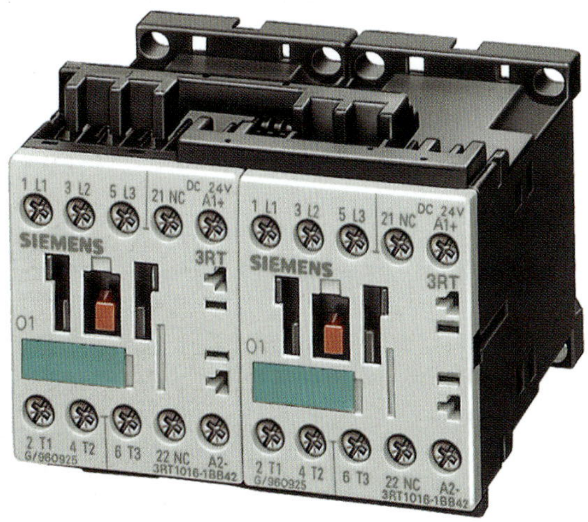

Figura 12.53. *Bloque inversor de giro. (Cortesía de Siemens).*

Estos montajes ya incorporan el cableado, conectado mediante cables o barras de unión (Figura 12.54).

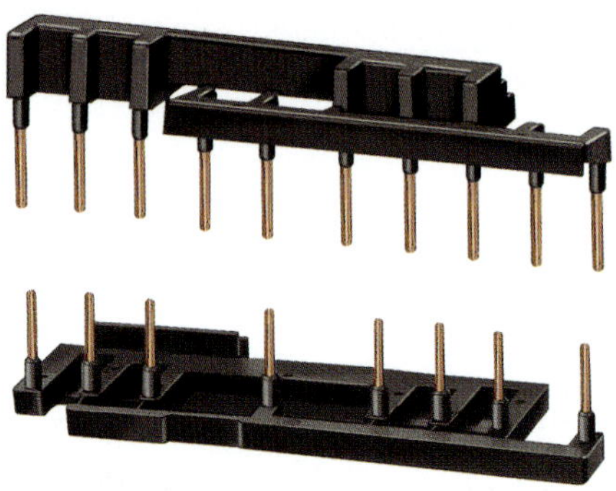

Figura 12.54. *Barras de unión para bloque inversor. (Cortesía de Siemens).*

12.5.3. Inversión de giro en estrella-triángulo

El arranque con inversión de giro estrella-triángulo incorpora dos contactores de línea que son los encargados de conmutar dos de las fases para generar la inversión de giro, más otros dos contactores: uno para la configuración en estrella y el otro para triángulo.

Partiendo del esquema del arranque estrella-triángulo se modifican los siguientes aspectos:

- Al tener una inversión de giro debe incorporar la seguridad del enclavamiento; en este caso se ha empleado un enclavamiento eléctrico formado por los contactos 21-22 de QA1 y QA2.
- El temporizador se podrá activar si se activa algún contactor de línea (QA1 o QA2).

La parte de la conmutación del temporizador y finalización en triángulo es la misma y no sufre modificación.

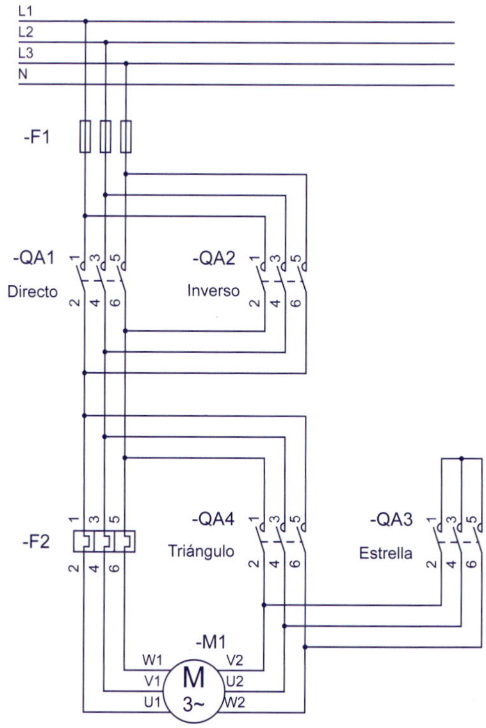

Figura 12.55. *Esquema de fuerza del inversor estrella-triángulo.*

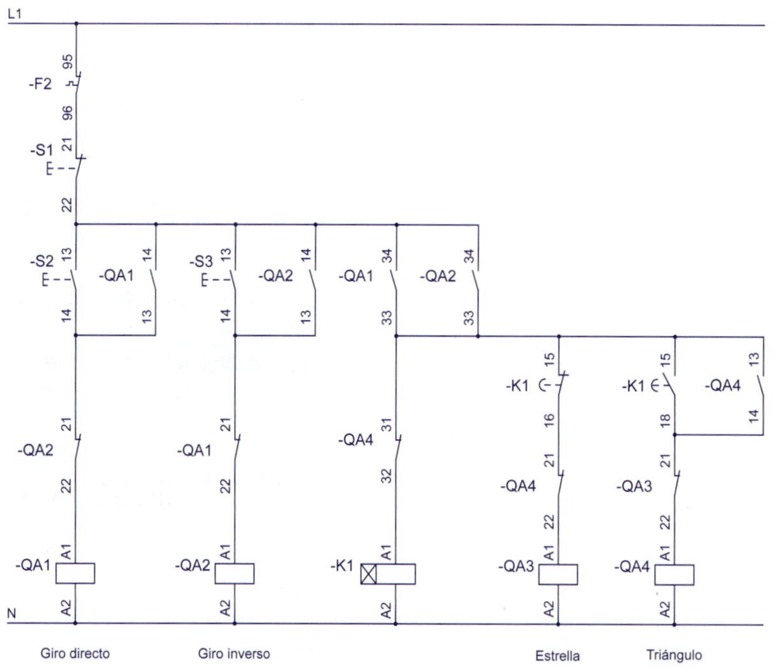

Figura 12.56. *Esquema de maniobra (estrella-triángulo).*

12.5.4. Inversión de giro en motores monofásicos

Como el motor monofásico está compuesto de dos devanados (principal y auxiliar), para invertir el giro basta con invertir el sentido de alimentación de un devanado respecto al otro. A nivel práctico, lo normal es invertir el sentido del devanado auxiliar dejando fijo el devanado principal.

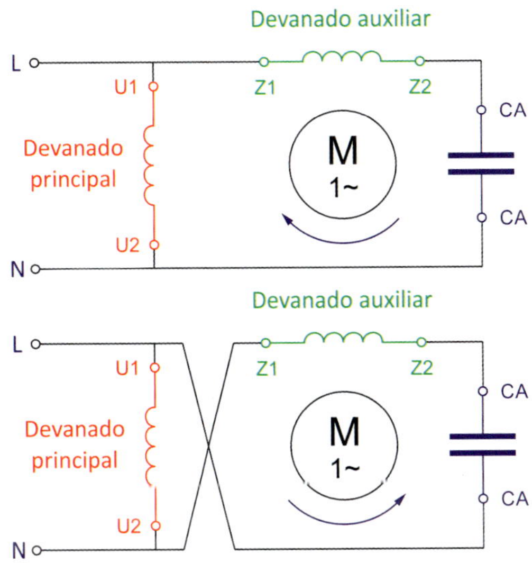

Figura 12.57. *Inversión de giro de un motor monofásico.*

12.5.5. Inversión de giro en motores de corriente continua

Para invertir el giro en un motor de corriente continua basta con invertir la polaridad de la corriente que circula por uno de sus devanados (inductor o inducido). Si se invierte en ambos devanados, el motor continúa girando en el mismo sentido.

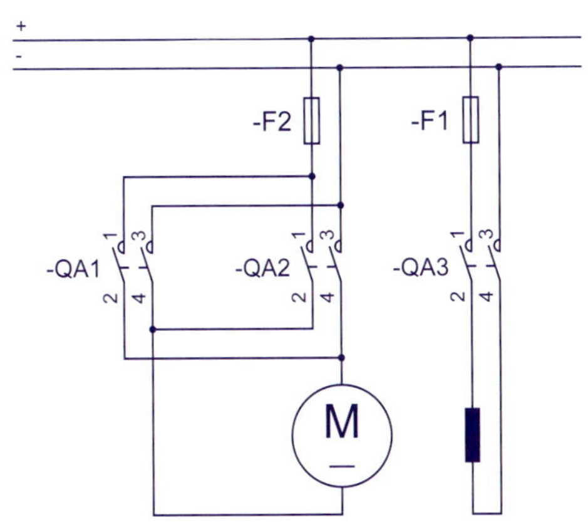

Figura 12.58. *Inversión de giro en un motor de corriente continua de excitación independiente.*

A nivel práctico, el devanado sobre el cual se realiza esta maniobra de inversión de la polaridad es el devanado inducido.

12.6. Frenado de motores

Existen determinas ocasiones en la cuales es necesario frenar un motor para que deje de girar. Hasta ahora, cuando se deseaba detener un motor bastaba con desconectarlo de la red eléctrica; de esta manera el motor paraba, pero no se frenaba y continuaba girando por la inercia adquirida hasta que poco a poco iba decelerando hasta detenerse.

El frenado de motores eléctricos puede realizarse por medios electromecánicos. Para ello algunos motores cuentan con un freno mecánico a base de emplear unas zapatas de freno. Cuando se le aplica una corriente al motor eléctrico se activa una vez un electroimán que libera las zapatas y permiten que el motor pueda girar. Para frenar el motor se desconecta de la red eléctrica y las zapatas por medio de unos muelles o resortes hacen que se aplique el freno, deteniendo el motor e impidiendo el giro libre. Este tipo de motor ya lleva incluido el sistema de frenado y no necesita de ningún circuito de control adicional y por ello no se va a estudiar.

La otra manera de detener un motor es aplicando un frenado de tipo eléctrico.

El freno de tipo eléctrico puede aplicar dos tecnologías:

- Frenado por contracorriente.
- Frenado por inyección de corriente continua.

Existen más tipos de frenado, pero no son aplicados en la industria.

Sabías que...

El frenado electromecánico se aplica en motores de pequeña y mediana potencia. Para motores de gran potencia se emplea una modificación y se recurre a la electrohidráulica.

12.6.1. Frenado por contracorriente

El frenado de un motor eléctrico mediante contracorriente consiste en aplicar en el momento del frenado un giro en sentido opuesto. Esta inversión del giro se realiza brevemente y controlando que no gire en sentido inverso; solo se emplea para detener el motor y después se desconecta de la red eléctrica.

Es un sistema de frenado brusco y con mucho estrés mecánico para el motor y por ello el motor debe estar preparado mecánicamente para esta maniobra.

Las fases de frenado de un motor trifásico son las siguientes:

1. El motor gira en condiciones normales de trabajo.
2. Se acciona el pulsador de freno.
3. Se desconecta de la red eléctrica.
4. Se invierten dos de sus fases para generar el giro.
5. El motor se detiene y pretende girar en sentido inverso.
6. Antes de iniciar el giro inverso de desconecta de la red eléctrica.

Para determinar que el motor está detenido se emplea un interruptor centrífugo. Este interruptor consta de un contacto que estará abierto cuando el motor esté detenido, y se cerrará por efecto de la fuerza centrífuga cuando el motor gira.

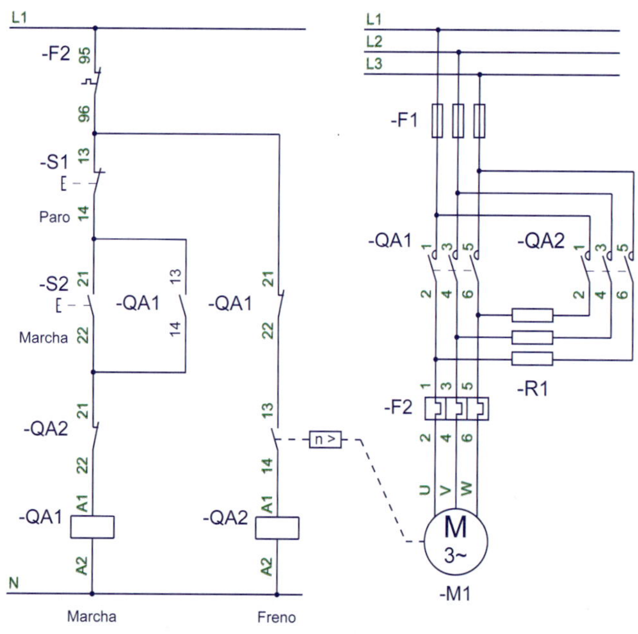

Figura 12.59. *Esquema del circuito de frenado por contracorriente.*

En el esquema de la Figura 12.59 se observa el circuito. La parte de fuerza consiste en el circuito del inversor de giro. Se han incorporado unas resistencias limitadoras (R1) para el contragiro.

En la parte de mando o maniobra se observa la parte de marcha y paro con su realimentación. Como ambos contactores no pueden entrar a la vez, se le dota al circuito con protección mediante enclavamiento eléctrico.

Para que el motor gire se acciona el pulsador de marcha. Una vez que está el motor en marcha, el contacto NC 21-22 QA1 impide que el contactor de freno se active.

Cuando se acciona el pulsador de paro, el contactor de marcha se desactiva y el contacto 21-22 de QA1 vuelve a su posición de reposo. Aquí entra en juego el interruptor centrífugo. Si el motor está girando el interruptor está cerrado y permite que se active el contactor de frenado. En este momento el motor se detiene para proceder al cambio de giro, pero al detenerse, el contacto del interruptor centrífugo se abre desconectando el contactor de frenado y finalizando la maniobra.

Cuando no se dispone de un interruptor centrífugo, puede realizarse el frenado aplicando un temporizador con un tiempo mínimo (<0,5 segundos) que debe calibrarse en función de la carga arrastrada por el motor (inercia).

12.6.2. Frenado por inyección de corriente continua

Para que un motor eléctrico de inducción giré necesita de un campo magnético giratorio, que es la función del devanado del estátor. Este campo magnético se crea por medio de la corriente trifásica de la red eléctrica.

El frenado del motor puede realizarse bloqueando este campo giratorio, para lo que se conecta el estátor en vez de una fuente de corriente alterna a una fuente de corriente continua. En ese momento se alinean los polos magnéticos y se bloquea el giro del eje del motor.

Para obtener la fuente de corriente continua se emplea un trasformador para bajar el nivel de la tensión eléctrica y luego se rectifica con un puente de diodos o una fuente de corriente continua.

En el esquema de potencia se ha utilizado un contactor (QA2) para conectar la fuente de corriente continua al motor trifásico. Se pueden utilizar dos contactores que trabajen a la vez, uno aguas abajo del trasformador y otro aguas arriba del trasformador. Por simplificar se ha utilizado solo uno.

En el esquema de mando o maniobra se ha utilizado un pulsador de paro (S1) el cual al ser accionado desconecta el motor, pero no lo frena y el eje se detendrá por inercia. También cuenta con el pulsador de freno (S2) que al ser accionado desconecta el contactor de marcha (QA1) y activa el contactor de inyección de corriente continua (QA2) y un relé temporizador (K1). Mientras el motor esté conectado a la fuente de corriente continua, el eje del motor estará bloqueado. Una vez que concluya el tiempo de trabajo del temporizado se deja de inyectar corriente continua y a partir de ese momento el eje del motor queda libre.

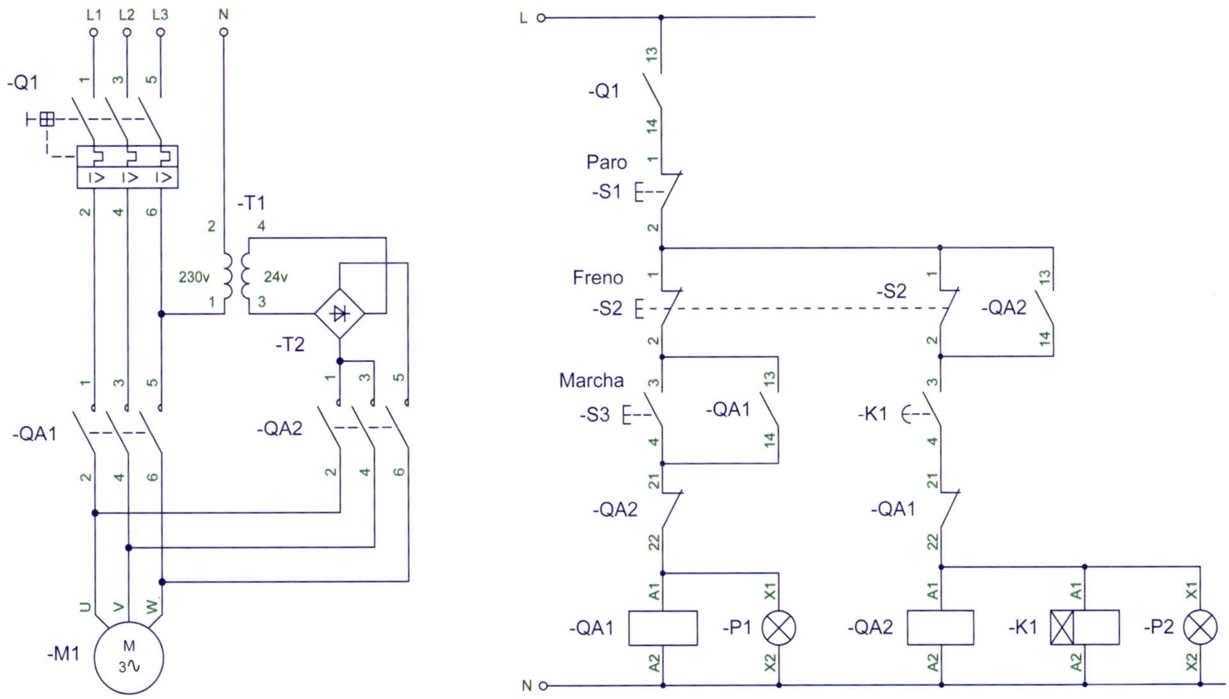

Figura 12.60. *Esquema del circuito de frenado por inyección de corriente continua para motores de pequeña potencia.*

El tiempo de inyección de corriente continua y el nivel de tensión dependen de la carga de trabajo que arrastra el motor. Mientras está conectado a la fuente de corriente el motor debe disipar la potencia debida a que está circulando una corriente eléctrica a la tensión de la fuente.

En motores de gran potencia el esquema del circuito de frenado varía ligeramente debido a que las bobinas del motor ya son considerables y en estas bobinas se almacena energía que debe disiparse antes de inyectar corriente continua. Una de las formas de eliminar esa energía almacenada consiste en cortocircuitar sus bornes, tarea que realiza el contactor QA2.

En este circuito se necesitan dos temporizadores, uno para el tiempo en el cual se cortocircuitan las bobinas de los devanados del motor, que es un tiempo mínimo, y otro temporizador cuya función es inyectar corriente continua desde la fuente.

Sabías que...

Tanto el arrancador electrónico como el variador de velocidad o frecuencia emplean la inyección de corriente continua como método para lograr frenar un motor eléctrico.

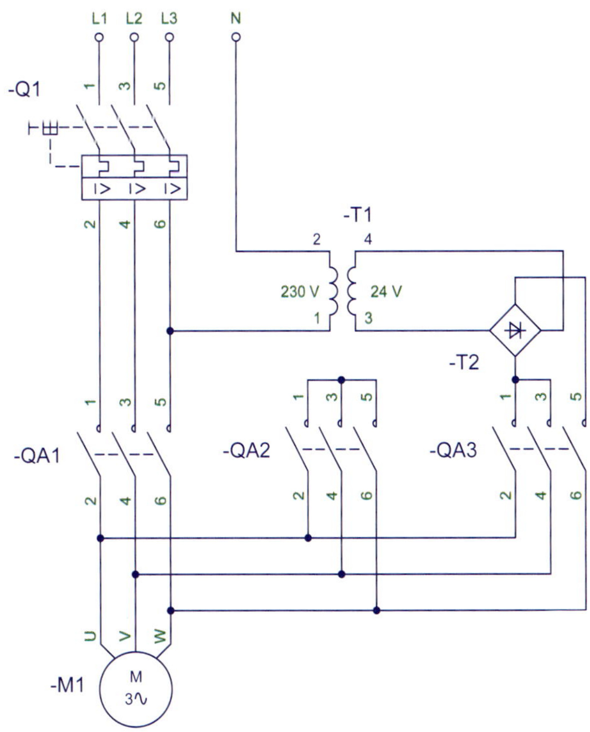

Figura 12.61. *Esquema del circuito de potencia de frenado por inyección de corriente continua para motores de potencia.*

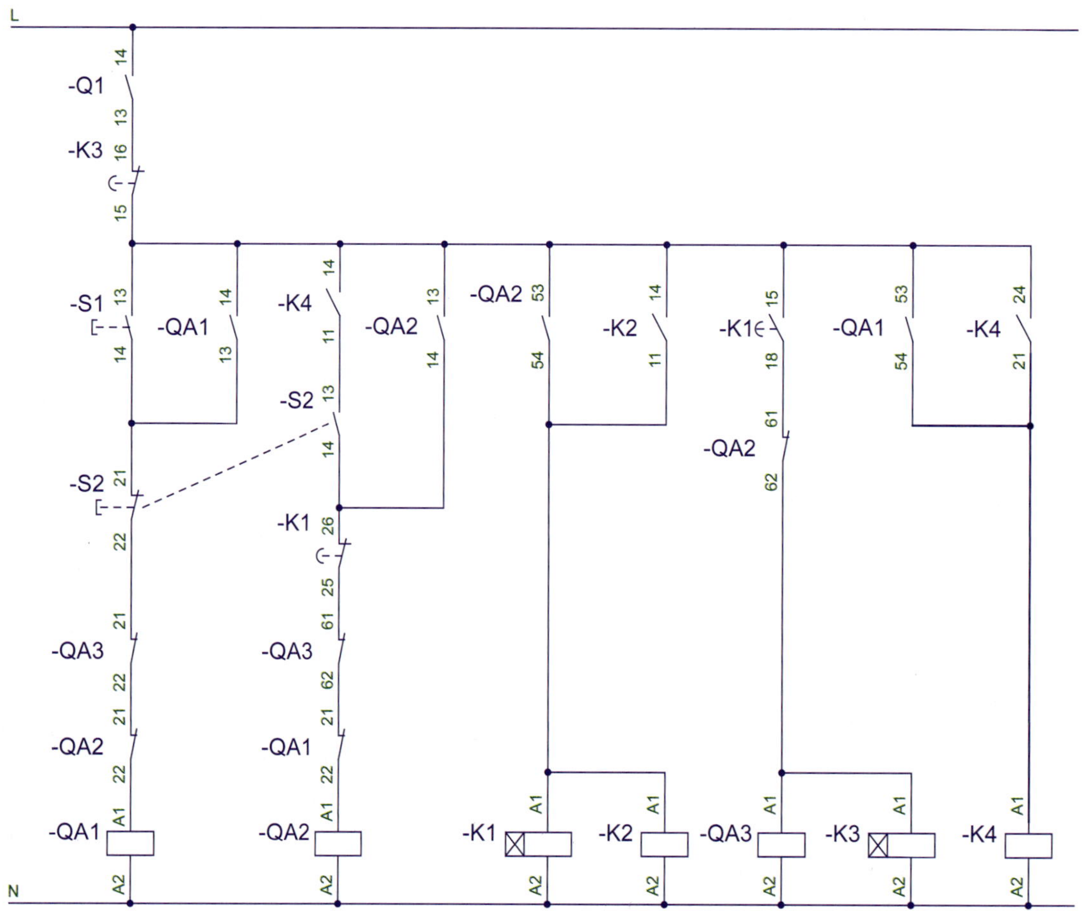

Figura 12.62. *Esquema del circuito de maniobra de frenado por inyección de corriente continua para motores de potencia.*

12.7. Relé de seguridad

La seguridad frente a un riesgo de accidente es un aspecto importante en los equipos actuales. Para asegurar que un circuito eléctrico cuenta con sistemas de seguridad se emplea un relé que supervisará el estado dando una señal e impidiendo el arranque del circuito eléctrico.

12.7.1. Marco legal

El aspecto de la seguridad es muy importante y por ello queda recogido en varias normativas. La más genérica es la ley de prevención en riesgos laborales (PRL) cuyo objetivo es promover la seguridad de los trabajadores y respecto a la seguridad en máquinas se tiene la directiva europea 2006/42/EC.

Esta directiva indica los requisitos de la documentación y evaluación de riesgos para el manejo de máquinas durante todo su ciclo de vida. Dicho ciclo abarca el diseño, fabricación, instalación, utilización, mantenimiento y, por último, la retirada del servicio de la máquina.

Esta norma es de obligado uso para los fabricantes e incluso si la máquina se usa para producción propia o entornos de trabajo externos.

Lo primero es definir qué es una máquina y la norma lo indica como un sistema provisto o equipado con uno o más accionamientos distintos del esfuerzo humano o animal, que consta de partes o componentes enlazados mecánicamente, al menos uno de los cuales se mueve, y que están unidos entre sí para dar solución a una aplicación específica.

La seguridad en máquinas abarca muchos aspectos específicos y por ello esta directiva se compone de diversas normas. Por indicar solo algunas normas a modo de ejemplo se tienen las siguientes:

- EN 12100. Principios generales para el diseño. Evaluación del riesgo y reducción del riesgo.
- EN 60204-1. Equipo eléctrico de las máquinas. Parte 1. Requisitos generales.

- EN 13850. Parada de emergencia. Principios para el diseño.
- EN 13857. Distancia de seguridad para impedir que se alcancen zonas peligrosas con los miembros superiores e inferiores.
- EN 13849-1. Partes de los sistemas de mando relativas a la seguridad. Parte 1. Principios generales para el diseño.
- EN 13849-2. Partes de los sistemas de mando relativas a la seguridad. Parte 2. Validación.
- EN 62061. Seguridad funcional de sistemas de mando relativas a la seguridad.

En el ámbito de la seguridad se sabe que el riesgo cero no existe, pero el objetivo es reducir ese riesgo hasta un nivel mínimo aceptable.

El fabricante de la máquina tiene que evaluar los riesgos durante el diseño de esta con el fin de determinar los requisitos de seguridad y de salud que se aplican a la máquina. La máquina deberá ser diseñada y fabricada teniendo en cuenta los resultados de la evaluación de riesgos.

Sabías que...

Según la ley europea no se puede realizar el análisis de riesgos después de construir la máquina.

Dentro de la directiva sobre seguridad en máquinas hay dos normas que son la EN ISO 13849-1 y la EN 62061. Comparándolas según la tecnología usada se tiene la Tabla 12.15.

Sobre estas dos normas no hay ninguna mejor que la otra, simplemente establecen el riesgo de manera diferente.

Una lo hace según el nivel de rendimiento o prestaciones (PL) contemplado en la norma EN ISO 13949-1 y la otra en el nivel de integridad de seguridad (SIL) contemplado en la norma EN 62061.

Esta unidad se centra en la norma EN ISO 13849-11 puesto que es la más empleada en los manuales de los fabricantes en España

12.7.2. Parámetros de seguridad

La norma de seguridad en máquina establece una serie de parámetros:

- **Categoría** (requisito estructural): clasificación de las partes de un sistema de mando relativas a la seguridad en función de su resistencia a defectos y de su comportamiento subsecuente en caso de defecto, y que se obtiene mediante la arquitectura de dichas partes, la detección de defectos o su fiabilidad.
- **PL:** nivel de prestaciones o fiabilidad. Nivel discreto utilizado (desde «a» hasta «e») para especificar la aptitud de las partes de los sistemas de mando relativas a la seguridad para desempeñar una función de seguridad en condiciones previsibles PFHd (probabilidad de fallo peligroso por hora)
- **PLr:** nivel de prestaciones requerido para una función de seguridad en particular.
- **MTTFd:** tiempo medio hasta fallo peligroso; se divide en bajo, medio y alto.

Tabla 12.14. Comparativa de las normas EN ISO 13849-1 y EN 62061 según la tecnología

	Tecnología que implementa las funciones de control relativas a la seguridad	EN ISO 13849-1	EN 62061
A	No eléctrica, por ejemplo, hidráulica	Aplicable	No se contempla
B	Electromecánica, por ejemplo, relés o electrónica no compleja	Restringido a arquitecturas designadas y hasta PL=e	Todas las arquitecturas y hasta SIL 3
C	Electrónica compleja, por ejemplo, programable	Restringido a arquitecturas designadas y hasta PL=d	Todas las arquitecturas y hasta SIL 3
D	A combinado con B	Restringido a arquitecturas designadas y hasta PL=e	Para tecnología no eléctrica, use componentes conforme a EN ISO 13849
E	C combinado con B	Restringido a arquitecturas designadas y hasta PL=d	Todas las arquitecturas y hasta SIL
F	C combinado con A o C combinado con B	Para electrónica compleja: uso de arquitecturas designadas según norma EN ISO 13849 hasta PL=d o cualquier arquitectura conforme a EN 62061	Para tecnología no eléctrica, use componentes conforme a EN ISO 13849 como subsistemas

- **B10D:** número de ciclos hasta que el 10 % de los componentes sufre un fallo peligroso.
- **T10d:** tiempo medio hasta que el 10 % de los componentes sufre un fallo peligroso.
- **DC:** cobertura de diagnóstico, dividida en baja, media y alta. Medida de la efectividad del diagnóstico que se puede determinar como la relación entre la tasa de fallo de los fallos peligrosos detectados y la tasa de fallo del total de fallos peligrosos.
- **CCF:** fallo de causa común. Fallo de varios elementos que resultan de un solo suceso y que no son consecuencia unos de otros.
- **SRP/CS:** partes del sistema de mando relativas a la seguridad. Parte de un sistema de mando que responde a señales de entrada y genera señales de salida relativas a la seguridad.
- **TM:** tiempo de misión. Período de tiempo que comprende el uso previsto de una SRP/CS.
- **SIL:** nivel de integridad de la seguridad. Nivel discreto (entre cuatro posibles), para especificar los requisitos de integridad de la seguridad de las funciones de mando relativas a la seguridad asignadas a los sistemas eléctricos, electrónicos y electrónicos programables relativos a la seguridad, siendo el nivel 4 de integridad de la seguridad el que posee el nivel más alto de integridad de la seguridad y el nivel 1 de integridad más bajo.

La norma EN ISO 13849-1 describe cómo calcular el nivel de fiabilidad (PL) de los componentes relativos a la seguridad de los sistemas de control, en función de arquitecturas designadas y para el tiempo de misión designado TM.

Figura 12.63. *Interruptor de seguridad para puerta.* Fuente: *Allen Bradley.*

La norma EN 62061 describe cómo calcular el nivel de integridad de la seguridad (SIL) de los componentes relativos a la seguridad de los sistemas de control en función de arquitecturas designadas y para el tiempo de misión designado TM.

12.7.3. Evaluación de riesgos

El primer paso de la evaluación de riesgos es determinar el alcance de la máquina, es decir, el espacio que necesitan la máquina y sus operarios. A continuación, se determinan todas las fuentes de riesgo para todas las operaciones de trabajo. Por último, se determina el grado de riesgo.

Este riego se determina mediante tres factores:

1. **Resultado del accidente (S),** pudiendo ser:
   - **S1:** lesión leve como hematomas, abrasiones, heridas punzantes o lesiones leves por aplastamiento.
   - **S2:** lesión grave como lesiones esqueléticas, amputaciones o la muerte.
2. **Frecuencia o exposición al peligro (F).** Se evalúa con el valor medio que se compara con la duración de utilización del equipo, pudiendo ser:
   - **F1:** poco frecuente o durante un corto período de tiempo.
   - **F2:** frecuente o durante un largo período de tiempo.
3. **Posibilidad de evitar el peligro (P).**
   - **P1:** posible, por ejemplo, movimientos lentos de la máquina, mucho espacio, baja potencia.
   - **F2:** imposible, por ejemplo, movimientos rápidos de la máquina, concurrido, alta potencia.

Con estos tres factores se genera la escala de riesgo, que varía entre un PLr=a y un PLr=e.

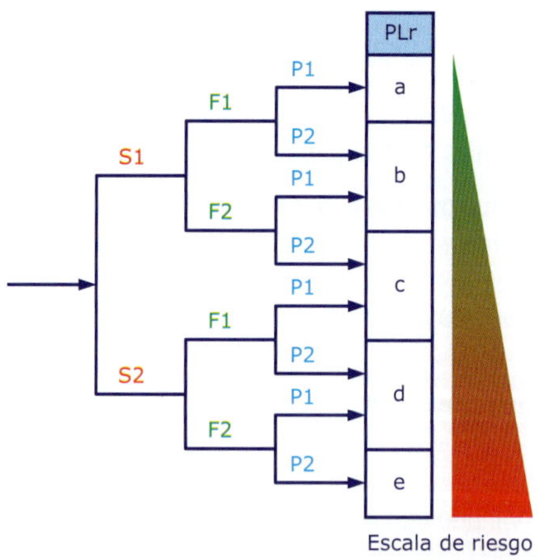

Figura 12.64. *Escala de riesgo según la norma EN ISO 13849-1.*

12.7.4. Reducción de riesgos

La directiva de seguridad en máquinas indica las medidas para reducir el riesgo.

1. Evitar el riesgo en la etapa de diseño; por ejemplo, reducción de la potencia, evitar interferencias en la zona de peligro.
2. Utilizar dispositivos de protección o seguridad; por ejemplo, cerramientos, cortinas fotoeléctricas o dispositivos de mando.
3. Informar sobre cómo puede utilizarse la máquina con seguridad; por ejemplo, mediante manuales y carteles.

Para reducir el riesgo mediante el empleo de dispositivos de seguridad, el sistema de control debe diseñarse según la norma EN ISO 13849-1.

12.7.5. Categorías de los circuitos de control

Los circuitos de los sistemas de seguridad se clasifican en categorías.

Se tienen cinco niveles de categorías donde las categorías B y 1 se basan en la prevención y las categorías 2, 3 y 4 se basan en la detección de fallos, siendo cada vez más exigentes y donde una categoría superior incluye a la inferior.

Categoría B

Son los circuitos básicos y pueden causar pérdidas de la función de seguridad debido a un fallo.

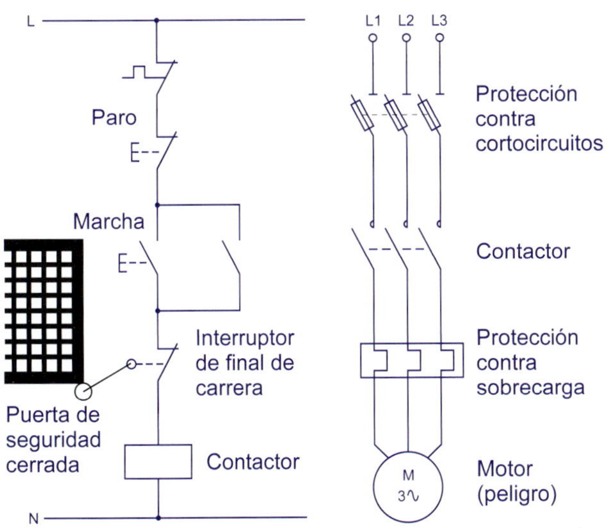

Figura 12.65. *Ejemplo de aplicación de un circuito de categoría 1.*

Todo sistema de seguridad se puede describir con tres bloques: entradas, lógica y salida, siendo cada bloque y sus conexiones entre ellos, más o menos simple o complejo.

Figura 12.66. *Esquemas de bloques de un sistema de categoría B.*

Categoría 1

Es una evolución de los sistemas de categoría 1 pero donde se emplean componentes de seguridad debidamente probados. Se considera que un componente es de eficacia probada cuando ha sido:

- Utilizado en el pasado dando buenos resultados.
- Bien construido y verificado para aplicaciones de seguridad (EN ISO 13849).

Un ejemplo de aplicación puede ser el esquema del circuito de la Figura 12.65 donde se ha empleado un interruptor de seguridad de puerta de apertura directa con refuerzo para evitar que la rotura de la roldana afecte a su funcionamiento y un contactor sobredimensionado para dotarle de mayor protección contra la soldadura de sus contactos.

Categoría 2

Los circuitos de categoría 2 comprueban a intervalos que las funciones de los elementos de seguridad trabajan correctamente. Esta comprobación de seguridad se realiza en los siguientes momentos:

- En la puesta en marcha de la máquina.
- Antes del inicio de una situación peligrosa, como, por ejemplo, al inicio de un nuevo ciclo de trabajo.
- Periódicamente durante el funcionamiento de la máquina.

Esta tarea de verificación de seguridad se puede solicitar de manera automática o manual.

En esta categoría no todos los fallos son detectables ya que es un sistema de un solo canal, es decir, entre la lógica del sistema y la salida solo hay un cable, y un solo fallo puede causar la pérdida de la función de seguridad.

En algunos casos la categoría 2 no puede aplicarse completamente a un sistema de seguridad porque no todos los componentes pueden verificarse.

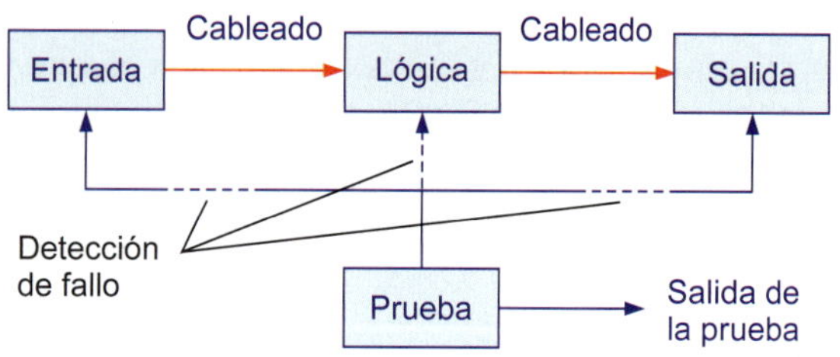

Figura 12.67. *Esquema de bloques de un sistema de categoría 2.*

En la Figura 12.68 se muestra un ejemplo de un circuito de seguridad. Se utiliza un relé de seguridad para realizar la prueba. En el momento de iniciar, el relé realiza la verificación de sus elementos internos y del estado del interruptor de seguridad de puerta cerrada. Si no se detectan fallos, el relé de seguridad verifica las salidas, comprobando que sus contactos se pueden abrir y cerrar. Si no se detecta fallo y el contactor está desactivado, el relé de seguridad activará su salida interna y activará el contactor del motor.

Al abrir la puerta y por tanto el interruptor de seguridad de puerta cerrada, las salidas del relé de seguridad se desactivan. Si se cierra la puerta, el relé de seguridad volverá a verificar las seguridades.

Categoría 3

Con la categoría 3 se aumenta la seguridad y se emplean dos canales redundantes. No es totalmente seguro porque puede producirse una pérdida de seguridad si se acumulan varios fallos.

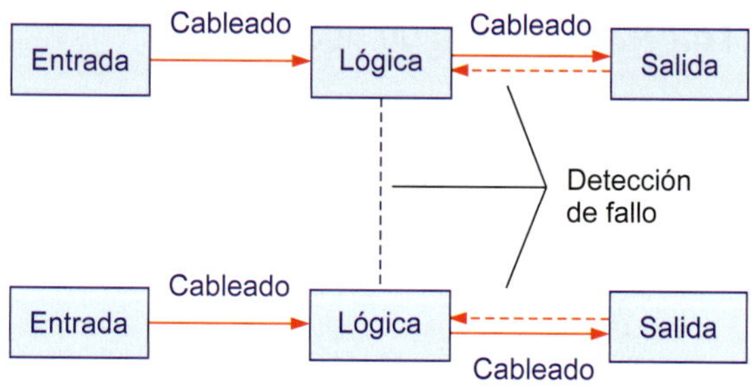

Figura 12.69. *Esquema de bloques de un sistema de categoría 3.*

El interruptor de seguridad de puerta es tipo lengüeta e incorpora dos canales redundantes para evitar el fallo individual y el relé de seguridad realiza una monitorización cruzada de unos con otros. En este interruptor, la apertura de la guarda es de tipo directo y está diseñada para abrir un contacto soldado, de manera que se resuelve el fallo de contactos soldados.

Además, en el circuito de potencia se incorporan dos contactores en serie para asegurar que el circuito puede desconectar aun en el caso de unos contactos soldados. Su estado también es monitorizado por el relé de seguridad a través de unos contactos auxiliares.

Categoría 4

En la categoría de seguridad de nivel 4 los circuitos deben garantizar que la función de seguridad no se pierde aun en el caso de que se produzca un fallo. Incorporan circuitos

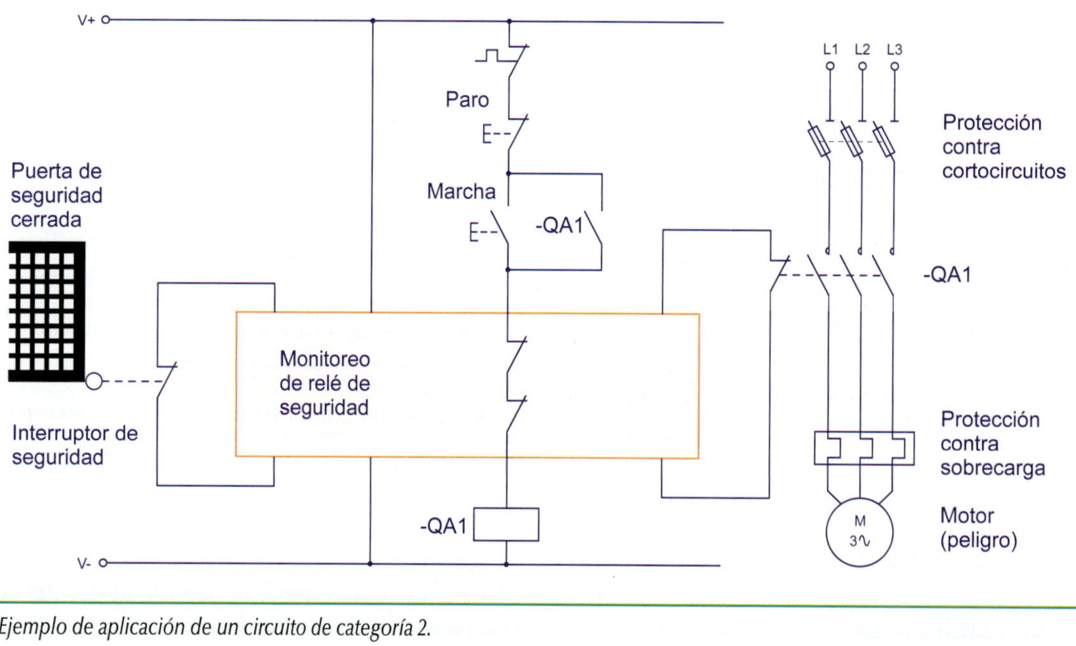

Figura 12.68. *Ejemplo de aplicación de un circuito de categoría 2.*

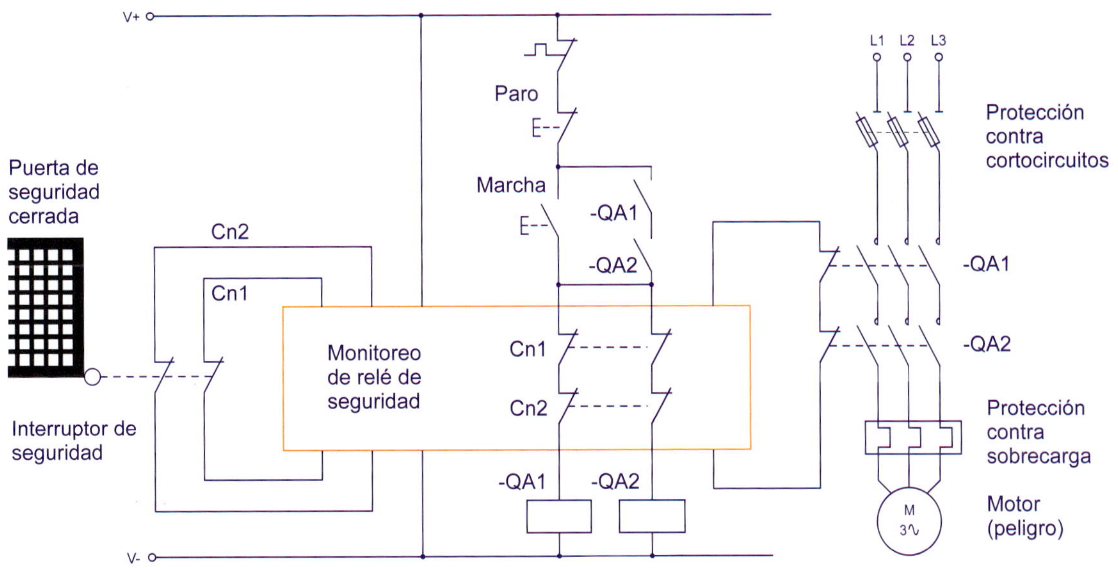

Figura 12.70 *Ejemplo de aplicación de un circuito de categoría 3.*

redundantes tanto en las entradas como en las salidas junto con una supervisión constante de las mismas. Los defectos se detectan a tiempo para prevenir esta posible pérdida de la función de seguridad

Sabías que...

Las categorías 3 y 4 son similares en cuanto a los sistemas empleados (canales dobles, redundancia, monitoreo, etc.), pero en la categoría 3 la función se seguridad se puede perder si se acumulan varios fallos no detectados y en la de categoría 4 no debe perderse.

12.7.6. Relé de seguridad

Todos los relés de seguridad comerciales son similares en cuanto al conexionado y funcionamiento y preparados para trabajar en la categoría 4. Suelen haber varios tipos o módulos, empezando por un modelo básico, un modelo avanzado con varios selectores para funciones de seguridad y aplicaciones y un modelo de expansión del número de contactos de seguridad.

Permiten la conexión de diferentes tipos de entradas relacionadas con la seguridad:

- Contactos NO, NC y C/O como por ejemplo pulsadores de parada de emergencia y conmutadores magnéticos codificados.
- Transistores PNP, por ejemplo, conmutadores de proximidad.
- OSSD, como, por ejemplo, barreras de seguridad.

Sabías que...

Un dispositivo OSSD (*output signal switching device*) genera dos señales de salida pulsantes y desfasadas. De esta manera se evita que una interferencia parásita mantenga la máquina en funcionamiento bajo una condición insegura.

Incorporan diversas funciones:

- Varias funciones de aplicación.
- Varias funciones de arranque.
- Dos entradas relacionadas con la seguridad.
- Varias salidas a relé.
- Una salida de estado.
- Una entrada de arranque no relacionada con la seguridad.
- Conector de expansión.

Para contextualizar el relé de seguridad se va a realizar el estudio del modelo XPSUAF de Schneider Electric, aunque son similares todos los relés de seguridad.

Su diagrama de bloques es el siguiente:

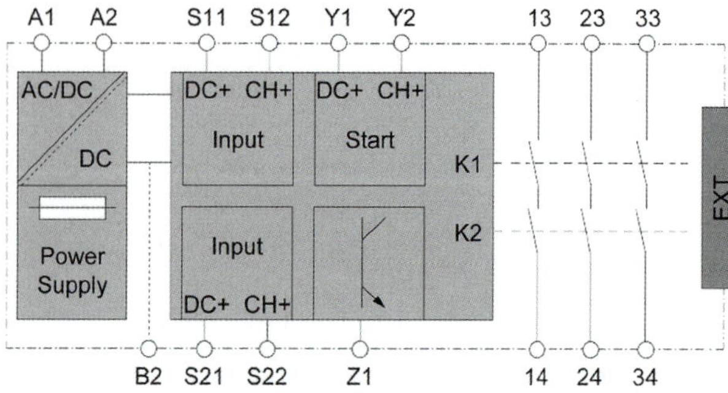

Figura 12.71. *Diagrama de bloques del relé de seguridad. (Cortesía de Schneider Electric).*

Su descripción de bornes es la siguiente:

- A1, A2. Fuente de alimentación.
- Y1. Salida de control (DC+) de entrada de arranque.
- Y2. Canal de entrada (CH+) de entrada de arranque.
- S11, S21. Salidas de control (DC+) de entradas relacionadas con la seguridad.
- S12, S22. Canales de entrada (CH+) de entradas relacionadas con la seguridad.
- B2. Borne de potencial de referencia común para señales de 24 Vcc.
- 13, 14, 23, 24, 33, 34. Bornes de salida relacionados con la seguridad.
- Z1. Salida de impulsos para diagnóstico no relacionada con la seguridad.
- EXT. Conector para módulo de expansión.

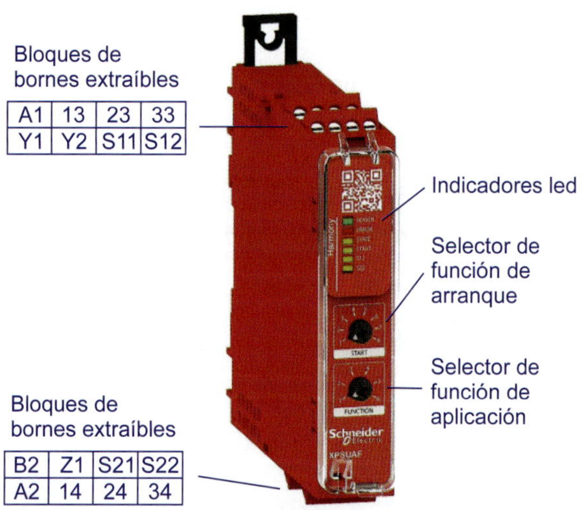

Figura 12.72 *Descripción de las partes de un relé de seguridad. (Cortesía de Schneider Electric).*

Algunos modelos de relés de seguridad avanzados suelen llevar un selector para seleccionar la función de aplicación, por ejemplo las funciones indicadas en la Tabla 12.15.

Tabla 12.15. Descripción de las funciones de aplicación del relé de seguridad XPSUAF

Función	Descripción
1	Supervisión de circuitos de seguridad de parada de emergencia o protecciones con conmutadores eléctricos. Sin sincronización.
2	Supervisión de circuitos de seguridad de parada de emergencia o protecciones con conmutadores eléctricos. Con sincronización. Si S12 se activa antes que S22, S22 debe activarse antes de que transcurran 2 s. Si S22 se activa antes que S12, S12 debe activarse antes de que transcurran 4 s.
3	Supervisión de protecciones con conmutadores eléctricos, conmutadores magnéticos codificados o conmutadores de proximidad. S12 y S22 deben activarse antes de que transcurran 0,5 s.
4	Supervisión de protecciones con conmutadores de proximidad. Señal PNP.
5	Supervisión de protecciones con conmutadores de proximidad. Señal PNP. S12 y S22 deben activarse antes de que transcurran 0,5 s.
6	Supervisión de equipos de protección electrosensibles como barreras de protección. Salidas por OSSD. S12 y S22 deben activarse antes de que transcurran 0,5 s.

Los relés de seguridad avanzados suelen contar con un selector para las funciones de arranque, que suelen ser las siguientes:

- **Arranque automático.** La entrada de arranque está permanentemente activa y cuando se activa una señal relacionada con la seguridad las salidas se activan.
- **Arranque manual.** Requiere que se active la entrada de arranque y cuando se activa una señal relacionada con la seguridad las salidas se activan.

- **Prueba de inicio.** La prueba de inicio suele realizarse para aplicaciones que implican la supervisión de protecciones. Tras el arranque, las entradas deben desactivarse y volverse a activar, por ejemplo, abriendo y cerrando la protección.

Algunos modelos incorporan un conjunto de ledes para indicar su estado: alimentación, estado de las salidas, condición de arranque, alertas, errores.

12.7.7. Arranque de un motor eléctrico con relé de seguridad

Para atender el arranque directo de un motor trifásico bajo criterios de seguridad se parte del esquema básico al cual se le ha añadido un conjunto doble de dos contactores para evitar el fallo por contactos soldados. Además, lleva las seguridades eléctricas contra cortocircuitos y sobrecargas mediante un disyuntor magnetotérmico para el motor (Figura 12.73).

Para la parte del esquema de maniobra se ha empleado un relé de seguridad, sobre el cual gira todo el control del arranque del motor. El sistema se alimenta a una tensión de 24 Vcc entre sus bornes A1 y A2. Se emplea un pulsador de emergencia de doble canal mediante contactos normalmente cerrados; un canal va conectado entre los bornes S11 y S12 y el otro canal lo hace entre los bornes S21 y S22. También cuenta con un pulsador de *reset* que está condicionado por el estado de los contactores, colocado entre los bornes Y1 e Y2.

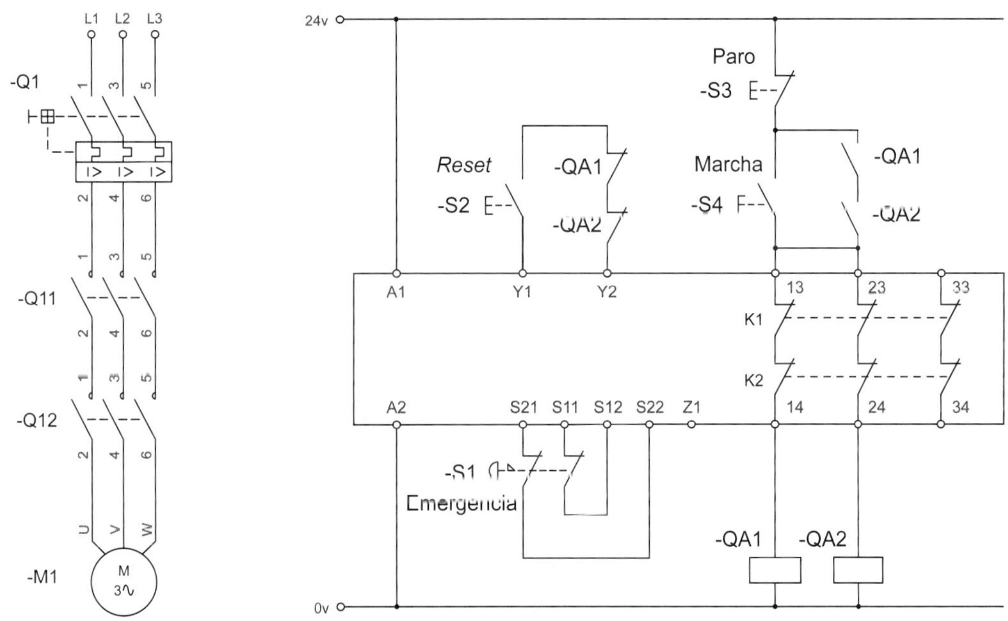

Figura 12.73. *Esquema del arranque directo de un motor trifásico.*

MAPA CONCEPTUAL

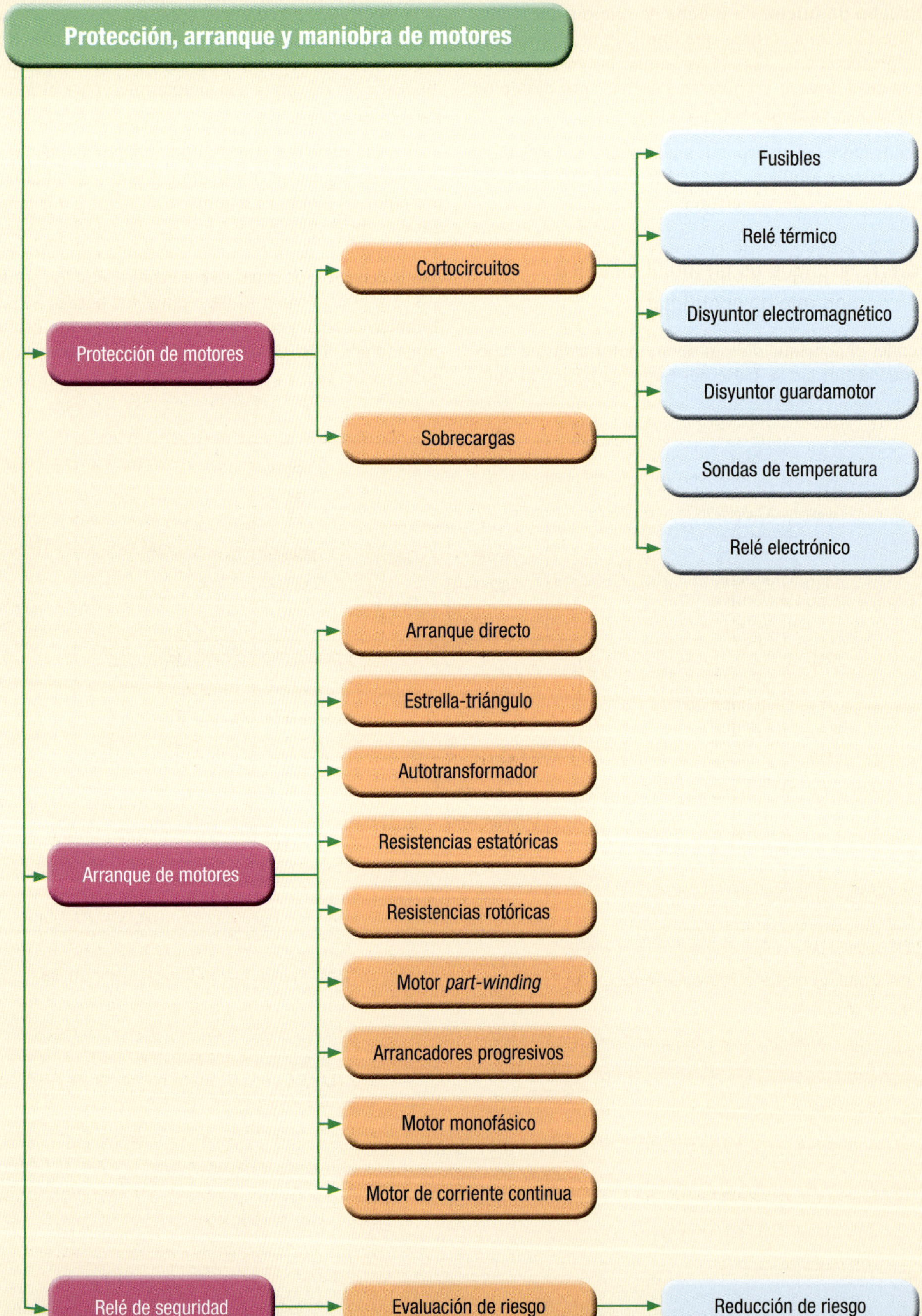

Actividades de comprobación

12.1. Un relé térmico es un elemento de protección que se emplea para:

a) Cortocircuitos.
b) Sobrecargas.
c) Cortocircuitos y sobrecargas.
d) Variaciones de tensión.

12.2. Un relé térmico protege al motor ante:

a) El fallo de una de las fases de alimentación eléctrica al motor.
b) Un excesivo número de arranques y paros del motor en reducido espacio de tiempo.
c) Un exceso de carga arrastrada por el motor.
d) Todas las respuestas anteriores son correctas.

12.3. Un disyuntor electromagnético se emplea para proteger a un motor frente a:

a) Cortocircuitos.
b) Sobrecargas.
c) Cortocircuitos y sobrecargas.
d) Variaciones de tensión.

12.4. Un disyuntor motor protege al motor frente a:

a) Cortocircuitos.
b) Sobrecargas.
c) Cortocircuitos y sobrecargas.
d) Variaciones de tensión.

12.5. Para que un motor eléctrico arranque y se estabilice es necesario que:

a) El par resistente sea inferior al par de arranque.
b) El par resistente sea igual al par de arranque.
c) El par resistente sea superior al par de arranque.
d) El par de arranque sea inferior al par resistente.

12.6. La técnica del arranque directo se emplea:

a) Con cualquier motor de inducción.
b) Con motores de pequeña potencia.
c) Con motores de gran potencia.
d) Con motores de asíncronos de corriente continua.

12.7. Para invertir el giro en un motor trifásico se debe:

a) Intercambiar las tres fases de alimentación al motor.
b) Intercambiar dos fases.
c) Intercambiar las fases de uno de los extremos de los devanados respecto al otro extremo.
d) No se puede intercambiar el sentido de giro de un motor trifásico. Viene determinado de fábrica.

12.8. La inversión de giro de un motor sin pasar por paro:

a) Solo se debe realizar en motores preparados para ello, principalmente por las sobrecargas.
b) Es el mejor sistema para invertir el giro por la comodidad de no necesitar realizar un paro previo.
c) Es el recomendado a realizar siempre y cuando no se necesite que pare previamente la máquina.
d) Solo se puede emplear en motores trifásicos.

12.9. La técnica de evitar que dos contactores entren a la vez cruzándolos por contactos cerrados se llama:

a) Enclavamiento mecánico.
b) Enclavamiento eléctrico.
c) Realimentación mecánica.
d) Realimentación eléctrica.

12.10. El arranque estrella-triángulo se aplica principalmente:

a) A motores con una potencia mayor de 750 W cuya configuración final sea en estrella.
b) A motores con una potencia mayor de 750 W cuya configuración final sea en triángulo.
c) A motores con una potencia menor de 750 W cuya configuración final sea en estrella.
d) A motores con una potencia menor de 750 W cuya configuración final sea en triángulo.

12.11. El arranque con autotransformador se aplica principalmente en motores:

a) De pequeña potencia que requieran un par de arranque elevado.
b) De pequeña potencia que requieran un par de arranque reducido.
c) De mediana o gran potencia que requieran un par de arranque elevado.
d) De mediana o gran potencia que requieran un par de arranque reducido.

12.12. El arranque mediante resistencias colocadas en el estátor:

a) Se emplean como mínimo dos grupos de resistencias para poder arrancar.

b) Se aplican tantos grupos de resistencias como escalones de arranque se desee.

c) Es un sistema muy utilizado por el bajo coste de las resistencias.

d) Es un sistema muy utilizado por las buenas condiciones de arranque que se obtienen.

12.13. El arranque mediante resistencias colocadas en el rotor:

a) Solo se emplea en motores de rotor bobinado.

b) Solo se emplea en motores de rotor en cortocircuito.

c) Solo se emplea en motores asíncronos de baja potencia.

d) Se puede emplear en cualquier tipo de motor trifásico.

12.14. Los arrancadores progresivos:

a) Solo se emplean para reducir la corriente de arranque de los motores.

b) Es el sistema más moderno y donde se puede adaptar el arranque a las características de la carga arrastrada.

c) Es un sistema poco utilizado por la dificultad en la configuración del arrancador.

d) Solo se emplean en motores de poca potencia, ya que para alta potencia el coste es elevado.

12.15. Para invertir el giro en un motor monofásico:

a) No se puede.

b) Basta intercambiar la fase por el neutro.

c) Hay que intercambiar el sentido de la corriente en el devanado de arranque respecto al principal.

d) Hay que intercambiar el sentido de la corriente tanto en el devanado de arranque como en el principal.

Actividades de aplicación

12.16. Realiza el esquema eléctrico de fuerza y maniobra para el arranque de dos motores trifásicos. Al accionar el pulsador de marcha (S2) arranca el primer motor (M1) y transcurrido un tiempo arranca el segundo motor (M2). Al accionar el pulsador de paro (S1) se detienen los dos motores. Los motores estarán protegidos mediante disyuntor guardamotor. Ante cualquier avería en algún motor, ninguno funcionará. Se señalizará (P1 y P2) cuándo está funcionando cada motor, además se señalizará (P3) cuándo se produce un disparo en alguna protección. Una vez arrancados los dos motores, la bobina del temporizador debe quedar sin tensión.

12.17. Realiza el esquema eléctrico de fuerza y maniobra para una máquina compuesta por dos motores trifásicos que se mueven en sentidos opuestos (cuando M1 tiene giro directo, M2 tiene giro inverso, y viceversa). Al pulsar S2, el motor M1 gira en sentido directo y el motor M2 en sentido inverso. Al pulsar S3, M1 gira en sentido inverso y M2 en sentido directo. Con un pulsador de paro (S1) se detiene todo el sistema. Las protecciones constan de un seccionador fusible (Q1) que protege a ambos motores, además de un relé térmico por cada motor. Ante cualquier problema se para todo el sistema. Señaliza el sentido de funcionamiento de la maquinaria.

12.18. Realiza el esquema eléctrico de fuerza y maniobra para un motor trifásico de una máquina que se pone en marcha al accionar un pulsador (S2) y gira en sentido directo durante 30 segundos, al cabo de los cuales invierte su sentido y permanece así hasta que se pulsa paro (S1). Como elementos de protección cuenta con un disyuntor electromagnético (Q1) y un relé térmico (F1). Si se dispara el relé térmico, el sistema se para. Señaliza cuándo la máquina está en marcha (P1) y cuándo ha saltado el térmico (P2).

12.19. Realiza el esquema eléctrico de fuerza y maniobra para el arranque de un motor trifásico en estrella-triángulo, el cual se pueda arrancar desde dos posiciones (S3 y S4) y parar desde una (S2); además, contará con un paro de emergencia (S1). Señaliza en qué fase del arranque se encuentra el motor.

12.20. Realiza el esquema eléctrico de fuerza y maniobra para una cinta transportadora que es controlada mediante un arrancador progresivo. Un operario la controla mediante una botonera (S2: paro y S3: marcha) desde el principio de la línea y un segundo operario que realiza tareas de calidad puede también controlarla desde la mitad de la cinta mediante otra botonera (S4: paro y S5: marcha). Además, cuenta con un paro de emergencia (S1). Asimismo, señaliza cuándo la cinta transportadora está en funcionamiento y cuándo se activan las protecciones.

12.21. Realiza el esquema eléctrico de fuerza y maniobra para el arranque de un motor monofásico que está protegido con un disyuntor electromagnético para cortocircuitos y con un relé térmico. El motor debe poder arrancar en cualquier sentido de giro, pero si arranca en sentido directo funciona durante 10 segundos y si arranca en sentido inverso funciona durante 15 segundos.

12.22. Realiza el esquema eléctrico de fuerza y maniobra para un equipo móvil impulsado por un motor (M1), que se pone en marcha cuando se acciona un pulsador (S2) y al llegar al final de su recorrido es detectado por un final de carrera (B2) el cual invierte su sentido de movimiento hasta llegar al principio, parando por medio de otro final de carrera (B1). No obstante, el proceso se puede parar en cualquier momento mediante un pulsador de paro (S1). Señaliza el sentido de giro del motor (P1 y P2) y cuando se pare por avería (P3). Como protección emplea un disyuntor motor.

12.23. Modifica el ejercicio anterior para que al llegar al final del recorrido realice una pausa de 30 segundos antes de invertir el movimiento.

12.24. Realiza el esquema eléctrico de fuerza y maniobra para el siguiente proceso. Una escalera mecánica (motor M1) cuenta con dos barreras fotoeléctricas a ambos extremos. Cuando detecta la entrada de una persona (sensor B1) la pone en marcha y al salir (sensor B2) transcurridos 5 segundos la para como medida de ahorro energético. El circuito cuenta con un paro de emergencia (S1). Los sensores son a tres hilos de tipo PNP y para una tensión de 24 V_{CC}.

12.25. Realiza el esquema eléctrico de fuerza y maniobra para el siguiente proceso. Un sistema está compuesto por dos cintas transportadoras (motores M1 y M2). La primera cinta se pondrá en funcionamiento cuando se pulse marcha (S2) y un sensor inductivo (B1) detecte la pieza. Cuando la pieza llega al final de la cinta es detectada por otro sensor (B2), que activa la segunda cinta (M2) y para la primera. Al llegar al final de la segunda cinta es detectada por otro sensor (B3) que para la segunda cinta. Los sensores fotoeléctricos son de conexión a tres hilos de tipo PNP.

12.26. Realiza el esquema eléctrico de fuerza y maniobra para el siguiente proceso. Un depósito de líquido se abastece a través de una bomba (M1). El control del llenado se puede hacer de manera automática o de manera manual mediante un selector (S1). De manera automática cuando el nivel llega al mínimo (sensor B1) se llena hasta alcanzar el máximo fijado (sensor B2). De manera manual se llenará mientras el selector esté en esta posición. Los sensores empleados son de tipo capacitivo con conexión a tres hilos PNP y a una tensión de 24 V_{CC}. Estos sensores estarán activados cuando detectan el líquido. El equipo cuenta con señalización de bomba en marcha. Como elemento de protección se cuenta con disyuntor motor para la bomba.

12.27. Realiza el esquema eléctrico de fuerza y maniobra para el siguiente proceso. La salida de vehículos de un garaje está automatizada de tal manera que cuando un sensor de infrarrojos (B1) detecta un vehículo activa la apertura de una puerta. La puerta tiene dos finales de carrera en ambos extremos (B3 se activará cuando la puerta esté abierta y B4 cuando esté cerrada). Una vez que la puerta está abierta permanecerá así durante 30 segundos y luego se cerrará. Además, tiene un sensor óptico de barrera (B2) a la altura de la puerta que si se detecta algún objeto procede a abrir la puerta. Añade un paro de emergencia (S1).

12.28. Realiza el esquema eléctrico de fuerza y maniobra para el siguiente proceso. Una máquina (motor M1) se mueve entre dos posiciones de manera indefinida. Al activar el pulsador de marcha (S2) se mueve hasta que llega al final de la posición 2, momento que es detectado mediante un sensor inductivo (B2). Aquí realiza una pausa de 5 segundos e invierte el giro de manera automática hasta que llega al principio (posición 1), siendo detectado por otro sensor (B1). Es ahí cuando vuelve a realizar otra pausa de 5 segundos y vuelve a invertir el giro repitiendo el proceso. Así permanece hasta que se pulsa paro (S1). Los sensores son de proximidad inductivos a tres hilos PNP. Circuito de mando a 24 V_{CC}.

Actividades de ampliación

12.29. Consulta en internet páginas web de fabricantes de dispositivos de protección (disyuntores, relés térmicos, etc.). Observa la gama y sus características.

12.30. Busca catálogos de algún modelo de arrancador electrónico progresivo. Observa sus características principales. Fíjate en los parámetros que se pueden ajustar para definir su funcionamiento. Observa sus modos de conexión eléctrica. Compáralos con otro modelo de otro fabricante.

12.31. Busca catálogos de algún modelo de relé de seguridad. Observa sus características principales. Fíjate en las características técnicas. Observa las indicaciones del fabricante sobre cómo se conecta. Compáralos con otro modelo de otro fabricante.

13 Prácticas de taller

Con el objetivo de que el estudiante afiance sus conocimientos y adquiera destrezas manuales, que le serán útiles en su futuro profesional, se plantean una serie de prácticas de taller. Son un conjunto de montajes de aplicación de las nociones teóricas que se han ido adquiriendo a lo largo del estudio de este módulo.

De cada práctica se realizará una memoria en la cual se indican los objetivos que se persiguen, la descripción del montaje y su funcionamiento, los esquemas de los circuitos eléctricos, los cálculos realizados, el material empleado y las herramientas utilizadas. Además se deben incluir las observaciones detectadas por el alumno junto con sus conclusiones.

Objetivos

- Realizar los montajes característicos de los arranques de motores.
- Realizar los montajes característicos de las inversiones de giro de motores.
- Realizar los montajes característicos de las maniobras más usuales con motores.
- Adquirir destrezas manuales.

Contenidos

- **Práctica 1. Carga y descarga de un condensador**
- **Práctica 2. Montaje de un panel de prácticas**
- **Práctica 3. Protección de un motor trifásico mediante fusible y relé térmico**
- **Práctica 4. Protección de un motor trifásico mediante interruptor automático electromagnético y relé térmico**
- **Práctica 5. Protección de un motor trifásico mediante disyuntor guardamotor**
- **Práctica 6. Inversión de giro de un motor trifásico con paro previo**
- **Práctica 7. Inversión de giro de un motor trifásico sin paro previo**
- **Práctica 8. Arranque temporizado de un motor trifásico**
- **Práctica 9. Paro temporizado de un motor trifásico**
- **Práctica 10. Marcha temporizada de un motor trifásico**
- **Práctica 11. Arranque estrella-triángulo de motor trifásico**
- **Práctica 12. Inversión de giro estrella-triángulo de motor trifásico**
- **Práctica 13. Arranque de un motor con devanados separados o *part-winding***
- **Práctica 14. Arranque progresivo de un motor trifásico**
- **Práctica 15. Arranque y paro progresivo de un motor trifásico**
- **Práctica 16. Arranque progresivo con inversión de giro de un motor trifásico**
- **Práctica 17. Arranque con inversión de giro de un motor monofásico con paro previo**
- **Práctica 18. Inversión de giro de un motor trifásico con finales de carrera**
- **Práctica 19. Inversión de giro de un motor trifásico con sensores de proximidad inductivos**
- **Práctica 20. Frenado de un motor trifásico por contracorriente**
- **Práctica 21. Frenado de un motor trifásico por inyección de corriente continua**
- **Práctica 22. Motor Dahlander de dos velocidades con detectores fotoeléctricos**
- **Práctica 23. Arranque de un motor trifásico con relé de seguridad**

Práctica 1

Carga y descarga de un condensador

Descripción: En esta práctica se va a estudiar el proceso de carga y descarga de un condensador.

El circuito consta de un condensador (C) que se carga y se descarga a través de una resistencia (R).

Para simular el cierre y la apertura del circuito de carga y descarga se emplea una onda cuadrada procedente de un generador de funciones. De esta forma se pueden simular múltiples procesos de carga y descarga.

Si la frecuencia de la onda es lo suficientemente baja se observará el proceso de carga y descarga completa del condensador y de esta manera determinar la constante de tiempo (τ) y posteriormente determinar el tiempo de carga y descarga completa ($5\ \tau$). También se puede determinar el valor de la tensión en el condensador para la constante de tiempo, tanto en el ciclo de carga como en el de descarga.

Para realizar las mediciones se emplea un osciloscopio de doble canal. El canal I (CH I) se coloca a la salida del generador de funciones. Su objetivo es visualizar y medir la señal procedente del generador. El canal II (CH II) se coloca en bornes del condensador y su función será visualizar y realizar mediciones sobre la carga y descarga del condensador.

Se realizarán diversas medidas variando los valores de la resistencia y del condensador y calculando la constante de tiempo, así como determinando cuándo se habrá cargado ($5\ \tau$). Además, se variará la frecuencia para determinar qué le ocurre al proceso de carga.

Recuerda calibrar previamente el osciloscopio. También es importante que las masas de las sondas del osciloscopio y del generador estén unidas.

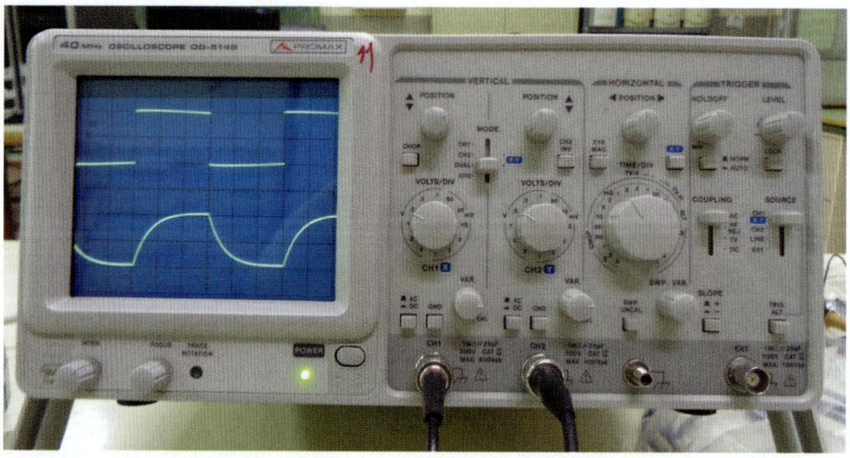

Figura 13.1. *Visualización de los resultados de la práctica.*

Materiales:

Cant.	Denominación
	Resistencias de varios valores
	Condensadores de varios valores
1	Osciloscopio de doble canal
1	Generador de funciones

Leyendas del esquema eléctrico:

R	Resistencia
C	Condensador
CH I	Osciloscopio. Canal I
CH II	Osciloscopio. Canal II
G	Generador de onda cuadrada

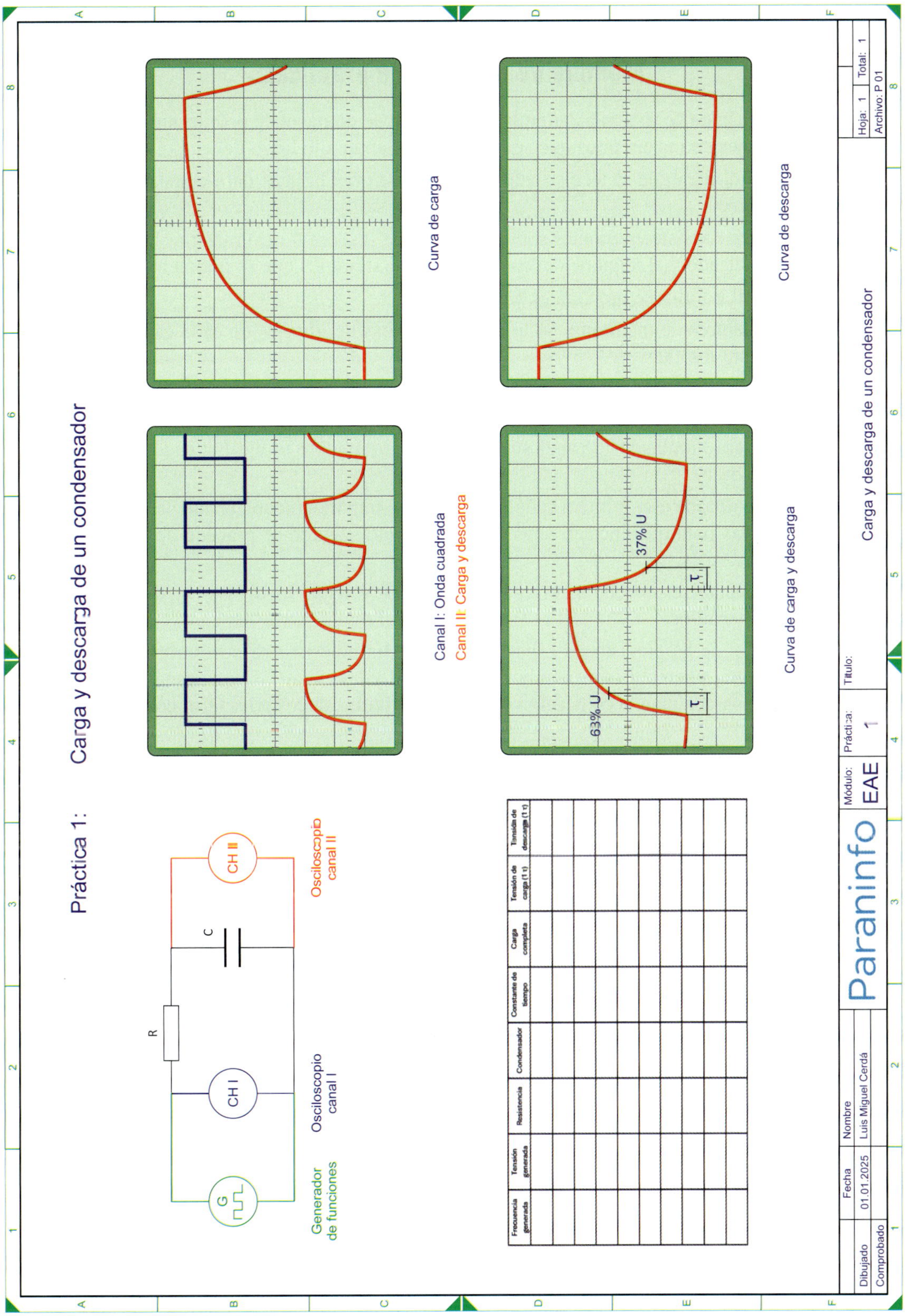

Figura 13.2. *Esquema de la práctica 1.*

Práctica 2

Montaje de un panel de prácticas

Descripción: En esta práctica se va a trabajar en la preparación de un panel de prácticas sobre el cual se realizarán los montajes de los circuitos que se irán desarrollando a lo largo del curso.

Se trabajará para que el técnico adquiera las destrezas básicas para empezar cualquier montaje de automatismos.

La práctica consiste en montar sobre una base de madera u otro material la estructura de canaletas para el cableado y el montaje de los carriles DIN, sobre los que se fijarán los elementos del circuito.

En el carril inferior se montará el bornero.

Sobre el tablero se medirán y se trazarán las líneas de los ejes de cada canal. Se procede de igual manera para los carriles.

Según las medidas del plano adjunto se procede a cortar las canaletas. Las perimetrales se cortarán en sus extremos a un ángulo de 45º, mientras que las canaletas interiores se cortarán en ángulo recto.

Se empezará montando la canal superior situándola sobre el eje marcado y mediante tornillos se fijará a la base.

Una vez colocada esta primera canal, sobre ella se irán montando el resto de las canales perimetrales, ajustándolas para que encajen unas con otras. Acto seguido se procede de idéntica manera con las canales centrales.

Posteriormente se procede a cortar los carriles DIN según medidas y se fijan a la base del tablero mediante tornillos.

En el panel se ha previsto un espacio a la derecha por si fuese necesaria la colocación de alguna botonera. Así mismo, la separación entre el carril y las canaletas en el espacio intermedio es asimétrica y preparada para la colocación en prácticas futuras de los relés térmicos acoplados a los contactores.

Materiales:

Cant.	Denominación
1	Tablero de madera de 800 mm × 600 mm
	Canaleta
	Carril DIN
	Tornillería

Precauciones

- Utiliza los equipos de protección adecuados cuando manipules herramientas peligrosas, por ejemplo gafas protectoras si vas a utilizar la taladradora.
- Si las medidas del tablero de prácticas del taller no coinciden con las mostradas en el plano se deben ajustar.

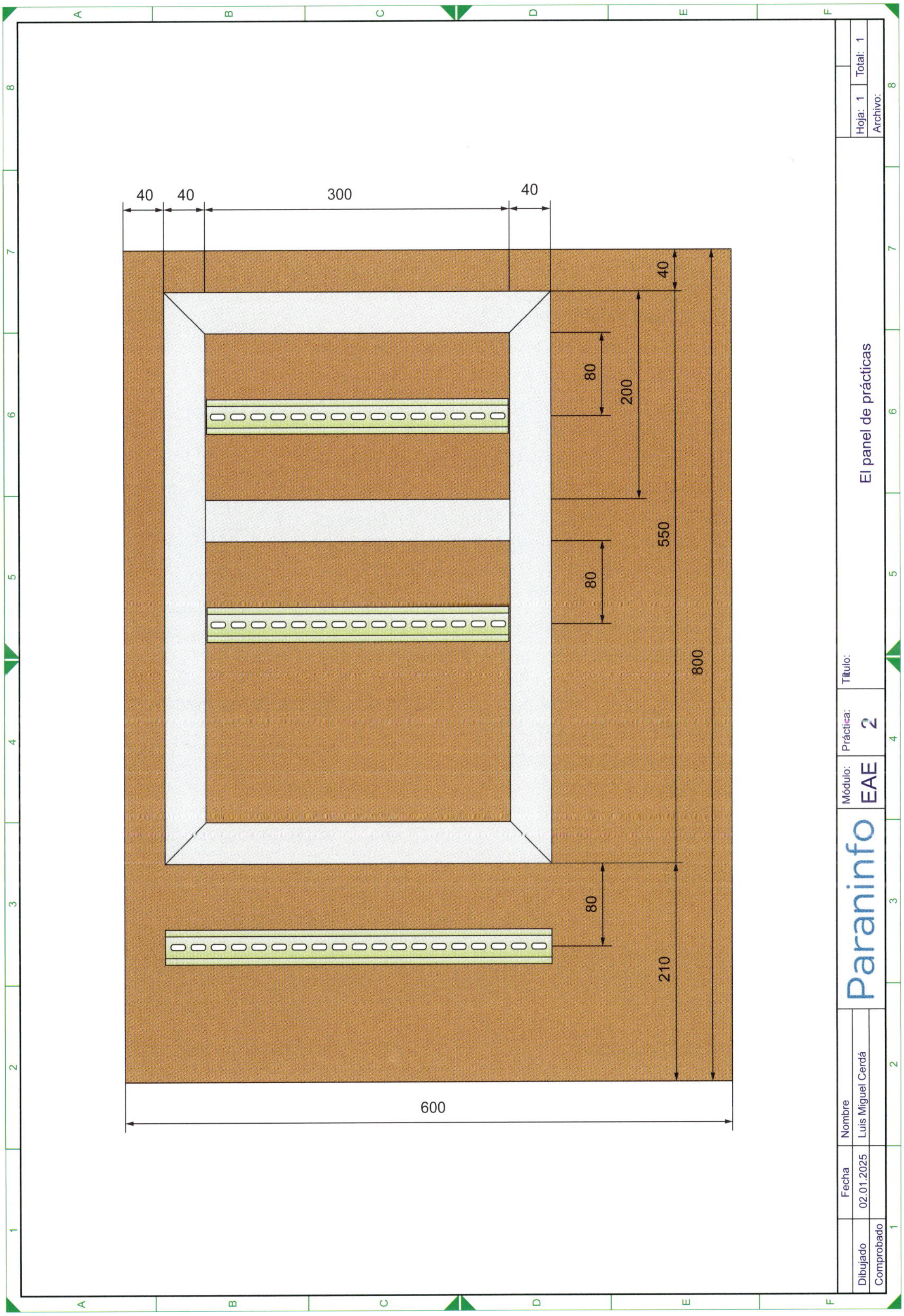

Figura 13.3. *Esquema de la práctica 2.*

Práctica 3

Protección de un motor trifásico mediante fusible y relé térmico

Descripción: En esta práctica se va a estudiar la protección de un motor trifásico mediante el empleo de un seccionador fusible (Q1) para protegerlo contra sobreintensidades y de un relé térmico (F1) para protegerlo contra las sobrecargas. Como elemento de protección del circuito de mando se empleará un interruptor automático magnetotérmico (F2).

El tipo de arranque del motor se realizará mediante arranque directo con la tensión del circuito de mando a 230 V_{CA}.

Para gobernar el motor se van a emplear un pulsador de paro (S1) y un pulsador de marcha (S2).

El circuito contará con pilotos de señalización para indicar cuándo el motor estará girando (P1) y cuándo saltará el relé térmico por problemas de sobrecarga (P2).

Los elementos que irán fuera del cuadro de montaje (pulsadores y pilotos de señalización) se conectarán mediante bornes de conexión.

En esta práctica se ha designado el bornero X1 como el bornero de fuerza. A él se conectarán la entrada de la alimentación eléctrica (bornes 1-5) y la conexión del motor eléctrico trifásico (bornes 6-9). El bornero X2 es el destinado a las salidas hacia los pulsadores y los pilotos de señalización.

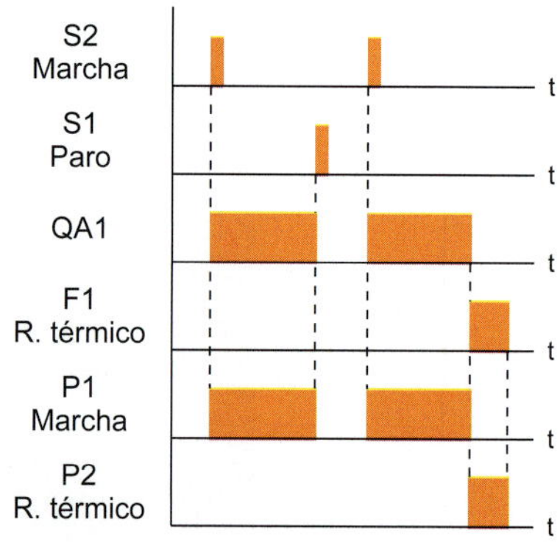

Figura 13.4. *Cronograma de la práctica.*

Materiales:

Cant.	Denominación
1	Magnetotérmico F+N 16A. C
1	Base de fusibles tripolares cilíndricos
3	Fusibles cilíndricos 10X38
1	Relé térmico
1	Contactor tripolar 230 V
1	Bloque de contactos auxiliares
1	Pulsadores NO (cámara más cabezal)
1	Pulsadores NC (cámara más cabezal)
2	Pilotos de señalización (rojo y verde)
1	Motor trifásico, 400 V/230 V
9	Bornes 6 mm
8	Bornes 2,5 mm
	Cable flexible 2,5 mm^2
	Cable flexible 1,5 mm^2

Leyendas del esquema eléctrico:

Q1	Seccionador fusible tripolar
F1	Relé térmico
Q2	Magnetotérmico de protección de maniobra
QA1	Contactor
M1	Motor trifásico
S1	Pulsador de paro del motor
S2	Pulsador de marcha del motor
P1	Señalización de marcha del motor
P2	Señalización de sobrecarga del motor
X1	Bornero de fuerza
X2	Bornero de maniobra

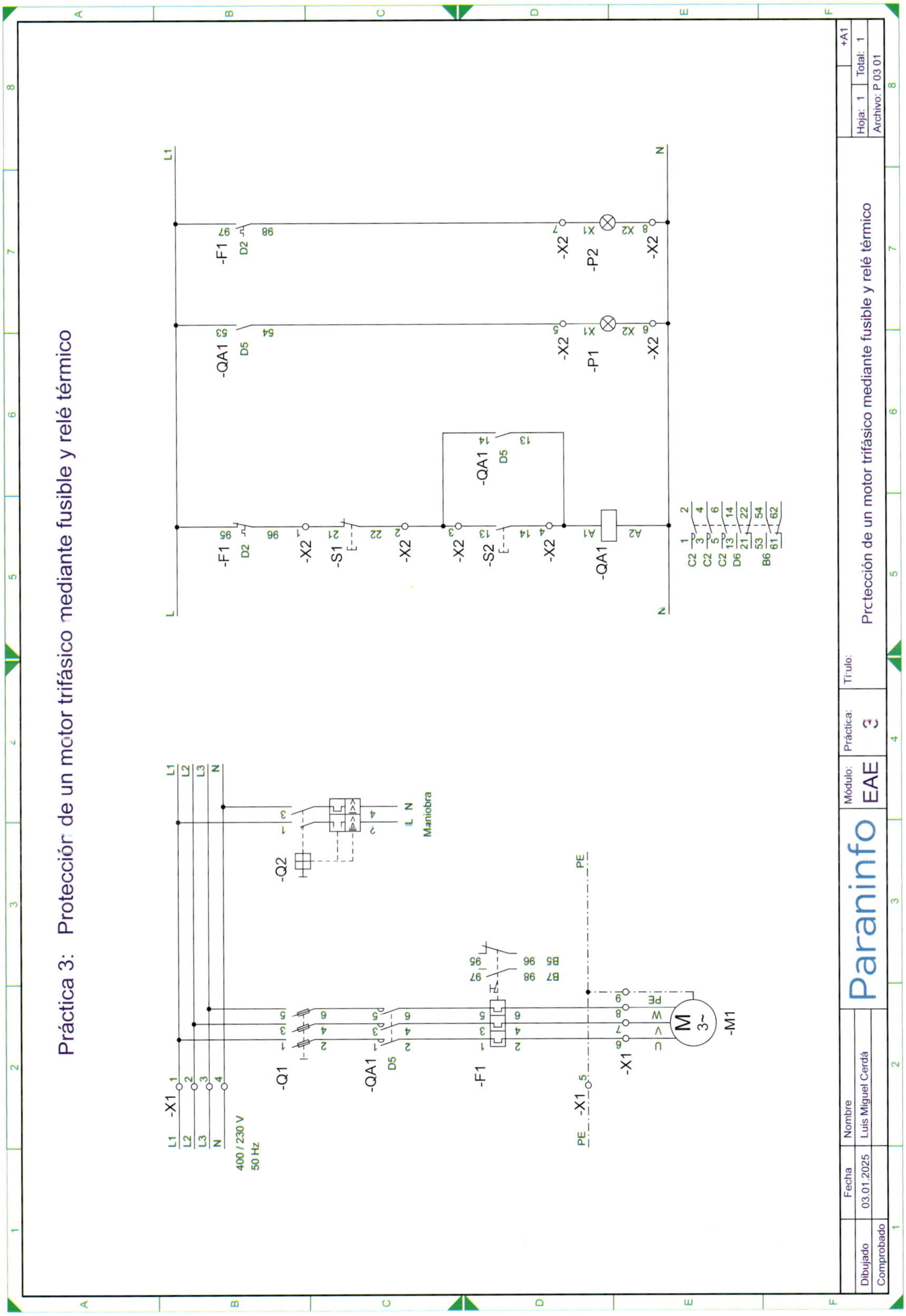

Figura 13.5. *Esquema eléctrico de la práctica 3.*

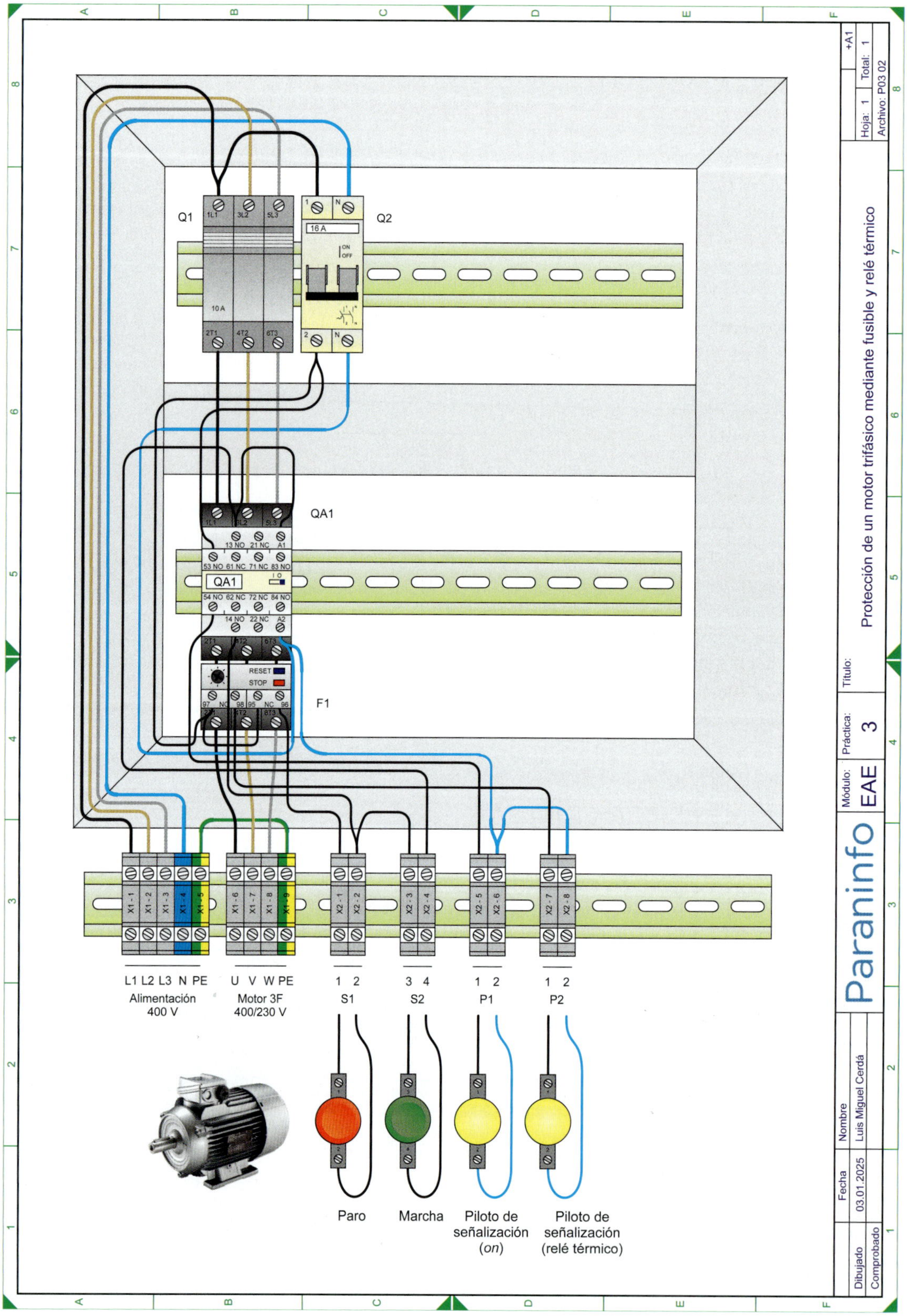

Figura 13.6. *Esquema de montaje de la práctica 3.*

Práctica 4

Protección de un motor trifásico mediante interruptor automático electromagnético y relé térmico

Descripción: En esta práctica se va a estudiar la protección de un motor trifásico mediante el empleo de un interruptor automático electromagnético (Q1) para protegerlo contra los cortocircuitos y de un relé térmico (F1) para protegerlo contra las sobrecargas. Como elemento de protección del circuito de mando se empleará un interruptor automático magnetotérmico (F2).

El tipo de arranque del motor se realizará mediante arranque directo con la tensión del circuito de mando a 230 V_{CA}.

Para gobernar el motor, se van a emplear un pulsador de paro (S1) y un pulsador de marcha (S2).

El circuito contará con pilotos de señalización para indicar cuándo el motor estará girando (P1) y cuándo saltará el relé térmico por problemas de sobrecarga (P2).

Los elementos que irán fuera del cuadro de montaje (pulsadores y pilotos de señalización) se conectarán mediante bornes de conexión.

En esta práctica se ha designado el bornero X1 como el bornero de fuerza. A él se conectarán la entrada de la alimentación eléctrica (bornes 1-5) y la conexión del motor eléctrico trifásico (bornes 6-9). El bornero X2 es el destinado a las salidas hacia los pulsadores y los pilotos de señalización.

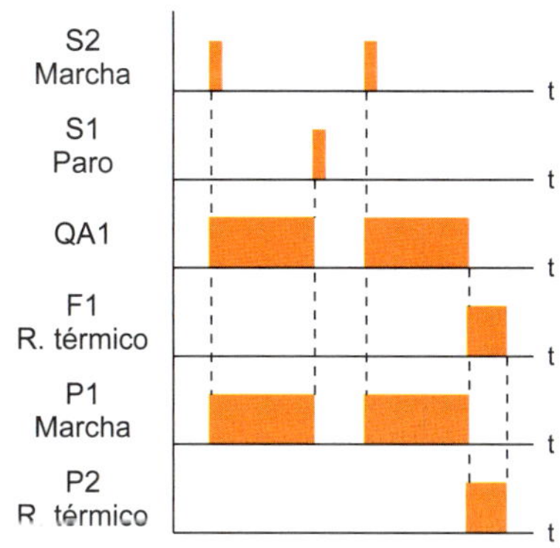

Figura 13.7. *Cronograma de la práctica.*

Materiales:

Cant.	Denominación
1	Magnetotérmico F+N 16A. C
1	Disyuntor electromagnético
1	Relé térmico
1	Contactor tripolar 230 V
1	Bloque de contactos auxiliares.
1	Pulsadores NO (cámara más cabezal)
1	Pulsadores NC (cámara más cabezal)
2	Pilotos de señalización (rojo y verde)
1	Motor trifásico, 400 V/230 V
9	Bornes 6 mm
8	Bornes 2,5 mm
	Cable flexible 2,5 mm^2
	Cable flexible 1,5 mm^2

Leyendas del esquema eléctrico:

Q1	Disyuntor electromagnético
F1	Relé térmico
Q2	Magnetotérmico de protección para maniobra
QA1	Contactor
M1	Motor trifásico
S1	Pulsador de paro del motor
S2	Pulsador de marcha del motor
P1	Señalización de marcha del motor
P2	Señalización de sobrecarga del motor
X1	Bornero de fuerza
X2	Bornero de maniobra

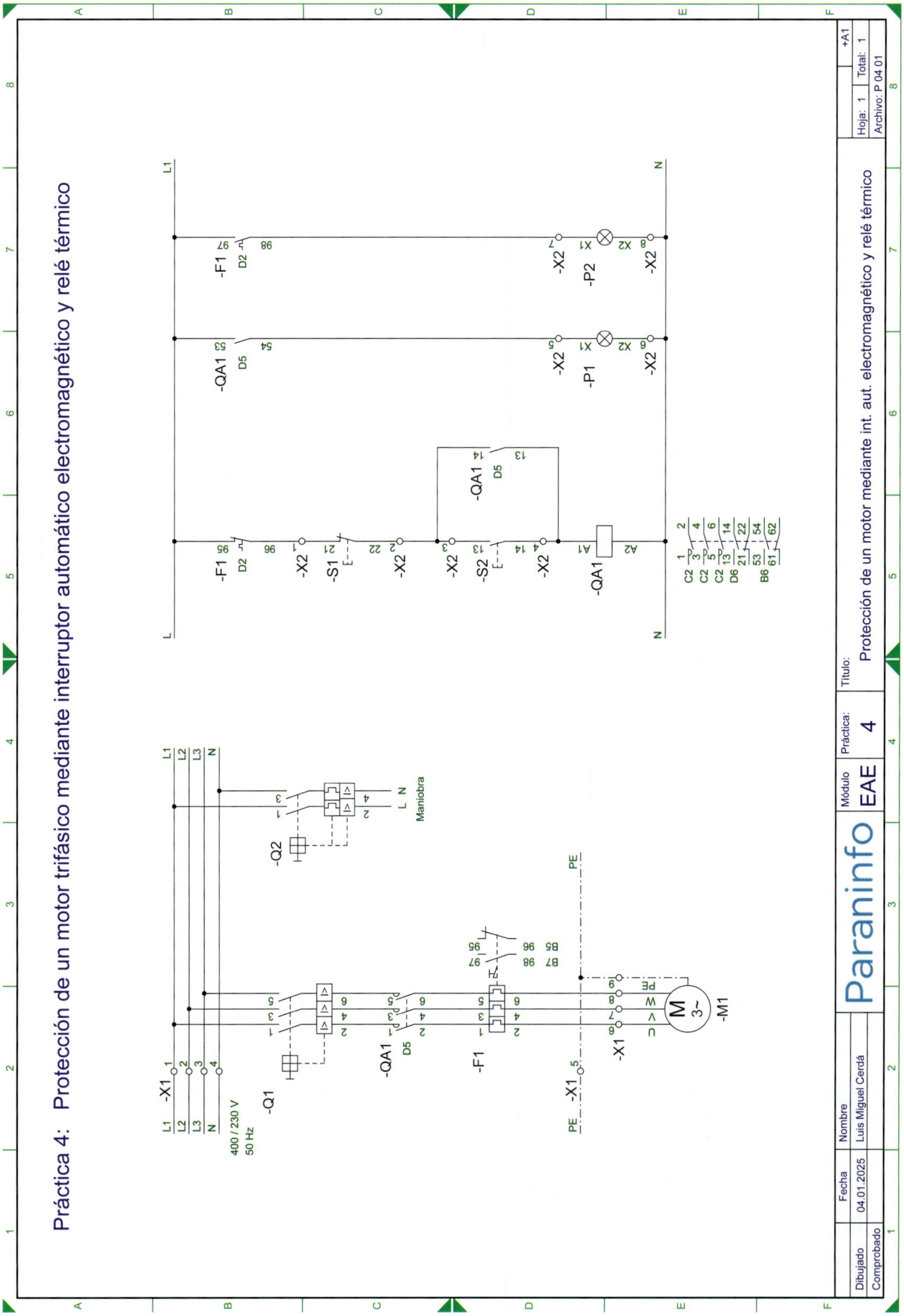

Figura 13.8. *Esquema eléctrico de la práctica 4.*

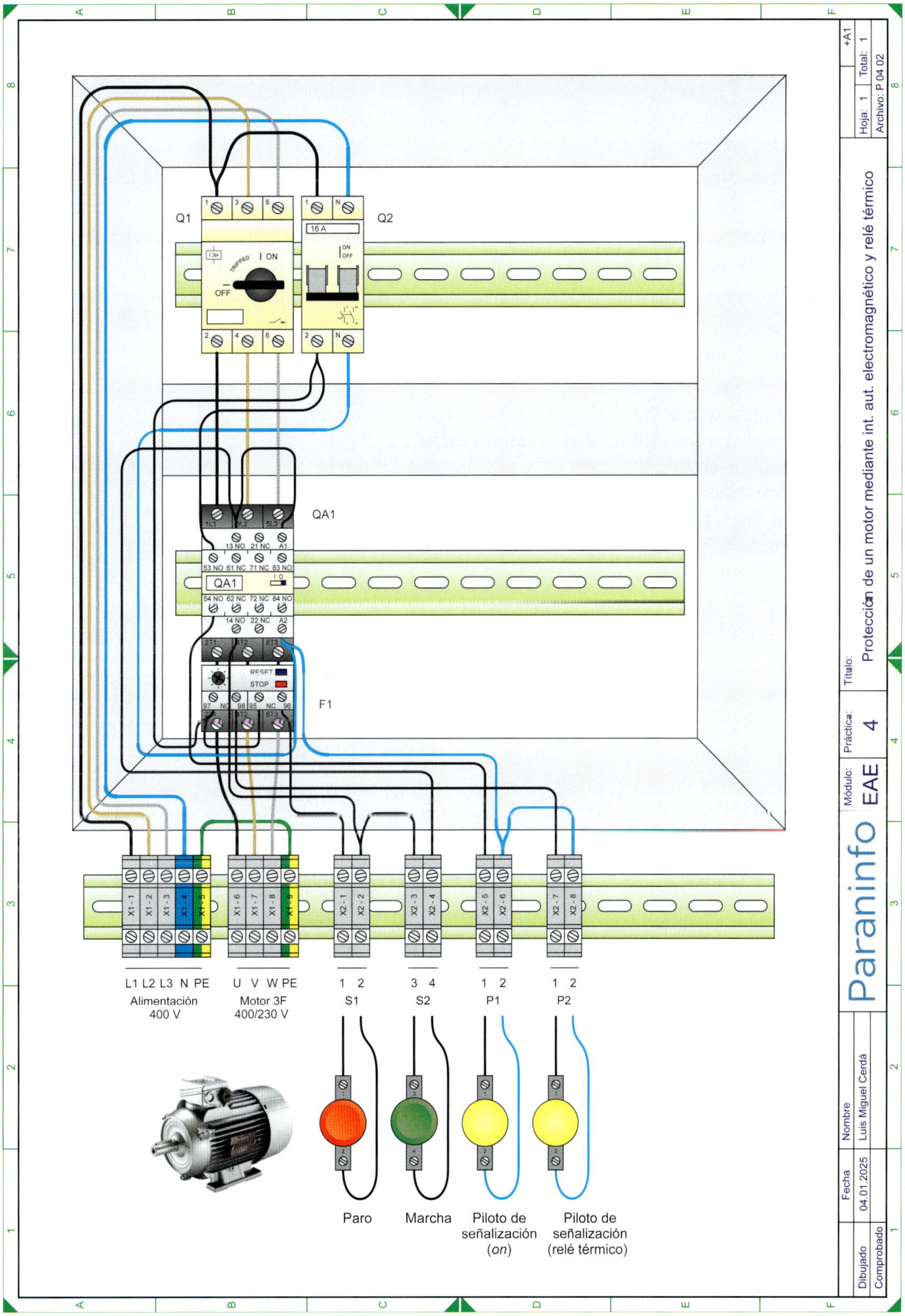

Figura 13.9. *Esquema de montaje de la práctica 4.*

Práctica 5

Protección de un motor trifásico mediante disyuntor guardamotor

Descripción: En esta práctica se va a estudiar la protección de un motor trifásico mediante el empleo de un disyuntor guardamotor (Q1). Este disyuntor necesitará un bloque de contactos auxiliares.

El tipo de arranque del motor se realizará mediante arranque directo con la tensión del circuito de mando a 230 V_{CA}.

Para gobernar el motor se van a emplear un pulsador de paro (S1) y un pulsador de marcha (S2).

El circuito contará con pilotos de señalización para indicar cuándo el motor estará girando (P1) y cuándo saltará el disyuntor motor por problemas de sobrecarga o cortocircuito (P2).

Los elementos que irán fuera del cuadro de montaje (pulsadores y pilotos de señalización) se conectarán mediante bornes de conexión.

En esta práctica se ha designado el bornero X1 como el bornero de fuerza. A él se conectarán la entrada de la alimentación eléctrica (bornes 1-5) y la conexión del motor eléctrico trifásico (bornes 6-9). El bornero X2 es el destinado a las salidas hacia los pulsadores y los pilotos de señalización.

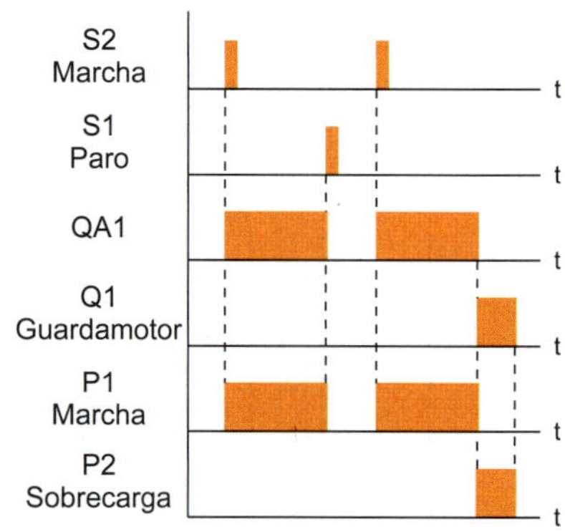

Figura 13.10. *Cronograma de la práctica.*

Materiales:

Cant.	Denominación
1	Magnetotérmico F+N 16A. C
1	Disyuntor guardamotor
1	Contactor auxiliar (disyuntor)
1	Contactor tripolar. Bobina 230 V
1	Bloque contactos auxiliares (contactor)
1	Pulsadores NO (cámara más cabezal)
1	Pulsadores NC (cámara más cabezal)
2	Pilotos de señalización
1	Motor trifásico, 400 V/230 V
9	Bornes 6 mm
8	Bornes 2,5 mm
	Cable flexible 2,5 mm^2
	Cable flexible 1,5 mm^2

Leyendas del esquema eléctrico:

Q1	Disyuntor guardamotor
Q2	Magnetotérmico de protección para maniobra
QA1	Contactor
M1	Motor trifásico
S1	Pulsador de paro del motor
S2	Pulsador de marcha del motor
P1	Señalización de marcha del motor
P2	Señalización de sobrecarga del motor
X1	Bornero de fuerza
X2	Bornero de maniobra

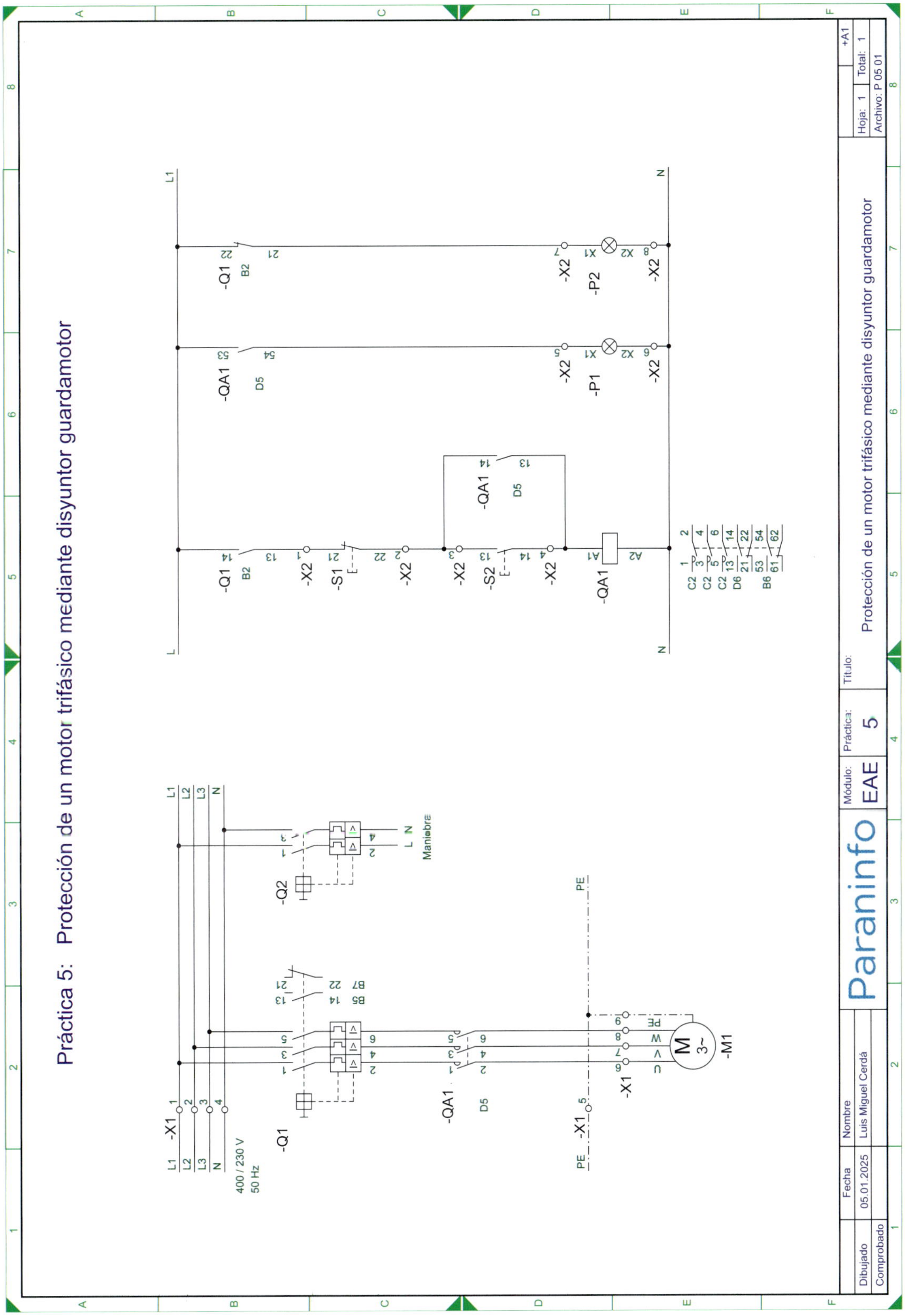

Figura 13.11. *Esquema eléctrico de la práctica 5.*

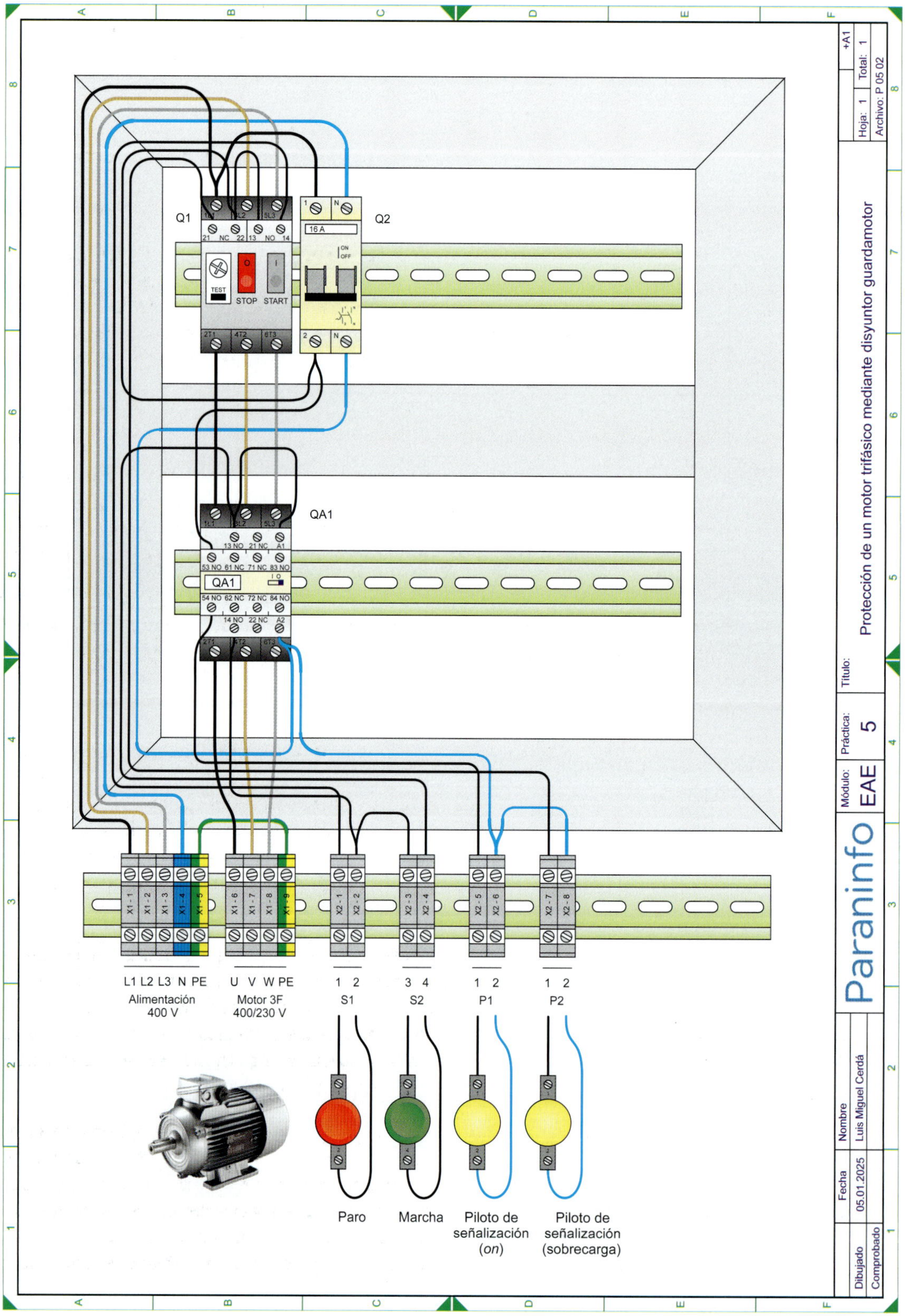

Figura 13.12. *Esquema de montaje de la práctica 5.*

Práctica 6

Inversión de giro de un motor trifásico con paro previo

Descripción: En esta práctica se va a estudiar la inversión de giro de un motor trifásico pasando por paro previo. Esta condición significa que el motor debe parar primero pulsando paro antes de iniciar la inversión de giro.

La red de alimentación es de 230 V/400 V y el motor eléctrico es de inducción de 230 V/400 V; por tanto debe configurarse para estrella. El circuito de mando se realizará para una tensión de 230 V_{CA}.

Como elemento de protección se empleará un disyuntor motor (Q1) calibrado acorde a las características del motor. Para el circuito de mando se empleará un interruptor magnetotérmico (F1) como dispositivo de protección contra sobreintensidades.

Para gobernar el motor se van a emplear un pulsador de paro (S1) y dos pulsadores de marcha (S2: giro directo y S3: giro inverso).

El circuito contará con pilotos de señalización para indicar cuándo el motor estará girando y en qué sentido (P1: directo y P2: inverso) y cuándo saltará el disyuntor motor por problemas de sobrecarga o sobreintensidades (P3).

En esta práctica se ha designado el bornero X1 como el bornero de fuerza. A él se conectarán la entrada de la alimentación eléctrica (bornes 1-5) y la conexión del motor eléctrico trifásico (bornes 6-9). El bornero X2 es el destinado a las salidas hacia los pulsadores y los pilotos de señalización.

Como elemento de seguridad ante el riesgo de que puedan activarse ambos contactores se ha empleado la técnica del enclavamiento eléctrico (aunque se podría haber combinado con el enclavamiento mecánico). Para ello se utilizan los pares de contactos cerrados (21-22) de ambos contactores cruzándolos entre sí.

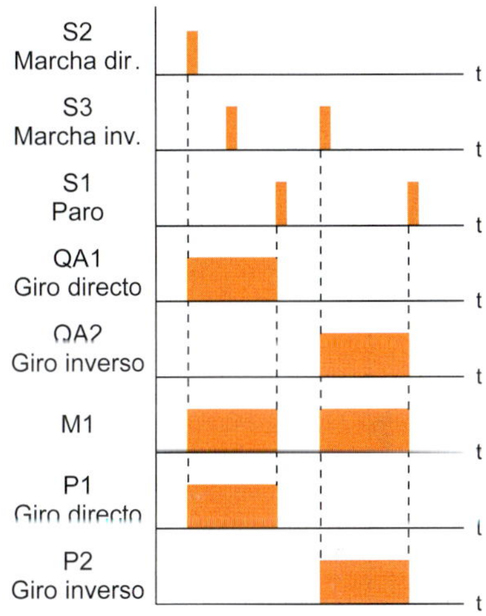

Figura 13.13. *Cronograma de la práctica.*

Materiales:

Cant.	Denominación
1	Interruptor magnetotérmico
1	Disyuntor guardamotor
1	Contactor auxiliar (disyuntor)
2	Contactores tripolares. Bobina 230 V
2	Bloques contactos auxiliares (contactor)
2	Pulsadores NO (cámara más cabezal)
1	Pulsador NC (cámara más cabezal)
3	Pilotos de señalización
1	Motor trifásico, 400 V/230 V
9	Bornes 6 mm
12	Bornes 2,5 mm
	Cable flexible 2,5 mm^2
	Cable flexible 1,5 mm^2

Leyendas del esquema eléctrico:

Q1	Disyuntor guardamotor
Q2	Magnetotérmico de protección de maniobra
QA1	Contactor sentido de giro directo
QA2	Contactor sentido de giro inverso
M1	Motor trifásico
S1	Pulsador de paro del motor
S2	Pulsador de marcha con giro directo
S3	Pulsador de marcha con giro inverso
P1	Señalización de giro directo
P2	Señalización de giro inverso
P3	Señalización de avería
X1	Bornero de fuerza
X2	Bornero de maniobra

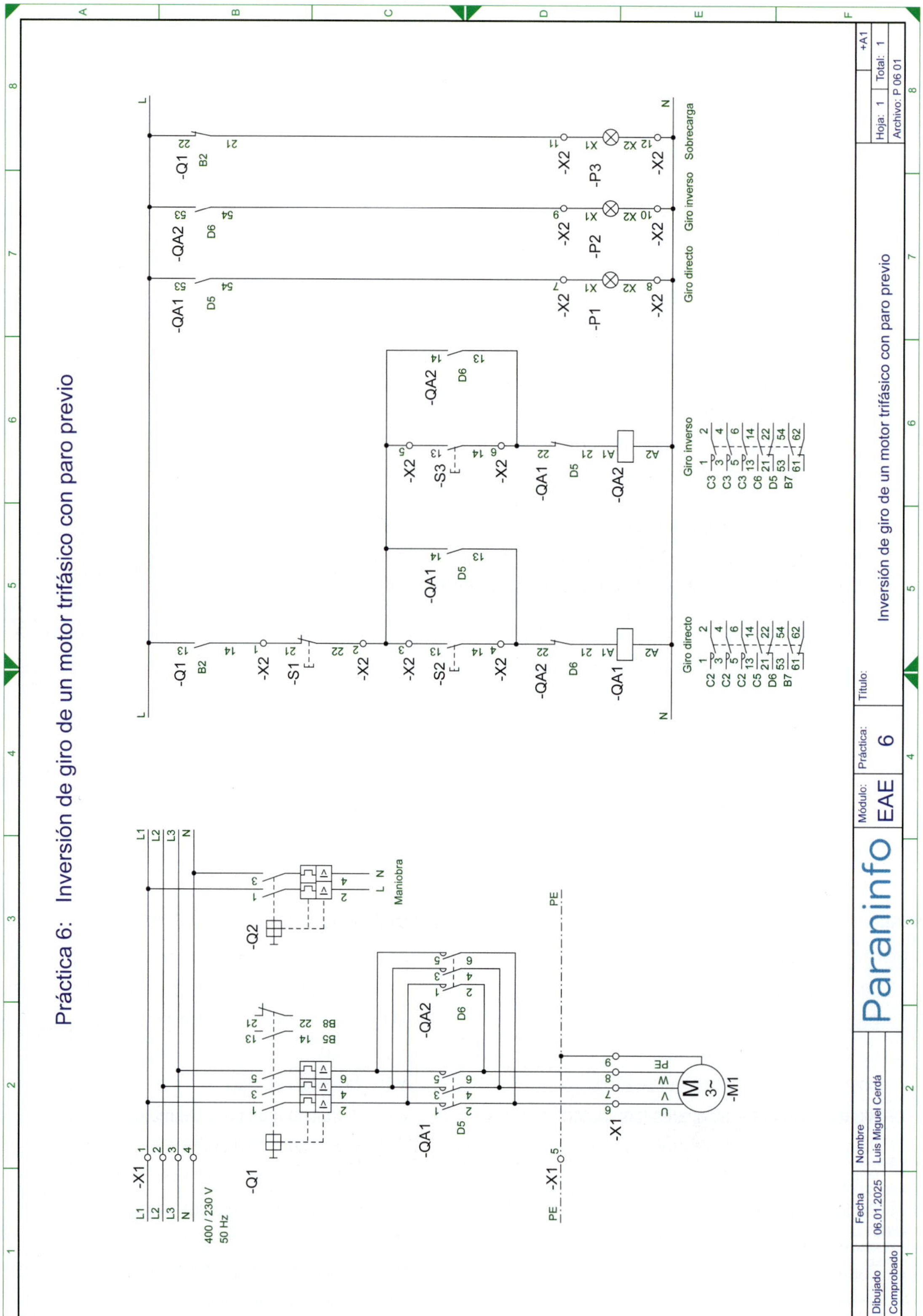

Figura 13.14. *Esquema eléctrico de la práctica 6.*

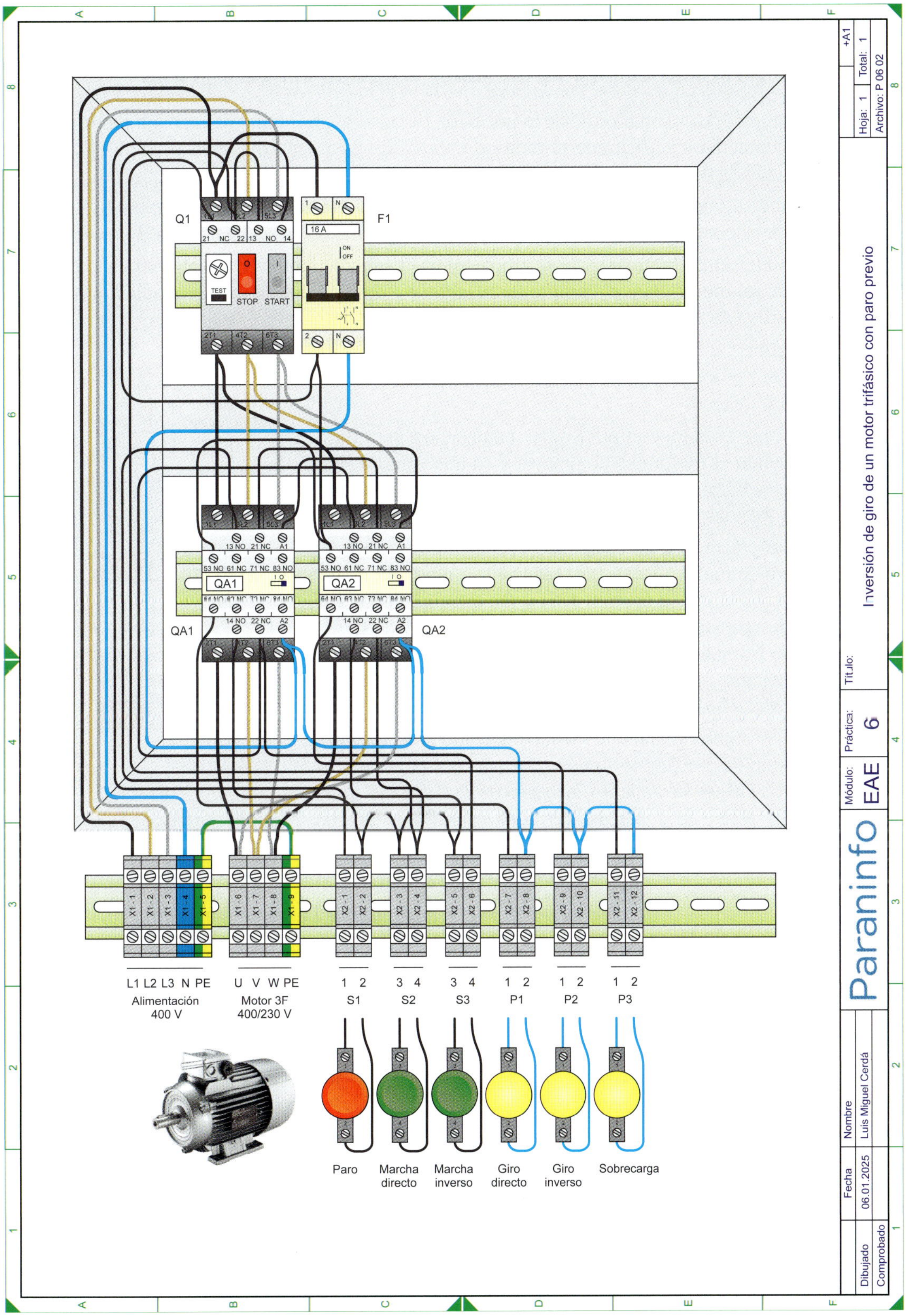

Figura 13.15. *Esquema de montaje de la práctica 6.*

Práctica 7

Inversión de giro de un motor trifásico sin paro previo

Descripción: En esta práctica se va a estudiar la inversión de giro de un motor trifásico sin pasar por paro previo. Esta condición significa que el motor cambiará de giro nada más pulsar sobre el giro deseado sin necesidad de parar primero el motor.

La red de alimentación es de 230 V/400 V y el motor eléctrico es de inducción de 230 V/400 V; por tanto debe configurarse para estrella. El circuito de mando se realizará para una tensión de 230 V_{CA}.

Como elemento de protección se empleará un disyuntor motor (Q1) calibrado acorde a las características del motor. Para el circuito de mando se empleará un interruptor magnetotérmico (F1) como dispositivo de protección contra sobreintensidades.

Para gobernar el motor se van a emplear un pulsador de paro (S1) y dos pulsadores de marcha (S2: giro directo y S3: giro inverso).

El circuito contará con pilotos de señalización para indicar cuándo el motor estará girando y en qué sentido (P1: directo y P2: inverso) y cuándo saltará el disyuntor motor por problemas de sobrecarga o sobreintensidades (P3).

En esta práctica se ha designado el bornero X1 como el bornero de fuerza. A él se conectarán la entrada de la alimentación eléctrica (bornes 1-5) y la conexión del motor eléctrico trifásico (bornes 6-9). El bornero X2 es el destinado a las salidas hacia los pulsadores y los pilotos de señalización.

Como elemento de seguridad ante el riesgo de que puedan activarse ambos contactores se ha empleado la técnica del enclavamiento eléctrico (aunque se podría haber combinado con el enclavamiento mecánico). Para ello se utilizan los pares de contactos cerrados (21-22) de ambos contactores cruzándolos entre sí.

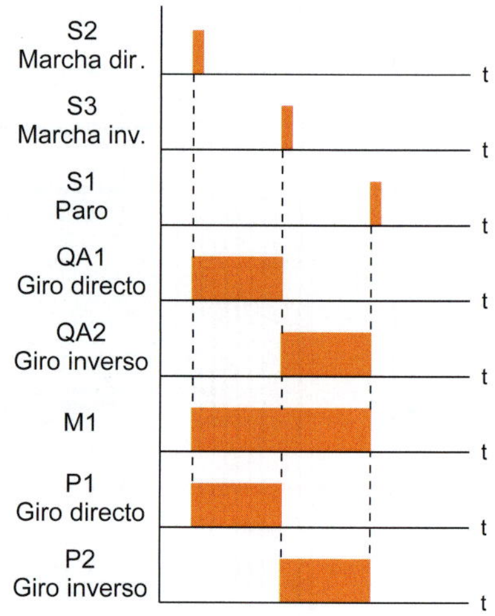

Figura 13.16. *Cronograma de la práctica.*

Materiales:

Cant.	Denominación
1	Interruptor magnetotérmico
1	Disyuntor guardamotor
1	Contactor auxiliar (disyuntor)
2	Contactores tripolares. Bobina 230 V
2	Bloques contactos auxiliares (contactor)
2	Pulsadores NO (cámara más cabezal)
3	Pulsadores NC (cámara más cabezal)
3	Pilotos de señalización
1	Motor trifásico, 400 V/230 V
9	Bornes 6 mm
12	Bornes 2,5 mm
	Cable flexible 2,5 mm^2
	Cable flexible 1,5 mm^2

Leyendas del esquema eléctrico:

Q1	Disyuntor guardamotor
Q2	Magnetotérmico de protección de maniobra
QA1	Contactor sentido de giro directo
QA2	Contactor sentido de giro inverso
M1	Motor trifásico
S1	Pulsador de paro del motor
S2	Pulsador de marcha con giro directo
S3	Pulsador de marcha con giro inverso
P1	Señalización de giro directo
P2	Señalización de giro inverso
P3	Piloto de señalización de avería
X1	Bornero de fuerza
X2	Bornero de maniobra

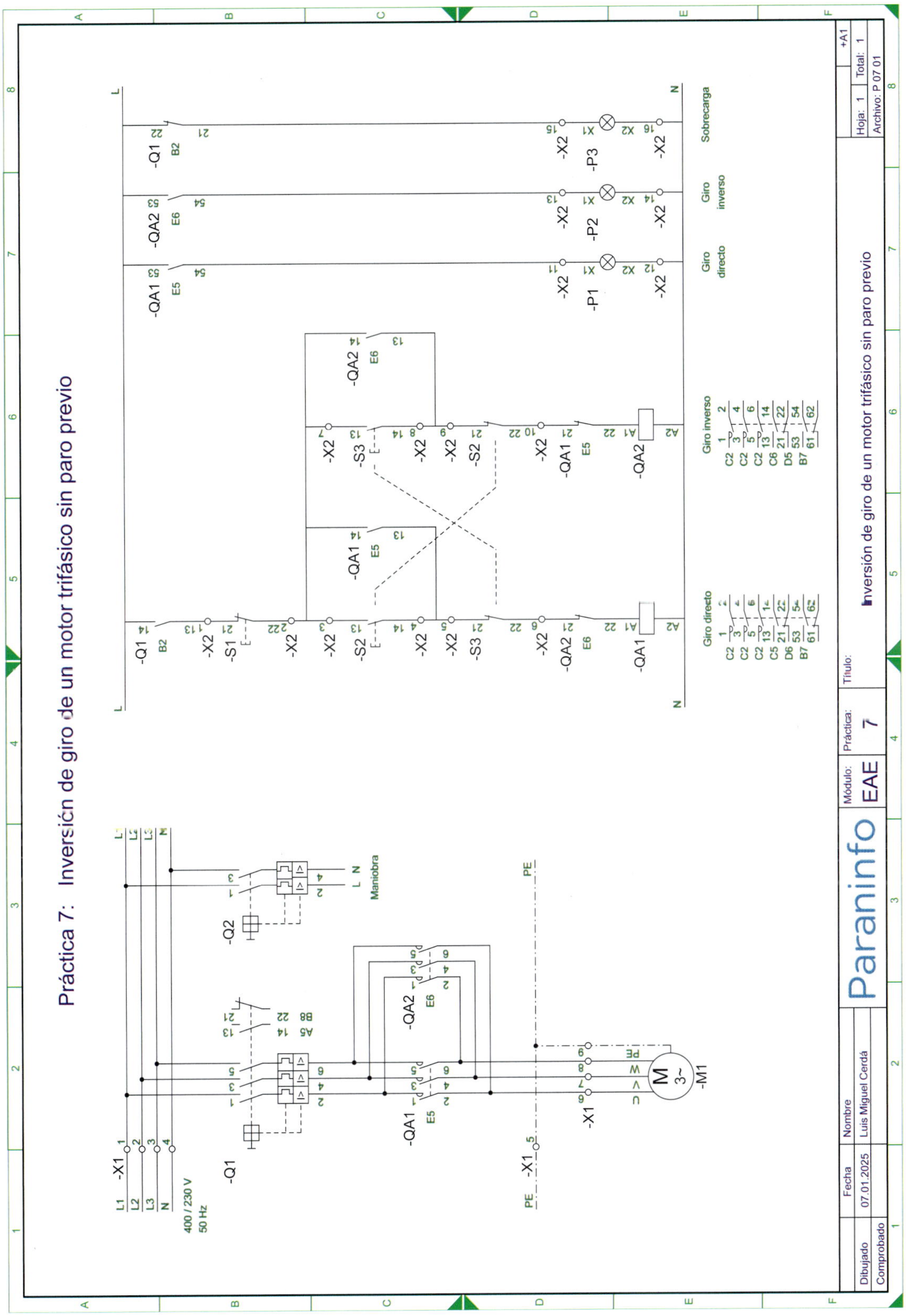

Figura 13.17. *Esquema eléctrico de la práctica 7.*

Práctica 8

Arranque temporizado de un motor trifásico

Descripción: En esta práctica se va a estudiar el temporizador a la conexión, para lo que se realizará el montaje del arranque temporizado de un motor trifásico. Esto significa que el motor arrancará transcurrido un tiempo desde que se dio la orden.

La red de alimentación es de 230 V/400 V y el motor eléctrico es de inducción de 230 V/400 V; por tanto debe configurarse para estrella. El circuito de mando se realizará para una tensión de 230 V_{CA}.

Como elemento de protección se empleará un disyuntor motor (Q1) calibrado acorde a las características del motor. Para el circuito de mando se empleará un interruptor magnetotérmico (F1) como dispositivo de protección contra sobreintensidades.

Para gobernar el motor se van a emplear un pulsador de paro (S1) y un pulsador de marcha (S2).

El circuito contará con dos pilotos de señalización: uno para indicar cuándo el temporizador está activado (P1) y el otro para indicar cuándo el motor está girando (P2).

En esta práctica se ha designado el bornero X1 como el bornero de fuerza. A él se conectarán la entrada de la alimentación eléctrica (bornes 1-5) y la conexión del motor eléctrico trifásico (bornes 6-9). El bornero X2 es el destinado a las salidas hacia los pulsadores y los pilotos de señalización.

Esta práctica se puede realizar empleando los dos tipos de temporizadores. En ambos casos, el temporizador a emplear es el de tipo con temporización a la conexión (*on delay*). Es decir, que no actuará inmediatamente a la orden de marcha, sino que en ese instante empezará a contar el tiempo, y transcurrido este activará el contactor (QA1) que pondrá a girar el motor.

Antes de probar la práctica se debe ajustar el temporizador.

- **Práctica 8.A: con bloque auxiliar de contactos temporizados acoplados al contactor**

  A modo de ejemplo se ha empleado como bloque de contactos temporizados el modelo LADT2 de Schneider, el cual se acopla a un contactor de la misma marca modelo Tesys D. Este dispositivo cuenta con dos contactos (55-56 NC y 67-68 NO).

- **Práctica 8.B: con relé temporizador**

  El otro tipo de temporizador es el de tipo relé, que se va a estudiar a continuación. A modo de ejemplo, se ha empleado como relé temporizador el modelo RE7 TL11BU de Schneider, el cual cuenta con un contacto conmutado (15 C-16 NC-18 NO).

  Al accionar el pulsador de marcha (S2) se activa el contactor auxiliar o un relé (K1), junto con el temporizador (K2). Al ser un temporizador a la conexión, cuando ha transcurrido el tiempo prefijado acciona sus contactos (15-18) provocando la activación del contactor principal o de línea (QA1) que acciona el motor (M1).

  Una vez que el motor está girando, el temporizador ya no tiene sentido y por medio de un contacto cerrado del contactor (21-22) se desconecta. Por ello se necesita la realimentación mediante un contacto abierto (13-14 QA1).

  Respecto a la práctica anterior (8.A), en esta se desconecta el temporizador y en la anterior no, aunque se puede modificar y el esquema sería casi idéntico a este.

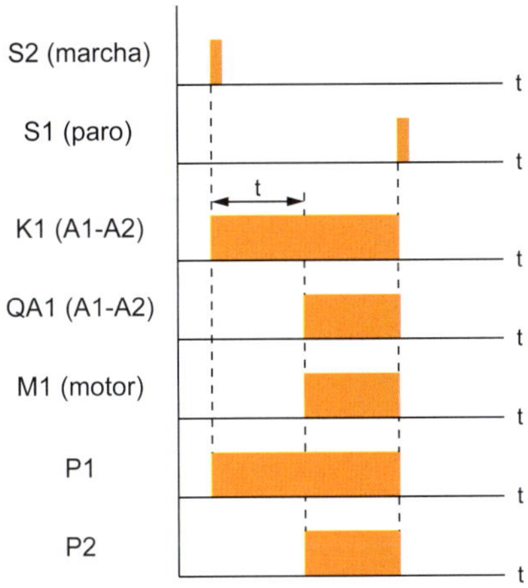

Figura 13.18. *Cronograma de la práctica 8.A.*

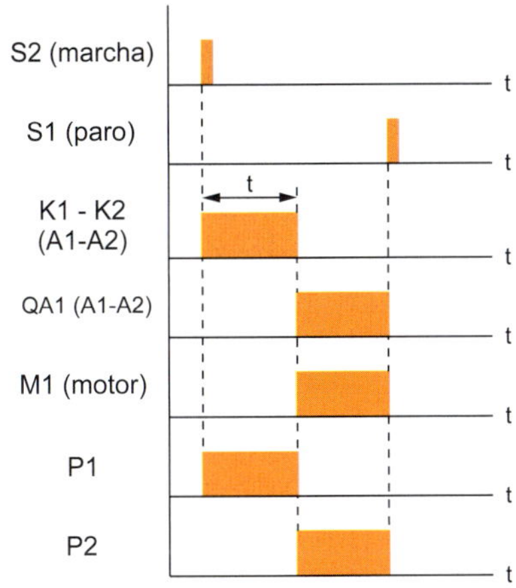

Figura 13.19. *Cronograma de la práctica 8.B.*

Materiales:

Cant.	Denominación
1	Interruptor magnetotérmico
1	Disyuntor guardamotor
1	Contactor auxiliar (disyuntor)
2	Contactores tripolares. Bobina 230 V
1	Bloque contactos auxiliares temporizados (*on delay*) a la conexión
1	Relé temporizador a la conexión (*on delay*)
1	Pulsadores NO (cámara más cabezal)
1	Pulsadores NC (cámara más cabezal)
2	Pilotos de señalización
1	Motor trifásico, 400 V/230 V
9	Bornes 6 mm
8	Bornes 2,5 mm
	Cable flexible 2,5 mm^2
	Cable flexible 1,5 mm^2

Leyenda práctica 8.A:

Q1	Disyuntor guardamotor
Q2	Magnetotérmico de protección de maniobra
QA1	Contactor de línea
K1	Contactor auxiliar temporizado
M1	Motor trifásico
S1	Pulsador de paro del motor
S2	Pulsador de marcha
P1	Piloto de señalización (temporizador)
P2	Piloto de señalización de marcha del motor
X1	Bornero de fuerza
X2	Bornero de maniobra

Leyenda práctica 8.B:

K1	Contactor auxiliar o relé
K2	Relé temporizador a la conexión

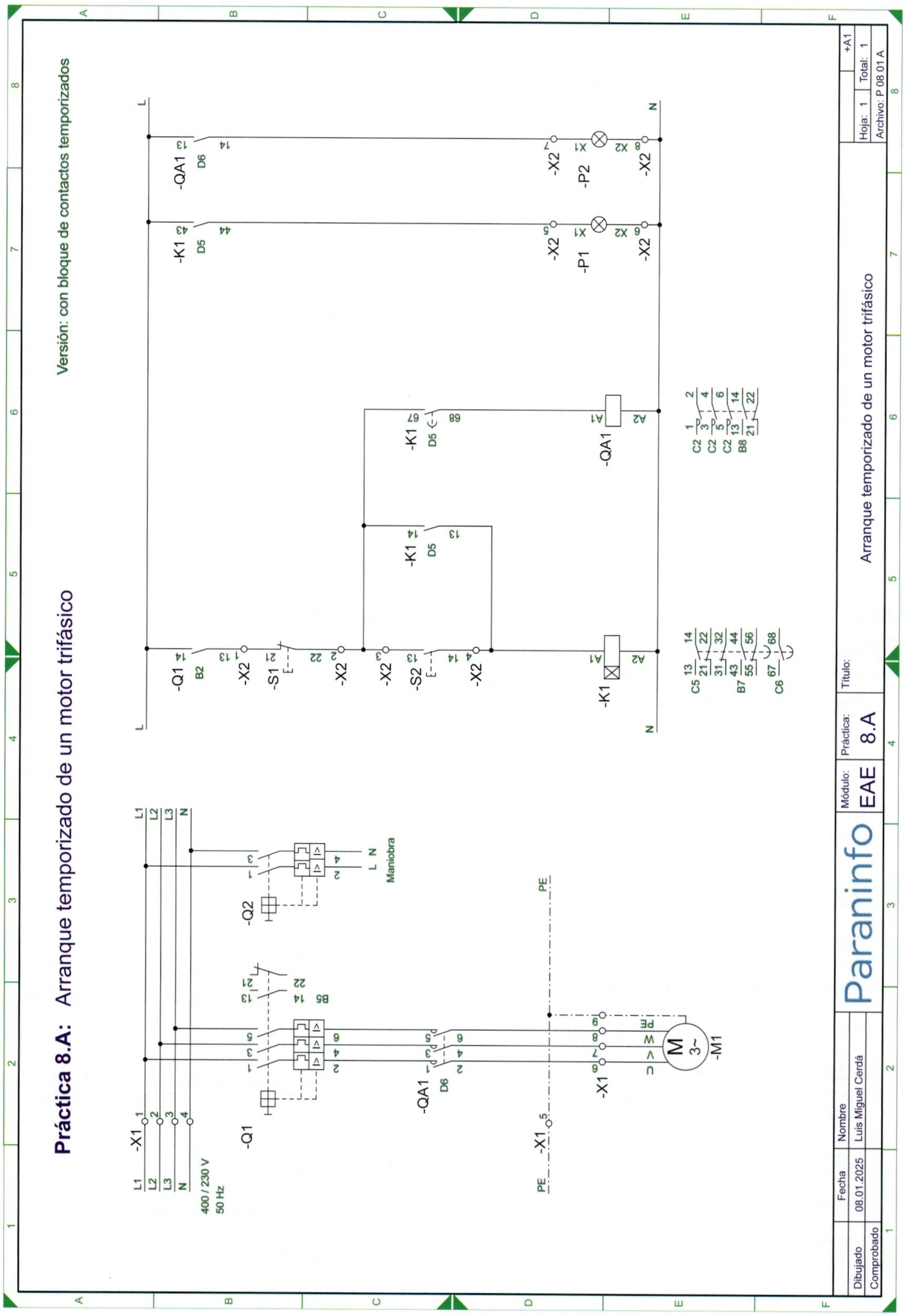

Figura 13.20. *Esquema eléctrico de la práctica 8.A.*

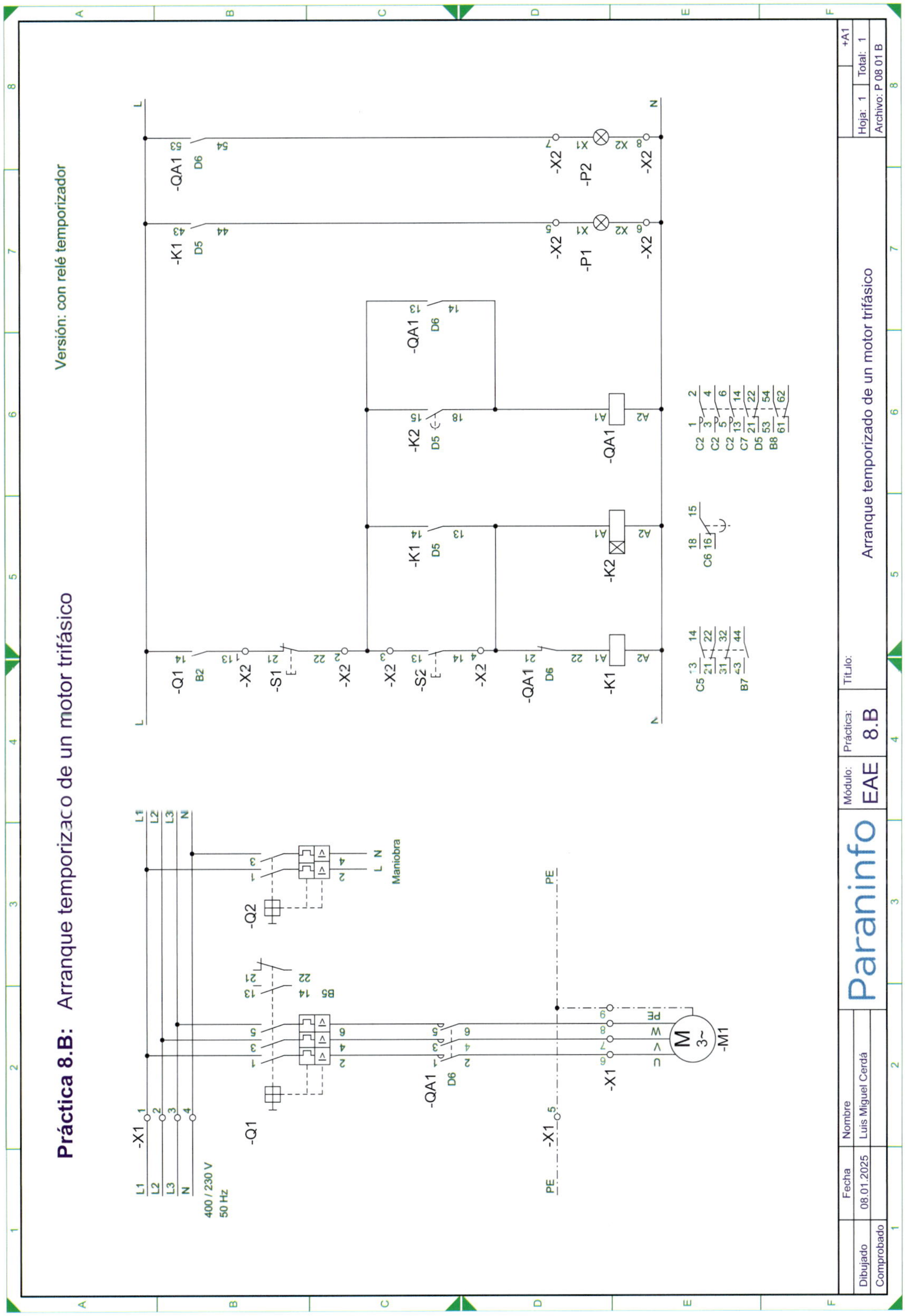

Figura 13.21. *Esquema eléctrico de la práctica 8.B.*

Práctica 9

Paro temporizado de un motor trifásico

Descripción: En esta práctica se va a estudiar el temporizador a la desconexión. En este caso se va a emplear un relé temporizador con reposo autoalimentado, lo que significa que al cesar de alimentar a la bobina del relé es cuando empezará a realizar el proceso de temporizar. Existen otros modelos en los cuales se tiene que alimentar la bobina y la orden de desconexión se realiza por medio de la apertura de un contacto de control.

Como elemento de protección se empleará un disyuntor motor (Q1) calibrado acorde a las características del motor. Para el circuito de mando se empleará un interruptor magnetotérmico (F1) como dispositivo de protección contra sobreintensidades.

Para gobernar el motor se van a emplear un pulsador de paro (S1) y un pulsador de marcha (S2).

El relé temporizador (K2) se colocará en paralelo con la bobina de un relé o contactor auxiliar (K1) con su realimentación, el cual será gobernado por la botonera de marcha-paro.

Mediante un contacto abierto del relé temporizado (15-18) se dará servicio a la bobina del contactor principal o de línea (QA1), el cual a su vez pondrá a girar el motor trifásico.

Al accionar el paro se desconecta el contactor auxiliar y a su vez se le da la orden al temporizador y transcurrido el tiempo prefijado se desconecta el contactor principal parando el motor.

El circuito contará con dos pilotos de señalización: uno para indicar cuándo la bobina del temporizador está alimentada (P1) y el otro para indicar cuándo el motor trifásico está girando (P2).

Si esta práctica se realizase con un bloque de contactos temporizados con acople a contactor se conectaría sobre el contactor auxiliar K1.

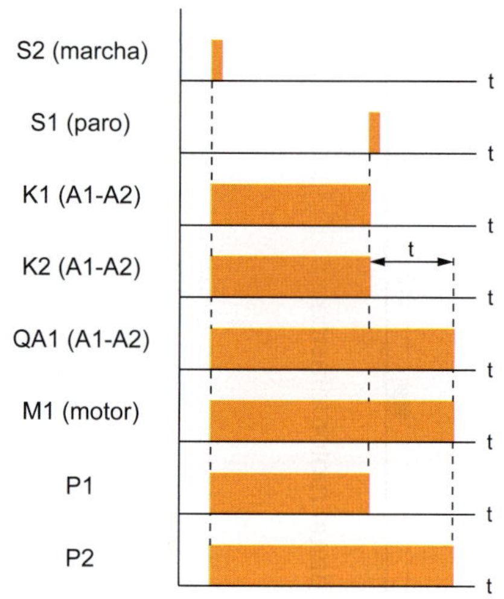

Figura 13.22. *Cronograma de la práctica.*

Materiales:

Cant.	Denominación
1	Interruptor magnetotérmico
1	Disyuntor guardamotor
1	Contactor auxiliar (disyuntor)
1	Contactor tripolar. Bobina 230 V
1	Contactor auxiliar o relé
1	Relé temporizador a la conexión (*off delay*)
1	Pulsadores NO (cámara más cabezal)
1	Pulsadores NC (cámara más cabezal)
2	Pilotos de señalización
1	Motor trifásico, 400 V/230 V
9	Bornes 6 mm
8	Bornes 2,5 mm
	Cable flexible 2,5 mm^2
	Cable flexible 1,5 mm^2

Leyendas del esquema eléctrico:

Q1	Disyuntor guardamotor
Q2	Magnetotérmico de protección de maniobra
QA1	Contactor de línea
K1	Contactor auxiliar o relé
K2	Relé temporizador a la desconexión
M1	Motor trifásico
S1	Pulsador de paro
S2	Pulsador de marcha
P1	Piloto de señalización (temporizador)
P2	Piloto de señalización (marcha)
X1	Bornero de fuerza
X2	Bornero de maniobra

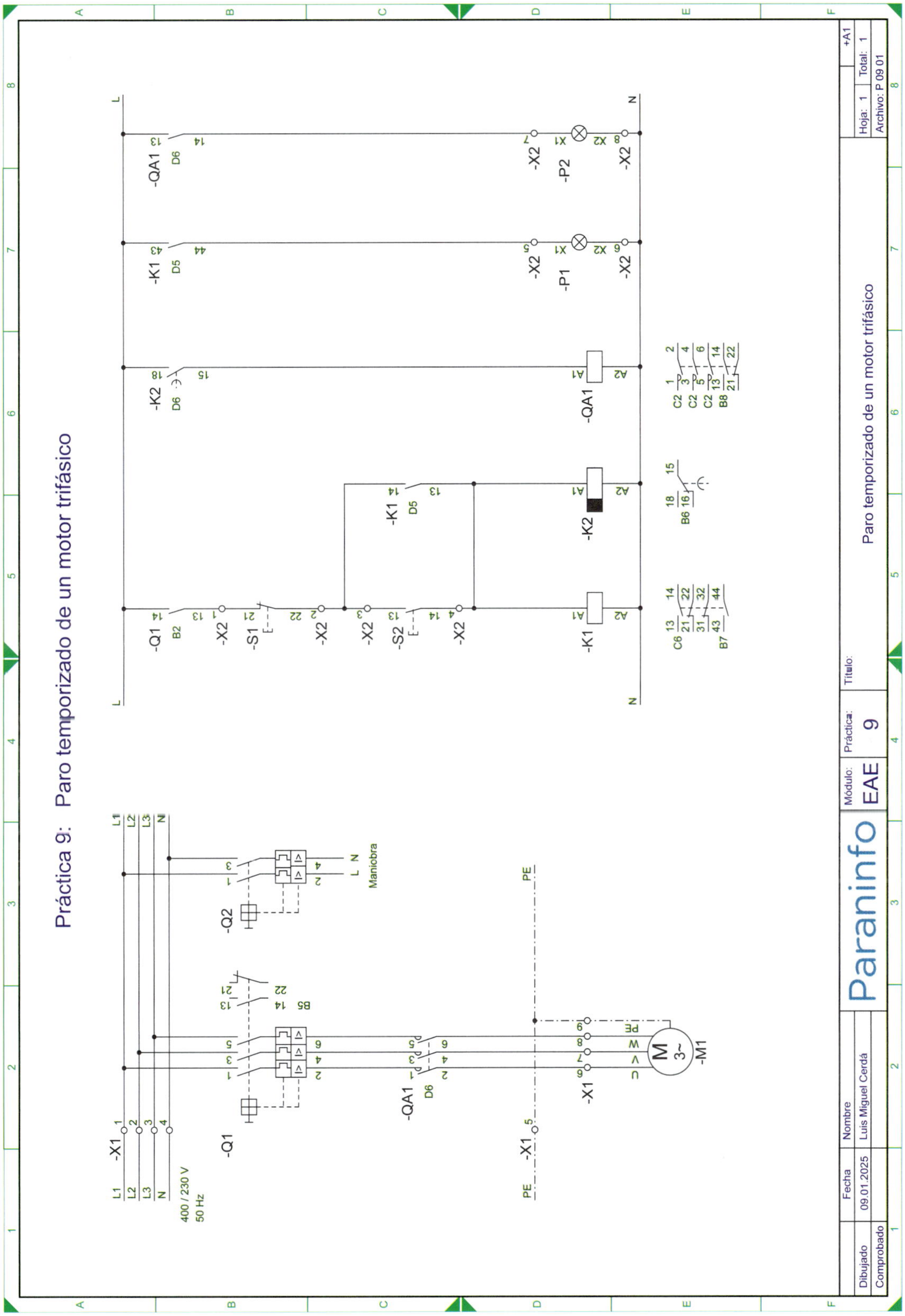

Figura 13.23. *Esquema eléctrico de la práctica 9.*

Práctica 10

Marcha temporizada de un motor trifásico

Descripción: En esta práctica se va a realizar una aplicación con temporizador, como es la marcha temporizada de un motor. Esta práctica consiste en que una vez dada la orden de marcha, el motor funcione durante un tiempo fijado por el temporizador y transcurrido este el motor se pare de manera automática. No obstante, contará con el pulsador de paro que puede parar la máquina de modo manual antes de la orden de paro automática. El temporizador que hay que emplear será de tipo de retraso a la conexión (*on delay*).

La red de alimentación es de 230 V/400 V y el motor eléctrico es de inducción de 230 V/400 V; por tanto debe configurarse para estrella. El circuito de mando se realizará para una tensión de 230 V_{CA}.

Como elemento de protección se empleará un disyuntor motor (Q1) calibrado acorde a las características del motor. Para el circuito de mando se empleará un interruptor magnetotérmico (F1) como dispositivo de protección contra sobreintensidades.

Para gobernar el motor se van a emplear un pulsador de paro (S1) y un pulsador de marcha (S2).

Para generar el paro automático se emplea un contacto cerrado (15-16 NC) temporizado que se colocará en serie con el pulsador de paro, ya que ambos cumplen la misma función. Como es temporizado a la conexión, nada más recibir la orden de marcha se pondrá a temporizar y, transcurrida esta, actuará abriendo el circuito y desconectando la bobina del contactor, provocando el paro del motor.

El circuito contará con dos pilotos de señalización: uno para indicar cuándo el motor estará girando (P1) y el otro para indicar cuándo salta el disyuntor motor por problemas de sobrecarga (P2).

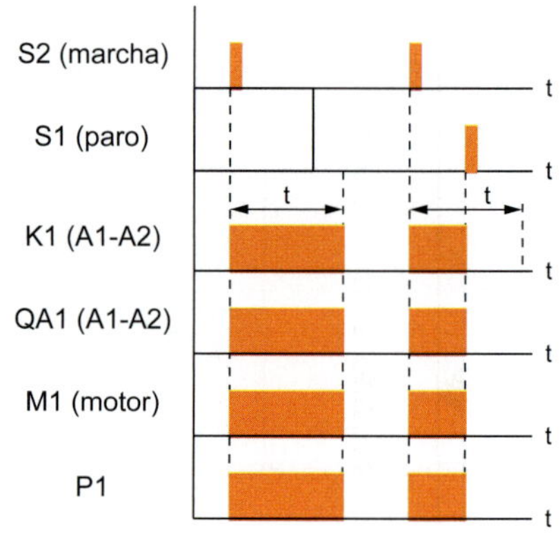

Figura 13.24. *Cronograma de la práctica.*

Materiales:

Cant.	Denominación
1	Interruptor magnetotérmico
1	Disyuntor guardamotor
1	Contactor auxiliar (disyuntor)
1	Contactor tripolar. Bobina 230 V
1	Relé temporizador a la conexión (*on delay*)
1	Pulsador NO (cámara más cabezal)
1	Pulsador NC (cámara más cabezal)
2	Pilotos de señalización
1	Motor trifásico, 400 V/230 V
9	Bornes 6 mm
8	Bornes 2,5 mm
	Cable flexible 2,5 mm^2
	Cable flexible 1,5 mm^2

Leyendas del esquema eléctrico:

Q1	Disyuntor guardamotor
Q2	Magnetotérmico de protección de maniobra
QA1	Contactor de línea
K1	Relé temporizador a la conexión
M1	Motor trifásico
S1	Pulsador de paro
S2	Pulsador de marcha
P1	Piloto de señalización (motor)
P2	Piloto de señalización (sobrecarga)
X1	Bornero de fuerza
X2	Bornero de maniobra

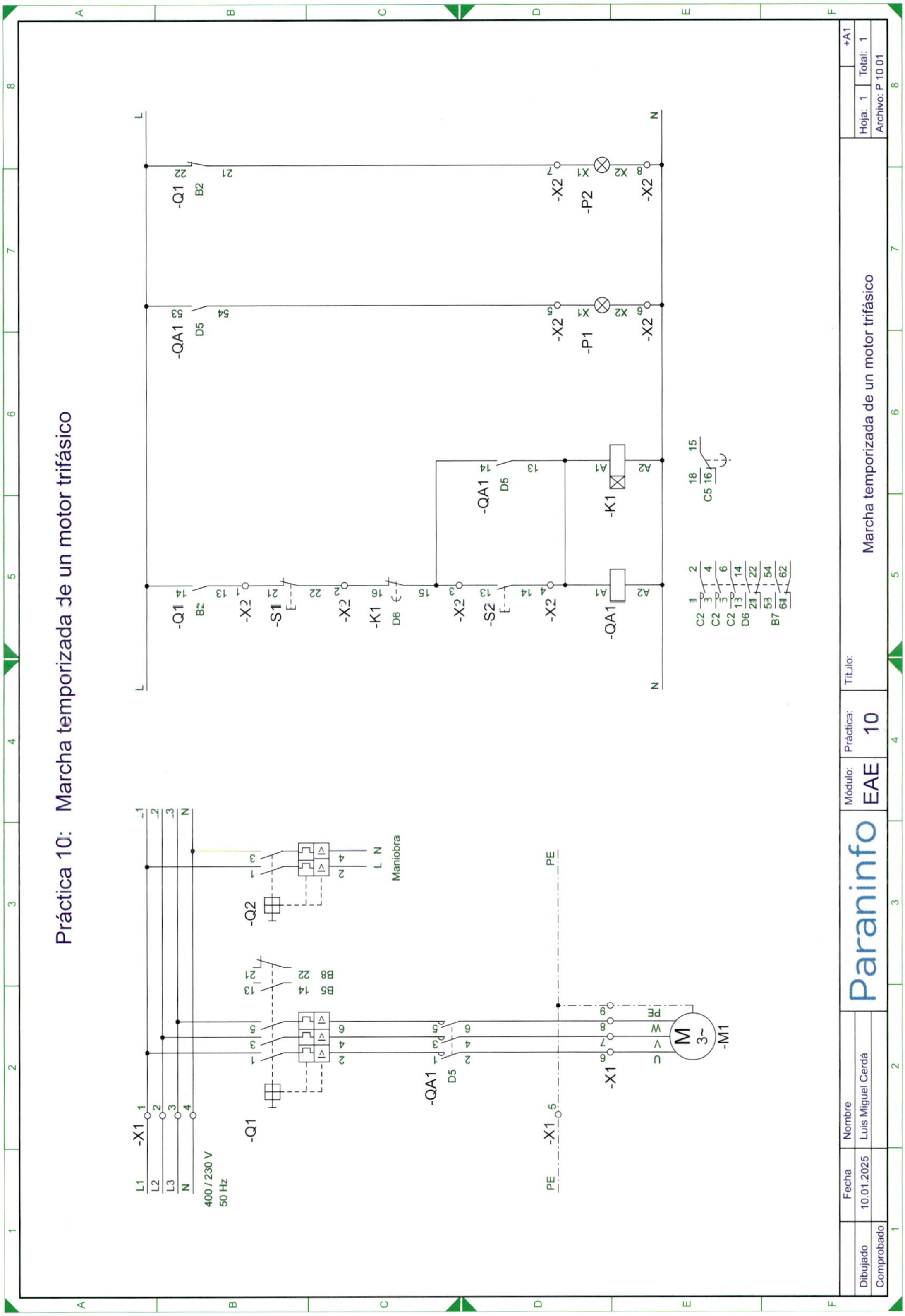

Figura 13.25. *Esquema eléctrico de la práctica 10.*

Práctica 11

Arranque estrella-triángulo de un motor trifásico

Descripción: En esta práctica se va a estudiar la técnica del arranque estrella-triángulo de un motor trifásico de inducción. El motor arrancará en primer lugar en la configuración de estrella y posteriormente se cambiará a triángulo.

Como la red eléctrica disponible es de 230 V/ 400 V, para realizar el arranque estrella-triángulo se necesita de un motor de 400 V/ 690 V, ya que una vez arrancado y estabilizado el motor su configuración final es en triángulo.

Como elemento de protección se empleará un disyuntor motor (Q1) calibrado acorde a las características del motor. Para el circuito de mando se empleará un interruptor magnetotérmico (F1) como dispositivo de protección contra sobreintensidades.

Para gobernar el motor se van a emplear un pulsador de paro (S1) y un pulsador de marcha (S2). El circuito contará con dos pilotos de señalización para poder indicar el tipo de configuración: uno para indicar cuándo el motor está en estrella (P1) y el otro cuándo está en triángulo (P2).

Para realizar la temporización se va a emplear un relé temporizador con retardo a la conexión (*on delay*), pudiendo ser uno de tipo genérico o bien específico para estos arranques; lo importante es el rango de tiempo disponible por el aparato. El tiempo de actuación se calibra en función de la carga arrastrada y normalmente oscila entre 3 y 10 segundos.

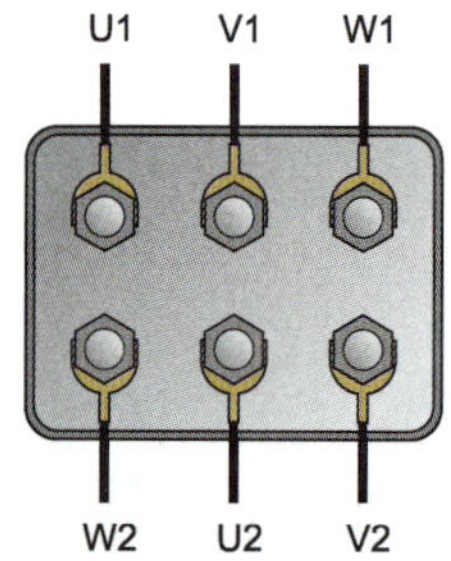

Figura 13.26. *Conexiones en la caja de bornes.*

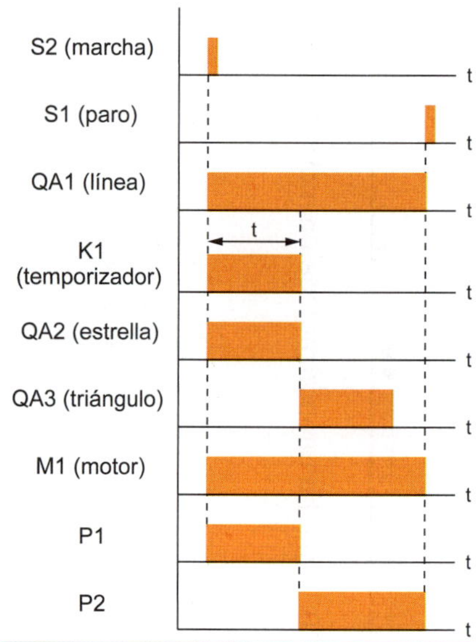

Figura 13.27. *Cronograma de la práctica.*

Materiales:

Cant.	Denominación
1	Interruptor magnetotérmico
1	Disyuntor guardamotor
1	Contactor auxiliar (disyuntor)
3	Contactores tripolares. Bobina 230 V
1	Relé temporizador a la conexión (*on delay*)
1	Pulsador NO (cámara más cabezal)
1	Pulsador NC (cámara más cabezal)
2	Pilotos de señalización
1	Motor trifásico, 400 V/690 V
12	Bornes 6 mm
8	Bornes 2,5 mm
	Cable flexible 2,5 mm^2
	Cable flexible 1,5 mm^2

Leyendas del esquema eléctrico:

Q1	Disyuntor guardamotor
Q2	Magnetotérmico de protección de maniobra
QA1	Contactor de línea
QA2	Contactor de estrella
QA3	Contactor de triángulo
K1	Relé temporizador a la conexión
M1	Motor trifásico
S1	Pulsador de paro
S2	Pulsador de marcha
P1	Piloto de señalización (estrella)
P2	Piloto de señalización (triángulo)
X1	Bornero de fuerza
X2	Bornero de maniobra

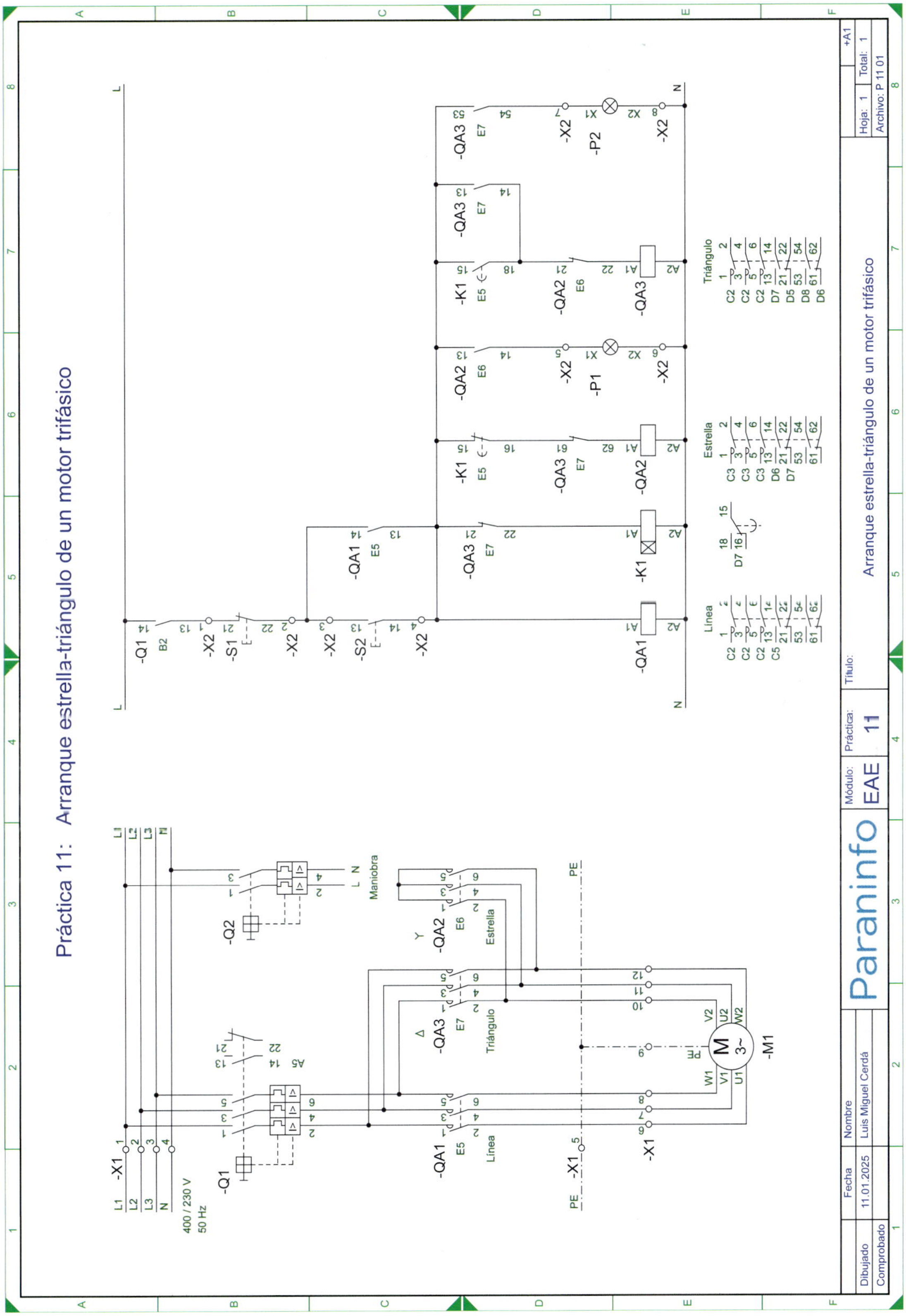

Figura 13.28. *Esquema eléctrico de la práctica 11.*

Práctica 12

Inversión de giro estrella-triángulo de un motor trifásico

Descripción: En esta práctica se va a continuar con el estudio de la técnica del arranque estrella-triángulo añadiéndole la posibilidad de poder girar en ambos sentidos. Como ya hemos aprendido, el motor arrancará en primer lugar en la configuración de estrella y posteriormente se cambiará a triángulo.

Como la red eléctrica disponible es de 230 V/ 400 V, para realizar el arranque estrella-triángulo se necesita de un motor de 400 V/ 690 V, ya que una vez arrancado y estabilizado el motor su configuración final es en triángulo. El circuito de mando se realizará para una tensión de 230 V_{CA}.

Como elemento de protección se empleará, en este caso, un seccionador fusible (Q1) con fusibles de tipo aM acordes con el motor empleado, junto con un relé térmico (F1) para protección contra sobrecargas. Para la protección del circuito de maniobra se empleará un interruptor magnetotérmico (F2).

Para gobernar el motor, se van a emplear un pulsador de paro (S1) y dos pulsadores de marcha (S2: giro directo y S3: giro inverso). Para realizar la inversión de giro se debe pasar por paro.

El circuito contará con dos pilotos de señalización que indicarán el sentido de giro (P1: giro directo, P2: giro inverso).

El funcionamiento es similar al de la práctica anterior (arranque estrella-triángulo) con la salvedad de contar con un contactor de línea por cada sentido de giro (QA1: giro directo y QA2: giro inverso). La parte de maniobra de los contactores para estrella (QA3)-triángulo (QA4) se activará por medio de los contactos abiertos (por ejemplo, 53-54) tanto de QA1 como de QA2.

Materiales:

Cant.	Denominación
1	Interruptor magnetotérmico
1	Seccionador fusible
3	Fusibles tipo aM (calibre según motor)
1	Relé térmico
4	Contactores tripolares. Bobina 230 V
1	Relé temporizador a la conexión (*on delay*)
2	Pulsadores NO (cámara más cabezal)
1	Pulsador NC (cámara más cabezal)
2	Pilotos de señalización
1	Motor trifásico, 400 V/690 V
12	Bornes 6 mm
10	Bornes 2,5 mm
	Cable flexible 2,5 mm^2
	Cable flexible 1,5 mm^2

Leyendas del esquema eléctrico:

Q1	Seccionador fusible
Q2	Relé térmico
F2	Magnetotérmico de protección de maniobra
QA1	Contactor para giro directo
QA2	Contactor para giro inverso
QA3	Contactor de estrella
QA4	Contactor de triángulo
K1	Relé temporizador a la conexión
M1	Motor trifásico
S1	Pulsador de paro
S2	Pulsador de marcha (giro directo)
P1	Piloto de señalización (giro directo)
P2	Piloto de señalización (giro inverso)
X1	Bornero de fuerza
X2	Bornero de maniobra

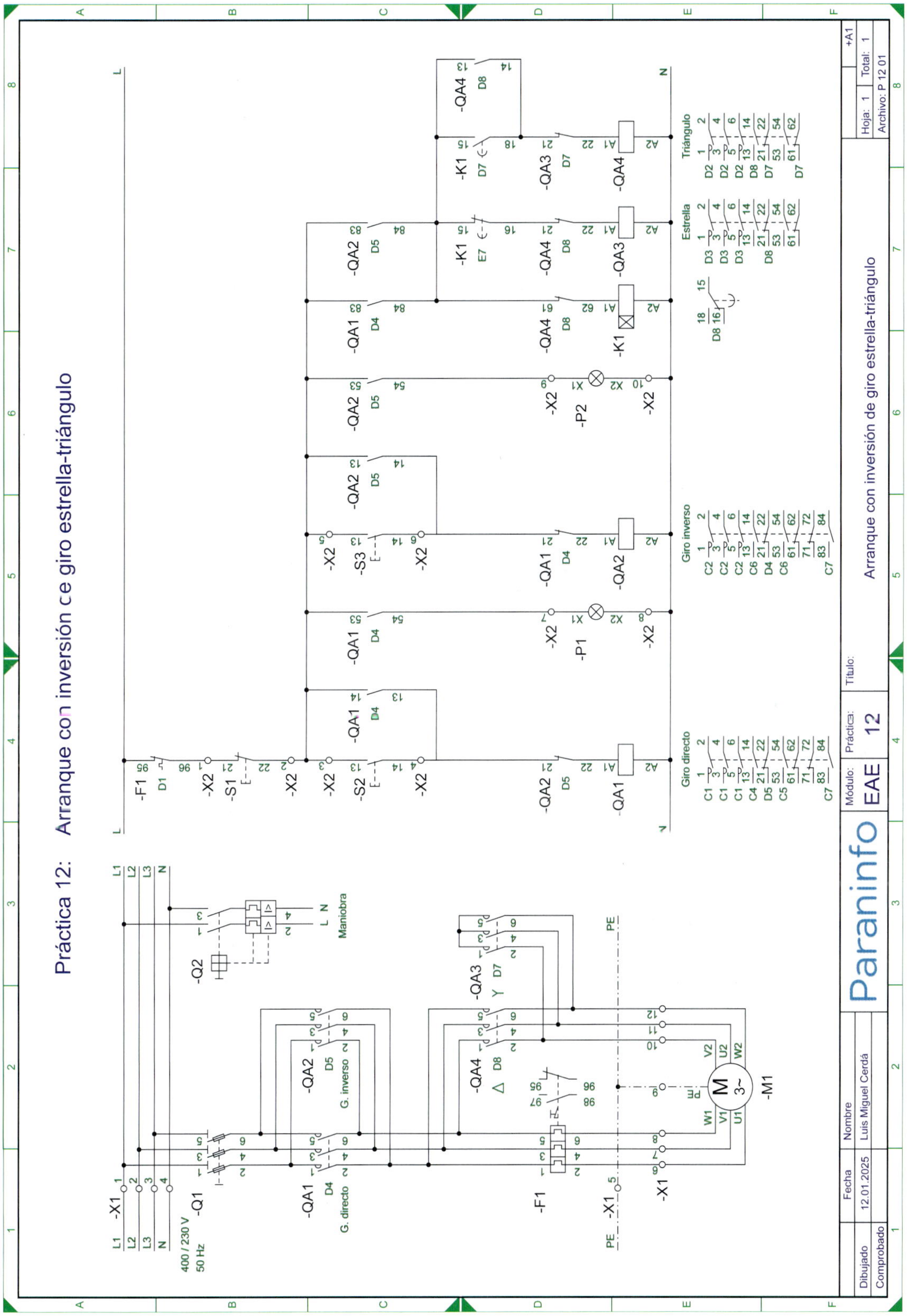

Figura 13.29. *Esquema eléctrico de la práctica 12.*

Práctica 13

Arranque de un motor con devanados separados o *part-winding*

Descripción: En esta práctica se va a estudiar el motor de devanados separados o *part-winding*.

La red de alimentación es de 230 V/400 V y el motor eléctrico empleado en este caso está diseñado para funcionar a esta tensión. El circuito de mando se realizará para una tensión de 230 V_{CA}.

Como elemento de protección se empleará un fusible seccionador (Q1) calibrado acorde a las características del motor para la protección contra cortocircuitos y para la protección de los devanados del motor se emplean dos relés térmicos (F1 y F2) calibrados a la mitad de la intensidad nominal del motor. Para el circuito de mando se empleará un interruptor magnetotérmico (F3) como dispositivo de protección contra sobreintensidades.

Para gobernar el motor se van a emplear un pulsador de paro (S1) y un pulsador de marcha (S2). Al accionar marcha se activan QA1 y el temporizador a la conexión (*on delay*) K1. Transcurrido el tiempo fijado en el temporizador se activa su contacto abierto (15-18 K1) y activa el segundo contactor (QA2) el cual conecta en paralelo el segundo grupo de devanados. A su vez, este contactor desconecta de la red eléctrica el temporizador (21-22 QA2), ya que no se necesita más.

Si se produce una sobrecarga y salta algún relé térmico se desconecta todo el circuito ya que ambos contactos (95-96 F1 y F2) se encuentran en serie.

El circuito contará con tres pilotos de señalización. Dos de ellos se emplean para conocer el estado del arranque: primera fase de arranque con solo un grupo de devanados (P1) y motor a plena potencia con ambos contactores activados (P2). El tercer piloto de señalización (P3) se emplea para indicar un salto en los relés térmicos.

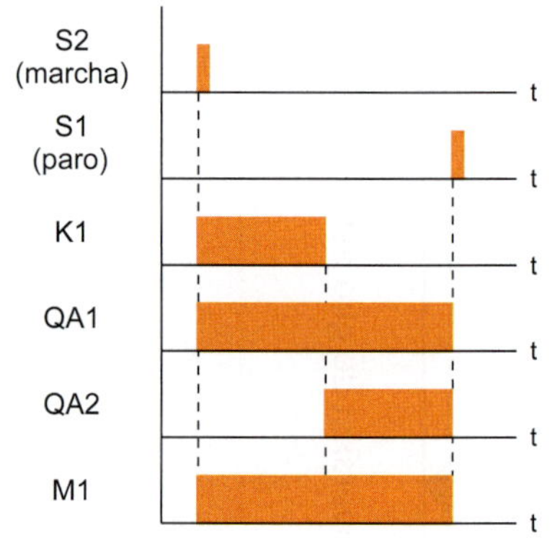

Figura 13.30. *Cronograma de la práctica.*

Materiales:

Cant.	Denominación
1	Interruptor magnetotérmico
1	Seccionador fusible tripolar
2	Relés térmicos
2	Contactores tripolares. Bobina 230 V
2	Bloques contactos auxiliares (contactor)
1	Relé temporizador a la conexión
1	Pulsador NO (cámara más cabezal)
1	Pulsador NC (cámara más cabezal)
3	Pilotos de señalización
1	Motor de devanados separados
12	Bornes 6 mm
10	Bornes 2,5 mm
	Cable flexible 2,5 mm^2
	Cable flexible 1,5 mm^2

Leyendas del esquema eléctrico:

Q1	Seccionador fusible
Q2	Interruptor magnetotérmico de protección de maniobra
F1	Relé térmico (1.ª fase del arranque)
F2	Relé térmico (2.ª fase del arranque)
QA1	Contactor (1.ª fase del arranque)
QA2	Contactor (2.ª fase del arranque)
K1	Relé temporizado a la conexión
M1	Motor trifásico de devanados separados
S1	Pulsador de paro del motor
S2	Pulsador de marcha del motor
P1	Piloto de señalización (1.ª fase)
P2	Piloto de señalización (2.ª fase)
P3	Piloto de señalización de disparo de los relés térmicos
X1	Bornero de fuerza
X2	Bornero de maniobra

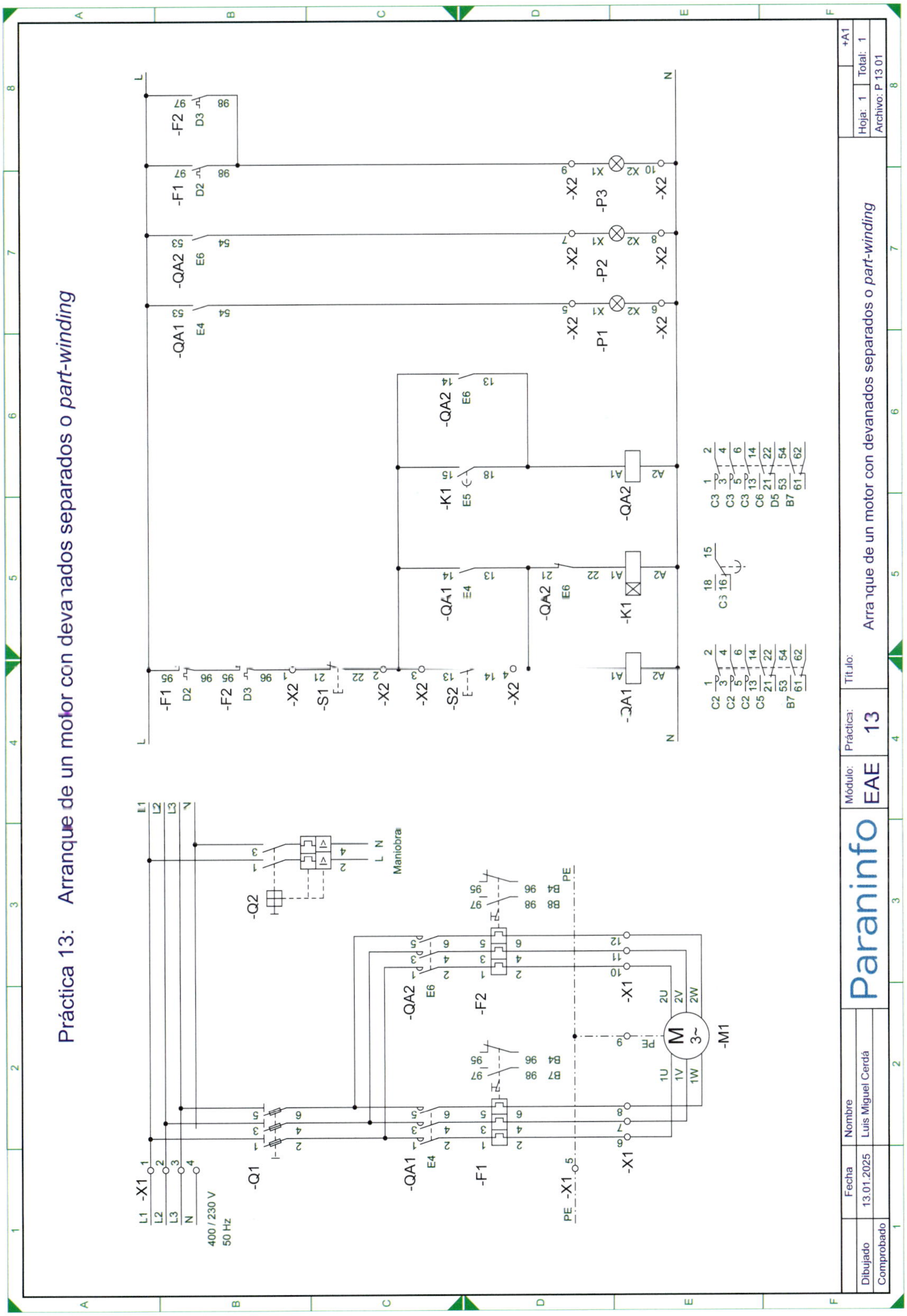

Figura 13.31. *Esquema eléctrico de la práctica 13.*

Práctica 14

Arranque progresivo de un motor trifásico

Descripción: En esta práctica se va a estudiar el arrancador progresivo. Consiste en arrancar un motor trifásico de manera suave y cuya parada se realice de manera libre, es decir, sin aplicar un frenado.

La red de alimentación es de 230 V/400 V y el motor eléctrico es de inducción de 230 V/400 V; por tanto debe configurarse para estrella. El circuito de mando se realizará para una tensión de 230 V_{CA}.

Como elemento de protección se empleará un disyuntor motor (Q1) calibrado acorde a las características del motor. Para el circuito de mando se empleará un interruptor magnetotérmico (F1) como dispositivo de protección contra sobreintensidades.

A modo de ejemplo, se va a utilizar en esta práctica el arrancador progresivo Schneider Altistar ATS01N2. Si se utiliza otro arrancador se deben adaptar los esquemas.

Este modelo de arrancador cuenta con ajustes de tensión de arranque, tiempo de arranque y tiempo de parada. Aunque este último ajuste no se emplea en esta práctica.

Para gobernar el motor se van a emplear un pulsador de paro (S1) y un pulsador de marcha (S2). El pulsador de marcha activará el contactor de línea (QA1).

Como la orden de marcha se da a este arrancador por las entradas de control L+ y Ll2, el arrancador empezará a funcionar nada más detectar que está conectado a la red eléctrica. La realimentación del contactor se hace pasar por medio de un contacto del estado del arrancador (R1A-R1C).

El circuito contará con pilotos de señalización para indicar cuándo el motor estará girando (P1) y cuándo saltará el disyuntor motor por problemas de sobrecarga o sobreintensidades (P2).

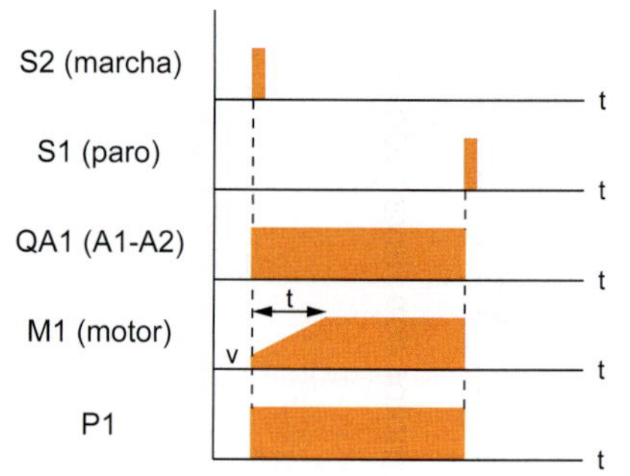

Figura 13.32. Cronograma de la práctica.

Materiales:

Cant.	Denominación
1	Interruptor magnetotérmico
1	Disyuntor guardamotor
1	Contactor auxiliar (disyuntor)
1	Contactor tripolar. Bobina 230 V
1	Bloque contactos auxiliares (contactor)
1	Arrancador. Schneider ATS01N2
1	Pulsador NO (cámara más cabezal)
1	Pulsador NC (cámara más cabezal)
2	Pilotos de señalización
1	Motor trifásico, 400 V/230 V
9	Bornes 6 mm
8	Bornes 2,5 mm
	Cable flexible 2,5 mm^2
	Cable flexible 1,5 mm^2

Leyendas del esquema eléctrico:

Q1	Disyuntor guardamotor
Q2	Magnetotérmico de protección de maniobra
QA1	Contactor de línea
T1	Arrancador progresivo
M1	Motor trifásico
S1	Pulsador de paro
S2	Pulsador de marcha
P1	Piloto de señalización de marcha del motor
P2	Piloto de señalización de disparo por sobrecarga del motor
X1	Bornero de fuerza
X2	Bornero de maniobra

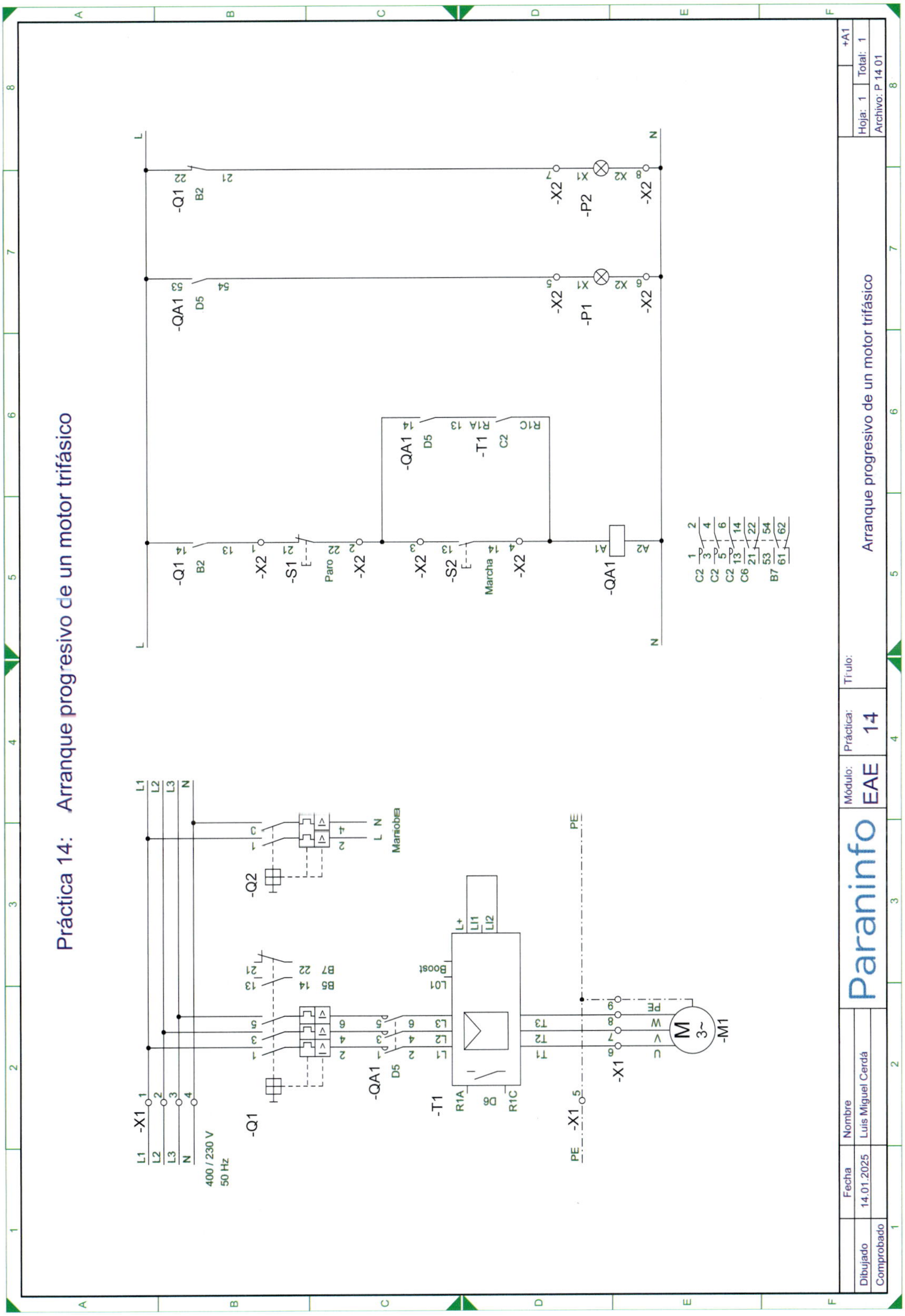

Figura 13.33. *Esquema eléctrico de la práctica 14.*

Práctica 15

Arranque y paro progresivo de un motor trifásico

Descripción: En esta práctica se va a continuar estudiando el arrancador progresivo. Consiste en arrancar un motor trifásico de manera suave y cuya parada se realice de forma progresiva y controlada por el propio arrancador.

La red de alimentación es de 230 V/400 V y el motor eléctrico es de inducción de 230 V/400 V; por tanto debe configurarse para estrella. El circuito de mando se realizará para una tensión de 230 V_{CA}.

Como elemento de protección se empleará un disyuntor motor (Q1) calibrado acorde a las características del motor. Para el circuito de mando se empleará un interruptor magnetotérmico (F1) como dispositivo de protección contra sobreintensidades.

A modo de ejemplo, se va a utilizar en esta práctica el arrancador progresivo Schneider Altistar ATS01N2. Si se utiliza otro arrancador se deben adaptar los esquemas. Este modelo de arrancador cuenta con ajustes de tensión de arranque, tiempo de arranque y tiempo de parada.

Para gobernar el motor se van a emplear un pulsador de paro (S2) y un pulsador de marcha (S3). Estos pulsadores se conectan a las entradas de control del arrancador, que para este modelo son las marcadas como: L+, Ll1 y Ll2. Además, el pulsador de marcha debe contar con otra cámara de contactos abierta (NO) (contactos 23-24) que se emplean para activar el contactor de línea (QA1). La realimentación del contactor se hace pasar por medio de un contacto del estado del arrancador (R1A-R1C). Este contacto desconectará el contactor cuando el motor, después de haber dado la orden de paro, frene hasta pararse completamente. En ese momento abre el contacto etiquetado como R1 (R1A-R1C).

Al circuito se le añade un tercer pulsador (S1) que va a actuar como pulsador de paro de emergencia, al ser accionado para el motor.

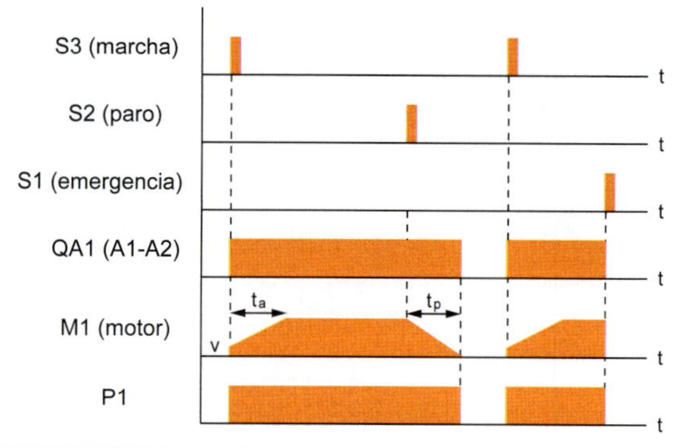

Figura 13.34. *Cronograma de la práctica.*

Materiales:

Cant.	Denominación
1	Interruptor magnetotérmico
1	Disyuntor guardamotor
1	Contactor auxiliar (disyuntor)
1	Contactor tripolar. Bobina 230 V
1	Bloque contactos auxiliares (contactor)
1	Arrancador. Schneider ATS01N2
1	Pulsador NO (cámara más cabezal)
2	Pulsadores NC (cámara más cabezal)
2	Pilotos de señalización
1	Motor trifásico, 400 V/230 V
9	Bornes 6 mm
12	Bornes 2,5 mm
	Cable flexible 2,5 mm^2
	Cable flexible 1,5 mm^2

Leyendas del esquema eléctrico:

Q1	Disyuntor guardamotor
Q2	Magnetotérmico de protección de maniobra
QA1	Contactor de línea
T1	Arrancador progresivo
M1	Motor trifásico
S1	Pulsador de paro
S2	Pulsador de marcha
P1	Piloto de señalización de marcha del motor
P2	Piloto de señalización de disparo por sobrecarga del motor
X1	Bornero de fuerza
X2	Bornero de maniobra

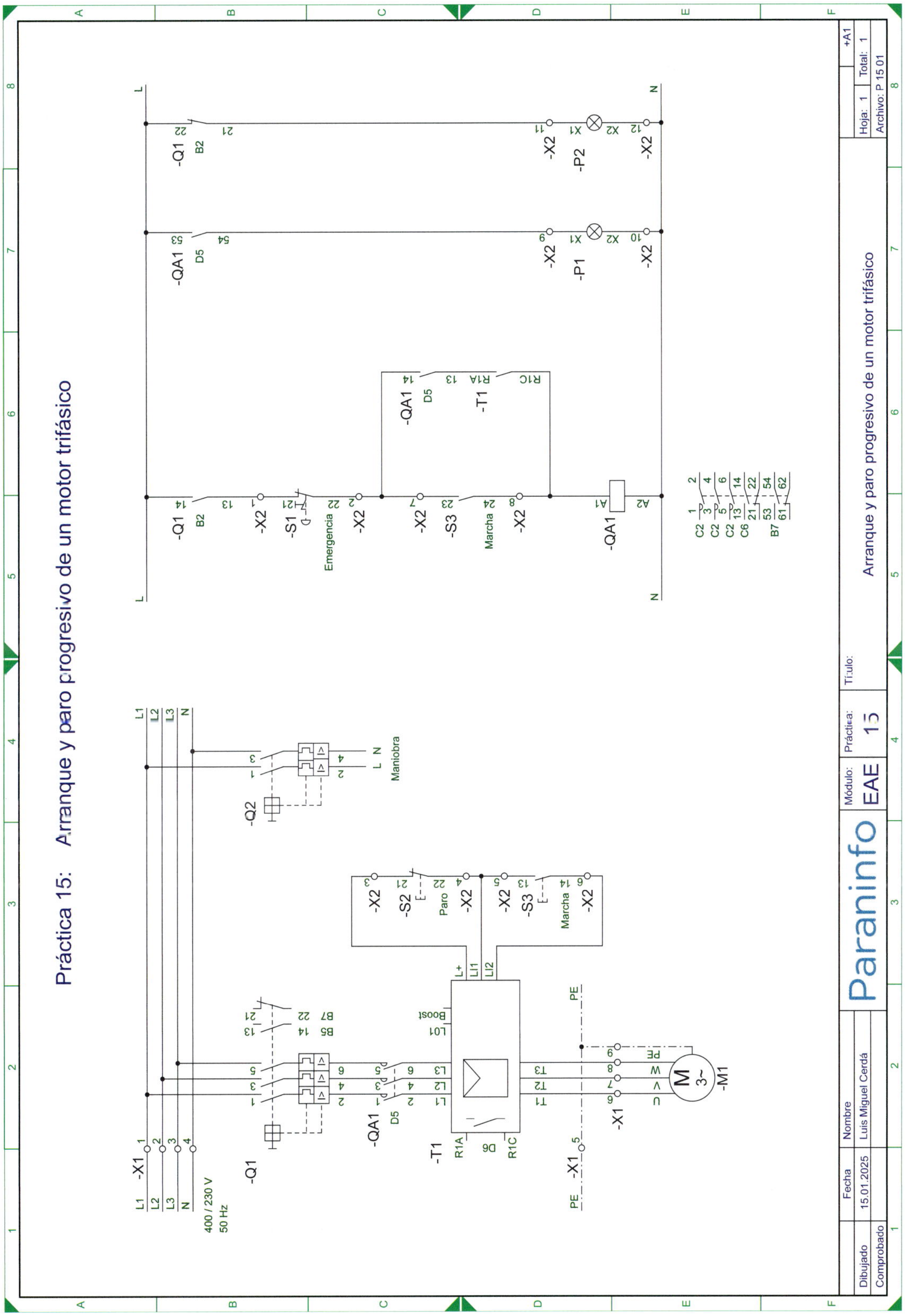

Figura 13.35. *Esquema eléctrico de la práctica 15.*

Práctica 16

Arranque progresivo con inversión de giro de un motor trifásico

Descripción: En esta práctica se va a continuar estudiando el arrancador progresivo. Consiste en arrancar un motor trifásico de manera suave y cuya parada se realice de manera libre, es decir, sin aplicar un frenado. Además, se le añadirá la posibilidad de invertir el sentido de giro.

La red de alimentación es de 230 V/400 V y el motor eléctrico es de inducción de 230 V/400 V; por tanto debe configurarse para estrella. El circuito de mando se realizará para una tensión de 230 V_{CA}.

Como elemento de protección se empleará un disyuntor motor (Q1) calibrado acorde a las características del motor. Para el circuito de mando se empleará un interruptor magnetotérmico (F1) como dispositivo de protección contra sobreintensidades.

A modo de ejemplo, se va a utilizar en esta práctica el arrancador progresivo Schneider Altistar ATS01N2. Si se utiliza otro arrancador se deben adaptar los esquemas.

Este modelo de arrancador cuenta con ajustes de tensión de arranque, tiempo de arranque y tiempo de parada. Aunque este último ajuste no se emplea en esta práctica.

Para gobernar el motor se van a emplear un pulsador de paro (S1) y dos pulsadores de marcha (S2: giro directo y S3: giro inverso). Como la orden de marcha se da a este arrancador por las entradas de control L+ y Ll2, el arrancador empezará a funcionar nada más detectar que está conectado a la red eléctrica.

El circuito contará con pilotos de señalización para indicar cuándo el motor estará girando y en qué sentido (P1: directo y P2: inverso) y cuándo saltará el disyuntor motor por problemas de sobrecarga o sobreintensidades (P3).

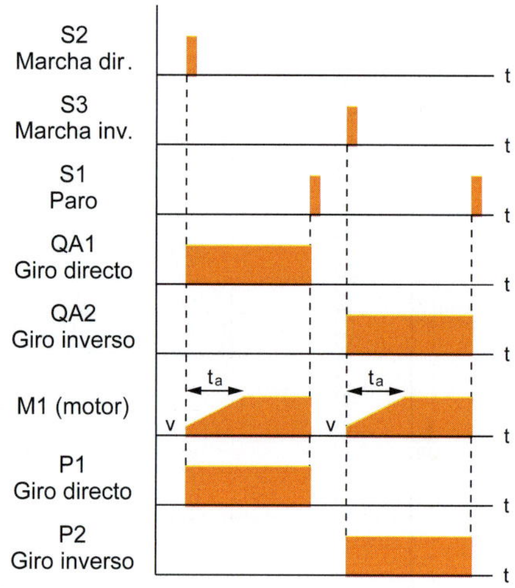

Figura 13.36. *Cronograma de la práctica.*

Materiales:

Cant.	Denominación
1	Interruptor magnetotérmico
1	Disyuntor guardamotor
1	Contactor auxiliar (disyuntor)
2	Contactores tripolares. Bobina 230 V
2	Bloques contactos auxiliares (contactor)
1	Arrancador. Schneider ATS01N2
2	Pulsadores NO (cámara más cabezal)
1	Pulsador NC (cámara más cabezal)
3	Pilotos de señalización
1	Motor trifásico, 400 V/230 V
9	Bornes 6 mm
12	Bornes 2,5 mm
	Cable flexible 2,5 mm^2
	Cable flexible 1,5 mm^2

Leyendas del esquema eléctrico:

Q1	Disyuntor guardamotor
Q2	Magnetotérmico de protección de maniobra
QA1	Contactor (giro directo)
QA2	Contactor (giro inverso)
T1	Arrancador progresivo
M1	Motor trifásico
S1	Pulsador de paro
S2	Pulsador de marcha (giro directo)
S3	Pulsador de marcha (giro inverso)
P1	Señalización de giro directo
P2	Señalización de giro inverso
P3	Piloto de señalización de disparo por sobrecarga del motor
X1	Bornero de fuerza
X2	Bornero de maniobra

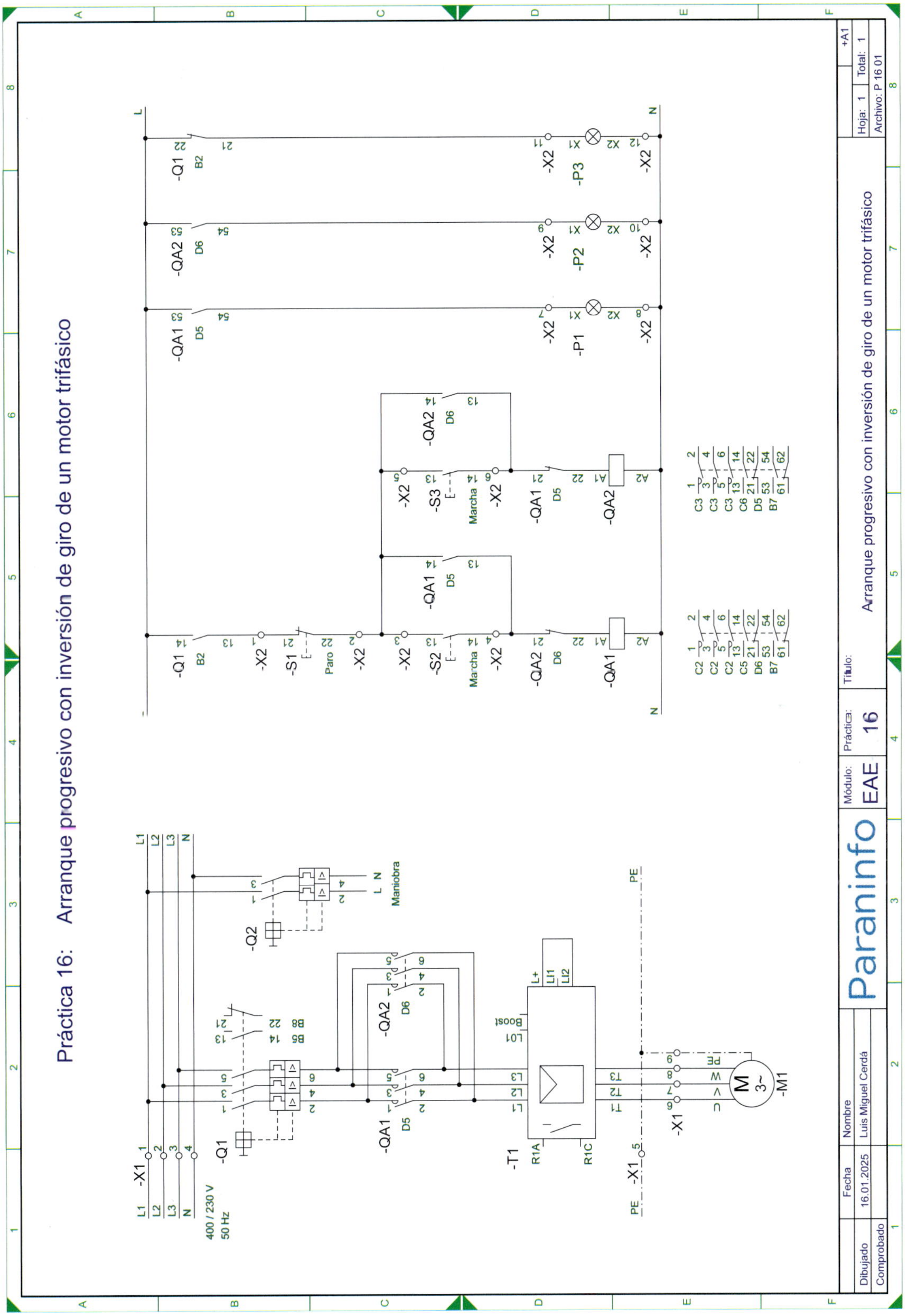

Figura 13.37. *Esquema eléctrico de la práctica 16.*

Práctica 17

Arranque con inversión de giro de un motor monofásico con paro previo

Descripción: En esta práctica se va a estudiar el arranque de un motor monofásico con devanado auxiliar de arranque y condensador. Contará con la posibilidad de escoger el sentido de giro y para realizar la inversión se debe pasar por paro.

La red de alimentación es de tipo monofásico de 230 V, siendo el motor eléctrico de idénticos valores de tensión.

Para gobernar el motor se van a emplear un pulsador de paro (S1) y dos pulsadores de marcha (S2: giro directo y S3: giro inverso).

El circuito eléctrico cuenta con tres contactores; uno de ellos (QA3) es el destinado a la alimentación del devanado principal (bornes 4 y 5 de X1). Los otros dos contactores (QA1 y QA2) son los destinados a alimentar el devanado de arranque. Cada uno de ellos proporcionará el orden adecuado (fase y neutro) para generar el sentido de giro (QA1 sentido directo y QA2 sentido inverso).

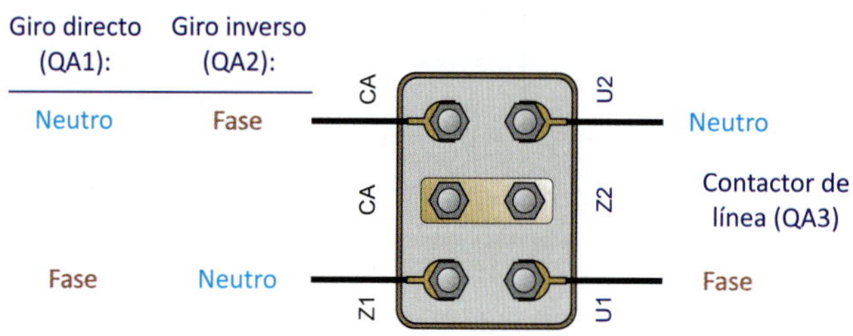

Figura 13.38. *Caja de conexiones del motor.*

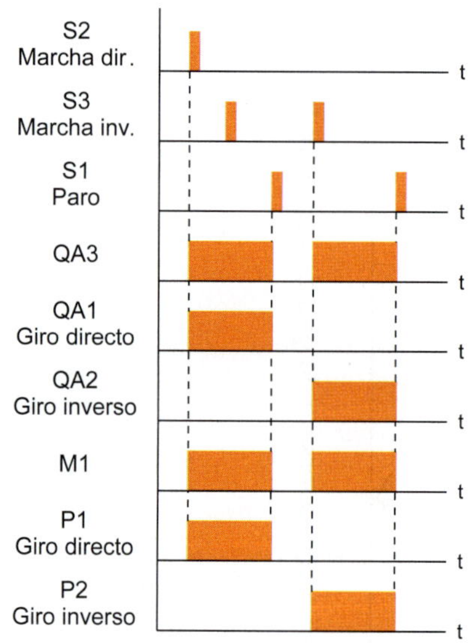

Figura 13.39. *Cronograma de la práctica.*

Materiales:

Cant.	Denominación
1	Interruptor magnetotérmico
1	Disyuntor guardamotor
1	Contactor auxiliar (disyuntor)
3	Contactores tripolares. Bobina 230 V
2	Bloques contactos auxiliares (contactor)
2	Pulsadores NO (cámara más cabezal)
1	Pulsador NC (cámara más cabezal)
3	Pilotos de señalización
1	Motor monofásico, 230 V
8	Bornes 6 mm
12	Bornes 2,5 mm
	Cable flexible 2,5 mm^2
	Cable flexible 1,5 mm^2

Leyendas del esquema eléctrico:

Q1	Disyuntor guardamotor
Q2	Magnetotérmico de protección de maniobra
QA3	Contactor de línea
QA1	Contactor sentido de giro directo
QA2	Contactor sentido de giro inverso
M1	Motor monofásico
S1	Pulsador de paro del motor
S2	Pulsador de marcha con giro directo
S3	Pulsador de marcha con giro inverso
P1	Señalización de giro directo
P2	Señalización de giro inverso
P3	Piloto de señalización de disparo por sobrecarga y sobreintensidades del motor
X1	Bornero de fuerza
X2	Bornero de maniobra

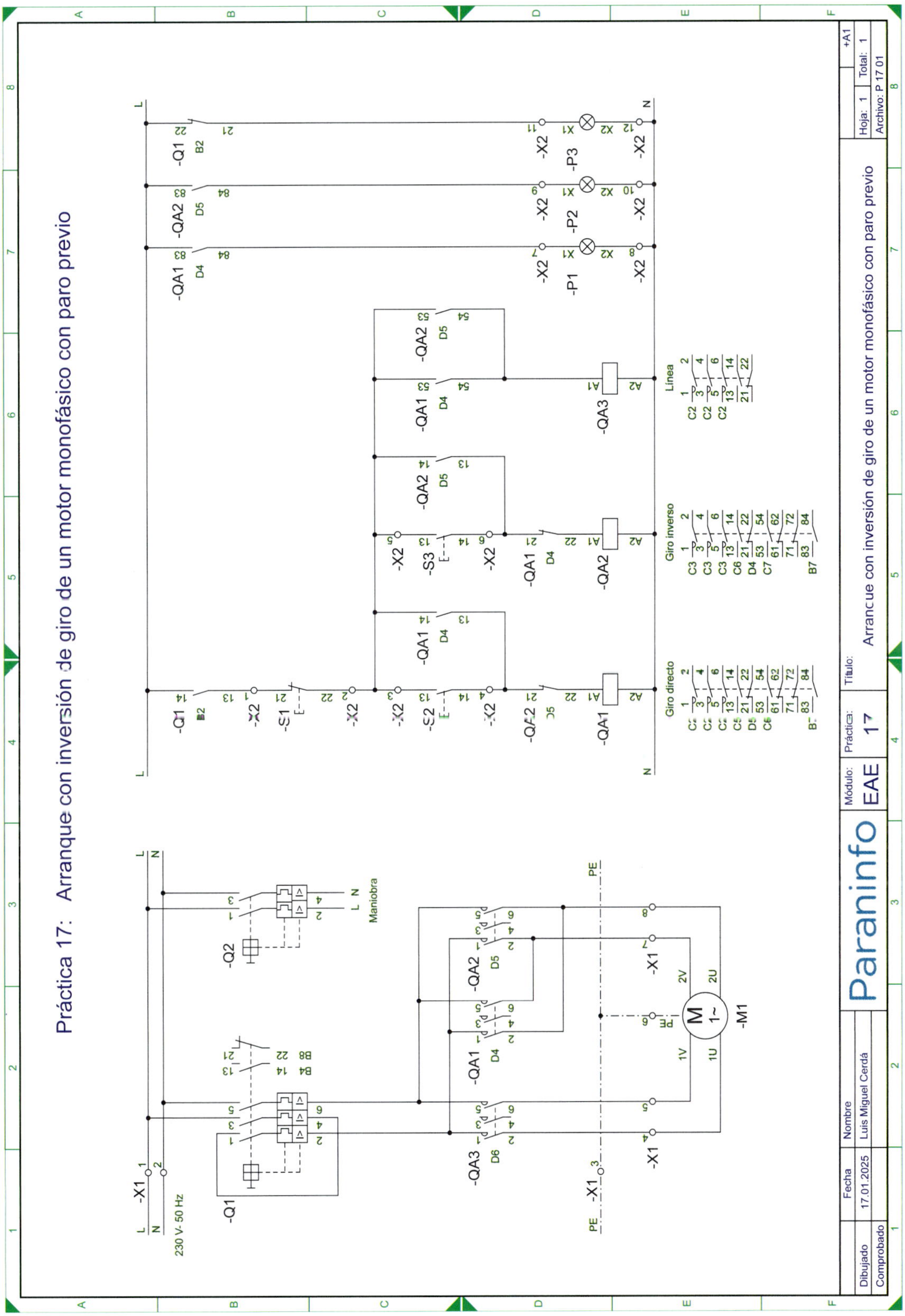

Figura 13.40. *Esquema eléctrico de la práctica 17.*

Práctica 18

Inversión de giro de un motor trifásico con finales de carrera

Descripción: En esta práctica se van a estudiar los interruptores de posición o finales de carrera. Se trata de simular el movimiento de una pieza en una cinta transportadora. El motor se pondrá en marcha de manera manual en cualquiera de los dos sentidos. Una vez que esta pieza llega al final de su recorrido se activa el interruptor de posición, parando el motor. Además, contará con un paro manual.

La red de alimentación es de 230 V/400 V y el motor eléctrico es de inducción de 230 V/400 V; por tanto debe configurarse para estrella. El circuito de mando se realizará para una tensión de 230 V_{CA}.

Como elemento de protección se empleará un disyuntor motor (Q1) calibrado acorde a las características del motor. Para el circuito de mando se empleará un interruptor magnetotérmico (F1) como dispositivo de protección contra sobreintensidades.

El motor se activará de manera manual accionando los pulsadores S2 (giro directo) o S3 (giro inverso) y se podrá parar en cualquier momento de forma manual actuando sobre S1, o de manera automática cuando se active el final de carrera que limita el máximo de su movimiento de recorrido.

Para la inversión de giro, el motor debe pasar primero por paro, para lo que cuenta con un sistema de enclavamiento eléctrico como medida de seguridad. Para ello se utilizan los pares de contactos cerrados (21-22) de ambos contactores cruzándolos entre sí.

La señalización empleada consiste en un par de pilotos para indicar el sentido de giro del motor (P1 y P2) y otro piloto para indicar cualquier sobrecarga en el motor (P3).

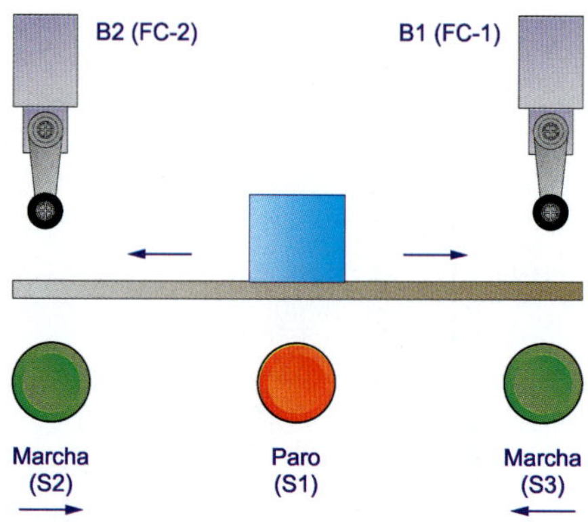

Figura 13.41. *Funcionamiento de la práctica.*

Materiales:

Cant.	Denominación
1	Interruptor magnetotérmico
1	Disyuntor guardamotor
1	Contactor auxiliar (disyuntor)
2	Contactores tripolares. Bobina 230 V
2	Bloques contactos auxiliares (contactor)
2	Pulsadores NO (cámara más cabezal)
1	Pulsador NC (cámara más cabezal)
2	Finales de carrera
3	Pilotos de señalización
1	Motor trifásico, 400 V/230 V
9	Bornes 6 mm
16	Bornes 2,5 mm
	Cable flexible 2,5 mm^2
	Cable flexible 1,5 mm^2

Leyendas del esquema eléctrico:

Q1	Disyuntor guardamotor
Q2	Magnetotérmico de protección de maniobra
QA1	Contactor sentido de giro directo
QA2	Contactor sentido de giro inverso
M1	Motor trifásico
S1	Pulsador de paro del motor
S2	Pulsador de marcha con giro directo
S3	Pulsador de marcha con giro inverso
B1	Final de carrera. Para el giro directo
B2	Final de carrera. Para el giro inverso
P1	Señalización de marcha directa
P2	Señalización de marcha inversa
P3	Señalización de sobrecarga
X1	Bornero de fuerza
X2	Bornero de maniobra

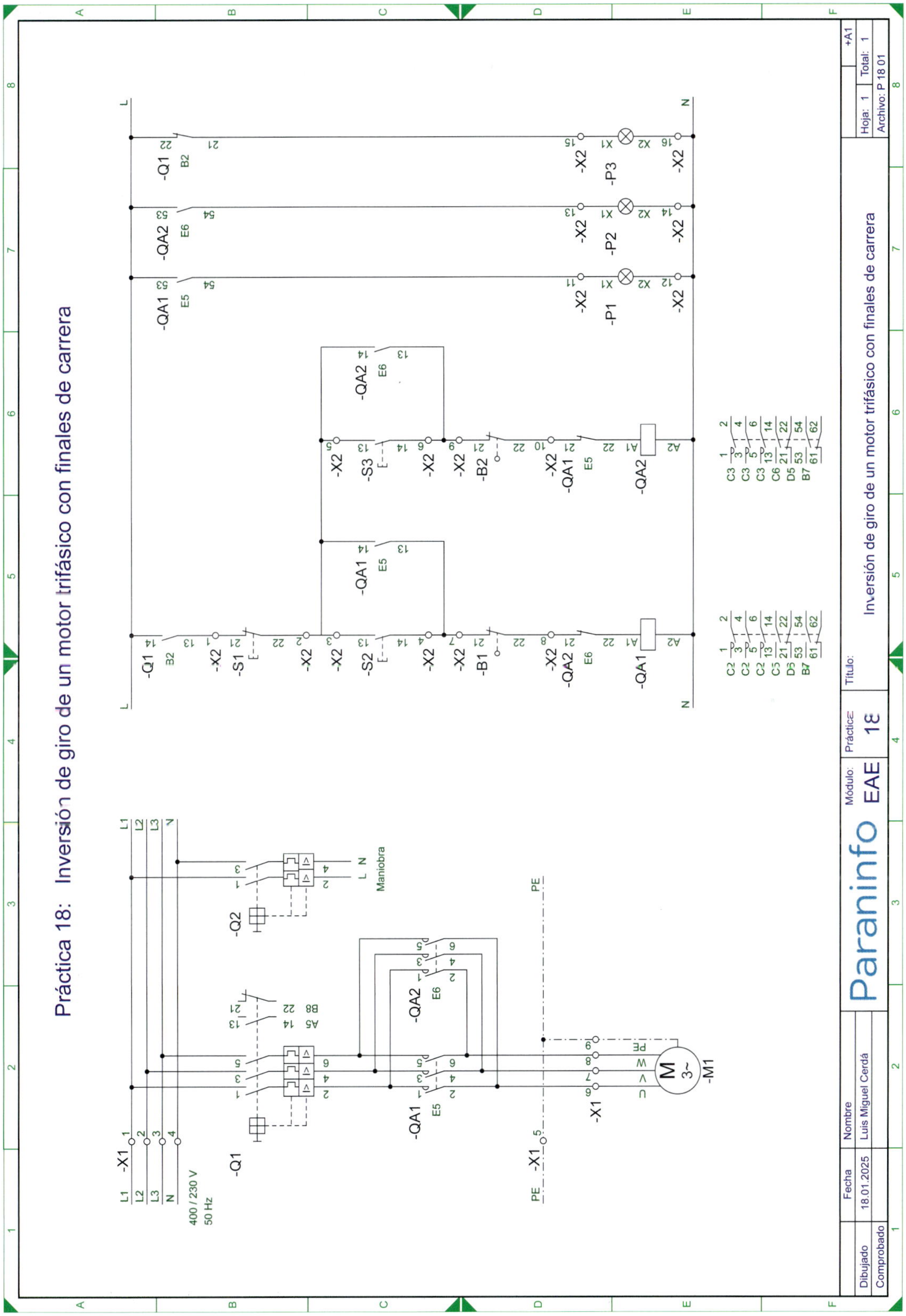

Figura 13.42. *Esquema eléctrico de la práctica 18.*

Práctica 19

Inversión de giro de un motor trifásico con sensores de proximidad inductivos

Descripción: En esta práctica se van a estudiar los sensores de proximidad. Se trata de simular el movimiento de una pieza en una cinta transportadora que se mueve entre dos posiciones. El motor se pondrá en marcha de manera manual en cualquiera de los dos sentidos. Una vez que esta pieza llega al final de su recorrido es detectada por el sensor correspondiente y parará el motor. Además, contará con un paro manual.

La red de alimentación es de 230 V/400 V y el motor eléctrico es de inducción de 230 V/400 V; por tanto debe configurarse para estrella.

El circuito de mando se realizará para una tensión de 230 V_{CA}, pero los sensores de proximidad necesitan de una alimentación eléctrica de 24 V en corriente continua, por lo que se emplea una fuente de alimentación. No obstante se podría haber realizado todo el circuito de maniobra para una tensión de 24 V_{CC}.

El motor se activará de manera manual accionando los pulsadores S2 (giro directo) o S3 (giro inverso) y se podrá parar en cualquier momento de forma manual actuando sobre S1, o bien de manera automática cuando se active el sensor de proximidad que limita el máximo de su movimiento de recorrido.

Para la inversión de giro, el motor debe pasar primero por paro.

Los sensores de proximidad inductivos serán de conexión a 3 hilos. El terminal positivo (cable de color marrón) y el terminal negativo (cable de color azul) se conectarán a la línea de tensión de 24 V_{CC}. El otro terminal del sensor (cable de color negro), que es la salida de información del sensor, se conectará a un relé auxiliar. Se utilizan los contactos de este relé para realizar las maniobras.

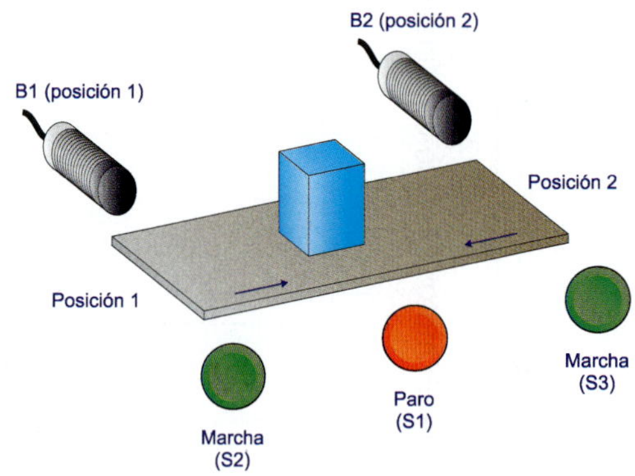

Figura 13.43. *Funcionamiento de la práctica.*

Materiales:

Cant.	Denominación
1	Interruptor magnetotérmico
1	Disyuntor guardamotor
1	Contactor auxiliar (disyuntor)
3	Contactores tripolares. Bobina 230 V
2	Bloques contactos auxiliares (contactor)
2	Pulsadores NO (cámara más cabezal)
1	Pulsador NC (cámara más cabezal)
3	Pilotos de señalización
1	Motor trifásico, 400 V/230 V
8	Bornes 6 mm
12	Bornes 2,5 mm
	Cable flexible 2,5 mm²
	Cable flexible 1,5 mm²

Leyendas del esquema eléctrico:

Q1	Disyuntor guardamotor
Q2	Magnetotérmico de protección de maniobra
QA1	Contactor sentido de giro directo
QA2	Contactor sentido de giro inverso
G1	Fuente de alimentación 24 V
M1	Motor trifásico
S1	Pulsador de paro del motor
S2	Pulsador de marcha con giro directo
S3	Pulsador de marcha con giro inverso
B1	Sensor inductivo. Posición 1
B2	Sensor inductivo. Posición 2
K1	Relé preactuador de B1
K2	Relé preactuador de B2
P1	Señalización de giro directo
P2	Señalización de giro inverso
P3	Piloto de señalización de disparo por sobrecarga y sobreintensidades del motor
X1	Bornero de fuerza
X2	Bornero de maniobra

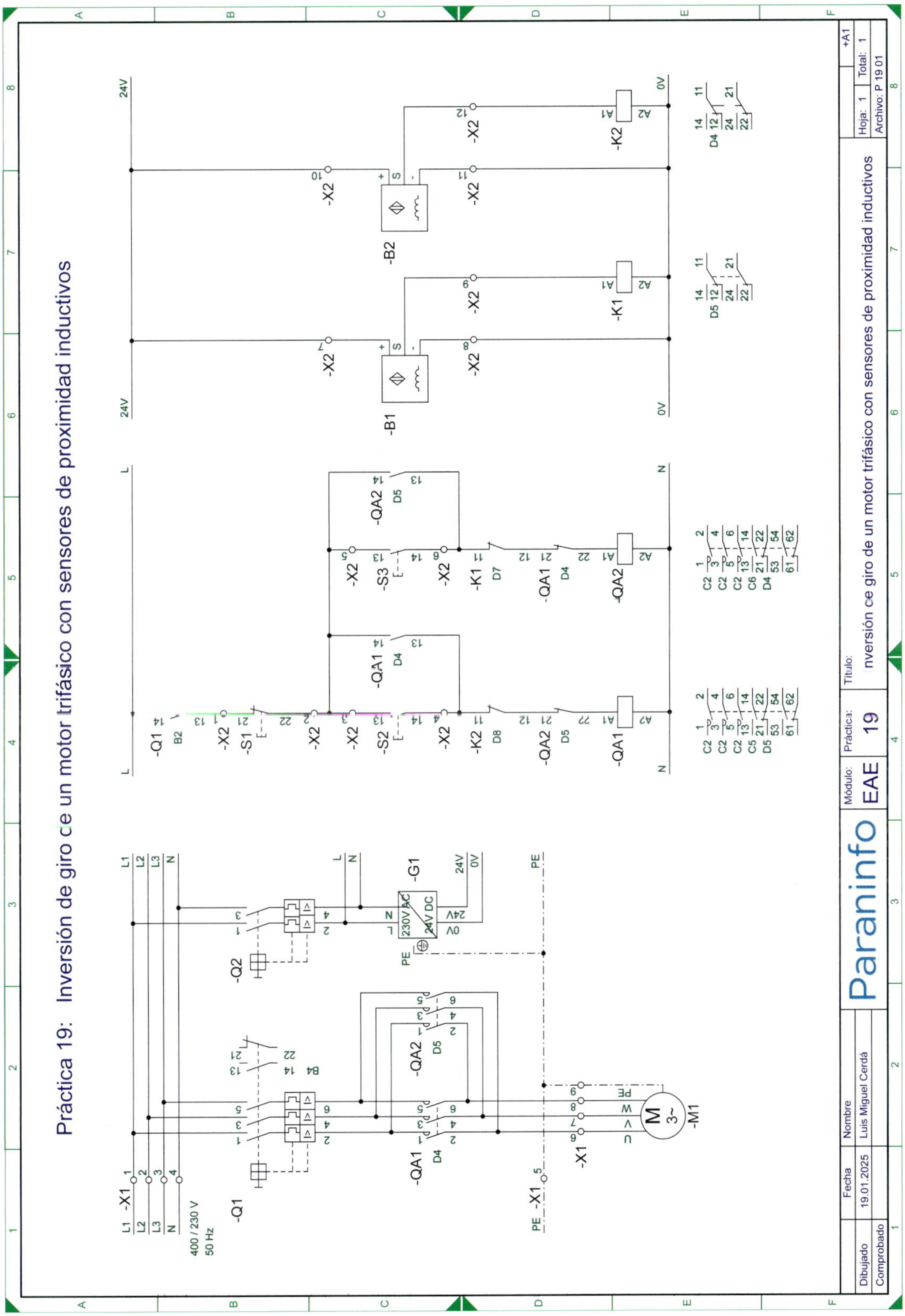

Figura 13.44. *Esquema eléctrico de la práctica 19.*

Práctica 20

Frenado de un motor trifásico por contracorriente

Descripción: En esta práctica se va a estudiar el frenado de motores mediante la técnica del frenado por contracorriente. Esta condición significa que el motor parará invirtiendo temporalmente el sentido de giro de tal manera que la inercia del giro del motor cuando gira en vacío se contrarresta con la fuerza de giro en sentido opuesto.

La red de alimentación es de 230 V/400 V y el motor eléctrico es de inducción de 230 V/400 V; por tanto debe configurarse para estrella. El circuito de mando se realizará para una tensión de 230 V_{CA}.

Como elemento de protección se empleará un disyuntor motor (Q1) calibrado acorde a las características del motor. Para el circuito de mando se empleará un interruptor magnetotérmico (F1) como dispositivo de protección contra sobreintensidades.

Para gobernar el motor se va a emplear un pulsador de marcha (S2). El paro del motor se realizará mediante dos pulsadores: uno de paro sin freno (S1) mediante el cual el motor parará libremente y por inercia; y otro pulsador (S3) que aplicará un freno por contracorriente al motor.

El circuito contará con pilotos de señalización para indicar cuándo el motor estará girando, considerando que está girando cuando está controlado por el contactor principal de línea (QA1) y no se tiene en cuenta el breve espacio de tiempo en el cual gira en sentido opuesto.

La otra señalización (P2) indicará cuándo el motor tiene problemas de sobrecarga o sobreintensidades, y se activará por disparo del disyuntor motor.

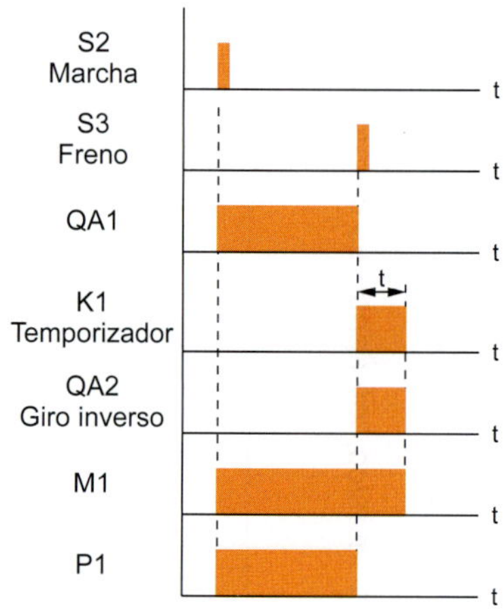

Figura 13.45. *Cronograma de la práctica.*

Materiales:

Cant.	Denominación
1	Interruptor magnetotérmico
1	Disyuntor guardamotor
1	Contactor auxiliar (disyuntor)
2	Contactores tripolares. Bobina 230 V
1	Relé 230 V
1	Relé temporizador a la conexión
1	Pulsador NO (cámara más cabezal)
2	Pulsadores NC (cámara más cabezal)
2	Pilotos de señalización
1	Motor trifásico, 400 V/230 V
3	Resistencias
9	Bornes 6 mm
12	Bornes 2,5 mm
	Cable flexible 2,5 mm^2
	Cable flexible 1,5 mm^2

Leyendas del esquema eléctrico:

Q1	Disyuntor guardamotor
Q2	Magnetotérmico de protección de maniobra
QA1	Contactor de línea
QA2	Contactor de frenado
M1	Motor trifásico
K1	Relé auxiliar (protección de giro inverso)
K2	Temporizador (tiempo de contragiro)
S1	Pulsador de paro del motor sin freno
S2	Pulsador de marcha
S3	Pulsador de paro del motor con freno
P1	Señalización de marcha del motor
P2	Señalización de disparo por sobrecarga y sobreintensidades del motor
X1	Bornero de fuerza
X2	Bornero de maniobra

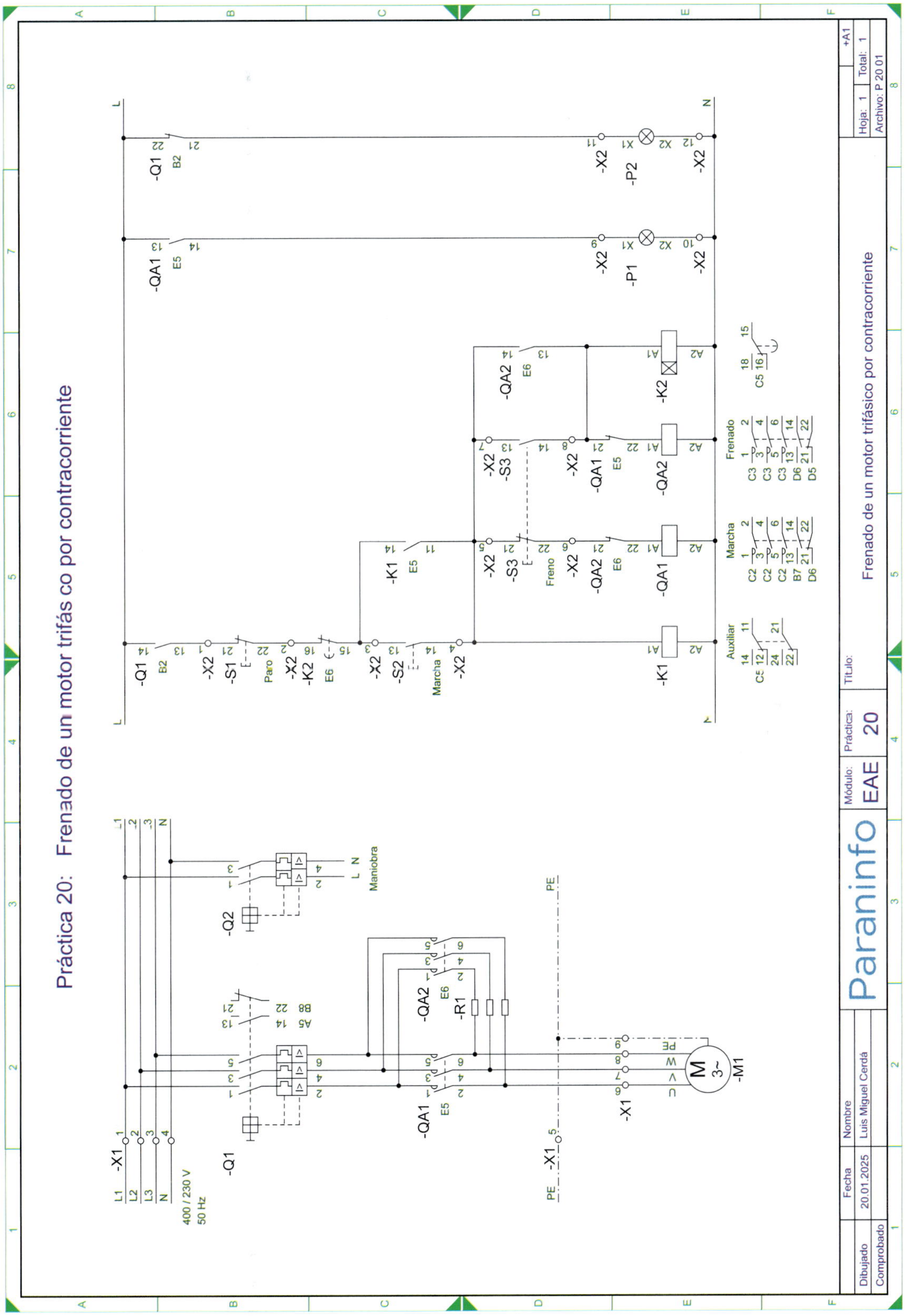

Figura 13.46. *Esquema eléctrico de la práctica 20.*

Práctica 21

Frenado de un motor trifásico por inyección de corriente continua

Descripción: En esta práctica se va a estudiar el frenado de motores mediante la técnica de inyección de corriente continua. Por ello, una vez que el motor queda desconectado de la red eléctrica (por el proceso de paro), se procede a conectar el estátor a una fuente de alimentación de corriente continua.

La red de alimentación es de 230 V/400 V y el motor eléctrico es de inducción de 230 V/400 V; por tanto debe configurarse para estrella. El circuito de mando se realizará para una tensión de 230 V_{CA}.

Como elemento de protección se empleará un disyuntor motor (Q1) calibrado acorde a las características del motor. Para el circuito de mando se empleará un interruptor magnetotérmico (F1) como dispositivo de protección contra sobreintensidades.

Para la inyección de corriente continua se va a emplear un transformador junto con un puente rectificador de diodos, obteniéndose una corriente pulsante. Se pueden sustituir estos dos elementos por una fuente de alimentación de corriente continua. El valor de esta corriente continua se ha fijado en 24 V.

Para gobernar el motor se va a emplear un pulsador de marcha (S1). El paro del motor con freno se realizará mediante un pulsador (S2).

El tiempo del temporizador K1 se calibra al mínimo que permita, valdría con un tiempo de 0,1 s o 0,5 s. El tiempo que se conecta el motor a la fuente de corriente continua dependerá de la carga. No es un tiempo crítico y su función es dejar de conectar los devanados a una fuente de corriente por el calentamiento innecesario de los mismos. Se podría fijar a unos 3 s o 5 s.

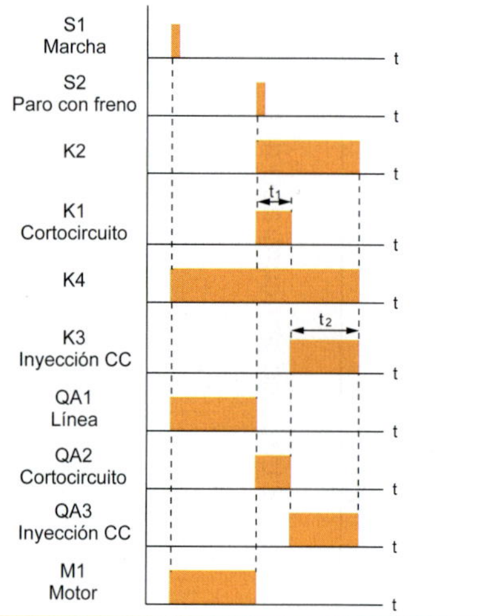

Figura 13.47. *Cronograma de la práctica.*

Materiales:

Cant.	Denominación
1	Interruptor magnetotérmico
1	Disyuntor guardamotor
1	Contactor auxiliar (disyuntor)
1	Transformador 230 V/24 V
1	Puente rectificador de diodos
3	Contactores tripolares. Bobina 230 V
3	Contactos auxiliares (contactor)
2	Relés 230 V
2	Relés temporizadores a la conexión
1	Pulsador NO (cámara más cabezal)
1	Pulsador NC (dos cámaras más cabezal)
1	Motor trifásico, 400 V/230 V
9	Bornes 6 mm
6	Bornes 2,5 mm
	Cable flexible 2,5 mm^2
	Cable flexible 1,5 mm^2

Leyendas del esquema eléctrico:

Q1	Disyuntor guardamotor
Q2	Magnetotérmico de protección de maniobra
T1	Transformador
T2	Puente rectificador de diodos
QA1	Contactor de línea
QA2	Contactor de cortocircuito
QA3	Contactor de inyección de CC.
M1	Motor trifásico
K1	Temporizador (cortocircuito)
K2	Relé auxiliar de KT1
K3	Temporizador (inyección de CC)
K4	Relé auxiliar (seguridad)
S1	Pulsador de marcha
S2	Pulsador de paro con freno
X1	Bornero de fuerza
X2	Bornero de maniobra

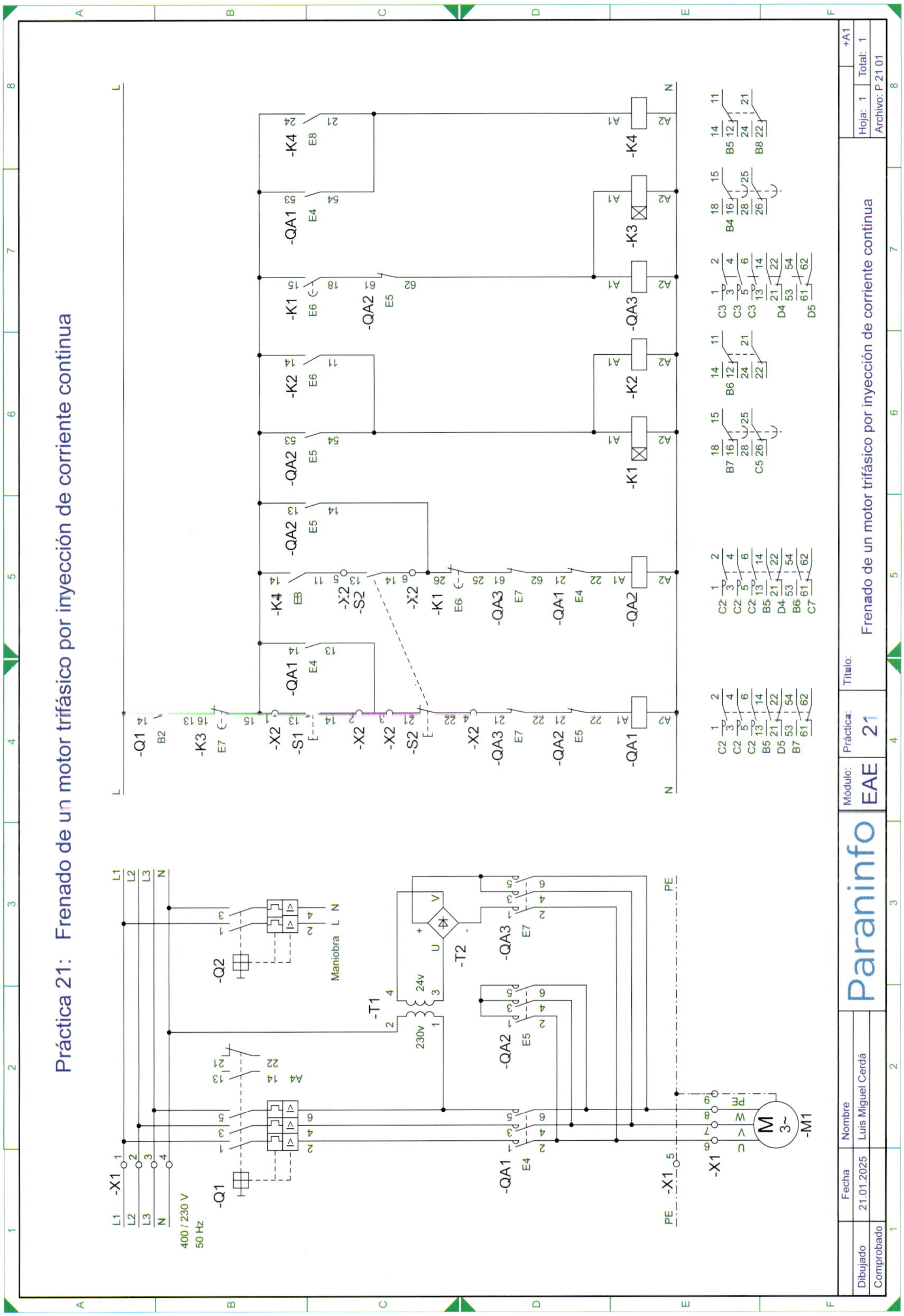

Figura 13.48. *Esquema eléctrico de la práctica 21.*

Práctica 22

Motor Dahlander de dos velocidades con detectores fotoeléctricos

Descripción: En esta práctica se va a estudiar el motor Dahlander de dos velocidades. Este motor se caracteriza por tener una toma intermedia en cada devanado. De esta manera al variar el número de polos varía su velocidad.

En esta práctica se simula una cinta transportadora que según donde se encuentra el objeto a transportar funciona a dos velocidades. El motor arranca a velocidad baja y al llegar a un punto donde se encuentra un detector pasa a velocidad alta. Al llegar a un segundo detector, el motor para. Los detectores empleados son fotoeléctricos.

La red de alimentación depende del motor y suponiendo que el motor Dahlander es de 400 V trifásico, la red será de 230 V/400 V. El circuito de mando se realizará para una tensión de 230 V_{CA}.

Como elemento de protección se emplearán dos disyuntores motor (Q1 y Q2) calibrados acorde a las características del motor en cada configuración. Para el circuito de mando se empleará un interruptor magnetotérmico (F1) como dispositivo de protección contra sobreintensidades.

Para obtener los 24 V necesarios para los sensores se empleará una fuente de alimentación.

El circuito funcionará de la siguiente manera. Al accionar el pulsador de marcha (S2), el motor arrancará a velocidad baja (gobernado por Q17). Cuando el sensor óptico B1 detecta el objeto, el motor pasa a velocidad alta (activado por Q23 y Q21). Cuando un segundo sensor (B2) detecta el objeto se procede al paro del motor. No obstante, la cinta puede pararse en todo momento mediante la pulsación de S1.

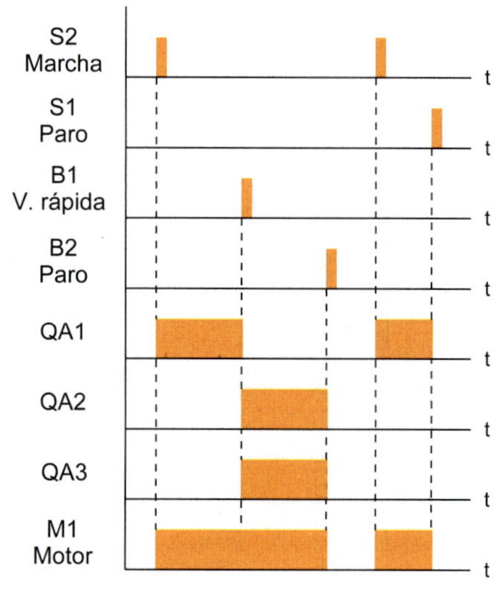

Figura 13.49. *Cronograma de la práctica.*

Materiales:

Cant.	Denominación
1	Interruptor magnetotérmico
2	Disyuntores guardamotor
2	Contactores auxiliares (disyuntor)
3	Contactores tripolares. Bobina 230 V
2	Contactores auxiliares (contactor)
1	Fuente de alimentación, 24 VCC
1	Pulsador NO (cámara más cabezal)
1	Pulsador NC (cámara más cabezal)
1	Motor Dahlander
2	Detectores ópticos
2	Relés 24 VCC
12	Bornes 6 mm
10	Bornes 2,5 mm
	Cable flexible 2,5 mm^2
	Cable flexible 1,5 mm^2

Leyendas del esquema eléctrico:

Q1	Disyuntor guardamotor (velocidad baja)
Q2	Disyuntor guardamotor (velocidad alta)
Q3	Protección de maniobra
G1	Fuente de alimentación 24 V
QA1	Contactor (velocidad baja)
Q23	Contactor (velocidad alta)
Q21	Contactor (velocidad alta)
M1	Motor Dahlander
B1	Sensor de cambio de velocidad
B2	Sensor de parada
K1	Relé auxiliar (B1)
K2	Relé auxiliar (B2)
S1	Pulsador de paro
S2	Pulsador de marcha
X1	Bornero de fuerza
X2	Bornero de maniobra

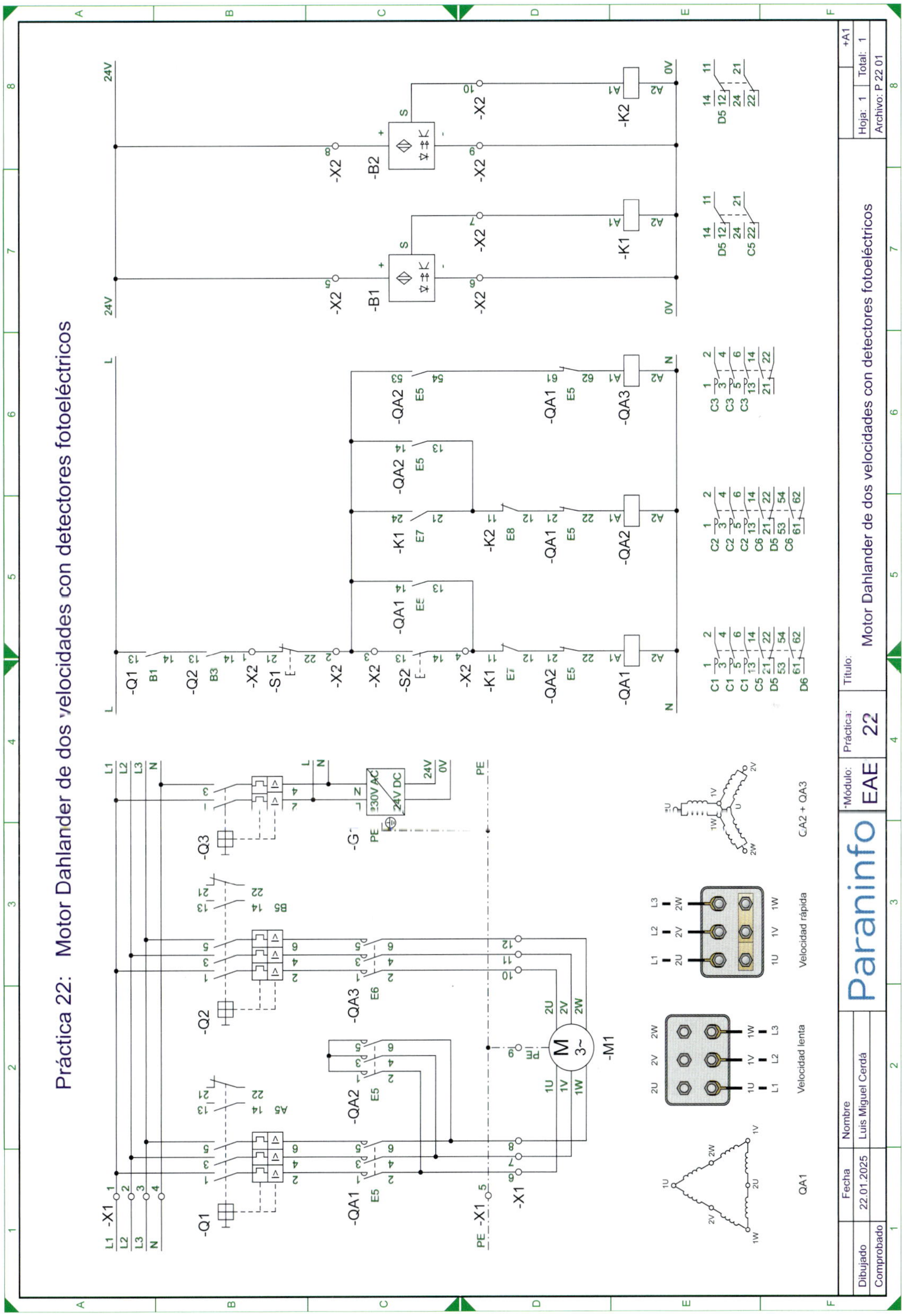

Figura 13.50. *Esquema eléctrico de la práctica 22.*

Práctica 23

Arranque de un motor trifásico con relé de seguridad

Descripción: En esta práctica se va a estudiar el relé de seguridad. Se trata de realizar el arranque de un motor trifásico que va supervisado por un relé de seguridad.

La red de alimentación depende del motor y suponiendo que el motor es de 400 V trifásico, la red será de 230 /400 V. El circuito de mando se realizará para una tensión de 24 VCC porque el relé de seguridad trabaja a esa tensión eléctrica.

Como elemento de protección se empleará un disyuntor guardamotor (Q1) calibrado acorde a las características del motor. Para el circuito de mando se empleará un interruptor magnetotérmico (Q2) como dispositivo de protección contra sobreintensidades.

Para obtener los 24 V necesarios para el relé de seguridad se empleará una fuente de alimentación.

El circuito de potencia consta de dos contactores (QA1 y QA2) colocados en serie como elemento de seguridad redundante frente a contactos soldados

En el circuito de mando se ha empleado un pulsador de paro de emergencia (S1) dotado de doble canal. Para reiniciar el disparo de la emergencia se emplea un pulsador (S2). El pulsador de *reset* va conectado en un bucle entre los contactos Y1-Y2 del relé de seguridad donde se han colocado en serie unos contactos cerrados de los contactores para verificar su estado antes de reiniciar.

Para controlar la marcha se emplea un pulsador (S4) normalmente abierto con la realimentación de los dos contactores y para realizar el paro del motor se emplea un pulsador (S3) normalmente cerrado.

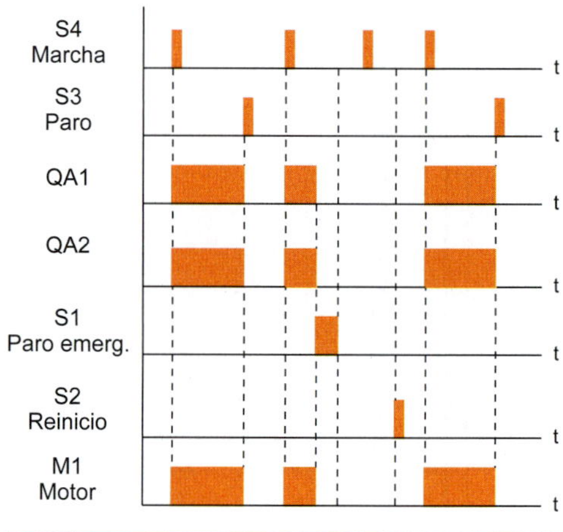

Figura 13.51. *Cronograma de la práctica.*

Materiales:

Cant.	Denominación
1	Interruptor magnetotérmico
2	Disyuntores guardamotor
2	Contactor tripolar. Bobina 230 V
2	Contactos auxiliares (contactor)
1	Fuente de alimentación, 24 V_{CC}
1	Paro de emergencia NC (doble cámara)
1	Pulsador NO (cámara más cabezal)
1	Pulsador NC (cámara más cabezal)
1	Motor trifásico
2	Relés de seguridad
9	Bornes 6 mm
10	Bornes 2,5 mm
	Cable flexible 2,5 mm^2
	Cable flexible 1,5 mm^2

Leyendas del esquema eléctrico:

Q1	Disyuntor guardamotor (velocidad baja)
Q2	Disyuntor guardamotor (velocidad alta)
G1	Fuente de alimentación 24 V
QA1	Contactor
QA2	Contactor
M1	Motor trifásico
K1	Relé de seguridad
S1	Paro de emergencia (doble canal)
S2	Reinicio del paro de emergencia
S3	Pulsador de paro
S4	Pulsador de marcha
X1	Bornero de fuerza
X2	Bornero de maniobra

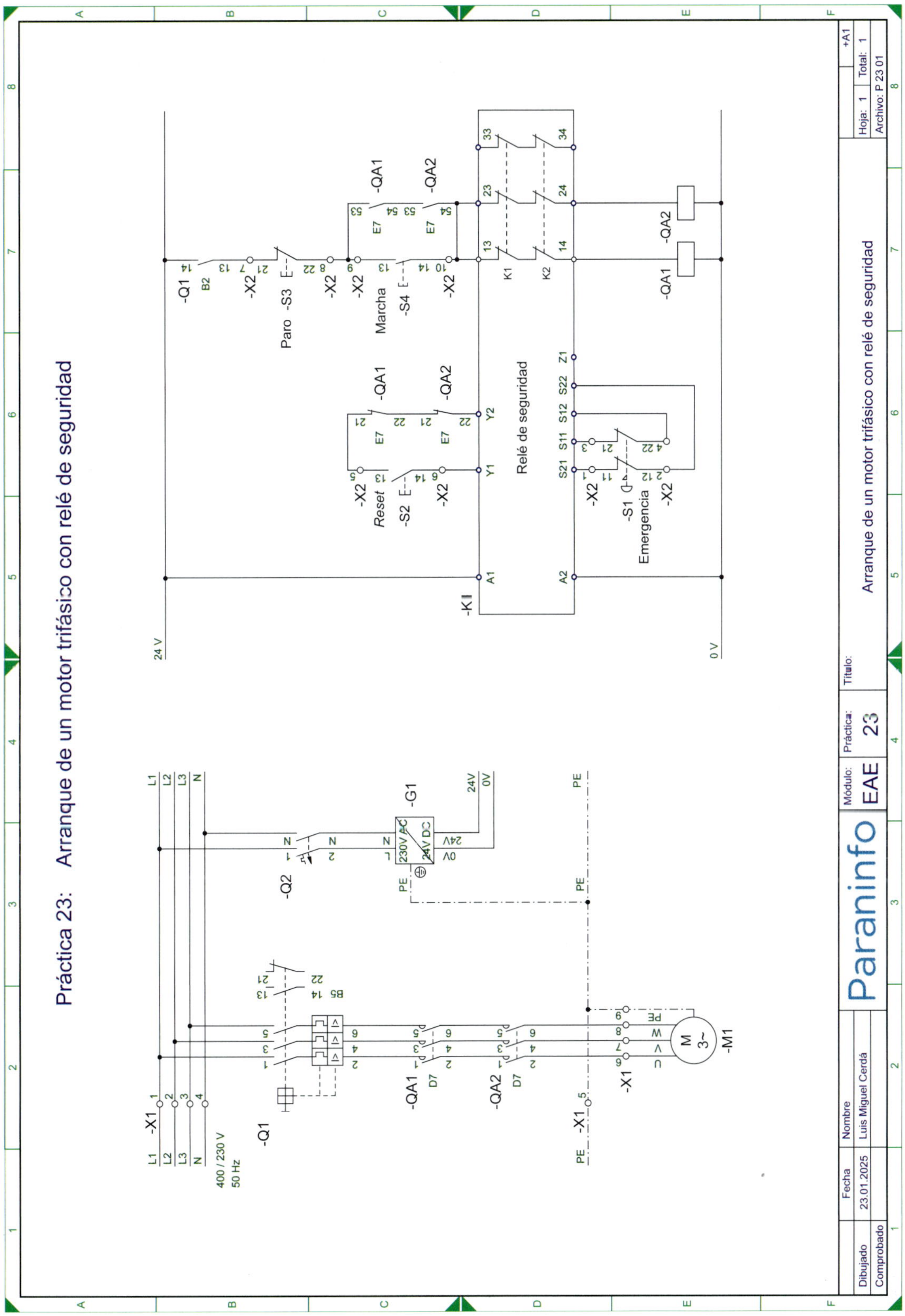

Figura 13.52. *Esquema eléctrico de la práctica 23.*

Anexos

En estos anexos se recopila la simbología eléctrica normalizada relacionada con la electricidad y los automatismos industriales. Junto a la simbología se debe incluir el código que identifica y designa a los aparatos eléctricos según la norma UNE-EN 81346. Otro código importante relacionado con las envolventes es el código IP que proporciona su índice de protección. Se incluye además el código de colores de los elementos de señalización. Por último, se ha recopilado un conjunto de enlaces a páginas web de diversos fabricantes de equipos eléctricos que facilitarán la labor de búsqueda de documentación.

Este conjunto de anexos pretende ser una guía de consulta para facilitar las labores de representación e interpretación de esquemas y planos eléctricos.

Contenidos

Anexo I. Simbología eléctrica

Electricidad general

Corriente alterna	∿
Corriente continua	
Corriente ondulada o rectificada	
Corriente alterna trifásica a 50 Hz	3∿ 50 Hz
Puesta a tierra	
Puesta a masa	
Tierra de protección	

Designación de conductores

Conductor	
Haz de tres conductores	L1 L2 L3
Representación unifilar	
Conductor neutro	N
Conductor de protección	PE
Conductores apantallados	
Conductores trenzados	

Bornes y conexiones

Derivación	
Doble derivación	
Cruce sin conexión	
Cruce con conexión	
Borne de conexión	○
Bornero de conexión	1 2 3 4
Conexión por contacto deslizante	
Clavija macho	
Clavija hembra	
Clavija y toma asociada	

Contactos

Contacto abierto	
Contacto cerrado	
Interruptor (símbolo general)	
Seccionador	
Contactor	
Disyuntor	
Guardamotor	
Interruptor seccionador	
Interruptor seccionador con apertura automática	
Fusible	
Seccionador fusible	
Interruptor seccionador fusible	
Contacto conmutado	
Contacto adelantado	NO NC
Contacto retrasado	NO NC
Interruptor de posición	NO NC
Contacto temporizado a la conexión	NO NC
Contacto temporizado a la desconexión	NO NC

Elementos de mando y medida

Mando electromagnético	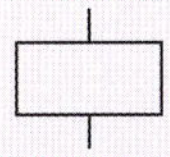
Mando electromagnético de dos arrollamientos	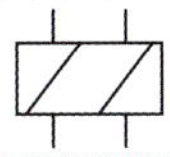
Mando electromagnético de temporización a la conexión	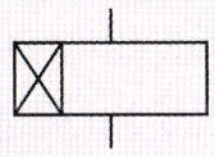
Mando electromagnético de temporización a la desconexión	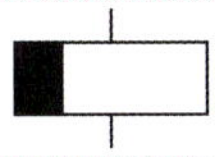
Mando electromagnético con temporización a la conexión-desconexión	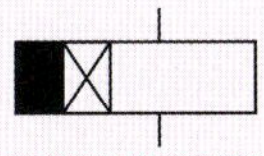
Mando electromagnético con remanencia	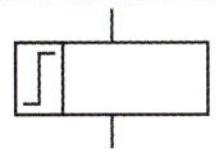
Mando electromagnético con enclavamiento mecánico	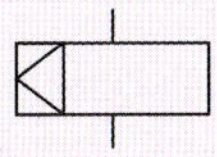
Mando electromagnético de corriente alterna	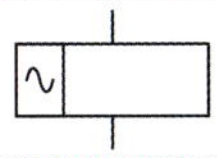
Mando electromagnético con intermitencia	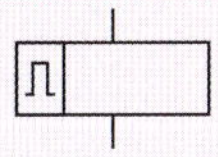
Mando electromagnético a impulso	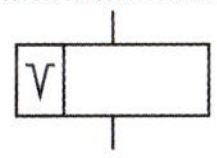
Relé de media o dispositivo equivalente (símbolo general)	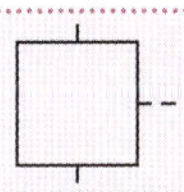
Relé de sobreintensidad de efecto magnético	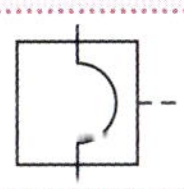
Relé de sobreintensidad de efecto térmico	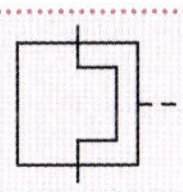
Relé de sobreintensidad de efecto electromagnético	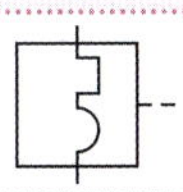
Relé de máxima corriente	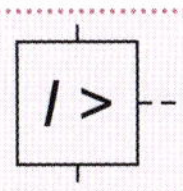
Relé de máxima tensión	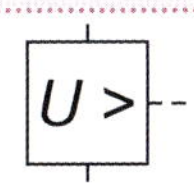
Relé de mínima tensión	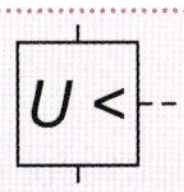
Relé a la falta de tensión	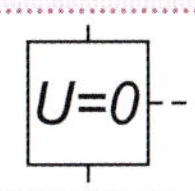
Sensor de proximidad (símbolo genérico)	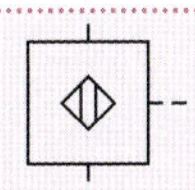

Sensor de proximidad inductivo	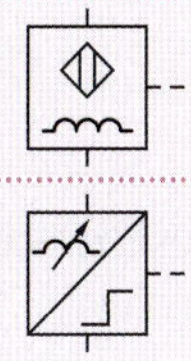
Sensor de proximidad capacitivo	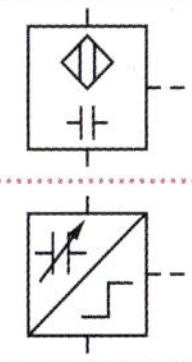
Sensor fotoeléctrico (de barrera)	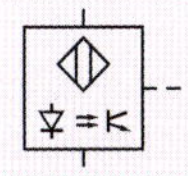
Sensor fotoeléctrico (emisor)	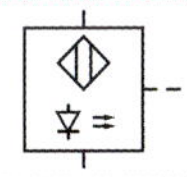
Sensor fotoeléctrico (receptor)	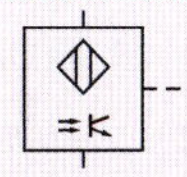
Sensor fotoeléctrico (*reflex*)	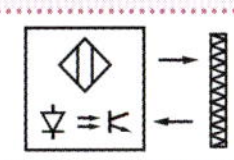
Sensor fotoeléctrico (de proximidad)	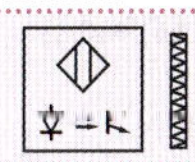
Sensor de ultrasonidos	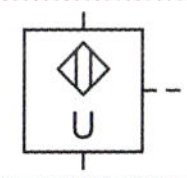
Termistor PTC	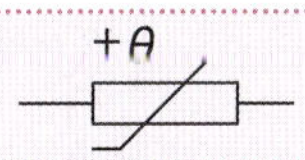
Termistor NTC	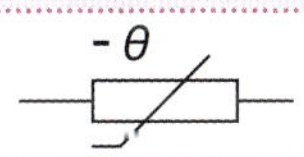
Termopar	
PTC-100 (2 hilos)	Pt 100 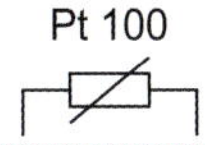
PTC-100 (3 hilos)	Pt 100 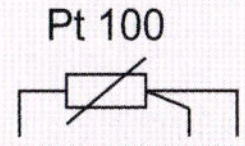
PTC-100 (4 hilos)	Pt 100 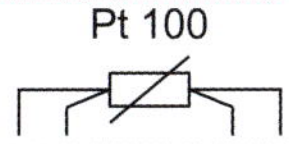
Termostato	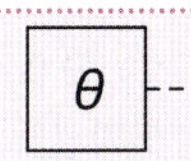
Sensor de temperatura	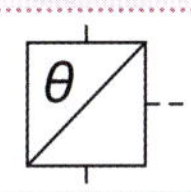
Presostato	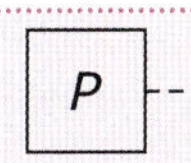

Sensor de presión	P
Dispositivo accionado por el nivel de un fluido	
Dispositivo accionado por un número de sucesos	
Dispositivo accionado por caudal	

Elementos acústicos y de señalización

Piloto de señalización	
Piloto de señalización intermitente	
Bocina	
Timbre	
Zumbador	
Sirena	

Aparatos de medición

Aparato indicador o equipo de medida	
Voltímetro	V
Amperímetro	A
Óhmetro	Ω
Vatímetro	W
Varímetro	VAR
Fasímetro	φ
Frecuencímetro	Hz
Megger o medidor de aislamiento	MΩ

Aparato registrador (símbolo general)	
Contador de energía activa	W h
Contador de energía reactiva	VAR h

Elementos pasivos básicos

Resistencia	
Potenciómetro (símbolo general)	
Potenciómetro (con contacto móvil)	
Resistencia de ajuste	
Reostato	
LDR (resistencia dependiente de la luz)	
PTC, NTC (resistencia dependiente de la temperatura)	θ
VDR (resistencia dependiente de la tensión)	U
Bobina	
Bobina con núcleo	
Bobina con polaridad	
Bobina con núcleo y polaridad	
Bobina variable con núcleo	
Bobina variable con núcleo y polaridad	
Bobina ajustable con núcleo	
Bobina ajustable con núcleo y polaridad	
Condensador	
Condensador con polaridad	- +
	- +
	- +
	- +
Condensador ajustable	

Elementos y materiales diversos

Diodo	
Diodo led	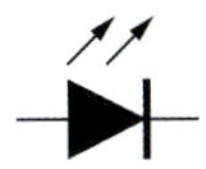
Diodo zener	
Transistor NPN	
Transistor PNP	
Fototransistor (NPN)	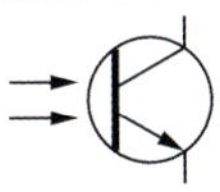
JFET de canal N	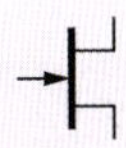
JFET de canal P	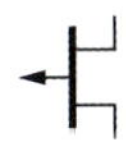
MOSFET de canal N	
MOSFET de canal P	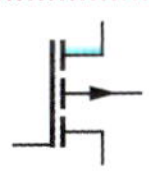
Tiristor SCR	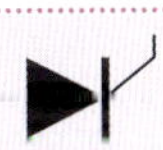
Diac	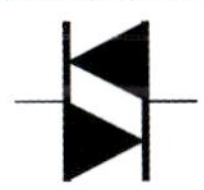
Triac	
Amplificador operacional	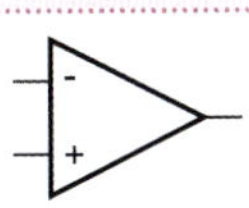
Cristal piezoeléctrico	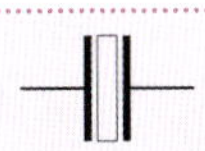
Transformador de tensión	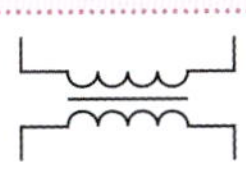
Transformador de intensidad	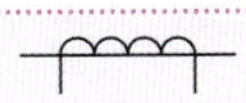
Arrancador de motores electrónico	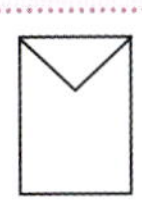

Máquinas eléctricas rotativas

Motor trifásico asíncrono de rotor en cortocircuito (sin representación de toma de tierra)	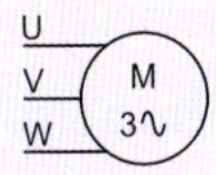
Motor trifásico asíncrono de rotor en cortocircuito (con representación de toma de tierra)	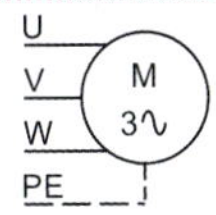
Motor trifásico asíncrono de rotor en cortocircuito, con todos sus bornes	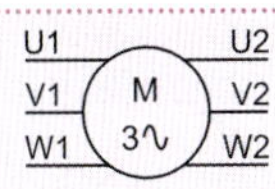
Motor trifásico asíncrono de rotor en cortocircuito y sonda de temperatura	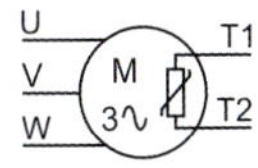
Motor trifásico asíncrono de rotor bobinado	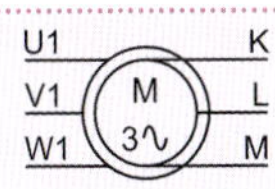
Motor trifásico síncrono con rotor de excitación independiente	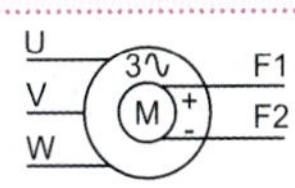
Motor trifásico síncrono con rotor de imán permanente	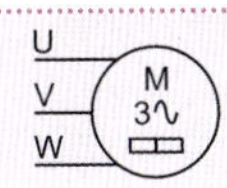
Motor monofásico	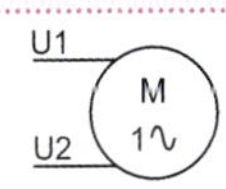
Motor monofásico con condensador y devanado auxiliar accesible	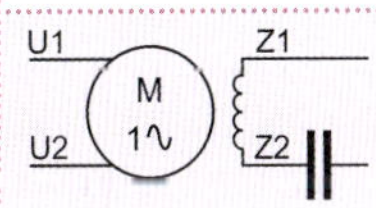
Motor de corriente continua (símbolo general)	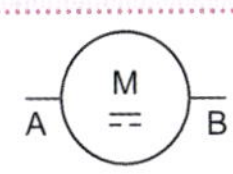
Motor de corriente continua de excitación independiente	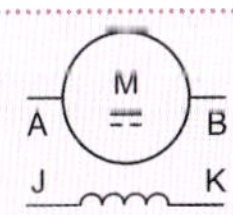
Motor de corriente continua de excitación serie	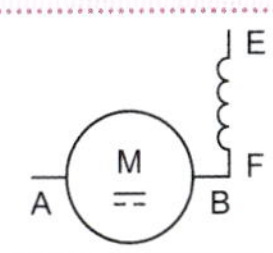
Motor de corriente continua de excitación *shunt*	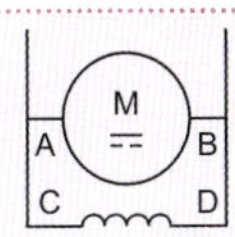
Motor de corriente continua de excitación *compound*	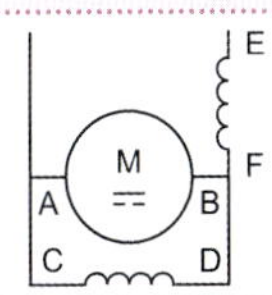
Generador de corriente alterna trifásico	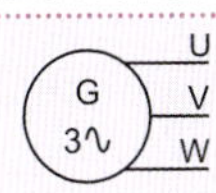
Generador de corriente continua	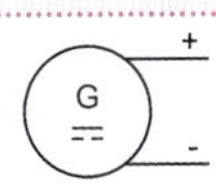

Elementos y mandos mecánicos

Accionamiento manual (símbolo general)	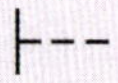
Accionamiento por pulsador	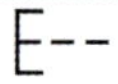
Accionamiento rotativo	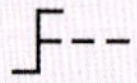
Accionamiento por manivela	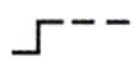
Accionamiento por tirador	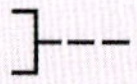
Accionamiento de seta	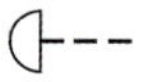
Accionamiento por roldana	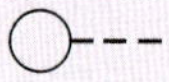
Accionamiento por pedal	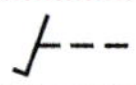
Accionamiento por palanca	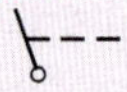
Accionamiento por palanca con maneta	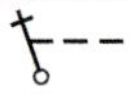
Accionamiento por llave	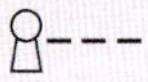
Accionamiento por volante	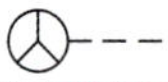
Accionamiento por motor eléctrico	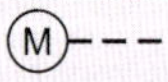
Accionamiento por leva	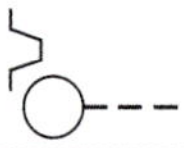
Retorno no automático	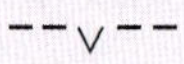
Con retención	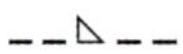

Anexo II. Designación de aparatos

Norma IEC 750	Norma EN 81346	Tipo de aparato	Ejemplo
A	A	Grupos o partes de grupos constructivos.	Amplificadores, láser, etcétera.
B	T	Convertidores de magnitudes no eléctricas a magnitudes eléctricas, y viceversa.	Transductores, células fotoeléctricas, sondas termoeléctricas, etcétera.
C	C	Condensadores.	
D	C	Dispositivos de retardo, memoria y elementos binarios.	Elementos monoestables y biestables, memorias, registradores.
E		Diversos.	
E	V	Filtros electrostáticos.	
F	F	Fusibles (para corrientes débiles, HH, de señales), disparadores bimetálicos.	
F	B	Presostatos.	
G	G	Generadores. SAI.	Generadores, baterías, equipos de alimentación.
G	T	Convertidores de frecuencia. Arrancadores suaves.	
H	E	Lámparas.	
H	P	Aparatos de señalización ópticos y acústicos.	Columnas de señalización.
K	Q	Contactores de potencia.	
K	K	Contactor auxiliar, relé auxiliar, relé temporizador.	
K	T	Contactor semiconductor.	
L	R	Inductancias.	Bobinas, reactancias.
M	M	Motores.	

Norma IEC 750	Norma EN 81346	Tipo de aparato	Ejemplo
N		Amplificadores, reguladores.	Circuitos integrados.
N	T	Amplificadores de aislamiento, amplificadores de inversión.	
P		Aparatos de medidas, equipos de prueba.	Instrumentos de medición, registro, contadores, relojes.
Q	Q	Dispositivos de maniobra para altas corrientes.	Interruptores de maniobra de potencia y protección, seccionadores, interruptores automáticos, interruptores-seccionadores, protección del motor.
R	R	Resistencias. Resistencias de ajuste.	Resistencias, potenciómetros, reostatos.
R	B	Resistencias de precisión.	
R	E	Resistencias de calefacción.	
S	S	Interruptores, pulsadores, selectores.	
S	B	Interruptores de posición.	Finales de carrera.
T	T	Transformadores.	Transformadores: de tensión, de corriente, de frecuencia.
U	T	Moduladores, convertidores.	Variadores, convertidores de frecuencia.
V		Válvulas, semiconductores.	Diodos, transistores, válvulas de vacío.
V	R	Diodos.	
V	T	Rectificadores.	
V	K	Transistores.	
W		Vías de conducción, guiaondas.	Cables, dipolos, antenas parabólicas.
X		Bornes, clavijas, enchufes.	Regletas de bornes.
Y		Equipos eléctricos accionados mecánicamente.	Frenos, embragues.
Z		Equipos de compensación, filtros, limitadores.	Reguladores, filtros de cristal.
Z	K	Filtros CEM.	
Z	F	Dispositivos supresores de radiointerferencias y amortiguación de chispas.	

Anexo III. Índice de protección IP

El índice de protección IP se indica mediante el siguiente código:

IP	1.ª cifra	2.ª cifra	Letra adicional	Letra suplementaria
	0 - 6	0 - 8	A-B-C-D	H-M-S-W

Protección contra sólidos (1.ª cifra)	
IP: X	**Definición**
0	Sin protección.
1	Protegidos contra cuerpos sólidos superiores a 50 mm de Ø.
2	Protegidos contra cuerpos sólidos superiores a 12 mm de Ø.
3	Protegidos contra cuerpos sólidos superiores a 2,5 mm de Ø.
4	Protegidos contra cuerpos sólidos superiores a 1 mm de Ø.
5	Protegido contra el polvo.
6	Totalmente protegido.

Protección contra sólidos (2.ª cifra)	
IP: X	**Definición**
0	Sin protección.
1	Protección contra la caída vertical de gotas de agua.
2	Protección contra la caída de agua hasta 15° de vertical.
3	Protección contra la caída de agua hasta 60° de vertical.
4	Protección contra las proyecciones de agua en todas las direcciones.
5	Protección contra el lanzamiento de agua en todas las direcciones.
6	Protección contra el lanzamiento de agua similar a los golpes de mar.
7	Protección contra la inmersión.
8	Protección contra los efectos prolongados de la inmersión.

Letra adicional	Descripción
A	Protegido contra el acceso con el dorso de la mano. Se prueba con una esfera de 50 mm, que ha de quedar a una distancia adecuada de las partes peligrosas.
B	Protegido contra el acceso con el dedo u objetos análogos. El dedo de prueba tiene 12 mm de diámetro y 80 mm de longitud.
C	Protegido contra el acceso con una herramienta u otro objeto de diámetro superior a 2,5 mm y longitud máxima de 100 mm.
D	Protegido contra el acceso con un alambre, de diámetro superior a 1 mm y longitud máxima de 100 mm.

Letra suplementaria	Descripción
H	Aparato de alta tensión.
M	Ensayo de la verificación de la protección contra la penetración de agua efectuada sobre el material estando sus partes móviles en movimiento.
S	Ensayo de la verificación de la protección contra la penetración de agua efectuada sobre el material estando sus partes móviles en reposo.
W	Material diseñado de forma que pueda utilizarse en las condiciones atmosféricas especificadas, y en el que se han previsto medidas o procedimientos complementarios de protección.

Anexo IV. Código de colores

Dispositivos de señalización

Color (código)	Significado	Explicación	Casos típicos de empleo
Rojo (C2)	Peligro o alarma	Advertencia de un posible peligro o de un estado que requiera una acción inmediata.	• Fallo del sistema. • Temperatura que excede de los límites de seguridad. • Paro de una parte esencial del equipo debido a la actuación de una protección. • Peligro debido a elementos accesibles bajo tensión o elementos en movimiento.
Amarillo (C4)	Precaución	Modificación o cambio próximo de condiciones.	• Temperatura o presión que difiere del valor normal. • Sobrecarga admisible por tiempo limitado.
Verde (C5)	Seguridad	Condiciones de servicio seguras o luz verde para seguir funcionando.	• Circulación del refrigerante. • Conexión automática de la maniobra. • Máquina dispuesta para la puesta en marcha.
Azul (C6)	Información específica	Significado distinto al de los mencionados anteriormente.	• Señal para maniobra remota. • Selector colocado en posición de reparación.
Blanco (C9)	Información general	Confirmación u otro significado no cubierto por los colores amarillo y verde.	• Interruptor general conectado. Tensión en el circuito. • Velocidad o sentido de rotación elegido.

Anexo V. Enlaces web de interés

ABB	www.abb.com/es	Material diverso
AEG Motores	www.lafert.es	Motores
Aiscan	www.aiscan.com	Canalizaciones
Allen-Bradley	http://ab.rockwellautomation.com/es	Material diverso
Autocad Electrical	www.autodesk.com/products/autodesk-autocad-electrical	Software
Circutor	www.circutor.es	Aparatos de medición
Chint	www.chintelectrics.es	Material diverso
Cydesa	www.cydesa.es	Condensadores
Danfoss	www.danfoss.com/spain	Material diverso
Df-sa	www.df-sa.es/es/fusibles	Fusibles
Eplan	www.eplan.es	Software
Festo	www.festo.com/cms/es/index.html	Sensores
Ifm	www.ifm.com/ifmes/web/home.html	Sensores

Hager	www.hager.es	Material diverso
Haupa	www.haupa.es	Herramientas
Hellermann Tyton	www.hellermanntyton.es	Etiquetas
Koban	www.grupotemper.com/marcas.asp?marca=koban	Aparatos de medición
Kstools	www.kstools.com/sp/firma.html	Herramientas
Legrand	www. legrand.es	Material diverso
Lovato	www.lovatoelectric.es	Material diverso
Megger	www.megger.com/es	Aparatos de medición
Moeller	www.moeller.es	Material diverso
Omron	http://industrial.omron.es	Material diverso
Phoenix Contac	www.pepperl-fuchs.es/spain/index.htm	Sensores
Pepperl+Fuchs	www.phoenixcontact.es	Material diverso
Rechner	www.rechner-sensors.com	Sensores
Schneider Electric	www.schneider-electric.es	Material diverso
See Electrical	www.ige-xao.es	Software
Siemens	www.siemens.es	Material diverso
Sprecher+Schuh	www.sprecherschuh.com	Material diverso
Weidmuller	www.weidmuller.es	Material diverso
Weg	www.weg.net/es	Material diverso
Wohnner	www.wohner.es	Protecciones